计算思维——计算学科导论

唐培和　徐奕奕　编著

U0282574

电子工业出版社

Publishing House of Electronics Industry

北京·BEIJING

内容简介

计算思维凝结了一大批数学家、逻辑学家、计算机科学家求解问题时所展现出来的、超人的智慧，回顾和品味这些智慧的思想和方法，既能拓展人们的思维空间，也能提高大家的创新能力，从而提升应用能力。本书以狭义计算思维为主线，适度拓展广义计算思维的知识，在强化计算思维方法论的前提下，尽量简化计算理论与技术方面的内容。

本书共分 8 章，分别介绍计算与计算思维、充满智慧与挑战的计算理论（技术）基础、计算思维之方法学、计算思维之算法基础、面向计算之问题求解思想与方法、计算思维之程序基础、基于计算之问题求解思想和方法、从"计算"到"文化"等。

本书特点：一是知识面比较广、内容非常丰富；二是尽量体现"实例化、生活化、故事化、图文并茂"的指导思想，以增强可读性；三是内容新颖。

本书可作为高等院校相关专业的入门教材，也可供相关技术人员参考学习。

图书在版编目(CIP)数据

计算思维：计算学科导论 / 唐培和，徐奕奕编著. —北京：电子工业出版社，2015.10

ISBN 978-7-121-25699-8

Ⅰ. ① 计… Ⅱ. ① 唐… ② 徐… Ⅲ. ① 计算机科学－高等学校－教材 Ⅳ. ① TP3

中国版本图书馆 CIP 数据核字（2015）第 050889 号

策划编辑：章海涛
责任编辑：章海涛
印　　刷：北京虎彩文化传播有限公司
装　　订：北京虎彩文化传播有限公司
出版发行：电子工业出版社
　　　　　北京市海淀区万寿路 173 信箱　邮编　100036
开　　本：787×1092　1/16　　印张：23.25　　字数：648 千字
版　　次：2015 年 10 月第 1 版
印　　次：2023 年 7 月第 21 次印刷
定　　价：48.00 元

凡所购买电子工业出版社图书有缺损问题，请向购买书店调换。若书店售缺，请与本社发行部联系，联系及邮购电话：（010）88254888，88258888。

质量投诉请发邮件至 zlts@phei.com.cn，盗版侵权举报请发邮件至 dbqq@phei.com.cn。

本书咨询联系方式：192910558（QQ 群）。

序

回想起来，那是 2012 年的秋天，我收到了本书作者邮寄给我的《计算思维导论》一书，当即认真翻阅了一下，感觉还真有点特别：一是作者对计算思维有自己的理解、认知和解读；二是每章都赋有原创的、与章节内容唱和的词一首（卜算子）。最让人欣慰的是，作者来自西部地区的广西科技大学，这对计算机基础教学的改革与发展以及计算思维教育的推广非常有意义。为勉励作者积极进取，2013 年春，在深圳计算思维专题会议期间，特意抽空面见了两位作者，虽素昧平生却相谈甚欢。随后还应邀到广西科技大学做了一次报告，与作者有了更多的接触。

转眼几年过去了，作者经过不断的学习与思考，对 2012 版的《计算思维导论》做了大幅度的修订，出版了新作《计算思维——计算学科导论》，在再版重印时希望我写个序，思考再三，还是欣然应允了。

首先，从与作者的交流中，深深地感受到作者对计算机基础教学及其改革有极大的热情，多年如一日，倾注了大量心血，做了大量的工作，积微成著、积册成集，敬业之心溢于言表。其次，作者结合自己多年的教学实践和体会，有较好的认知和理解，提出了如下的教学指导思想与理念："'师者，所以传道授业解惑也'。所谓传道，实乃传做人之道、做事之道、做学问之道；所谓授业，应该是在课堂内外传授知识、培养能力；所谓解惑，就是帮助学生理解并解决学习、生活乃至工作上的疑惑。就'大学计算机基础'教学而言，计算思维教育应该属于'传道'的范畴，以启迪学生心灵与智慧，正如佛法中的最高智慧是布施，而布施中的最高级别是法布施，也就是把'大家'的智慧无私的分享给众生；而传授计算机基本概念、基础知识，培养基本技能等则属于'授业'的范畴。'道'与'术'兼而有之，融合互补。至于'解惑'，该课程的重点则在于解惑的方式、方法和手段"。个人认为，这是比较恰当的。

再者，周以真教授虽曾提出了"计算思维"这一概念并加以阐述，但"计算思维"教育具体该怎么做还是有赖大家。国内高校在教指委的号召和推动下，形成了计算思维教育的改革热潮，教学实践也在逐步平稳"落地"。但同时，由于大家对"计算思维是什么"在认识上仍存在着不同的理解，各校改革过程中具体做法也有着不同的特色和差异。本书作者通过多年的研究和实践，也提出了相应的解决方案，值得鼓励。该书不仅仅就"知识而知识、技术而技术"地展开，而是对大学计算机课程内容，进行基于经典案例的内容重组，挖掘计算机科学家在解决问题时的灵感和智慧，以故事化、生活化、实例化的方式让初学者理解计算在延伸人的想象力、创造力以及理解力方面的巨大作用与空间。同时，课程教学着眼高等教育的思想、理念、规律、要求，借助于现代教学方法和手段（如 MOOC 等），把计算思维教育与创新教育、自主学习、兴趣驱动、成就感激发等有机地结合起来，促使学生能够自觉地将自身的创新潜能与计算机能够提供的支持更有效地结合，将计算思维能力的培养真正作为自身素质培养的一个重要部分。

在"计算思维"日益凸显其重要性并被大家推崇的今天，本书以狭义计算思维知识为主线，适度拓展广义计算思维知识，内容丰富、雅俗共赏，是大学计算机、计算机初步入门者学习的一本很好的教材。

2015 年 10 月

前　言

2010 年 11 月，在济南的"大学计算机课程报告论坛"大会上，前教育部计算机基础教学指导委员会主任陈国良院士做了关于"计算思维"的专题报告，笔者有幸参加了本次会议，首次学习并了解到了"计算思维"及其相关知识。那时，一边听陈院士的报告，一边就在浮想联翩——满脑子的狭义计算思维。想到激动处，竟脱口狂言："也许，我也能写本计算思维方面的书！"彼时同事一脸的疑惑和莫言。会议开完了，诸事缠身，什么也不记得了。

2011 年暑假，到风景秀美的张家界参加一个计算机方面的会议，会上又听了一位专家做关于"计算思维"的报告，感觉自己真该做点什么了。会议结束后，在返回柳州的火车上，闲来无事，竟然规划起《计算思维导论》的大纲来——大致勾勒了每一章写点什么。

回到学校，一瞎忙乎，又忘记这回事儿了。

2012 年春季，大概 5 月份，带了几个同事到武汉华中科技大学参加一个学术会议，再次聆听到了陈国良院士等几位专家关于"计算思维"的报告，深受启发。又让我产生了写本书的冲动！

俗话说"事不过三"，该痛下决心做点什么了。可当时正在撰写一本教学改革专著，须限期完成。2012 年 7 月 15 日，专著总算"杀青"。7 月 16 日，正式开始撰写"计算思维"方面的书稿了。

回想起来，那时的我，手忙脚乱，日夜兼程。一边著书，一边联系出版社，最后在广西师范大学出版社的大力支持下，在国内"率先"出版了将近 60 万字的《计算思维导论》。从"下笔"撰写到正式出版拿到书，前后竟然不到 4 个月，为的就是"率先"面市和参加广州会议（事后才知道，陈国良院士于同年同月出版了同名著作，不免汗颜）。

11 月 8 日，笔者带着几十本书，屁颠屁颠地去广州"大学计算机课程报告论坛"上交流。此程虽然收获了业界不少人士好奇的眼光，但也招致了个别专家不屑的微词——大意是"你等凑什么热闹、赶啥子时髦啊！"泄气？No！

得意和任性的我，给陈国良院士寄了一本书。尽管此前从来没有和陈院士打交道（除了远远地聆听他两次报告），尽管陈院士也于同年同月出版了同名著作，但后来还是得到了陈院士的许多褒奖！不免由衷感叹，大家就是大家，不一样的胸怀！

《计算思维导论》第一次只印刷了 1100 册，我用课题费购买了 1000 册，全部用于分发和交流了。尽管很多人没有看到此书，但还是得到了不少肯定，直至今日，仍然有人在联系笔者，希望提供教学资源和课件，以便教材的采用。还好，努力没有白费。好消息一个接着一个来了！

2013 年 7 月，教育部高等学校大学计算机课程教学指导委员会制订并发布了极具战略指导意义的《计算思维教学改革白皮书》（征求意见稿），我们编著的《计算思维导论》一书有幸成为主要参考文献之一（总共 5 篇参考文献），也属不易。

2013 年 10 月，由教育部社科司组织评选"第三届中国大学出版社优秀教材"，《计算思维导论》荣获"第三届中国大学出版社优秀教材"一等奖。

2014 年 11 月，经过层层评审，《计算思维导论》被评为第二批"十二五"普通高等教育本科国家级规划教材。

不知不觉两年半过去了。

两年半来，笔者一直在思考两个问题：一是"计算思维"到底是什么？二是"计算思维"教育到底该怎么做？

第一个问题——"计算思维"到底是什么？相信也是教育界同行一直犯迷糊的问题。仔细想想，其实不怪大家迷糊。即便是"计算思维"的倡导者周以真教授，也没有明确定义什么是计算思维（周教授在阐述"Computational thinking"时，原文动词先用"involve"，后用"include"，其含义都是包含、涉及等[1]。既便是定义，也容易让人误解成利用计算机求解客观世界的问题或者籍此设计一个计算机应用系统；因为借助计算机科学的基础概念求解问题、设计系统与利用或基于计算机求解问题、设计系统是完全不同的含义。因为前者面向所有的领域、所有的人，而后者多半只面向计算学科，如强调"理解人类行为"而不是理解"计算机的行为"更突显出计算思维并非计算机技术），国内很多专家学者在撰文、报告时，也只是简单地引述周教授的文献，更有甚者，弄一大堆"云里雾里"的概念，让大家更加迷糊。另外，王飞跃先生首次翻译"Computational thinking"时把"thinking"翻译成"思维"，本无可厚非，可不少人一见"思维"二字就断章取义、望文生义了。

一时间，关于"计算思维"的各种不利看法和观点满天飞——有人说，脑科学还没有搞清楚思维的机理，谈什么计算思维？有人说，钱学森搞了那么久思维科学研究，也没有搞出什么名堂，研究什么计算思维？有人说，计算机专业一直在教计算思维，有什么新鲜的？有人说，"计算思维"不过是一个哗众取宠的噱头，兔子尾巴长不了；也有人说，教会学生使用 Windows、Word、PowerPoint、Excel 等工具，本身就是计算思维，因为著名学者 Edsger Wybe Dijkstra 说过："我们所使用的工具影响着我们的思维方式和思维习惯，从而也将深刻地影响着我们的思维能力。"……

更多人在观望！当然，也有不少人在努力地研究和探索。

笔者也陷入了深深的思索之中。俗话说，"解铃还需系铃人"。困惑之时，笔者细细研读周以真教授的文献，终有所获。尽管周教授没有明确定义计算思维，但却明确地界定了"什么是计算思维，什么不是计算思维"，她提出的以下 6 点很值得大家仔细斟酌：

① 计算思维是概念化思维，不是程序化思维。
② 计算思维是基础的技能，而不是机械的技能。
③ 计算思维是人的思维，不是计算机的思维。
④ 计算思维是思想，不是人造品。
⑤ 计算思维是数学和工程互补融合的思维，不是数学性的思维。
⑥ 计算思维面向所有的人，所有领域。

这 6 点太重要了，这才是计算思维的核心和本质。

周以真教授说到了问题的要害，让人由衷地敬佩！另外，周教授所指的"计算思维"是"Computational thinking"，而非"Computing thinking"，更不是"Computer thinking"，值得好好琢磨。

笔者仔细品味后，对什么是计算思维有了自己的认知——计算思维至少有两大支点：一是面向所有的领域、所有的人，如何借助计算机科学的基础概念去求解问题、设计系统，乃至理解人类行为，而不仅是利用计算机求解客观世界的问题或者籍此设计一个计算机（应用）系统；二是作为一种特定方法论，如何揭示计算机科学中知识和技术背后的智慧、灵感、思想和方法。这两大支点对教学实施来说都不容易。前者需要把计算机科学的基础概念与各领域人们感兴趣的问题相结合，要

---

[1] Computational thinking involves solving problems, designing systems, and understanding human behavior, by drawing on the concepts fundamental to computer science. Computational thinking includes a range of mental tools that reflect the breadth of the field of computer science. ——Communications of ACM, Vol.49, No.3, March 2006, Pages 33-35.

求有非常广的知识面；后者需要挖掘计算学科已有知识和技术背后的思想和方法，进行归纳和总结，并把这两者以一种浅显易懂甚至"故事化"的方式表述出来，给各专业的大学生以熏陶。借用一句话，就是"Computational Thinking is about idea, not technology"。计算思维属于科学方法论的范畴。

只有这样的认知，计算思维才是概念化思维而不是程序化思维；只有这样的认知，计算思维才是基础的技能而不是机械的技能；只有这样的认知，计算思维才是人的思维而不是计算机的思维；只有这样的认知，计算思维才是思想而不是人造品；只有这样的认知，计算思维才是数学与工程互补融合的思维而不是数学性思维；只有这样的认知，计算思维才有可能面向所有的人、所有的领域！

在《计算思维导论》中，笔者就旗帜鲜明地指出计算思维属于哲学方法论的范畴，并指出计算思维可以分为广义计算思维和狭义计算思维。回过头来看，这两个观点没有问题，但当时的认知还比较肤浅，多少有点瞎蒙的感觉。也正因为如此，笔者放下很多该做的事情，尽量抽出时间对《计算思维导论》进行修订，期望以一种正确的认知观反映计算思维，而不至产生误导。这也就是本书全面改版的由来。

第二个问题——"计算思维"教育到底该怎么做？这也是广大同行所关心的。几年过去了，学者们通过立项研究等多种方式，出版了多本计算思维方面的著作和教材，一些学校也在努力"试点"，但计算思维教育似乎并没有真正"落地"。客观地说，计算思维到底该教些什么以及怎么教，还一直困扰着业界的大多数人。

不可否认的现状是：**计算思维似乎"狼烟四起"，业界多数人却又"一头雾水，莫衷一是"。**以至各种理解与做法都有，大致分为四类。

一类是以"应用"做幌子，强调计算机基础教育应该强化应用能力培养，但一落到实处，还是技能培训。确切地说，强化应用能力什么时候都没有错，关键是应用能力是分层次的，设计一艘宇宙飞船去太空深处探究奥秘也是应用，学会用 Word 编排文件也是应用，层次不一样而已。

一类是以"浓缩"+"拼盘"的方式，讲解计算机软、硬件技术基础的各种内容，如计算机系统组成、操作系统、数据库、计算机网络、信息安全等，几乎涵盖了计算机专业的所有核心课程。这样一锅"夹生饭"，对于教师和学生来说，真不知道如何咀嚼和下咽。

一类是站在计算学科教育研究的高度，围绕"计算作为一门学科"讨论计算学科的形态（抽象、理论、设计）、计算学科的基本问题、计算学科的知识矩阵、计算科学哲学、计算学科方法论等，给人的感觉是"著作"色彩很浓，作为"教材"，似乎并没有怎么考虑教育的对象——刚入门的大一学生，他们能接受吗？

再一类就是近年来，受"计算思维"影响，试图寻求突破，在"狭义计算思维"的某些方面做了挖掘和整理，给人以新颖的感觉。客观地说，"计算机思维"或"程序思维"更浓，"计算思维"不足。

笔者对计算思维的本质有了基本的认知后，对计算思维教育也有了进一步的认识，归纳起来，有如下几方面的看法。

① 计算思维所蕴含的思想和方法乃至智慧和灵感，对拓展学生的"思维"空间、培养学生分析问题、解决问题的能力非常有帮助，与高等教育强调创新与能力培养相吻合。分析围棋高手的培养，不难发现，他们需要大量的时间研读前人对弈过的棋谱，并从中悟出"道"和"术"，然后通过实战提升自己的实力。而"大学计算机基础"课程更像软件使用说明书或者操作指南，侧重于培养学生的技能。

② 计算思维教育没有太多现成的素材，需要深入挖掘和整理隐藏在知识和技术背后的、科学

家们遇到问题时寻找解决办法的思想和方法，这不是一件容易的事情。另一方面，计算学科虽然年轻，但能挖掘出来的"计算思维"内容却非常丰富、素材相当多，不太可能全部纳入教学内容，这就需要认真地筛选，最后确定一个最佳的集合，该集合应该涵盖学科的不同层面。

③ 计算思维属于思想和方法层面上的东西，具有一定的抽象性。计算思维要"**源于生活，高于生活，给人们以美的熏陶与享受**"，这与大学教育是相称的。大学教育本身就不应该那么功利，否则就与"职业培训"相当了。纵观大学的课程，像数学、物理、化学、哲学等基础课，无一不具有较强的抽象性。比较而言，原来的"大学计算机基础"课程灌输一大堆表象的、技术性的知识，培养所谓的操作技能，不管是内容还是难度都不怎么像一门大学的基础课，充其量与大学物理实验相当。另外，前者是程序性知识，宜于教；后者是陈述性知识，宜于学。教学相长，非常有益！

④ 计算思维教育是单纯地增加难度吗？No！很多教师都担心"难度"问题，担心学生接受不了，其实完全没有必要，因为：第一，计算思维属于思想和方法论范畴，尽管有一定的抽象性，但远没有数学那么困难；第二，计算思维教育的难点不在于学生是否能接受，而是在于教师本身的能力，教师教学时既要深入浅出，也要有非常广的知识面，也就是说，接受挑战的是教师，而不是学生；第三，计算思维有其自身的特殊性，充满"诱惑"，只要教学得当，肯定能充分地调动学生学习的积极性和兴趣，这样学习就有了基本的保障；第四，根据 **Bloom 理论**正确处理好难度与复杂度的关系。

⑤ 计算思维教育应培养学生良好的应用意识。笔者认为"与其培养应用能力，不如培养应用意识"，这不仅可能，也非常有意义。借助于科学家们求解问题时智慧的思想和方法，当他具备了相关知识时，碰到应用领域的实际问题时就会意识到该如何去解决。事实上，低层次的应用能力（如 Word、PowerPoint 等操作技能）中学生都掌握得很好，而高层次的应用则需要良好的应用意识。仔细研究左图的个人素养构成对于教学改革应该有很大帮助。

⑥ 计算思维到底该面向计算机专业还是非计算机专业的学生？有没有必要按学科分类进行教学内容设计？其实，作为大学一年级学生的入门性质的基础课，作为教学对象的学生在基础方面有差异吗？如果还要按学科分类教学，那么，如何解释周以真教授所指出的"计算思维面向所有的人、所有的领域"？

⑦ 计算思维教育宜采用 MOOC（Massive Open Online Course，大规模在线开放课程）、翻转课堂的教学方式，而不是找本什么教材"照本宣科"。课程的考核方式也应该摒弃原有的"等级考试"模式，而是以"能力"评价为主。配套实验方面可提出技能方面的要求，并适当安排几个设计项目，提升学习者的兴趣和成就感。

⑧ 唐宋八大家之一的韩愈在《师说》中指出："师者，所以传道授业解惑也"，可谓精辟之极。所谓传道，实乃做人之道、做事之道、做学问之道；所谓授业，应该是在课堂内外传授知识、培养能力；所谓解惑，就是帮助学生理解并解决学习、生活乃至工作上的疑惑。那么，就"大学计算机"教学这一具体问题而言，计算思维教育应该属于"传道"的范畴，以启迪学生心灵与智慧，正如佛法中的最高智慧是布施，而布施中的最高级别是法布施，也就是把"大家"的智慧无私的分享给众生；而讲授计算机基本概念、基础知识、培养基本技能等属于"授业"的范畴，"道"与"术"兼而有之，又是不同层次上的问题，切不可混为一谈或取而代之。至于"解惑"，该课程的重点在于解惑的方式、方法和手段。

笔者在前言里面谈这么些观点和看法，说的不对欢迎"争鸣"，说的不错希望给个"赞"。既然教学改革研究也属于"研究"的范畴，学术上"百花齐放，百家争鸣"也是应该的。都是为了教育，没必要太"腼腆"和"客套"！

基于以上认知与思考，本书对 2012 年出版的《计算思维导论》进行了"继承"和"发展"。

几乎重写了第 1 章，以体现"计算需求—计算工具—计算技术—计算科学（学科）—计算思维"之脉络；改写、扩展了第 2 章，以更好地体现计算学科基础理论与技术方面所蕴含的、卓越的"计算思维"；删掉了原来的第 3 章，尽管逻辑基础对计算思维来说很重要；补充了原来的第 4 章，增加了"并行与串行"，使之更完整，作为本书的第 3 章；修订了原来的第 5 章，增加了部分内容，作为本书的第 4 章；增加了全新的第 5 章，以充分展现计算机科学家们在解决典型问题时所表现出来的、超人的"智慧"；原书的第 7 章略作修订；新增了第 8 章，简要介绍了从"计算"到"文化"的变迁，为将来开设真正意义的"计算文化"课程过渡。每章都提供了一个阅读材料，便于学习者了解、掌握一些常识性的知识和技术。

教材建设是一件只"吃力"却不怎么"讨好"的事情。说"吃力"是因为撰写本书，工作量非常大，几乎耗尽了半年来所有的业余时间，直至大年三十上午都在瞎忙乎，年初二又在"加班"了。说"不讨好"是因为"众口难调"，难免引来"口诛笔伐"，乃至"架在火上烤"。好在为了教育，乐意投入人力、物力和财力（砸几十万元来做 MOOC 课程），没什么功利目的，也就坦然了。

实践是检验真理的唯一标准，让时间来证明一切！

需要特别说明的是，本书不适合照本宣科，教学需要"二次开发"，教师若能"融会贯通、深入浅出"，必将"善莫大焉"！我们乐于分享相关课件和 MOOC 资源，欢迎联系接洽。

本书全面反映了广西科技大学在计算思维教育改革与研究方面的成果。第 1 章和第 8 章由徐奕奕副教授撰写，其余章节由唐培和教授撰写。每章的诗词由徐奕奕同志题写、修订。全书的统筹、安排、协调、统稿、审核等由唐培和教授负责。广西科技大学负责计算机专业"计算机导论"教学、负责非计算机专业计算机基础教育的老师们在教学实践方面做了大量的工作。

本书的出版得到了广西自治区教育厅特色专业及课程一体化项目建设经费（GXTSZY217）、广西高等教育教学改革重点项目研究经费（2014JGZ133）、广西科技大学"计算思维"教学团队专项经费、计算文化引领下的"计算思维"课堂教学改革与实践（2015JGZ137）的资助。

特别感谢电子工业出版社的章海涛同志，他为了本书的出版做了大量的工作，提供了很多方便。

特别需要指出的是，John MacCormick 所著的《Nine Algorithms That Changed the Future》（《改变未来的九大算法》，管策译）、吴军先生所著的《数学之美》以及李忠先生所著的《穿越计算机的迷雾》对笔者的影响较大，笔者也从中引用了不少内容和素材，特此感谢。

本书在编写过程中还参阅了不少文献，即便在书后的参考文献中也未必都记得，不一一列举，不周之处，还望谅解，并在此一并感谢！

一家之言，水平有限，时间仓促，错漏难免，欢迎批评、指正和交流。

唐培和

2015 年 2 月 22 日于广西柳州

致 读 者

思维本身让人沉醉。

计算思维除了给计算机技术带来变革，还让人们在探索它的过程中体验到和谐、对称、完备、简洁等美学属性。

科学的美不逊于艺术的美。

计算思维可分为广义计算思维和狭义计算思维。

广义计算思维，在吸收计算学科丰硕成果的基础上，更侧重于哲学的角度，从辩证法、认识论、逻辑学的角度去理解，在更广泛的领域去应用，从而在体系、内容和研究方法等方面更具实践性、科学性和时代性。

狭义计算思维，则从计算学科的方法论出发，讨论借助于计算机这一特定的工具如何求解客观世界的实际问题。这里面涉及特定的思想、方法、理论与技术。

作为大学生的入门教材，如果过分追求广义计算思维，将会变成一本有点空泛的关于哲学方法论的书籍；如果完全倾向狭义的计算思维，又将是一本计算学科方法论的书籍。因此，作者以为"计算思维导论"应该以狭义计算思维为主，广义计算思维为辅。这就是折中的结果，毕竟学习计算思维的首要目的是利用计算及计算机技术，更好地解决将来所面临的各种实际问题。

纵观现在的计算机基础教育，不断遭人质疑，除了介绍计算机技术的基本概念、基本知识外，剩下的差不多就是某公司产品的产品说明书了，与大学教育有点不太相称（笔者也主编过2本《大学计算机基础》教材，在此无意贬低他人）。

有言曰：**起点决定终点，思路决定出路**。因此，"计算思维导论"旨在让学生学习计算机基础知识时站在更高的起点，拥有更开阔的视野。

这样，"计算思维导论"是不是很难理解、很难教、很难学呢？应该不是。"计算思维导论"更多地是从思想、方法的角度出发展开问题的讨论，涉及的理论与技术尽量以浅显易懂的方式讲解。课程中不妨穿插生活中的故事、案例或哲理，应该是大学生能够接受的。至少可以这么说，"计算思维导论"课程在理论深度上比"高等数学"、"大学物理"等课程要浅显得多。

正是由于"计算思维导论"的定位与"大学计算机基础"完全不一样，不能奢望学习"计算思维导论"能够起到立竿见影的实用效果。更具体，学习"计算思维导论"后，不能奢望学生立即通过现今流行的计算机等级考试。正所谓"授人以鱼不如授人以渔"，"授人以鱼"立即可以食用，但吃了上顿未必有下顿；而"授人以渔"虽然无法立即填饱肚子，但从长远来说早晚无忧。

尽管计算思维已成为近年来教育界研讨的热点，但仍处于讨论、探索阶段。

第一，"计算思维导论"的定位或者要达到的目标是什么？我们始终认为，该课程应该注重培养学生的思想、方法、意识、兴趣和能力，而不是灌输一大堆概念与知识。这里提到的思想和方法是指求解实际问题的思想和方法。至于意识和能力，我们认为两者都重要。有了良好的意识和兴趣，培养专业能力就不是什么大问题了。

第二，算法是计算机的灵魂，当然也是狭义计算思维的灵魂。在"计算思维导论"课程中，算法的学习重在思想和方法，而不是表示和实现。至于算法的实现，应该是"程序设计语言"、"程序设计方法"之类课程的任务。在没有教授 C 语言等高级程序设计语言之前，在"计算思维导论"课程中讲算法，会不会有困难？其实这种担心是多余的，因为：一是在"计算思维导论"课程中讲算法，讲的是解决问题的思想和方法，不是程序设计；二是算法比程序更简洁，针对同一问题时，算法比程序更容易阅读；三是掌握了算法设计与描述后，再学习具体的高级程序设计语言更容易。

第三，"计算思维"教育及其推广是毋庸怀疑的，那么推动"计算思维"教育的最大障碍究竟是什么？ 我们最值得关注的是教师，而不是学生或相关领导。教师的思想不统一、业务水平不提升，"计算思维"教育及其推广是值得怀疑的。

在大家充分肯定广大从业教师对大学计算机基础教学做出了巨大贡献的前提下，必须看到存在的问题：一是从事计算机基础教学的师资队伍非常庞大和复杂，学什么专业的老师都有（没听说过学什么专业的老师都可以给大学生讲授"大学外语"，而讲授"大学计算机基础"却非常普遍），年龄跨度很大，职称结构、学历结构等不太合理，统一思想都非常困难，更不用说别的了；二是学校之间也有较大的层次差异，师资队伍的专业水平差异很大（在一些条件艰苦的学校，刚毕业不久的非计算机专业的本科生都上讲台讲授"大学计算机基础"了），师资培养的力度及其成长环境各不相同；三是人类本身的惰性，从事了多年计算机基础教学后，教学内容、教案、考试方式等都已经比较成熟了，谁又愿意改变呢？靠自觉吗？

可以想象，推广计算思维教育的难度将很大！跨出第一步将很困难！尽管如此，也要充满信心，勇敢地去面对，相信不久的将来，大家都能接受计算思维的洗礼！

……

传统意义下，国内的教材都在追求"严谨、科学、完全、美"等目标，欠缺的恰恰是对初学者来说非常重要的"诙谐、有趣、直观、明了"等可读性好且吸引人的特点。从教学的角度来说，教材不一定非要写得"很严肃"，来点"笑容"未尝不可，甚至更好，毕竟不是学术专著。课前、课后学生要花很多时间阅读教材的，如果把教材写得很枯燥、无趣，难免拒学生于"千里之外"。所以，我们编写的教材内容丰富，涉及面甚广，但力求以生活化、实例化和故事化的方式做到浅显易懂（以至同事甚至笑称"口水话"太多了）。

课堂教学应该在教材的基础上做"二次开发"。如果仅仅是在理解教材的基础上"照本宣科"，注定不会有什么好的教学效果。若能结合 CAI 软件、实例演示、程序实现与体验等，一些看起来深奥的知识也就变得容易了。

"导论"教材应侧重于"导"，而非"论"。教学时应把握一个中心思想——计算思维是一种方法论，从方法论的层面上培养学生求解问题的意识。这样，课程就会变得生动、有趣，学生也就容易接受了。至于具体的理论与技术并不是不重要，而是当读者有兴趣的时候，自然会去学习和钻研。

多年的教学实践表明，兴趣是第一位的，很多知识也都是靠自学获得的！有人说，计算思维在心智上的帮助比它的实际应用更有价值。

周以真教授对计算思维是什么、不是什么做了明确的阐述，如下所示。

计算思维是什么	计算思维不是什么
是概念化	不是程序化
是基础的技能	不是刻板的技能
是人的思维	不是计算机的思维
是思想	不是人造品
是数学与工程互补和融合的思维	不是空穴来风
面向所有的人、所有的领域	不局限于计算学科

本书作者认为，周教授的阐述为"计算思维导论"的教学指明了方向。一个讲授计算思维的教师应该认真体会和理解其含义。计算思维的教学可以是令人生厌的，也可以是最引人入胜的。与其他课程传授知识为主不同，如何让学生对计算思维发生兴趣，引导学生像计算机专家一样思考，才是最重要的。

计算机基础教育的改革牵涉面非常广，影响着一代又一代的大学生，也涉及一大批从业的高校教师，每前进一步所产生的影响都非同寻常。由于影响面如此广泛，使得每一步教学改革都必须做认真、细致、深入的调查研究和理性分析。面对计算思维，"仁者见仁，智者见智"，针对本书，还望站在鼓励的角度，多提宝贵意见和建议，共同为计算机教育教学改革贡献大家的智慧和力量。

教学改革不是一朝一夕的事情，需要付出艰辛的努力，且不能"立竿见影"地看到效果。成功了好说，失败了误人子弟、"罪莫大焉"！本书是对大学计算机基础教学的改革与探索，期待着能引渠开河，抛砖引玉。敬请同行们批评指正。欢迎全国同行交流经验与体会。

作 者

目　　录

卜算子·算

结绳载史书，算筹从竹櫵。

亘古灵光六合工，纵晓千般术。

庄周曾梦蝶，图灵破混沌。

追步其道观纵横，捭阖临绮境。

【注】捭阖〔bǎi hé〕：开合。捭之者，开也，言也，阳也。阖之者，闭也，默也，阴也。阴阳其和，终始其义。

第1章

计算与计算思维

> 我们所使用的工具影响着我们的思维方式和思维习惯，从而也将深刻地影响着我们的思维能力。
>
> ——Edsger Wybe Dijkstra

视频

计算，一个我们并不陌生的概念。

商店的老板打烊之后开始盘算一天的结余；负罪潜逃的犯人在任何地方使用身份证，全国公安预警系统"天网"就会即刻发出警报；丢失贵重婚戒的夫妻紧张地分析进过房间的十余人，哪个才会是小偷；桥梁工程专家试图获得所在河段上百年来的洪水、暴雨等水文特征趋势，估算可能的最高水位和最大流量；水下机器人正在按指定的途径去打捞失事飞机的"黑匣子"。

把视线转到我们更熟悉的日常生活中。60多岁的老爸总是在晚餐后泡好一杯茶，然后拿着手机微信开始阅读朋友圈的各种"心灵鸡汤"和"内幕参考"；而刚卸下围裙的妈妈兴致盎然地开始在"QQ农场"浇花锄草；吃饭忘了带钱包，可以用美团余额，看电影忘记带会员卡，可以微信购票；MOOC正在将教育推向学校之外，在线购物颠覆着传统零售业……正如尼葛洛庞帝（N. Negroponte）所说：计算不再只与计算机有关，它决定着我们的生存。

显然，以计算机为中心的计算的概念正在拓展，计算正从我们熟知的元指令级的加减乘除，到图灵机意义下的算法处理，被不断赋予着新的含义，影响我们看待世界和解决问题的观念和行为方式。计算成了自然的、人工的和社会的三大系统各个领域的基本处理过程。

英国牛津大学卢恰诺·弗洛里迪教授说，"我们将进入从未见过的未来，而我们要开始应对这样的转型。"是的，"处处皆计算"的时代到来了，我们该如何"应对"？碰到不认识的字，第一反应是找《新华字典》还是上网"百度"呢？暑假来临后面对有限的资源，如何规划一条最经济的旅游路线？你是否想过怎么选取有潜力的股票，用较少的钱赚取尽量多的钱？在下班时，你要怎么选择转乘公交和地铁，才能最快速回到家？当年微信朋友圈热传"日本核电站泄漏事故，海水会遭核辐射污染，请快去抢购碘盐"，你听朋友的话去买盐了吗？当人成为了信息的重要部分时，你比以往更担忧还是更欣喜呢？如果未来，基于3D打印的、与人长得一样的机器人（见图1-1）有了自我知觉和自我意识，问你是不是可以做朋友的时候，你会惊讶吗？你了解计算时代的各种计算机术语，你愿意探寻经典计算方法和模型，掌握计算世界的潜在规律吗？你是否意识到让自己拥有更高效的思维模式很重要呢？

图1-1　人与机器人

是的，这确实是一个史无前例的时代，我们会在生活和学习以及工作中遇到层出不穷的问题。本章从计算需求和计算环境演变开始，告诉你我们身在何处，也告诉你什么是计算方法、计算思维。计算思维被称为适合于每个人的"一种普遍的认识和一类普适的技能",与阅读、写作一样;计算思维旨在教会我们每个人像计算机科学家一样去思考;计算思维的训练、计算能力的提升将会让我们更游刃有余地生活、学习和工作。因而,开个玩笑,学与不学有点像在"莎士比亚的生存与毁灭"之间抉择了。

1.1　计算需求与计算技术的演变

长期以来,人类的文明史就像一部工具进化史。在人类的始祖远居非洲大陆的时候,人类和其他动物一样,必须依靠自己本体的肢体,付出体力来获取食物和其他生存资源。进入文明时期后,人类发明了刀斧弓箭等工具,物化延伸了自身的能力,并依靠这些工具来获取生存资源。当人类社会发展到工业文明时代,人类发明了蒸汽机、电动机等能自主运行的动力设备。利用火车,人类可以一日千里;借助飞机,没有翅膀也能翱翔;利用望远镜,人类变成了"千里眼";通过电话,人类可以与远隔重洋的亲人述说家长里短。

更有意思的是,如果说 19 世纪之前,人类所有的精神活动必须依靠自己的脑力,所有的逻辑分析和艺术创造必须依靠人脑来进行的话,那么机械计算机和电子计算机技术的发展,物化延伸的不仅是本体的肢体,还有人类自己的大脑,让人类从单调重复、复杂枯燥的思维活动中获得了解放。计算机系统不仅可以完成数学计算和逻辑分析,也可以完成对现实世界的模拟和重现。而展望我们所处的计算时代和未来的计算时代,人的思维将借助计算工具的发展,从本体到延伸,无处不在地、开创和融入更智能、更自主的新世界。

计算技术的演化过程如图 1-2 所示。(算盘究竟何人何时发明很难考证——作者注)

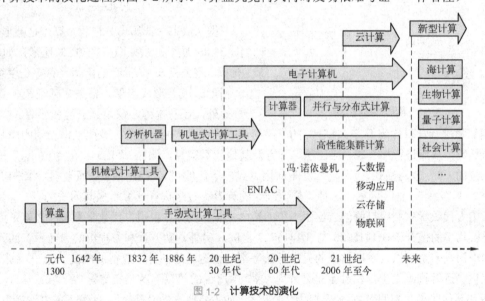

图 1-2　计算技术的演化

1.1.1　远古时代的原始计算方法

在漫长的人类进化和文明发展过程中,人类的大脑逐渐具有了把直观形象的事物变成抽象的数字、进行抽象思维活动的能力。正是由于能够在"象"与"数"之间互相转换,人类才真正具备了认识世界的能力。在茹毛饮血的原始社会,为了记下(存储)打下猎物和采集到的野果的多少,自然而然地产生了"有与无"、"多与少"等最早的数学萌芽,数的概念就此应运而生了。在数的概念出现之后,自然就出现了数的计算问题。稍微复杂一点的计算需要借助一定的工具来进行。人类最初的计算工具就是自己的双手,掰指头算数就是最早的计算方法,因此十进制就成了人类最早、最熟悉的计数法。最初，人类用手指、石子和木棍等随处可得的东西作为记数和计算的工具。在拉丁语中，"Calculus"（计算）一词的本意就是用于计算的小石子。

1. 原始的结绳计数法

在我国的甲骨文中，数学的"数"，它的右边表示一只右手，左边是一根打了许多绳结的木棍——"数"者，结绳而记之也。远古时代，为了统计每个人每天打了多少猎物，人们采取了结绳计数法，就是在绳子上打结的方法。比如，张三打了 5 只兔子，就在绳子上打 5 个结，如图 1-3 所示。

有趣的是，不但东方有过结绳，西方也结过绳。传说古波斯王有一次打仗，命令手下兵马守一座桥，要守 60 天。为了让将士们不少守一天也不多守一天，波斯王用一根长长的皮条，在上面系了 60 个扣。古波斯王对守桥的官兵们说："我走后你们一天解一个扣，什么时候解完了，你们就可以回家了。"后来，随着狩猎水平的提高、以物易物（见图 1-4）的交流增多、祭祀神灵、农业生产等活动的需要，人们觉得"屈指可数"，手指、石子和木棍用于计算显然不方便。

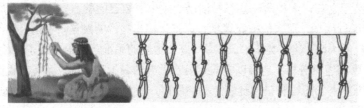

图 1-3　结绳计数法

1 只绵羊　＝　2 把斧子

图 1-4　以物易物

2. 古老的计算工具——算筹

据《汉书·律历志》记载：算筹是圆形竹棍，长 23.86 厘米，横截面直径 0.23 厘米，如图 1-5 所示。到公元 6～7 世纪的隋朝，算筹长度缩短，由圆形改成方形或扁形。根据文献记载，算筹除竹筹外，还有木筹、铁筹、玉筹和牙筹。

纵式	Ⅰ	Ⅱ	Ⅲ	Ⅲ	Ⅲ	Ⅰ	Ⅱ	Ⅲ	Ⅲ
	1	2	3	4	5	6	7	8	9
横式	—	=	≡						
	10	20	30	40	50	60	70	80	90

图 1-5　算筹及其计数方法

用算筹进行计算称为筹算。在计算的时候摆成纵式和横式两种数字，按照纵横相间的原则表示任何自然数，从而进行加、减、乘、除、开方及其他代数运算。例如，"1234"的个位"4"采用纵式，十位的"3"改用横式，百位"2"重新用纵式，千位的"3"改用横式，而将数"1234"表示为：一　‖　≡　‖‖。可见，这种"位值制"的算筹记数法进行计算是极其困难的。

我国古代数学家利用算筹创造出了不少的数学成果。例如，我国古代数学家祖冲之就是用算筹计算出圆周率的值介于 3.1415926 与 3.1415927 之间。另外，解方程和方程组的天元术、四元术、著名的中国剩余定理以及我国精密的天文历法等都是在这样的条件下取得的成就。《汉书·张良传》说，张良"运筹帷幄之中，决胜千里之外"，这其中所说的"筹"就是指算筹。

古代其他民族也发明过各种形式的计算工具，如古希腊人的"算板"、印度人的"沙盘"、英国人的"刻齿木片"等。

3. 影响深远的算盘

由于商贸业的发展，商人们急于买卖，容易把算筹摆乱，造成错误。当时的工匠、计算人员和商业人员一起，在算筹的基础上共同研制出了巧妙的算盘。

民间还有一个关于算盘的神话故事（限于篇幅，此处略，具体请扫描右侧的二维码，以下同）。神话是神话，但算盘确实结合了十进制计数法和一整套计算口诀，使用起来非常方便，一直沿用至今。珠算被称为我国"第五大发明"，最早记录于汉朝人徐岳

扩展阅读

撰写的《数术记遗》一书里。许多人认为算盘是最早的数字计算机，而珠算口诀则是最早系统化、体系化的算法。因此，算盘是我国劳动人民在计算工具历史上的巨大贡献，在人类计算工具史上具有重要的地位。图 1-6 就是我们常见的珠算盘。

千百年来，算盘是咱们国家主要的计算工具，既轻巧，又实用，是一种价格低廉、绝无故障、节约能源，几十年不需任何保养，也用不着更换零件的好东西[1]。算盘虽然简单，可是你也许想不到，我国搞"两弹一星"的时候它还派上过大用场。另外，看过电视剧《暗算》的人肯定对其中关于密码测算的戏印象深刻。为了破解密码，一大批人硬是用算盘埋头苦干，并最终破解"光复一号"。当然了，演戏归演戏，难免有点夸张，很正常。

珠算在中国大显身手之后，又漂洋过海，流传到朝鲜、日本、东南亚和阿拉伯，对世界文明做出了重要的贡献。

4. 计算尺

时间追溯到 1614 年，苏格兰数学家、物理学家兼天文学家约翰·纳皮尔（John Napier）提出并发明了对数。他说："在数学实践中，没有比大数的乘法、除法、开平方和开立方更麻烦、更令人头疼、更碍手碍脚的计算了。这类计算问题，除了要花费大量时间外，还很容易产生许多不易觉察的错误。因此，我就开始考虑有没有什么可靠的、现成的技巧，可以用来帮助我们搬开这些障碍。"

不错，对数——这个现在人们一听到就头痛的高中代数概念——其实当初就是为了让我们生活得更惬意而创造出来的。利用对数原理，我们可以把乘法简化为加法，除法简化为减法，求平方根转化为以 2 为除数的除法，求立方根简化为以 3 为除数的除法。

伽利略曾经说过："给我空间、时间和对数，我就可以创造出一个宇宙。"

不久，牛津的埃德蒙·甘特（Edmund Gunter）发明了一种使用单个对数刻度的计算工具，与其他测量工具配合使用时，可以用来做乘除法。1630 年，剑桥的威廉·奥却德（William Oughtred）发明了圆形计算尺，如图 1-7 所示。

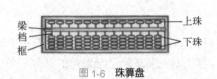

图 1-6 珠算盘

梁
档
框
上珠
下珠

图 1-7 威廉·奥却德及其发明的圆形计算尺

1632 年，他组合两把甘特式计算尺，用手合起来成为可以视为现代的计算尺的设备。更现代的形式是由法国炮兵中尉 Amédée Mannheim 于 1859 年引入的。大约在同期，工程成为受到承认的一种职业活动，算尺在欧洲开始广泛使用，在科学和工程计算中占据统治地位，辉煌了 300 余年。

在第二次世界大战中，需要进行快速计算的轰炸者和航行者经常使用专用算尺。美国海军的一个办公室实际上设计了一个通用算尺"底盘"，它由一个铝主体和塑料游标组成，可以把赛璐珞卡片（两面印刷）插到里面，以进行特定的计算，可用于计算射程、燃料使用情况和飞行高度等，也可用于其他目的。

20 世纪 50～60 年代，计算尺一度成了工程师身份的象征，如同显微镜代表了医学行业一样。

纵观整个古代的计算史，各种计算工具虽然形式各异，但其原理是一致的——利用某种具体的物来表示数，通过对物的机械操作来进行计算。

---

[1] 天津历史博物馆收藏一大算盘，长 306 厘米，宽 26 厘米，共 117 档。该算盘制造于清朝末年，是按当时天津达仁堂药店的柜台设计的，药店在业务繁忙时，五六个店员可同时在这个大算盘上算账。

1.1.2 机械式计算技术

让我们先还原一个 17 世纪欧洲发生的航海事故。

在辽阔无际的大西洋上，一艘货船正在前行。舵舱里船长正一丝不苟地用航海仪器不停地进行观测，并把观测得到的数据一一认真仔细地计算，从中找出货船安全行驶的航道来。不多一会儿，他向舵手命令道："左 3 度！"、……、"右 5 度！"舵手全神贯注地听着，两手紧握舵轮执行命令。一切都很正常。突然，"轰隆"一声巨响，如同头顶一声闷雷，意料不到的事情发生了——货船触上了暗礁。虽然全船人员无一伤亡，可是货船却沉入了大海。

事故发生后，当局来追查原委。专家们严格地审查了船长的航海日志和观测手稿，发现船长把航道计算错了，货船偏离了安全行驶的航道。船长不得其解，只得承认自己计算失误。可再仔细审查下去，发现责任不在船长，而是船长用的那本《对数表》。在密密麻麻的成千上万的数据中，《对数表》出了好几处印刷错误。

航海事故的出现使得当时的科学家们为之震惊。他们意识到：尽快改进数值计算，缩短计算时间，提高计算准确性，是需要急切解决的一个问题。产业革命使人们开始把希望寄托于初步繁荣的机器制造业上，能不能用机器来进行计算呢？

从技术上来说，当时的钟表业已经比较发达，钟表的齿轮转动计时方法体现了机械计算及进位的思想（低位的齿轮每转动 10 圈，高位上的齿轮只转动 1 圈），为机械计算机的研究奠定了基础。

随着大工业生产的出现，机械式计算机诞生了。最早的设计者是德国人席卡德，他是蒂宾根大学东方语教授，曾与天文学家开普勒交往。1957 年，博物馆的哈默尔查阅开普勒的档案时，发现席卡德给开普勒的两封信。信中叙述了他发明的计算机，能自动计算加、减、乘、除，并画有示意图，建议开普勒用来进行天文计算。原物已失传，也许并没有实际制造出来。

第一台实际制造出来能算加、减法的计算机的发明者是法国数学家帕斯卡。他的机器完成于1642 年。这台计算机能做 8 位以内的加、减法。现在北京故宫里收藏有几台机械计算机，与帕斯卡机类似，是不是后者的仿制品，不得而知。

1. 帕斯卡的加法器

1640 年，法国数学家、物理学家和思想家帕斯卡（Pascal）看到父亲长年埋头于繁重单调的计算（父亲从事税务工作），年幼的帕斯卡立志设计一种计算工具，来减轻父亲繁重的计算任务。1642年，帕斯卡借助精密的齿轮传动原理发明了第一台能做加法和减法的计算器，更准确地讲是加法器（现陈列于法国国立工艺博物馆）：机器是由系列齿轮组成的装置，外壳用黄铜材料制作，是一个长20 英寸、宽 4 英寸、高 3 英寸的长方盒子，面板上有一列显示数字的小窗口，旋紧发条后才能转动，用专用的铁笔来拨动转轮以输入数字，如图 1-8 所示。这是人类历史上第一台机械式计算机，是人类在计算工具上的新突破。它的发明的意义远远超出了这台计算机本身的使用价值，它告诉人们用纯机械装置可代替人的思维和记忆，从此欧洲兴起了"**大家来造思维工具**"的热潮。

1971 年，瑞士人沃斯把自己发明的高级语言命名为 Pascal，以表达对帕斯卡的敬意。

图 1-8　**帕斯卡及其加法器**

2. 莱布尼兹的乘法器

1674 年，德国数学家莱布尼兹（Leibniz）发明了乘法器，这是第一台可以运行完整四则运算的计算机。他说："让一些杰出的人才像奴隶般地把时间浪费在计算上是不值得的。"这是第一台可以运行完整四则运算的、有较高实用价值的计算机。机器长 100 厘米、宽 30 厘米、高 25 厘米,主要由不动的计数器和可动的定位机构两部分组成,整个机器由一套齿轮系统传动,如图 1-9 所示。莱布尼兹同时提出了"可以用机械代替人进行烦琐重复的计算工作"的伟大思想,这一思想至今仍鼓舞着人们探求新的计算工具。

图 1-9　莱布尼兹及其乘法器

1.1.3　机电式计算技术

进入 19 世纪后,人类对自然界中的电磁现象进行着探索和研究,并且掌握了电能和各种能量之间的转化技术。人们开始用电力代替人力作为计算机的动力,这样的计算机称为电动式计算机(这种计算机的基本元件是机械式的,电作为动力)。1889 年,第一台电动式计算机由美国人霍勒里斯(Herman Hollerith)制成。霍勒里斯既不是工程师,也不是科学家,而是一名普普通通的统计人员。当时,随着人口的迅速繁衍和大规模移民潮的涌入,美国人口剧增,大量的人口资料堆积如山,使统计工作者望而生畏。这台计算机设计了以穿孔卡片来储存资料并排序。有了这台机器,原来需耗时 10 年多的人口普查统计工作只耗费 2 年多就完成了!

同期,英国剑桥大学数学家查尔斯·巴贝奇认为人为的疏忽不可避免(如计算错误、抄写错误、校对错误、印刷错误等),提出了带有程序控制的完全自动的计算机的设想,用蒸汽机为动力,驱动大量的齿轮机构运转,发明了他称为"差分机"的计算机,如图 1-10 所示。他设计的计算机除了"程序内存"外,已经具备了现代计算机的主要特点。这种机器已经能够进行开平方运算,专门用于航海和天文计算。

图 1-10　巴贝奇及其差分机和分析机模型

在巴贝奇分析机艰难的研制过程中,不能不提及计算机领域"第一位软件工程师、第一个程序员"——艾达·奥古斯塔(Ada Augusta)。艾达 1815 年生于伦敦,她是英国著名诗人拜伦的女儿。艾达负责为分析机编写软件,编写了包括三角函数的计算程序、级数相乘程序、伯努利数计算程序等。人们公认她是世界上第一位软件工程师、第一个程序员。

所谓,"英雄所见略同"。1941 年,德国人朱斯(Zuse K)在巴贝奇研究的基础上研制了第一台以继电器为主要元件的电机式计算机。该机器可以执行 8 种指令,包括四则运算和求平方根。接着,美国人艾肯(Aiken)在 IBM 公司的资助下,于 1944 年制成机电式计算机,使计算机性能有了很大的改善。这时的计算机已能完成相当广泛的数学计算工作,如编制各种数学用表、求任意阶的微分、数值积分、最小二乘法计算、逐次逼近法计算等。但是,受限于机械制造工艺,机械部件的存在使得计算机的速度无法提升，如继电器舌簧的运动频率很难超过 10 次/秒，更重要的是，其可扩展性、可编程性受到了极大的限制，机电式计算机很难再有进一步的发展。

1.1.4 电子计算技术

20 世纪 40 年代，人类的社会实践向计算工具提出了新的要求：① 计算量越来越大，要求计算机有较大的容量，能够进行各种复杂的计算；② 更高的计算精确度；③ 更快的计算速度；④ 大规模生产和科研的管理工作，对计算机提出一系列"信息处理"的要求。

20 世纪 40 年代，美国宾夕法尼亚大学莫尔电工学院同阿伯丁弹道实验室协作，被委托为美国陆军计算火力表。目的是当知道敌人方位之后，计算出火炮的水平及垂直角度，让炮弹准确打中敌方。他们的任务是每天向陆军提供 6 张炮击表。这些表每张都要计算几百条弹道。实际上，每计算一条在空中飞行 60 秒的炮弹的弹道，用机电式计算机得花上 20 小时，结果还不一定可靠。可想而知，在打仗的紧要关头，这样的计算速度有多大的实际意义。而要提高计算机的速度，关键是要有高速的运算部件。这正像建造一座巍峨雄伟、富丽堂皇的宫殿，要用上等的砖瓦一样，土坯、小石块是绝对不能支撑的。还好，人类在这个阶段发明了两种重要的器件，即真空电子管和半导体晶体管。电子管和晶体管具有两种重要的特性：一是可以使用小的输入信号控制大的输出信号；二是可以实现多个输入信号之间的逻辑判断，决定输出信号。

为了赢取战争胜利，在美国军械部的资助下，事情进行得异常神速。宾夕法尼亚大学莫尔电工学院的科学家莫奇利（John William Mauchly）、埃克特（John Presper Eckert）等人接受了研制电子计算机的任务。1946 年 2 月 14 日，标志着现代计算机诞生的计算机发展史上的里程碑 ENIAC（Electronic Numerial Integrator and Computer，"埃尼阿克"）在费城公之于世，如图 1-11 所示。ENIAC是个庞然大物，使用了 18000 个电子管，70000 个电阻器，有 500 万个焊接点，耗电 160 kW，其运算速度为 5000 次/秒，重量达 30 吨。当时计算中的最复杂的问题是描写旋转体周围气流的 5 个双曲型偏微分方程组，如果让机电式计算机来计算，需要花一个多月的时间，让人工手算，要花几年时间，而 ENIAC 仅用了 1 小时。

ENIAC 这台最初只是为弹道计算而发明的专用计算机有着致命的缺陷，主要弊端之一是逻辑元件多，结构复杂，可靠性低。其次是没有内部存储器，操纵运算的指令分散在许多电路部件中，每次不同的计算必须由人工搭配大量的运算部件，甚至更改计算机内部的物理线路、结构，十分麻烦和费事。1945 年 6 月，冯·诺依曼与戈德斯坦、勃克斯等人联名发表了一篇长达 101 页的报告《存储程序通用电子计算机方案》，即 EDVAC。报告明确指出计算机应由五大部件组成，并用二进制替代了十进制运算。该方案的革命意义在于"存储程序"，以便计算机自动依照指令执行。人们后来把这种"存储程序"体系结构的机器统称为"冯·诺依曼计算机"，冯·诺依曼被誉为"计算机之父"。由于种种原因，直到 1951 年，在极端保密情况下，冯·诺依曼主持的 EDVAC 计算机才宣告完成，如图 1-12 所示。

图 1-11　第一台电子计算机 ENIAC

图 1-12　冯·诺依曼与 EDVAC

自 1946 年第一台电子数字计算机 ENIAC 诞生，至今虽然历史不长，但相关技术已有了飞速的发展。至今，计算机的发展至少已经经历了四代，并正在向更新一代进化。

第一代电子计算机主要的逻辑元器件为电子管，通常称为电子管计算机。早在 1904 年，英国工程师弗莱明（John Fleming）就发明了电子二极管（也称为真空二极管），如图 1-13 所示。电子二极管一端是灯丝，另一端是金属片做成的电极。当金属片带正电时，电流才能通过。因此，在电子二极管中，电流只能朝一个方向流动。电子二极管的发明是电子技术的一个重大突破。1906 年，杰出的英国科学家福雷斯特（Lee de Forest）又发明了世界上第一支具有放大微弱信号功能的电子三极管，如图 1-14 所示，它是 20 世纪最伟大的发明之一。ENIAC 的诞生开创了第一代电子计算机的新纪元。

图 1-13　约翰·弗莱明及其发明的真空二极管　　　　图 1-14　李·德·福雷斯特及其发明的真空三极管

第一代电子计算机的主要特点如下：

① 采用电子管代替机械齿轮和电磁继电器作为逻辑元器件（开关元件），但电子管一多，机器就笨重，而且运行时会产生很多热量，也容易损坏。

② 采用二进制代替十进制，即所有指令与数据都用"0"和"1"表示，分别对应电子元器件的"接通"与"断开"。用机器语言编写程序既枯燥又费时。

③ 程序可以存储，但存储设备比较落后，最初使用水银延迟线或静电存储器，存储容量很小。后来使用了磁鼓、磁心，有了很大的改进，但容量和性能仍然十分有限。

④ 输入、输出装置主要是穿孔卡、打印机等，速度很慢。

1951 年 3 月研制的 UNIVAC（UNIVersal Automatic Computer，万用自动计算机）是第一代计算机的典型代表，在它前后出现的一批著名的机器形成了开创性的第一代计算机家族。

第二代电子计算机使用晶体管作为主要逻辑元器件。1947 年 12 月 23 日，贝尔实验室（Bell Labs）的三位物理学家巴丁（John Bardeen）、布莱顿（Walter Brattain）和肖克利（William Shockley），在导体电路中进行用半导体晶体把声音信号放大的实验时，发明了科技史上具有划时代意义的成果——晶体管。因它是在圣诞节前夕发明的，而且对人们未来的生活产生如此巨大的影响，所以被称为"献给世界的圣诞节礼物"。由于这项影响深远的发明，他们荣获了 1956 年度的诺贝尔物理学奖。因此，贝尔实验室就成了晶体管计算机的发源地。1954 年，贝尔实验室制成了第一台晶体管计算机 TRADIC，使用了 800 个晶体管。1955 年，全晶体管计算机 UNIVAC-Ⅱ问世。第二代电子计算机的主流产品是 IBM7000 系列。第二代电子计算机的主要特点如下：

① 用晶体管代替了电子管。晶体管具有体积小、质量小、发热少、用电省、速度快、功能强、价格低、寿命长等优点。

② 普遍采用磁心存储器作为主存，并且采用磁盘和磁带作为辅存，存储容量显著增大，可靠性提高，为系统软件的发展创造了条件。

③ 作为现代计算机体系结构的许多意义深远的特性相继出现，如变址寄存器、浮点数据表示、间接寻址、中断、I/O 处理机等。

④ 程序设计语言快速发展。先是汇编语言取代了机器语言，接着出现了易于推广使用的高级语言。

⑤ 应用范围进一步扩大，除了以批处理方式进行科学计算外，开始进入实时过程控制和数据处理领域。

随着电子技术的发展，科学家们采用先进的工艺技术，把微型化的晶体管、电阻、电容等元件组成的、复杂的电路集成在一块相当小的半导体硅片上就形成了集成电路，即第三代电子计算机。

第三代电子计算机的逻辑元件采用集成电路，其主要特点如下：

① 使用集成电路代替晶体管，最初是小规模集成电路，后来是大规模集成电路。因为采用了集成电路，缩短了信息传输的时间，降低了能耗，因而使计算机可靠性显著提高，运算速度提高到每秒几百万次，质量、体积、功耗、成本却大大减少。

② 半导体存储器淘汰了磁心存储器，存储器也集成化了。

③ 普遍采用了微程序设计技术，为确立富有继承性的体系结构发挥了重要作用，第三代电子计算机为计算机走向系列化、通用化、标准化做出了贡献。

④ 系统软件与应用软件都有了很大发展。由于用户通过分时系统的交互作用来共享计算机资源，因此操作系统在规模和复杂性方面都有了很快发展。为了提高软件质量，出现了结构化、模块化程序设计方法。

⑤ 为了满足中小型企业与政府机构日益增多的计算机应用，在第三代电子计算机期间开始出现了第一代小型计算机（Minicomputer），如 DEC 的 PDP-8。

第三代电子计算机主流产品是 IBM-System/360，它是计算机发展史上的一个重要的里程碑。

1970 年出现了大规模集成电路。采用大规模集成电路制造的计算机被称为第四代电子计算机。第四代电子计算机的体积只有 ENIAC 的 30 万分之一，重量是它的 6 万分之一，耗电量是它的 5 万分之一，可靠性却提高了 1 万倍。如果在显微镜下观察这些大规模或超大规模集成电路，就如同从空中看到一座现代化城市。自计算机采用集成电路作为主要元器件以后，集成电路的集成度差不多每隔 18 个月就要翻一番，其价格也相应降低 1 倍，这就是计算机世界著名的摩尔定律。这一定律至今仍起作用，支配着计算机性能价格比的提高。

第四代电子计算机的特点如下：

① 用微处理器（Microprocessor）或超大规模集成电路 VLSI（Very Large Scale Integration）取代了普通集成电路。

② 从计算机系统本身来看，第四代机是第三代机的扩展与延伸，存储容量进一步扩大，输入有了 OCR（字符识别）和条形码，输出采用了激光打印机，引进光盘和新的程序设计语言 Pascal、Ada 等。

③ 微型计算机（Microcomputer）异军突起，席卷全球，触发了计算技术由集中化向分散化转变的大变革。许多大型机的技术垂直下移进入微机领域，使计算机世界出现一派生机勃勃的景象。

④ 数据通信、计算机网络、分布式处理有了很大的发展，计算机技术与通信技术相结合改变着世界的技术经济面貌。因特网（Internet）、广域网（WAN）、城域网（CAN）和局域网（LAN）把世界各地紧密地联系在一起。

⑤ 由于特殊应用领域的需求，在并行处理与多处理机领域正积累着重要的经验，为未来的技术突破创造着条件。例如，图像处理领域、人工智能与机器人领域、函数编程领域、超级计算领域都是人们越来越感兴趣的领域。

第四代电子计算机的主流产品是 1979 年 IBM 推出的 4300、3080 系列及 1985 年的 3090 系列。

1.1.5　并行与分布式计算

并行与分布式计算是在局域网/广域网的计算系统构建中发展起来的。网络作为重要的系统性、开创性创造，并不浪漫。它应该追溯到 20 世纪中期东西方壁垒森严的"冷战"时期。

1957 年 10 月 5 日，托马斯·弗里德曼（美国《纽约时报》专栏作者）给美国人带来一个令人震惊的消息：苏联竟然向太空发射了史上第一颗"斯普特尼克"人造卫星，而我们却不能！"斯普特尼克"带来的阴云瞬时笼罩了整个美国，酝酿中的冷战似乎因此推向了高潮。美国国防部深感危机重重，认为如果仅有一个集中的军事指挥中心，万一这个中心被苏联的核武器摧毁，全国的军事指挥将处于瘫痪状态，因此必须有一个分散的指挥中心，由一个个分散的指挥点组成，当部分指挥点被摧毁后，其他点仍能正常工作，上面分散的各点彼此能通过某种开放的通信网取得联系。

当时，将孤独的计算机连在一起的念头在美国科学界酝酿已久，"斯普特尼克"上天两个月后，美国国防部高级研究计划署（ARPA）迅速成立。前阿帕信息处理技术办公室主任、互联网之父罗伯特·泰勒临危受命，获得了国会批准的520万美元的筹备金及2亿美元的项目总预算资助。接着保罗·巴兰来了，他提出 LE "分布式通信系统"理论，罗伯特·卡恩和温顿·瑟夫也来了，他们成为人类史上涉及面最广的一份文件 TCP/IP 协议的起草者。最终，ARPAnet 开发成功，"你在某个地区使用一台系统时，还可以使用位于另一个地区的其他系统，就像这台系统也是你的本地系统一样。"网罗了每一个人的互联网从此有了雏形。

自 1969 年互联网发明后，处于特权地位的中心被解构了。正如纪录片《互联网时代》解说词里说的，"每一个点都是重要的，而每一个点也是不重要的；所有的你，都让我变得更强，所有的我，都让你变得更加有效。"1997 年，Microsoft 公司总裁比尔·盖茨先生发表了著名的演说，在演说中，"网络才是计算机"引起全世界共鸣。整个人类给出掌声和欢呼，人们改变观念，迎接趋势，进入崭新的互联网时代。

并行与分布式计算正是基于互联网的发展而发展的。借助人类"团结就是力量"、"流水线迭代"处理等思想，强调问题的分解、共享、协作，最终处理庞大复杂的任务。比如，准确预测太阳耀斑，让航天飞机避开太阳系的不良天气？什么是最安全的密码系统？对抗癌症的有效药物的研究中，涉及万亿次计算的蛋白质折叠、误解、聚合如何准确分析？再如寻找地球外文明这类跨学科的、极富挑战性的课题，都亟待并行与分布式计算来解决。

1.1.6　云计算与海计算

随着 Web 应用和信息技术的高速发展，一方面，互联网应用环境日趋复杂，大数据、高维文件激增；另一方面，手机等廉价、"弱"终端的普及使得用户对资源的共享需求成为常态。因而，如何应对压力，服务终端用户，满足其按需索取、按需使用计算/存储能力，一度成为机遇与挑战并存的问题。

云计算（如图 1-15 所示）就是在此背景下，基于互联网等网络，通过虚拟化方式共享 IT 资源的新型计算模式。其核心思想是通过网络统一管理和调度计算、存储、网络、软件等资源，实现资源整合与配置优化，以服务方式满足不同用户随时获取并扩展、按需使用并付费，最大限度地降低成本等各类需求。

图 1-15　云计算

通俗地说，我们每天都要用电，但不是每家自备发电机，而是由电厂集中提供；我们每天都要用自来水，但不是每家都有井，而是由自来水厂集中提供。云计算就是让人们像使用水和电一样使用计算机资源，付少量的租金得到所需的服务，从而节省购买软、硬件的资金。电子商务服务就是一项标准的云计算服务，即在网络环境下，在特定电子商务平台（如淘宝、唯品会）完成的一系列商品交易过程，包括商品挑选、确定、支付和购买、商品投递、接收或退换等。再如，手机 APP 大部分是以手机为终端，通过无线网络访问云端的云计算服务。云计算的主要服务形式有以亚马逊公司为代表的基础设施即服务、以 Saleforce 为代表的平台即服务和以微软为代表的软件即服务等。

2015 年 1 月 30 日，国务院出台的第一个针对云计算的意见，印发了《关于促进云计算创新发展培育信息产业新业态的意见》，提出云计算是推动信息产业发展的全新业态，是信息化发展的重大变革和必然趋势。到 2017 年，我国将初步形成安全保障有力，服务创新、技术创新和管理创新协同推进的云计算发展新格局，带动相关产业快速发展。

此外，与云计算相对应的是"海计算"，这个概念是 2009 年提出来的。海计算是一种新型物联网计算模型，通过在物理世界的物体中融入计算、存储、通信能力和智能算法，实现物物互联，通过多层次组网、多层次处理将原始信息尽量留在前端，提高信息处理的实时性，缓解网络和平台压力。海计算是基于物联网的、把"智能"推向前端的计算。与云计算比起来，"云"在天上，在服务端提供计算能力；"海"在地上，在客户前端汇聚计算能力。高通公司正在研发的智能灯泡就是一种海计算，不但可以通过 WiFi 与移动设备或家用电器连接，甚至可以实时检测异常，通过颜色变化吓跑小偷，并把温度、湿度、安全异常信息发送到主人手机。

大数据、云存储、社交网络、移动应用、物联网等新技术开始层出不穷，迅猛发展，如同势不可挡的浪潮，计算机业、电信业和各种信息业正在多网合一，殊途同归。不仅在科学计算，更是在信息处理、过程控制、人工智能、网络通信、辅助（CAD、CAE、CAQ、CAM 等）系统设计领域的方方面面得以应用，引爆几乎所有经济社会领域的裂变与重构，"颠覆"着金融、零售、电信、咨询甚至教育和房地产等行业。幸运的是，这种"颠覆"并不是贬义词，更非破坏性的，而是源源不断的建设性力量。

1.1.7　未来的计算

从 20 世纪 80 年代开始，美国、日本等国家投入了大量的人力物力研究新一代计算机（日本也曾称第五代计算机），目的是要使计算机像人一样有看、说、听和思考的能力，即智能计算机，涉及很多高新科技领域，如微电子学、高级信息处理、知识工程和知识库、计算机体系结构、人工智能和人机界面等。在硬件方面，已经或将出现一系列新技术，如先进的微细加工和封装测试技术、砷化镓器件、约瑟夫森器件、光学器件、光纤通信技术以及智能辅助设计系统等。

如今，几乎所有人都看到了一个新的计算时代的到来，如同朝阳喷薄而出，光华万丈。人们不禁会问：计算机产业将会怎么发展？未来的计算会是什么样的？

早在 1979 年，美国著名的计算机专家魏泽尔就已经开始思考这个问题，他把他的思想整理成一篇文章《The Computer for the 21st Century》（21 世纪的计算机），发表在《科学美国人》上。他说，文字是人类社会最古老，也是最好的信息技术。文字的传奇特性在于，既可以存储信息，也可以传播信息。最关键的是，文字非常易于使用。当你使用时，不会意识到在使用它。因此，这个世界到处充满文字。因而，他大胆预言：未来的计算技术也将具有文字的上述特征——为人使用，但不为人所知，且无处不在。为了描述这一前景，他还专门创造了一个当时看起来有些生僻的词语：Ubiquitous computing，即普适计算，意即计算无处不在。这篇文章开创了普适计算这个研究领域，也奠定了魏泽尔在计算机科学史上的地位，作为"普适计算之父"，他的名字已被永远载入史册。

现在，这个世界似乎正在沿着魏泽尔所预言的轨迹变化：光纤通信和移动通信加速宽带化，物联网正逐步成熟，智能终端的大范围普及，智能手表、谷歌眼镜、智能手套、智能腕带等可穿戴设备兴起……在由计算机虚拟出的世界中，人类可以"看"到画面，"听"到声音，"感受"到疼痛，"尝"到味道，并且"嗅"到气味。我们即将看到的是一个机器与人共生共享的社会，糖尿病人从打印机里取出量身定做的 Pizza，女人们的美容不过是发现自身老龄化的细胞并将其优化或终止，电视机化身任意时间任意设备任意屏幕都可以观看的好朋；机器人写作，食品打印，细胞重写，用病毒杀死细菌，生物传感器，疾病预警……

更引人向往的是，"连接一切"的社会，虽然瞬息万变，但一切也将趋于结构化、数据化、可管理化，这必将推动人类文明取得前所未有的巨大进步。

1.2 科学研究的三大方法——理论、实验和计算

科学是人们对自身及周围客观世界的规律性的认识。随着各种认识活动的不断丰富和深化，逐渐形成了对某些事物比较完整而又系统的知识，科学由此而产生。与日常知识不同，科学知识不能靠简单的积累经验事实的方法来得到，如古代人们就发现两个物体摩擦时会带电，产生火花，但只有在发现电子和蕴含其中的能量之后，才有可能把这些现象解释成为电的科学。科学的概念很难定义，在不同时期有不同的解释。以下是对"科学"概念的解释。① 韦氏字典定义：科学是从确定研究对象的性质和规律这一目的出发，通过观察、调查和实验而得到的系统知识。② 广义科学概念：科学是指人们对客观世界的规律性认识，并利用客观规律造福人类，完善自我。

波兰经济学家弗·布鲁斯说："伟大的创新的根源从来不只是技术本身，而常在于更广阔的历史背景下，它们需要更多的看待问题的新方法。"计算环境的变革与其说是带来了一场计算技术的革命，不如说是带来了思维的革新、给我们带来了看问题的新视角。特别是，随着要驾驭和揭示的科学问题变得日益复杂，计算继理论和实验之外成为第三种科学研究方法。

理论是客观世界在人类意识中的反映和用于改造现实的知识系统，用于描述和解释物质世界发展的基本规律。理论是人们对自然、社会现象，按照已知的知识或者认知，综合社会生产和科学活动的经验基础，经由一般化与演绎推理等方法，最终进行的合乎逻辑的推论性总结。理论始于假说，或者说科学假说是科学理论形成和发展的桥梁。因此，科学理论方法构建的一般过程是从提出科学假说（概念）开始，再建立科学命题，最后形成科学命题系统。

在数学上，著名的理论有集合论、混沌理论、图论、数论和概率论等，在物理学上有相对论、弦理论、超弦理论、大统一理论、M 理论、声学理论、天线理论、万物理论、卡鲁扎-克莱恩理论、圈量子引力理论，在地球科学、生物学中有进化论，在心理学上有马斯洛需要理论、动机理论、内驱力理论、色觉理论、语义记忆理论、归因理论，地理学上有大陆漂移学说、板块构造学说等。

对于理论研究方法来说，其优点是问题的"解"是"精确"的；其缺点是实际问题是复杂的，"精确解"很难得到。此外，不同科学学派和科学理论之间往往存在矛盾。比如，法国物理学家艾伦·爱斯派克特（Alain Aspect）和他的小组提出了微观粒子之间存在着称为"量子纠缠"（quantum entanglement）的关系。但量子能彼此作用甚至记忆是否就证明在微观粒子中就存在着意识？至今仍无合理的解释。比如，燃素说与氧化说、灾变论与渐变论、自生说与种生说、关于天体起源的不同假说等，都包含着需要深入探索的科学问题。

实验方法是人们根据一定的科学研究目的，运用科学仪器、设备等物质手段，在人为控制或模拟研究对象的条件下，使自然过程以纯粹、典型的形式表现出来，以便进行观察、研究，从而获取科学事实的方法。科学实验方法的优点是：① 可以简化和纯化研究对象；② 强化和激化研究对象；③ 重复或再现研究过程和结果。其缺点是需要花费高昂的成本（人力、物力、财力），如汽车碰撞试验、蛋白质与晶体结构研究等，而且有些实验显而易见是非常危险，甚至是高风险的。此外，如星系的生命周期、湾流/墨西哥暖流、温室效应、龙卷风的强度发生时间很难用实验获得。

但是不能从实验上论证一种假设，并不等于证明了这种假设不存在。典型的例子是伟大的科学家爱因斯坦于 1905 年发表的"时间相对论"，直到 100 多年后的 2007 年才终于被确证。报道指出，科学家们利用分子加速器把原子打成两条光束，绕圈而行，模拟理论中较快的时钟，然后用高精密度的激光光谱测量时间，发现光束与外界相比的确慢了一些。实验与爱因斯坦的理论"完全吻合"。

因此，人们也认识到，理论和实验方法是相辅相成、取长补短的。数千年来，人类主要通过理论和实验两种手段探索科学奥秘。16世纪后，以伽利略和牛顿为代表的科学家对科学方法论进行了重大变革，使这两种手段更加完备。理论与实验作为传统的两种研究手段共同完善、改进、充实着科学知识系统。

但是随着计算的发展，科学研究有了更多可能的方法。1998年1月31日，美国副总统戈尔（Gore）在加利福尼亚科学中心作了题为"数字地球——认识21世纪我们这颗星球"的演讲。演讲中，他说，"在计算机出现之前，实验和理论这两种创造知识的方法一直受到限制。实验科学家面对的研究现象太困难，不是太大就是太小，不是太快就是太慢。""纯理论不能预报如雷雨或飞机上天的空气流动之类复杂的自然现象。随着高速计算机的使用，我们才能模拟那些不容易观察到的现象。正由于此，计算突破了实验和理论方法的局限性。"我国应用数学和计算数学家冯康也指出，"实验、理论、计算已成为科学方法上相辅相成的而又相对独立，可以相互补充代替而又彼此不可缺少的三个重要环节。"从20世纪中叶开始，伴随着计算机的出现，计算已与理论、实验并列为三大科学方法和手段。

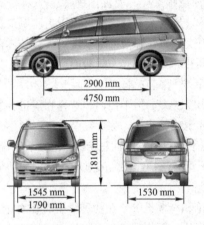
图1-16　产品的实体建模与造型

没错，许多重大的科学技术问题无法求得理论解，也难以应用实验手段求解，但可以用计算的方法求解。计算方法突破了实验和理论科学方法的局限，并进一步提高了人们对自然和社会的洞察力，为科学研究与技术创新提供了新的重要手段和理论基础，正在并将继续推动当代科学和高新技术的发展。例如，在汽车产品的设计过程中，人们就可以通过产品的实体建模与造型看到该产品将来被生产出来之后的三维立体造型，如图1-16所示。这相当于孩子还未出生，就可以通过计算及计算机技术看到孩子将来出生后的真实照片了，这是多么有趣而又不可思议的事情。

又如，过去研制核武器，要通过实际试验才能了解其威力和毁伤效果，给环境造成巨大的核污染，甚至带来生命、财产的损害，通过计算与计算机技术，核试验可以不需要实际试爆了，在高性能计算机上就可以完成核爆炸的模拟（Nuclear Stockpile）。美国政府甚至开展了一次模拟试验，模拟核武器袭击华盛顿后，对该地区及其周边区域的建筑、居民的健康造成的影响。

可见，理论方法以推理和演绎为特征，通过公理和推演规则产生结论，强调结论的严密性，公理正确的前提下，结论放之四海而皆准，不会因时、因地、因人而变化，以数学学科为代表。实验方法以观察和总结自然规律为特征，强调逻辑自洽，结果可被重现，甚至可预见新的现象，以物理学科为代表。计算方法是运用计算机学科的基础概念、技术和思维，对问题求解、系统设计以及人类行为理解等复杂情况进行设计、构造、解析的方法，强调用自动方式逐步变换求解，以计算学科为代表。

1.3　计算（机）科学与计算学科

计算的渊源可以深入扩展到数学和工程。计算作为数学的主要对象已有几千年了。自然现象的许多模型被用来导出方程，它的解就导致那些自然现象的预言，如轨道的弹道计算、天气预报和流体的流动等。解这些方程的许多方法已经给出，如线性方程组的解法、微分方程的解法和求函数的积分。几乎同时，机械系统设计中所需要的计算成为工程主要关注的对象，如计算静态物体压力的算法、计算运动物体惯量的算法和测量比我们直觉要大得多或小得多的距离的方法。

计算科学，又称为科学计算，是一个与数学模型构建、定量分析方法并利用计算机来分析和解决科学问题相关的研究领域。在实际应用中，计算科学主要应用于对各学科中的问题进行计算机模拟和其他形式的计算。

计算科学应用程序常常创建真实世界变化情况的模型，包括天气、飞机周围的气流、事故中的汽车车身变形、星系中恒星的运动、爆炸装置等。这类程序会在计算机内存中创建一个"逻辑网格"，网格中的每一项在空间上都对应一个区域，并包含与模型相关的那一空间的信息。例如在天气模型中，每一项都可以是一平方千米，并包含了地面海拔、当前风向、温度、压力等。程序在模拟该过程时会基于当前状态计算出可能的下一状态，解出描述系统运转方式的方程，然后重复上述过程计算出下一状态。

计算科学常被认为是科学的第三种方法，是实验/观察和理论这两种方法的补充和扩展。计算科学的本质是数值算法和计算数学。在发展科学计算算法、程序设计语言的有效实现以及计算结果确认上，人们已经做出了实质性的努力。计算科学的一系列问题和解决方法可以在相关文献中找到。

科学计算即数值计算，指应用计算机处理科学研究和工程技术中所遇到的数学计算。在现代科学和工程技术中，经常会遇到大量复杂的数学计算问题，这些问题用一般的计算工具来解决非常困难，而用计算机处理却非常容易。

自然科学规律通常用各种类型的数学方程式表达，科学计算的目的就是寻找这些方程式的数值解。这种计算涉及庞大的运算量，简单的计算工具难以胜任。在计算机出现之前，科学研究和工程设计主要依靠实验或试验提供数据，计算仅处于辅助地位。计算机的迅速发展使越来越多的复杂计算成为可能。利用计算机进行科学计算带来了巨大的经济效益，同时使科学技术本身发生了根本变化：传统的科学技术只包括理论和试验两个组成部分，使用计算机后，计算已成为同等重要的第三个组成部分。计算过程主要包括建立数学模型、建立求解的计算方法和计算机实现三个阶段。

建立数学模型就是依据有关学科理论对所研究的对象确立一系列数量关系，即一套数学公式或方程式。复杂模型的合理简化是避免运算量过大的重要措施。数学模型一般包含连续变量，如微分方程、积分方程。它们不能在数字计算机上直接处理。为此，先把问题离散化，即把问题化为包含有限个未知数的离散形式（如有限代数方程组），然后寻找求解方法。计算机实现包括编制程序、调试、运算和分析结果等一系列步骤。软件技术的发展为科学计算提供了合适的程序语言（如FORTRAN）和其他软件工具，使工作效率和可靠性大为提高。

计算机科学是指研究计算机及其周围各种现象和规律的科学，亦即研究计算机系统结构、程序系统（即软件）、人工智能以及计算本身的性质和问题的学科。计算机科学是一门包含各种各样与计算和信息处理相关主题的系统学科，从抽象的算法分析、形式化语法等，到更具体的主题（如编程语言、程序设计、软件和硬件等）。

计算机科学包含很多分支领域：有些强调特定结果的计算，如计算机图形学；有些探讨计算问题的性质，如计算复杂性理论；还有一些专注于怎样实现计算，如编程语言理论是研究描述计算的方法，而程序设计是应用特定的编程语言解决特定的计算问题，人机交互则是专注于怎样使计算机和计算变得有用、好用，以及随时随地为人所用。

尽管计算机只有短暂的历史，但它的本质引发了人们的热烈讨论，人们关于计算机科学的身份问题一直争论不休，认为它属于工程学和数学，而不属于科学。瑞典斯德哥尔摩大学计算机与系统科学系副教授马蒂·特德雷（Matti Tedre）在自己近期出版的新书《计算科学：一门学科的形成》（The Science of Computing: Shaping a Discipline）中，通过分享计算机领域的权威人士、教育工作者和从业人员学术文章和观点的方式，探讨了计算机科学的本质，证明了科学和实验方法都是计算机科学的一部分。

1989 年，ACM 和 IEEE/CS 攻关组提交了著名的《计算作为一门学科》(Computing as a discipline)报告。报告认为，计算机科学与计算机工程没有什么区别，建议使用"计算科学"一词来涵盖这一领域的所有工作。因而，计算科学围绕什么能（有效地）自动进行、什么不能（有效地）自动运行展开，不但覆盖了计算机科学与技术的研究范畴，而且包含更多的内涵。

如果说计算环境的变迁是源于人们的各种需求，学科的发展则是由需要解决的各种科学问题驱动的。那么，计算科学作为一门学科最基本的问题有哪些呢？主要有：① 计算的平台与环境问题；② 计算过程的执行操作与效率问题；③ 计算的正确性问题。

半个多世纪过去，计算科学迅速发展，成为一个分支学科众多、知识组织结构庞大、内容丰富的一门学科。针对这些方面，厦门大学赵致琢教授等人有着系统的研究，借鉴其研究成果，可将计算学科的学科内容按照基础理论、基本开发技术、应用以及它们的软/硬件设备联系的紧密程度的划分方法，可将计算科学的学科内容细化。

此外，计算学科随着计算内涵的发展也会变化发展，学科基础不断扩大，学科内容将不断调整。

赵致琢教授提出，从学科发展的规律可以得到，"凡是可以用计算机处理的问题及其处理过程，都可以用数学描述；凡是用以离散数学为代表的构造性数学描述的问题及其处理过程，只要设计的论域是有穷的，或者虽为无穷但存在有穷表示，也一定可以用计算机来实现。至于现实是否能行，则主要取决于计算的复杂性。"这里实质强调了数学的重要性，数学是学科基础，也认同了计算的复杂性这一工程属性。"工程"为实际计算和应用提供了可以自动计算的设备，并为更有效地完成计算和应用任务提供了工程方法和技术。

因而，从计算学科的学科内容角度，计算泛化为人类基本的智力活动之一，计算思维则基于计算这一研究对象，融合了数学思维和工程思维，并贯穿在计算学科的不同层次。当然，很多有学之士也提出，对尚没有任何计算的基本概念和先验知识的人群来说，把《计算思维导论》这样的课程纳入与物理、数学同等地位的通识课程范畴，是帮助人们了解计算机是怎么工作的、想要驾驭计算机或者想更好地掌控计算世界，激发对计算学科的热爱的较好途径。

近年来，不少学者对计算和计算科学都有自己的看法和见解。

著名计算机教育家 Peter J. Denning 说，计算是一种原理，计算机只是（实现原理的）工具。计算科学将成为科学的第四大范畴，与物质科学、生命科学和社会科学并列。

在算法理论和 NP 完全理论方面做出突出贡献的图灵奖获得者 Richard M. Karp 说，计算不仅是一门关于人工现象（artificial）的科学，还是一门关于自然现象（natural）的科学。

中国科学院计算技术研究所总工程师徐志伟对计算科学的发展进行了预测：计算科学的研究对象从单一计算变成人机共生的"人-机-物"三元计算；图灵的算法科学变为网络计算科学；摩尔定律变为网络效应，即 Gilder's Law（互联网带宽每 6 个月增长 1 倍）和 Metcalfe's Law（网络价值与网络用户数平方成正比）。

可以说，计算的演变是人们的广泛需求来驱动的。而计算学科以及产生的众多的细小的研究方向和分支都是伴随计算的发展而形成的，是学科发展中年轻但是又最具活力最有挑战性的一支，它的发展和壮大不以人的意志为转移，是学科发展的大趋势。

1.4 计算思维

1.4.1 什么是计算思维

1972 年图灵奖得主 Edsger Wybe Dijkstra 说，"**我们所使用的工具影响着我们的思维方式和思维**

习惯，从而也将深刻地影响着我们的思维能力。"是的，计算工具的发展，计算环境的演变，计算科学的形成，计算文明的迭代中到处蕴含着思维的火花。这种思维活动在这个发展、演化、形成的过程中不断闪现，在人类科学思维中早已存在，并非一个全新概念。

比如，计算尺的发明是受到了人们将复杂运算转换为简单计算的思维的启发，也就是把乘法变为加法来计算，如图 1-17 所示。

$$
\begin{array}{r}
25 \\
\times \quad 8 \\
\hline
40 \\
+ \quad 16 \\
\hline
200
\end{array}
$$

图 1-17　乘法变加法

比如，计算理论之父图灵提出用机器来模拟人们用纸笔进行数学运算的过程，他把这样的过程看成两个简单的动作：① 在纸上写上或擦除某个符号；② 把注意力从纸的一个位置移动到另一个位置。图灵构造出这台假想的、被后人称为"图灵机"的机器，可用十分简单的装置模拟人类所能进行的任何计算过程。

这些思维活动虽然在人类科学思维中早已存在，但其研究却比较缓慢，电子计算机的出现带来了根本性的改变。回溯到 19 世纪中叶，布尔发表了著作《思维规律研究》，成功地将形式逻辑归结为一种代数运算，这就是布尔代数。但是当时布尔代数的产生被认为"既无明显的实际背景，也不可能考虑到它的实际应用"，可是一个世纪后这种特别的数学思维与工程思维互补融合，在计算机的理论和实践领域中放射出耀眼的光芒。可见，计算机把人的科学思维和物质的计算工具合二为一，反过来又大大拓展了人类认知世界和解决问题的能力和范围。或者说，计算思维帮助人们发明、改造、优化、延伸了计算机，同时，计算思维借助于计算机，其意义和作用进一步浮现。

美国卡内基·梅隆大学的 Jeannette M. Wing（周以真）教授于 2006 年在《Communications of the ACM》杂志提出："**Computational thinking involves solving problems, designing systems, and understanding human behavior, by drawing on the concepts fundamental to computer science. Computational thinking includes a range of mental tools that reflect the breadth of the field of computer science.**"计算思维是（包括、涉及）运用计算机科学的基础概念进行问题求解、系统设计以及人类行为理解等涵盖计算机科学之广度的一系列思维活动（智力工具、技能、手段）。

周以真教授尽管没有明确地定义计算思维，但从 6 方面来界定计算思维是什么不是什么。

① 计算思维是概念化思维，不是程序化思维。计算机科学不等于计算机编程，计算思维应该像计算机科学家那样去思维，远远不止是为计算机编写程序，能够在抽象的多个层次上思考问题。计算机科学不只是关于计算机，就像通信科学不只是关于手机，音乐产业不只是关于麦克风一样。

② 计算思维是基础的技能，而不是机械的技能。基础的技能是每个人为了在现代社会中发挥应有的职能所必须掌握的。生搬硬套的机械技能意味着机械的重复。计算思维不是一种简单、机械的重复。

③ 计算思维是人的思维，不是计算机的思维。计算思维是人类求解问题的方法和途径，但决非试图使人类像计算机那样去思考。计算机枯燥且沉闷，人类聪颖且富有想象力。计算思维是人类基于计算或为了计算的问题求解的方法论，而计算机思维是刻板的、教条的、枯燥的、沉闷的。以语言和程序为例，必须严格按照语言的语法编写程序，错一个标点符号都会出问题。程序流程毫无灵活性可言。配置了计算设备，我们就能用自己的智慧去解决那些之前不敢尝试的问题，就能建造那些其功能仅仅受制于我们想象力的系统。

④ 计算思维是思想，不是人造品。计算思维不只是将我们生产的软硬件等人造物到处呈现，更重要的是计算的概念，被人们用来求解问题、管理日常生活，以及与他人进行交流和活动。

⑤ 计算思维是数学和工程互补融合的思维，不是数学性的思维。人类试图制造的能代替人完成计算任务的自动计算工具都是在工程和数学结合下完成的。这种结合形成的思维才是计算思维。具体来说，计算思维是与形式化问题及其解决方案相关的一个思维过程。这样其解决问题的表达形

式才能有效地转换为信息处理；而这个表达形式是可表述的、确定的、机械的（不因人而异的），解析基础构建于数学之上，所以数学思维是计算思维的基础。此外，计算思维不仅仅是为了问题解决和问题解决的效率、速度、成本压缩等，它面向所有领域，对现实世界中巨大复杂系统来进行设计与评估，甚至解决行业、社会、国民经济等宏观世界中的问题，因而工程思维（如合理建模）的高效实施也是计算思维不可或缺的部分。

⑥ 计算思维面向所有的人，所有领域。计算思维是面向所有人的思维，而不只是计算机科学家的思维。如同所有人都具备"读、写、算"（简称 3R）能力一样，计算思维是必须具备的思维能力。因而，计算思维不仅是计算机专业的学生要掌握的能力，也是所有受教育者应该掌握的能力。

周以真教授同时提出，计算思维的本质是抽象（Abstraction）和自动化（Automation）。那么，什么是抽象与自动化呢？Karp 提出自己的观点：任何自然系统和社会系统都可视为一个动态演化系统，演化伴随着物质、能量和信息的交换，这种交换可映射（也就是抽象）为符号变换，使之能利用计算机进行离散的符号处理。当动态演化系统抽象为离散符号系统之后，就可采用形式化的规范描述，建立模型、设计算法、开发软件，来揭示演化的规律，并实时控制系统的演化，使之自动执行，这就是计算思维中的自动化。

1.4.2　狭义计算思维与广义计算思维

随着计算机的出现，机器与人类有关的思维与实践活动反复交替、不断上升，从而大大促进了计算思维与实践活动向更高的层次迈进。计算思维的研究包含两层意思——计算思维研究的内涵和计算思维推广与应用的外延两方面。其中，立足计算机学科本身，研究该学科中涉及的构造性思维就是狭义计算思维。在实践活动中，特别是在构造高效的计算方法、研制高性能计算机取得计算成果的过程中，计算思维也在不断凸显。

近年来，很多学者提出各种说法，如算法思维、协议思维、计算逻辑思维、计算系统思维以及互联网思维、三元计算思维，它们实质都是一种狭义的计算思维。

下面简单介绍在不同层面、不同视角下人们对狭义计算思维的一些认知观点。

① 计算思维强调用抽象和分解来处理庞大复杂的任务或者设计巨大的系统。计算思维关注分离，选择合适的方式去陈述一个问题，或者选择合适的方式对一个问题的相关方面建模使其易于处理。计算思维是利用不变量简明扼要且表述性地刻画系统的行为。计算思维是我们在不必理解每个细节的情况下就能够安全地使用、调整和影响一个大型复杂系统的信心。计算思维就是为预期的多个用户而进行的模块化，就是为预期的未来应用而进行的预置和缓存。

② 计算思维是通过冗余、堵错、纠错的方式，在最坏情况下进行预防、保护和恢复的一种思维，称堵塞为死结，称合同为界面。计算思维就是学习在谐调同步相互会合时如何避免竞争的情形。

③ 计算思维是利用启发式推理来寻求解答。计算思维就是在不确定情况下的规划、学习和调度。计算思维是利用海量的数据来加快计算。计算思维就是在时间和空间之间，在处理能力和存储容量之间的权衡。

④ 计算思维是通过约简、嵌入、转化和仿真等方法，把一个困难的问题阐释成如何求解它的思维方法。

⑤ 计算思维是一种递归思维，是一种并行处理，是一种把代码译成数据又能把数据译成代码，是一种多维分析推广的类型检查方法。

⑥ 计算思维是一种选择合适的方式陈述一个问题，或对一个问题的相关方面建模使其易于处理的思维方法。

我们已经知道，计算思维是人的思维，但是反之，不是所有的"人的思维"都是计算思维。比如一些我们觉得困难的事情，如累加和、连乘积、微积分等，用计算机来做就很简单；而我们觉得容易的事情，如视觉、移动、直觉、顿悟等，用计算机来做就比较难，让计算机分辨一个动物是猫还是狗恐怕就很不容易。

但是也许不久的将来，那些可计算的、难计算的甚至不可计算的问题也有"解"的方法。这些立足计算本身来解决问题，包括问题求解、系统设计以及人类行为理解等一系列的"人的思维"就叫广义计算思维。

狭义计算思维基于计算机学科的基本概念，而广义计算思维基于计算科学的基本概念。广义计算思维显然是对狭义计算思维概念和外延的拓展，推广和应用。狭义计算思维更强调由计算机作为主体来完成，广义计算思维则拓展到由人或机器作为主体来完成。不过，它们虽然是涵盖所有人类活动的一系列思维活动，但都建立在当时的计算过程的能力和限制之上。

借用拜纳姆和摩尔所说的，"哲学不是永恒的，哲学是与时俱进的"，不管是狭义计算思维，还是广义计算思维，计算思维作为一种哲学层面上的方法论，也是与时俱进的。

下面通过几个较简单的实例来理解。

【例 1-1】 对函数定义的不同描述。

定义 1 设 A、B 是两个非空的集合，集合 A 的任何一个元素在集合 B 中都有唯一的一个元素与之相对应，从集合 A 到集合 B 的这种对应关系称为函数。

定义 2 表示每个输入值对应唯一输出值的一种对应关系。

那么在本例中，定义 1 就是计算思维的定义方式，定义 2 则不是计算思维的表述方式。原因在于，定义 1 的描述是确定的、形式化的，定义 2 的描述就比较含糊。

【例 1-2】 中、西医看病。

中医：根据经验，对不同的患者采用不同的诊断方法，没有统一的模式。

西医：有标准化的诊断程序，所有患者根据程序一步一步检查。

显然，中医的这种诊疗疾病的方式是根据经验来的，这对不同的医生来说具有不确定的，这就不是计算思维的方式，而西医诊疗疾病的方式确定、机械则体现了计算思维的特点。

【例 1-3】 菜谱材料准备。

土豆烧鸡：土豆 2 个（约 250 克），跑山鸡半只，干香菇 8 朵；葱姜八角若干，食用油、蚝油、料酒、白砂糖适量。

水果沙拉：小番茄 60 克，苹果丁 65 克，加州葡萄 30 克，新鲜樱桃 20 克，草莓 15 克，酸奶 50 毫升。

对照菜谱烹调这样两个菜，在菜谱材料准备方面，"土豆烧鸡"就不符合计算思维的要求，"水果沙拉"则体现了计算思维的特点。麦当劳的菜谱能让全世界所有的人吃到的汉堡都是一个口味。而中国的名菜千厨千味。这就是"计算思维"方面的差异所致。

其次，对于要解决的问题能根据条件或者结论的特征，从新的角度分析对象，抓住问题条件与结论之间的内在联系，构造出相关的对象，使问题在新构造的对象中更清晰地展现，从而借助新对象来解决问题。

对中国汉字的信息处理就蕴含了构造原理，可看成是一种典型的计算思维。

我们知道，计算机是西方人发明的，他们用了近 40 年的时间，发展了一整套技术来实现对西文的处理。而汉字是一种象形文字，字种繁多，字型复杂，汉字的信息处理与通用的西方简单的字母数字类信息处理有很大差异，一度成为棘手难题。1984 年的《参考消息》有这样的记载：法新社洛杉矶 8 月 5 日电 新华社派了 22 名文字记者、4 名摄影记者和 4 名技术人员在奥运会采访和工作。在全世界报道奥运会的 7000 名记者中，只有中国人用手写他们的报道……

在科技人员的努力下，汉字信息处理研究得到飞跃式的发展。其中，让计算机能表示并处理汉字要解决的首要的问题就是要对汉字进行编码，即确定每个汉字同一组通用代码集合的对应关系。

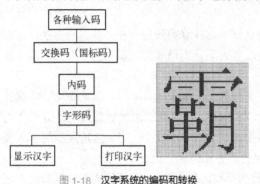

图 1-18　汉字系统的编码和转换

这样，在输入设备通过输入法接收汉字信息后，即按对应关系将其转换为可由一般计算机处理的通用字符代码，再利用传统计算机的信息处理技术对这些代码信息的组合进行处理，如信息的比较、分类合并、检索、存储、传输和交换等。处理后的代码组合通过汉字输出设备，按照同样的对应关系转换为汉字字形库的相应字形序号，输出设备将处理后的汉字信息直观地显示或打印出来，其具体过程如图 1-18 所示，从而较完美地解决了汉字的信息处理问题。

1.4.3　计算思维之应用

事实上，我们已经见证了计算思维对其他学科的影响。计算思维正在或已经渗透到各学科、各领域，并正在潜移默化地影响和推动着各领域的发展，成为一种发展趋势。

在生物学中，霰弹枪算法大大提高了人类基因组测序的速度，不仅具有能从海量的序列数据中搜索寻找模式规律的本领，还能用体现数据结构和算法自身的方式来表示蛋白质的结构。又如，生物燃料曾为我们描述了一幅美好的未来图景——许多人曾经认为，它们能很好地替代石油。但经过多年研究后并没有达到预期效果，反而遭遇瓶颈。近年来，突破这种屏障的一个灵感来自于切叶蚁。在大湖生物能源研究中心，切叶蚁在塑料箱中乱转，弄出可以将树叶转换为油和氨基酸的真菌洞穴，蚂蚁们实际上想吃些油和氨基酸。蚂蚁收集了一组微生物来将这些叶子碎屑转化为油滴。生物学家们以前都是想办法直接收集这些微生物，利用这些微生物本身，而现在则思考利用计算机将微生物所含的编码酶的基因分离出来，直接用于工业过程中分解植物细胞壁。试想一下，微生物所含各种酶的基因如果能被精确分析和控制，那么当你买下一串香蕉，你就可以让它按照你的需要，周一熟一根，周二熟一根，让一串中的每一根以不同的速度成熟。

在神经科学中，大脑是人体中最难研究的器官，科学家可以从肝脏、脾脏和心脏中提取活细胞进行活体检查，唯独大脑要想从中提取活检组织仍是个难以实现的目标。无法观测活的大脑细胞一直是精神病研究的障碍。精神病学家目前重换思路，从患者身上提取皮肤细胞，转成干细胞，然后将干细胞分裂成所需要的神经元，最后得到所需要的大脑细胞，首次在细胞水平上观测到精神分裂患者的脑细胞。类似这样的新的思维方法，为科学家提供了以前不曾想到的解决方案。

在物理学中，物理学家和工程师仿照经典计算机处理信息的原理，对量子比特（qubit）中所包含的信息进行操控，如控制一个电子或原子核自旋的上下取向。与现在的计算机进行比对，量子比特能同时处理两个状态，意味着它能同时进行两个计算过程，这将赋予量子计算机超凡的能力，远远超过今天的计算机。现在的研究集中在使量子比特始终保持相干，不受到周围环境噪声的干扰，如周围原子的推推搡搡。随着物理学与计算机科学的融合发展，量子计算机"走入寻常百姓家"将不再是梦想。

在地质学中，"地球是一台模拟计算机"，用抽象边界和复杂性层次模拟地球和大气层，并且设置了越来越多的参数来进行测试，地球甚至可以模拟成了一个生理测试仪，跟踪测试不同地区的人们的生活质量、出生和死亡率、气候影响等。

在数学中，发现了 E8 李群（E8 Lie Group），这是 18 名世界顶级数学家凭借他们不懈的努力，借助超级计算机，计算了 4 年零 77 小时，处理了 2000 亿个数据，完成的世界上最复杂的数学结构之一。如果在纸上列出整个计算过程所产生的数据，其所需用纸面积可以覆盖整个曼哈顿。

在工程（电子、土木、机械等）领域，计算高阶项可以提高精度，进而减少质量、减少浪费并节省制造成本。波音 777 飞机没有经过风洞测试，完全是采用计算机模拟测试的。在航空航天工程中，研究人员利用最新的成像技术，重新检测"阿波罗 11 号"带回来的月球这种类似玻璃的沙砾样本，模拟后的三维立体图像放大几百倍后仍清晰可见，如图 1-19 所示，成为科学家进一步了解月球的演化过程的重要环节。

图 1-19　月球沙砾立体图

在经济学中，自动设计机制在电子商务中被广泛采用（广告投放、在线拍卖等）。另一个实例是很多麻省理工学院的计算机科学博士在华尔街作金融分析师。

在社会科学中，社交网络是 MySpace 和 YouTube 等发展壮大的原因之一，统计机器学习被用于推荐和声誉排名系统，如 Netflix 和联名信用卡等。

在医疗中，我们看到机器人医生能更好地陪伴、观察并治疗自闭症，可视化技术使虚拟结肠镜检查成为可能等。我们也看到，在癌症研究者中，计算领域专家不留情面地指出：许多研究走入误区，只关注某一个问题出现的 DNA 片段，而不是把它们看成一个复杂的整体。这就好比，你本来是想管理某国的经济，结果着眼点却是某个城市中每种商品的每笔交易。因此，系统生物学被提上日程，癌症生物学家应该从全局考虑，并呼吁这些癌症生物学家要掌握非线性系统分析、网络理论，更新思维模式。

在环境学中，大气科学家用计算机模拟暴风云的形成来预报飓风及其强度。最近，计算机仿真模型表明空气中的污染物颗粒有利于减缓热带气旋。因此，与污染物颗粒相似但不影响环境的气溶胶被研发并将成为阻止和减缓这种大风暴的有力手段。

在法学中，斯坦福大学的 CL 方法应用了人工智能、时序逻辑、状态机、进程代数、Petri 网等方面的知识，欺诈调查方面的 POIROT 项目为欧洲的法律系统建立了一个详细的本体论结构等。

在娱乐中，梦工厂用惠普的数据中心进行电影《怪物史莱克》和《马达加斯加》的渲染工作；卢卡斯电影公司用一个包含 200 个节点的数据中心制作电影《加勒比海盗》；裸眼 3D 技术正在研究，具体技术是让屏幕显示一个只有从特定角度才能看到的图像，通过调节光线强度，使得同一个屏幕上可以显示出两幅完全不同的画面，一幅传给左眼，另一幅传给右眼，左右眼同时看到这两幅画面就会产生一种深度感知，让大脑认为看到了 3D 影像而不需要佩戴任何特殊的眼镜。美国卡内基·梅隆大学研究人员卡西·谢尔教授说：在未来，几乎生活的每个方面都会有游戏一般的体验，如当你站在浴室的镜子前刷牙时，你的电子牙刷会告诉你在过去的 6 个月中，你坚持一天两次高质量的刷牙得分是多少，与在你周边方圆一千米内的邻居的排名中是第几位。生活中很多事情在游戏中被快乐规划，如吃药了没有，能量消耗是多少。人类将游戏人生，以一种优雅有趣的方式驾驭生活。

在艺术中，戏剧、音乐、摄影等方面借助计算思维、应用计算工具，会让艺术家们得到"从未有过的崭新体验"。图 1-20 是一个学生的计算机绘画作品示意图。

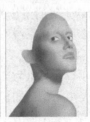

图 1-20　计算机绘画作品

在体育中，Synergy Sports 公司通过对 NBA 视频进行分析，力求通过分析改进球员技术；《劲爆美国职业篮球》游戏引入了精彩的全新模式——"动态服务"，将玩家与现实 NBA 篮坛之间的连接提升至前所未有的层次。具体来说，该游戏带来了 NBA 球队的详尽分析调查情报，并依据球员与球队在现实世界中的表现进行每日更新，包括目前的交易、伤兵、球员倾向等，让玩家每次都可获得最新鲜的感受。

在地理学中，北极区偏远多冰，是世界上最难研究的地方之一。破冰船供不应求，而且北极地区经常多云，许多卫星传感器无法穿透厚厚的云层。因此，研究者开始使用自动装置，如无人驾驶飞机、水下舰艇等，用于收集冰面上下的数据。过去北极研究者依靠相对简单的工具，如浮冰上的浮标和传感器，但是应用自动装置具有超强的移动性和智能，能够收集到海冰厚度到海底地形的各种数据，拓展了研究者的视野，成为了研究者名副其实的新眼睛。

在军事中，智能尘埃是具有计算机功能的超微型传感器，由微处理器、双向无线电接收装置和使它们能够组成一个无线网络的软件共同组成，如图 1-21 所示。将一些微尘散放在一个场地中，

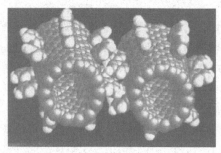

图 1-21　智能尘埃

它们就能够相互定位，收集数据并向基站传递信息。如果一个微尘功能失常，其他微尘会对其进行修复。智能尘埃系统部署在战场上时，远程传感器芯片能够跟踪敌人的军事行动，如把智能尘埃大量地装在宣传品、子弹或炮弹壳中，在目标地点撒落下去，形成严密的监视网络，敌国的军事力量和人员、物资的运动自然一清二楚。智能尘埃还可以用于防止生化攻击，可以通过分析空气中的化学成分来预告生化攻击。当然，除此之外，智能尘埃还有许多其他具体的军事应用。

在天文学中，天上的恒星在年龄问题上很难给出定论。一颗古老的恒星经常会被认为还很年轻，在寻找围绕遥远恒星运行的宜居行星时，这给天文学家带来很大的困惑。因为恒星的年龄关系到它所能支持的生命形式。正如梅邦所提出的，"恒星没有出生证"，它们的诸多视觉特征在生命周期的大部分时间里都保持不变。不过，有一个特征确实会变，那就是随着时间的推移，恒星的旋转速度会不断变慢，因此我们可以把旋转速度即恒星的自转速率当做计量恒星年龄的时钟。不过这个时候如何标出时钟的数字呢？现在正在进行的工作就是，计算出已有不同年龄层次的恒星年龄和旋转速度间的关系，再进行推理、建模。相信不久之后，恒星的年龄之谜就会揭开了。

可见，实验和理论思维无法解决问题的时候，我们可以使用计算思维来理解大规模序列，计算思维不仅仅为了解决问题效率，甚至可以延伸到经济问题、社会问题。大量复杂问题求解、宏大系统建立、大型工程组织都可通过计算来模拟，包括计算流体力学、物理、电气、电子系统和电路，甚至同人类居住地联系在一起的社会和社会形态研究，当然还有核爆炸、蛋白质生成、大型飞机、舰艇设计等，都可应用计算思维借助现代计算机进行模拟。

在日常生活中，当小朋友早晨去上学时，他把当天所需的东西放进背包，这就是"预置和缓存"；当小朋友弄丢了自己的物品，你建议他沿着走过的路线去寻找，这就叫"回推"；在超市付费时，应当去排哪一队才能最有效率，这就是"多服务器系统"的性能模型；为什么停电时电话仍然可以用，这是设计的"冗余性"问题。中国人常讲"晴带雨伞，饱带饥粮"，这就是一种"预立"。

本书主要围绕狭义计算思维来展开，不以计算机为工具介绍其使用方法，也不打算讲解计算机系统苦涩难懂的基础理论和工作原理，而是尽力挖掘知识和技术背后的思想和方法，也就是计算机科学家在解决计算（机）科学问题时的思维方法，阐明计算系统的价值实现，体会计算之美。

如果我们能不断追问，计算机科学家面临过什么样的问题？这些问题，他们是怎么思考的？他们是怎么解决问题的？从问题到解决问题的方案，其中蕴含着怎样的思想和方法？如果我们学会理解计算机科学家是如何分析问题、解决问题的，并借鉴到我们的工作生活甚至发明创造中，那么我

们就真正体会了计算思维教育的意义了。

接下来的各章是计算思维的一次有趣漫游，就像在陌生而美丽的地方"旅游"，既有趣又充满着未知的挑战。希望"旅游"结束后，会带给你新的力量，会拓展你的思维空间，能让你更好地做时代的主人。

阅读材料：计算机发展史大事记

1614 年，苏格兰人 John Napier（1550-1617）发表了一篇论文，其中提到他发明了一种可以计算四则运算和求解方程的精巧装置。

1623 年，Wilhelm Schickard（1592-1635）制作了一个能进行六位以内数加减法，并能通过铃声输出答案的"计算钟"。通过转动齿轮来进行操作。

1630 年，William Oughtred（1575-1660）发明计算尺。

1642 至 1643 年，Blaise Pascal 为了帮助做税务员的父亲，发明了一个用齿轮运作的加法器，叫"Pascalene"，这是第一部机械加法器。

1666 年，英国 Samuel Morland 发明了一部可以计算加法及减法的机械计数机。

1673 年，德国数学家 Gottfried Leibniz 制造了一部踏式（stepped）圆柱形转轮的计数机，叫"Stepped Reckoner"，这部计算器可以把重复的数字相乘，并自动地加入加数器里。

1674 年，德国数学家 Gottfried Leibniz 把 Pascal 的 Pascalene 改良，制造了一部可以计算乘法的机器，它仍然是用齿轮及刻度盘操作。

1773 年，Philipp-Matthaus 制造及卖出了少量精确至 12 位的计算机器。

1775 年，The third Earl of Stanhope 发明了一部与 Leibniz 相似的乘法计算器。

1786 年，J.H.Mueller 设计了一部差分机，可惜没有拨款去制造。

1801 年，Joseph-Marie Jacquard 的织布机是用连接按序的打孔卡控制编织的样式。

1847 年，计算机先驱、英国数学家 Charles Babbages 开始设计机械式差分机。总体设计耗时近 2 年，这台机器可以完成 31 位精度的运算并将结果打印到纸上，因此被普遍认为是世界上第一台机械式计算机。但由于设计过于复杂且改动过于频繁，Charles Babbages 直到去世也没有把自己的设计变成现实。2008 年 3 月，人们才把 Charles Babbages 的差分机造出来，这台机器有 8000 个零件，重量达 5 吨，目前放置在美国加利福尼亚州硅谷的计算机历史博物馆里供人参观。

1854 年，George Boole 出版了《An Investigation of the Laws of Thought》，讲述符号及逻辑运算，它后来成为计算机设计的基本概念。

1882 年，William S. Burroughs 辞去银行文员的工作，并专注于加数器的发明。

1889 年，Herman Hollerith 的电动制表机在比赛中有出色的表现，并被用于 1890 年的人口调查。Herman Hollerith 采用了 Jacquard 织布机的概念用来计算，他用于存储资料，然后注入机器内编译结果。该机器使本来需要 10 年多才能得到的人口调查结果，在两年多时间内做到。

1893 年，第一部四功能计算器被发明。

1895 年，Guglielmo Marconi 传送广播信号。

1896 年，Hollerith 成立制表机器公司（Tabulating Machine Company）。

1901 年，打孔键出现，之后的半个世纪只有很少的改变。

1904 年，John A. Fleming 取得真空二极管的专利权，为无线电通讯建立基础。

1906 年，Lee De Forest 在 Fleming 的二极管的基础上创制了三电极真空管。

1907 年，唱片音乐在纽约组成第一间正式的电台。

1908 年，英国科学家 Campbell Swinton 描述了电子扫描方法及预示用阴极射线管制造电视。

1911 年，Hollerith 的制表机器公司与其他两间公司合并，组成 Computer Tabulating Recording Company（C-T-R），制表及录制公司。但在 1924 年，改名为 International Business Machine Corporation（IBM）。

1911 年，荷兰物理学家 Kamerlingh Onnes 在 Leiden University 发现超导体。

1931 年，Vannever Bush 发明了一部可以解决差分方程的计数机，这机器可以解决一些令数学家、科学家头痛的复杂差分方程。

1935 年，IBM 引入 "IBM 601"，它是一部有算术部件及可在 1 秒钟内计算乘数的穿孔机器。它对科学及商业的计算起了很大的作用。总共制造了 1500 部。

1937 年，Alan Turing 想出了一个 "通用机器（Universal Machine）" 的概念，可以执行任何的算法，形成了一个 "可计算（computability）" 的基本概念。Turing 的概念比其他同类型的发明为好，因为他用了符号处理（symbol processing）的概念。

1939 年 11 月，John Vincent Atannsoff 与 John Berry 制造了一部 16 位加数器。它是第一部用真空管计算的机器。

1939 年，Zuse 与 Schreyer 开始制造了 "V2"（后来叫 Z2），这机器沿用 Z1 的机械存储器，加上一个用断电器逻辑（Relay Logic）的新算术部件。但当 Zuse 完成草稿后，这计划被中断一年。

1939—1940 年，Schreyer 完成了用真空管的 10 位加数器，以及用氖气灯（霓虹灯）的存储器。

1940 年 1 月，在 Bell Labs，Samuel Williams 和 Stibitz 完成了一部可以计算复杂数字的机器，叫 "复杂数字计数机（Complex Number Calculator）"，后来改称为 "断电器计数机型号 I（Model I Relay Calculator）"。它用电话开关部分做逻辑部件：145 个断电器，10 个横杠开关，数字用 "Plus 3BCD" 代表。在同年 9 月，电传打字 etype 安装在一个数学会议里，由 New Hampshire 连接至纽约。

1940 年，Zuse 终于完成 Z2，比 V2 运作得更好，但不是太可靠。

1941 年夏季，Atanasoff 及 Berry 完成了一部专为解决联立线性方程系统（system of simultaneous linear equations）的计算器，后来叫做 "ABC（Atanasoff-Berry Computer）"，它有 60 个 50 位的存储器，以电容器（capacitories）的形式安装在 2 个旋转的鼓上，时钟速度是 60Hz。

1941 年 2 月，Zuse 完成 "V3"（后来叫 Z3），是第一部操作中可编写程序的计算机。它亦是用浮点操作，有 7 位的指数，14 位的尾数，以及一个正负号。存储器可以存储 64 个字，所以需要 1400 个断电器。它有多于 1200 个的算术及控制部件，而程序编写、输入、输出与 Z1 相同。

1943 年 1 月，Howard H. Aiken 完成 "ASCC Mark I"（自动按序控制计算器 Mark I，Automatic Sequence, Controlled Calculator Mark I），亦称 "Haward Mark I"。这部机器有 51 尺长，重量达 5 吨，由 750000 部分合并而成。它有 72 个累加器，每个有自己的算术部件及 23 位数的寄存器。

1943 年 12 月，Tommy Flowers 与他的队伍，完成第一部 "Colossus"，它有 2400 个真空管用作逻辑部件，5 个纸带圈读取器（reader），每个可以每秒工作 5000 字符。

1943 年，由 John Brainered 领导，ENIAC 开始研究。John Mauchly 及 J. Presper Eckert 负责计划的执行。

1946 年，ENIAC 在美国建造完成。

1947 年，美国计算机协会（ACM）成立。

1947 年，英国完成了第一个存储真空管。

1948 年，贝尔电话公司研制成半导体。

1949 年，英国建造完成 "延迟存储电子自动计算器"（EDSAC）。

1950 年，"自动化" 一词第一次用于汽车工业。

1951 年，美国麻省理工学院制成磁心。

1951 年，第一台 "存储程序计算机" EDVAC 诞生。

1952 年，第一台大型计算机系统 IBM701 宣布建造完成。

1952 年，第一台符号语言翻译机发明成功。

1954 年，第一台半导体计算机由贝尔电话公司研制成功。

1954 年，第一台通用数据处理机 IBM650 诞生。

1955 年，第一台利用磁心的大型计算机 IBM705 建造完成。

1956 年，IBM 公司推出科学 704 计算机。

1957 年，程序设计语言 FORTRAN 问世。

1959 年，第一台小型科学计算器 IBM620 研制成功。

1960 年，数据处理系统 IBM1401 研制成功。

1961 年，程序设计语言 COBOL 问世。

1961 年，第一台分时系统计算机由麻省理工学院设计完成。

1963 年，BASIC 语言问世。

1964 年，第三代计算机 IBM360 系列制成。

1965 年，美国数字设备公司推出第一台小型机 PDP-8。

1969 年，IBM 公司研制成功 90 列卡片机和系统-3 计算机系统。

1970 年，IBM 系统 1370 计算机系列制成。

1971 年，伊利诺伊大学设计完成伊利阿克 IV 巨型计算机。

1971 年，第一台微处理机 4004 由英特尔公司研制成功。

1972 年，微处理机芯片开始大量生产销售。

1973 年，第一片软磁盘由 IBM 公司研制成功。

1975 年，ATARI-8800 微型计算机问世。

1977 年，柯莫道尔公司宣称全组合微型计算机 PET-2001 研制成功。

1977 年，TRS-80 微型计算机诞生。

1977 年，苹果-II 型微型计算机诞生。

1978 年，超大规模集成电路开始应用。

1978 年，磁泡存储器第二次用于商用计算机。

1981 年，东芝公司宣布制成第一台手提式微型计算机。

1982 年，微型计算机开始普及，大量进入学校和家庭。

1984 年，日本计算机产业着手研制"第五代计算机"——具有人工智能的计算机。

1984 年，DNS（Domain Name Server）域名服务器发布，互联网上有 1000 多台主机运行。

1984 年，Hewlett-Packard 发布了优异的激光打印机，也在喷墨打印机上保持领先技术。

1984 年 1 月，Apple 的 Macintosh 发布，基于 Motorola 68000 微处理器，可以寻址 16 MB。

1984 年 8 月，MS-DOS 3.0、PC-DOS 3.0、IBM AT 发布，采用 ISA 标准，支持大硬盘和 1.2 MB 高密软驱。

1984 年 9 月，Apple 发布了有 512 KB 内存的 Macintosh，但其他方面没有什么提高。

1984 年底，Compaq 开始开发 IDE 接口，可以以更快的速度传输数据，并被许多同行采纳，后来更进一步的 EIDE 推出，可以支持到 528 MB 的驱动器。数据传输也更快。

1985 年，Philips 和 Sony 合作推出 CD-ROM 驱动器。

1985 年，EGA 标准推出。

1985 年 3 月，MS-DOS 3.1、PC-DOS 3.1 发布。这是第一个提供部分网络功能支持的 DOS 版本。

1985 年 10 月 17 日，80386 DX 推出。时钟频率达到 33 MHz，可寻址 1 GB 内存，比 286 更多的指令，每秒 600 万条指令，集成 275000 个晶体管。

1985 年 11 月，Microsoft Windows 发布。但在其 3.0 版本之前没有得到广泛的应用。需要 DOS 的支持，类似苹果机的操作界面，以致被苹果控告。诉讼到 1997 年 8 月才终止。

1985 年 12 月，MS-DOS 3.2、PC-DOS 3.2。这是第一个支持 3.5 英寸磁盘的系统，但只是支持到 720 KB。

到 3.3 版本时方可支持 1.44 MB。

1986 年 1 月，Apple 发布较高性能的 Macintosh，有 4 MB 内存和 SCSI 适配器。

1986 年 9 月，Amstrad Announced 发布便宜且功能强大的计算机 Amstrad PC 1512，具有 CGA 图形适配器、512KB 内存、8086 处理器、20 MB 硬盘驱动器，采用了鼠标器和图形用户界面，面向家庭设计。

1987 年，Connection Machine 超级计算机发布，采用并行处理，每秒钟 2 亿次运算。

1987 年，Microsoft Windows 2.0 发布，比第一版要成功，但并没有多大提高。.

1987 年，英国数学家 Michael F. Barnsley 找到图形压缩的方法。

1987 年，Macintosh II 发布，基于 Motorola 68020 处理器，时钟 16 MHz，每秒 260 万条指令，有一个 SCSI 适配器和一个彩色适配器。

1987 年 4 月 2 日，IBM 推出 PS/2 系统，最初基于 8086 处理器和老的 XT 总线。后来过渡到 80386，开始使用 3.5 英寸 1.44 MB 软盘驱动器，引进了微通道技术。这一系列机型取得了巨大成功，出货量达到 200 万台。

1987 年，IBM 发布 VGA 技术。

1987 年，IBM 发布自己设计的微处理器 8514/A。

1987 年 4 月，MS-DOS 3.3、PC-DOS 3.3 随 IBM PS/2 一起发布，支持 1.44 MB 驱动器和硬盘分区，可为硬盘分出多个逻辑驱动器。

1987 年 4 月，Microsoft 和 IBM 发布 S/2 Warp 操作系统，但并未取得多大成功。

1987 年 8 月，AD-LIB 声卡发布，一个加拿大公司的产品。

1987 年 10 月，Compaq DOS (CPQ-DOS) v3.31 发布，支持的硬盘分区大于 32 MB。

1988 年，光计算机投入开发，用光子代替电子，可以提高计算机的处理速度。

1988 年，XMS 标准建立。

1988 年，EISA 标准建立。

1988 年 6 月 6 日，80386 SX 为了迎合低价电脑的需求而发布。

1988 年 7 月到 8 月，PC-DOS 4.0、MS-DOS 4.0，支持 EMS 内存。但因为存在 bug，后来又陆续推出 4.01a。

1988 年 9 月，IBM PS/20 286 发布，基于 80286 处理器，没有使用其微通道总线。但其他机器继续使用这一总线。

1988 年 10 月，Macintosh IIx 发布。基于 Motorola 68030 处理器，仍使用 16 MHz 主频，每秒 390 万条指令，支持 128 MB RAM。

1988 年 11 月，MS-DOS 4.01、PC-DOS 4.01 发布。

1989 年，Tim Berners-Lee 创立 World Wide Web 雏形，他工作于欧洲物理粒子研究所。通过超文本链接，新手也可以轻松上网浏览。这大大促进了 Internet 的发展。

1989 年，Phillips 和 Sony 发布 CD-I 标准。

1989 年 1 月，Macintosh SE/30 发布，基于新型 68030 处理器。

1989 年 3 月，E-IDE 标准确立，可以支持超过 528 MB 的硬盘容量，可达到 33.3 MB/s 的传输速度，并被许多 CD-ROM 所采用。

1989 年 4 月 10 日，80486 DX 发布，集成 120 万个晶体管，其后继型号时钟频率达到 100 MHz。

1989 年 11 月，Sound Blaster Card（声卡）发布。

1990 年，SVGA 标准确立。

1990 年 3 月，Macintosh IIfx 发布，基于 68030 CPU，主频 40 MHz，使用了更快的 SCSI 接口。

1990 年 5 月 22 日，微软发布 Windows 3.0，兼容 MS-DOS 模式。

1990 年 10 月，Macintosh Classic 发布，支持到 256 色的显示适配器。

1990 年 11 月，第一代 MPC（多媒体个人计算机标准）发布，处理器至少 80286、12 MHz，后来增加到

80386SX、16 MHz，一个光驱，至少 150 KB/s 的传输率。

1991 年，发布 ISA 标准。

1991 年 5 月，Sound Blaster Pro 发布。

1991 年 6 月，MS-DOS 5.0、PC-DOS 5.0。为了促进 OS/2 的发展。比尔·盖茨说: DOS 5.0 是 DOS 终结者，今后将不再花精力于此。该版本突破了 640 KB 的基本内存限制。这个版本也标志着微软与 IBM 在 DOS 上的合作的终结。

1992 年，Windows NT 发布，可寻址 2 GB RAM。

1992 年 4 月，Windows 3.1 发布。

1992 年 6 月，Sound Blaster 16 ASP 发布。

1993 年，Internet 开始商业化运行。

1993 年，经典游戏 Doom 发布。

1993 年，Novell 并购 Digital Research，DR-DOS 成为 Novell DOS。

1993 年 3 月 22 日，Pentium 发布，集成了 300 多万个晶体管。初期工作在 60 ~ 66 MHz，每秒钟执行 1 亿条指令。

1993 年 5 月，MPC 标准 2 发布。CD-ROM 传输率要求 300 KB/s，在 320×240 的窗口中每秒播放 15 帧图像。

1993 年 12 月，MS-DOS 6.0 发布，包括一个硬盘压缩程序 DoubleSpace，但一家小公司声称，微软剽窃了其部分技术。于是在后来的 DOS 6.2 中，微软将其改名为 DriveSpace。后来 Windows 95 中的 DOS 称为 DOS 7.0，Windows 95 OSR2 中称为 DOS 7.10.

1994 年 3 月 7 日，Intel 发布 90 ~ 100 MHz Pentium 处理器。

1994 年 9 月，PC-DOS 6.3 发布。

1994 年 10 月 10 日，Intel 发布 75 MHz Pentium 处理器。

1994 年，Doom II 发布，开辟了 PC 游戏广阔市场。

1994 年，Netscape 1.0 浏览器发布。

1994 年，Comm and Conquer（命令与征服）发布。

1995 年 3 月 27 日，Intel 发布 120 MHz 的 Pentium 处理器。

1995 年 6 月 1 日，Intel 发布 133 MHz 的 Pentium 处理器。

1995 年 8 月 23 日，Windows 95 发布。大大不同于其以前的版本。完全脱离 MS-DOS，但照顾用户习惯还保留了 DOS 形式。纯 32 位的多任务操作系统。该版本取得了巨大的成功。

1995 年 11 月 1 日，Pentium Pro 发布，主频可达 200 MHz，每秒钟完成 4.4 亿条指令，集成了 550 万个晶体管。

1995 年 12 月，Netscape 发布其 JavaScript。

1996 年，Quake、Civilization 2、Command & Conquer - Red Alert 等一系列的著名游戏发布。

1996 年 1 月，Netscape Navigator 2.0 发布，第一个支持 JavaScript 的浏览器。

1996 年 1 月 4 日，Intel 发布 150 ~ 166MHz 的 Pentium 处理器，集成了 330 万个晶体管。

1996 年，Windows '95 OSR2 发布，修复了部分 bug，扩充了部分功能。

1997 年，Grand Theft Auto、Quake 2、Blade Runner 等著名游戏发布，3D 图形加速卡大行其道。

1997 年 1 月 8 日，Intel 发布 Pentium MMX。对游戏和多媒体功能进行了增强。

1997 年 4 月，IBM 的深蓝（Deep Blue）计算机，战胜人类国际象棋世界冠军卡斯帕罗夫。

1997 年 5 月 7 日，Intel 发布 Pentium II，增加了更多的指令和更多 Cache。

1997 年 6 月 2 日，Intel 发布 233 MHz Pentium MMX。

1997 年，Apple 遇到严重的财务危机，微软伸出援助之手，注资 1.5 亿美元。条件是 Apple 撤消其控诉: 微软模仿其视窗界面的起诉，并指出 Apple 也是模仿了 Xerox 的设计。

1998 年 2 月，Intel 发布 333 MHz Pentium II 处理器，采用 0.25 μm 技术，提高速度，减少发热量。

1998 年 6 月 25 日，Microsoft 发布 Windows 98，一些人企图肢解微软，微软回击说这会伤害美国的国家利益。

1999 年 1 月 25 日，Linux Kernel 2.2.0 发布，人们对其寄予厚望。

1999 年 2 月 22 日，AMD 公司发布 K6-III 400 MHz，有测试说其性能超过 Intel P-III，集成 2300 万个晶体管、Socket 7 结构。

1999 年 2 月 26 日，Intel 公司推出了 Pentium III 处理器，Pentium III 采用了和 Pentium II 相同的 Slot1 架构，并增加了拥有 70 条全新指令的 SSE 指令集，以增强 3D 和多媒体的处理能力。最初时钟频率在 450 MHz 以上，总线速度在 100 MHz 以上，采用 0.25 μm 工艺制造，集成有 512 KB 或以上的二级缓存。

1999 年 4 月 26 日，台湾学生陈盈豪编写的 CIH 病毒在全球范围内爆发，近 100 万台左右的计算机软硬件遭到不同程度的破坏，直接经济损失达数十亿美元。

1999 年 5 月 10 日，id Soft 推出了《Quake III》的第一个测试版本，此后的时间中，《Quake III》逐渐确立了 FPS 游戏竞技标准，并成为了计算机硬件性能的测试标准之一。

1999 年 6 月 23 日，AMD 公司推出了采用全新架构，名为 Athlon 的处理器，并且在 CPU 频率上第一次超越了 Intel 公司，从此拉开了精彩激烈的世纪末处理器主频速度大战。

1999 年 9 月 1 日，Nvidia 公司推出了 GeForce256 显示芯片，并提出了 GPU 的全新概念。

1999 年 10 月 25 日，代号为 Coppermine（铜矿）的 Pentium III 处理器发布，采用 0.18 μm 工艺，内部集成了 256 KB 全速 L2 Cache，内建 2800 万个晶体管。

2000 年 1 月 1 日，全世界都在等待，呵呵，千年虫并没有爆发。2 月 17 日，美国微软公司正式发布 Windows 2000。

2000 年 3 月 16 日，AMD 公司正式推出了主频达 1GHz 的 Athlon 处理器，从而掀开了 GHz 处理器大战。

2000 年 3 月 18 日，Intel 公司推出了自己的 1GHz Pentium3 处理器。同一天，资产高达 50 亿美元的铱星公司宣告破产，公司全面终止其铱星电话服务。五角大楼最终获得了铱星的使用权，但用途至今未知。

2000 年 4 月 27 日，AMD 公司发布了"毒龙"（Duron）处理器，开始在低端市场向 Intel 发起冲击。

2000 年 5 月 14 日，名为"I LOVE YOU"（爱虫）的病毒在全球范围内发作，仅用三天的时间就造成全世界近 4500 万台计算机感染，经济损失高达 26 亿美元。

2000 年 9 月 14 日，微软正式推出了面向家庭用户的 Windows 千禧年版本 Windows ME，这也是微软最后一个基于 9X 内核的操作系统。

2000 年 11 月 12 日，微软宣布推出薄型个人计算机 Tablet PC。

2000 年 11 月 20 日，Intel 正式推出了 Pentium4 处理器。该处理器采用全新的 Netburst 架构，总线频率达到了 400MHz，并且增加了 144 条全新指令，用于提高视频，音频等多媒体及 3D 图形处理能力。

2000 年 12 月 14 日，3dfx 宣布将全部资产出售给竞争对手 Nvidia，从而结束了自己传奇般的历史。

2001 年 2 月 1 日，世嘉宣布退出游戏硬件市场。

2001 年 3 月 26 日，苹果公司发布 Mac OS X 操作系统，这是苹果操作系统自 1984 年诞生以来首个重大的修正版本。

2001 年 6 月 19 日，Intel 推出采用"Tualatin"（图拉丁）内核的 P3 和赛扬处理器，这也是 Intel 首次采用 0.13μm 工艺。

2001 年 10 月 8 日，AMD 宣布推出 Athlon XP 系列处理器，新处理器采用了全新的核心，专业 3D Now! 指令集和 OPGA（有机引脚阵列）封装，而且采用了"相对性能标示"（PR 标称值）的命名规范，同时该处理器极为优异的性价比使得 Intel 压力倍增。

2001 年 10 月 25 日，微软推出 Windows XP 操作系统，比尔·盖茨宣布"DOS 时代到此结束"。Windows XP 的发布，也推动了身处低潮的全球 PC 硬件市场。

2002 年 2 月 5 日，Nvidia 发布 GeForce 4 系列图形处理芯片，该系列共分为 Ti 和 Mx 两个系列，其中的 GeForce4 Ti 4200 和 GeForce 4 MX 440 两款产品更是成为市场中生命力极强的典范。

2002 年 5 月 13 日，沉寂多时的老牌显示芯片制造厂商 Matrox 正式发布了 Parhelia-512（幻日）显示芯片，这也是世界上首款 512 位 GPU。

2002 年 7 月 17 日，ATI 发布了 Radeon 9700 显卡，该显卡采用了代号为 R300 的显示核心，并第一次毫无争议地将 Nvidia 赶下了 3D 性能霸主的宝座。

2002 年 11 月 18 日，Nvidia 发布了代号为 NV30 的 GeForce FX 显卡，并在该产品上首次使用了 0.13 微米制造工艺，由于采用了多项超前技术，因此该显卡也被称为一款划时代的产品。

2003 年 1 月 7 日，Intel 发布全新移动处理规范"迅驰"。

2003 年 2 月 10 日，AMD 发布了 Barton 核心的 Athlon XP 处理器，虽然在推出后相当长的一段时间内得不到媒体的认可，但是凭借超高的性价比和优异的超频能力，最终 Barton 创造出了一个让所有 DIYer 无限怀念的 Barton 时代。

2003 年 2 月 12 日，FutureMark 正式发布 3Dmark 03，由此却引发了一场测试软件的信任危机。

2004 年，Intel 全面转向 PCI-Express。

2005 年，Intel 开始推广双核 CPU。

2006 年，Intel 开始推广四核 CPU。

2007 年，Intel IDF 大会推出震惊世界的 2 万亿次 80 核 CPU。

2007 年 1 月，Microsoft 发布 Windows Vista（Windows 6）。

2009 年 1 月，Microsoft 发布 Windows 7。

2013 年 10 月，Microsoft 发布 Windows 8。

2015 年 7 月，Microsoft 发布 Windows 10。

……

卜算子·理

琴者奏单音，歌者唱复调。

流水高山谁更美，婉尔复一笑。

幽谷匿清泉，山野分秋色。

长河万里逐逝波，千载轮回渡。

第 2 章

充满智慧与挑战的计算理论（技术）基础

> 感觉只解决现象问题，理论才解决本质问题。
>
> ——毛泽东

狭义的计算思维建立在现有的计算（理论）基础之上。在图灵机、二进制及布尔逻辑、冯·诺依曼计算机模型等基础上诞生的现代电子计算机，对人类的工作、学习和生活产生了巨大的影响。挖掘、提炼这些思想和方法，对我们深度理解计算思维以及利用计算思维去改造客观世界是非常有意义的。

2.1 独辟蹊径的数据表示方法

不得不说，现代电子计算机功能极其丰富，令眼花缭乱。这种神奇的机器到底能干多少事，恐怕谁也说不清楚。你看，它既能上网又可以写文章排版打印。闲来无事的时候，也可以听音乐、看电影大片，画面还非常逼真漂亮，或者玩游戏、看新闻、炒股等。特别地，现在不分男女老幼，人们都喜欢逛淘宝、京东网购物品了……但是所有这一切似乎看不出与数学计算有什么关系。

其实不然！正如"计算机"这个名称本身所暗示的那样，人们费尽心机发明这种"机器"的朴素本源目的是为了计算，以摆脱繁重的计算任务。当然，这里的"计算"通常不是指简单的计算，如 16+23，我们心算就可以了，很快可以得到答案；对于 75+81×9 这样的计算，用笔和纸也能轻松应付，而且很方便。真正促使人类发明计算机的是那些富于挑战性的计算任务，它们的共同特点是计算量大、机械、枯燥、周期长且容易出错。比如，大家在中学用过的数学用表里面涉及大量的数据，需要一个一个地计算出来，然后绘制成表；还有，像天气预报、地震预测、股市分析等方面都需要大量的计算。即使像求解 1×2×3×4×5×…×1000 等于多少这样的问题，如果没有计算机的帮助，这个计算过程也可能会使你梦想成为数学家的憧憬在结果出来之前就烟消云散。

因此，要想彻底理解计算以及计算机是怎么回事，就得先弄清楚与计算紧密相关的根本性问题——数的表示与计算。事实上，在任何一台现代计算机内部，数的表示与计算仍是最重要的组成部分之一，而且是非常基础的组成部分。

2.1.1 数据的表示——弃"十"选"二"的神来之笔

视频

让我们先回到从前，那时还没有计算机这样的计算"机器"。

请问，如何设计一个机器来完成一些计算任务，如"12+23=？"。显然，"12+23=？"非常简单，一个小学一年级的学生（甚至少数幼儿园的孩子）都可以完成这样的计算。你肯定会说，这个太简单了！确实，对我们高度发达的人脑来说，完成这样的计算很容易。可我们必须明白的是，我们希望你设计一个机器来做这件事情，这个未必就那么容易了！

难在何处？要设计一个机器来完成类似于"12+23=？"这样的计算任务，需要解决的核心问题有两个：一是数据的表示（或者如何把一个数输进机器之中），二是数据的运算。

我们先看看数据的表示，也就是如何标记一个数据。

有人肯定会说，这个太简单了，谁都会啊！无数的事实说明，看起来容易的事情未必真的容易！

图 2-1　算盘上数的表示方法

远古时代，为了统计每个人每天打了多少猎物，那时的人们采取了结绳计数法，也就是在绳子上打结的方法。后来，又演变出了算筹等器物，这个也就不说了。最值得提及的是算盘的发明与应用，可以说充分体现了中国古代劳动人民的聪明与才智。在算盘上表示一个数，就是用手拨弄算盘珠子到一定位置，如图 2-1 所示。

当然，在这千百年里，外国人也没闲着，凭着他们同样聪明的头脑和喜欢钻研的劲头，研究呀、制作呀，一代人接着一代人不停地忙乎，其结果是发明了一个又一个充满智慧的、机械式的计算机器，如图 2-2 所示。这里毕竟不是专门讲解历史的章节，所以不打算细说这些发明、创造的来龙去脉，也不想费时间阐明它们的智慧火花。大家大致了解一下在当时的历史与条件下，先驱者们所做的努力就可以了。

图 2-2　早期机械式"计数"装置

包括算盘在内，20 世纪以前的"计算机"都是纯机械的，要让它为我们计算点什么，我们得用手摇、用脚蹬，也就是说，它不可能自动进行计算。这一点很像自行车，说是自行车，其实它不会"自行"，你得用脚蹬，否则它就不走。

到了 20 世纪，由于电子技术的进步，人们用上了电灯和其他各种各样的电器，这可是人类文明的巨大进步。此时，人们自然在想如何用电子技术来实现自动计算的梦想了，也就是如何用电来表示数字，用电来进行计算！

就像每个人学习数学一样，小学一年级（为了不输在起跑线上，甚至从幼儿园开始就在强制学习数学了）从最简单的加法学起一样，加法运算搞清楚了，接下来学习减法，再学习乘除法。这就是为什么我们以"12+23=？"为例进行讨论的原因了！

科学家们首先想到的是利用电子技术设计一个加法器，它有两个输入端 A 和 B、一个输出端 S。给它的两个输入端分别输入一个加数、一个被加数，它就能自动地进行计算，并从 S 端输出相加的和来。大致思路可用图 2-3 表示。

现在问题来了：加数、被加数以及和如何表示呢？对于"12+23=？"来说，也就是 12、23、35 这几个数用什么量来表示？而且不能固定不变，否则这样的加法器只能计算 12+23，即使结果正确，也没有太大的意义了。

既然利用电子技术制作加法器，人们先想到的是用电压来表示数（电流也可以）。也就是说，给加法电路的两个输入端分别输入 12 V 和 23 V 的电压信号，经过电路的"运算"，从另一端能输出一个 35 V 的电压信号，就能达到预期的目的了。如图 2-4 所示。如果计算 20+15，只要在 A 端加上 20 V

的电压，在 B 端加上 15 V 的电压，当运算电路完成计算后，就会在 S 端输出 35 V 的电压。

图 2-3　电子加法器　　　　　　　　图 2-4　用电压表示数并进行计算的示意图

这个想法真是太妙了！不是吗？现在的你，肯定是在想另一个问题了：做加法运算的电路如何设计？有这样的想法很自然，不过不是接下来要讨论的主题。即使你暂时不会，也没有关系，先假定我们能设计出这样的电路来（多学点电子电路的知识，相信你也能做到）。

接下来的问题是，即使你有了不错的加法电路，也会面临非常严峻的事实，使你美好的愿望遭受无情的打击！因为当参与运算的数比较小时，它当然可以工作得很好，可是当加数和被加数变得很大时（经常有这样的客观需求），情况就变得很糟糕！比如，要计算 99768332+112211=？这意味着你得输入电压升高到 9000 多万伏。

真不知道现有的技术能否把电压升这么高？能的话，需要一个多大的变压器？即使技术上可行，那么用电子元器件做成的运算电路能抗得住这么高的电压而不被击穿吗？就算真能制造出这样的运算电路，这么高的电压，如何测量？做一个能精确测量、量程很大的电压表恐怕也是一个难题！更何况这么高的电压，人如何靠近？另外，学过电子电路技术的人都知道，由于温度变化、元器件老化、信号不稳定等原因，要想一个电路输出一个整数值恐怕也很难。例如，输入 12 V 和 23 V，理论上应该输出 35 V，但实际上可能输出的是 34.98 V 或者 35.02 V，只能采取"四舍五入"的方法取整数值了。

即使上述问题都能解决，还有难以逾越的鸿沟。更大的问题是如何计算精度较高的小数值。比如，要计算"3.1002836+7.6353005=？"非常困难，主要体现在：第一，这么高精度的输入电压，如何调制？第二，这样高精度的输出电压如何测量？第三，如何排除各种干扰信号，如打雷闪电、太阳黑子、大型用电设备的启动与关闭等，它们都会影响电路的正常输出的。

仔细分析就发现了这么多的问题。我们不得不换一个考虑问题的思路了。

面对问题总要寻求解决办法。科学家们发现，导致上述问题的主要根源之一是只用一根信号线表示一个数。事实上，无论一个数有多大，它总是由 0、1、2、3、4、5、6、7、8、9 组合而成的，如 525 是 5、2 和 5 组成的，83050 是 8、3、0、5 组成的，等等。有了这个发现之后，我们不再使用单独的一根信号导线，而是使用多根信号线来表示一个数，其中每根信号线都对应着这个数中的一位，这样就可以把"12+23=35"的计算电路调整成如图 2-5 所示。

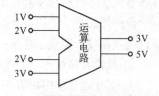

图 2-5　用两根信号线来表示两位数

这个思路的调整是革命性的。因为每根信号线的电压为 0～9 V，不会再有令人恐惧的高电压了。如果觉得以伏为单位还是太高，有点浪费，也可以使用更小的电压，如毫伏（mV）来代替，完全不影响效果。

如果要表示的数不止 2 位，如 5 位数，那就用 5 根信号线好了。像计算"10456 + 23048=？"这样的问题，就可以按如下方法设计运算电路，如图 2-6 所示。在这个例子中，数据输入端已经被分别扩充为 5 根信号线。当然，用 5 根导线可以表示的数最大为 99999，并不算大。如果需要，可以使用更多的导线，完全可以随你的便。

好了，大型整数问题解决了。那么，涉及精度的小数问题如何解决呢？思路也一样，可以用几根信号线来表示小数部分。比如，计算"10456.201+23048.048=？"这样的问题，整数部分是 5 位，小数部分有 3 位，用 8 根信号线可以表示加数和被加数了，如果不考虑进位，相加的结果也可以用 8 根信号线来表示和，如图 2-7 所示。

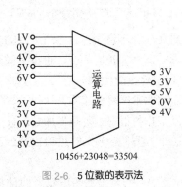

10456+23048=33504

图 2-6　5 位数的表示法

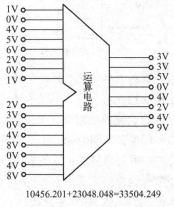

10456.201+23048.048=33504.249

图 2-7　实数的表示法

这个方案能保证数据的精确度吗？答案是肯定的。现在，不管一个数有多大，也不管它是不是带有小数部分，它的每一位都对应着一根信号线。这个改进非常重要，通过将一个数的每一位分开，这是保证一个数据在传送和处理过程中不会发生变化的第一个重要举措。

第二条措施也同样重要。由于每一位可以是 0 到 9 中的任何一个数字，所以只要为每根信号线准备十种不同的电压（如 0 V、1 V、2 V、…、9 V）即可。当然，电压不可能十分精确，如我们要的是 7 V，实测可能只有 6.9 V，或者 6.8 V，或者高于 7 V，如 7.1 V 或 7.2 V。为了能在这种情况下区分每一个数字，只要可以约定一个"四舍五入"的范围即可。比如，我们可以约定如果电压在 6.6～7.4 V，则认为它等于 7 V；如果电压为 7.6～8.4 V，则认为它等于 8 V，等等。这样就很好地解决了这个问题，除非发生了比较大的电路故障。

需要说明的是，小数部分的精度和电压的精度无关。因为这仅仅是一个你认为小数数位是哪几根信号线的问题，而每根信号线上数的精度已经不是问题了。

至此，除了不同大小的数需要不同数量的信号线以外，上述方案似乎已经很完美了，甚至可以说无懈可击了。大家甚至会认为，只要具备较好的电子电路基础，就完全可以开始考虑运算电路的具体实现了。是的，模拟计算机就是按照这样的思路设计的。事实上，早在 1940 年左右就有了模拟计算机了，甚至被安装在潜艇上，用于计算发射鱼雷时所需要的方向和速度。

但遗憾的是，上述设计思路只适合于特定"计算"，要想设计出通用的计算机器，还面临着以下问题，需要人们设法克服：

① 数位与精度不一样时，运算电路要重新设计。

② 算术运算中的减法、乘法和关系运算、逻辑运算乃至 $\sin x$、$\cos x$、$\log_2 x$、e^x 等计算是不是需要设计专门的运算电路？

③ 每一根输入信号线电压的调节（0～9）问题，以及输出信号的测量问题。

④ 外界干扰源的干扰问题。

也许还有更多的问题。这些问题不解决，何谈通用计算机器？看来要转变思维方式，否则这一大堆问题还是无法解决！

让我们回顾前面的"创意"：由于用一根信号线难以表示很大的整数和精度较高的小数，我们采用多根信号线，让每根信号线只表示数中的某一位，这样每根信号线的值只在 0～9 之间。空间和范围的压缩，使得数的表示变得容易多了。尽管如此，用一根信号线表示十个不同的数字，还是很不方便。万一某根信号线上的电压处于"临界值"，到底算什么呢？比如，某信号线上的电压为5.5 V，到底算数字 5 还是数字 6 呢？

我们自然想到：如果一根信号线不用表示那么多"数字"该多好？比如，当信号线上有信号时（即有电压时）表示 1，没有任何信号时（电压为 0）表示 0，那多方便啊？

方便是方便了，可每根信号线只能表示两种状态，即有信号和无信号，也就是说，只能表示 0 和 1 两个数字，剩下的 2、3、4、5、6、7、8、9 怎么办？

如此纠缠的根源是我们掉进了"十进制"思维的陷阱。因为人们习惯了十进制，总是从十进制出发思考问题，如果换成"二进制"思维呢？情况就会发生革命性的变化。仍以计算"12+23=？"为例，如果先把"12"和"23"换算成二进制数"1100"和"10111"，再进行求值，即转换成计算"1100+10111=？"，问题是不是就会变得更容易？如图 2-8 所示。

真是思路决定出路啊，如此一来，你会发现，因为二进制数只有 0 和 1 两个数字（对应"通""断"两种状态），所以马上就会想到这可以用开关来实现信号的输入：当开关断开时，电流被切断，没有电压信号，可表示 0；当开关接通时，电路中有电流通过，或者说有电压信号，可表示 1。当然，我们也可以用开关断开表示 1，用开关接通表示 0，但是对大多数人来说，感觉有些别扭，不太容易接受，毕竟我们已经习惯了把"没有"看成是 0。如此一来，数的表示（包括输入）就变得简单易行了，如图 2-9 所示。

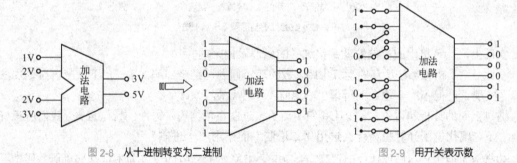

图 2-8　从十进制转变为二进制　　　　图 2-9　用开关表示数

除此之外，计算结果也很容易表示。由于输出结果也采用了二进制，我们可以在每一根输出信号线上接一个指示灯，以此来显示每根输出信号线输出的到底是 0 还是 1，如图 2-10 所示。

这个办法特别有意思，使得计算结果能以可视的形式让我们用眼睛来观察。当某根信号线上没有电时，与它相连的灯泡不亮，代表这一位是 0；当灯泡亮时，表明这一位是 1。只要依次记下这些二进制位的值并将其换算成十进制，我们就能知道计算结果是多少了。你看，连测量都免了，多方便啊！多好的二进制、多好的设计啊！毫无疑问，这是一个巨大的进步！

至此，大家应该已经知道，现代电子计算机为什么使用二进制而不是十进制了，也应该知道了为什么那么多计算机基础方面的书籍大谈特谈十进制与二进制之间的换算方法了。

当然，如果要进一步刨根问底，还有两个问题需要解决：一是数的表示，或者数的输入使用的是开关，计算不同的数就要用手拨动相应的开关，总是用手操作的话，计算的"自动化"就难以实现了；二是输出结果，靠人眼来观察，总感觉不是那么回事。

还好，上述两个问题由于电子技术的进步，得到了很好的解决。具体来说就是，晶体三极管的出现彻底解决"手动"开关的问题。晶体三极管具有非常好的开关特性（如图 2-11 所示），且开关速度非常快。而且晶体三极管可以做的很小很小，"物美价廉"。另外，只要不断电，它的状态可以保持得很稳定，这样可以用来"记录"计算结果。哈哈，优点真是太多了，稍后详细总结，这里先不赘述了。

图 2-10 用指示灯表示输出   图 2-11 晶体三极管及其开关特性

用晶体三极管来代替开关，"打开"和"关闭"都非常容易。同样，用晶体三极管的集电极的输出"记录数据"也非常方便。比如，要记录十进制数 213（即二进制数 11010101），大致可以用 8 个晶体三极管来完成，如图 2-12 所示。

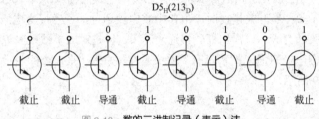

图 2-12 数的二进制记录（表示）法

实际上，计算机中的存储器就是按这样的原理做出来的。

至此，除了执行加法运算的运算电路，数的表示问题已经全部解决了。接下来应该讨论加法电路怎么实现了，但不能心急，正所谓"心急吃不了热豆腐"嘛。

通过上面的分析和讨论，至少让我们明白了二进制在数据表示方面的特定意义。我们应该好好总结一下，**现代电子计算机为什么选用"二进制"而不用"十进制"**了。

在现实生活中，人们往往习惯使用十进制，只有在钟表、时间等方面采用其他进制，如十二进制、八进制、十六进制、二十四进制、六十进制等。当然，老祖宗们也用过十六进制，所以才有了半斤八两的说法。可电子计算机所采用的是二进制，这是很多初学者刚开始感到非常困惑的地方。通过前面的介绍，至少大致了解了主要缘由，要彻底弄清楚这个问题，还需要稍作展开，可以从 3 方面来讨论。

（1）组成计算机的基本器件

电子计算机之所以采用二进制，一个根本的原因是受制于组成计算机的基本元器件，即晶体三极管，它具有如下非常重要的特点。

① 它具有两个完全不一样的状态（截止与导通，或者高电平与底电平），状态的区分度非常好。这两种状态分别对应二进制的 1 和 0。

② 状态的稳定性非常好。除非有意干预，否则状态不会改变。

③ 从一种状态转换成另一种状态很容易（在基极给一个电信号就可以了），这种容易控制的特性显得非常重要。

④ 状态转换的速度非常快，也就是开关速度很快，这一点非常重要，决定了机器计算的速度。

⑤ 体积很小，几万个、几十万个、几百万个甚至更多的晶体管可以集成在一块集成电路中。这样既能把计算机做的更小些，也能提高机器的可靠性。

⑥ 工作时消耗的能量不大，即功耗很小。因此，整个计算机的功耗就很小，这是大家都能使

用的重要原因之一。

⑦ 价格低廉。价格高了就无法推广应用了。

正是由于晶体管具有这么多特点，才被人们选为计算机的基本元器件。如果我们能找到这么一种物质或者元器件，它具有 10 种不同的稳定状态（可分别表示 0，1，…，9），且状态转换很容易、状态转换速度非常快、体积与功耗都很小、价钱也不贵，我们完全可以设计出人们所期待的十进制的计算机。但非常遗憾的是，人们目前还找不到这样的物质或元器件。从这个意义上说，不是人们不想研制十进制计算机，而是不能。别说十进制，就连三进制都不容易。大家知道，水有三种状态（液态、固态与气态），可状态转换就很不容易了（加热到 100℃以上才变成气态，降温到 0℃以下才变成固态），并且状态转换速度很慢。当然，不排除有那么一天人类会研制出十进制计算机。

（2）运算规则

二进制的运算规则很简单。就加法运算而言，有 4 条规则，如：

$$0 + 0 = 0$$
$$1 + 0 = 1$$
$$0 + 1 = 1$$
$$1 + 1 = \boxed{1}0 \quad \leftarrow 方框内 1 表示进位$$

乘法运算也只有 4 条运算规则，如：

$$0 * 0 = 0$$
$$1 * 0 = 0$$
$$0 * 1 = 0$$
$$1 * 1 = 1$$

二进制数据在逻辑运算方面也非常方便。逻辑运算有"与"（and）、"或"（or）、"非"（not）三种，对应的运算规则如下：

0 and 0 = 0	0 or 0 = 0	not 0 = 1
1 and 0 = 0	1 or 0 = 1	not 1 = 0
0 and 1 = 0	0 or 1 = 1	
1 and 1 = 1	1 or 1 = 1	

另外，二进制只有两种状态（符号），便于逻辑判断（是或非）。因为二进制的两个数码正好与逻辑命题中的"真"（True）、"假"（False）或"是"（Yes）、"否"（No）相对应。

特别地，人们利用特殊的技术，把减法、乘法、除法等运算都转换成加法运算来做（后面会介绍）。运算规则的多少直接决定了运算机器的复杂程度。也就是说，运算规则越多，执行运算任务的机器就越复杂；运算规则越少，执行运算任务的机器就越简单。因此，选用二进制方式对设计运算机器特别有利。具体到现代电子计算机而言，就是对简化中央处理器（Central Processing Unit，CPU）的设计非常有意义。如果采用十进制，CPU 的设计变得非常复杂，因为十进制比二进制的运算规则多很多（还记得小时候背九九乘法表吗？那还仅仅是乘法运算的规则呢，加法、减法等还有呢）。

（3）数据存储

交给计算机处理的数据及其计算机处理完的结果，多半要永久保存起来。采用二进制形式记录数据，物理上容易实现数据的存储。通过磁极的取向、表面的凹凸、光照有无反射等，在物理上很容易以二进制形式实现数据的存储。例如，对于只写一次的光盘，将激光束聚集成 $1 \sim 2 \mu m$ 的小光束，融化盘片表面上的合金薄膜，在薄膜上形成小洞（凹坑），记录下"1"，原来的位置则表示"0"。磁盘、硬盘等则是通过磁极的取向（南极、北极）来记录数据的。

所以，在计算机中采用的是二进制，而不是人们所熟知的十进制，或者其他进制。

2.1.2　有限的字长与大小不一的数据

在生活、学习和工作过程中经常面临各种各样的数据，它们类型不一、大小不等，涉及整数、实数、正数、负数等，而且有大有小，如 25、63780、3.1415926897、+898、−345、−0.2100568 等。

说实话，用二进制方式表示这些数问题倒不是很大，如 25 用二进制表示是 11001，63780 用二进制表示是 1111 1001 0010 0100。可当我们用机器来表示并计算这些数据时，问题就来了——按照前面介绍的方法，在数据表示时，每个二进制位对应一根信号线，那么表示 25 需要 5 根信号线、表示 65780 需要 16 根信号线！如此一来，只要数据大小不一样，即使是同样的运算，也要做出不同的硬件设计了。

问题真不小，足以让人冒冷汗！这样的问题不解决，计算不同的数就需要不同的"机器"，还得了？这样的"计算机"还有什么通用性？

让我们跟随前人的脚步，看看计算机科学家们是怎么解决这个问题的。为了方便，后面直接用二进制位来描述数据的表示方法，而不再提及"信号线"，尽管每个二进制位与信号线有着紧密的对应关系。

计算机中的核心部件是 CPU，所有计算任务都是在 CPU 中完成的。CPU 完成一次计算，最多能处理的二进制位数一般是固定的，这个数值叫**字长**。通常，字长总是 8 的整数倍，如 8 位、16 位、32 位、64 位、128 位等。也就是说，如果一个 CPU 的字长是 8 位，那么它做一次加法运算，只能对两个 8 位二进制数相加。CPU 跟外界联系靠的是信号线，数据的输入和输出需要一组信号线，这组信号线通常叫**数据总线**（Data Bus）。数据总线有多少根信号线也是确定的，不可能变来变去。另外，用于存储数据的**存储器**（Memory）由很多很多的存储单元组成，每个存储单元称为一**字节**（Byte），每字节可以存放一个 8 位二进制数。

为了讨论方便，假定计算机的字长是 8 位的，数据总线的宽度也是 8 位的（即数据总线由 8 根信号线组成）。另外，为更好地表示各种类型的数据，科学家们还做了如下约定：

① 如果一个无符号数不足 8 位，就在高位补 0，凑够 8 位。比如，25 对应的二进制数是 11001，只有 5 位，高位补 0 后就是 00011001。如果一个无符号数不止 8 位，就按 8 位进行分解。比如，63780 用二进制表示是 11111001 00100100，可分解为两个 8 位二进制数，高 8 位为 11111001，低 8 位为 00100100。

② 对于有符号数，用最高位（左边第一位）来表示数的正负号，并约定以"0"表示正，以"1"表示负。

③ 对于实数，涉及小数点的问题。计算机中不设专门的小数点，如果需要，默认特定位置有一个小数点，也就是说，小数点及其位置是隐含的。这是什么意思？别着急，接下来详细介绍科学家们的高明之处。

下面来看看有正有负、大小不等的整数和实数到底怎样表示。

（1）定点数表示方法

尽管计算机里面没有专门设置小数点，但我们可以默认某个地方有那么一个小数点，并将这样默认的小数点的位置看成固定不变的，由此就有了定点数的概念。根据小数点的位置不同，可分为定点整数、定点纯小数。

① **定点整数：**如果小数点约定在数值的最低位之后，这时所有参加运算的数都是整数，即为定点整数，如图 2-13 所示。

② **定点纯小数**：如果小数点约定在符号位和数值的最高位之间，这时所有参加运算的数的绝对值小于 1，即为定点纯小数，如图 2-14 所示。

图 2-13　定点整数　　　　　　　　　　　　图 2-14　定点纯小数

有了定点整数和定点纯小数概念以后，我们就可以说：任何一个二进制数 N，都可写成 $2^e \times t$ 的形式，即 $N = 2^e \times t$。这里，e 被称为 N 的阶码，是一个二进制整数，t 被称为 N 的尾数，是一个二进制纯小数。这跟十进制数的道理是一样的。比如，十进制数 3267 可以写成 0.3267×10^4，4 是阶码，是一个定点整数；0.3267 是尾数，是一个定点纯小数。这就是中学里面介绍的科学计数法。

（2）浮点数的表示方法

浮点数就是小数点可以浮动的数。其实，早期的计算机只有定点数，没有浮点数。这种计算机的优点是硬件结构简单，但有三个明显的缺点。

一是编程困难，程序设计人员必须首先确定机器小数点的位置，并把所有参与运算的数据的小数点都对齐到这个位置上，然后机器才能正确地进行计算。也就是说，程序设计人员首先要把参与运算的数据扩大或缩小某一个倍数后送入机器，等运算结果出来后，再恢复到正确的数值。

二是表示数的范围小。例如，一台 16 位字长的计算机所能表示的整数的范围只有-32768 到 +32767。从另一个角度看，为了能表示两个大小相差很大的数据，需要有很长的机器字长。例如，太阳的质量约为 0.2×10^{34} 克，一个电子的质量约是 0.9×10^{-27} 克，两者相差 10^{61} 倍以上。若用定点数据表示为 $2^x > 10^{61}$，可以算出 $x > 203$。也就是说，需要 203 位字长才能表示 10^{61}。

再加上精度的要求，如要求精度不低于 10 进制数 7 位，则 $2^x > 10^7$。同样可以算出，$x > 23$。也就是说，为描述数据的精度，还需要另外 23 位二进制数。

至此，我们可以算出，若要表示太阳以及电子的质量，大概需要 203+23=226 位二进制数。至今恐怕都没有字长这么长的计算机呢。

三是数据存储单元的利用率往往很低。例如，为了把小数点的位置定在数据最高位前面，必须把所有参与运算的数据至少都除以这些数据中的最大数，只有这样才能把所有数据都化成纯小数，因而会造成很多数据有大量的前置 0，从而浪费了许多数据存储单元。

为了解决上述问题，现代计算机都提供了浮点数的表示方式。

在计算机内部，如果一个数是用阶码和尾数两部分来表示的，称为**浮点表示法**。一般规定，阶码是定点整数，尾数是定点纯小数。对于 32 位的浮点数来说，数符和阶符各占 1 位，阶码的长度为 7 位，尾数的长度为 23 位，如图 2-15 所示。例如，实数 256.5 的浮点数格式（32 位）如图 2-16 所示，因此 $(256.5)_{10} = (0.1000000001)_2 \times 2^9$。

图 2-15　浮点数的表示法　　　　　　　　　图 2-16　浮点数格式实例

在浮点表示中，尾数的大小和正负决定了所表示的数的有效数字和正负，阶码的大小和正负决定了小数点的位置，因此浮点数中小数点的位置随阶码的变化而浮动，这也是"浮点"的含义。为了使运算中不丢失有效数字，提高运算精度，计算机中的浮点表示，通常采用改变阶码来达到规格化数的目的。这里，规格化数要求尾数值的最高位是 1。

上面的描述有点太理论化，可能阅读起来不太容易。但仔细去领会，确实很精妙，并且有助于理解在计算机中"1 + 2"与"1.0 + 2.0"是两种完全不一样的运算！

2.1.3 符号的表示——编码

计算机除了能处理数值数据外，还能处理非数值数据，如字符或字符串（英文或汉字信息），如事物的名称、通信地址、健康状况以及一些特殊的符号（+、-、*、/、<、>、……）等。计算机

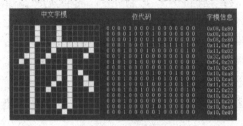

图 2-17   汉字字模

内部不可能直接存储英文字符、汉字或者那些特殊符号。对于英文字符、汉字、特殊符号等，统一用二进制代码来表示，因此必须按一定的方式，对这些符号进行编码。比如，对于汉字"你"，在计算机内部用 1110001111 000100（即十六进制的 E3C4）来表示，但在输出时，为了让大家看到汉字的"形状"，又编制了相应的字形码（即字模），如图 2-17 所示。

由于现代电子计算机诞生于美国，美国人当初考虑字符编码的时候，并没有考虑非英语国家、甚至美国以外的其他国家的文字和符号，只用了 7 位二进制对常用的英文字母、数字、运算符、标点符号等进行编码，并且形成了事实上的标准，这就是国际上广泛采用的美国标准信息交换码（American Standard Code for Information Interchange），简称 ASCII 码。它已被国际标准化组织（ISO）定为国际标准，称为 ISO 646 标准。

但是，ASCII 码标准存在着极大的缺陷——它使用 7 位二进制数表示一个字符，最多只能表示 128 个字符。这对于英语语系的国家也许已经够用了，却没有充分考虑其自身的扩充和其他语言的字符集。随着各种需要处理的符号的增加，ASCII 码几乎没有扩充的余地，更不用说能够处理其他语言的字符集（如中文常用的汉字就有多个，目前已知汉字总数多达近 10 万个）。这就导致了各种各样的编码方案的出现，如中国的 GB2312 码、日本的 JIS 码等。但所有的这些编码系统没有哪一个拥有足够的字符，可以适用于多种语言文本。

可见，这种编码标准设计上的局限性，导致了许多问题：

① 没有统一的编码表示多国文字，使得国际间文本数据交换很不方便。

② 不能解决多语言文本同平台共存的问题。

③ 不能真正解决现有软件的国际化问题。因为各种编码相互之间都不兼容，一个软件不可能同时使用两种不同的编码。由于编码不统一，这些编码系统之间经常相互冲突。数据在不同的编码系统或平台之间转换时往往不能正确地表达，如出现乱码等。

④ 对于程序员来说，当软件产品贯穿多个平台、语言和国家时，需要对软件做很大的改动、重建工作。例如，ASCII 使用 7 位编码单元，EBCDIC 使用 8 位编码，而 GBK 使用 16 位编码。

那么，有没有一种统一的编码方案，能够将世界各国的语言文字都表示出来呢？早在多年前，国际标准化组织就已经认识到各国语言文字和文化差异带来的问题了，所以该组织联合世界上许多国家共同制定了有关标准。如 ISO 10646 可表示世界上所有字符的 31 位编码方案，被称为通用字符集（Universal Character Set，UCS），使用 4 字节的宽度，以容纳足够多的字符，但是这个过于肥胖的字符标准在当时乃至现在都有其不现实的一面。从 1991 年开始，Unicode 组织以 Universal、Unique 和 Uniform 为主旨开发了一个 16 位字符标准，产生了今天的 UCS-2 和 Unicode，但它们仍然是不同的方案。

在这些标准中，Unicode 编码标准得到广泛的认同。Unicode 是一种双字节编码，在 Unicode 字符集中至少可以定义 65536 个不同的字符，其编码容量可涵盖世界上几乎所有的文字，包括拉丁文、希腊文、斯拉夫文、希伯来文、阿拉伯文、亚美尼亚文，还包括中文、日文和韩文这样的象形文字，以及孟加拉文、泰米尔文、泰国文、老挝文等。

2.1.4　鸿沟与代价

计算机内部都是二进制数码，一切都数字化了。可人类本身习惯的却是十进制数，或者其他进制的数。这就有问题了：如果计算机只会二进制，人只会十进制，相互之间就没有办法交流，这就像一个只会法语的人和一个只会汉语的在对话，跟"鸡同鸭讲"没什么区别。要解决交流问题，必须经过"翻译"。另外，自然界很多量都是连续的模拟量，而不是离散的、数字化的二进制值。这样，连续的模拟量要转换成离散的数字量才能在计算机中进行处理，这期中又会带来问题。这就是"鸿沟与代价"。

1. 效率问题——数制间转换的代价之一

正是由于计算机与人"各讲各的语言"，导致"翻译"必不可少，否则没法交流。不管是手工"翻译"也好，让机器自动"翻译"也罢，这个过程是不能少的，而且是"消耗资源"的，至少是要付出时间代价的。对于计算机而言，时间是最宝贵的资源！

下面来看数制之间的转换是怎样进行的。

（1）R 进制数转换为十进制数

假设计数为 R 的计数系统有 n 位整数和 m 位小数，则直接代入式（2-1）进行计算即可。

$$\sum_{i=0}^{n-1} d_i R^i + \sum_{i=-1}^{-m} d_{-i} R^{-i} = \sum_{i=-1}^{n-1} d_i R^i \qquad (2\text{-}1)$$

其中，i 表示位序号，d_i 表示第 i 位的数字。

【例 2-1】　$(754.345)_8$ 转换为十进制数。

【解】　$(754.345)_8 = 7 \times 8^2 + 5 \times 8^1 + 4 \times 8^0 + 3 \times 8^{-1} + 4 \times 8^{-2} + 5 \times 8^{-3}$
$$= 7 \times 64 + 5 \times 8 + 4 \times 1 + 3 \times 0.125 + 4 \times 0.015625 + 5 \times 0.001953125$$
$$= 448 + 40 + 4 + 0.375 + 0.0625 + 0.009765625$$
$$= (492.447265625)_{10}$$

【例 2-2】　$(5A8F)_{16}$ 转换为十进制数。

【解】　$(5A8F)_{16} = 5 \times 16^3 + 10 \times 16^2 + 8 \times 16^1 + 15 \times 16^0$
$$= 5 \times 4096 + 10 \times 256 + 8 \times 16 + 15 \times 1$$
$$= (23183)_{10}$$

（2）十进制数转换为 R 进制数

将十进制数转换成 R 进制数的方法是，把十进制数分为整数和小数两部分，分别转换。转换过程是把 R 进制数转换成十进制数的逆过程，这个过程使用除法（上一个过程使用乘法）。

【例 2-3】　将 45.625 转换成二进制数。

【解】

① 整数部分转换成 R 进制，采用"除基取余法"，即将整数逐次除以基数 R，直到商为 0 时止，所得余数即为结果，本例 R 为 2。

② 小数部分转换成 R 进制，采用"乘基取整法"，即将小数逐次乘以基数 R，直到小数部分为 0 时止，所得整数即为结果，本例 R 为 2。

③ 两者相加，具体如图2-18所示。

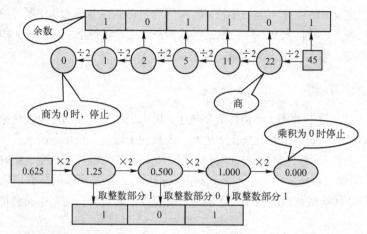

整数部分结果为：101101
小数部分结果为：101
最终结果为：101101.101

图 2-18　　**十进制转二进制**

（3）二进制与 *R* 进制数之间的转换

① **二进制与八进制之间的转换**

世间本没有八进制，为什么要讨论八进制？原因是计数方便。当一个二进制数由一长串 0 和 1 组成时，不便阅读和记忆，于是，人们采取每 3 位一分隔的计数法，如二进制数 101100101010101 可写成"101 100 101 010 101"的形式。这跟美国人记录十进制数的道理是一样的，如"130 235 000"。由于 3 位二进制有 8 种不同的组合，分别用 0～7 这 8 个数字符号来表示，形成了八进制数。

由于 3 位二进制数对应 1 位八进制数，所以二进制数转成八进制时，以小数点为界，向左右两侧按 3 位一组（不足 3 位的补 0）进行分组，然后将各组二进制数转换为相应的 1 位八进制数。八进制数转二进制数，则反之，即把每 1 位八进制数转换为相应的 3 位二进制数。

【例 2-4】　将$(10111001010.1011011)_2$转换为八进制数。

【解】　$(10111001010.1011011)_2 = (010\ 111\ 001\ 010.101\ 101\ 100)_2$
$$= (2712.554)_8$$

【例 2-5】　将$(456.174)_8$转换为二进制数。

【解】　$(456.174)_8 = (100\ 101\ 110.001\ 111\ 100)_2$
$$= (100101110.0011111)_2$$

② **二进制与十六进制之间的转换**

类似地，如果把二进制数每 4 位一分隔，就得到十六进制数。分别用 0～9 和 A～F 来表示。这里的十六进制与我们的老祖宗所使用的"十六两秤"没有什么必然的联系，只能算是一种巧合。

由于 4 位二进制数恰好是 1 位十六进制数，所以二进制数转十六进制时，以小数点为界，向左右两侧按 4 位一组（不足 4 位的补 0）进行分组，然后将各组二进制数转换为相应的 1 位十六进制数。十六进制数转二进制数，则反之，即把每 1 位十六进制数转换为相应的 4 位二进制数。

【例 2-6】　将$(10111001010.1011011)_2$转换为十六进制数。

【解】　$(10111001010.1011011)_2 = (0101\ 1100\ 1010.1011\ 0110)_2$
$$= (5CA.B6)_{16}$$

【例 2-7】　将$(1A9F.1BD)_{16}$转换为二进制数。

【解】 $(1A9F.1BD)_{16} = (0001\quad 1010\quad 1001\quad 1111.0001\quad 1011\quad 1101)_2$

$\qquad\qquad = (1101010011111.000110111101)_2$

③ 二进制与十进制之间的转换

二进制与十进制数的转换是最根本的，我们至少应该知道怎么转换。转换方法都包含在 R 进制与十进制的转换方法之中了。在这里，如果转换数的范围都在 255 以内（更大范围也可以，只是更麻烦了），还可以采用一种涉及位权的更便捷的方法。二进制转十进制时的方法是值为 1 的位权相加，十进制转二进制则是一个逆过程。

【例 2-8】 将 $(0101101)_2$ 转换为十进制数。

【解】 $(0101101)_2 = 0 + 32 + 0 + 8 + 4 + 0 + 1 = 32 + 8 + 4 + 1 = 45$。

位权：	128	64	32	16	8	4	2	1
位权 2^i：	2^7	2^6	2^5	2^4	2^3	2^2	2^1	2^0
位序号 i：	7	6	5	4	3	2	1	0
二进制值 B_i：		0	1	0	1	1	0	1

【例 2-9】 将 243 转换为二进制数。

【解】 这是一个位权由大到小逐渐相加的过程，即 $243 = 128 + 64 + 32 + 16 + 2 + 1$。

位权：	128	64	32	16	8	4	2	1
位权 2^i：	2^7	2^6	2^5	2^4	2^3	2^2	2^1	2^0
位序号 i：	7	6	5	4	3	2	1	0
二进制值 B_i：	1	1	1	1	0	0	1	1

本例的另一种解法是一个逆向思维过程，是一个由大到小逐项减去位权的逆过程。8 位二进制全部为 1，所表示的数是 255。因此，243 与各位的位权之间的关系是：$243 = 255 - 12 = 255 - 8 - 4$。也就是说，除了位权为 8 的第 3 位和位权为 4 的第 2 位为 0 外，其他位全部为 1。

2. 有损映射——数制之间转换的代价之二

两国领导人交流对话，中间需要一个翻译。如果翻译的水平很高，翻译内容准确无误，对话自然就没有任何问题。但是，谁能确保翻译一点问题都没有呢？万一翻译错了，或者理解不到位，情况就糟了。如果恰恰是双方高度敏感的问题，那可能造成外交事故。可见，中间的翻译很重要，不能出问题。那么，人与计算机之间的翻译呢？让我们先看一段 C 语言小程序：

```
#include     "stdio.h"
main()
  {
    float    f = 1234.567;          /* 定义一个变量并赋初值 */
    printf("f = %f\n", f);          /* 输出该变量的值      */
  }
```

该程序运行的结果如下：

f = 1234.567017

为什么输出变量的值与原本给变量赋的初值不一样呢？多出来的尾巴是怎么回事？这对于初学者来说确实是一个令人困惑的问题，要弄清楚这样的问题必须从十进制与二进制的转换入手。

先看 1234.567 的整数部分：按照十进制到二进制的转换规则，容易得到其对应的二进制值，计算过程如图 2-19 所示，可得：

$$(1234)_{10} = (10011010010)_2$$

再看 1234.567 的小数部分：按照十进制到二进制的转换规则，计算过程如图 2-20 所示，可得：
$$(0.567)_{10} = (10010001001\cdots)_2。$$

$$
\begin{array}{r|l}
2 & 1234 \\
2 & 617 \quad \cdots\cdots 0 \\
2 & 308 \quad \cdots\cdots 1 \\
2 & 154 \quad \cdots\cdots 0 \\
2 & 77 \quad \cdots\cdots 0 \\
2 & 38 \quad \cdots\cdots 0 \\
2 & 19 \quad \cdots\cdots 0 \\
2 & 9 \quad \cdots\cdots 1 \\
2 & 2 \quad \cdots\cdots 1 \\
2 & 1 \quad \cdots\cdots 0 \\
& 0 \quad \cdots\cdots 1 \\
\end{array}
$$

$$
\begin{array}{r}
0.567 \\
\times \quad 2 \\
\hline
\boxed{1}.134 \quad \cdots\cdots 1 \\
\times \quad 2 \\
\hline
\boxed{0}.268 \quad \cdots\cdots 0 \\
\times \quad 2 \\
\hline
\boxed{0}.536 \quad \cdots\cdots 0 \\
\times \quad 2 \\
\hline
\boxed{1}.072 \quad \cdots\cdots 1 \\
\times \quad 2 \\
\hline
\boxed{0}.144 \quad \cdots\cdots 0 \\
\times \quad 2 \\
\hline
\boxed{0}.288 \quad \cdots\cdots 0 \\
\times \quad 2 \\
\hline
\boxed{0}.576 \quad \cdots\cdots 0 \\
\times \quad 2 \\
\hline
\boxed{1}.152 \quad \cdots\cdots 1 \\
\times \quad 2 \\
\hline
\boxed{0}.304 \quad \cdots\cdots 0 \\
\times \quad 2 \\
\hline
\boxed{0}.608 \quad \cdots\cdots 0 \\
\times \quad 2 \\
\hline
\boxed{1}.216 \quad \cdots\cdots 1 \\
\cdots\cdots
\end{array}
$$

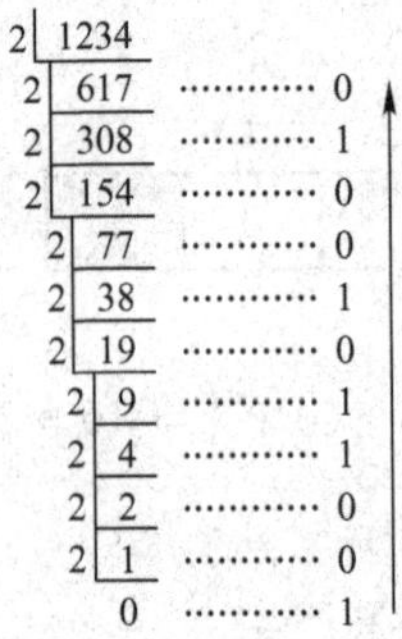

图 2-19　**整数部分转换** 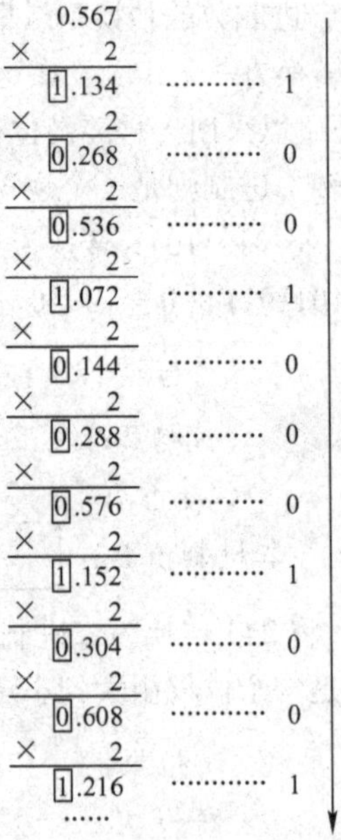　　　　　图 2-20　**小数部分转换**

上述计算过程还可以继续下去，最终也许可以得到一个确定的转换结果，也许就是无限循环的过程。只能在满足特定的精度的前提下，取其前几位有效数字，这样只能得到这样一个近似结果：
$$(1234.567)_{10} \approx (10011010010.\ 10010001001)_2。$$

现在，再把上述二进制数转换成十进制数。整数部分很容易，结果为
$$(10011010010)_2 = 1\times2^{10} + 1\times2^7 + 1\times2^6 + 1\times2^4 + 1\times2^1 = (1234)_{10}。$$

小数部分转换成十进制的结果为：
$$(0.\ 10010001001)_2 = 1\times2^{-1} + 1\times2^{-4} + 1\times2^{-8} + 1\times2^{-11}$$
$$= 0.5 + 0.0625 + 0.00390625 + 0.00048828125$$
$$= 0.56689453125$$
$$\approx (0.567)_{10}$$

至此，大家应该明白了，在计算机这一特定的环境中，不是任何一个十进制数都有与其一一对应的二进制数。在这种特殊情况下，只能在设定精度的前提下，取一个与其近似的二进制值。也就是说，这种转换有时候是有损的，这是我们必须了解并引起重视的一个问题。

3. 从连续到离散——又一种转换的代价

众所周知，我们今天使用的计算机属于电子数字计算机。有模拟计算机吗？客观世界连续变化的量（如温度、湿度等）又怎么处理？

所谓模拟，就是指它的变化是连续的。如人发出"啊"的声音其实是空气的振动（称为声波）引起耳鼓膜振动，其振动产生的信号经听觉神经传到大脑，作为声音的空气振动就被人们听到。"声音的强弱"取决于声波的振幅，声调的高低则与其频率有关。用振幅和频率描述的"声音"是连续的。

如果用计算机来存放和处理声音信号，就要把声音信号数字化，即把连续的变化表示成离散的。例如，0、1、2、3 等数值就是离散的，它们彼此之间有明确的界限，是不连续的。

之所以能够把模拟变化的连续量改用数字方式的离散量表示，是因为我们感官的分辨能力有一定限度。如果这种不连续的跳跃小到人的感官分辨不出来，虽然是用离散的数字表示，却与用连续的模拟表示没有什么区别。例如，比赛中运动员的动作是连续的，可是在电视屏幕上放映出来的却是一帧帧离散的画面。但是，只要每秒的帧数足够多，就感觉不到它是离散的。

图 2-21 给出了模拟信号和数字信号的对比，从中可以看出二者之间的不同与差异。

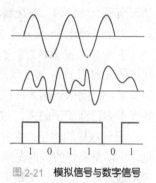

虽然数字计算机有其优势，它的推广也带来了一场数字革命，由于只能处理离散的二进制数字信息，这里"连续"与"离散"之间的"鸿沟"就给我们带来了问题：

① 离散量的精确度是有限的，数字信号不能达到无限的精确。因此，数字世界可以近似地表示真实世界，但不能完全模拟。

② 离散量和连续量之间的模/数、数/模转换需要耗费计算机系统大量的时间和资源。这就是必须付出的代价。

图 2-21　模拟信号与数字信号

既然从事物的本质上来看，其运动是连续的，那么是否存在着一种机器，可以对连续量进行计算呢？答案是肯定的。事实上，模拟计算机的研究已经持续了 4 个多世纪，电磁学的奠基人麦克斯韦、物理学家开尔文、迈克尔逊等人都为此做过努力，但都没有取得革命性的突破。也许有一天，人们会用上模拟计算机，让我们期待并为此努力吧。

现在你应该更全面地理解了计算机采用二进制，除了体现出计算机科学家们睿智的"神来之笔"，也多少有点"无奈之举"和"迫不得已"啊！

2.2　从逻辑学到逻辑电路——思维可计算吗

从逻辑学到逻辑电路，跨度真的好大。但通过这样一个话题，可以让我们"触摸"到科学家们的野心和智慧——以一种可控的、物化的方式探索和模拟人类的思维规律。

逻辑学和计算科学具有完全相同的宗旨——扩展人类大脑的功能，帮助人脑正确、高效地思维。逻辑学试图找出构成人类思维或计算的最基础的机制，如推理中的"代换"、"匹配"、"分离"，计算中的"运算"、"迭代"和"递归"。而程序设计则是把问题的求解归结于程序设计语言的几条基本语句，或者说归结于一些极其简单的机器操作指令。逻辑学的形式化方法又与计算科学不谋而合。

2.2.1　生活中的"逻辑问题"

《韩非子·难一》记载：楚人有鬻矛与楯者，誉楯之坚："物莫能陷也。"俄而又誉其矛，曰："吾矛之利，物无不陷也。"人应之曰："以子之矛，陷子之楯，何如？"其人弗能应也。以为不可陷之楯与无不陷之矛，为名不可两立也。

视频

上述故事用白话文解读就是：楚国有个卖矛和盾的人，称赞他的盾坚固："任何锋利的东西都穿不透它。"一会儿又赞美自己的矛，说："我的矛锋利极了，什么坚固的东西都能刺穿。"有人问他："用你的矛来刺你的盾，结果会怎么样呢？"那人便答不上话来了。刺不破的盾和什么都刺得破的矛，是不可能同时存在的。这应该就是"矛盾"一词的来历。

生活中这样的事例不少。比如，经常上街购物的人会听到商贩用喇叭这么吆喝："大家快来看了啊，最新的高科技产品，全市都没有了啊！"商贩吆喝得很起劲，可惜他吆喝的话本身有矛盾。不难理解，商贩的本意是要告诉大家，全市就他一家有这样的高科技产品，别无分店。可惜商贩忘了自己就身处市中心，如果就像他所说的，全市都没有那样的高科技产品了，那他自己卖的又是什么呢？所以，这就是典型的自相矛盾。

上面的例子说明，从古至今生活中有很多地方存在逻辑上的矛盾。只要细心观察，你还可以发现很多这样的事例。大学生们很喜欢"卧谈"，就是晚上熄灯后，同宿舍的同学并不急于休息，而是天南地北地瞎聊，甚至经常就某些问题进行争论。争论的双方通常都想抓住对方的"逻辑错误"置对方于"死地"，实在争执不下了，就说对方"逻辑混乱"。

有一个比较著名的例子——理发师悖论。某村有一位理发师，有一天他宣布："只给不自己刮胡子的人刮胡子"。那么就产生了一个问题：理发师究竟给不给自己刮胡子？如果他给自己刮胡子，他就是自己刮胡子的人，按照他的原则，他又不该给自己刮胡子；如果他不给自己刮胡子，那么他就是不自己刮胡子的人，按照他的原则，他又应该给自己刮胡子。这就产生了矛盾。

看到这样的例子，你肯定觉得可笑。可生活中这样的例子还不少，只是没有如此直白而已。可见，生活是美好的，但充满了谬误，而逻辑学的任务就是寻找获得真理的方法。无论什么时候，无论是谁，学点儿逻辑学知识永远都是必要的、有好处的。不管你是做律师、侦探，还是当科学家，或者别的什么职业，都应具备科学的、严密的推理和论证。人们已经认识到，学习逻辑学有助于人们正确的认识客观事物，获取新的知识；学习逻辑学有助于人们准确地表达思想，严格的论证思想；学习逻辑学有助于人们揭露和纠正谬误，批驳诡辩论。

2.2.2 逻辑与思维

逻辑学最早是哲学的一个分支。哲学和逻辑学是人类最早就开始研究的学问之一。

说到哲学，常以深奥晦涩而著称，导致很多人对它没有兴趣，甚至误认为哲学就是政治，或者是政治的一部分。事实上，哲学是最高层次的科学。任何一个领域的认知，上升到最高层次就属于哲学的范畴了。因此，哲学常常给人一种高深莫测的感觉。比如，老子说"人法地，地法天，天法道，道法自然。"再如，"任何事物都是相对静止状态和绝对运动状态的统一"等。

既然逻辑学是哲学的分支，自然也不那么容易被人们所接受。随着时间的推移，人们认识到了逻辑学的重要性。现在，在联合国教科文组织的学科分类目录中，逻辑学是与数学、物理学等并列的七大基础学科之一。

逻辑学的产生和发展说明了一个基本事实，即人在抽象思维方面不是完美的，或者说经常是有缺陷的。逻辑学的任务是总结抽象思维的规律和特点，希望人们在学习之后能够在日常交流的过程中明辨是非，去伪存真。更重要的是，让我们自己在说话和思考问题的时候，从一开始就具有很强的思维能力和很高的思维品质。

谈到逻辑学的产生与发展，不能不说亚里士多德（公元前 384—前 322 年），他是古希腊的一个哲学家、柏拉图的学生。公元前 336 年，他在雅典开设了吕克昂学园。在教学活动中，亚里士多德通常是在学生们的簇拥下沿竞技场的游廊边散步边讲授学问，所以后人一般称这里形成的学派为"逍遥学派"。"吾爱吾师，吾更爱真理"是亚里士多德一生人格特征的典型写照。亚里士多德一生留下了大量的著作，其中包括著名的《工具论》。

《工具论》不是独立的一本著作，而是《范畴篇》、《解释篇》、《分析前篇》、《分析后篇》、《论辩篇》和《辩谬篇》的总称。在这些著作里，他阐述了经典的"三段论"，即：

人都是要死的，

苏格拉底是人，

所以，苏格拉底是要死的。

这几句话流传很广，很多人能背诵。尽管如此，大家还是不太明白什么是逻辑，什么是逻辑学。

那么，逻辑究竟是什么呢？逻辑是思维的法则，思维则是各种客观事物变化规律在大脑中的映像。所以，逻辑无处不在。当我们把人类思维和客观规律的"语义内容"抽去后，留下的、共同遵循的"语法规则"就是逻辑。因此，**逻辑就是思维的规律，逻辑学就是关于思维规律的学说，思维规律是思维内容与思维形式的统一**。

遗憾的是，就现在人类对大脑机理的研究水平而言，尚无法从机理的角度来回答"什么是思维"，只能从功能分析出发，对思维的过程做一番揣摩和探讨。

逻辑是人的一种抽象思维，是人通过概念、判断、推理、论证来理解和区分客观世界的思维过程。有时逻辑和逻辑学两个概念通用，这里也一样。就逻辑学而言，从狭义上讲，它是指研究推理形式的科学；从广义上讲，它是指研究思维形式及其规律以及一般方法的一门思维科学。思维形式是指思维在抽象掉具体内容之后所具有的共同结构，思维形式又叫思维的逻辑形式。不同的思维内容可以有相同的思维形式。逻辑学重点研究的是思维的逻辑形式。因此，逻辑学首先研究了概念和命题，并在此基础上形成了一些公认的准则。

思维实体（Entity）处于一个客观世界，称为该实体的环境（Environment），通过对环境的感知（Perception）形成概念（Concept）。这些概念以自然语言（包括文字、图像、声音等）为载体，在思维实体中记忆、交流，从而又成为这些思维实体的环境的一部分。通过对概念外延（Extension）的拓展和对概念内涵（Intension）修正，完成思维的最基础的功能——概念化（Conceptualization）。这一过程将物理对象抽象为思维对象（语言化了的概念），包括对象本身的表示、对象性质的表示、对象间关系的表示等。例如，我们的祖先通过对日月星辰的长期观察，有了"日、月、天、地"等概念，有了"天圆地方"的概念，有了"日出东方、日落西方"的概念；随着这些概念的修正，逐步获得正确的认识。

在概念化的基础上，思维进入更高级的层次——理性化（Rationalization）思维，即对概念的思维：判断（Judgments）和推理（Reasoning）。判断包括：概念对个体（Individuals）的适用性判断（特称判断、全称判断及其否定），个体对多个概念同时满足或选择性地满足的判断（合取判断或析取判断），概念对概念的蕴含的判断（条件判断）等。推理可以说是对概念、判断的思维，即由已知的判断根据一定的准则导出另一些判断的过程。

从思维规律的角度来说，一般把人的思维分成三种，即抽象（逻辑）思维、形象（直觉）思维和灵感（顿悟）思维。这三种思维实际上可以交错进行，如人的创造性思维过程就不单单是抽象思维，也有点形象思维，甚至要有灵感思维。所以，三种思维的划分是为了科学研究的需要，而不是讲人的哪一类具体思维过程。

（1）抽象（逻辑）思维

抽象思维是思维的一种高级形式，也称为逻辑思维。这里所说的逻辑是人的思维规律。逻辑思维是指运用概念、判断和推理的形式进行的思维，通过逻辑思维的基本过程：分析、综合、比较、抽象、概括和具体化来揭示事物的本质特征和规律性联系。逻辑思维运用的是抽象理论，而不是具体的形象。抽象思维中还有辩证思维，也被称为辩证逻辑。辩证思维理论如何进一步规律化，是抽象思维学的一项艰巨的研究任务。

逻辑思维与计算机有着密切的联系，一切逻辑思维都可以用计算机来反映，都可以用计算机来代替人的劳动。也就是说，计算机可以代替人的抽象思维。图灵机（Turing Machine）能够做的就是抽象思维这一套东西，但它还代替不了人，人的思维比这个范围大得多。

（2）形象（直觉）思维

形象思维也叫直觉思维，是综合一切可以利用的素材加以整理，构筑成一门形象思维的学问。形象思维又分为直观动作思维和表象思维两种。直观动作思维是指思维者能直观思维对象，并通过思维者自身的动作去影响思维的对象。也就是说，这种思维的思维者与思维对象处于同一环境。现实生活中人们所做的每件事情都离不开这种形式的思维。表象思维是指思维时通过想象对思维对象进行加工改造的思维，思维者与思维对象并不处于同一环境。

形象思维一旦搞清楚，则可以把精神财富挖掘出来，这将把我们的智力开发大大地向前推进。

（3）灵感（顿悟）思维

灵感是把形象思维扩大到潜意识。如果逻辑思维是线性的，形象思维是二维的，那么灵感思维就是三维的。灵感实际上就是形象思维的扩大，从显意识扩大到潜意识，是从更广泛的范围或者三维空间来进行形象思维。从这个意义上说，灵感思维与形象思维有着密切的关系。

任何具体思维都有它的内容，也有它的形式。

任何具体思维都涉及一些特定的对象。例如，数学中的具体思维涉及数量与图形这些特定对象，物理学中的具体思维涉及声、光、电、力等这些特定的对象，政治经济学中的具体思维涉及生产关系、商品、价值等这些特定的对象。各个不同领域中的具体思维所涉及的对象是不相同的。但是，在各个不同领域的具体思维中又存在着一些共同的因素。例如，在各个不同领域的具体思维中都要应用"所有……都是……"、"如果……那么……"这些思维模式，这种模式就是具体思维的形式，或者说，就是思维形式。各个不同领域的具体思维所涉及的特殊对象就是具体思维的内容，或者说，就是思维内容。为了便于理解，我们通过几个例子具体说明。

① 所有商品都是有价值的。

② 所有金属都是有光泽的。

③ 所有帝国主义都是要侵略的。

不难理解，这是三个判断。其中，判断①属于经济学领域的具体思维，涉及"商品"和"价值"这些特殊的对象；判断②属于物理学领域的具体思维，涉及"金属"与"光泽"这些特殊对象；判断③属于政治领域的具体思维，涉及"帝国主义"与"侵略"这些特殊的对象。这三个判断所涉及的特殊对象分别是这三个判断的思维内容。

尽管上述三个判断涉及不同领域，但都具有相同的思维模式，即"所有……都是……"。如果用 s 和 p 来分别代表"所有"后面的"……"与"都是"后面的"……"，这样，上面三个判断所具有的思维形式就是：

所有 s 都是 p。

借用数学中的概念，s 和 p 可看成变量。我们可以用任何的具体概念去代换它们，从而得到具体的判断。

我们再看看下面几个例子。

④ 如果一个产品不是为了出售而是为了生产者自身的消费，那么这个产品不是商品。

⑤ 如果金属遇热，那么金属就会膨胀。

⑥ 如果下大暴雨，那么河水就会上涨。

同理，④～⑥也是三个判断，也涉及不同领域不同的对象，但它们具有相同的思维模式，即"如果……，那么……"。如果用 p 和 q 来分别代表"如果"后面的"……"与"那么"后面的"……"，则其思维模式就是：

如果 p，那么 q。

我们再看两个关于推理的例子。

⑦ 人都是要死的；

  苏格拉底是人；

  所以苏格拉底是要死的。

⑧ 所有金属都是有光泽的；

  铁是金属；

  所以铁是有光泽的。

同样，这两个推理有着相同的模式。如果分别用 m、p 和 r 去代替上述那些具体的概念，那么就可以得到这样的思维形式：

所有 m 是 p，

r 是 m，

所以，r 是 p。

从上面所举的例子中可以看出，在具体思维中，思维形式和思维内容总是联系着的。也就是说，在具体思维中，没有不具有思维内容的思维形式，也没有不具有思维形式的具体内容。另一方面，思维形式和思维内容是有区别的，思维形式对于思维内容又有相对独立性。

不难看出，这种对思维规律的研究方法其实就是"抽象"，也就是从具体思维形式中抽象出本质的思维模式，以反映人们的思维规律。这是形式逻辑的本源和目的。

形式逻辑只研究思维形式而不研究思维内容，不是要把思维形式和思维内容隔离开来。相反，形式逻辑研究思维形式，正是为了使人们自觉地掌握思维形式的规律，从而更好地把思维形式和思维内容结合起来以正确反映客观现实。

必须指出的是，如果对形式逻辑不加以正确地使用，就会发生逻辑错误。比如：

鲁迅的作品不是一天能够读完的，

《孔乙己》是鲁迅的作品，

所以，《孔乙己》不是一天就能读完的。

这样的推理明是错误的，原因就是"鲁迅的作品"和《孔乙己》不是同一个概念，前者的意思是鲁迅作品的总称，后者则仅仅指"《孔乙己》"。逻辑学要求，在一个单独的思维模式中，概念和命题必须保持一致，这叫同一律。如果违反了同一律，就会发生我们在日常生活中所说的"偷换概念"、"偷换命题"或者"混淆概念"这类错误。

显然，概念、判断、推理是形式逻辑的三大基本要素。概念的两个方面是外延和内涵。外延是指概念包含事物的范围大小，内涵是指概念的含义、性质。判断从质上分为肯定判断和否定判断，从量上分为全称判断、特称判断和单称判断。推理是思维的最高形式，概念构成判断，判断构成推理。从总体上说，人的思维就是由这三大要素决定的。

形式逻辑的发展距今已有 2000 多年，期间出现过许多杰出的逻辑学家，他们以及他们的追随者，从来没有停止过争吵——从什么是逻辑学到逻辑学到底应该包括哪些内容等。这也直接导致了其他逻辑学门类的产生，如数理逻辑、多值逻辑、直觉逻辑、亚结构逻辑、模态逻辑、辩证逻辑等。也许只有在一点上才是大家都可以认同的，那就是尽管形式逻辑不是万能钥匙，解决不了所有的逻辑学问题，但不可否认的是，它应当永远在整个逻辑学中占有一席之地。

德国伟大的科学家爱因斯坦认为，西方科学的发展以两个伟大的成就为基础，即希腊哲学家发明形式逻辑体系以及通过系统的实验发现有可能找出因果关系。他称赞《几何原本》是西方科学摇篮中的奇迹，因为它是第一个典型的演绎逻辑体系，"这个逻辑体系如此精密地一步一步推进，以至于它的每个命题都是绝对不容置疑的，如果它不能激起你的热情，那么你就不是一个天生的科学家。"

不管怎么说，逻辑学研究能够提高一个人的理解、分析、评价和构造论证的能力。也因为这个原因，逻辑学为现代大学的教学做出了重大的贡献。

2.2.3 数理逻辑

数理逻辑又称为符号逻辑、理论逻辑，既是数学的一个分支，也是逻辑学的一个分支。是用数学方法研究逻辑或形式逻辑的学科。数学方法就是指数学采用的一般方法，包括：使用符号和公式，已有的数学成果和方法，特别是使用形式的公理化方法。简而言之，数理逻辑就是精确化、数学化的形式逻辑。

数理逻辑的出现其实是一种历史的必然。之所以说是历史的必然，一是因为各门学科之间的交叉和融合是一种常态，二是用严密、简洁的数学语言和方法来研究、表达逻辑问题更科学。

因此，早在17世纪，德国的"万能科学家"莱布尼茨就萌生了一些大胆、新奇的想法，他认为人类需要一种普遍的、恰当的符号（系统），普世的所有问题和思想都可以归结为这些符号，然后通过某种计算的方法来模拟人类的思考和推理过程，甚至可发明这样一种机器，能够自动代替大脑的逻辑思考过程，不管谁有什么样的问题，只要把相关的前提条件输入机器，就能通过"计算"的方式解决问题。尽管莱布尼茨博览群书，涉猎百科，是个举世罕见的科学天才，但终其一生也只是光有想法，而没有办法，更没有设计出求解问题的机器。

（扩展知识）

100多年以后，英国人乔治·布尔把逻辑学和数学相结合，创立了数理逻辑。1835年，20岁的乔治·布尔开办了一所私人学校。为了给学生们开设必要的数学课程，他兴趣浓厚地读起了当时一些介绍数学知识的教科书。不久，他就感到惊讶，这些东西就是数学吗？实在令人难以置信。于是，这位只受过初步数学训练的青年自学了艰深的《天体力学》和很抽象的《分析力学》。由于他对代数关系的对称和美有很强的感觉，在孤独的研究中，他首先发现了不变量，并把这一成果写成论文发表。这篇高质量的论文发表后，布尔仍然留在小学教书，但是他开始和许多一流的英国数学家交往或通信，其中就有数学家、逻辑学家德·摩根。摩根在19世纪前半叶卷入了一场著名的争论，布尔知道摩根是对的，于是在1848年出版了一本薄薄的小册子《逻辑的数学分析，论演绎推理的演算法》（The mathematical analysis of logic, being an essay towards a calculus of deductive reasoning）来为朋友辩护，这本书是他6年后更伟大的东西的预告。它一问世，立即得到了摩根的赞扬，肯定他开辟了新的、棘手的研究科目。此后6年的时间里，布尔又付出了不同寻常的努力。他把逻辑简化成极为容易和简单的一种代数，使逻辑本身受数学的支配。1854年，他出版了《思维规律》这部杰作，宣告逻辑代数即布尔代数问世了，数学史上树起了一座新的里程碑。几乎像所有的新生事物一样，布尔代数发明后没有受到人们的重视。欧洲大陆著名的数学家蔑视地称它为没有数学意义的、哲学上稀奇古怪的东西。20世纪初，罗素在《数学原理》中认为"纯数学是布尔在一部他称之为《思维规律》的著作中发现的。"今天，布尔发明的逻辑代数已经发展成为纯数学的一个主要分支。

对现代数理逻辑贡献最大的是德国耶拿大学教授、数学家弗雷格。弗雷格在1879年出版的《概念文字》一书中不但完备地发展了命题演算，而且引进了量词概念和实质蕴涵的概念，他还给出一个一阶谓词演算的公理系统，这可以说是历史上第一个符号逻辑的公理系统。在这本只有88页的小册子中包含着现代数理逻辑的一个颇为完备的基础。

现代数理逻辑内容非常丰富，如逻辑演算（命题演算和谓词演算）、模型论、证明论、递归论和公理化集合论等。鉴于本书的定位，不予展开讨论。但我们至少应该对命题逻辑、逻辑代数（布尔代数）有基本的了解，因为它为现代电子计算机的发展奠定了重要的理论基础。

命题是通过有真假意义的语句反映事物情况的思维形态，原子命题是不包含其他命题作为其组成部分的命题。命题逻辑根据是否包含有子命题又分为原子命题和复合命题。

命题逻辑就是以逻辑运算符结合原子命题来构成代表"命题"的公式，以及允许某些公式建构成"定理"的一套形式"证明规则"，以便使命题符号化、形式化，并最终计算机化，也就是利用计算机进行命题演算。下面举例说明命题逻辑的不同类别。

① **真命题**：符合实际的命题。例如，"广西科技大学在广西。"

② **假命题**：不符合实际的命题。例如，"闪光的东西都是金子。"

③ **负命题**：由否定联结词（如"并非"）联结子命题而形成的复合命题。例如，"并非学习逻辑的学生都是理科生。"

负命题是由否定联结词（如"并非"）联结子命题而形成的复合命题。负命题的逻辑性质：负命题的真假与被否定的命题的真假是相反的。

④ **联言命题**：由联言联结词（如"并且"）联结子命题而形成的复合命题，又称为合取命题。例如，"小李学习成绩好并且钢琴也弹得很好。"

⑤ **选言命题**：用选言联结词（如"或者"）联结子命题而形成的复合命题。例如，"王五或者是班长，或者是团支书。"

选言命题分为"相容选言命题"和"不相容选言命题"。相容选言命题的选言支可以同时为真，而不相容选言命题的选言支不能同时为真，如：鱼，我所欲也，熊掌，亦我所欲也，二者不可得兼。相容选言命题的逻辑特征：相容选言命题为真，则它的选言支至少有一个为真；反之，当选言命题至少有一个选言支为真，选言命题一定为真。

⑥ **假言命题**：由假言联结词（如"如果……那么……"、"只有……才"、"当且仅当……"等）联结子命题而形成的复合命题。例如，"只有付出，才有收获。"

由"如果""只有"等引出的子命题称为前件，由"那么""才"等引出的子命题称为后件。

假言命题的种类有 3 种，分别是充分条件假言命题、必要条件假言命题和充分必要条件假言命题。

⑦ **充分条件假言命题**：亦称条件命题或者实质蕴涵命题，是用"如果，那么"等联结词联接前、后件形成的假言命题。例如，"如果你不断地坚持学习英语，那么你就能通过英语四级。"

充分条件假言命题的逻辑性质是：除了前件为真而后件为假时充分条件假言命题是假的以外，在其他三种情况下，充分条件假言命题都是真的。

⑧ **必要条件假言命题**：用"只有……才"联结前、后件形成的假言命题。例如，"只有坚持不懈的努力，才能取得最后的胜利。"

必要条件假言命题的逻辑性质是：除了前件为假而后件为真时必要条件假言命题是假的之外，在其他情况下，必要条件假言命题都是真的。

⑨ **充分必要条件假言命题**：又称为双条件命题，简称充要条件假言命题，是用"当且仅当"等作为联结词的命题。例如，"三角形等边，当且仅当三角形等角。"

如果把命题看成运算的对象（可用一些符号来表示），如同代数中的数字、字母或代数式，而把逻辑连接词看成运算符号，就像代数中的"加、减、乘、除"那样，那么由简单命题组成复合命题的过程，就可以当成逻辑运算的过程，也就是命题的演算。

这样的逻辑运算与代数运算一样具有一定的性质，满足一定的运算规律。例如满足交换律、结合律、分配律，同时满足逻辑上的同一律、吸收律、双否定律、德·摩根定律、三段论定律等。利用这些定律，我们可以进行逻辑推理，可以简化复和命题，可以推证两个复合命题是不是等价，也就是它们的真值表是不是完全相同等。

命题演算的一个具体模型就是逻辑代数，也叫开关代数。

逻辑代数包含逻辑变量、逻辑关系和逻辑值。逻辑变量通常用一个字母来表示。逻辑变量的取值只能是"0"或"1"，代表的是事物矛盾着的双方；判断事件的"真伪"和"是非"，无大小和正负之分。逻辑关系可以理解为因果关系，"因"是条件，条件之间用基本逻辑关系进行组合，根据不同的条件运算得到"果"。在逻辑代数中，基本逻辑运算有 3 种，即逻辑与（AND，在表达式中通常用"·"表示，也可省略）、逻辑或（OR，在表达式中通常用"+"表示）和逻辑非（NOT，通常用变量上加一根横线表示）。用基本逻辑运算符把逻辑变量联结起来就得到了逻辑表达式。例如，A+A·B 就是一个逻辑表达式。逻辑表达式的求值也叫逻辑运算，逻辑运算的结果要么为真（True，简写为 T，通常用二进制数 1 表示），要么为假（False，简写为 F，通常用二进制数 0 表示）。下面分别给出 3 种基本逻辑运算的法则。

（1）逻辑与

只有结果的条件全部满足时，结果才成立，这种逻辑关系叫做逻辑与。把参与运算的逻辑变量的取值以及逻辑运算的结果以列表的形式给出，就可以得到真值表（True table），如表 2-1 所示。表 2-1(a)是使用逻辑值 T 和 F 表示的真值表，表 2-1(b)则是使用二进制数 0 和 1 表示的真值表。

表 2-1　**逻辑与运算真值表**

(a)				(b)		
A	B	A AND B		A	B	A AND B
F	F	F		0	0	0
F	T	F		0	1	0
T	F	F		1	0	0
T	T	T		1	1	1

（2）逻辑或

决定结果的条件中只要有任何一个满足要求，结果就成立，这种逻辑关系就叫逻辑或，如表 2-2 所示。同理，表 2-2(a)是使用逻辑值 T 和 F 表示的真值表，表 2-2(b)则是使用二进制数 0 和 1 表示的真值表。

表 2-2　**逻辑或运算真值表**

(a)				(b)		
A	B	A OR B		A	B	A OR B
F	F	F		0	0	0
F	T	T		0	1	1
T	F	T		1	0	1
T	T	T		1	1	1

（3）逻辑非

逻辑非运算是单目运算，即参与运算的对象只有一个。它的含义很简单，运算结果就是对条件的"否定"，如表 2-3 所示。

以上介绍了三种基本的逻辑关系，实际应用时还有一种常用的逻辑关系，即逻辑异或，用以表述"两者不可兼得"，如表 2-4 所示。

逻辑表达式的值随着逻辑变量取值的变化而变化，这种函数关系称为逻辑函数。逻辑函数的一

般形式为:

表 2-3　逻辑非运算真值表

(a)

A	NOT A
F	T
T	F

(b)

A	NOT A
0	1
1	0

表 2-4　逻辑异或运算真值表

(a)

A	B	A XOR B
F	F	F
F	T	T
T	F	T
T	T	F

(b)

A	B	A XOR B
0	0	0
0	1	1
1	0	1
1	1	0

$$F = f(A, B, C, \cdots)$$

这里，F 是逻辑函数，f 为基本逻辑关系的组合。例如，有 F=A+BCD，我们称 F 是变量 A、B、C、D 的函数，表达式 A+BCD 的值就是 F 的值。不管逻辑表达式有多复杂，逻辑函数的值只能是真（即 1）或假（即 0），所以人们把这样的逻辑函数叫做二值函数或布尔函数。

逻辑代数有自己的运算定律。例如，$\overline{AB} = \overline{A} + \overline{B}$，即与之非等价于非之或，称为反演定律，也叫德·摩根定律。再如，$A + (BC) = (A + B)(A + C)$ 称为分配律等。读者可参考相关书籍。

2.2.4　逻辑推理与人工智能

人类最早是从自己的抽象思维能力中认识到智能的存在，尽管学术界对"什么是智能"仍争论不休，但有一点是认同的，"人是有智能的，智能存在于人的思维活动中"。同样，人类也是最早从研究人的思维规律中发现并建立了逻辑。如果说智能表示的是思维的能力，逻辑则是思维的规律。

那么，智能到底是什么呢？国内知名学者史忠植给出的定义是：智能是个体有目的的行为、合理的思维，以及有效地适应环境的综合性能力。通俗地说，智能是个体认识客观事物和运用知识解决问题的能力。人类个体的智能是一种综合能力，具体地讲，可以包括：感知与认识客观事物、客观世界与自我的能力，通过学习取得经验、积累知识的能力，理解知识、运用知识和经验分析问题与解决问题的能力，联想、推理、判断、决策的能力，运用语言进行抽象、概括的能力，发现、发明、创造、创新的能力，实时地、迅速地、合理地应付复杂环境的能力，预测、洞察事物发展变化的能力等。

人工智能（Artificial Intelligence）是相对自然智能而言，即用人工的方法和技术，模仿、延伸和扩展人的智能，实现某些"机器思维"。作为一门学科，人工智能研究智能行为的计算模型，研制具有感知、推理、学习、联想、决策等思维活动的计算机系统，解决需要人类专家才能处理的复杂问题。

模拟人类思维是人工智能的研究核心。从最初的实现问题求解，代替人类完成部分逻辑推理到与环境交互的智能机器人的出现，继而开展具有类人思维和认知能力的智能系统的研制，几次技术飞跃使得当今对于思维和智能的研究呈现出利用哲学、数学、物理学、认知科学、生命科学、语言学、量子计算和生物计算的多学科交叉优势，从研究包括知觉、注意、记忆、语言、推理、思考、意识、情感在内的各层面的认知活动入手，把握人类认知和智能的本质，着重研究思维的创造性、形象性，并最终在人脑上得以模拟。

长期以来，人们从人脑思维的不同层次对人工智能进行研究，形成了符号主义、连接主义和行为主义三大学派。传统人工智能是符号主义，以 Newell 和 Simon 提出的物理符号系统假设为基础。物理符号系统由一组符号实体组成，是智能行为充分和必要的条件。连接主义研究非程序的、适应性的、大脑风格的信息处理的本质能力（也称为神经计算）。行为主义认为，智能只是在与环境的交互作用中表现出来的，在许多方面是行为心理学观点在现代人工智能中的反映。

尽管存在着许多争议，但是事实上，逻辑方法一直是计算机科学尤其是人工智能研究中的主要工具。其根源可以追溯到计算机科学和逻辑学所追求的目标在深层次上的一致性。从本质上来说，计算机科学就是要用计算机来模拟人脑的行为和功能，使计算机成为人脑的延伸。而对于人脑的行为和功能的模拟实质上就是模拟人的思维过程。正是计算机科学所追求的这个目标，逻辑学这个以研究人的思维规律和法则的学科，其研究方法和研究成果自然而然地成为计算机科学所选用的工具。由于人类智能行为在很大程度上是通过语言和文字表达出来的，因此，从技术上来说，计算机科学模拟人类思维也是从模拟人类的自然语言作为出发点的。围绕语言的概念进行的研究是人工智能的一个核心领域。

逻辑学研究人的思维是从研究人的自然语言开始入手的，计算科学模拟人的思维同样是从语言开始的。与语言相关的论题是贯穿计算学科的重要问题，许多领域与语言相关，如软件领域的程序设计语言、人工智能领域中的知识表示和推理等。

所谓推理，是指由一个或几个已知的判断推导出另外一个新的判断的思维形式。一切推理都必须由前提和结论两部分组成。一般来说，作为推理依据的已知判断称为前提，所推导出的新的判断则称为结论。

推理大体分为直接推理和间接推理。只有一个前提的推理叫直接推理，如"有的高三学生是共产党员，所以有的共产党员是高三学生"。一般有两个或两个以上前提的推理就是间接推理。例如，"贪赃枉法的人必会受到惩罚，你们一贯贪赃枉法，所以今天你们终于受到法律的制裁和人民的惩罚"。

一般来说，间接推理又可以分为演绎推理、归纳推理和类比推理等形式。演绎推理是指从一般性的前提得出了特殊性的结论的推理。归纳推理则是从个别到一般，即从特殊性的前提推出普遍的一般的结论的一种推理。类比推理是指从特殊性的前提得出特殊性的结论的推理。一般情况下，这种推理根据两个事物的某些属性上的相同，推出这两个事物在其他属性上也相同的结论。类比推理对科学研究具有重要意义，可以提供假设，启发人们思考问题，找出规律或事物本质等。

推理与计算是相通的，数理逻辑的研究成果都可用于计算科学。例如，原则上数理逻辑已给出了哪些思维过程可以借助计算机实现。同时，计算科学的深入研究又推动了数理逻辑的发展。例如，一阶逻辑中没有时间的概念，而关于程序的推理是涉及过程的，因此需要增加程序算子或其他包含时间概念的算子，以便适用于过程的推理。数理逻辑倡导的形式化方法已广泛渗入到计算科学的各个领域中，如软件规格说明、形式语义学、程序变换、程序正确性证明、硬件综合和验证等。在人工智能科学中，人们用数学方法研究非单调推理，以便用计算机模拟人的思维。

2.2.5 逻辑门电路

把人类思维转化为符号逻辑，再通过"机器"来进行"思维计算"，从而达到思维的模拟与物化。这就是基于计算的人类思维研究的基本思路和方法。

那么，如何用"机器"来实现思维计算呢？我们知道，电子线路以电子信号为处理对象，处理模拟电子信号的电路叫做模拟电路，如收音机就是典型的模拟电子装置。处理离散信号的电路叫做数字电路。数字电路是建立在逻辑代数基础上的，所以也叫做逻辑电路。

实现基本逻辑关系的电路是逻辑电路中的基本单元通常称为门（Gate）电路。门电路，顾名思义，就像"门"一样，具有打开、关闭的功能和状态，正好与逻辑代数中的逻辑值（真与假）相对应。如果把逻辑函数 F=f(A, B)中的自变量 A 和 B 看成两个输入信号，把因变量 F 看成输出信号，我们就可以设计并制作出图 2-22 所示的门电路，来实现逻辑函数 F=f(A, B)的计算功能。不能不说，真是一个不错的主意！

图 2-22　门电路

这样的门电路如何设计呢？初学者肯定想问个究竟。为满足好奇心，不妨以实现"逻辑非"运

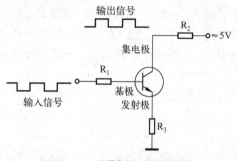

图 2-23　"逻辑非"运算的门电路

算的门电路为例加以说明，如图 2-23 所示。通常，逻辑电路规定了一个固定的电压或电流值作为"阈值"，通过"高"或"低"来判断电路的状态。比如，电压值在 5～7V 之间，我们认为是高电平，可用"1"来表示这种状态；当电压值在 0～0.7V 之间时，我们认为是低电平，可用"0"来表示这种状态。只要选择合适的基极电阻 R_1 和集电极电阻 R_2，使得输入电压为 5V 时，晶体管的集电极和发射极之间接近于短路，输出电压几乎为 0V；当输入电压约为 0V 时，基极电流为 0，三极管的集电极和发射极相当于开路，输出电压约等于电源电压 5V。也就是说，当输入电压为高电平时，输出信号为低电平；反之，当输入电压为低电平时，输出信号为高电平。如果高电平表示逻辑值"1"，低电平表示逻辑值"0"，则输入与输出之间的关系就是逻辑非的关系。

门电路的设计与实现不是本课程的任务，上例只是就事论事而已。我们应该明白的是，对应三种基本的逻辑关系，完全可以设计、制作出相应的逻辑门电路，以实现对应的逻辑运算。也就是说，针对逻辑与、逻辑或和逻辑非，就有相应的与门、或门和非门。可以把这些门电路看成"黑箱"，知道输入、输出之间的关系就行了，内部电路细节先不管它。为了表达方便，通常用图 2-24 表示与门、或门和非门（不同的书籍采用不同的表示方法，最好请遵守 ISO 标准）。

实际应用中，上述三种基本的门电路还可以进一步组合成与非门、或非门和异或门。其中，与非门是与门和非门的组合，或非门是或门和非门的组合。异或门稍微复杂一点，但也不难，可按公式 $F = A \oplus B = A\overline{B} + \overline{A}B$ 构造。与非门、或非门和异或门通常如图 2-25 所示。

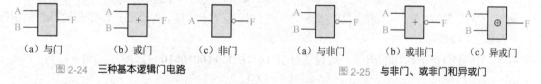

| (a) 与门 | (b) 或门 | (c) 非门 | (a) 与非门 | (b) 或非门 | (c) 异或门 |

图 2-24　三种基本逻辑门电路　　　　　图 2-25　与非门、或非门和异或门

读者不难想到，利用上述基本的门电路，可以组合构造出功能各异、非常的数字逻辑电路，包括计算机最核心的部件——中央处理器（CPU）。

理论上，只要能够用逻辑代数把人类的思维表示出来，就可以用门电路构成的"机器"进行计算，从而得出相应的计算结果，或者证明某种思维"结果"是否正确。当然，这仅仅是理论上理想的事情。事实上，人类的思维非常复杂，既有逻辑思维，也有形象思维，以及灵感顿悟思维，且相互之间又关联在一起，想要用一套符号系统完整地描述或表示它是非常困难的，甚至是不可能的。

尽管还有很多未知的奥秘有待人们去揭示，但现有的研究思想和方法足以彰显科学家们异常聪

明的智慧，领悟这些智慧的结晶会给我们日后的创新以启迪，甚至为将来的腾飞插上智慧的翅膀。

2.3 "九九归一"的加法运算

2.1 节介绍了数的表示，现在该"继续前缘"，讨论加法运算该怎么用"机器"来实现。

视频

要做一个"机器"来完成简单的计算任务，仅就数的表示就很费周折。还好，通过科学家们的努力以及电子技术的进步，人们找到了看似烦琐、实则有效的二进制表示方法，为机器计算扫除了第一大障碍。

从 2.1 节的讨论可知，就加法运算电路的"输入"和"输出"来说，数都是用二进制表示的，那么加法运算电路内部的"计算"过程也应该是基于二进制的。总不至把输入的二进制数转换成十进制进行计算，再把计算结果转换成二进制输出，那样太傻了，何况用电子技术实现十进制加法运算恐怕要比二进制加法运算难得多呢。

好了，接下来的挑战就是如何基于二进制运算实现加法运算电路了。

2.3.1　加法运算及其加法器的设计

在具体设计加法运算电路之前，先研究二进制加法运算的基本特点。说实话，二进制加法运算比十进制加法运算容易多了，之所以大家觉得二进制有点别扭，只是因为我们用得少，不习惯而已。十进制运算我们从小就在"熏陶"，所以习以为常，都能"信手拈来"，心算、口算都很快。其实，你在做十进制加法运算的时候，心中早已熟练地记住了很多加法口诀。例如，计算 642+756=？，通常列算式如下：

$$
\begin{array}{r}
642 \\
+\ 756 \\
\hline
1398
\end{array}
$$

这样简单的算式，要正确计算的话，需要知道口诀：2+6=8，4+5=9，6+7=13。由于我们在小学甚至幼儿园就开始学习并记忆这些加法口诀了，所以大家觉得计算 642+756 显得很容易。

相比较而言，二进制的运算口诀就简单多了。就加法而言，总共就 4 条，如：

$$
\begin{array}{l}
0+0=0 \\
1+0=1 \\
0+1=1 \\
1+1=\boxed{1}0 \quad \leftarrow \text{方框内 1 表示进位}
\end{array}
$$

如果小学或者幼儿园一开始就教大家学习二进制而不是十进制，估计很多人都会觉得数学很好玩、很有趣、很容易。

好了，让我们看个具体的例子。假设要计算 **10110111+10010010=？**，列算式如下：

$$
\begin{array}{r}
10110111 \\
+)\quad 10010010 \\
\cdot\cdot\ \ \cdot\cdot \\
\hline
1\ 01001001
\end{array}
$$

不难看出，除了加法口诀不一样，其他方面没有什么区别。在这里稍加注意的是，低位相加有可能向高位进位。如果把进位统筹考虑进来（即有进位加 1，无进位加 0），则上述算式可看成：

$$
\begin{array}{r}
10110111 \\
10010010 \\
+)\quad 01101100 \quad \text{进位} \\
\hline
01001001
\end{array}
$$

可以看到，两个用二进制方式表示的数相加要从最低位开始，一位一位地进行计算，每一位结果都算出来后，整个相加的结果就有了。而结果的每一位都是由 3 个二进制位相加得到的和。因此，要做用二进制表示的数的加法运算，需要先弄清楚 3 个二进制位相加的各种可能的结果（相当于口诀）。好在这个不难，3 个二进制位相加只有 8 种可能情况，如图 2-26 所示。

仔细分析上述过程，看看我们是否可以化繁为简，把两个用二进制表示的数相加分解成更简单、更基本的操作？答案是肯定的。因为任何两个用二进制表示的数的相加，其核心的、本质的运算是 3 个二进制位相加。

因此，人们就在想，可否设计出这么一种逻辑电路，能完成 3 个二进制位的加法运算。它应有 3 个二进制位的输入端，分别对应加数（称为 A）、被加数（称为 B）和进位（称为 C_i）；还有 2 个二进制位的输出端，分别为相加的结果（称为 S）以及向高位的进位（称为 C_o）。全加器及其"1+0+1=？"的计算结果如图 2-27 所示。不妨把这样的逻辑电路称为**全加器**。为什么叫这么一个别扭的名字？因为外国人称之为"Full Adder"，直译过来就是"全加器"了。也许你会进一步刨根问底：既然有全加器，是不是还应该有"半加器"？还真有。半加器只有 2 个输入端，只是把加数和被加数相加，产生一个"和"以及一个进位，并不考虑从低位来的进位。这就是全加器与半加器的区别。

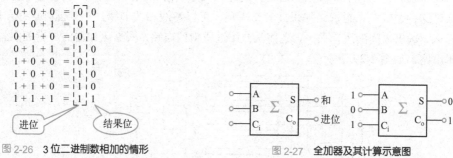

图 2-26　3 位二进制数相加的情形　　　图 2-27　全加器及其计算示意图

全加器如何设计暂不讨论，我们不妨先假定有了这样的一种特殊功能的逻辑电路。对于 **10110111+ 10010010=？** 这样 8 位二进制数的加法运算，我们可以用 8 个全加器连接在一起来完成整个计算任务。为了绘图方便，我们简化一下，假定是两个 4 位二进制数相加，如计算 **1011+1001=？**，我们只要用 4 个全加器就可以实现自动计算了，如图 2-28 所示。我们用信号线 $a_3s_2a_1a_0$=1011 表示加数，用信号线 $b_3b_2b_1b_0$=1001 表示被加数，用信号线 $s_4s_3s_2s_1s_0$=10100 表示相加的结果（和）。

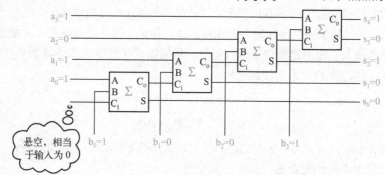

图 2-28　用全加器实现的 4 位二进制数加法

真是太妙了啊！几个全加器就可以实现多位二进制数的加法运算了。进一步，知道了 4 位二进制数的加法逻辑电路怎么做，完全可以以此类推，设计出 8 位、16 位、32 位、64 位等长度的二进制数的加法器。显然，有了全加器，设计一个二进制数的加法器已经没有问题了。

现在就让我们解开最后一个谜团——全加器是怎样设计与实现的？

全加器有 3 个输入端（分别是 A、B、C_i）和 2 个输出端（分别是 S 和 C_o）。根据二进制运算规则，对应于 8 种不同的输入组合，可以手工计算出相应的输出结果和进位值，如表 2-5 所示，该表也称为全加器的真值表。

表 2-5　全加器真值表

A	B	C_i	C_o	S	A	B	C_i	C_o	S
0	0	0	0	0	1	0	0	0	1
0	0	1	0	1	1	0	1	1	0
0	1	0	0	1	1	1	0	1	0
0	1	1	1	0	1	1	1	1	1

根据全加器的真值表，可以得出全加器的输出与输入的逻辑关系，这对全加器逻辑电路的设计至关重要。全加器输入与输出的逻辑关系如下：

$$S = \overline{A}\,\overline{B}C_i + \overline{A}B\overline{C_i} + A\overline{B}\,\overline{C_i} + ABC_i$$

$$C_o = \overline{A}BC_i + A\overline{B}C_i + AB\overline{C_i} + ABC_i$$

仔细分析全加器的真值表，应该知道这样的逻辑关系是怎么来的。当然，实在看不出来也没有关系，先认可这种逻辑关系再说。如果读者感兴趣，可以参阅相关书籍，不难理解这些东西的。

有了输入、输出之间的逻辑关系，之前又介绍过逻辑门电路，根据全加器的逻辑关系就可以构造出其逻辑电路，如图 2-29 所示。

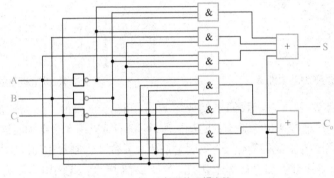

图 2-29　全加器的逻辑电路

全加器的逻辑电路看起来确实有点复杂，但是逻辑关系还是非常清晰的。也许正是因为这样设计的全加器有点复杂，科学家们也就想方设法对其进行简化。简化的思路是：根据逻辑学的有关定律，先对全加器的输入、输出逻辑关系进行化简，然后根据化简结果构造其逻辑电路。

全加器输入、输出逻辑关系化简结果如下：

$$S = A \oplus B \oplus C_i$$

$$C_o = C_i(A \oplus B) + AB$$

这个化简结果怎么来的，读者可不去深究，知道有这么个结果就行了。需要的话也可以参考逻辑代数方面的知识，这里不再详细表述。

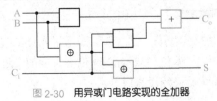

图 2-30　用异或门电路实现的全加器

有了简化的逻辑关系，我们就可以用异或门电路来构造全加器了，如图 2-30 所示。

至此，用于加法运算的加法器的设计问题就全部解决了。本节一开始提出的问题：如何设计一种机器来计算"12+23=？"的问题也就完美地实现了。仔细品味数的表示与计算过程，不由得感叹人类的智慧太高超了！

说到这儿，也许你又开始鸡蛋里挑骨头了——上面讨论了半天，仅仅解决了加法运算，还有减法、乘法和除法呢？是不是还要设计相应的减法器、乘法器和除法器啊？答案是否定的。看看下面的补码运算，你就知道科学家们有多聪明了！

2.3.2 补码运算——把减法当加法做

我们知道，计算机确实能做"加（+）"、"减（-）"、"乘（*）"、"除（/）"等算术运算，也能做"大于（>）"、"大于等于（≥）"、"小于（<）"、"小于等于（≤）"、"等于（=）"、"不等于（≠）"等关系运算，还能做"与"（and）、"或"（or）、"非"（not）等逻辑运算。除此以外，好像还能做很多别的事情。特别是，很多初学者感觉好像计算机无所不能啊。

从设计的角度来说，如果要求计算机本能地具有处理算术运算、关系运算和逻辑运算的所有功能，那么计算机的核心部件——CPU 也就太复杂了。因为仅就算术运算而言，必须为 CPU 设计加法器、减法器、乘法器、除法器，更不用说其他运算了。事实上，CPU 不是这样设计的。

在 CPU 内部，用于运算的核心部件其实就是一个加法器，只能做加法运算。那么，减法、乘法和除法运算怎么办呢？这些运算都是通过加法来实现的。

那么，减法怎么通过加法来实现呢？先了解几个基本概念，算是"铺垫"吧。

① **机器数**。一个数以二进制形式保存在计算机内，我们称之为**机器数**，即这个机器数的真值。机器数有固定的位数，具体是多少位与机器有关，通常是 8 位或 16 位或 32 位。机器数把真值的符号数字化，通常用最高位表示符号，0 表示正，1 表示负。例如，假设机器数为 8 位，最高位是符号位，那么在定点整数的情况下，00101110 和 10010011 的真值分别为十进制数+46 和-19。

② **原码**。一个整数的原码是指：符号位用 0 或 1 表示，0 表示正，1 表示负，数值部分就是该整数的绝对值的二进制表示。例如，假设机器数的位数是 8，那么$[+17]_原=00010001$，$[-39]_原=10100111$。

由于$[+0]=00000000$，$[-0]=10000000$，所以数 0 的原码不唯一，有"正零"和"负零"之分。

③ **反码**。在反码的表示中，正数的表示方法与原码相同；负数的反码是把其原码除符号位以外的各位取反（即 0 变 1，1 变 0）。通常，用$[X]_反$表示 X 的反码。例如，$[+45]_反 = [+45]_原 = 00101101$，$[-32]_原 = 10100000$，$[-32]_反 = 11011111$。

④ **补码**。在补码的表示中，正数的表示方法与原码相同；负数的补码是在其反码的最低有效位上加 1。用$[X]_补$表示 X 的补码。例如，$[+14]_补 = 00001110$，$[-36]_反 = 11011011$，$[-36]_补 = 11011100$。

注意：数 0 的补码的表示是唯一的，即$[0]_补=[+0]_补=[-0]_补=00000000$。

现在来看引进原码、反码与补码这几个概念到底有什么意义。为了大家更容易理解，不妨以一个简单的例子来说明。

先看下面的例子。例如，X = 52，Y = 38，求 X – Y 的值。

$[X]_补 = 00110100$ $[-Y]_原 = 10100110$ $[-Y]_反 = 11011001$ $[-Y]_补 = 11011010$

那么，$[X]_补 + [-Y]_补 =?$

$$
\begin{array}{r}
[52]_补: \quad 00110100 \\
[-38]_补: +) \ 11011010 \\
\hline
\boxed{1}\,00001110
\end{array}
$$

可以看到，两个 8 位二进制数相加，得到的结果有 9 位，最高位 1 为进位。

如果只要 8 位，不考虑最后的进位，也就是把最高位丢掉，结果就是 00001110，这个二进制数对应的十进制数是 14，正好是 52-38 的结果。

通过补码，竟然可以把减法运算变成加法运算来做。真是太伟大了！

不会是"故弄玄虚"吧？这样做有什么意义呢？实事求是地说，引入补码意义非同寻常，可以说是先辈们智慧的结晶。因为，通过补码运算，可以把减法运算变成加法运算，乘法可以用加法来做，除法可以转变成减法。而且，对于计算机来说，求一个机器数的补码非常容易。这样，加、减、乘、除四种运算就"九九归一"了。这对简化 CPU 的设计非常有意义，CPU 中只要有一个加法器就可以做算术运算了。进一步解决了算术运算，那么关系运算和逻辑也就不是什么事了。

现在你应该明白引入补码运算的意义了吧？

不能不说，计算思维充满了智慧！

2.4 计算的本质——图灵机及其计算能力

阿兰·图灵是英国著名的数学家和逻辑学家，被称为计算机科学之父、人工智能之父，是计算理论的奠基者，提出了"图灵机"和"图灵测试"等重要概念。

阿兰·图灵（Alan Turing，1912—1954 年），英国著名的数学家、逻辑学家，毕业于剑桥大学国王学院，后在美国普林斯顿大学获得博士学位。

在他 42 年的人生历程中，他的创造力是丰富多彩的，他是天才的数学家和计算机理论专家。24 岁，他提出图灵机理论，31 岁参与 COLOSSUS 的研制，33 岁设想仿真系统，35 岁提出自动程序设计概念，38 岁设计"图灵测验"。为表彰他的贡献，专门设有一年一度的"图灵奖"，颁发给最优秀的计算机科学家。这枚奖章就像"诺贝尔奖"一样，为计算机界的获奖者带来至高无上的荣誉。而阿兰·图灵本人，在计算机业迅速变化的历史画卷中永远占有一席之地。他的惊世才华和英年早逝，也给他的个人生活涂上了谜一样的传奇色彩。

2.4.1 图灵机模型

视频

要了解图灵机，先说说德国伟大的数学家希尔伯特（David Hilbert，1862—1943 年）。

希尔伯特生于东普鲁士哥尼斯堡（现俄罗斯加里宁格勒）附近的韦劳，中学时代他就是一名勤奋好学的学生，对于科学特别是数学表现出浓厚的兴趣。1880 年，他不顾父亲让他学法律的意愿，进入哥尼斯堡大学攻读数学，并于 1884 年获得博士学位，后留校取得讲师资格和升任副教授。1893 年，他被任命为教授，1895 年转入哥廷根大学任教授，此后一直在数学之乡哥廷根生活和工作。他于 1930 年退休。在此期间，他成为柏林科学院通信院士，并获得施泰讷奖、罗巴契夫斯基奖和波约伊奖。1930 年，他获得瑞典科学院的米塔格-莱福勒奖，1942 年成为柏林科学院荣誉院士。

希尔伯特是对 20 世纪数学有深刻影响的数学家之一，他领导了著名的哥廷根学派，使哥廷根大学成为当时世界数学研究的重要中心，并培养了一批对现代数学发展做出重大贡献的杰出数学家。希尔伯特的数学工作可以划分为几个时期，每个时期他几乎都集中精力研究一类问题。按时间顺序，他的主要研究内容有：不变量理论、代数数域理论、几何基础、积分方程、物理学、一般数学基础；其间穿插的研究课题有：狄利克雷原理和变分法、华林问题、特征值问题、"希尔伯特空间"等。在这些领域中，他都做出了重大的或开创性的贡献。希尔伯特认为，科学在每个时代都有它自己的问题，而这些问题的解决对于科学发展具有深远意义。他指出："只要一门科学分支能提出大量的问题，它就充满着生命力，而问题缺乏则预示着独立发展的衰亡和终止。"

在 1900 年巴黎国际数学家代表大会上，希尔伯特发表了题为《数学问题》的著名讲演。他根据过去特别是 19 世纪数学研究的成果和发展趋势，提出了 23 个最重要的数学问题。这 23 个问题统称"希尔伯特纲领"，后来成为许多数学家力图攻克的难关，对现代数学的研究和发展产生了深刻的影响，并起了积极的推动作用，希尔伯特问题中有些现已得到圆满解决，有些至今仍未得到解决。其中第二个问题——算术系统的相容性——正是他那雄心勃勃的"希尔伯特纲领"的核心问题。这位数学界的巨人打算让整个数学体系矗立在一个坚实的地基上，一劳永逸地解决所有关于对数学可靠性的种种疑问。一切都为了回答三个问题：① 数学是完备的吗？② 数学是一致的吗？③ 数学是可判定的吗？希尔伯特明确提出这三个问题时已是 28 年后的 1928 年。在这 28 年间，数学界在算术系统的相容性上没有多少进展。但希尔伯特没有等太久，仅仅 3 年后，哥德尔就得到了前两个问题的答案，尽管这个答案不是希尔伯特所希望看到的。

那么，**数学是可判定的吗？**也就是说，能够找到一种方法，仅仅通过机械化的计算，就能判定某个数学命题是对是错？数学证明能否机械化？

1935 年的春天，在纽曼教授的数理逻辑课上，图灵第一次听到希尔伯特的可判定性问题以及哥德尔不完备性定理。图灵清楚地意识到，解决可判定性问题的关键在于对"机械计算"的严格定义。考究希尔伯特的原意，这个词大概意味着"依照一定的有限的步骤，不需计算者的灵感就能完成的计算"，这在没有电子计算机的当时，算是相当有想象力又不失准确的定义。

但图灵的想法更单纯。什么是"机械计算"？机械计算就是一台机器可以完成的计算，这就是图灵的回答。

用机器计算的想法并不新鲜。17 世纪的莱布尼兹就曾设想过用机械计算来代替哲学家的思考，而 19 世纪的 Charles Babbage 和 Ada Lovelace 就设计出了功能强大的"分析机"，只可惜 Babbage 欠缺管理才能，这台超越了时代的机器始终没有完全造好。但图灵需要的机器与先驱设想的机器稍有不同。它必须足够简单，简单得显然能造出实物，也可以用一目了然的逻辑公式描述它的行为；它又必须足够复杂，有潜力完成任何机械能完成的计算。图灵要找的是一种能产生极端复杂行为的简单机器。

图灵认真观察、分析和研究了人类自身如何运用纸和笔等工具进行数学计算的全过程，该过程可大致描述如下：① 根据计算需求在纸上写下相应的公式或符号；② 根据眼睛所观察到的纸上的符号，在脑中思考相应的计算方法；③ 用笔在纸上写上或擦去一些符号；④ 改变自己的视线，又会有新的发现；⑤ 转第②步，如此继续，直到认为计算结束为止。

在此情况下，图灵于 1936 年提出了一种抽象的计算模型——图灵机（Turing Machine）。用来模拟人类"计算"过程的图灵机由以下几部分组成：一条两端可无限延长的纸带，一个读写头，以及一个可控制读写头工作的控制器。图灵机的纸带被划分为一系列均匀的方格，每个方格中可填写一个符号；读写头可以沿带子方向左右移动（一次只能移动一格）或停留在原地，并可以在当前方格上进行读写；控制器是一个有限状态自动机，拥有预定的有限个互不相同的状态并能根据输入改变自身的状态（即从一种状态转换成另一种状态）。任何时候，它只能处于这些状态中的一种。当然，控制器还可控制读写头左右移动并读写，如图 2-31 所示。

尽管纸带可以无限长，但写进纸带方格里面的符号不可能无限多，通常是一个有穷的字母表，可设为 $\{C_0, C_1, C_2, \cdots, C_n\}$。控制器的状态有若干种，可用集合 $\{Q_0, Q_1, \cdots, Q_m\}$ 来表示。控制器的状态也就是图灵机的状态，通常将图灵机的初始状态设为 Q_0，在每个具体的图灵机中还要确定一个结束状态 Q'。

我们平时用笔在纸上做乘法运算的过程与一台图灵机的运转是非常相似的——在每个时刻，我们只将注意力集中在一个地方，根据已经读到的信息移动笔尖，在纸上写下符号；而指示我们写什么怎么写的，则是早已背好的九九乘法表和简单的加法。如果将一个用纸笔做乘法的人看成一台图灵机，纸带就是用于记录的纸张，读写头就是这个人和他手上的笔，读写头的状态就是大脑的精神状态，而状态转移表则是笔算乘法的规则，包括九九表、列式的方法等。

可见，图灵机模型并不复杂，但其计算能力很强。理论上，现代电子计算机能进行的计算，图灵机都能做到；反过来却不一定。事实上，现代计算机的核心模型（不考虑外部设备）如图 2-32 所示。可以看出，它与图灵机几乎一模一样。

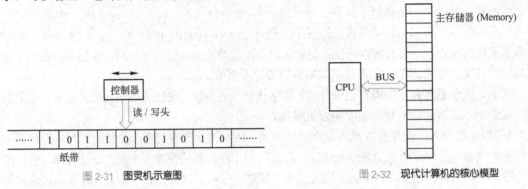

图 2-31　图灵机示意图

图 2-32　现代计算机的核心模型

2.4.2　图灵机的工作原理

一个图灵机拥有若干个不同的状态（其中一个为初态，一个为终态），状态之间可以相互转移，也就是说，图灵机可以一种状态转换到另一种状态。状态转移的条件有两个：图灵机的当前状态、当前读入的符号。状态转移的结果有三个：一是图灵机状态发生了变化，二是在带子上写入了新的符号，三是向左或向右移动了读/写头。状态转移的依据自然是状态转移指令。

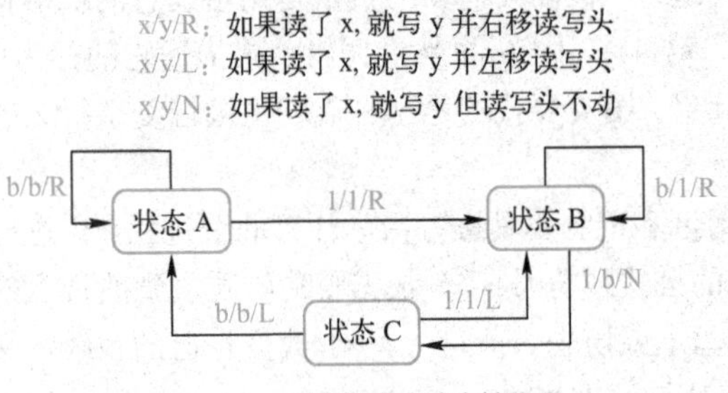

x/y/R：如果读了 x，就写 y 并右移读写头
x/y/L：如果读了 x，就写 y 并左移读写头
x/y/N：如果读了 x，就写 y 但读写头不动

图 2-33　图灵机中的状态转移图

图灵机的状态转移可以形象地用状态转移图来描述。图 2-33 给出了一个简单的、图灵机的状态转移图。在这里，图灵机只有三个状态（A、B 和 C）。图 2-33 中给出了读入字符后所引起状态改变。每行的表达式（x/y/L、x/y/R 和 x/y/N）显示了：控制器读入 x 后，它写符号 y（改写 x），并将读/写头移到左边（L）、右边（R）或不动（N）。

注意，既然纸带上的符号只有空白字符或数字 1，那么控制器要么读到的是空白符号，要么读到的是数字 1。状态转移线的起点显示的是当前状态，终点（箭头）显示的是下一个状态。

我们可以建立一个表，表中每一行代表一条状态转移指令，表有 5 栏：当前状态、读入符号、写入符号、读/写头的移动方向和下一个状态（见表 2-6）。既然机器只能经历有限个状态，那么我们能创建一个简单的、图灵机的指令集（符号 b 表示空白符号）。

把一行中的 5 列值放在一起，用括号括起来，就可以看成一条指令。对于这台简单的图灵机，它只有 6 条指令：

① (A, b, b, R, A)
② (A, 1, l, R, B)
③ (B, b, 1, R, B)
④ (B, 1, b, N, C)

表 2-6　状态转移表（指令集）

当前状态	读入	写入	移动方向	新状态
A	b	b	R	A
A	1	1	R	B
B	b	1	R	B
B	1	b	N	C
C	b	b	L	A
C	1	1	L	B

⑤ (C, b, b, L, A)
⑥ (C, l, l, L, B)

　　例如，第 2 条指令**(A, 1, l, R, B)**是说：如果图灵机处于状态 A，读到了符号 1，它就用一个新的 1 改写原来的符号 1，读写头向右移到下一个符号上，机器的状态转移到状态 B，即从状态 A 转换成了状态 B。

　　那么，图灵机如何完成给定的计算呢？图灵机从给定带子上的某起始点出发，依据状态转移指令、当前状态及其当前读入的符号，决定写入什么符号以及如何改变自身状态及其移动读写头。以此类推，其动作序列完全由其当前状态及指令组来决定。图灵机的计算结果是从图灵机停止时纸带上的信息得到的。为了讲解方便，我们假设图灵机只能接收两个符号：空白字符（用符号 b 表示）和数字 1。进一步假设计算仅涉及正整数，并且整数的大小用 1 的个数来表示。例如，整数 4 表示为 1111（即 4 个 1），7 表示为 1111111（即 7 个 1），没有 1 的地方表示 b。图 2-34 给出了这种记录数据的一个例子。左边的空白字符 b 定义了存储在纸带上的非负整数的开始，整数用 1 构成的串表示。右边的空白字符 b 定义了整数的结束。如果纸带上存有多个整数，它们用至少一个空白字符隔开。现在用一个简单的实例展示图灵机的计算过程。假定要计算 "4+3=？"。开始时，图灵机的状态如图 2-35 所示。

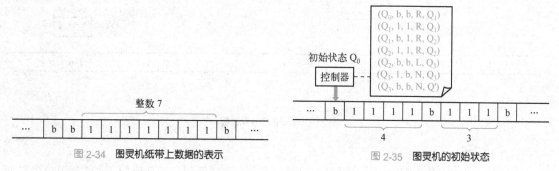

图 2-34　图灵机纸带上数据的表示　　　　图 2-35　图灵机的初始状态

　　根据图灵机的工作原理，计算过程如图 2-36 所示。可见，图灵机是从过程这一角度来刻画计算的本质的，其结构简单、操作运算规则较少，因而被更多的人所理解。

2.4.3　图灵机的计算能力

　　图灵机的计算能力到底怎么样，是需要进一步阐述的，否则初学者很难从上面介绍的图灵机模型及其工作原理中理解图灵机拥有强大的计算能力。为了说明这一点，我们先定义一种非常简单的语言，然后论证该语言与现有的高级程序设计语言（如 C 语言）具有相同的计算能力，最后用图灵机模拟自己定义的简单语言，从而说明图灵机的计算能力与现有的高级语言等价。

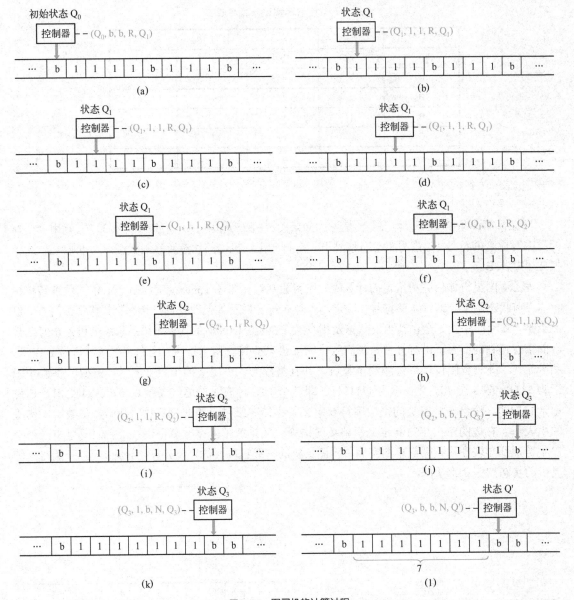

图 2-36　图灵机的计算过程

1. 简单语言

我们可以仅用三条语句来定义一种语言：递增语句、递减语句和循环语句。在这种语言中只使用非负整数，不讨论其他类型数据，因为我们的目标仅仅是说明计算理论中的一些思想。另外，该语言只使用少数的几个符号，如括号"{"、"}"和"（"、"）"等。

① **递增语句**：给变量加 1。格式如下：

inc(x);

② **递减语句**：从变量中减 1。格式如下：

dec(x);

③ **循环语句**：在变量的值不为 0 时，重复进行一个动作（或一系列动作）。格式如下：

```
while (x)
    {
        Body of the loop(循环体);
        dec(x);
    }
```

2. "人小鬼大"——简单语言的威力

可以证明，只使用这三种语句的简单程序设计语言与现在使用的任何一种复杂语言（如 C 语言）一样强大（虽然从效率来说不一定），以此表明该语言的威力。为了证明这一点，下面演示如何模拟当今流行语言中的某些语句。

我们把每次模拟称为一个宏，并且在其他模拟中使用时不需再重复其代码。宏（macro，macroinstruction 的简称）是高级语言中的一条指令，等价于相同语言中的一条或多条指令的特定集合。限于篇幅，下面给出几个典型的宏语句的模拟说明。

第一个宏语句：$x \Leftarrow 0$。 这是给一变量 x 赋初值为 0，有时叫做清空变量。

```
while (x)
    {
        dec(x);
    }
```

第二个宏语句：$x \Leftarrow n$。 这是将一正整数赋值给变量 x。可以先清空变量 x，然后对 x 递增 n 次。

```
x ⇐ 0;
inc(x);
inc(x);
… …
inc(x);        // inc(x)语句表明重复 n 次
```

第三个宏语句：$y \Leftarrow x$。 这是把一个变量 x 的值赋值给变量 y。

```
y ⇐ 0;
while (x)
    {
        inc(y);
        dec(x);
    }
```

第四个宏语句：$y \Leftarrow y + x$。 y+x 的值赋于 y，这也是高级语言中常见的语句。

```
while (x)
    {
        inc(y);
        dec(x);
    }
```

第五个宏语句：$y \Leftarrow y * x$。

```
temp ⇐ y;
y ⇐ 0;
while (x)
    {
        y ⇐ y + temp;
        dec(x);
```

```
    }
```

第六个宏语句：$y \Leftarrow y^x$。

```
temp ⇐ y;
y ⇐ 1;
while (x)
    {
    y ⇐ y * temp;
    dec(x);
    }
```

第七个宏语句：if x then A。 这是高级语言中常用的条件语句。

```
temp ⇐ x;
while (temp)
    {
    A;
    temp ⇐ 0;
    }
```

……

不难看到，该简单语言可以模拟现有高级语言的任何语句，它的计算能力显然也与现有的高级语言等价。当然，这里说的"等价"是指功能方面，即表达与计算能力方面，性能自然是不一样的。

3. 图灵机对简单语言的模拟

我们现在利用图灵机来模拟上述简单语言的功能，只要能完全模拟该简单语言，自然就说明了图灵机的计算能力。

（1）递增语句

图 2-37 给出了 inc(x)语句的图灵机。控制器有 4 个状态，$S_1 \sim S_4$。状态 S_1 是开始状态，状态 S_2 是右移的状态，状态 S_3 是左移的状态，状态 S_4 是停机状态。如果机器到达停机状态，机器就停止计算——没有指令从这个状态开始。

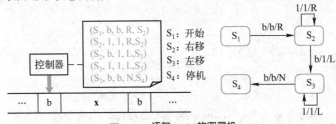

图 2-37　语句 inc(x)的图灵机

图 2-37 还列出了 inc(x)语句的程序。它有 5 条指令。计算过程从 x（要加 1 的数据）左边的空白符号 b 开始，向右移过所有的 1，直到到达 x 右边的空白符号 b。它把此空白符号 b 改成 1，再向左移过所有的 1，直到又一次到达左边的空白符号 b，在这里停机，即停止计算。如果在 x 上有多个操作要进行，读写头回到原位是必要的。

对于这个语句，设 x=2，进一步看图灵机的具体计算过程：x 的值为 2（用 11 表示），存储在两个空白符号之间，使用了 7 个步骤使 x 递增，并且读/写头回到原先的位置。第 1～4 步把读写头移到 x 的末端，第 5～7 步改变末端的空白并把读写头移回它原先所在的位置，如图 2-38 所示。

（2）递减语句

我们尽量使用最少的指令数目来模拟 dec(x)语句。图 2-39 给出了这条语句的图灵机。控制器有 3 个状态：S_1、S_2 和 S_3。状态 S_1 是开始状态。状态 S_2 是检查语句，它检查当前符号是 1 还是 b。如果是 b，语句进入停机状态；如果下一个符号是 1，第二条语句把它改成 b，再进入停机状态。

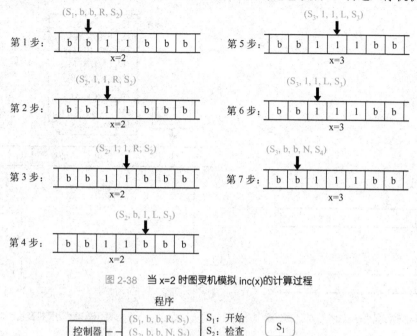

图 2-38　当 x=2 时图灵机模拟 inc(x)的计算过程

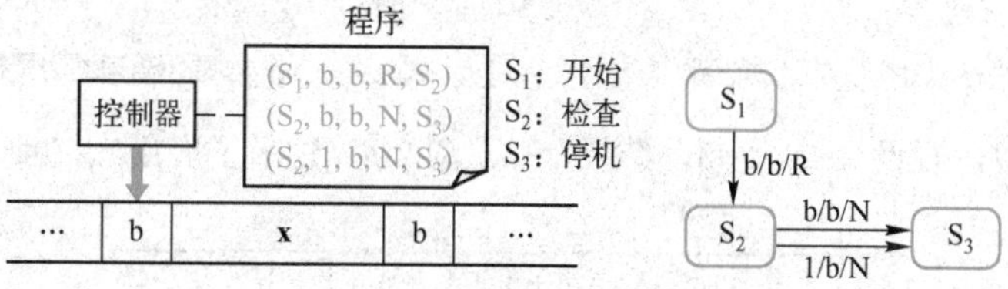

图 2-39　模拟 dec(x)语句的图灵机

对于这个语句，不妨设 x=2，进一步看看图灵机的具体计算过程：x 的值为 2（用 11 表示），存储在两个空白符号之间，从数据左边的空白符号开始计算，如果下一个符号为 1，机器把它改成空白。读写头停止在结果数据左边的空白字符上。这与递增语句中的安排相同，如图 2-40 所示。值得说明的是，我们也可以把读写头移到数据的末端，删除最后的 1，而不是第一个 1，但这样的话程序就比较长。

（3）循环语句

为了模拟循环，假定 x 和循环体处理的数据存储在纸带上，中间以单个空白符号 b 相隔。图 2-41 给出了循环语句 while 的图灵机、程序和状态转移图。

三个状态 S_1、S_2 和 S_3 控制了循环，判断 x 的值，如果 x=0，就退出循环。把这三个状态与图 2-39 递减语句中使用的三个状态进行比较。状态 M_R 把读写头移过在每次重复中在处理数据开始时定义了数据开始位置的空白符号；状态 M_L 把读写头移过在每次重复中在处理数据结束时定义了 x 的开始位置的空白符号；状态 B_S 定义了循环体的开始状态，而状态 B_H 定义了循环体的停机状态。循环体在这两个状态之间可能还有多个状态。图 2-41 还给出了语句的重复性质。状态图本身是一个只要 x 的值不为 0 就重复的循环。当 x 的值变成 0，循环停止，状态 S 停机状态就到达了。

来看一个简单的例子。假设要模拟第 4 个宏语句：$y \Leftarrow y + x$，像前面讨论的一样，这个宏可以用简单语言中的 while 语句来模拟：

```
while (x)
    {
    dec(x)
    inc(y)
```

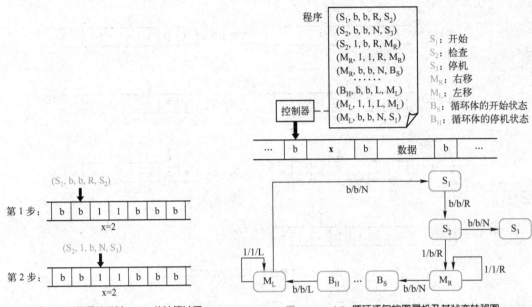

图 2-40　当 x=2 时图灵机模拟 dec(x)的计算过程　　　　图 2-41　while 循环语句的图灵机及其状态转移图

为了使过程简短，假设 x=2，y=3，结果 y=5。图 2-42 显示了应用宏之前和之后纸带的状态。

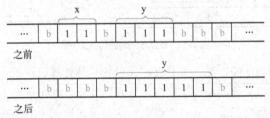

图 2-42　计算前后纸带上的变化

注意：在这个程序中，我们清除了 x 的值，使得过程更简短，如果在纸带上允许其他符号，x 的原始值是可以保存的。

因为 x=2，程序重复 2 次。第一次重复结束时，x 的值为 1，y 的值为 4。前 4 步递减 x 的值，把读/写头移过 y 值前的空白符号。然后执行循环体，需要 9 个步骤去递增 y，并把读写头移到原来的位置。递增 y 之后，控制返回循环，最后把读写头移到 x 的开始处。第二次重复开始时，x 的值为 1，y 的值为 4。这次重复结束时，x 的值为 0，y 的值为 5。循环停止，y 的值是所期望的。

由于过程比较复杂，这里就不用图形表述了。我们只要知道，图灵机确实能模拟 while 语句。这样模拟虽然是低效的，却说明了图灵机的计算能力。

至此，我们看到了图灵机能模拟简单语言中的三个基本语句。这意味着图灵机能模拟我们为简单语言定义的所有的宏。那么，图灵机是否能解决一台计算机能解决的任何问题？这个问题的答案可以在邱奇-图灵论题（Church-Turing thesis）中找到。（注意，这只是论题，不是定理。定理可以在数学上得到证明，但论题却不能。）虽然这个论题可能永远得不到证明，但有强有力的论断在支持它。首先，尚未发现有图灵机不能模拟的算法；其次，所有在数学上已经得到证明的计算机模型都与图灵机模型等价，这个论断是得到证明的。

尽管图灵机就其计算能力而言，可以模拟现代任何计算机，甚至蕴含了现代存储程序式计算机的思想（图灵机的带子可以看成具有可擦写功能的存储器），但是它毕竟不同于实际的计算机，在实际计算机的研制中还需要有具体的实现方法与实现技术。冯·诺依曼就为现代电子计算机的设计奠定了理论基础。

2.5 计算机的构造——冯·诺依曼机及其工作原理

1903 年 12 月 28 日，在布达佩斯诞生了一位神童，这不仅给这个家庭带来了巨大的喜悦，也值得整个计算机界去纪念。正是他开创了现代计算机理论，其体系结构沿用至今，而且他早在 40 年代就已预见到计算机建模和仿真技术对当代计算机将产生的意义深远的影响。他，就是约翰·冯·诺依曼（John Von Neumann）。

约翰·冯·诺依曼（1903—1957 年），美籍匈牙利人。1921 至 1923 年，他在苏黎世大学学习，1926 年以优异的成绩获得了布达佩斯大学数学博士学位，此时冯·诺依曼年仅 22 岁。1927 至 1929 年，他相继在柏林大学和汉堡大学担任数学讲师。1930 年，他接受了普林斯顿大学客座教授的职位，西渡美国。1931 年，他成为美国普林斯顿大学的第一批终身教授，那时他还不到 30 岁。1933 年，他转到该校的高级研究所，成为最初六位教授之一，并在那里工作了一生。

冯·诺依曼是普林斯顿大学、宾夕法尼亚大学、哈佛大学、伊斯坦堡大学、马里兰大学、哥伦比亚大学和慕尼黑高等技术学院等校的荣誉博士，是美国国家科学院、秘鲁国立自然科学院和意大利国立林且学院等院的院士。1954 年，他任美国原子能委员会委员，1951 至 1953 年任美国数学会主席。

冯·诺依曼在数学的诸多领域都进行了开创性工作，并做出了重大贡献。在第二次世界大战前，他主要从事算子理论、集合论等方面的研究。1923 年，关于集合论中超限序数的论文，显示了冯·诺依曼处理集合论问题所特有的方式和风格。他把集合论加以公理化，他的公理化体系奠定了公理集合论的基础。他从公理出发，用代数方法导出了集合论中许多重要概念、基本运算、重要定理等。特别在 1925 年的一篇论文中，冯·诺依曼就指出了任何一种公理化系统中都存在着无法判定的命题。

冯·诺依曼在格论、连续几何、理论物理、动力学、连续介质力学、气象计算、原子能和经济学等领域都做过重要的工作。冯·诺依曼对人类的最大贡献是对计算机科学、计算机技术、数值分析和经济学中的博弈论的开拓性工作。

2.5.1 冯·诺依曼型计算机的组成和工作原理

图灵机的出现为现代计算机的发明提供了重要的思想。在图灵等人工作的影响下，1946 年 6 月，冯·诺依曼及其同事在 EDVAC 方案的基础上，完成了《关于电子计算装置逻辑结构设计》的研究报告，具体介绍了制造电子计算机和程序设计的新思想，确定了现代存储程序式电子数字计算机的基本结构与工作原理，给出了由控制器、运算器、存储器、输入和输出设备五大部件组成的被称为冯·诺依曼型计算机或存储程序式计算机的体系结构，如图 2-43 所示，为现代计算机的研制奠定了基础。

可见，冯·诺依曼型计算机由五大部件组成：运算器、控制器、存储器、输入设备和输出设备。

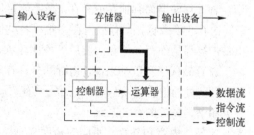

图 2-43 冯·诺依曼型计算机的组成

1. 运算器（Arithmetic and Logic Unit，ALU）

运算器是执行各种算术运算、关系运算、逻辑运算的部件，又称为算术逻辑单元，它包括若干个寄存器、执行部件和控制电路三部分。操作时，控制器控制运算器从存储器中取出数据，进行算术或逻辑运算，并把处理后的结果送回到存储器，或者暂时存放在运算器中的寄存器里。

2.3 节介绍的加法运算及其加法器的设计就属于运算器的核心内容之一，限于篇幅，其他方面的内容就不展开讨论了。

2. 控制器（Control Unit）

控制器的主要作用是使整个计算机能自动地执行程序，并控制计算机各部件协调一致地工作。执行程序时，控制器先从存储器中按照特定的顺序取出指令，解释该指令并取出相关的数据，然后向其他部件发出执行该指令的所需要的时序控制信号，再从存储器中取出下一条指令执行，依次循环，直至程序执行结束。计算机自动工作的过程就是逐条执行程序中各条指令的过程。

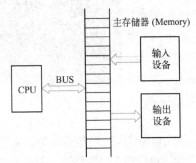

图 2-44　冯·诺依曼计算机示意图

由于电子学以及电子工业的迅速发展，早已经把控制器和运算器做在一起了（集成在一块集成电路上），通常称之为中央处理器（Central Processing Unit，CPU）。所以，冯·诺依曼计算机的组成可用图 2-44 表示。

近年来，由于微机应用越来越复杂，需要越来越强大的CPU 处理能力。而 CPU 性能提高是通过提高 CPU 主频和前端总线频率以及扩大缓存来实现的。提高主频对微机散热的设计是很大的挑战，同时会增加成本，单核处理器的发展已经达到一个极限。为了解决这些问题，人们提出了多核技术的概念。多核技术不但可以提高性能，而且很好地解决了功耗的问题，成为未来处理器的发展方向。

3. 存储器（Memory）

存储器是计算机中具有记忆功能的部件，负责存储程序和数据，并根据控制命令提供这些数据。存储器一般被分成很多存储单元，并按照一定的方式进行排列。每个单元都编了号，称为存储地址。指令在存储器中基本上是按执行顺序存储的，由指令计数器指明要执行的指令在存储器中的地址。

存储器分为主存储器和辅助存储器两大类。

主存储器简称主存或内存，在计算机工作时，整个处理过程中用到的数据都存放在内存中。一般说到的存储器指的是计算机的内存。内存的容量一般比较小，存取速度快。内存又分为只读存储器（Read Only Memory，ROM）和随机存取存储器（Random Access Memory，RAM）。ROM 中的信息只能读出不能随意写入，是厂家在制造时用特殊方法写入的，断电后其中的信息也不会丢失。RAM允许随机地按任意指定地址的存储单元进行存取信息，在断电后，其中的信息就会丢失。

辅助存储器简称辅存或外存，是不能直接向中央处理器提供数据的各种存储设备。外存主要用于同内存交换数据，即存放内存中难以容纳但程序执行所需的数据信息。软盘、硬盘、光盘、优盘和磁带等都是外存。外存的容量一般比较大，存储成本低，存取速度较慢。

就存储程序和数据来说，内存和外存在功能上是没有多大差异的，之所以区分"内"和"外"，与各自所处的位置以及与 CPU 的关系有关。内存和外存相互联系、相互协作、相互弥补，共建了一个和谐、高效的存储系统。

当然，内存和外存从不同的角度来看还是有很大差异的，比如：

① CPU 可以直接读写内存的程序与数据，却不能直接存取外存中的程序与数据。外存中的程

序和数据必须先加载进内存，才能被 CPU 读取。

② 内存的容量是非常有限的，这种限制取决于内存的价格和 CPU 的寻址空间的大小（与 CPU 地址线的数目有关）；而外存的容量是非常大的，甚至可以说是"海量"的。只要有钱，容量可以任意增大，不受任何限制。呵呵，"有钱就可以任性"。

③ 内存的读写速度比外存的存取速度快得多，二者根本不在一个数量级上。可以说，内存的读写速度是"电子级的"，而外存基本上是"机械级的"。

④ 内存是电子设备，多为大规模集成电路（RAM 和 ROM）；而外存多半是机械设备，利用磁记录、光学原理等做成磁盘、磁带、硬盘、光盘等形式。

⑤ 从成本或费用的角度来说，单位存储容量的内存比外存高很多。

⑥ 从数据存储的持久性来说，存放在内存中的程序或数据，一旦掉电就全没了，所以只能临时存放程序或数据；而外存就不同了，它可以永久存放程序和数据。

非常有意思的是，这两个速度、容量和价格等方面都不一样的存储器有机地结合起来，形成了一个存储系统，该存储系统对于用户来说是透明的、一体的、完整的。从哲学的角度来说，该存储系统具有如下特点。

① 内存与外存既相互独立，又相互联系。内存中存放着操作系统、应用程序和数据等，构建了程序运行所需的基本环境。外存以一种独立的文件系统来管理程序和数据。典型地，我们可以把一个存放着大量程序和数据的硬盘从一台计算机移到另一台计算机。但内存和外存时刻保持着联系，交换着程序和数据，所以它们既独立又相互联系。

② 内存与外存相互作用，共建和谐的存储系统。内存和外存就像一对矛盾，一个容量小，一个容量大；一个速度快，一个速度慢；一个价格高，一个价格低。但这对矛盾"既对立又统一"，相互协作，取长补短，形成了一个有机的存储系统。比如，外存容量很大，很好地弥补了内存的不足；内存中的数据不能长久保存，就转存到外存之中等。

③ 在一定的技术条件下，内存与外存还可以相互转化。利用虚拟化技术，人们可以把外存虚拟成内存，以获取更大的内存空间；反过来也一样，也可以把内存虚拟成外存，典型地，人们可以通过软件在内存中虚拟一个光盘驱动器，以便在没有安装光盘驱动器的机器上读取光盘里面的文件和数据。

4. 输入设备（Input Device）

输入设备能将数据、程序等用户信息变换为计算机能识别和处理的二进制信息形式输入计算机。常见的输入设备有键盘、鼠标、扫描仪、数码相机、卡片阅读机、数字化仪、光笔等。

5. 输出设备（Output Device）

输出设备能将计算机处理的结果（二进制信息）变换为用户所需要的信息形式输出。常见的输出设备有显示器、打印机、绘图仪等。

随着多媒体技术的发展，其他诸如发声器、触摸屏、声音识别器、图形图像识别器等输入、输出设备正在逐步普及。

在上述五个部件的密切配合下，计算机的工作过程可简单归结为以下 5 个步骤。

① 控制器控制输入设备将数据和程序从输入设备输入到内存储器。

② 在控制器指挥下，从存储器取出指令送入控制器。

③ 控制器分析指令、指挥运算器、存储器执行指令规定的操作。

④ 运算结果由控制器控制送存储器保存或送输出设备输出。

⑤ 返回到第②步，继续取下一条指令。如此反复，直至程序结束。

进一步说，一个完整的计算机系统由 4 部分组成：硬件、软件、数据和用户。硬件是构成计算机系统的设备实体，包括运算器、控制器、存储器、输入设备和输出设备等五大部件；软件是各类程序和文件，包括系统软件和应用软件；数据是计算机能够处理的各种信息；用户就是计算机系统的各类使用者。

硬件是计算机的躯壳，软件是计算机的灵魂，硬件只有通过软件才能发挥其应有的作用；而数据是计算机要加工处理的对象，没有数据，计算机无法工作；用户是整个计算机系统的关键组成部分，负责安装软件、运行程序、管理文件、维护系统等工作，扮演了多种角色。因此，这 4 部分相互渗透、相互依存、互相配合、互相促进的关系，缺一不可，共同构成了计算机系统的整体。

2.5.2 思想与技术的演化

技术在不断进步，理论也在不断丰富和完善。思想、观念上的升华深刻地影响着计算机的系统结构，比较典型的有两方面：一是计算机的核心由 CPU 变成了存储器，二是多级存储器结构的诞生。当然，还包括流水线机制、多核结构等，不一一多说。

1. 以"存储器"为核心

从电子计算机诞生到现在，冯·诺依曼体系结构的计算机一直占据着主导地位。冯·诺依曼体系结构是现代计算机的基础，现在大多计算机仍采用冯·诺依曼计算机的组织结构，只是随着技术的发展，有一些较大的改进。一个非常明显的变化就是从以运算器、控制器（合称 CPU）为中心的体系结构转化为以存储器为中心的体系结构（如图 2-45 所示）。引起这种变化的原因有以下四方面：一是存储器资源非常有限，且常常为多个任务（程序）所共享；二是 CPU 的工作频率比存储器高得多，存储器总是跟不上"趟"，一定程度上造成了"瓶颈"效应；三是让输入输出设备直接与存储器打交道，明显可以提高传输效率；四是现代高性能计算机系统采取并行计算，一台计算机中拥有多达几百个、几千个甚至上万个 CPU。正是由于这些变化，适当地调整一下系统结构也是必需的，以便提高系统的整体效率。

2. 存储器分级及其多级存储体系

系统科学认为，事物的质是由组成事物的要素的组合方式即结构决定的。结构决定功能（有什么结构就有什么功能），功能决定结构（没有功能及功能负荷的结构，迟早要退化、解体）。任何系统要生存发展，就必须不断调整内部结构。能发挥最佳功能的结构就是理想结构。

按照冯·诺依曼存储程序思想设计的计算机，执行程序时，CPU 要不断地与主存储器（内存）打交道，因为每条指令都要从主存储器中读取，被处理的数据也要从主存储器中读取，计算后的结果还要存放到主存储器中。指令和数据通过总线（BUS）在 CPU 和主存储器之间流动，如图 2-46 所示。

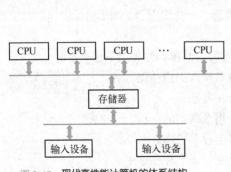

图 2-45　现代高性能计算机的体系结构

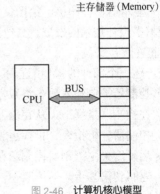

图 2-46　计算机核心模型

这一切看起来似乎没有什么问题，其实不然。为什么呢？至少有三个问题需要认真考虑：一是CPU 的工作频率比主存储器高得多，也就是说，CPU 比主存储器速度快，二者在速度上很不匹配；二是主存储器因价格昂贵容量非常有限（也与寻址空间有关）；三是主存储器中的程序和数据不能永久保存。

就第一个问题而言，快速而强大的 CPU 需要快速轻松地存取大量数据才能实现最优性能。如果 CPU 无法及时获得所需要的指令和数据，则只能不断地停下来等待指令和数据。这将浪费宝贵的 CPU 资源。如何解决整个问题呢？降低 CPU 的工作频率显然是不对的，那么提高主存储器的工作频率可行吗？也不现实，因为设计能够匹配 CPU 工作频率的存储器也许并非难事，但价格昂贵，费用方面人们负担不起！聪明的设计者在 CPU 和主存储器之间增设一级高速缓冲存储器（Cache），较好地解决了这个问题。什么是高速缓冲存储器稍后再做进一步介绍。

针对第二和第三个问题，解决的办法是增设辅助存储器，也就是外部存储器，简称外存。外存可以永久保存程序和数据，而且容量比主存储器大得多、价格也便宜得多。可以把暂时不用的程序和数据存放在外存之中，主存储器中只需存放当前正在运行的程序和正在处理的数据即可。这样也就解决了主存储器容量非常有限的问题。

这样，计算机系统的存储结构就明显分级了，体现出了非常明显的层次结构，如图 2-47 所示。

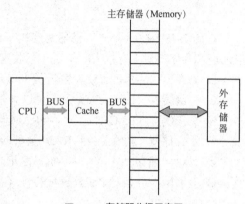

图 2-47　**存储器分级示意图**

如前所述，由于主存储器（RAM）的工作速度比CPU 慢得多，所以在 RAM 和 CPU 之间传输数据变成了 CPU 最耗时的操作之一。在 CPU 和主存之间添加高速缓冲存储器（Cache memory）以后，可以在某种程度上解决这个问题。现在我们看看高速缓冲存储器是如何解决这个问题的。

高速缓冲存储器在任何时候都只是主存储器中一部分内容的拷贝（副本）。当 CPU 要存取主存储器中的指令或数据时，CPU 首先检查 Cache，如果 Cache 中有该指令或数据，CPU 就直接从 Cache 中读取；如果 Cache 中没有所需要的指令或数据，CPU 就从主存储器中将包含该指令或数据的一大块指令或数据复制到 Cache 中，再访问 Cache，读写指令或数据。这样就能提高运算速度吗？是的，计算机中的指令大部分是顺序执行的（除转移指令外），很多数据也是顺序存放和处理的（如数组），因此 CPU 下次要访问的指令或数据很有可能就在 Cache 之中，CPU 访问 Cache 即可。而 Cache 的存取速度比主存储器高很多，因而提高了整体的处理速度。

这种缓冲存储的道理，生活中到处都有。例如，过去家里没有自来水，家家都备有一个水缸，吃喝用水都从水缸里舀取。如果水缸里没水了，就去村外水井里挑水，直至把水缸装满。下次用水又从水缸里舀取。如果每次用水（哪怕喝一小口）都要去水井里取水，那将是多么不可思议的事情。现在有了水缸，用水就方便、高效多了。在这里，水缸就是家用的 Cache，能明显提高人们的生活效率。家家备用的米缸也是同样道理。

为了进一步改善存储系统的性能，人们还采取一些办法：一是价格可以承受的情况下，扩大 Cache 的容量；二是把 Cache 分成一级 Cache（L1 Cache）和二级 Cache（L2 Cache），一级 Cache 位于 CPU 内，二级 Cache 位于 CPU 外。

如果仅仅就存储而言，CPU 内部的寄存器虽然数量少、容量小，却是存取速度最快的。另外，如果外存的容量还不够大，可以利用互联网，把数据和程序存放于容量巨大的网络之中，如网格存储、云存储。这样就形成了一个分层次的、完整的存储系统，如图 2-48 所示。

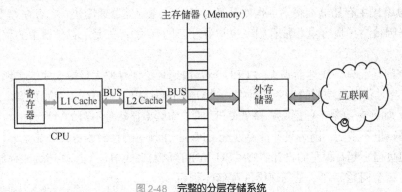

图 2-48　完整的分层存储系统

在图 2-48 中，不同的存储器互连在一起，形成了多层的存储系统。不同层级的存储器，在存取速度和存储容量上有很大的差别（存取速度和容量值仅供参考，不同时期数据有较大的变化）。

  ⊙ 寄存器——速度最快，数量最少（几十个而已），容量最低。
  ⊙ 一级缓存（L1 Cache）——可以处理器速度进行访问（10ns，4～16MB）。
  ⊙ 二级缓存（L2 Cache）——SRAM 类型的存储器（20～30ns，128～512MB）。
  ⊙ 主存储器（内存）——RAM 类型的存储器（约 60ns，1～4GB）。
  ⊙ 硬盘（辅存，外存）——机械磁记录设备，较慢（约 12ms，100GB～2TB）。
  ⊙ 互联网——相对来说，速度极慢（秒级，容量在 PB 级）。

2.5.3　冯·诺依曼型计算机的特点及其局限性

冯·诺依曼型计算机的核心思想是"存储程序"和"顺序执行"。所谓存储程序，就是人们事先按计算需求编写好程序，然后以程序代码的形式存储于存储器中。顺序执行就是控制 CPU 按程序设定的顺序，依次解释并执行程序中的每条指令。正所谓"成也萧何，败也萧何"，冯·诺依曼型计算机既有其鲜明的特点，也有其"天生的"缺陷与不足。

1. 冯·诺依曼型计算机的特点

归纳起来，冯·诺依曼型计算机都具有以下特点。

① 计算机由运算器、控制器、存储器、输入设备和输出设备五部分组成。

② 存储器是字长固定的、顺序线性编址的一维结构。

③ 采用存储程序的方式，程序和数据都以同等地位存放于存储器内（机器不区分程序代码与数据），运行程序或访问数据需要提供相应的地址。

④ 指令和数据都用二进制代码表示。

⑤ 指令由操作码和地址码组成，操作码用来表示操作的性质，地址码用来表示操作数所在存储器中的位置。

⑥ 指令在存储器中按执行顺序存放，由指令计数器指明要执行的指令所在的单元地址。程序一般按照指令在存储器中存放的顺序执行，程序分支由转移指令实现。

⑦ 以运算器为中心，输入、输出设备与存储器间的数据传输都通过运算器。

2. 冯·诺依曼机的局限性

客观地说，以冯·诺依曼理论为基础的现代电子计算机还不是十分完美，它存在着不足与缺陷，有些问题甚至是根本性的。人们早就认识到这些问题，也在努力解决这些问题，甚至已经取得了巨大的进步和成就。

早期的计算机都是以数值计算为目的开发的，所以基本上都是以冯·诺依曼理论为基础的，其工作方式是顺序的。当计算机越来越广泛地应用于非数值计算领域，以及处理速度成为人们关心的首要问题时，冯·诺依曼计算机的局限性就逐渐显露出来了。

冯·诺依曼体系结构的最大局限就是存储器与 CPU 之间的通路太狭窄，每次执行一条指令，所需的指令和数据都必须经过这条通路。由于这条狭窄通路的阻碍，单纯地扩大存储器容量和提高 CPU 速度的努力意义不大，人们称这个现象叫做"冯·诺依曼瓶颈"，也有人形象地称之为"冯·诺依曼狭道"。

冯·诺依曼机从本质上讲是采取串行顺序处理的工作机制，即使有关数据已经准备好，也必须逐条执行指令序列，这又是冯·诺依曼计算机进一步提高处理能力的一大"瓶颈"。而提高计算机性能的根本方向之一是并行处理，正所谓"三个臭皮匠顶个诸葛亮"。因此，近年来人们在谋求突破传统冯·诺依曼体制的束缚，这种努力被称为非冯·诺依曼化。对所谓非冯·诺依曼化的探讨仍存在争议，一般认为它表现在以下 3 方面。

① 在冯·诺依曼体系范畴内，对传统冯·诺依曼机进行改造。例如，采用多个处理部件形成流水处理，依靠时间上的重叠提高处理效率；组成阵列机结构，形成单指令流多数据流，提高处理速度。这些方向比较成熟，已成为标准结构。

② 采用多个冯·诺依曼机组成多机系统，支持并行算法结构。这方面的研究目前比较活跃。

③ 从根本上改变冯·诺依曼机的控制流驱动方式。例如，采用数据流驱动工作方式的数据流计算机，只要数据已经准备好，有关指令就可并行地执行。这是真正非冯·诺依曼化的计算机，它为并行处理开辟了新的前景，但由于控制的复杂性，仍处于实验探索之中。

更进一步地说，源于图灵机模型的冯·诺依曼计算机还存在不少局限性。比如，在问题表示方法方面，要求把连续现象离散化，这就难以准确地刻画客观世界大量存在的连续现象；无法或难以表达客观世界的模糊语义；无法采取适当的折中行为等。

2.6 计算技术的开拓与发展

自电子计算机诞生以来，冯·诺依曼计算机一直占据着十分重要的主导地位，起着十分重要的作用。但非电子计算机、非冯·诺依曼计算机等计算技术、计算理论、计算方法也备受人们重视。本节简要介绍几方面的内容，以扩大视野。

1. 光计算机

光计算机是由光代替电子或电流，实现高速处理大容量信息的计算机。

为什么要研究光计算机呢？因为光计算机有许多优点。

首先，传递信息速度快。电子运动速度在理想情况下是光速，但在导体中的速度最高不会超过 500km/s，还不及光子流在导体中的 10%。

其次，可以很容易实现并行处理。电子是沿固定线路流动的，而利用反射镜、棱镜、分光镜等，可以随意控制和改变光束的方向，这样，在传递信息时，光束不需要导体，可以相互交叉而不受损失。有人做过这样的比喻：如果将电子通道比作铁路网，光子通道比作空中航线，那么，作为"火车"的电子将沿着"铁轨"运行，当"火车"过"站"时，需降低速度。而作为"飞机"的光子却可以笔直地飞达目标，甚至在横越其他"飞机航线"时，也不用减速。铁路网的密集度毕竟是有限的，而空中航线的密集度几乎是无限的，一块直径只有五分硬币大小的棱镜，通过信息的能力是现在全世界电话电缆的许多倍。

再者，光计算机无发热问题。电子会使计算机发热，而光子不会。

1969 年，研究光计算机的序幕由美国麻省理工学院的科学家揭开。1982 年，英国研制出光晶体管。1986 年，美国贝尔实验室发明了用半导体做成的光晶体管。然后，科学家们运用集成光路技术，把光晶体管、光源光存储器等元件集积在一块芯片上，制成集成光路，与集成电路相似。1990 年，贝尔实验室制成了第一台光计算机，开创了光计算机的先河。更加先进的光计算机必将出现。

光计算机比电子计算机更先进，它的运算速度至少比现在的计算机快 1000 倍，高达 10000 亿次，存储容量比现在的计算机大百万倍。

2. 超导计算机

我们知道，电流在导体中流过，并不是畅通无阻的，而是有一定的阻力，时间长了，导体还会发热，白白消耗掉了一部分电能。但是电流在超导体中流过，情况就大不一样了。早年荷兰物理学家昂内斯发现，有一些材料，当它们冷却到-273.15℃时，会失去电阻，流入它们中的电流会畅通无阻，不会随便消耗掉。

可是这种超导现象发现后，研究进展一直不顺。因为要实现超导的温度太低，要制造出这种低温环境，消耗的电能远远超过超导节省的电能。

后来，情况有了好转，科学家们发现了一种陶瓷合金在-238℃时出现了超导现象；我国物理学家也找到了一种材料，在-141℃时出现超导现象。一时间，研究超导热席卷了全世界。目前，科学家还在为此加紧研究、寻找，企图寻找出一种"高温"超导材料，甚至一种室温超导材料。一旦这些材料找到后，人们可以利用它制成超导存储器或其他超导元器件，再利用这些器件制成超导计算机。

超导计算机的性能是目前电子计算机无法比拟的。目前制成的超导开关器件的开关速度已达几微微秒（10^{-12}秒）的高水平。这是当今所有电子、半导体、光电器件都无法比拟的，比集成电路要快几百倍。超导计算机运算速度比现在的电子计算机快 100 倍，而电能消耗仅是电子计算机的千分之一。如果目前一台大中型计算机每小时耗电 10 kW，那么，同样一台的超导计算机只需一节干电池就可以工作了。

3. 生物计算机

仿生学是通过对自然界生物特性的研究与模仿，达到为人类社会更好地服务的目的的一门学科。例如，通过研究蜻蜓的飞行制造出了直升机；通过对青蛙眼睛的表面"视而不见"、实际"明察秋毫"的认识，研制出了电子蛙眼；通过对苍蝇飞行的研究，仿制出一种新型导航仪——振动陀螺仪，能使飞机和火箭自动停止危险的"跟头"飞行，当飞机强烈倾斜时，能自动得以平衡，使飞机在最复杂的急转弯时也万无一失；通过对蝙蝠没有视力但靠发出超声波来定向飞行的特性研究，制造出了雷达、超声波定向仪等；通过对"变色龙"的研究，产生了隐身科学和保护色的应用。仿生学同样可应用到计算机领域中。

科学家们通过对生物组织体研究，发现组织体是由无数的细胞组成，细胞由水、盐、蛋白质和核酸等有机物组成，而有些有机物中的蛋白质分子像开关一样，具有"开"与"关"的功能。因此，人类可以利用遗传工程技术，仿制出这种蛋白质分子，用来作为元件制成计算机。科学家把这种计算机叫做生物计算机。

生物计算机有很多优点，主要表现在以下几方面。首先，它体积小，功效高。在 1 mm^2 的面积上可容纳几亿个"电路元件"，比目前的集成电路小得多，用它制成的计算机已经不像现在计算机的形状了，可以嵌入桌面、墙壁等地方。

其次，生物计算机具有永久性和很高的可靠性。当我们在运动中不小心受伤，有的上点儿药，有的甚至不用药，过几天，伤口就愈合了。这是因为人体具有自我修复功能。同样，生物计算机也有这种功能，当它的内部芯片出现故障时，不需要人工修理，能自我修复。

再者，生物计算机的元件是由有机分子组成的生物化学元件，它们是利用化学反应工作的，所以只需要很少的能量就可以工作了，因此不会像电子计算机那样，工作一段时间后机体会发热。

1983 年，美国公布了研制生物计算机的设想之后，立即激起了发达国家的研制热潮。当前，美国、日本、德国和俄罗斯的科学家正在积极开展生物芯片的开发研究。从 1984 年开始，日本每年用于研制生物计算机的科研投入达数十亿日元。

目前，生物芯片仍处于研制阶段，但在生物元件特别是在生物传感器的研制方面已取得不少实际成果。这将会促使计算机、电子工程和生物工程这三个学科的专家通力合作，加快研究开发生物芯片。

生物计算机一旦研制成功，可能会在计算机领域内引起一场划时代的革命。

4. 智能计算机

人们把电子计算机比作"电脑"，可即便是现在最好的计算机也还是不够聪明，因为这样的计算机只具备人左脑的功能，擅长逻辑思维，不具备人右脑的功能，缺乏形象思维的能力。

现代电子计算机都需要把事先编好的程序和数据存储在计算机中，然后自动地按照程序执行一条条指令。如果程序不正确，计算机也跟着犯错，因此人们有时候也把计算机称为"伟大的傻瓜"。智能计算机会改变这样的工作模式，只要按人的需要，在计算机的功能范围内向计算机提出"做什么"，而不需告诉它"怎样做"，它就可以给出人所需要的结果。所以，理想的智能计算机是有知识、会学习、能进行推理的计算机，是一种更接近于人脑的计算机。它具有能够很好地理解自然语言、声音、文字、图像的能力，并且具有说话的能力，以达到人机直接用自然语言对话的水平；它具有利用已有的知识和不断学习到的知识，进行思维、联想、推理，以达到解决复杂问题、得出结论的能力；它具有汇集、记忆、检索有关知识的能力。

由于智能计算机系统能力超群，所以得到了各国的极大重视和研究开发。美国、日本等国相继投入了大量的人力、物力，进行了长期的研究，也取得了不少令人鼓舞的研究成果。

现在，有的智能系统已获得了应用。比如，纽约、迈阿密、伦敦飞机场用神经网络检查爆炸物，每小时可检查 600～700 件行李，检出率为 95%，误差率为 2%。

近代科技的发展，在对人类的眼、耳、鼻、嘴、手、脚等器官的功能的物化延伸方面做出了巨大的贡献，但在大脑智能的物化延伸方面，还没有取得革命性的突破。人工智能一旦取得突破，人类的工作、生活和学习必将发生革命性的变化。

5. 大规模并行计算技术

俗语"三个臭皮匠顶个诸葛亮"所描述的无非就是"人多力量大"这么一个简单的道理。其实，在计算机世界，存在类似的问题，这就是计算机的并行计算。

为了更好地理解并行计算，不妨先看看一个童话故事：从前，有一个酷爱数学的年轻国王向邻国一位聪明美丽的公主求婚。公主给他出了这样一道题：求 48 770 428 433 377 171 的一个真因子。公主承诺，如果国王能在规定的时间内求出正确的答案，便接受他的求婚。国王回去后立即开始逐个数的进行计算，他从早到晚，共算了 3 万多个数，最终还是没有结果。国王向公主求情，公主将答案相告：223 092 827 是它的一个真因子。国王很快验证了这个数确能除尽 48 770 428 433 377 171。公主说："我再给你一次机会，再求一个 17 位数的真因子，如果还求不出，将来您只好做我的证婚人了。"国王立即回国，并向时任宰相的大数学家请教，大数学家仔细思考后认为，一个 17 位数最小的一个真因子不会超过 9 位，于是他给国王出了一个主意：按自然数的顺序给全国的老百姓每人编一个号发下去，等公主给出数目后，立即将它们通报全国，让每个老百姓用自己的编号去除这个数，除尽了立即上报，赏金万两。最后，国王用这个办法求婚成功。

在这个故事中，国王最先使用的是顺序算法，也就是串行计算，依靠个人的能力逐个数进行演算，即便最终能找到答案，也是一个十分漫长的过程。传统的计算机都是这样求解问题的。宰相提出的是一种并行算法，也就是并行计算，依靠大量的人力资源，在短时间内就能获得想要的计算结果。

并行计算（Parallel Computing）是指同时使用多种计算资源解决计算问题的过程，是提高计算机系统计算速度和处理能力的一种有效手段。其基本思想是用多个处理器来协同求解同一问题，即将被求解的问题分解成若干部分，各部分均由一个独立的处理机来并行计算。并行计算系统既可以是专门设计的、含有多个处理器的超级计算机，也可以是以某种方式互连的若干台独立计算机构成的集群。

并行计算基于一个简单的想法：N 台计算机应该能够提供 N 倍计算能力，不论当前计算机的速度如何，都可以期望被求解的问题在 $1/N$ 的时间内完成。显然，这只是一个理想的情况，因为被求解的问题在通常情况下都不可能被分解为完全独立的各部分，而是需要进行必要的数据交换和同步。尽管如此，并行计算仍然可以使整个计算机系统的性能得到实质性的改进，而改进的程度取决于欲求解问题自身的并行程度。

并行计算能做什么呢？并行计算的优点是具有巨大的数值计算和数据处理能力，能够被广泛地应用于国民经济、国防建设和科技发展中具有深远影响的重大课题，如石油勘探、地震预测和预报、气候模拟和大范围天气预报、新型武器设计、核武器系统的研究模拟、航空航天飞行器、卫星图像处理、天体和地球科学、实时电影动画系统及虚拟现实系统等。以高性能计算技术领先的美国提出了一个计划，利用并行计算技术解决目前所遇到的"挑战"。美国政府将这个计划命名为 HPCC。该计划要解决的"巨大挑战"问题主要包括以下 10 个：

① **磁记录技术**：要在一平方厘米的磁盘表面上压缩记录 10 亿位数据。

② **新药研制**：特别是防治癌症与艾滋病新药的研制。

③ **高速城市交通**：新型低噪音飞机的研制，空气动力学的计算。

④ **催化剂设计**：改变至今为止多数催化剂靠经验设计的习惯，转向计算机辅助设计，主要分析这些复杂系统的大规模量子化学模型。

⑤ **燃料燃烧原理**：通过化学动力学计算，揭示流体力学的作用，研制新型发动机。

⑥ **海洋模型模拟**：对海洋活动与大气流的热交换进行整体海洋模拟。

⑦ **臭氧层空洞**：研究控制臭氧消耗过程的化学和动力学机制。

⑧ **数字解剖**：如三维 CT 扫描图像处理、人脑主题模型、三维生物结构与四维时间结构。

⑨ **蛋白质结构设计**：使用计算机模拟，对蛋白质组成的三维结构进行研究。

⑩ **密码破译技术**：破译长位数的密码，主要是寻找一个大数的两个素因子。

显然，在提高计算性能方面，大规模并行计算具有独特的优势。现在国内外努力发展的高性能计算机就是并行计算的杰出代表。

2.7　什么都能计算吗——难题及其可计算性

在没有接触计算机之前或者对计算机只有初步了解的时候，每一个人都对计算机充满了好奇和惊异，感觉计算机什么事情都能做，如科学计算、文字处理、网络游戏、算命、下棋（竟然赢过国际象棋特级大师卡斯帕罗夫）、网上追捕逃犯……简直是太神奇了，以至人们把计算机神化了，干脆称之为"电脑"——一个比人脑还管用的机器！

果真如此吗？No，与人脑相比，除了计算速度外，计算机几乎没有什么更多的优越性了。

事实上，不是什么问题计算机都能了以计算的。换句话说，有些问题计算机能计算，有些问题不能计算，有些问题虽然能计算，但算起来很"困难"。这就引出了可计算性与计算复杂性问题。

2.7.1　难题何其多

还有计算机很难计算或者计算不了的问题，真让人不可思议。可这就是事实，事实远胜于雄辩，可以看几个实例。

视频

【实例2-1】　梦想成诗人。

某大学校园里有这么一个传说：有一个学生，姑且称之为张三。张三非常喜爱古诗，对唐代诗人更是仰慕不已，《唐诗三百首》中的名言佳句经常挂在嘴边。张三一直梦想着当一个诗人，为此做了不少努力，可是终究没有能够成为一个诗人。

当张三编写了求不同数的全排列的程序后，便突发奇想：常用汉字不过 4000 个，如果输入这 4000 个汉字，并对它们进行全排列，那么所有的名言佳句（包括那些已知的和未知的）不都在其中了吗？再从其全排列中摘出这些名言佳句，不就是一个前无古人、后无来者的大诗人了吗？

这一奇想使他欣喜若狂，心想：当一个诗人的梦想即将实现了！应该感谢计算学科的计算思想与技术。于是，他编好求解 4000 个汉字全排列的程序到计算机上去运行，然而 3 天过去了，程序还没有结果。他沉住气又等了 3 天，程序仍在运行，还是没有结果。他再等了 3 天，结果依然如故。他怀疑是机器出了故障，于是重新启动机器再次运行程序，情况依旧。他百思不得其解，带着问题，只好去请教老师。老师仔细给他讲道理：当 n 很大时，该问题是现实不可计算的。以 $n=26$ 为例，26 个不同汉字的全排列数为 26!。$26! \approx 4 \times 10^{26}$。以每年 365 天计算，每年有 $365 \times 24 \times 3600 = 3.1536 \times 10^7$ 秒，让每秒能产生 10^7 个排列的超高速的计算机来做这项工作，产生 26! 个排列需要 $4 \times 10^{26} / 10^7$ 秒，约为 1.2×10^{12} 年。

就目前最快的计算机，在人类能够忍受及机器寿命允许的条件下，完成这项工作是不可能的，这就是现实不可计算性。对此该学生叹息不已，心想：自己以这种方式梦想当一个诗人看来将永远是一个梦。

【实例2-2】　汉诺塔问题。

据说西方传教士来到印度，在印度的寺庙里看到一些僧侣整天都在移动一些盘子，感到非常好奇，经打听，才知道有那么一个古老的传说——印度教的天神梵天在创造地球这一世界时，建了一座神庙，神庙里竖有三根宝石柱子，柱子由一个铜座支撑。梵天将 64 个直径大小不一的金盘子，按照从大到小的顺序，依次套放在第一根柱子上，形成一座金塔，即所谓的汉诺塔（又称为梵天塔）。天神让庙里的僧侣们将第一根柱子上的 64 个盘子借助第二根柱子全部移到第三根柱子上，既将整个塔迁移，同时定下 3 条规则：① 每次只能移动一个盘子；② 盘子只能在三根柱子上来回移动，不能放在他处；③ 在移动过程中，三根柱子上的盘子必须始终保持大盘在下，小盘在上。天神说：

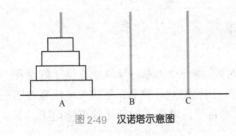

图 2-49　汉诺塔示意图

"当这 64 个盘子全部移到第三根柱子上后,世界末日就要到了"。这就是著名的汉诺塔问题,如图 2-49 所示。

汉诺塔问题是一个典型的只有用递归方法(而不能用其他方法)来解决的问题,递归是计算学科中的一个重要概念,在此不便展开讨论。

根据递归方法,我们可将 64 个盘子的汉诺塔问题转化为 63 个盘子的汉诺塔问题:不妨把第一根柱子上面的 63 个盘子看成是一个盘子,把它移到第二根柱子上,然后将第一根柱子上的最后一个盘子直接移动到第三根柱子上,再将第二个柱子上的 63 个盘子看成是一个盘子移到第三根柱子上,这样可以解决 64 个盘子的汉诺塔问题。以此类推,63 个盘子的汉诺塔问题可以转化为 62 个盘子的汉诺塔问题,62 个盘子的汉诺塔问题又可以转化为 61 个盘子的汉诺塔问题……直到 1 个盘子的汉诺塔问题。显然,1 个盘子的汉诺塔问题很容易解决。通过 1 个盘子的汉诺塔问题就可以求出 2 个盘子的汉诺塔问题;通过 2 个盘子的汉诺塔问题可以求出 3 个盘子的汉诺塔问题……我们自然可以求出 64 个盘子的汉诺塔问题。这就是递归方法求解问题的基本思想。

现在的问题是当 $n=64$ 时,也就是有 64 个盘子时,到底需要移动多少次盘子、耗费多少时间呢?按照上面的递归方法,n 个盘子的汉诺塔问题需要移动的盘子数是 $n-1$ 个盘子的汉诺塔问题需要移动的盘子数的 2 倍加 1。于是:

$$
\begin{aligned}
h(n) &= 2 \times h(n-1) + 1 \\
&= 2 \times (2 \times h(n-2) + 1) + 1 \\
&= 2^2 \times h(n-2) + 2 + 1 \\
&= 2^3 \times h(n-3) + 2^2 + 2 + 1 \\
&\quad\cdots\cdots \\
&= 2^n \times h(0) + 2^{n-1} + \cdots + 2^2 + 2 + 1 \\
&= 2^{n-1} + \cdots + 2^2 + 2 + 1 \\
&= 2^n - 1
\end{aligned}
$$

因此,要完成汉诺塔的搬迁,需要移动盘子的次数为 $2^{64} - 1 = 18\,446\,744\,073\,709\,551\,615$。假定每移动一个盘子需要 1 秒,一年按 31536000 秒(365×24×60×60)计算,僧侣们一刻不停地来回移动盘子,也需要花费 5849 亿年的时间。如果用计算机来求解这样的问题,假定计算机每秒可移动 1000 万个盘子,也需要花费大约 58490 年的时间。

通过这个例子,大家不难了解到理论上可以计算的问题,实际上并不一定能行,这属于计算复杂性方面的研究内容。

【实例 2-3】　旅行商问题与组合爆炸问题。

旅行商问题(Traveling Salesman Problem, TSP)是威廉·哈密尔顿爵士和英国数学家克曼(T.P. Kirkman)于 19 世纪初提出的一个经典的数学问题:有若干个城市,城市之间的距离都是已知的,现有一旅行商从某城市出发到每个城市旅行,途中只能在每个城市逗留一次,最后回到出发点。问如何事先确定好一条最短的路线,使其旅行的费用最少。

人们在考虑解决这个问题时,一般首先想到的是最原始的一种方法:列出每一条可供选择的路线(即对给定的城市进行排列组合),计算出每条路线的总里程,最后从中选出一条最短的路线。

为了简化问题,假定只有 4 个城市,分别用 A、B、C、D 来表示,城市之间的距离如图 2-50 所示。假定旅行商从 A 城市出发,最后回到 A 城市。对于这么一个简单的问题,不难找出所有可能的旅行路线，如图 2-51 所示。不难看出，可供选择的路线共有 6 条，并且从中选出一条总距离最短的路线并不难。

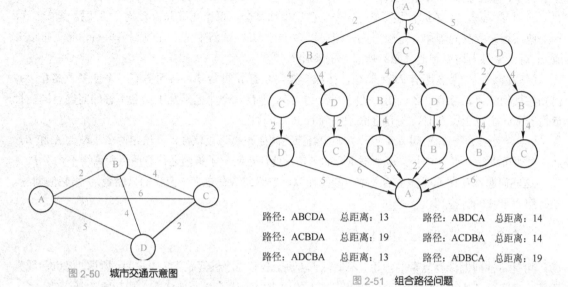

图 2-50　城市交通示意图

图 2-51　组合路径问题

路径：ABCDA	总距离：13	路径：ABDCA	总距离：14
路径：ACBDA	总距离：19	路径：ACDBA	总距离：14
路径：ADCBA	总距离：13	路径：ADBCA	总距离：19

　　这仅仅是针对 4 个城市而言，城市更多一些时，情况会怎么样呢？当有 7 个城市时，组合路径数为 6!=720 条，才增加了 2 个城市，组合路径数就从 6 条增加到了 720 条，增加了 120 倍。以此类推，当城市数目为 n 时，组合路径数则为 $(n-1)!$，这是一个典型的组合路径问题，当 n 增大时，组合路径数将按照一种可怕的指数形式急剧增长。例如，当 $n=20$ 时，组合路径数则为 $(20-1)! \approx 1.216 \times 10^{17}$。这是一个大得不得了的数字，如果每秒钟计算 1 条路径的长度，则要 3.84×10^{9} 年（一年约为 3.15×10^{7} 秒）才能完成计算任务。即使利用计算机，每秒计算出 100 万条路径的长度，也得做 3800 多年才能找到答案。真可谓"生也有涯，知也无涯"，想不到区区 20 个城要 38 个世纪才能找到答案。

　　也许有人认为，计算机的速度越来越快，解决此类问题还是很有希望的。但是非常遗憾地说，对于此类问题，即使计算机比以前快几倍、几十倍、几百倍或者几千倍，也往往起不了大的作用。例如，对于旅行商问题，即使计算机的速度提高 1000 倍，仍需要 3 年多的时间才能解决问题，这也不是一个很短的时间啊。何况才 20 个城市，只要再加 3 个城市，那么计算机速度提高 1000 倍的计算效果就被抵消了。

　　显然，当城市数目不多时要找到最短距离的路线并不难，但随着城市数目的不断增大，组合路径数目将按指数方式增长，一直达到无法计算的地步，这就是所谓的"组合爆炸问题"。

　　令人欣喜的是，据文献介绍，2001 年人们成功地解决了德国 15112 个城市之间的 TSP 问题。但这一工程代价也是巨大的，共使用了美国 Rice 大学和普林斯顿大学之间网络互连的、由速度为 500MHz 的 Compaq EV6 Alpha 处理器组成的 110 台计算机，所有计算机花费的时间总和为 22.6 年。要知道，这里采用了并行计算技术，虽然看起来好像取得了非常大的突破，却没有从根本上解决这类计算复杂性问题。

　　类似的例子还有很多。

　　【晚宴问题】　假设要安排一个 1000 人的晚宴，每桌 10 人，共 100 桌。主人给了你一张纸，上面写明其中哪些人因为江湖恩怨不能坐在同一张桌子上。问：是否存在一个满足所有这些约束条件的晚宴安排？

【包装问题】 有 n 个重量分别小于 1 kg 的物品及足够可以装 1 kg 东西的盒子，今将物品装于盒子之中，多个物品可装于一盒，但任何一盒不得重于 1kg，试求最小的盒子数。

【舞伴问题】 今有 n 个男孩子与 n 个女孩子参加舞会，每个男孩与女孩均交给主持一个名单，写上他（她）中意的舞伴（至少一人，但可以多于一人）。试问主持人在收到名单后，是否可以分成 n 对，使每人均得到他（她）所喜欢的舞伴？

【库存问题】 某仓库有 D 个储仓，排成一排，今有 n 批货物，各可占有一个或多个储仓，并已知各批物品存入与提出之日期。试问：可否将各货物存入仓库里不发生储仓不够的问题且同一批货物若需一个以上存仓时，其存仓必须相邻？

【划分问题】 已知空间 n 个点，并假定各点之间之距离为正整数，又给定两个正整数 K 和 B。问：是否可将此 n 点分成小于 K 个不重合的子集，使得在同一子集内之任意两点距离均不大于 B？

这些问题都存在于现实生活之中，若能计算，当然非常有意义。但我们只能说："平凡的问题，期待您不平凡的解答！"

2.7.2 可计算性与计算复杂性

可计算性问题涉及复杂的理论，不便深入介绍，仅以"停机问题"简要说明。所谓"停机问题"，就是一台图灵机从初始状态开始，根据纸带上的内容，一边不断变换状态，一边更改纸带的内容，如此往复，永无休止，除非它遇上了表示停机的状态，才能从这机械的计算过程中跳出，进入停机状态。一个自然的问题是：一台图灵机什么时候会停机呢？

看起来，停机问题并不复杂，其实不然。实际上，停机问题比我们想象中要复杂得多。

举个例子，我们可以编写一个程序，让它遍历所有大于等于 6 的偶数，尝试将这样的偶数分成两个素数的和。如果它遇到一个不能被分解为两个素数之和的偶数，它就停机并输出这个偶数，否则一直运行下去。用现代的工具编写 GC 这样的程序应该不难了。然而，这样的程序是否会停止可是牵涉到了哥德巴赫猜想。如果哥德巴赫猜想是正确的，每个大于等于 6 的偶数都能分解为两个素数之和的话，那么程序自然会一直运行下去，不会停机；如果哥德巴赫猜想是错误的话，必定存在一个最小的反例，它不能分解为两个素数之和，而程序在遇到这个反例时就会停机。也就是说，该程序是否永远运行下去，等价于哥德巴赫猜想是否成立。如果我们能判定程序是否会停止，那就解决了哥德巴赫猜想。

数学中的很多猜想，如 $3x+1$ 猜想、黎曼猜想等，都可以用类似的方法转化为判断一个程序是否会停止的问题。如果存在一个程序，能判断所有可能的图灵机在所有可能的输入上是否会停止，那么只要利用这个程序，就能证明一大堆重要的数学猜想。我们可以说，停机问题比所有这些猜想更难更复杂，因为这些困难的数学猜想都不过是一般的停机问题的一个特例。

因此，在讨论计算思维的时候，我们有必要对可计算性与计算复杂性做个简单介绍，但又不能采取严格、抽象的理论描述方法，尽量说得"直白"一点，能明白其中的道理就行。因此，先介绍与可计算性与计算复杂性有关的几个概念。

1. 问题的规模

客观世界的问题，有大有小，有难有易。问题的大小通常称为问题的规模，那么问题的规模又是怎么定义的呢？让我们先看一个简单的例子。

假设有 10 个不同的数据，要求对这 10 个数据进行排序，也许你很快就可以给出答案，甚至都不用借助于笔和纸，"心算"就行了。假设给你的不止 10 个数据，而是 100 个不同的数据，你还能

"从容"应对吗？"心算"估计是不行了，借助于笔和纸还是可以完成任务，但不会那么快了，说不定需要个把小时了。更进一步，给你 1000 个、10000 个、10000000 个数据呢？你肯定会说这不是人干的活了。显然，在这里，数据的个数（不妨用变量 n 表示）意味着问题的复杂性，n 越大，排序的难度越大。因此，人们就用 n 来表示问题的规模，也就是问题的大小。

当问题的规模很小的时候，很多问题借助于计算机很容易求解，甚至手工就可以计算，所以没有讨论的必要，当 n 很大很大的时候，问题的复杂性就很不一样了，也就有了研究与探讨的意义了。

2. 复杂性度量方法

现在我们知道了，问题的规模 n 越大，求解问题的难度就越大，问题求解过程也就越复杂。那么，求解问题的复杂程度如何度量呢？总不能象征性地、定性地说一个问题很复杂、非常复杂、特别复杂吧？有没有一种比较方便的、不是很严格的（也没必要严格）、直观的定量度量方法呢？比如，下面的算法（先不关心该算法是干什么的）。

```
for ( i ⟸ 1;  i ≤ n;  ++i)                          n+1
    for  (j ⟸ 1;  j ≤ n;  ++j)                       n(n+1)
    {
        c[i][j] ⟸ 0;                                 n²
        for  (k ⟸ 1;  k ≤ n;  ++k)                   n²(n+1)
            c[i][j] ⟸ c[i][j] + a[i][k] * b[k][j];   n³
    }
```

对于这个算法，不难分析出每个语句的执行次数（标注在算法右侧）。如果我们粗略地假定每一个语句执行时耗费的时间是一样的（事实上不可能是一样的），设为单位时间 1，则整个算法的执行时间就可以表示为：

$$f(n) = n^3 + n^2(n+1) + n^2 + n(n+1) + n+1$$
$$= 2n^3 + 3n^2 + 2n + 1$$

可见，该算法运行时所需要的时间是关于 n 的一个多项式。当 n 很大的时候，该算法执行时所耗费的时间可以粗略地看成是跟 n^3 同阶，也就是说当 n 很大的时候，$f(n)$ 与函数 n^3 的变化趋势基本相同，记为 $O(n^3)$。这就是算法的时间复杂度，它是算法复杂性度量的重要指标，另一个重要的指标为算法的空间复杂度，道理差不多。

需要说明的是，不同的算法，其时间复杂度是千差万别的。通常有 $O(1)$、$O(n)$、$O(n^2)$、$O(n^3)$、$O(\log_2 n)$、$O(2^n)$、……

3. P 问题和 NP 问题

在计算学科里面，一般可以将问题分为可求解问题和不可求解问题。不可求解问题也可进一步分为两类：一类如停机问题，的确不可能求解；另一类虽然有解，但时间复杂度很高。例如，一个算法需要数月甚至数年才能求解一个问题，那肯定不能被认为是有效的算法。

可求解问题，也叫可计算问题，又可分为多项式问题（Polynomial problem，P 问题）和非确定性多项式问题（Nondeterministic Polynomial problem，NP 问题）。

（1）P 问题

如果一个问题的求解过程的复杂度是问题规模 n 的多项式，如 $O(n^2)$，那么这个问题就可以在多项式时间内解决，或者说，这个问题有多项式的时间解，我们就说这个问题为 P 问题。

求一个数是否为素数，曾经被认为是无解的，2002 年，它也被证明是 P 问题。P 问题包含了大量的、已知的自然问题，如计算最大公约数、计算圆周率 π 的值以及 e 值、排序问题、二维匹配问题等。

确定一个问题是否是多项式问题，在计算学科中显得非常重要。已经证明，多项式问题是可计算问题。因为除了 P 问题之外的问题，其时间复杂度都很高，也就是求解问题时需要的时间非常多。例如，求解一个时间复杂度为 $O(2^n)$ 的问题，当 n=50 时，使用运算速度为每秒 100 万次的计算机来求解，大约需要 36 年；而当 n=60 时，则需要 366 个世纪的时间才能求出结果。显然，耗时是非常恐怖的。

理论上有解，但其时间复杂度巨大的问题，人们称之为难解型（Intractable）问题。对于计算机来说，这类问题本质上是不可计算的。因此，P 问题成了区别问题是否可以被计算机求解的一个重要的标志。从这个角度来说，了解 P 问题是学习、理解计算思维的本质需求。

（2）NP 问题

NP 问题是指算法的时间复杂度不能使用确定的多项式来表示，通常它们的时间复杂度都是指数形式，如 $O(10^n)$、$O(n!)$ 等，前面给出的汉诺塔问题、旅行商问题等，就是这类 NP 问题。

P 问题已经被公认为是可计算的，那么 NP 问题是否有多项式时间算法来求解？或者说，已知 P 类问题中的任何一个问题都是 NP 类中的问题，那么 NP 中的任何一个问题是否属于 P 类问题呢？这是 NP 理论中的核心问题，简称 NP＝P？。计算机界的专家学者们一直致力于寻找这个问题的答案，可是至今尚未解决，成了计算机界的难题之一。

这表明寻找 NP 问题的多项式时间算法非常困难，没有"金刚钻"，也不要去揽瓷器活了。麻烦的是现实生活中又确实有很多 NP 问题，需要找到有效算法，那怎么办呢？一种思路是尽量减少时间复杂度中指数的值，可以节省大量的时间；另一种思路就是寻求问题的近似解，以期得到一个可接受的、明显是多项式时间的算法。这方面进一步的内容就不再介绍了。

可计算性与计算复杂性理论告诉我们，**一个问题理论上是否能行，取决于其可计算性，而现实是否能行，则取决于其计算复杂性。**

2.7.3 难题大挑战及其科学意义

有难题未必是坏事，至少能激发科学家们挑战和征服难题的欲望。面对难题，一旦在思想、理论、方法和技术上取得突破，就有可能带来革命性的变化。

1. TSP 难题大挑战

1962 年春天，美国宝洁公司搞了一个广告宣传活动，活动的重头戏是一项竞赛，奖金高达 10000 美金（在当时足以买下一座房子）。竞赛项目如图 2-52 所示。Toody 和 Muldoon 是当时美国一部热门的电视剧《Car 54, Where Are You》中驾驶 54 号车的两名警官。其实，该竞赛是旅行商问题（Traveling Salesman Problem，TSP）的一个具体实例。TSP 的一般形式为：给定一批城市，给出城市之间的距离，求经过每座城市并返回出发地的最短路线。

TSP 涉及计算复杂度的本质问题，是公认的棘手问题，但从某方面来看却相当容易：经过给定的一批城市的全部的、可能的路线总数是有限的，依次检验每条可能的路线，找出其中最短的路线即可。这种解题的策略堪称简单而完美，但有一点潜在的困难，由于路线总数极其庞大，根本不可能逐一检验。

不妨用字母 A～Z 以及数字 1～7 来表示 33 个不同的城市，如此一条可能的路线如下：

ABCDEFGHIJKLMNOPQRSTUVWXYZ1234567A

由于旅行的起点和终点相同，不妨假定城市 A 为每条路线的起点，则第二座城市有 32 种可能的选择，第三座城市共有 31 种可能的选择。以此类推，最后可以得到这种环形路线的总数为：

假设 Toody 和 Muldoon 打算开车环游美国 33 个城市（地图上标明），从伊利诺伊州的芝加哥出发，最后回到芝加哥，请依次用线连接各地，使总里程最短。

图 2-52　宝洁公司的竞赛项目

$$32×31×30×\cdots×3×2×1 = 32!$$

当然，从城市 A 到城市 B 的距离，与从城市 B 到城市 A 的距离是一样的，也就是说，对于同一条路线，总路程与旅行方向无关，即字符串

ABCDEFGHIJKLMNOPQRSTUVWXYZ1234567A

与它的逆序字符串

A7654321ZYXWVUTSRQPONMLKJIHGFEDCBA

虽然写法不同，但对应同一条环形路线。

这样，问题的可能路线数便可减半，只剩下 32!/2 种排列等待我们检验。即便如此，这个待检验也是非常巨大的：

$$32!/2＝131\ 565\ 418\ 466\ 846\ 765\ 083\ 609\ 006\ 080\ 000\ 000$$

检验这么多路径靠人工是不现实的，那么用计算机来做结果如何呢？不妨选用美国 IBM 超级计算机"走鹃"（Roadrunner）[1] 来计算。假设检验每条路线只需要一次算术运算（实际远远不止），那么用这台超级计算机解决含有 33 个城市的 TSP 问题，需要超过 28000 亿年。要知道，宇宙从诞生到现在也不过 140 亿年。

1931 年，奥地利数学家 Karl Merger 明确指出："该问题当然可以在有限多次试验内解决，但是尚未发现能够给出比给定城市数的全排列数更低的试验次数的解法。"

然而，数学方法不断进步，算法不断精益求精，计算平台日益强大，三者结合起来，引领 TSP 的求解不断创新且突飞猛进！

1954 年 7 月 26 日，美国《新闻周刊》以 "Drummer's Delight：The Shortest Way Around" 为题报道了加利福尼亚州兰德公司的 3 位数学家 George Dantzig、Ray Fulkerson 和 Selmer Johnson 巧妙地利用线性规划方法解决了美国 48 座城市（对应美国 48 个州）的 TSP 问题，他们只用了几星期时间就通过"手工"计算得到了环游美国华盛顿和其他 48 座城市的最短路线，其长度为 12345 英里（约 19867 km）。他们创造的纪录无人能及，成了 TSP 领域的三位英雄人物！

---

[1] 该计算机属于美国能源部，总造价 1.33 亿美元，内含 129600 个核，计算速度高达每秒 1457 万亿次，高居 2009 年全球最快超级计算机 500 强榜首。

1962 年，数学家 Robert Karg 和 Gerald Thompson 又发明了一种启发式的试探策略，找到了宝洁公司竞赛项目的最短路线，并最终赢得了大奖。

TSP 吸引了一大批数学家和计算机科学界的注意，并投入了大量的精力进行研究，取得了令人震撼的研究成果。例如，1987 年德国波恩大学 Grötschel 带领的研究小组与美国纽约大学 Padberg 带领的研究小组分别快速推进 TSP 的研究进展：环游美国 532 座城市、环游世界 666 个城市、分别含有 1002 座城市和 2392 座城市的电路板钻孔问题……

1992 年，加拿大滑铁卢大学教授、美国工程院院士 William Cook 等人利用计算机网络的并行计算，解决了相当于 3038 座城市规模的电路板钻孔问题，又于 1998 年计算得出了环游美国 13509 座城市的最优路线、于 2004 年得到了环游瑞典 24978 座城市的最优路线、于 2006 年解决了一道规模相当于 85900 座城市的芯片设计制造发明的实际应用课题。他们编写的程序代码 Concorde 可从 http://www.tsp.gatech.edu/concorde/index.html 获取。

如果把世界上所有的城市、区县、乡镇都囊括在内，包括南极的几处科考基地也算上，构造出一个总共包含 1904711 座"城市"的 TSP，挑战是空前的、巨大的。丹麦计算机科学界 Keld Helsgaun 于 2010 年 10 月 10 日给出了较好的答案（长度为 7 515 790 345 米），但几乎可以肯定，还不是最好的结果！

当问题的规模进一步加大的时候，情况会怎么样？有没有更好的解决方案？我们只能说：战斗尚未成功，前路依然漫漫！

也许彻底解决 TSP 是一道永恒的难题，根本不存在好的算法；也许需要另辟蹊径，试用前所未有的新方法，否则根本不可能如愿！

2. 挑战 TSP 难题的科学意义

旅行商问题的实用本质从其名称就已经体现得淋漓尽致。事实上，实际应用问题层出不穷，不断为 TSP 研究领域注入新鲜的生命力，一直推动 TSP 研究滚滚向前！具体应用简要介绍如下。

① 车载 GPS。在车载地图软件中常常包含一个小程序，能够求解十几个城市的小规模 TSP。这个数目往往已经足够满足单日出行的需要了。GPS 设备里存有详细的地图，从而能够准确地估计出从某地去往另一地所需的时间，因此 TSP 的解可以反映出实际面临的行车条件。

② 路线规划。Ron Schreck 是美国北卡罗来纳州人，他常驾驶自己的飞机四处飞行。2007 年，他萌生了一个想法，决定在一整天时间内到达全州总共 109 家公共机场。2007 年 7 月 4 日，他花了 17 小时飞行了 1991 英里（约 3204 km）完成飞行计划，平均每两次着陆之间只相隔 9 分半钟，创造了几乎无人能敌的飞行记录。他就利用了 Concorde 程序为他规划路线，他只做了少许改动，使自己能在日出之前先到达几处设有跑道照明系统的机场。

③ TSP 在遗传学领域的应用。染色体上的标记是基因组图谱的地标，精确定位这些标记一直是研究的热点。在基因组图谱中，每条染色体上都按顺序排列了一些标记，相邻两个标记之间的距离可以估测。这些图谱中的标记实际上是 DNA 片段，恰好只在整个基因组里出现一次，而且可以通过实验室研究工作准确检测到。研究人员利用它们的唯一性和可检测线，对各个实验室绘制的物理图谱进行核实、对照和合并。研究的重中之重是要精确了解这些标记在染色体上出现的顺序，TSP 正是在这一步大显身手。

可以通过不同方法得到这些标记相对位置的实验室数据，其中有一种非常重要的技术称为辐射杂种细胞作图（Radiation hybrid mapping），简称 RH 作图技术。该方法分两步：首先将染色体暴露在高剂量的 X 射线里，使之受到辐射后断裂成若干片段；然后把这些片段和啮齿目动物的遗传物质合在一起，形成杂交细胞系，再分析确定标记位置，如图 2-53 所示。

RH 作图技术的核心思想是：通过分析标记两类之间能否并存于细胞系中，收集总结标记的位置信息。具体说来，如果标记 A 和标记 B 在染色体上距离很近，那么辐射就不太可能使染色体在它们之间断开，所以假如在一个细胞系里有标记 A，那么很可能也有标记 B。反之，如果标记 A 和标记 B 在染色体上距离很远，那么就可以预料，A 和 B 将分别出现在不同的细胞系中，两个标记在某个细胞系中并存的可能性极小。研究人员可以巧妙地利用这种推理方式，精心得出两个标记间的距离的实验值。有了两两之间的距离的实验值，则测定染色体上标记顺序的问题就转化称为 TSP 模型。事实上，可以把这一顺序看作遍历所有标记的哈密顿通路，这条通路很容易转化为回路，只需要增加一个额外的"虚拟城市"即可。

④ 天文望远镜。为了观测，需要把望远镜设备旋转到合适的位置，这一操作称为快动（Slew）。大型望远镜的快动由计算机驱动电机调节操控，整个过程复杂耗时。对于一组观测，有一条 TSP 路线可以让每次运动耗费时间之和达到最小，因此可以用来安排总计划。这个 TSP 里的城市也就是需要拍摄照片的观测对象，各地之间的旅行费用也就是望远镜在拍摄各个物体之间的快动过程所需要的时间。借助于 TSP，人们每夜能拍摄大约 200 个星系。因此，要想高效使用极其昂贵的天文望远镜，TSP 的好解法确实是绝对需要的。

⑤ 《蒙娜丽莎》一笔画。Robert Bosch 于 2009 年 2 月提出了著名画作《蒙娜丽莎》一笔画问题，并给出了这道题的数据集（相当于 100000 座城市），希望用一条连续曲线画成达·芬奇的这幅名画，如图 2-54 所示。

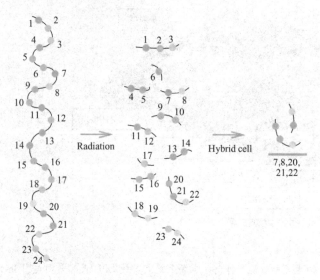

图 2-53　RH 作图技术

图 2-54　《蒙娜丽莎》一笔画

日本北陆先端科学技术大学院大学（JAIST）的永田裕一（Yuichi Nagata）取得了迄今了解到的最好的结果。他的路线最多只比最优路线长 0.003%。

阅读材料：计算机系统（PC）的硬件组成

PC（Personal Computer）简称"个人计算机"。PC 是微型机的一种，由于使用微处理器、结构紧凑、功能齐全、性能优越、软件丰富和价格低廉等特点使其成为目前使用人数最多、应用范围最广泛的微型机。下面主要以台式机为例进行介绍。

PC 的硬件系统由主机（中央处理器和内部存储器）和外部设备（硬盘驱动器、光盘驱动器、键盘、鼠标和显示器等）组成，如图 2-55 所示。出于结构紧凑和使用方便的考虑，一般将主机、硬盘驱动器、软盘驱动器、光盘驱动器和电源等部件都封装在一个机箱内，称为主机箱。其他一些外部设备如键盘、鼠标、显示器、音箱和打印机等则置于主机箱之外，通过接口与主机连接起来。

图 2-55 PC 的外观

PC 的主机及其附属电路都装在一块电路板上，称为主机板（Main Board，又叫主板或系统板），如图 2-56 所示。实际上，PC 都是以主机板为中心构成的系统，装配 PC 时，只需简单地把相应的部件接插到主机板上即可，就像搭积木一样简单方便。下面简要介绍 PC 机箱内的几个主要部件。

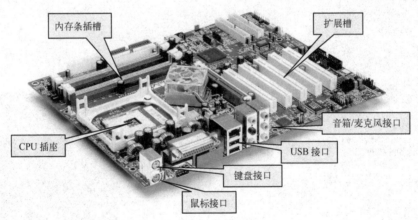

图 2-56 PC 的主板

（1）CPU

CPU 是 PC 中最核心的部件，决定了 PC 的速度和性能。目前，市场上绝大多数 CPU 产品是由美国 Intel 公司和 AMD 公司生产的。Intel 公司生产了从早期的 8088/8086、80186、80286、80386、80486、Pentium、Pentium II 和 Pentium III 等系列产品。AMD 公司则生产了从早期的 K5、K6、K6-2、K6-3、K7 到 Duron、Athlon XP 和 Athlon 64 等系列产品。我国也推出了龙芯系列的 CPU 芯片。

CPU 有两个重要的性能指标是字长和主频。字长是计算机一次同时能处理的数据的二进制位数。字长越长，计算精度越高，运算速度也越快。主频就是 CPU 内核工作时的时钟频率，通常所说的某某 CPU 是多少兆赫兹的指的就是"CPU 的主频"。主频反映了计算机的工作速度，主频越高，一般计算机的速度也越快。

图 2-57 内存条

（2）内存（条）

程序必须加载到内存才能执行。这里所说的"内存"指的是 RAM，它是 PC 的主存储器。PC 的 RAM 都是做在条状的电路板上，简称内存条（如图2-57所示），这些内存条插在主机板上的内存插槽内。目前市场上主流的内存条有 DDR 或 DDR2 两种类型，这两种类型的内存条都具有较高的传输速率。例如，工作频率为 133MHz 的 DDR 266 内存条理论数据传输速率是 2.1 GB/s，而工作频率为 266MHz 的 DDR2 533 内存条理论数据传输速率则达 4.3GB/s。单根内存条的容量一般有 512MB、512MB 和 1GB 或 4GB 甚至更高。一般说内存的速度越快，存储容量越大，计算机的处理能力就越强。

（3）扩展槽和接口卡

不同的外部设备必须通过不同的接口电路才能与主机相连。PC 主板集成了基本的外设接口功能，外部设备可以直接通过主板上的对应接口与主机相连。例如，软盘驱动器、硬盘、键盘、鼠标和打印机等。主板上提供了一些通用的扩展槽用于插接各种功能的接口卡。最常见的接口卡有显卡、声卡和网卡。不过随着技术的发展，电子元件的集成度越来越高，现在大部分的接口卡已集成到主机板上了。

显卡是 PC 中负责图形图像信号处理的接口部件，在显示器上显示的图形都是由显卡生成并传送给显示器的。它一般单独做在一块电路板上（如图2-58所示），目前也有部分是直接集成在主机板上的。显示器可以通过视频线接插到显卡的视频插口上实现与主机相连。

网卡是 PC 连入网络的接口部件（如图2-59所示）。网卡有两种：一种是以独立板卡形式出现的独立网卡，另一种就是集成在主机板上的集成网卡。目前，PC 上用得最多的是传输速率为 10M/100M 自适应网卡。

声卡是 PC 进行声音处理的接口部件。利用声卡可以实现语音信号的输入输出和产生美妙的声音效果。现在大多数的 PC 主板上已经集成了声卡功能，一般不再单独设置独立的声卡。但是在对于声音质量要求高的多媒体设备，使用独立声卡效果更好。

图 2-58 **显卡**

图 2-59 **网卡**

（4）磁盘驱动器

磁盘驱动器是 PC 中最重要的外部存储设备。主要有软盘驱动器和硬盘驱动器，它们都属于磁表面存储设备。由于储存在磁盘中的数据在掉电后也不会丢失，所以可长期保存数据和程序。

软盘驱动器简称软驱。计算机可以通过软驱来对软盘中的数据进行读写操作。软盘是一个表面涂有磁性材料的塑料盘片用来存储数据。软盘方便携带，当要读写软盘上的数据时只要把它插到软盘驱动器里就可以了。

软盘片上的数据是按照磁道和扇区组织存储的（如图2-60所示）。先在盘片上划分磁道，磁道是一个个同心圆，由外向里进行编号。每个磁道又等分成若干扇区，每个扇区上可以存储若干个字节的数据。3.5 英寸软盘上、下两个磁面都可以用来记录信息。每个磁面划分为 80 磁道，每磁道再划分成 18 个扇区，每个扇区可以存储 512 字节的数据。因此，3.5 英寸软盘的容量为 $80×18×2×512=1440$ KB=1.44 MB。

由于软盘容量小、速度慢和容易损坏等原因现在已经很少使用了。

硬盘驱动器是 PC 的最主要外存储器，被固定在主机箱内，并通过扁平电缆连接到主机板的硬盘插座上实现与主机相连。目前，在 PC 中使用的几乎都是采用温彻斯特技术制造的硬盘驱动器，所以又简称为温盘。我们也习惯上把硬盘驱动器简称为硬盘（如图2-61所示）。

图 2-60 软盘片的存储格式   图 2-61 硬盘驱动器及其存储原理

温盘采用接触式启停工作方式。硬盘不工作时，读写磁头停留在磁盘表面的启停区内，不与数据区接触，因此不会损伤到任何数据；读写数据时，硬盘片在主轴电机的带动下高速旋转。磁头与硬盘片之间形成了极薄的气垫，使得磁头托起一个很微小的间隙，一直悬浮在硬盘片表面上。由于读写数据时，磁头与盘面不直接接触，因而减少磁头和盘面的磨损，大大增加了硬盘的使用寿命和提高了读写速度。

硬盘的存储介质是硬盘片，硬盘片是表面散有磁性材料的合金或玻璃圆片。一个硬盘内通常有一张或几张硬盘片，安装在同一个主轴上，一般不能像软盘一样取出或更换。硬盘是按柱面、磁头号和扇区来组织数据存储的。柱面就是由一组盘片的同一磁道在纵向上所形成的同心圆柱面。柱面从外向内编号，每个盘片上的磁道和扇区的划分与软盘的划分基本相同。新硬盘在使用前同样需要格式化，存储有数据的硬盘在格式化后所有数据全部都会被清除。硬盘的存储容量比软盘大很多倍，速度也快很多。目前，常用的 3 英寸硬盘转速一般为 5400～7200 转/分钟，容量有 80GB、120GB 和 160GB 等。

（5）CD-ROM 光盘驱动器与光盘

光盘驱动器是基于激光技术的外部存储设备，其存储介质是光盘。目前，常见的光盘驱动器有 CD-ROM 驱动器、DVD-ROM 驱动器和光盘刻录机 3 类。下面仅以 CD-ROM 为例进行简单介绍。

CD-ROM（Compact Disc-Read Only Memory）光盘驱动器即只读光盘存储器，它可以读取 CD-ROM 光盘片上的数据。常见的 CD-ROM 光盘片由 3 层结构构成。基层由硬塑料制成，坚固耐用；中间反射层由极薄的铝箔构成，作为记录信息的载体；最上层涂有透明的保护膜，使得反射层不受划伤。CD-ROM 光盘都是单面的。正面存储信息，背面印制标签。通常，一张 CD-ROM 光盘可以存储 650～700MB 的信息，相当于一张容量为 1.44MB 软盘的 500 多倍。

光盘是利用刻录在反射层上的一连串由里向外螺旋的凹坑来记录信息，凹坑边缘转折处表示“1”，平坦无转折处则表示“0”。读盘时，光盘驱动器的光头发出激光束聚焦在高速旋转的光盘上，由于激光束照射在凹坑边缘转折处和平坦处反射回来的光的强度突然发生变化，光头上的检测部件根据反射光的强度从而识别出两种不同的电信号，这些电信号再经过电子线路处理后，还原为 0、1 代码串数字信息。这就是所谓的“光存储技术”的基本原理（如图 2-62 所示）。

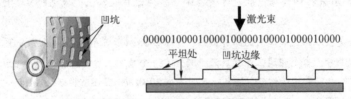

图 2-62 光盘放大后看到的凹坑及其存储原理

光盘驱动器有一个“倍速”的重要技术指标。“倍速”是指数据传输速率，也就是单位时间内从光盘驱动器向计算机传送的数据量。最初光盘驱动器的数据传输速率是 150KB/s。其后数据传输速率成倍提高，于是以 150KB/s 为基数，称为 1 倍速。例如，52 倍速光盘驱动器的数据传输速率是 52×150KB/s=7.8MB/s，即每秒传送 7.8MB 数据。光盘驱动器的倍速越高，数据的传输速率就越快，播放多媒体视频数据时，声音和画面就越平稳和流畅。

2. 显示器

显示器是计算机的最主要的输出设备,它能将计算机中的数据或运算结果直接转换成人们能直接观察和阅读的文字或图形的形式显示在屏幕上。下面简单介绍对显示器的显示效果具有重要影响的几个技术指标。

① 分辨率。显示器屏幕上所显示的文字和图形是由许许多多的"点"组成的,这些点称为像素。分辨率就是显示器所能显示的像素的个数。显示的像素越多,分辨率就越高,显示的文字和图像就越清晰。目前显示器常见的分辨率有800×600、1024×768和1280×1024等。如果某显示器的分辨率是800×600,则表示该显示器横向能显示800个像素,而纵向能显示600个像素,全屏能显示800×600个像素。

② 刷新率。刷新率是指每秒钟屏幕刷新的次数。如果刷新频率低,那么屏幕画面就会产生闪烁。显示器的刷新率越高,画面就越平稳,人的眼睛就会感觉越舒服。一般显示器要求在 1024×768 的分辨率下要达到75Hz的刷新率才能保证不闪烁、不伤眼的画面效果。

③ 色彩位数。色彩位数是指每个像素点上表示色彩的二进制位数,表示该像素点最多能够显示多少种不同的颜色。位数越多,色彩层次越丰富,图像就越精美。显示器的颜色位数一般有 16 位、24 位和 32 位等。如果某显示器的颜色是 24 位的,那么可以表示 2^{24} = 16777216 种不同的颜色。这时显示器显示的图像已经接近自然界的真实颜色,因此把 24 位颜色称为真彩色。目前一般的显示器色彩位数都可以达到 32 位。

目前,计算机的显示器主要有两种:阴极射线管显示器(CRT)和液晶显示器(LCD),如图 2-63 所示。CRT 显示器的优点是图像清晰细腻、价格便宜,缺点是体积大、功耗大和有电磁辐射等,它曾经是市场上的主流产品。LCD 显示器具有体积小、功耗低、无电磁辐射等优点。近年来,随着LCD 显示器的图像质量的进一步提高,价格逐步降低,LCD 显示器正在慢慢取代 CRT 显示器而成为市场上的主流产品。

图 2-63　CRT 显示器(左)和 LCD 显示器(右)

3. 其他常用外部设备

(1)打印机

打印机是 PC 很重要的一种输出设备,有很多种类,在家庭和办公中常用的有针式打印机、喷墨打印机和激光打印机三种(如图 2-64 所示)。

针式打印机　　　　　　喷墨打印机　　　　　　激光打印机

图 2-64　常见打印机

针式打印机属于击打式打印机,在打印时通过控制打印头上的钢针击打色带把色带上的墨水打在纸上形成文字或图形。按照打印纸的宽度,针式打印机可以分为宽行和窄行两种。针式打印机具有打印成本低,可打印连续的穿孔纸和多层纸等优点,特别适合打印各种票据和报表。但是由于打印噪音较大、速度慢、打印质量不高等缺点,它现在一般只用于票据打印领域。

喷墨打印机属于非击打式打印机,在打印时通过控制喷头上的非常精细的喷嘴直接将墨滴喷射到纸上,形成文字或图形。打印机中有一个非常重要的指标就是打印分辨率。打印分辨率是指在打印输出时横向和纵向两个方向上每英寸最多能够打印的点数,通常用"点/英寸"(dpi)表示。目前,一般的喷墨打印机的打印分辨率为 720×360dpi～3600×3600dpi。打印机分辨率越高,打印输出的效果就越精细。现在的喷墨打印机既可以打印一般的黑白文稿,也可以打印精美的彩色图片。

激光打印机是日常办公中最常用的打印机。打印时首先在感光鼓上充电,然后把载有图文信息的激光束照射到感光鼓上,在相应的位置上"曝光",形成了与图文信息完全相同的电荷潜像;当快速转动的感光鼓经过碳粉时，被曝光的部位便会吸附带电的碳粉，在感光鼓上形成由碳粉颗粒构成的图像。当带有与碳粉相反电荷的纸张进入后，由于电荷异性相吸的缘故，所以能使感光鼓上的碳粉图像转印到纸张上；接着通过加热加压的方式将碳粉中的树脂融化并固定在纸上，这也是为什么每张刚打印出来的纸张都有较高温度的原因。激光打印机噪音小，打印质量好，打印成本比喷墨打印机的要低，但是激光打印机本身的价格较高。

（2）扫描仪

扫描仪是计算机常见的图像输入设备（如图 2-65 所示）。扫描仪可以把书刊、报纸、杂志和照片等纸质资料以图片的形式采集到计算机当中存储和处理。如果配上光学字符识别（Optical Character Recognition，OCR）软件，还可以把扫描进计算机的印刷文字资料转换成可编辑的电子文档。这样不仅可节省键盘录入的时间和人力，还可以大大缩减文字的存储容量。目前，购买扫描仪的时候一般都会随机配送 OCR 软件，对印刷文字资料的识别准确率可达 90% 以上。

扫描仪一般都兼有扫描黑白和彩色图像的功能。扫描时利用高亮的光源照射原稿或实物，光线从实物反射到 CCD（Charge Coupled Device，又称电荷耦合器件）上，把光信号转变为电信号，经过进一步的处理，最终转换成 0、1 代码串形式的数字图像。

（3）移动存储器

随着计算机的普及和发展，人们经常需要携带或者在计算机之间传输大量的数据资料。软盘由于其容量小、速度慢早已经不再适用，而只读光盘又不便于数据的经常读写。因此，必须使用其他的大容量移动存储设备，目前最常见的是基于 USB 接口的闪盘和移动硬盘。USB（Universal Serial Bus，通用串行总线接口）是一种新型的外设接口技术，传输速度快，如 USB 2.0 接口的传输速率理论上可达 480MB/s；支持设备热插拔，即使在开机情况下也可随时安全地连接或断开 USB 设备；可以连接各种有 USB 插头的外部设备，如键盘、鼠标、打印机、数码相机、摄像头、闪盘和移动硬盘等。

闪盘又称为优盘（U 盘），是近几年来迅速发展起来的小型便携存储器（如图 2-66 所示），目前已基本替代了人们使用多年的软盘，而成为计算机小型移动存储器的首选。它的存储介质是由半导体材料做的闪存（Flash Memory）。闪盘具有体积小（一般手指般大小）、容量大（目前一般的产品有 2GB、8GB、32GB 甚至 64GB 等）、数据的读写速度快（如支持 USB 2.0 接口的闪盘读写速度为 8～30MB/s）、可靠性高（可反复擦写 100 万次以上，数据至少可以保存 10 年以上）和抗震防潮等优点。

图 2-65　扫描仪外观

图 2-66　闪盘和移动硬盘

移动硬盘的存储介质是硬盘片，置在机箱外面，便于携带，通过 USB 接口与主机连接。目前，移动硬盘的存储容量一般为 120GB～1TB。

卜算子·道

鱼陟破冰行，燕子回青社。

勤洗犁耙垄上耕，薄衣和新韵。

杯酒对青山，绿沈趱阡陌。

春事临堂人正好，往来无闲客。

【注】趱：赶着走，快走。青社：祀东方土神处，借指东方之地。

第 3 章

计算思维之方法学

计算机革命是思维方法和思维表达方法的革命。

——Abelson 和 Sussman

　　方法是指在任何一个领域中的行为方式，是用来达到某一目的的手段的总和。人们要认识世界和改造世界，就必须从事一系列思维和实践活动，这些活动所采用的各种方式通称为方法。以方法为对象的研究已成为独立的专门学科，这就是科学方法论。因此，方法学（又称为方法论）是"关于认识世界和改造世界的根本方法"，或者说，"用世界观去指导认识世界和改造世界，就是方法论"。

3.1　问题求解过程

　　问题求解是计算科学的根本目的，计算科学多半也是在问题求解的实践中发展起来的，既可用计算机来求解如数据处理、数值分析等问题，也可用计算机来求解如化学（如分析高分子结构）、物理学（如研究原子核的结构）和心理学（如对求解问题的意图和连续性行为的分析）所提出的问题。计算科学的理论显然与许多学科相互影响，特别是计算科学的进展所产生的影响很可能超出计算科学的范围。

　　面对客观世界中需要求解的问题，在没有计算机之前，人类是如何求解问题的？有了计算机以后，又是如何解决问题的？我们应该对这两种问题求解方法进行深入分析与比较，了解各自的特点和差异，领会计算思维之方法学。

3.1.1　人类解决客观世界问题的思维过程

　　问题求解是指人们在生产、生活中面对新的问题时，由于现成的有效对策所引起的一种积极寻求问题答案的活动过程。思维产生于问题，正如苏格拉底所说："问题是接生婆，它能帮助新思想诞生"。只有我们意识到问题的存在，产生了解决问题的主观愿望，靠旧的方法手段不能奏效时，人们才能进入解决问题的思维过程。问题求解的活动是十分复杂的，不但包括了整个认识活动，而且渗透了许多非智力因素的作用，但思维活动是解决问题的核心成分。

　　问题求解是一个非常复杂的思维活动过程，在阶段的划分上，存在着许多不同的观点，目前我国比较倾向于划分为如图 3-1 所示的四个阶段。

图 3-1　人类解决问题的思维过程

（1）发现问题

问题就是矛盾，矛盾具有普遍性。在人类社会的各个实践领域中，存在着各种各样的矛盾和问题。不断地解决这些问题是人类社会发展的需要。社会需要转化为个人的思维任务，即发现和提出问题，是解决问题的开端和前提，并能产生巨大的动力，激励和推动人们投入解决问题的活动之中。历史上，许多重大发明和创造都是从发现问题开始的。

能否发现和提出重大的、有社会价值的问题，要取决于多种因素。第一，依赖于个体对活动的态度。人对活动的积极性越高，社会责任感越强，态度越认真，越容易从许多司空见惯的现象中敏锐地捕捉到他人忽略的重大问题。第二，依赖于个体思维活动的积极性。思想懒汉和因循守旧的人难于发现问题，勤于思考、善于钻研的人才能从细微平凡的事件中发现关键性问题。第三，依赖于个体的求知欲和兴趣爱好。好奇心和求知欲强烈、兴趣爱好广泛的人，接触范围广泛，往往不满足于对事实的通常解释，力图探究现象中更深层的内部原因，总要求有更深奥、更新异的说明，经常产生各种"怪念头"和提出意想不到的问题。第四，取决于个体的知识经验。知识贫乏会使人对一切都感到新奇，并刺激人提出许多不了解的问题，但所提的问题大都流于肤浅和幼稚，没有科学价值。知识经验不足又限制和妨碍对复杂问题的发现和提出。只有在某方面具有渊博知识的人才能够发现和提出深刻而有价值的问题。

（2）明确问题

所谓明确问题，就是分析问题，抓住关键，找出主要矛盾，确定问题的范围，明确解决问题方向的过程。一般来说，我们最初遇到的问题往往是混乱、笼统、不确定的，包括许多局部的和具体的方面，要顺利解决问题，就必须对问题所涉及的方方面面进行具体分析，以充分揭露矛盾，区分出主要矛盾和次要矛盾，使问题症结具体化、明朗化。

明确问题是一个非常复杂的思维活动过程。能否明确问题，首先取决于个体是否全面系统地掌握感性材料。个体只有在全面掌握感性材料的基础上，进行充分地比较分析，才能迅速找出主要矛盾；否则，感性材料贫乏，思维活动不充分，主要矛盾把握不住，问题也不会明朗。其次，依赖于个体的已有经验。经验越丰富，越容易分析问题抓住主要矛盾，正确地对问题进行归类，找出解决问题的方法和途径。

（3）提出假设

解决问题的关键是找出解决问题的方案——解决问题的原则、途径和方法。但这些方案常常不是简单地能够立即找到和确定的，而是先以假设的形式产生和出现。假设是科学的侦察兵，是解决问题的必由之路。科学理论正是在假设的基础上，通过不断地实践发展和完善起来的。提出假设就是根据已有知识来推测问题成因或解决的可能途径。

假设的提出是从分析问题开始的。在分析问题的基础上，人脑进行概略地推测、预想和推论，再有指向、有选择地提出解决问题的建议和方案（假设）。提出假设就为解决问题搭起了从已知到未知的桥梁。假设的提出依赖于一定的条件。已有的知识经验、直观的感性材料、尝试性的实际操作、语言的表述和重复、创造性构想等都对其产生重要的影响。

（4）检验假设

所提出的假设是否切实可行，是否能真正解决问题，还需要进一步检验。其方法主要有两种：一种是实践检验，它是一种直接的验证方法。即按照假设去具体进行实验解决问题，再依据实验结果直接判断假设的真伪。如果问题得到解决就证明假设是正确的，否则假设就是无效的。例如，科学家做科学实验来检验自己的设想是否正确；人们常到实际生活中去做调查，了解情况，检验自己的设想是否符合实际。这种检验是最根本、最可靠的手段。另一种间接验证方法则是根据个人掌握的科学知识通过智力活动来进行检验，即在头脑中，根据公认的科学原理、原则，利用思维进行推理论证，从而在思想上考虑对象或现象可能发生什么变化，将要发生什么变化，分析推断自己所立的假设是否正确。在不能立即用实际行动来检验假设的情况下，在头脑中用思维活动来检验假设起着特别重要的作用。如军事战略部署、解答智力游戏题、猜谜语、对弈、学习等智力活动，常用这种间接检验的方式来证明假设。当然，任何假设的正确与否最终需要接受实践的检验。

【例3-1】 在1000多年前的《孙子算经》中有这样一道算术题："今有物不知其数，三三数之剩二，五五数之剩三，七七数之剩二。问物几何？"按照今天的话来说：一个数除以3余2，除以5余3，除以7余2，求这个数。这样的问题也有人称为"韩信点兵"——我国汉代有一位大将，名叫韩信。他每次集合部队，都要求部下报三次数，第一次按1~3报数，第二次按1~5报数，第三次按1~7报数，每次报数后都要求最后一个人报告他报的数是几，这样韩信就知道一共到了多少人。他的这种巧妙算法，人们称为"鬼谷算"、"隔墙算"、"秦王暗点兵"等。它形成了一类问题，就是初等数论中的解同余式。

① 有一个数，除以3余2，除以4余1。问：这个数除以12余几？

【解】 除以3余2的数有2，5，8，11，14，17，20，23，…它们除以12的余数是：2，5，8，11，2，5，8，11，…除以4余1的数有：1，5，9，13，17，21，25，29，…它们除以12的余数是：1，5，9，1，5，9，…一个数除以12的余数是唯一的。上面两行余数中，只有5是共同的，因此这个数除以12的余数是5。

如果把问题①改变一下，不求被12除的余数，而是求这个数。明显，满足条件的数是很多的，它是5+12×整数，整数可以取0，1，2，…事实上，我们首先找出5后，注意到12是3与4的最小公倍数，再加上12的整数倍，就都是满足条件的数。这样就是把"除以3余2，除以4余1"两个条件合并成"除以12余5"一个条件。《孙子算经》提出的问题有三个条件，我们可以先把两个条件合并成一个，再与第三个条件合并，就可找到答案。

② 一个数除以3余2，除以5余3，除以7余2。求符合条件的最小数。

【解】 先列出除以3余2的数：2，5，8，11，14，17，20，23，26，…再列出除以5余3的数：3，8，13，18，23，28，…这两列数中，首先出现的公共数是8。而3与5的最小公倍数是15，两个条件合并成一个就是8+15×整数，可列出这一串数是8，23，38，…再列出除以7余2的数2，9，16，23，30，…就可得出符合题目条件的最小数是23。事实上，我们已把题中三个条件合并成一个"被105除余23"，那么韩信点的兵应该在1000~1500之间，可能是105×10+23=1073人。

3.1.2 借助于计算机的问题求解过程

尽管计算机只是一个工具或者说一个高级的工具，但借助于计算机进行问题求解，其思维方法和求解过程却发生了很大的变化，或者说有了自己独特的概念和方法。大致过程如图3-2所示。

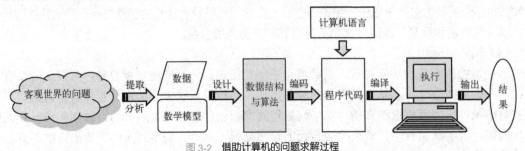

图3-2 借助计算机的问题求解过程

当我们面对客观世界里面需要求解的问题时，首先要做的事情就是分析问题，了解要求解的问题到底是什么样的问题，需要达到什么目的，根据现有的技术和条件（人员、时间、法律和经费等）进行可行性分析，并对待求解的问题进行抽象，获取其数学模型。

有了数学模型后，接下来要做的就是根据问题求解的需要组织、提取原始数据，以及确定原始数据进入计算机后的存储结构（即数据结构），并在数据结构的基础上研究数据的处理方法和步骤（即算法）。宏观地说，关于问题求解，一方面是问题求解过程的描述，另一方面是用于求解此问题的装置。问题求解过程的精确描述可由有限条可完全机械执行的、有确定结果的指令（或命令、语句）构成。对问题求解过程描述的一般要求是：含义准确、清晰、明了，解的格式确定。解题装置可以是机器（计算机），也可以是人，也可以是两者的结合。显然，算法就是解题过程的精确描述，它是用计算装置能够理解的语言描述的解题过程，包括有限多个规则，并具有如下性质：① 将算法作用于特定的输入集或问题描述，可导致由有限多个动作构成的动作序列；② 该动作序列具有唯一一个初始动作；③ 序列中的每个动作具有一个或多个后继动作（序列中未动作的后继动作可视为空动作）；④ 序列或者终止于问题的解，或者终止于某一陈述，以表明问题对该输入集而言不可解。

算法代表了对问题的解，而程序是算法在计算机上的特定的实现。

从数据结构、算法到程序代码的演化，涉及程序设计方法论的选取。已有的、非常典型的两种程序设计方法论是面向过程的结构化程序设计方法和面向对象的程序设计方法，二者各有特点，但构造程序的思维方法（即问题域与解空间的映射问题）却有很大的差异。不管选择哪一种方法，最终目的都是构造出可供计算机运行的程序代码。实际上，程序设计过程就是人们使用各种计算机语言将人们关心的现实世界（问题域）映射到计算机世界的过程。当然，在此过程中，不同的程序设计方法论需要不同的计算机语言的支持。例如，C 语言支持面向过程的结构化程序设计，而 C++ 语言支持面向对象程序设计。

有了问题求解的程序，就可以通过语言编译器对程序进行编译，得到计算机上可执行的目标程序，并在计算机上运行，从而得到我们所需要的问题的解。

需要指出的是，通过计算机求解问题还有一些需要做的工作，如调试、测试、维护等，在图3-2 中并没有完整地表现出来。并不是这些工作不重要，而只是希望通过图 3-2 让读者理解这种解决问题的总的思路和方法。下面通过一个具体的实例来加深理解。

【例 3-2】 某厂在某个计划期内拟生产甲、乙、丙三种适销产品，每件产品销售收入分别为 4 万元、3 万元、2 万元。按工艺规定，甲、乙、丙三种产品都需要在 A、B、C、D 四种不同的设备上加工，其加工所需的时间如表 3-1 所示。已知 A、B、C、D 四种设备在特定的计划期内有效使用台时数分别为 12、8、16、12。如何安排生产，可使收入最大？

表 3-1 **产品在各台设备上所需加工的台时数**

设备 产品	A	B	C	D
甲	2	1	4	0
乙	2	2	0	4
丙	1	1	0	0

【分析】 设甲、乙、丙三种产品的产量分别为 x、y、z 件，则

$$\begin{cases} 2x+2y+z \leqslant 12 \\ x+2y+z \leqslant 8 \\ 4x \leqslant 16 \\ 4y \leqslant 12 \\ x, y, z \in N \end{cases} \tag{3-1}$$

其中，N 是自然数。

根据题意和分析不等式组可知，x、y、z 是整数，且满足：

$$\begin{cases} 0 \leqslant x \leqslant 4 \\ 0 \leqslant y \leqslant 3 \\ 0 \leqslant z \leqslant 8 \end{cases} \tag{3-2}$$

如何求解呢？

第一步：把满足不等式组（3-1）所有的 x、y、z 代入函数 $f(x, y, z)=4x + 3y + 2z$ 中求值。这个过程如果手工计算，工作量是巨大的。因为 x 有 5 个不同的取值（即 0，1，2，3，4），y 有 4 个不同的取值（即 0，1，2，3），z 有 9 个不同的取值（即 0，1，2，3，4，5，6，7，8），这样 x、y、z 的不同取值组合将有 180 种。然后验证这 180 种不同的取值是否满足不等式组（3-1）。满足时才把相应的 x、y、z 的取值代入函数 $f(x, y, z)= 4x + 3y + 2z$ 中求值。用计算机来完成这项工作则正好是发挥了它的长处，甚至可以说是"小菜一碟"。

第二步：在所有求出的 $f(x, y, z)$ 函数值中，找出最大值。

【算法】 根据以上分析，可以写出对应的算法。

```
/* 把满足不等式组（3-1）的 x、y、z 代入 f(x,y,z) =4x+3y+2y 中求值 */
    for (x ← 0;   x ≤ 4;   x++)
        for (y ← 0;   y ≤ 3;   y++)
            for (z ← 0;   z ≤ 8;   z++)
                if ((2x + 2y + z ≤ 12) and (x + 2y + z ≤ 8)
                    f [x][y][z] ← 4x + 3y + 2z;
                else
                    f[x][y][z] ← 0;
/* 在所有的 f[x][y][z] 中，找出最大值，并输出结果 */
    f_max ← 0;
    for (x ← 0;   x ≤ 4;   x++)
        for (y ← 0;   y ≤ 3;   y++)
            for (z ← 0;   z ≤ 8;   z++)
                if (f_max < f [x][y][z])
                    {
                        f_max ← f[x][y][z];
                        x_max ← x;
                        y_max ← y;
                        z_max ← z;
                    }
    printf("甲、乙、丙三种产品的产量分别为: ", x_max, y_max, z_max);
    printf("最大收入为: ", f_max);
```

当然，如果优化一下，上述算法还可以更简洁高效一些。

```
    fmax ← 0;
    for (x ← 0;   x ≤ 4;   x++)
        for (y ← 0;   y ≤ 3;   y++)
            for (z ← 0;   z ≤ 8;   z++)
                if ((2x + 2y + z ≤ 12) and (x + 2y + z ≤ 8))
                    {
                        f ← 4x + 3y + 2z;
                        if (fmax < f)
```

```
                    {
                        f_max ⇐ f;
                        x_max ⇐ x;
                        y_max ⇐ y;
                        z_max ⇐ z;
                    }
                }
        printf("甲、乙、丙三种产品的产量分别为: ", x_max, y_max, z_max);
        printf("最大收入为: ", f_max);
```

有了算法，学过计算机语言后，就很容易把算法变成程序，上机运行就可以求取结果了。

3.1.3 两种问题求解过程的对比

通过以上分析，可以看到，传统意义下人类求解问题的思路和过程与借助于计算机这一现代工具求解问题有差异，体现在以下 4 方面。

① 传统意义下人类求解问题时，不一定需要数学模型（有时候需要，有时候不需要），多半依靠解决同类问题的经验，一种办法行不通，就换一种方法，带有试探的色彩。而借助于计算机技术求解问题，基本上都要先确定数学模型（只有极个别的问题求解方法不要），然后按数学模型进行计算。

② 传统意义下人类求解问题时，"心"中也有算法（也就是解决问题的方法和步骤），这些"心"中的算法，别人自然无法了解，只有"当事人"大概知道是怎么回事。而借助于计算机技术求解问题，则需要一个语义明确、可行且有效的算法，借助于特定的算法描述手段，以书面的形式把算法描述出来，供程序设计者使用。

③ 人类求解问题时，善于分析、归纳、总结与推理，对大量数据的处理与计算则非常"头疼"和低效。相反，借助于计算机求解问题则能非常高效地处理大批量的数据（只要告诉计算机"怎么算"，它的计算速度人类已经望尘莫及了），但对于分析、归纳、总结与推理则比人类"笨拙"得多。

④ 人类求解问题时，擅长于形象思维，灵感（顿悟）与直觉有时候很管用，对数据很不敏感，长时间重复做一件事情时很容易疲劳而出错。而计算机用于求解问题时，擅长于抽象的逻辑思维，刻板又机械，长时间重复做一件事情不会疲劳出错（除非硬件出故障）。

3.2 数学模型——问题的抽象表示

让我们从一个有趣的数学问题说起。

17 世纪的东普鲁士有一座城叫哥尼斯堡（Konigsberg），现为俄国的加里宁格勒（Kaliningrad）。哥尼斯堡有一个岛叫奈佛夫（Kneiphof），一条名叫普雷格尔（Pregel）的河的两条支流流经该岛，将整个城区分成了四个区域（岛区、南区、北区和东区），人们在河流上架起七座桥梁，将四个区域相连，如图 3-3 所示。每当周末，人们喜欢消遣散步，绕岛各处走走。于是就产生了一个有趣的数学问题：寻找走遍这七座桥，且每座桥只允许走一次，最后又回到原来的出发点的路径——这就是著名的"哥尼斯堡七桥问题"。

1736 年，大数学家欧拉（L.Euler）访问哥尼斯堡，也饶有兴趣地研究了整个问题，并发表了关于"哥尼斯堡七桥问题"的论文——"与位置几何有关的一个问题的解（Solutio Problematis ad Geomertriam Situs Pertinentis）"。他在文中指出，从一个点出发不重复地走遍 7 座桥，最后回到原出发点是不可能的。为了解决哥尼斯堡七桥问题，欧拉用 4 个字母 A、B、C、D 代表四个城区，并用 7 条线表示七座桥，这样就得到了一个简化了的图，如图 3-4 所示。

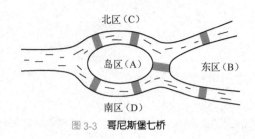

图 3-3　哥尼斯堡七桥

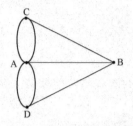

图 3-4　简化的哥尼斯堡七桥问题

在图 3-4 中只有 4 个点和 7 条线，这样做是基于该问题考虑的，抽象出了问题本身最本质的东西，忽略了问题非本质的东西（如桥的长度、宽度等），从而将哥尼斯堡七桥问题抽象为一个纯粹的数学问题，即经过图中每条边一次且仅一次的回路问题。欧拉在论文中论证了这样的回路是不存在的。

欧拉的论文为图论的形成奠定了基础。现在，图论已广泛地应用于计算学科、运筹学、信息论、控制论等学科之中，并已成为我们对现实问题进行抽象的一个强有力的数学工具。随着计算学科的发展，图论在计算学科中的作用越来越大，同时图论本身也得到了充分的发展。

哥尼斯堡七桥问题就是实际问题抽象成数学问题的经典案例。

众所周知，数学是精确定量分析的重要工具，精确定量思维是对当代科技人员共同的要求。所谓定量思维，是指人们从客观实际问题中提炼出数学问题，再抽象化为数学模型，借助于数学运算或计算机等工具求出此模型的解或近似解，然后返回实际问题进行检验，必要时修改模型，使之更切合实际，以便得到更广泛的、更方便的应用。

所谓数学模型，就是用数学语言和方法对各种实际对象作出抽象或模仿而形成的一种数学结构。数学建模是指对现实世界中的原型进行具体构造数学模型的过程，是"问题求解"的一个重要方面和类型。将考察的实际问题转化为数学问题，构造出相应的数学模型，通过对数学模型的研究和解答，使原来的实际问题得以解决，这种解决问题的方法就叫做数学模型方法。数学模型方法是一种数学思想方法，可以帮助学生灵活地、综合地应用所学知识（包括数学知识）来处理和解决一些现实生活中的问题。计算机技术出现以后，进一步强化了数学模型方法的应用。因为抽象出了问题的数学模型以后，借助于计算机技术，求解问题变得更加便捷和高效了。

可见，数学模型是连接数学与实际问题的桥梁，对数学模型而言，数学是工具，解决问题是目的。在建模过程中，从要解决的问题出发，引出数学方法，最后回到问题的解决中去。

建立数学模型的一般步骤如下。

① 对问题（事件或系统）进行观察，研究其运动变化情况，用非形式语言（自然语言）进行描述，初步确定总的变量及相互关系。

② 确定问题的所属系统（力学系统、管理系统等）、模型大概的类型（离散模型、连续模型和随机模型等）以及描述这类系统所用的数学工具（图论方法、常微分方程等）提出假说。假说表明了数学模型的抽象性。抽象就是从事物的现象中将那些最本质的东西提炼出来。为了提炼本质的东西，当然要进行一些必要的假设，并对非本质的东西进行简化。

③ 将假说进行扩充和形式化。选择具有关键性作用的变量及其相互关系（主要矛盾），进行简化和抽象，将问题的内在规律用数字、图表、公式、符号表示出来，经过数学上的推导和分析，得到定量（或定性）关系，初步形成数学模型。

④ 根据现场试验和对试验数据的统计分析，估计模型参数。

⑤ 检验修改模型，这是在反映问题的真实性与便于数学处理之间的折中过程。模型只有在被检验、评价、确认基本符合要求后，才能被接受；否则需要修改模型，这种修改有时是局部的，有

时甚至要推倒重来。

建立数学模型可能涉及许多数学知识，未必是一个简单的问题，在某些时候甚至可以说是一个非常困难的问题。针对同一个问题，往往可以利用不同方法建立不同的模型。

建模中关键的思想方法就是通过对现实问题的观察、归纳、假设，然后进行抽象，并将其转化为一个数学问题。

下面来看两个不同领域中的实例。

【例 3-3】 关于物体冷却过程的一个问题。

设某物体置于气温为 24℃的空气中，在 $t=0$ 时，物体温度为 $u_0=150℃$。经过 10 分钟后，物体温度变为 $u_1-100℃$。试计算该物体在 20 分钟以后的温度。

由于这个问题涉及的是物体冷却的物理现象，因此必须应用物理学的有关定律——牛顿冷却定律：热量总是从温度高的物体向温度低的物体传导，而且，在一定温度范围内，一个物体的温度变化率与该物体和所在介质之间的温差成正比。

通过引进适当的数学概念和符号，这个问题即可获得相应的数学模型：u—物体温度，t—时间变量，设 $u=u(t)$，物体的温度变化率即为 $\dfrac{\mathrm{d}u}{\mathrm{d}t}$，从而 $\dfrac{\mathrm{d}u}{\mathrm{d}t}=-k(u-u_a)$。

这是一个微分方程，其中 u_a 为空气介质的温度，k 为比例常数.

依据微分方程的有关知识，容易求得函数关系 $u=u(t)$ 的显式表示为

$$u - u_a = Ae^{-kt}\text{（其中 }A\text{ 为常数）}$$

按初始条件 $t=0$ 时，$u=u(0)=u_0$，则

$$u_0 - u_a = Ae^0 = A$$

将 A 值代入上式，则 $u - u_a=(u_0 - u_a)e^{-kt}$，即 $u=(u_0 - u_a)e^{-kt}+ u_a$。

这就是上述微分方程的解，即冷却过程数学模型的显式表示。

有了上述一般性模型，只需再将实际问题中的具体数据一一代入，即可得出：

$$100=(150 - 24)e^{-10k} + 24$$

由此得出 $k\approx 0.051$，因此上述具体问题的特殊模型为

$$u = 24 + 126e^{-0.051t}$$

特殊地，以 $t=20$（分钟）代入，则

$$u(20)\approx 24+40 = 64\text{（℃）}$$

这就是所要寻求的问题答案：在 $t=20$ 时，该物体的温度为 64℃。

【例 3-4】 发射卫星时，要使卫星进入轨道，火箭所需的最低速度是多少?

【分析】

将问题理想化，假设：

① 卫星轨道为过地球中心某一平面上的圆，卫星在此轨道上以地球引力作为向心力绕地球作平面圆周运动，如图 3-5 所示。

② 地球是固定于空间中的均匀球体，其他星球对卫星引力忽略不计。

③ 火箭是一个复杂的系统，为了使问题简单明了，这里只从动力系统及整体结构上分析，并假定引擎是足够强大的。

设地球半径为 R，中心为 O，地球质量看成集中于球心（根据地球为均匀球体假设），曲线 C 为地球表面，C'为卫星轨道，其半径为 r，卫星质量为 m，据牛顿定律，地球对卫星的引力为

$$F = G\cdot\frac{m}{r^2}\qquad\qquad(3\text{-}3)$$

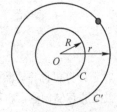
图 3-5 卫星绕地球做圆周运动

其中，G 为引力常数，可据卫星在地面的重量算出，即 $\dfrac{Gm}{R^2}=mg$，$G=gR^2$，代入式（3-3），得

$$F=mg\cdot\left(\frac{R}{r}\right)^2 \tag{3-4}$$

由假设①，卫星所受到的引力即它作匀速圆周运动的向心力，故

$$F=m\cdot\frac{v^2}{r} \tag{3-5}$$

从而速度为

$$v=R\cdot\sqrt{\frac{g}{r}} \tag{3-6}$$

取 $g=9.8\ \text{m/s}^2$，$R=6400\ \text{km}$，可算出卫星离地面高度分别为 100 km、200 km、400 km、600 km、800 km 和 1000 km 时，其速度应分别为 7.86 km/s、7.80 km/s、7.69 km/s、7.58 km/s、7.47 km/s、7.371 km/s。

显然，随着科学技术对研究对象的日益精确化、定量化和数学化，随着计算技术的广泛应用，数学模型已成为处理科技领域中各种实际问题的重要工具，并在自然科学、社会科学与工程技术的各个领域中得到广泛应用。非常遗憾的是，多年的教学观察表明，很多人觉得学数学没什么用，计算机专业的学生也不例外，甚至更严重。学生们觉得数学很抽象，离实际应用比较远。计算机专业的学生总认为会编写程序、会操作使用才是重要的。这是非常糟糕的一个现象。

图 3-6　吸烟吐出漂亮的烟圈

面对客观世界的一个待求解的问题，如果抽象不出它的数学模型，基本上就等于宣布无法利用计算机求解该问题了（少数情况例外）。比如，尽管抽烟有害身体健康，可还是很多人喜欢抽烟，还抽出了一定的"水平"，甚至能吐出非常漂亮的烟圈，如图 3-6 所示。

如果要求你利用计算机模拟吸烟者吐出的烟圈随时间变化的情况，你能做得到吗？难！为什么难呢？也许你会认为自己还没有学会计算机语言和程序设计，或者不知道如何在屏幕上绘出逼真的图形、图像等。其实这些都不是主要的，即便你是程序设计高手，也很难解决整个问题。因为解决这个问题的核心是数学模型，烟圈吐出来后随时间变化的数学模型如何抽象，至今都还是一个难题。建立不起其数学模型，就等于找不到其变化规律，又如何利用计算机模拟呢？

有人可能小看这个问题。不过，如果真有人给出了烟圈随时间变化的数学模型，说不定就能名垂青史呢，至少获诺贝尔奖估计没有太大问题。为什么呢？因为大气、云团的变化规律与之非常相似，若能给出精确的数学模型，那么天气预报问题就彻底解决了（现在的天气预报还很不准确哦），对人类的生产和生活所产生的影响将是不可估量的。

计算机能做很多事情，但很多事情我们难以给出数学模型。例如，查找某人的电话号码是计算机经常要做的事，而我们就写不出数学公式（数学模型）。

毫无疑问，学好数学是计算思维的必然需求！

3.3　数据存储结构

对于计算机而言，数据的存储与处理是其最本质也是最核心的问题。通常情况下，我们必须先解决数据的存储问题，再讨论数据的处理问题（当然，数据处理方法反过来也会影响到数据的存储结构）。

假定要做一个全校学生信息管理系统，把学生的相关信息（如学号、姓名、年龄、性别、籍贯、专业、手机号码、家庭住址等）通过计算机来管理。首先要解决的问题就是全校学生的数据存储问题。不妨把每个学生的相关信息看成一个整体，称为数据元素，用符号 a 来表示。全校共有学生 n 个，可表示成一个线性表 $(a_1, a_2, a_3, \cdots, a_n)$。其中，$a_i$（$1 \leq i \leq n$）表示第 i 个学生。在这里，被管理的学生的集合被称为数据对象，即我们要管理的对象。

现在的问题是，这么多学生的信息输入到计算机中后，放在哪里？怎样存放？这就是接下来我们要讨论的问题。

3.3.1 顺序存储结构

顺序存储就是按照先后顺序，从某个地方开始，依次顺序存放所有被管理的学生的信息。依次顺序存放就是先存放第一个学生 a_1，然后紧接着存放第二个学生 a_2……以此类推，一个紧挨着一个，中间不留空隙，直到所有学生信息全部存完为止。另一个问题是，到底从哪里开始存放呢？这个起始位置也称为首地址，不用我们管，系统会根据实际情况和需要来确定，我们只要知道肯定有那么一个起始位置就可以了。完整的示意如图 3-7 所示。

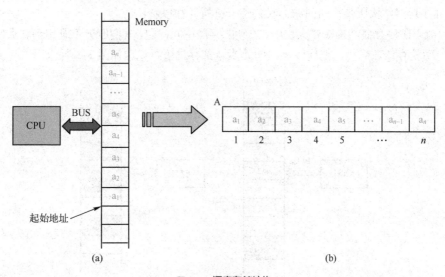

图 3-7　顺序存储结构

图 3-7(a)为计算机内部的数据存储结构示意图。如果把不影响讨论存储问题的有关部分去掉，就可以得到图 3-7(b)，更简洁，有时简称为顺序表。显然，这是一种非常简单的存储结构，有点像幼儿园里面的"排排坐，吃果果"。在程序设计语言中，把这种存储结构称为数组，A 被称为数组名，也表示数组的起始地址。

稍加分析，不难看出，顺序存储结构具有如下优点。

① 数据元素的存储结构非常紧凑（元素一个紧挨着一个），存储效率很高，即存储空间的利用率非常高。在内存空间非常宝贵且空间容量总是不够用的过去和现在来说，显得非常有意义。

② 描述学生信息的数据元素之间的逻辑关系可以通过数据元素在存储器中的位置关系反映出来，不需要额外的开销。

③ 相对来说，顺序存储结构线性表的操作比较简单，特别地，通过数据元素的序号（或下标）可实现这种线性表的随机操作，容易理解和掌握。

但事物总是一分为二的，这种存储结构也有明显的缺点或不足。

① 当问题规模不大时（即数据元素个数不多时），采用顺序存储结构非常恰当，效果非常好，但当问题规模很大时，问题就不一样了。由于顺序存储结构是通过位置的相邻关系体现数据元素的线性关系的，当问题规模很大时，需要一大块连续的存储空间，否则无法解决数据的存储问题。事实上，对于多用户、多任务计算机系统而言，运行时间稍长，就有可能出现内存空间"零碎化"，即原来可分配使用的、大块的、连续的存储空间被分割成了许多小块的、不连续的存储空间。也就是说，在问题规模很大时，存储空间难以满足顺序存储结构的需求。

② 程序设计实现时需借助计算机语言中的数组机制，而数组是编译时确定的静态结构。用一种静态结构映射问题域的动态结构肯定是有所欠缺的。典型地，对于长度可变的线性表就需要预先分配足够的空间，这有可能使一部分存储空间长期闲置不能充分利用，还有可能造成表的容量难以扩充。

③ 在顺序表中进行插入或者删除操作时，需平均移动大约表中一半的元素，因此对 n 较大的顺序表效率低。

问题出来了，如何解决呢？我们必须寻求一种新的存储结构——链式存储结构。

3.3.2 链式存储结构

针对顺序存储结构所带来的问题，我们逐一分析并加以解决。

首先，对于顺序存储结构需要大块的、连续的存储空间问题，人们应该不难想到这么一种办法，即哪里有空间就存放在哪里，把线性表中的元素全部存进去再说，如图 3-8 所示。

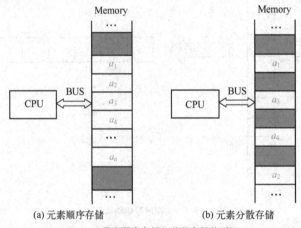

(a) 元素顺序存储　　　　　　(b) 元素分散存储

图 3-8　元素顺序存储与分散存储的对比

如果不要求线性表中的数据元素连续存放，自然可以想到图 3-8(b)这样的分散存储结构。显然，这样的存储方式可以充分利用系统的存储空间，也就是说，哪里有空间就存放进哪里，不需要连续的存储空间。但问题是，这仅仅解决了"存储"问题。因为我们面对的是线性表，表中的数据元素是有线性关系的。我们选定的数据结构不仅要存储所有的数据元素，还要确切地表达元素之间的关系，否则这样的数据结构是没有意义的。

那么，如何描述元素之间的关系呢？既然元素分散地存放在存储空间里，相互之间不在一起，人们想到了利用"指针"来建立元素之间的线性关系，也就是用一个指针指出一个元素的后继在存储器中的存放位置，如图 3-9 所示。

这样，不管线性表中元素存放在什么地方，通过指针就可以建立其元素间的线性关系。为了清晰地描述这种数据结构，我们把图 3-9(a)中不影响分析问题的部分抹去，并梳理元素之间的关系，就可以得到图 3-9(b)所示的数据结构，这就是我们需要的链式存储结构的线性表，简称线性链表，

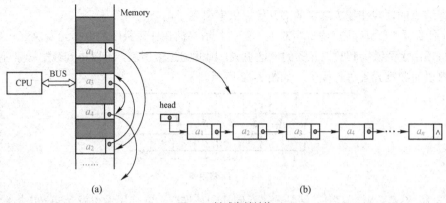

图 3-9 链式存储结构

或者链表。直观地看，还真有点像一根绳拴着若干只"蚂蚱"。可见，用线性链表表示线性表时，数据元素之间的逻辑关系是由节点中的指针描述的，逻辑上相邻的两个数据元素其存储的物理地址不要求相邻，所以这种存储结构为非顺序映像或链式映像。

显然，顺序存储结构的线性表所存在的第一个问题已经解决了。

那么，第二个问题呢？它是动态的数据结构吗？

我们知道，计算机系统中宝贵的内存资源统一由操作系统掌管，如果需要一块存储空间来存储数据，需先向操作系统提出申请，操作系统响应了请求并分配了满足需求的内存块后，我们才能使用该内存块。

在链式存储结构中，每存放一个数据元素，都需要向操作系统提出申请，所申请的存储块除了能存放数据元素外，还需要存放一个指针，用来描述元素之间的关系。我们不妨把这样一个既存放数据元素又存放指针的存储块称为节点（Node）。

如何向操作系统申请存储块呢？C 和 C++语言提供了相应的手段。如在 C 语言中，可以通过调用函数 malloc()来实现（具体方法这里不详细介绍）。用完一个节点不再需要它时，要将该节点（对应的内存块）归还给操作系统。在 C 语言中只要调用标准函数 free()即可。

正是基于这样的标准函数，使得链表可以在程序执行的过程中动态地生成或取消，随时满足系统需求。所以，链表是一种动态数据结构。

进一步，针对这样的链式存储结构，当我们需要在表中插入一个元素（节点）或删除一个元素（节点）时，只要修改相应的指针即可，不需要像顺序存储结构一样移动不相关的数据元素，所以第三个问题也就不存在了。

由此可见，链式存储结构能解决顺序存储结构所存在的问题。

当然，这种存储结构也有自己的不足：**它的存储效率不高（每个数据元素需要一个额外的指针），而且不能随机访问（存取）其中的数据，对数据的处理相对来说比较复杂，不太容易掌握。**

3.3.3 索引存储结构

百度百科中这样描述"索引"（Index）的词义：将文献中具有检索意义的事项（可以是人名、地名、词语、概念或其他事项）按照一定的方式有序地编排起来，以供检索的工具，如《五胡十六国论著索引》。

经常到图书馆看书就应该注意到，很多外文书籍（包括翻译过来的译著）后面都附有一个索引表，按照英文字母的排序，给出书中一些重要的概念、名字、定理等在书中的具体位置，让读者很容易找到自己关心的内容。可见，这样的索引表对于内容的检索是非常有用的。国内作者写书过去是不太注意这点的，现在越来越多的书开始提供索引表了。

那么，什么是"索引存储"呢？直观地理解就是给存储在计算机中的数据元素建立一个索引表。索引表的每项由主关键字和数据元素的地址组成，因此通过索引表，可以得到数据元素在存储器中的位置，可以对数据元素进行操作，如图 3-10 所示。

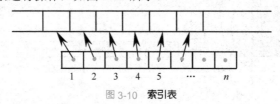

图 3-10　**索引表**

从图 3-10 不难看出，索引存储是顺序存储的一种推广，它使用索引表存储一串指针，每个指针指向存放在存储器中的一个数据元素。它的最大特点就是可以把大小不等的数据元素（所占的存储空间大小自然也不一样）按顺序存放。

进一步，建立两级或多级索引，也就是建立索引的索引。这个应该不难理解，不妨看一个例了。《机械设计手册》大概有 17 分册，是机械设计的重要参考手册。为了查找方便，编著者专门编辑了一本总目录，每一本分册又有自己详细的分目录。设计者查看相关内容时，先看总目录，找到自己想参考的资料在哪一分册，再根据分册的目录进一步定位要找的内容。

生活中其实还有不少"索引存储"方面的例子，这里实在没有必要一一列举。有兴趣的读者可以自己想想，并列举一二。

显然，索引存储需要额外的索引表，增加了额外的开销。

3.3.4　散列存储结构

先看看我小时候的一些经历，相信一些人也有过类似的体验。

> 想起早年一些有趣的事情。
>
> 那时候在农村，家家少不了养些鸡、鸭、鹅、猪、牛、羊之类的家畜，对农民来说，这些家畜差不多就是命根子了。大人们常常下地干活，放养家畜之类的事情常让孩子们干。由于条件所限，鸡舍猪圈之类的地方非常简陋。孩子毕竟是孩子，家畜毕竟是动物，走失几只鸡鸭甚至一两头猪羊也是常有的事。这时候，大人们急得团团转，一家老少分头四处寻找，找遍所有可能的地方……
>
> 满世界找遍了，还是找不到，大人们的表情就变得非常懊丧和难看。绝望的时候，他们会想起另一个办法：请村里"能掐会算"的人帮忙，根据家畜走失的时辰掐算出最有可能的所在方位。谢恩之后，大人们按指定方位去寻找，有时候还真能找到丢失的东西（纯属巧合，偶然碰巧的事情也是有的）。
>
> 如愿以偿的话，自然会进一步神化所谓的能人。不能如愿的话也就不了了之了。

这样的故事与散列存储有关系吗？当然有！

假定我们已经把若干个数据元素存放在计算机的存储器中，当需要访问（即存取）某个数据元素时，首先需要知道该数据元素存放在存储器中的具体位置，然后才能对其进行操作。

怎样知道一个数据元素在存储器中的具体位置呢？最笨的方法就是挨个儿去找（比对）。由于计算机没长"眼睛"，使得这一找寻过程与瞎子摸真币的过程非常相似（即弄若干张和真币一样大小的纸，与一张真币放在一起，让瞎子把那张真币找出来）。不难想象，当数据元素个数很多时，这种满世界到处搜寻的查找方法的效率就很低。人们自然在想：如果根据要查找的数据元素的某个"特征"能直接算出其存储位置，该多好啊！呵呵，散列存储就是为此目的设计的。

要达到这样的目的，在存储数据元素的时候需要预先考虑如何存放。具体方法是：根据每个数据元素的"特征"（专业术语叫关键字），依据特定的计算公式（即哈希函数），算出一个个对应的值，然后把对应的数据元素存放在以该值作为存储位置（地址）的存储器中。既然数据元素是这样存储的，因此查找时也就可以依据"特征"计算存储地址了。

理想状态下，该方法相当妙。问题是理想状态很难达到，非理想状态下就需要解决如下两个问题：① 设计一个恰当的计算公式（哈希函数），这可不太容易；② 当两个不同的数据元素依据哈希函数计算出相同的结果时，就会导致冲突（即两个不同的数据元素要存放到同一个地方，不冲突打架才怪）。不解决冲突问题，这种存储方法自然就不能使用了。

另外，为尽量减少冲突，该方法的存储效率不高。

3.4 客观世界到计算机世界的映射方法

3.4.1 面向过程的结构化设计方法学

早期的计算机存储器容量非常小，人们设计程序时首先考虑的问题是如何减少存储器开销，硬件的限制不容许人们考虑如何组织数据与逻辑。程序本身短小，逻辑简单，也不需人们考虑程序设计方法问题。与其说程序设计是一项工作，倒不如说它是程序员的个人技艺。但是，随着大容量存储器的出现以及计算机技术的广泛应用，程序编写越来越困难，程序的大小以算术级数递增，程序的逻辑控制难度则以几何级数递增，人们不得不考虑程序设计的方法。在这样的背景下，20 世纪 60 年代末 70 年代初，人们提出了结构化程序设计方法。

结构化方法是一种传统的程序设计方法，它是由结构化分析、结构化设计和结构化编码（即编写程序代码）三部分有机组合而成的。它的基本思想是：把一个复杂问题的求解过程分阶段进行，而且这种分解是自顶向下，逐层分解，使得每个阶段处理的问题都控制在人们容易理解和处理的范围内。更具体地说，就是首先确定输入、输出数据结构，使用自顶向下的设计方法，列出需要解决的最主要的子问题，然后通过解决每个子问题来解决初始的问题。结构化软件开发方法的本质是功能的分解，将系统按功能分解为若干模块，每个模块是实现系统某一功能的程序单元，每个模块都具有输入、输出和过程等基本特性。输入和输出分别是模块需要的和产生的数据，过程则是对模块具体处理细节的描述和表示。数据则在功能模块间流动。功能是一种主动的行为，数据是受功能影响的信息载体。因而，它的编程模型被理解为作用于数据的代码。

从编程技术的角度来说，结构化方法在进行程序设计时，描述任何实体的操作序列只需采用"顺序、选择、重复"三种基本控制结构，整个程序划分为若干个模块。每个模块要具有一种以上的特定功能，并且每个模块只能有一个入口和一个出口。这种程序设计采用自顶向下、逐步细分的方法展开，在一定的数据结构基础上设计对应的算法，然后分别实现数据结构设计和算法设计，因此 N.Wirth 教授总结出"程序=算法+数据结构"。在结构化程序设计中，问题被看成一系列需要完成的任务，函数（function）或过程（procedure）是用于完成这些任务的。所以说，最终解决问题的焦点集中于函数或过程，数据则在功能模块间流动。

说了这么一大堆，肯定让人晕了。简单总结，结构化方法的基本思想要点是：① 基于自顶向下、逐步求精的问题分解方法；② 模块化设计技术；③ 结构化编码。

理解这种解决问题的思维方法才是最重要的。事实上，这种思维方法可广泛用于其他领域的问题求解，只是具体的技术手段不一样而已。显然，它属于哲学上所讨论的方法论的范畴。

1. 基于自顶向下、逐步求精的问题分解方法

不管哪一个领域，当人们面对一个大型问题需要求解时，都应该首先考虑怎么对问题进行分解。

比如，组建一个新的汽车厂，生产轿车。就汽车的生产而言，需要解决汽车各零部件的生产以及装配检验等问题；就组织生产而言，需要解决各环节的管理问题。如果我们把汽车分成车架、发动机、底盘、变速箱、仪器仪表、轮胎、标准件等零部件，则可以考虑组建若干个分厂以及一个总装厂，每个分厂只负责生产一个零部件，如发动机或者变速箱，分工明确。对一个分厂来说，又可以根据需要，下设产品研发、设计、生产、仓储、管理等部门，各部门各负其责，功能明确。各部门还可进一步划分，如一个部门划分为若干个班组，每个班组职责明确，工作任务与要求清清楚楚。管理方面分设财务、销售、人事、行政办公、宣传等部门，根据需要下设二级机构，实行分级管理。可见，一个汽车的生产问题，按照自顶向下、逐步求精的方法，进行了层层分解，以至到最后的每个子问题都控制在人们容易理解和处理的范围内。显然，这是按功能进行分解的。被管理与生产的对象就是从原材料到汽车的所有半成品和成品。

再来看一个计算机世界的例子。假设要利用计算机做一个学生信息管理系统，首先要弄清楚被管理的对象以及系统应该提供什么样的功能。被管理的对象一方面是指哪一个范围内的学生（一个班、一个学院还是整个学校，甚至更大范围），另一方面就是要明确管理学生的哪些信息（如是否包含身高与体重等）。被管理的对象最终都以数据的形式存放于计算机之中。

另一个问题就是系统应该提供的功能。到底需要提供什么样的功能取决于管理人员的工作需要。比如，系统应该提供数据初始化、按某种方法排序、根据指定的信息进行查询、打印报表、数据维护、信息安全等功能。每个功能还可进一步划分，如就查询而言，可分为按姓名查询、按性别查询、按籍贯查询、按专业查询、按爱好查询等。直到每个子功能分解到非常恰当为止。

不难想象，按照自顶向下、逐步求精的问题分解方法，最后设计出来的程序系统应该具有类似图 3-11 所示的结构。

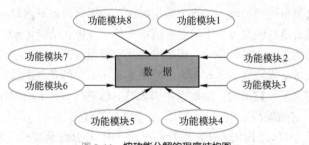

图 3-11　按功能分解的程序结构图

自顶而下的出发点是从问题的总体目标开始，抽象低层的细节，先专心构造高层的结构，再一层一层地分解和细化。这使设计者能把握主题，高屋建瓴，避免一开始就陷入复杂的细节中，使复杂的设计过程变得简单明了，过程的结果也容易做到正确可靠。

如果仔细考察客观世界的对象如何映射成计算机世界的"数据"，以及抽象出的各功能模块如何处理这些"数据"，我们可以进一步用图 3-12 来描述面向过程方法学的程序结构，该图反映了客观世界的问题结构到计算机世界程序结构的映射图。

2. 模块化设计

为什么要把程序分解为若干个模块？为什么要采用模块化设计？

模块化是程序的一个重要属性，使得一个程序易于为人们所理解、设计、测试和维护。如果一个程序就是一个模块，是很难让人理解的。因为，一个大型程序的控制流程、数据结构、业务逻辑

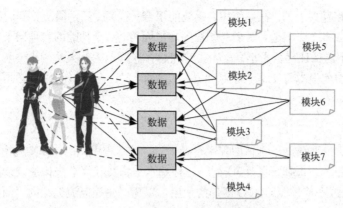

图 3-12　面向过程方法学的程序结构图

等是非常复杂的，人们要了解、处理和管理这样复杂的程序系统，几乎是不可能的。为了说明这一点，请看下面的论据，这是观察人们怎样解决问题得到的。

设 $C(x)$ 是表示问题 x 的复杂程度的函数，$E(x)$ 是解决问题 x 所需要的工作量的函数。对 p_1 和 p_2 两个问题，如果 $C(p_1) > C(p_2)$，显然 $E(p_1) > E(p_2)$。

一般说来，解决一个复杂程度大的问题所需的工作量要比解决一个复杂程度小的问题所需的工作量要多得多，即 $C(p_1) > C(p_2) \Rightarrow E(p_1) > E(p_2)$。那么，分解以后，根据人类解决问题的经验，复杂程度降低了，即 $C(p_1+p_2) > C(p_1)+C(p_2)$。由此，可以推出：

$$E(p_1+p_2) > E(p_1) + E(p_2)$$

所得结果对于模块化设计具有重要的指导意义。从上面所得的不等式是否可以得出这样的结论：**如果把程序无限地分解，开发程序所需的总工作量是不是就小得可以忽略不计呢？显然，这样的结论是不能成立的。因为随着模块数目的增加，模块之间接口的复杂程度和为接口设计所需的工作量也在随之增加。**根根这两个因素相互之间的关系，存在着一个工作量最小或开发成本最小的模块数目 M。虽然我们现在还没有办法计算出 M 的准确数值，但在考虑模块时必须减少接口的复杂性（Complexity），提高模块的独立性（Independence），才能有效地降低程序总的复杂性。

模块独立性的概念是模块化、抽象和信息隐藏概念的直接产物。模块独立性通过开发具有单一功能和与其他模块没有过多交互作用的模块来达到的。换句话说，我们要求这样设计软件，每个模块只有一个所要求的子功能，而且在程序结构的其他部分观察时具有单一的接口。

有人会问，为什么模块独立性会这样重要？这是因为模块化程度较高的程序，其功能易于划分，接口简化，所以开发比较容易，特别是几个开发人员共同开发一个软件时，这点尤为突出。这样的软件也比较容易测试和维护，修改所引起的副作用也小。而且，模块从系统中删除或插入也较简单。总之，提高模块独立性是一个软件好的设计的关键，而设计又是决定软件质量的关键。

模块独立性可用两个定量准则来度量：聚合（Cohesion）和耦合（Coupling）。聚合是模块功能相对强度的量度，耦合则是模块之间相对独立性的量度。聚合是信息隐藏概念的一种自然延伸。一个聚合程度高的模块只完成软件过程内的一个单一的任务，而与程序其他部分的过程交互作用很小。简言之，一个聚合模块应当（理想地）只做一件事。

耦合是对模块间关联程度的度量。耦合的强弱取决于模块间接口的复杂性、调用模块的方式以及通过界面传送数据的多少。模块间联系越多，其耦合性越强，同时表明其独立性越差。降低模块间的耦合度能减少模块间的影响，防止对某一模块修改所引起的"牵一发动全身"的水波效应，保证系统设计顺利进行。

聚合和耦合是相互关联的，在系统中，模块的聚合（程）度高，耦合（程）度就低，反之亦然。

一个问题划分成多个子问题，多半是就程序功能而言。基于功能的自顶向下分解而得到的模块内聚力是大的，但不能保证耦合力小。**程序设计的总体原则是提高模块的聚合度、降低模块的耦合度**。也就是说，模块的根本特征是"相对独立，功能单一"。一个好的模块必须具有高度的独立性和相对较强的功能。

3. 结构化编码

模块确定以后，就要借助于具体的程序设计语言，编写程序代码，以实现模块的预定功能。结构化编码主张使用顺序、选择（条件）、循环三种基本结构及其嵌套来构造复杂层次的"结构化程序"，程序中不主张或严格控制 GOTO 语句的使用，以免产生控制流混乱的"面条"程序。通过结构化编码获得的程序具有以下意义：

① 以控制结构为单位，只有一个入口，一个出口，所以能独立地理解这一部分。

② 能够以控制结构为单位，从上到下顺序地阅读程序代码，以提高程序的可读性。

③ 由于程序的静态描述与执行时的控制流程容易对应，所以能够正确地理解程序的执行过程。

3.4.2 面向对象程序设计方法学

1. 对客观世界的认识及其面向对象方法学的诞生

面向过程的结构化程序设计方法学确实给程序设计带来了巨大进步，某种程度上部分地缓解了软件危机（软件开发与维护过程中面临的种种困境），使用这种方法学开发的许多中小规模软件项目都获得了成功。但是，当把这种方法学应用于大型软件产品的开发时，似乎很难得心应手。

视频

这不能不引起人们的思考。人们在反思、总结面向过程的结构化程序设计方法学时，发现该方法学存在着明显的问题——这种方法以算法为核心，把数据和过程作为相互独立的部分，数据代表问题空间中的客体，程序代码则用于处理这些数据。把数据和代码作为分离的实体，很好地反映了计算机的观点，因为在计算机内部，数据和程序是分开存放的。但是，这样做的时候总存在使用错误的数据调用正确的程序模块，或使用正确的数据调用错误的程序模块的危险。让数据和操作保持一致是程序员的一个沉重负担。在多人分工合作开发一个大型软件系统的过程中，如果负责设计数据结构的人中途改变了某个数据的结构而又没有及时通知所有人员，则会发生许多不该发生的错误。更关键的是，该方法学忽略了数据和操作之间的内在联系，用这种方法所设计出来的软件系统其解空间（计算机世界）与问题空间（客观世界）并不一致，令人感到难于理解。

人们首先对客观世界重新进行了审视，得到了新的认知，归纳如下：① 客观世界是由各种各样的事物（实体）组成的；② 每个实体在任一时刻都具有特定的状态；③ 实体之间具有这样或那样的相互关系（作用）；④ 实体之间的相互作用可以改变它们的状态；⑤ 事物（实体）可以按一定的属性进行分类；⑥ 不同的类之间存在一定的关系，如继承和进化。

进一步，人们认识到：客观世界中问题都是由客观世界中的实体及其相互之间的关系构成的，我们称这种实体为客观世界的对象。从本质上讲，我们用计算机求解问题就是借助于某种语言的规则，对计算机世界中的实体施加某种操作，并以此操作去影射问题的解。我们把计算机世界中的实体称为解空间对象，一旦提供了某种解空间的对象，就隐含着该对象允许的操作。显然，客观世界中的对象及其结构与计算机世界中的对象（或称为解空间的对象）及其结构应该一一对应起来。只有这样，才便于人们分析、研究和理解，如图 3-13 所示。

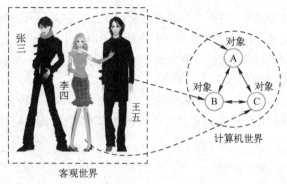

图 3-13　客观世界与计算机世界——对应

基于以上认识以及软件技术（如数据抽象、信息隐藏、软件重用等）的进步与发展，自 20 世纪 60 年代后期出现的编程语言 Simula-67 开始，逐步发展并完善了一种新的程序设计方法学——面向对象程序设计方法学。如今，面向对象方法已经成为人们在开发软件时首选的方法，面向对象技术也已成为当前最好的软件开发技术。

2. 面向对象方法学的核心思想

面向对象方法学的出发点和基本原则是尽可能模拟人类习惯的思维方式，使开发软件的方法与过程尽可能接近人类认识客观世界、解决实际问题的方法与过程，也就是使描述问题的问题空间（也称为问题域）与实现解法的解空间（也称为求解域）在结构上尽可能一致。

面向对象方法学的基本原理是，使用现实世界的概念抽象地思考问题从而自然地解决问题。它强调模拟现实世界中的概念而不强调算法，鼓励开发者在软件开发的绝大部分过程中都用应用领域的概念去思考。面向对象的软件开发过程从始至终都围绕着建立问题领域的对象模型来进行：对问题领域进行自然的分解，确定需要使用的对象和类，建立适当的类等级，在对象之间传递消息实现必要的联系，从而按照人们习惯的思维方式建立起问题领域的模型，模拟客观世界。

概括地说，面向对象方法具有下述 4 个要点。

① 认为客观世界是由各种对象组成的，任何事物都是对象，复杂的对象可以由比较简单的对象以某种方式组合而成。可见，面向对象方法学用对象分解取代了传统方法的功能分解。这样显得非常自然。在面向对象方法学中，一个程序就是由若干个不同的对象组成的，或者说是若干个对象的集合。

② 把所有对象都划分成各种对象类（简称类，class），每个对象类都定义了一组数据和一组方法。数据用于表示对象的静态属性，是对象的状态信息。因此，每当建立该对象类的一个新实例时，就按照类中对数据的定义为这个新对象生成一组专用的数据，以便描述该对象独特的属性。类中定义的方法，是允许施加于该类对象上的操作，是该类所有对象共享的，并不需要为每个对象都复制操作的程序代码。

③ 按照子类（或称为派生类）与父类（或称为基类）的关系，把若干个对象类组成一个层次结构的系统（也称为类库）。在这种层次结构中，通常下层的派生类具有和上层的基类相同的特性（包括数据和方法），这种现象称为继承（inheritance）。但是，如果在派生类中对某些特性又做了重新描述，则在派生类中的这些特性将以新描述为准，也就是说，低层的特性将屏蔽高层的同名特性。既有继承又有发展，这是一种多么完美的技术机制啊！

④ 对象彼此之间仅能通过传递消息互相联系。对象与传统的数据有本质区别，它不是被动地等待外界对它施加操作，不能从外界直接对它的私有数据进行操作。对象是进行处理的主体，必须

发消息请求它执行它的某个操作，处理它的私有数据。而也就是说，一切局部于该对象的私有信息，都被封装在该对象类的定义中，就好像装在一个不透明的黑盒子中一样，在外界是看不见的，更不能直接使用，这就是"封装性"。可见，消息统一了数据流和控制流，封装强化了信息隐藏。

总之，面向对象方法学可以用下式来概括：

OO = objects+classes+inheritance+communication with messages

也就是说，面向对象就是既使用对象又使用类和继承等机制，而且对象之间仅能通过传递消息实现彼此通信。

3. 面向对象方法学的核心概念

（1）对象（Object）

计算机世界中的对象是映射客观世界中的对象的，那么，计算机世界的对象到底又是个什么样的实体呢？如果简单来描述，可用如下式子来表示对象：

对象=数据+操作

在这里，用"数据"来描述客观世界中对象的状态，用"操作（也就是程序代码）"来描述客观世界中对象的行为。再把这样的"数据"和"操作"封装起来，就形成了计算机世界中的对象，如图 3-14 所示。

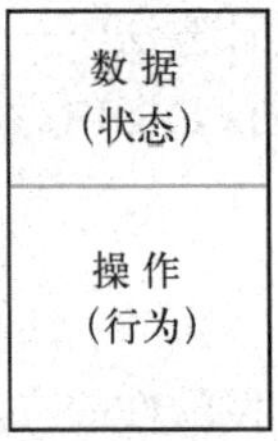

图 3-14　**对象示意图**

例如，要在计算机中描述一个人，那么要描述的这个人的姓名、年龄、性别、身高、体重、健康情况、籍贯、政治面貌、住址、邮编等所关心的信息就是他的状态，可以用对应的一组数据（如张三、21、男、170、70、良好、广西桂林、团员、广西柳州市东环路 268 号、545006、……）来表示。另外，这个人爱好画画、上网聊天、玩游戏、打羽毛球、唱歌、跑步、骑自行车，以及常人的吃、喝、拉、撒、睡等行为，这些行为我们分别用一段一段的程序代码来表示，这就是操作，在面向对象程序设计中，也叫方法。

不难想象，对象的行为会影响到对象的状态。比如，张三去跑步，那他的心率肯定会加速；长期坚持跑步锻炼，他的健康状况会很好等。

好了，把数据和操作封装起来就形成了对象。也许你要问：为什么要封装啊？封装的目的一是信息隐藏，二是对象的状态只能由它自己的行为来改变，这样才与客观世界相吻合。还是以张三为例，张三有多少财富，那是他个人的隐私，别人没有必要了解，也不应该了解，这就是信息隐藏。另外，张三静静地躺着看书，心率 80 次/分钟，外界不能随便强迫他的心率提高到 120 次/分钟，除非他自己去跑步，这就是行为改变状态。

（2）对象间的通信——消息（Message）

对象完成一定的处理工作，对象间进行联系只能通过传递消息来实现。消息用来请求对象执行某一处理或回答某些信息的要求；消息统一了数据流和控制流；某一对象在执行相应的处理时，如果需要，它可以通过传递消息请求其他对象完成某些处理工作或回答某些信息；其他对象在执行所要求的处理活动时，同样可以通过传递消息与别的对象联系，就像你拜托张三办事，张三正好没时间或者有别的困难，又转托李四去办。因此，程序的执行是靠在对象间传递消息来完成的。

每当需要改变对象的状态时，只能由其他对象向该对象发送消息。对象响应消息后按照消息模式找出匹配的方法，执行该方法。发送消息的对象称为发送者，接收消息的对象称为接收者。**消息中只包含发送者的要求，它告诉接收者需要完成哪些处理，但并不指示接收者应该怎样完成这些处理**（比如，老师布置作业，提出具体的要求，但怎样完成作业是学生们自己的事情）。**消息完全由接收者解释**（老师讲解某一问题时，不同的学生恐怕有不同的理解），**接收者独立决定采用什么方**

式完成所需的处理（老师布置一道习题，不同的学生完全可能采用不同的方法求解）。**一个对象能够接收不同形式、不同内容的多个消息**（就像有人邀请去打球，有人邀请你去看电影，有人邀请你去散步）；**相同形式的消息可以送往不同的对象**（呵呵，有点像广播，大家都可以听到）；**不同的对象对于形式相同的消息可以有不同的解释，能够做出不同的反应**（见图 3-15，这是一个非常形象的例子）。**对于传来的消息，对象可以返回相应的回答信息，但这种返回并不是必须的**（好比老师要求同学们做什么，个别同学就当耳边风，根本无动于衷）。

图 3-15　不同对象对同一消息的不同反应

可以看到，面向对象方法学中的消息传递与处理与现实世界何其相似，甚至几乎一模一样。这就是计算机世界与客观世界的一致性。

（3）类与类库

类（class）是面向对象程序设计方法学的核心概念之一。

Webster 的《Third New International Dictionary》将 "class" 定义为 "由一些共同特征或一项共同特征所标志的一组、一群或一类，根据品质、资格或条件进行的分组、区分或分级"。

面向对象方法学中的类是一类对象的抽象，它是将不同类型的数据和与这些数据相关的操作封装在一起，属于一个抽象的概念；而对象是某个类的实例，是一个具体的概念。类和对象的关系就是抽象与具体的关系。没有脱离对象的类，也没有不依赖于类的对象。因此，类和对象是密切相关的。

哦，这么说真不好理解！

典型地，"人" 是一个抽象的概念，它表示一个类，具有所有人共同的属性和行为，如 "人" 有姓名、性别、年龄、身高、体重等属性，"人" 有吃饭、睡觉、行走、谈恋爱、生儿育女等基本行为。"张三" 是 "人" 这个类中的一个实例，是一个非常具体的对象。比如，我们不能说 "人" 的年龄是 24 岁，但可以说张三的年龄是 24 岁。以此类推，车是一个类，张三的那辆奔驰车就是车这个类的一个实例（对象）；动物是一个类，李四的家养的那只猫就是动物类的一个实例（对象）。

值得一提的是，类对于问题分解是必要的（但不是充分的）。某些问题非常复杂，所以不太可能只通过单个类来描述。例如，一种相当高层的抽象、一个 GUI（图形用户界面）框架、一个数据库等在概念上都是独立的对象，但它们都不能被表示为一个单独的类。相反，最好将这些问题抽象表示为一组类，这些类的实例互相协作，提供我们所期望的结构和功能。

有了类，就可以根据类来产生对象，若干个不同的对象就构成了一个程序。

那么，"类库"又是一个什么样的概念呢？客观世界的对象可以说五花八门，人们可以抽象出各种各样的类。这些类不可能都是完全孤立的，相反，类和类之间有着"千丝万缕"的联系，这与哲学上所论述的"事物是相互联系的"是一致的。例如，我们可以抽象出"物质"、"生物"、"动物"、"植物"、"野生动物"、"人"、"狗"等类，你能说这些类之间没有关系吗？显然不能！

让我们考虑这样一些类："花"、"雏菊"、"红玫瑰"、"黄玫瑰"、"花瓣"和"瓢虫"。不难发现，"雏菊"是一种"花"，"玫瑰"是（另）一种"花"，"红玫瑰"和"黄玫瑰"都是一种"玫瑰"，"花瓣"是这两种花的组成部分，"瓢虫"会吃掉蚜虫等害虫，这些害虫会侵扰某些种类的"花"。

从这个简单的例子可以得出结论，类像对象一样，也不是孤立存在的。对于一个特定的问题域，一些关键的抽象通常与各种有趣的方式联系在一起，形成了我们设计的类结构。

显然，类和类之间有着这样或那样的关系。首先，一种类关系可能表明某种类型的共享。例如，雏菊和玫瑰都是花，这意味着它们都有色彩鲜艳的花瓣，散发出芳香。其次，一种类关系可能表明某种语义上的联系。因此，我们说红玫瑰和黄玫瑰的相似度要大于雏菊和玫瑰，雏菊和玫瑰的关系比花瓣和花的关系更密切。类似地，瓢虫和花之间存在一种共生关系：瓢虫保护花免遭害虫侵袭，花为瓢虫提供了食物来源。

总之，类存在三种基本关系。第一种关系是一般与特殊的关系，表示"是一种"关系。例如，玫瑰是一种花，这意味着玫瑰是一种特殊的子类，而花是更一般的类；第二种关系是整体与部分的关系，表示"组成部分"关系。比如，花瓣不是一种花，它是花的一个部分。第三种关系是关联关系，表示某种语义上的依赖关系，如果没有这层关系，这些类就毫无关系了，如瓢虫和花之间的关系。再如，玫瑰和蜡烛基本上是独立的类，但它们都是可以用来装饰餐桌的东西。

在这些具体的关系之中，继承也许是语义上最有趣的，它代表了一般与特殊的关系，如"动物"与"哺乳动物"就是这样的关系。如果定义好"动物"类，由于"哺乳动物"也是动物，具有动物的一般属性，因此没有必要重新定义一个全新的"哺乳动物"类，只要在原来已经定义好的"动物"类的基础做些修正或补充就可以了——这就是继承。通过继承，可以把很多类有机地联系起来，构建出一个类库。显然，通过不断扩充，类库会越来越庞大。图3-16就是一个简单的类库示意图。

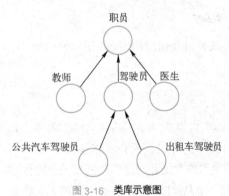

图 3-16　类库示意图

（4）继承与发展

一个新类可以从现有的类中派生，这个过程称为类继承。新类继承了原来类的特性，新类称为原来类的派生类（子类），而原来的类称为新类的基类（父类）。派生类可以从其基类那里继承方法和成员变量，也可以对其进行修改或增加新的方法，使之更适合特殊的需要。这也体现了大自然中一般与特殊的关系。继承性很好地解决了软件的可重用性问题。

也许很多人看过金庸先生的名著《笑傲江湖》，华山派弟子令狐冲被师傅罚去思过崖思过练功，竟无意中在洞中学到了多个教派的武功，而且得到了华山派前辈风清扬的真传，练就了"独孤九剑"，之后因救任我行，又糊里糊涂地学会了吸星大法，为去除吸星大法的毒害，少林寺方丈又授予易筋经……最后，在黑木崖上惨烈的较量中，不可一世的东方不败死了，任我行死了，岳不群死了，剩下的一代剑侠令狐冲独步武林、笑傲江湖。令狐冲之所以成为了武功盖世的一代天骄，就因为他继承了几大门派的顶尖武学，然后加以发展，并灵活运用。

想想程序设计领域，虽然电子计算机发展至今不过几十年，但已经有相当多的程序设计高手费尽心血写出了大量的、非常优秀的程序代码。我们现在每写一个程序，差不多都是从零开始，几乎没有继承前人做过的工作（前人所写的程序代码），这是多么不可思议的事情啊！

是程序员不知道"站在巨人的肩膀上会看得更远"吗？是程序员不愿意继承前人的劳动成果吗？显然不是，确切地说，是方法和技术问题。

现在面向对象方法学为人们提供了一套良好的技术机制，让我们既可以完全继承前人已有的程序代码，也可以在此基础上有所发展，也就是说你还可以修正或补充前人所做的工作。

现代程序设计语言既支持单继承，也支持多继承。单继承不难理解，就像武林弟子一样，只修本派武功，绝不偷学其他门派的功夫；而多继承呢？令狐冲就是典型例子，他集几大门派的武学神功于一身。

理论上，通过继承机制，若能构建出一个庞大的、完全的类库，也就是说，人们需要什么类都可以从类库中找到，程序设计也就完全不是今天的程序设计了，充其量就是一种程序"组装"技术了。就像各种零部件都可以轻易得到，我们自己稍加学习就能组装一台机器一样。

（5）程序及其执行

在面向对象程序方法学中，程序是一个什么样的概念呢？从概念上来讲，其实很简单。程序就是若干个对象的集合。可用下面的简单式子来表示：

程序={对象}；

至于集合里面到底包含多少个对象以及哪些对象，要视具体的程序任务来定。当然，对象的数目肯定是有限的，不可能无限多。

那么，程序又是如何执行的呢？程序的执行过程也很简单。就是具有初始状态的对象集，对象与对象之间发消息，对象响应消息，从而改变自己的状态，当对象集从初态演变成了终态，程序也就执行完了，如图 3-17 所示。

图 3-17　程序的执行过程

（6）面向对象程序设计

如果一个程序系统只有对象和消息两个概念，程序设计就是建立一个彼此能发消息的对象集合，我们说这就是面向对象程序设计。否则，除对象和消息而外还有其他概念（如子程序、过程等），即使提供了对象描述机制（如 Ada 的程序包、Modula-2 的模块），也只能说是基于对象的（Based-Object）程序设计。

面向对象程序设计与其说是一门编码技术，不如说是一门代码的组装（Package）技术。它所研究的是代码的提供者（系统程序员）如何将一定的功能封装成软件，再提交给代码的用户（应用程序员）使用。面向对象程序设计与传统程序设计的本质区别是：前者比后者更强调代码提供者与使用者之间的关系。

那么，面向对象程序设计到底怎么进行呢？大致上可分为如下 6 个步骤。

① 针对问题域做面向对象分析，找出问题求解所需的各种相关对象与类。

② 与系统提供的类库相匹配，找到已有类。有现成的类当然最好了。

③ 若无完全匹配的类，则从相近的类中派生出新的子类。然后进行修正与补充，使之与问题求解所需要的类相吻合。

④ 若既无相近的类，也无匹配的类，则只好设计新的类（新类也可以入库）。

⑤ 等所需的类都有了以后，给指定类发消息（赋初值），生成程序的对象集。

⑥ 给对象发消息，对象与对象之间发消息，完成计算。

很明显，面向对象程序设计方法学与面向过程程序设计方法学是有很大差异的。理解这样的程序设计思维对学习面向对象程序设计语言以及从事软件开发是非常有帮助的。

（7）面向对象语言及其应用

最早引入对象概念的语言当首推 Simula-67，之后 Smalltalk-80 比较全面地体现了面向对象程序设计方法学的思想。但这两种语言都没有得到很好的推广与应用。真正得到大众普遍使用的是 C++ 语言，尽管它不是纯面向对象语言。另外，Java、C#等语言也各具特色，很受大家欢迎。限于篇幅，不一一介绍。

面向对象技术诞生以后，学术界给予了相当高的评价和极大的重视。由于面向对象技术对于软件工程学面临的困境和人工智能所遇到的障碍都是一个很有希望的突破口，所以 20 多年来面向对象技术的研究遍及计算机软件、硬件各领域：面向对象语言、面向对象分析、面向对象程序设计、面向对象程序设计方法学、面向对象操作系统、面向对象数据库、面向对象软件开发环境、面向对象硬件支持等，目前已经取得丰硕成果。个人认为，大家所熟知的面向对象技术应用得非常好的领域之一就是可视化的软件界面设计了。

最后，我们借用两句面向对象技术的先驱者的话来作为本节的结束语。Simula 的设计者 Kristen Nygard 说："编写程序就是去理解客观事物。一种新的语言提供了描述与理解客观事物的一个新的视角。"这就是他设计 Simula 的出发点。Smalltalk 的设计者 Alan Kay 讲得更简洁："客观现实就是面向对象的，所以我们也应当如此。"

3.5 时间与空间及其相互转换

所谓"时空"，指的是"时间"和"空间"。

时间是指宏观一切具有不停止的持续性和不可逆性的物质状态的各种变化过程，其有共同性质的连续事件的度量的总称。"时"是对物质运动过程的描述，"间"是指人为的划分。时间是思维对物质运动过程的分割和划分。从物理学的角度来说，时间是事件发生到结束的时刻间隔（这里所讲的"时刻"我们平常称之为"时间"，所以从定义描述，讲"时间"是不恰当的，应称为"时刻"）。时间的本质是事件先后顺序或者持续性的量度。那么空间呢？空间，英文名 space，与时间相对的一种物质存在形式，表现为长度、宽度、高度。

计算机世界中"时间"和"空间"有其特定的含义。"时间"通常指的是程序运行所需要的时间。"空间"指的是程序和数据所占据的存储空间（通常指内存空间）的大小。

"时空转换"，简单地说，就是时间和空间的转换，即计算机科学中非常经典的概念——"以时间换空间，或者以空间换时间"。

时间和空间怎么转换？是不是有点不可思议？让我们从一个例子说起。

现在计算机已经非常普及，小张家前年也买了一台式机。平时没有事情，小张特爱玩游戏。现在的游戏做的也是越来越漂亮，场景庞大，人物逼真，角色众多。小张特喜欢玩一些大型游戏，只要知道有什么新的游戏推出，就要想办法弄来玩玩，如《坦克世界》、《全球使命》等。游戏过程中，小张总感觉机器的运行速度总有点赶不上，兴奋中难免有些遗憾和懊恼。一次，他和朋友聊天说起这事，有经验的朋友给他支了一招——买内存条，扩充内存，情况就会好很多。小张听后，立即问父母要钱，买来内存条扩充内存，开机再玩同样的游戏软件，果然感觉机器的速度快多了，兴奋之情难以言表，甚至手舞足蹈起来。这就是典型的以空间换时间的问题。

反过来，有没有以时间换空间的例子呢？当然有，而且非常多。

早期计算机的内存空间非常有限，像 Apple II 整个内存寻址空间才 64K，也就是说满打满算才 64 KB 内存（不可能再扩充了），还要留出不少空间给系统程序（如操作系统）使用，留给用户使用的空间就非常小了。要在这么小的空间里面做事情，就必须思考各种各样的办法，目的只有一个，就是尽量节约存储空间。为了节约存储空间，有时不得不采取一些以牺牲程序运行时间、程序的可读性等为代价的办法，来换取存储空间上的不足，如过去经常采用的程序覆盖技术，如图 3-18 所示。程序覆盖（Overlapping）技术在系统程序中早已使用。用户观点的程序覆盖，一般是指在无虚拟存储的机器上，当用户程序大于实际存储空间时，为了使大程序得以运行所采取的手段。我们知道，程序在执行期间的某一时刻，只和当前模块有关，不可能所有模块一起执行，因此可

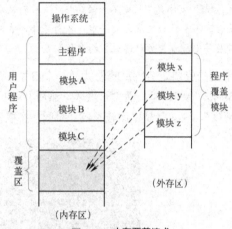

图 3-18　内存覆盖技术

以让某些暂时还不需要执行或操作的模块呆在外存中，当它需要被执行或操作时才让它进入内存，从而达到高效使用内存空间的目的。

例如，某程序由若干个模块组成，其中三个模块 x、y 和 z 共享同一存储空间，如图 3-18 所示。该程序包含 7 个模块，包括 1 个主程序模块、3 个覆盖模块 x、y、z，其余为常驻模块。当程序执行需要模块 x 时，才把它调入覆盖区域运行；若执行完模块 x 后，接下来又要执行模块 y，则把模块 y 调入覆盖区，覆盖掉前面调入并执行过的模块 x，然后执行模块 y。如此类推。这样，多余的模块在不在内存并不影响程序的执行。一个大的用户程序在外存上有完整的副本，执行中动态地向内存中一段一段地复制，直至整个应用程序执行完毕。这就是所谓的程序覆盖技术，可以有效地利用并节省内存空间，从而可使较小的内存能运行较大的程序，这对大型软件的设计往往具有重要的意义。

显然，程序覆盖技术是以时间换取空间上的不足，时间效率上肯定有所牺牲。并且开发覆盖程序会给用户带来麻烦，好在虚拟存储技术能使这一过程自动进行。有兴趣的读者可进一步参考有关资料，在此不做更深入的介绍。

图 3-19　天平秤

事实上，计算机世界的"时间"和"空间"是两个非常重要的概念，是衡量程序（算法）的两个重要的指标。在理想情况下，我们希望一个程序运行速度非常快，占用的内存空间又非常小。事实上，这很多时候是不可能的，除非程序本身就很小很小。通常情况下，希望一个程序运行速度快，恐怕需要较大的存储空间；反之，如果想在较小的空间下运行一个程序，就需要牺牲时间，也就是程序的运行速度就会变慢。这就有点像天平秤，这头压下去了，另一头就会抬起来，反之亦然，如图 3-19 所示。

计算机世界中的"时间"和"空间"的关系在现实生活中也有大量的体现，只要我们认真领会，就会发现科学与生活很多方面都有相通的地方。比如，如果你对股票市场感兴趣，经常关注股市的

动态（事实上股市走牛的时候，就有不少学生炒股），就不难看到类似下面的股评：

> 近段时间，大盘巨幅震荡，短线风险明显加大。尾市的打压与拉抬，凸显短线多、空分歧已经加大，调整必然会随之出现。个人认为，大盘如果能够顺利调整到 2550 点最好。但看目前的盘面，似乎强势依然。市场仍然不缺少承接盘。
>
> 目前，大盘将面临时间与空间的转换。时间上，① 大盘或将在农业银行脱掉"绿鞋"，脚踏实地进入市场；② 或在光大银行申购资金解冻日附近。空间上，个人依然坚持我的 2550 点观点不变。
>
> 现在，就看大盘是在"拖"时间，还是"赶"空间。"拖"时间，对散户来说，就如目前的天气，是煎熬；"赶"空间是"长痛不如短痛"、"快刀斩乱麻"。逼空结束，千万不要认为大盘依然会逼空突破 2500 点平台。不要认为现在是大牛市——不是牛市，也难言熊市。
>
> 震荡中，或是你精选股票的最佳机会。

下面的股票走势图反映的就是一个典型的以"时间换空间"的实例。该股票很长一段时间都在底部整理，"磨时间"，横盘了很久，然后开始拉升，如图 3-20 所示。股市里有句谚语："横的越长，升得越高"。说的就是以比较长的"时间"换取空间上更大的"升幅"。股市里这样的例子比比皆是。

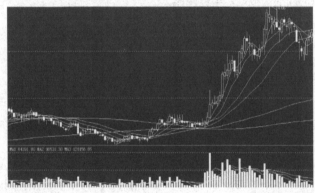

图 3-20　股票走势图

生活中类似的事例太多了。比如，学习上我们每个人都从小开始积累知识和能力，经过漫长的锻炼，以获取工作方面乃至整个人生更大的"舞台和空间"。有了大的"舞台和空间"，你又能更有效地发挥自己的潜能，做出于国于民更大的事业。再如，战场上也有以时间换空间或以空间换时间的案例。解放战争中，党中央审时度势，调集几十万子弟兵，分别跟国民党打了辽沈、淮海、平津三大战役，以巨大的作战"空间"换取了全国的迅速解放。

3.6　抽　象

抽象是科学研究的重要手段，也是计算学科里的一个非常重要的概念。弄清楚什么是抽象，以及抽象在计算学科中的作用和地位，是每个学习计算机技术、计算思维的人所需的。进一步说，抽象思维法是指在感性认识基础上运用概念、判断、推理等方式透过现象，抽取研究对象本质的理性思维法。

视频

3.6.1　什么是抽象

抽象（Abstraction）是从众多的事物中抽出与问题相关的最本质的属性，而忽略或隐藏与认识问题、求解问题无关的非本质的属性。例如，苹果、香蕉、生梨、葡萄、桃子等，它们共同的特性就是水果，得出水果概念的过程就是一个抽象的过程，如图 3-21 所示。抽象是一个概念，也是一种方法论，广泛用于科学、哲学和艺术，它是人们认识千变万化世界的有力武器。

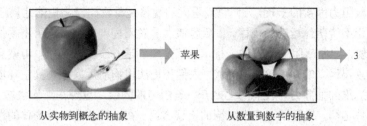

从实物到概念的抽象　　　　　　从数量到数字的抽象

图 3-21　概念与数量的抽象

　　拉丁文"抽象"的原意是排除、抽出。在自然语言中，很多人把凡是不能被人们的感官所直接把握的东西，即通常所说的"看不见，摸不着"的东西，叫做"抽象"。有的则把"抽象"作为孤立、片面、思想内容贫乏空洞的同义词。这些是"抽象"的引申和转义。在科学研究中，我们把科学抽象理解为单纯提取某一特性加以认识的思维活动，科学抽象的直接起点是经验事实，抽象的过程大体是这样的：从解答问题出发，通过对各种经验事实的比较、分析，排除那些无关紧要的因素，提取研究对象的重要特性（普遍规律与因果关系）加以认识，从而为解答问题提供某种科学定律或一般原理。

　　艺术领域到处使用抽象。毕加索的绘画技艺可以说是集抽象之大成，如图 3-22 所示。

图 3-22　毕加索笔下的牛

　　在科学研究中，科学抽象的具体程序是千差万别的，绝没有千篇一律的模式，但是一切科学抽象过程都具有以下环节，即分离——提纯——简略。

　　分离就是暂时不考虑所研究的对象与其他各对象之间的总体联系。这是科学抽象的第一个环节。因为任何一种科学研究都首先需要确定自己所特有的研究对象，而任何一种研究对象就其现实原型而言，它总是处于与其他事物千丝万缕的联系之中，是复杂整体中的一部分。但是任何一项具体的科学研究课题都不可能对现象之间各种各样的关系都进行考察，必须进行分离，而分离就是一种抽象。比如，要研究落体运动这一种物理现象，揭示其规律，首先必须撇开其他现象，如化学现象、生物现象以及其他形式的物理现象等，而把落体运动这一种特定的物理现象从现象总体中抽取出来。把研究对象分离出来，其实质就是从学科的研究领域出发，从探索某一种规律出发，撇开研究对象同客观现实的整体联系，这是进入抽象过程的第一步。

　　所谓提纯，就是在思想中排除那些模糊基本过程、掩盖普遍规律的干扰因素，从而使我们能在纯粹的状态下对研究对象进行考察。大家知道，实际存在的具体现象总是复杂的，多方面的因素错综交织在一起，综合地起着作用。如果不进行合理的纯化，就难以揭示事物的基本性质和运动规律。

由于物质技术条件的局限性，有时不采用物质手段去排除那些干扰因素，这就需要借助于思想抽象做到这一点。伽利略本人对落体运动的研究就是如此。在地球大气层的自然状态下，自由落体运动规律的表现受着空气阻力因素的干扰。人们直观看到的现象是重物比轻物先落地。正是由于这一点，使人们长期以来认识不清落体运动的规律。古希腊伟大学者亚里士多德做出了重物体比轻物体坠落较快的错误结论。要排除空气阻力因素的干扰，也就是要创造一个真空环境，考察真空中的自由落体是遵循什么样的规律运动的。在伽利略时代，人们还无法用物质手段创设真空环境来从事落体实验。伽利略就依靠思维的抽象力，在思想上撇开空气阻力的因素，设想在纯粹状态下的落体运动，从而得出了自由落体定律，推翻了亚里士多德的错误结论。在纯粹状态下对物体的性质及其规律进行考察，这是抽象过程的关键性的一个环节。

简略就是对纯态研究的结果所必须进行的一种处理，或者说是对研究结果的一种表述方式，是抽象过程的最后一个环节。在科学研究过程中，对复杂问题进行纯态考察，这本身就是一种简化。另外，对于考察结果的表达也有一个简略的问题。不论是对于考察结果的定性表述还是定量表述，都只能简略地反映客观现实，也就是说，必然要撇开那些非本质的因素，这样才能把握事物的基本性质和它的规律。所以，简略也是一种抽象，是抽象过程的一个必要环节。比如，伽利略所发现的自由落体定律就可以简略地用一个公式来表示：$s = \frac{1}{2}gt^2$。这里，s 表示物体在真空中的坠落距离，t 表示坠落的时间，g 表示重力加速度。伽利略的落体定律刻画的是真空中的自由落体的运动规律，但是一般所说的落体运动是由地球大气层的自然状态下进行的，因此要把握自然状态下的落体运动的规律表现，不能不考虑到空气阻力因素的影响。所以，相对于实际情况来说，伽利略的落体定律是一种抽象的简略的认识。任何一种科学抽象莫不如此。

综上所述，分离、提纯、简略是抽象过程的基本环节，也可以说是抽象的方式与方法。

抽象作为一种科学方法，在古代、近代和现代被人们广泛应用。随着科学的发展，抽象方法的应用也越来越深入，科学抽象的层次则越来越高。如果说与直观、常识相一致的抽象为初级的科学抽象，那么与直观、常识相背离的抽象可以称为高层次的科学抽象。

抽象法在科学发现中是一种不可少的方法。人们之所以需要应用抽象法，其客观的依据就在于自然界现象的复杂性和事物规律的隐蔽性。假如说自然界的现象十分单纯，事物的规律是一目了然的，就不必应用抽象法，不仅抽象法成为不必要，就是整个科学也是多余的了。但是，实际情况并非如此。科学的任务就在于透过错综复杂的现象，排除假象的迷雾，揭开大自然的奥秘，科学地解释各种事实，为此需要撇开和排除那些偶然的因素，把普遍的联系抽取出来。这就是抽象的过程。不管是什么样的规律，什么样的因果联系，人们要发现它们，总需要应用抽象法。抽象法也同其他科学思维的方法一样，对于科学发现来说，起着一种帮助发现的作用。

在科学研究中，抽象的具体形式是多种多样的。如果以抽象的内容是事物所表现的特征还是普遍性的定律作为标准加以区分，那么，抽象大致可分为表征性抽象和原理性抽象两大类。

1. 表征性抽象

表征性抽象是以可观察的事物现象为直接起点的一种初始抽象，是对物体所表现出来的特征的抽象。例如，物体的"形状"、"重量"、"颜色"、"温度"、"波长"等，这些关于物体的物理性质的抽象，所概括的就是物体的一些表面特征。这种抽象就属于表征性的抽象。

表征性抽象同生动直观是有区别的。生动直观所把握的是事物的个性，是特定的"这一个"，如"部分浸入水中的那支筷子看起来是弯的"，这里的筷子就是特定的"这一个"，"看起来是弯的"是那支筷子的表面特征。而表征性抽象却不然，它概括的虽是事物的某些表面特征，却属于一种抽象概括的认识，因为它撇开了事物的个性，所把握的是事物的共性。比如，古代人认为，"两足直立"是人的一种特性，对这种特性的认识已经是一种抽象，因为它所反映的不是这一个人或那一个人的个性，而是作为所有人的一种共性。但是，"两足直立"对于人来说，毕竟是一种表面的特征。所以，"两足直立"作为一种抽象，可以说是一种典型的表征性抽象。

表征性抽象同生动直观又是有联系的。因为表征性抽象所反映的是事物的表面特征，所以，一般来说，表征性抽象总是直接来自一种可观察的现象，是同经验事实比较接近的一种抽象。比如"波长"，虽然我们凭感官无法直接把握它，但是借助特定的仪器，可以知道波长的某种表征图像。所以，"波长"也是一种具有可感性的表征性抽象。又如，"磁力线"的抽象也是如此。大家知道，磁力线本身是"看不见、摸不着"的，但是如果我们把铁屑放在磁场的范围内，铁屑的分布就会呈现出磁力线的表征图像，所以，在这个意义上说"磁力线"也是来自一种可观察的表征性抽象。

2. 原理性抽象

原理性抽象是在表征性抽象基础上形成的一种深层抽象，所把握的是事物的因果性和规律性的联系。这种抽象的成果就是定律、原理。例如，杠杆原理、落体定律、牛顿的运动定律和万有引力定律，光的反射和折射定律、化学元素周期律、生物体遗传因子的分离定律、能的转化和守恒定律、爱因斯坦的相对性运动原理等，都属于这种原理性抽象。

总之，抽象思维法是指在感性认识基础上运用概念、判断、推理等方式透过现象，抽取研究对象本质的理性思维法。具体地说，科学抽象就是人们在实践的基础上，对于丰富的感性材料通过"去粗取精、去伪存真、由此及彼、由表及里"的加工制作，形成概念、判断、推理等思维形式，以反映事物的本质和规律。科学抽象是由三个阶段和两次飞跃构成的辩证思维过程。第一个阶段是"感性的具体"，即通过感官把事物的信息在大脑中形成表象。第二阶段是"从感性到抽象的规定"，也是第一次飞跃。这个阶段是将事物的表象进行分解、加工、分析和研究，最终形成反映事物不同侧面的各种本质属性。第三阶段是从抽象的规定上升到思维的具体，这是科学抽象的第二次飞跃，是将事物的各种抽象规定在思维中加以综合、完整地重现出来，形成对事物内在本质的综合性的认识。

抽象既然如此重要，我们就要对抽象的概念进一步考察。其实，抽象并不是什么玄妙的概念。我们日常生活里谁都会用抽象，只是没有认真地去思考它罢了。例如，听到敲门声，我们说"有人来了"，这就是一个很好的抽象。试问谁见过"人"？仔细想想谁也见过"人"，谁也没见过"人"。具体的人到处皆是，然而，既非男，也非女，既不是老年又不是小孩，也不是中年或青年的"人"，谁也没见过，它是抽象的"人"。具有人的一切属性但不包括任何个性的"人"当然不存在。"人"是对具体人属性的本质的理解，这也是共性寓于个性的基本原理。

3.6.2 计算学科中的抽象

客观世界的问题是极其多样的，然而基于冯·诺依曼原理的电子数字计算机只能进行数字、逻辑和字符运算。这些数、逻辑值、字符串是人们对客观事物的描述，因而本质上是事物的抽象，这点与数学的本质是一样的。我们只有把对客观事物的描述抽象为数据才能运算。当然，这里数据的含义还包括逻辑量和字符串，而不单单是数字，这与传统的分析数学是不一样的。

当我们利用计算机技术做一个公司职员信息管理系统时，就要把被管理的每个职员映射成计算机世界里的一个个实体。这个过程实际上是一种抽象，因为我们关心的是要管理的职员的信息，如姓名、性别、年龄、专业等，对于不需要关心的信息就忽略了，如职员的眉毛有多少根、职员的发型怎么样、嘴的大小等，如图3-23所示。

抽象的意义不只是抽象出数据，更主要的是利用抽象使我们设计的程序能正确地映射客观事物。一般说来，借助于数学抽象（即数学模型），我们就可以编程序了。**程序设计就是把客观世界问题的求解过程映射为计算机的一组动作。用计算机能接受的形式符号记录我们的设计，然后运行实施。**动作完成了，得出的数据往往也不是问题解的形式，而是解的映射。例如，在交通控制程序中用高级语言输出的红、绿、黄信号灯多半是 1、2、3 这样的数字符号。图 3-24 是利用计算机求解问题的示意图。

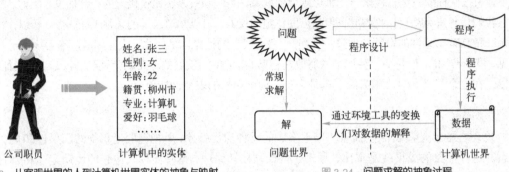

图 3-23　从客观世界的人到计算机世界实体的抽象与映射　　　　图 3-24　问题求解的抽象过程

　　我们知道，程序设计从问题开始直到用某种语言编写出源程序。源程序所用语言是程序员的工具，通过编译（解释）软件可将源程序变为可执行的机器指令程序。**源程序一方面是机器动作的抽象（面向机器），另一方面是问题求解步骤的抽象（面向问题）。**程序执行后得到结果数据，这些数据通过人们的解释或者通过环境工具变换为解。也就是说，运行结果数据只是解的映射。例如，三次方程求根，得到 6 个数：37.206，0.0，21.370，4.875，21.370，−4.875，我们可以解释为一个实根 37.206，两个共轭复根 21.370±4.875i。

　　可以说，计算机解题从程序设计到对解的理解到处都是抽象。我们没有用机器码编写程序，机器却能够按我们的意思解题，其根本原理就在于抽象。

3.6.3　抽象的层次性

　　自然界事物及其规律是多层次的系统，与此相应，科学抽象也是一个多层次的系统。在科学抽象的不同层次中，有低层的抽象，也有高层的抽象。在科学发现中，相对于解释性的理论原理来说，描述性的经验定律可以说是低层抽象，而解释性的理论原理就可以说是高层抽象。必须指出，我们把科学抽象区分为低层抽象和高层抽象，是相对而言的。理论抽象本身也是多层次的。比如，牛顿的运动定律和万有引力定律相对于开普勒的行星运动三大定律来说是高层抽象，因为我们通过牛顿三大运动定律和万有引力定律的结合，能从理论上推导出开普勒由观测总结得到的行星运动三大定律。如果高层抽象不能演绎出低层抽象，那就表明这种抽象并未真正发现了更普遍的定律和原理。一切普遍性较高的定律和原理都能演绎出普遍性较低的定律和原理。一切低层的定律和原理都是高层的定律和原理的特例。如果一个研究者从事更高层的抽象，其结果无法演绎出低层抽象，那就意味着他所作的高层抽象是无效的，不合理的，应予纠正。

1．不同层次的抽象

　　同一事物我们可以在不同层次抽象它。例如，说到某人，可以有如下十个层次的抽象：

　　　　张三　　　　　　　　　　具有张三本人一切属性
　　　　广西科技大学学生　　　　略去本人的具体属性
　　　　大学男生　　　　　　　　略去广西科技大学的属性

大学生	不分性别
青年人	略去社会属性
人	略去生理属性
动物	仅就动物学观点
生物	仅就生物学观点
物质	哲学家观点
要素	非常抽象的哲学概念

计算机世界也是这样的。例如，组成计算机的最基本的元件为晶体管（半导体三极管），它有两种基本的状态：导通与截止。一般情况下，处于导通状态时，它的集电极上的电压约等于 0V（低电平）；处于截止状态时，集电极上的电压约等于 5～7V（高电平）。人们把这两种不同的状态抽象成 0 和 1，也就是用 0 和 1 来表示这两种完全不同的状态，从而以二进制的形式来表示数。二进制数毕竟与人们生活中所使用的十进制数（十六进制、八进制）不一样，不便于人脑计算和记忆。自然需要进一步抽象，使之变成我们所熟知的十进制数和符号。当我们在计算机世界中描述一个客观世界的事物时，希望用一个抽象的实体来表示，这就有了抽象数据类型（ADT）。进一步，为了使计算机世界的实体与客观世界的实体有一致的映射关系，既要描述其状态，也要描述其行为，把二者结合起来，就有了"对象"的概念。这种从底层到高层逐步抽象的过程如图 3-25 所示。

图 3-25　数据抽象的过程

当我们考虑用模块化的方法解决问题时，可以提出不同层次的抽象（Levels of abstraction）。**在抽象的最高层，可以使用问题环境的语言（通常为自然语言），以概括的方式叙述问题的解。在抽象的较低层采用过程化的方法，在描述问题解时，面向问题的术语与面向实现的术语结合使用（可采用设计语言来描述）。最终，在抽象的最底层，可以用直接实现的方式来说明（即用编程语言来描述）。**

软件工程过程中的每一步都是对软件解的抽象层次的一次细化。在系统定义过程中，把软件作为计算机系统的一个元素来对待。在软件需求分析时，软件的解使用问题环境中常用的术语来描述。从总体设计（概要设计）转入详细设计时，抽象的层次进一步减少。最后，当源代码写出时抽象的最底层也就到达了。

为了说明不同层次的抽象，我们考虑下述问题：开发一个软件，这个软件是为计算机辅助设计使用的，它可以实现二维绘图系统的所有功能。

第一层抽象：该软件包括一个图形接口，能在绘图员和鼠标之间进行可视化通信，鼠标代替了绘图板和丁字尺。所有的直线和曲线描绘，所有的几何计算，所有的剖面图和辅助视图，都可以由 CAD 软件来完成。画法存储在一个绘图文件中，其包括所有几何、文本和辅助设计信息。

在这个抽象层次上，该解是使用问题环境的语言来概括的。

第二层抽象：

    CAD 软件的任务：

        用户交互任务；

        二维图形绘制任务；

        图形显示任务；

        绘图文件管理任务；

    结束。

在这个抽象层次上，应当注意把与 CAD 软件有关的每个软件任务都列出来。所用术语已离开了问题所处的环境，但仍然不是实现说明。

第三层抽象:

```
Procedure: 二维图形绘制
    repeat
        do while <与绘图机进行交互>
            绘图机接口任务;
            终止绘图请求;
                直线: 直线绘制任务;
                曲线: 曲线绘制任务;
                .......
        end;
        do while <与键盘进行交互>
            键盘交互任务;
            分析/计算选择;
                视图: 辅助视图任务;
                剖面图: 横剖面任务;
                ........
        end;
        ........
    until <绘图任务终止>
end procedure。
```

在这个抽象层次上,一个初步的过程描述已经产生。所用术语也已经是面向软件(如使用了诸如 do while 等结构)。而且开始显露出模块化的含义。

正是因为抽象的不同层次,所以抽象出的外在属性是不相同的。**低层抽象体现了高层抽象的属性,但不能代表高层抽象。**我们可以谈"张某是青年人",但青年人远不止张某一个。反过来说:**高层抽象蕴涵了低层抽象的主要属性,也不能代表低层抽象的全部属性。**我们说"张某是青年人",但青年人并不一定像张某那样长一脸的络腮胡子,穿夹克衫。

2. 在不同的抽象层次上去认识、处理客观事物(问题)

实际生活中这样的例子很多。如打仗,司令部的首领、元帅、参谋们关心的是敌我兵力和装备、士气的对比、现场条件以及为取胜而实施的战略;将军或师长、团长、营长、连长们关心的是他们那个地段的地形、兵力部署以及为取得胜利而制定的战术方案和作战要求;士兵们则关心他们自己的枪法和格斗技术的水平,如何多杀伤敌人并保护好自己。司令员心目中的打仗概念和士兵心目中的打仗概念,以及为打仗要做的事是完全不同的。司令员并不关心某个战士是用枪打还是用手榴弹去炸死某个敌人。战士也不需过问为什么要守住某个要道,为什么要放弃另一个根据地。尽管他们都在处理同一战争命题,如图 3-26 所示。

(a) 运筹帷幄之中,决胜千里之外

(b) 地形地貌及兵力部署

(c) 士兵搏杀

图 3-26 处理战争的方式

3. 虽然可在高的抽象层次上处理事物，若没有低层的实现，高层次的抽象将失去意义

这就像没有士兵的司令员，没有硬件的软件一样。也就是说，不管在哪个层次上处理该事物，最终还得由低层实现，只是处理者不知道或不需知道罢了。例如，司机心目中的汽车及驾驶汽车是方向盘、刹车、油门和交通规则。没有发动机、车轮、车架、变速器，汽车是不能动作的，但司机可以不了解发动机的转速、功率、热效率及差速齿轮的模数。这种处理上的独立性和实现上的相互联系是不同层次抽象的重要特性。对于计算机，人们利用抽象原理得以从宏观上控制其复杂性，实现信息隐藏，实现软件叠加，从而改善设计者的工作界面和环境，使计算机更"宜人化"。

可见，**抽象在软件理论及程序设计中占有极其重要的地位。**

3.6.4 程序中的抽象

程序中有两个基本的要素：数据和过程。数据是加工的对象和结果，过程描述加工的方法和步骤。程序中的抽象自然包括两方面：一是过程抽象，二是数据抽象。

1. 数据抽象

从以上讨论中可以知道，我们今天用高级语言编写程序是处在从问题到实现的某个中间层次上。由于技术限制，目前还不允许我们使用面向问题的描述，像做数学演算一样去写程序。其实，**语言就是一台抽象的计算机。** 我们用高级语言编程，就像司机掌握方向盘、油门、刹车去开汽车一样。**这台抽象机器的数据也都是抽象的。** 例如，我们写变量 a，它的名字是 a，它的值是 37.6。在这里，名字是内存中某个（某几个）存储单元地址的抽象，值是该单元内一组二进制码的抽象。

类型规定了我们对二进制码的解释，也就规定了一组值的集合和可以对其施加的操作的集合。 例如，在 C 语言中，有如下定义：

```
int        x;
```

这里，名字 x 就对应某个存储单元的地址，x 的值是两个连续的存储单元（两字节）中的二进制代码的抽象。对 x 的操作要按整数运算规则进行。

在类型的基础上可以定义数据包（Package，对应于 Ada 语言）或类（Class，对应于 C++语言）。类的名字所代表的数据更为抽象，规定了其中的一些不同类型的数据，以及这些数据所允许的计算（即操作）。类名代表了一个复杂的数据。

数据的抽象使我们能在更高的层次上操纵数据。每个高层数据运算的实现在其内部完成。 正如国务院各部门提出任务并检查其工作一样。各部门内部的工作，一般情况下，不受其他部门工作的干扰，这有利于控制其复杂性。

2. 控制抽象

程序是对数据进行加工的，怎样加工才能使数据得到正确的解是算法问题。 算法在以后章节中还要讲述，这里只说说算法的表示。算法要求程序设计语言有某种机制，对数据加工的次序进行控制，也就是**控制流程。**

控制抽象（control abstraction）也是程序设计中的一种抽象形式。像过程抽象和数据抽象一样，控制抽象隐含了程序控制机制，而不必说明它的内部细节。

早期的程序控制，除了赋值和隐含的从上到下、从左到右执行外，用 goto 语句把程序的执行转移到程序员认为合适的地方。例如，在 BASIC 语言中就有如下程序控制方式。

```
10  I = 1
20  A = B（I）+ C（I）
```

```
30   IF（I＞N）THEN GOTO 100
40   I＝I＋1
50   GOTO  20
100  A＝A/100.0
......
```

它与以下 C 程序

```
for（i = 1;   i <= N;   i++）
     A = B [i]+ C [i];
A = A / 100.0;
......
```

是同样的循环控制，后者是前者循环控制的抽象，for 语句隐含地指明了转移。同样，C 语言的 if-else 块语句是条件控制的抽象，不用 goto 语句指明，这是语句级的抽象控制。

程序单元级的控制就是在子程序、函数或分程序（也叫程序块）的层次上实施控制，程序员使用了调用语句（call）就可显式地使控制转移到子程序。子程序执行完就自动返回到调用点。单元级控制也按顺序、嵌套组织。

为了实现控制的抽象，子程序比主程序抽象级别高，其内嵌子程序又比它的抽象级别高。

控制抽象有利于程序的可读性、可修改性。

3.6.5 抽象与模型

不仅数据对象和程序控制离不开抽象，建立计算模型（数学模型）也离不开抽象。计算模型就是突出可计算的属性而略去其他细节。模型化就是抽象意义上的一致性，这对于学自然科学的人是非常熟悉的。因为绝大多数公式和定理都作了假设，略去了现实世界里与问题关系不大的细节，而写出的公式就是数学模型。当然，计算模型不只是数学模型，后面章节还要讲述。

建立计算模型要善于利用层次的抽象，许多问题在低层次上无法计算而在高层次上却可以。例如，一张牧牛的风情画，画了十头牛，三个人，五棵树，四块石头，我们能建立什么计算模型呢？开始时我们不知所措，因为这些数据是不相关的，无法计算。如果抽象层一高就可计算了。比如，动物有 13 个，生物是 18 个，实体是 22 个。

动物：   10 + 3 = 13

生物：   10 + 3 + 5 = 18

实体：   10 + 3 + 5 + 4 = 22

我们再看一个例子。求房间里楼板承力点数 w。要回答这个问题，就实地到房间里考察：一张床，一个方桌，三个人站着，四把椅子。于是可以写出以下算式：

$$w=1×4+1×4+3×2+4×4=30$$

依据这个算式编写程序没有通用性，编出来的也是打印特例。抽象一点，我们把床、桌、人、椅的个数抽象掉，则

$$w = 4x + 4y + 2z + 4v$$

只要临时读入床、桌、人、椅的个数，本程序立即可算出 w。通用性也好，不仅 1 床、1 桌、3 人、4 椅可以算，其他数目也可以算。但系数 4、4、2、4 隐含地限定为四条腿或两条腿的物体，如果再抽象为

$$w = Ax + By + Cz + Dv$$

把每种物体的腿数抽象掉了，这样落地灯（1 腿）、衣架（3 腿）、大餐桌（6 腿）都可算，将腿数、

个数接连输入也不易错。如果再抽象为

$$w = \sum_{i=1}^{4} X_i Y_i$$

这是按 4 种物体加权和的形式写出的式子。编程序时不仅可写一个表达式，也可以组织循环，这是通常的数学模型。如果再抽象：

$$w = \sum_{i=1}^{n} X_i Y_i$$

即用 n 代替 4，则程度通用性更好，准备数据时更不易错。按该表达式编写子程序也很方便。输入的数据放在主程序，可修改性也好了。如果再抽象：

$$w = \sum XY$$

此时只能编写子程序（模块），仅仅是本题的算法描述，无法编写主程序进行计算，所以不能运行。继续抽象：

$$w = ?$$

我们就会惊奇地发现，又回到了我们问题的出发点。原来"求房间里楼板承力点数"这个命题是最抽象的。于是，我们联想到能不能把这个抽象次序倒转过来——从抽象的命题出发，一步一步具体化。我们的程序不就设计出来了吗？

$w = ?$	抽象的命题
$w = \sum XY$	经过分析，这是个求加权和的问题
$w = \sum_{i=1}^{n} X_i Y_i$	建立求解算法，可编写子程序（函数）
$w = \sum_{i=1}^{4} X_i Y_i$	可以写出完整的程序

再往下做已无必要了。这就是自顶向下逐步细化的程序设计方法（Top-Down & Refinement），利用的是不同层次抽象原理。

由底向上（Bottom-Up）的设计方法是利用已有子程序（函数）或模块资源，去建立高层的程序结构，从而完成整个设计。除非问题的解比较熟悉，一般来说，纯粹由底向上的设计是很少的。因为很难正好抽象出命题来，多数情况是自顶向下与由底向上相结合。

3.6.6 抽象与计算机语言

对程序设计语言的一般理解是"这是一种将人们想要做的工作告诉计算机的语言"。但是，这样的说法是不完整的。对程序设计语言的正确定义是：程序设计语言是一种适合于计算机和人的阅读方式、描述计算过程的符号系统。

程序设计语言从问世到现在已有半个世纪的历史了，经历了从机器语言、汇编语言到高级语言的发展阶段。其发展规律可以归纳如下：由低级抽象向高级抽象发展，由顺序语言向并发（并行）语言发展，由单机语言向网络语言发展，从单纯的科学计算发展到包括过程控制、信息处理、事务处理等应用领域。

语言从低级到高级的发展，其核心思想是抽象。抽象层次越低，操作越具体，掌握起来越难；反过来，抽象层次越高，越远离机器的特性，越接近数学或人类的习惯，自然就越容易使用。

1. 机器语言

20 世纪 50 年代以前，绝大部分的计算机是用"接线方法"编程的。也就是说，程序员靠改变计算机的内部接线来执行某项任务。这是一种人们同计算机交流的方法，但并不是程序设计语言。

最早的程序设计语言是机器语言（machine language）。机器语言由二进制数的序列组成，是计算机硬件能够识别的，不用翻译直接供机器使用的程序设计语言。机器语言是计算机真正"理解"并能运行的唯一语言，不同机型的机器语言是不同的。在计算机诞生初期，为了使计算机能按照人们的意愿工作，人们必须用机器语言编写好程序，才能控制计算机的运行。

机器语言在内存中开辟两个区：数据区和指令区，前者存放数据，后者存放指令。CPU 从指令区第一个地址开始逐条取出指令并执行，直到所有的指令都被执行完。通常，指令格式如下：

操作码	操作数1	操作数2

下面给出了微机上某条指令的机器码：

0000 0100	1010 0001	0010 1110

机器能读懂上面的二进制指令，该指令的含义是"把累加器 AX 中的值再加上 46"。因为约定操作码"0000 0100"表示的是"加"（即加法运算），而且是把它后面的两个操作数"1010 0001"和"0010 1110"相加。其中，"1010 0001"是累加器 AX 的代号，它存放的是另一个操作数。

我们不妨用微机的机器语言来写一段小程序，让计算机完成表达式"18×26+50"的求值。其二进制代码如下：

```
1011 1000    0001 0010    0000 0000
1011 1011    0001 1010    0000 0000
1111 0111    1110 0011
0000 0101    0011 0010    0000 0000
```

不难看出，以二进制码的形式为机器编制程序是人们所不能忍受的，所以后来人们意识到可用八进制数或十六进制数来表示二进制代码指令，至少看起来简洁方便一些。例如，上述二进制程序用十六进制代码表示则为：

```
B8    12    00
BB    1A    00
F7    E3
05    32    00
```

即使如此，这样的程序也是非常难掌握的。

直接用机器语言编写程序有许多缺点：机器语言难学、难记、难写，只有少数计算机专业人员才会使用它；对于没受过程序设计专门训练的人来说，一个程序就好像一份"天书"，让人看了不知所云，可读性极差；编出的程序可靠性差，且开发周期长；因为它依赖具体的计算机，所以可移植性差、重用性差等。

这些缺点使当时的计算机应用未能迅速得到推广。克服上述缺点的途径在于程序设计语言的抽象，让它尽可能地接近于自然语言。为此，人们首先注意到的是可读性和可移植性，因为它们相对地容易通过抽象而得到改善。

2. 汇编语言

20 世纪 50 年代初，人们发现用容易记忆的英文单词代替约定的指令，读、写程序就容易多了，这就导致了汇编语言（assembly language）的诞生。汇编语言是符号化的机器语言，对机器语言抽象，表现在将机器语言的每一条指令符号化：指令码代之以记忆符号，地址码代之以符号地址，使其含义显现在符号上而不再隐藏在编码中。同机器语言的指令相比，汇编语言指令的含义比较直观，使程序设计更方便，也易于阅读和理解。但是，计算机并不能直接识别和执行汇编语言的指令，必须用汇编程序将每条指令翻译成机器语言指令，计算机才能执行。

机器语言和汇编语言都是面向具体计算机的语言，每种类型的计算机都有自己的机器语言和汇编语言，不同机器类型之间互不相通。两者均被称为"低级语言"。

例如，同样是表达式"18×26+50"的求值，用汇编语言（微机）编程形式如下：

```
MOV    AX, 18;
MOV    BX, 26;
MUL    BX;
ADD    AX, 50;
```

这样人们就比较容易理解它的含义了。

下面给出一个完整的求解符号函数的汇编语言的例子。该函数是：

$$y = \begin{cases} 1, & x>0 \\ 0, & x=0 \\ -1, & x<0 \end{cases}$$

用微软公司的宏汇编语言 MASM 编写的汇编程序如下。

```
        DATA  SEGMENT                      ; 数据段开始
            XX    DB  X                    ; X 值存入 XX 单元
            YY    DB  ?                    ; YY 单元留作存函数 Y 的值
        DATA ENDS                          ; 数据段结束
        CODE SEGMENT                       ; 代码段开始
            ASSUME  CS:CODE, DS:DATA       ; CS 段中装入代码, DS 段中装入数据
        START: MOV  AX, DATA               ; 代码段开始
            MOV  DS, AX
            MOV  AL, XX                     ; 将 XX 中的值转移到寄存器 AL 中
            CMP  AL, 0                      ; 将寄存器 AL 中的值与 0 比较
            JGE  BIGR                       ; 如果大于等于 0 就转到 BIGR
            MOV  AL, OFFH                   ; X < 0 将-1 放入 AL 中
            MOV  YY, AL                     ; 将寄存器 AL 中的数移到 YY 中
            HLT                             ; 停止
        BIGR:  JE   EQUT                    ; 若等于 0 就跳到 EQUT
            MOV  AL, 01H                     ; 将数 01H 移到寄存器 AL 中
            MOV  YY, AL                      ; 将寄存器 AL 中的数转移到 YY 中
            HLT
        EQUT: MOV  YY, AL                    ; 寄存器中是 0 则移到 YY 中
            HLT
        CODE  ENDS                          ; 代码段结束
            END    START                     ; 结束
```

汇编语言是面向机器的，运行速度快，但因机器而异。汇编程序深奥难懂，而且编出的程序可移植性差，抽象层次低，较难编写和理解，对于大多数非专业的人员来说是不容易掌握和使用的。对它的改进有两个方向：一是发展宏汇编，用一条宏指令能代替若干条汇编指令，提高程序设计效率；另一个则是创建高级语言，使程序设计更方便。比如赋值、循环、选择等，可以对它们进行抽象使其同具体机器无关。

3. 高级语言

据说，最早的高级语言大约诞生于 1945 年，是德国人朱斯为他的 Z-4 计算机设计的 Plan Calcul，比第一台电子计算机还早几个月。在电子计算机上实现的第一个高级语言是 A-2 语言，它是 1952 年

由格雷丝.霍柏（Grace Hopper）领导的小组在 UNVAC 机上开发的。目前，世界上已有数百种高级语言，用得最普遍的有 FORTRAN、PASCAL、C、C++、Ada、Java、LISP、PROLOG 和 BASIC 等。

一般说来，高级语言（High Level Language）是用类似英语的简洁方式来表达的程序设计语言。也就是说，它给计算机的指令不是使用 CPU 能理解的机器语言，而是使用人们容易理解的符号、单词或语句。每种高级语言都有一编译或解释程序，它把高级语言翻译成计算机能执行的机器语言。因此，高级语言不依赖于具体的计算机，而是在各种计算机上都通用的一种计算机语言。

高级语言接近人们习惯使用的自然语言和数学语言，使人们易于学习和使用。人们认为，高级语言的出现是计算机发展史上一次惊人的成就，使成千上万的非专业人员能方便地编写程序，使计算机能按人们的指令进行工作。

例如，同样是表达式"18×26+50"的求值，用高级语言描述就是"18*26+50"，形式上基本一致了（仅仅是乘法运算符号不一样）。另外，上面提到的符号函数，如果用 C 语言来描述，可得到如下的程序段，这个程序几乎和数学公式相差无几，它有数据部分（数据声明）和操作部分（语句代码）。

```
int    x, y ;
if  ( x > 0 )
    y = 1 ;
else
    if  ( x == 0 )
        y = 0 ;
    else
        y = -1 ;
```

目前，高级语言是绝大多数编程者的选择。与汇编语言相比，高级语言的巨大成功在于它在数据、运算和控制三方面的表达中引入许多接近算法语言的概念和工具，大大提高了抽象表达算法的能力。程序设计语言从机器语言到高级语言的抽象，带来的主要好处是：它与自然语言的表达比较接近。与汇编语言相比，它不但将许多相关的机器指令合成为单条语句，并且去掉了与具体操作有关但与完成工作无关的细节，不像机器语言或汇编语言那样原始、烦琐、隐晦，如使用堆栈、寄存器等，这样就大大简化了程序的复杂性，使其更容易学习和掌握。同时，由于省略了很多细节，编程者也就不需要有太多的专业知识，设计出来的程序可读性好、可维护性强、可靠性高。因为与具体的计算机硬件无关，所以写出来的程序可移植性好、重用率高。由于编译程序可以完成烦琐的"翻译"工作，所以程序设计的自动化程度高、开发周期短，使程序员可以集中时间和精力去从事对于他们来说更重要的创造性劳动，以提高程序的质量。

3.7　串行与并行

所谓串行，简单地说，就是事情要一件一件地做，饭要一口一口地吃。一件事情还没有做完之前，不会开始做第二件事情。所谓并行，简单地说就是几件事情同时做，同时做的几件事情相互之间可以有关，也可以无关。

现实中，我们对串行和并行并不陌生。其实，我们每天都在串行、并行地工作和思考。这样的例子太多了，比如：

① 一条山路很窄，部队行军通过时只能一个个通过，这就是串行。如果路很宽，就可以列多个纵队同时通过，这就是并行。

② 张山生病了，要去医院看医生。挂完号到门诊部时，发现排起了一条长龙，医生只能按顺

序一个一个地瞧病，张山需要等很长时间才能就诊。张山可不想傻站着干等，反正病情也无大碍，赶紧找些事情来做，以便打发时间。只见他从包里找出一本书和一个 MP3 随身听来，一边看书，一边打开 MP3 听听音乐，一边等待就诊，时不时还跟周围的人说几句话。在这里，医生看病是"串行"，张山候诊却是"并行"。

③ 当你手头有个繁重的重复性任务（如搬家），而周围又有多位相熟的朋友很悠闲时，那你肯定会招呼这帮朋友来帮忙，以便更快地完成任务。朋友到后，你会安排张三搬桌子、李四搬柜子、王五搬书架什么的……然后大家分头行事。这就是并行。

……

计算机世界中的串行和并行主要体现在两方面：一是数据通信，可分为串行通信和并行通信，二是计算（问题求解），可分为串行计算和并行计算。

在数据通信方面，一般在信号传输时用到这个概念较多。计算机的网口、RS232、USB 接口等都是串行数据。打印机接口（非 USB 接口）很多都是并行的，计算机内部的数据总线也是并行的。

计算机系统的信息交换有两种方式：并行数据传输方式和串行数据传输方式。并行数据传输是以计算机的字长，通常是 8 位、16 位、32 位为传输单位，一次传送一个字长的数据。它适合于外部设备与 CPU 之间近距离信息交换。在相同频率下，并行传输的效率是串行的几倍。但随着传输频率的提高，并行传输线中信号线与信号线之间的串扰越加明显，所以这也制约了并行通信传输频率的提高（达到 100MHz 已经是很难了）。串行通信则不然，信号线只有一根（或两根），数据是一位一位顺序传送，没有串扰（或不明显），所以传输频率可以进一步提高，足可以将传输速度超越并行通信。另外，串行传送的速度低，但传送的距离可以很长，因此串行适用于长距离而速度要求不高的场合。串行通信中，传输速率用每秒中传送的位数（位/秒）来表示，称为波特率（bps）。常用的标准波特率有 300、600、1200、2400、4800、9600 和 19200 bps 等。

在问题求解（计算）方面，如何计算取决于程序，而程序的执行有两种方法。一种是顺序执行（即串行计算），另一种就是并行计算。顺序执行就是指程序中的程序段必须按照先后顺序来执行，也就是只有前面的程序段执行完了，后面的程序段才能执行。这种做法极大地浪费了 CPU 资源，比如，系统中有一个程序在等待输入，那么 CPU 除了等待就不能做任何事情了。为了提高 CPU 的使用效率、支持多任务操作，人们提出了并行计算。

并行计算是将一个计算任务分摊到多个处理器上并同时运行的计算方法。由于单个 CPU 的运行速度难以显著提高，所以计算机制造商试图将多个 CPU 联合起来使用。在巨型计算机上早已采用专用的多处理器设计，多台计算机通过网络互连而组成的并行工作站也在专业领域被广泛使用。台式机和笔记本电脑现在也已广泛地采用了双核或多核 CPU。双核 CPU 从外部看起来是一个 CPU，但是内部有两个运算核心，它们可以独立进行计算工作。在同时处理多个任务的时候，多核处理器可以自然地将不同的任务分配给不同的核。

实际上，并行是相当自然的思维方式。

设想有个程序由 5 个子任务组成，且每个子任务运行时间均花费 100 秒，则整个计算任务需要 500 秒，如图 3-27 所示。如果通过并行计算的方式以 2 倍和 4 倍来加速其中的第二个和第四个子任务，如图 3-28 所示，那么，程序运行总时间将由原来的 500 秒分别缩减至 400 秒和 350 秒。但是，如果更多的子任务不能通过并行来加速。无论有多少个处理器可用，串行部分 300 秒的障碍都不会被打破。

上述最终表明，无论我们拥有多少处理器，都无法让程序非并行（串行）部分运行得更快。

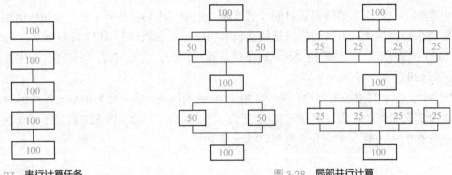

图 3-27　串行计算任务　　　　　　　　　　　　图 3-28　局部并行计算

最容易被并行化的计算任务称为"易并行"的或者叫做"自然并行"，可以直观地立即分解成为多个独立的部分，并同时执行计算。例如，将一个数组里的所有元素求和，可以先将数组分成两段，对每段各自求和，最后把结果相加。如果两段的大小划分得当，可以让双核 CPU 的每个核的运算量相当，在数组规模很大时，总的运算速度比单核 CPU 能提高接近 1 倍。但并不是所有程序都能够分解成这种效果。

回到现实世界，多数工作人员对于自己的工作没有一个清晰的思路，只是串行工作，依据时间顺序进行工作。而对于工作本身来说，并行也许更合适。如果对于工作也能够进行并行处理，那么效率可能就会更高。比如根据工作的内容进行分类，然后根据分类内容进行排序，最后安排人员以并行的方式优先处理重要和紧急的问题。

3.8　局部化与信息隐藏

1. 局部化

辩证唯物主义认为，正确处理好全局与局部，也就是整体与部分的关系，对于科学地认识世界和改造世界具有重要意义。

整体是指事物的各内在要素相互联系构成的有机统一体及发展的全过程。部分是指组成有机统一体的各方面、要素及发展全过程的某一阶段。全局是由局部构成的，但是全局并不是局部的简单相加和组合，它统率局部，高于局部。

程序也有全局与局部之分。

程序中的局部化强调的是把某些数据以及处理这些数据的程序代码尽量放在一起，形成一个模块。这样，即便这部分需要变更或者出现问题，也容易管理和解决。这样的理念生活中处处都有。比如，一所学校的学生如果在校外到处租房子住而不是住在一起（校内），将会给学习和生活带来很多问题；反之，则容易管理。从整个国家的管理来说也一样，国务院下辖外交部、国防部、国家发改委、教育部、科技部、国家民委、公安部、国家安全部、监察部、民政部、司法部、财政部、国土资源部、铁道部、水利部、农业部、商务部、文化部、卫生部等个部委，各部委的职责分明，自己的问题自己解决。教学质量的提升应该由教育部负责，而不至于让外交部或者国防部插手。

可见，局部化的概念与模块化近似，但没有分成模块也要局部化。例如，1000 个语句的程序用了 30 个 GOTO 语句来回转移，致使这 1000 句的程序在编译内部也无法分成较大模块。外部就是一块，自然，它们所加工的数据应该是全局性的，即任何地方都可以引用，这种到处可见的数据难以测试和维护。因而即使是一个程序模块，也最好一部分一部分相对集中地加工数据。这样，数据虽是全局的，但控制仍力求局部，这会减少很多问题。

局部化最好的办法是分成模块。形式上分出显式的模块，自然就把问题局部化了。每个模块只在规定的渠道与其他模块通信。模块内部定义的许多量只和本模块有关，外面无法访问。在这个意义上，这些量就被模块屏蔽了，达到了数据隐藏的目的。例如，求一个组合数的 C 程序如下。

```
main()
{   unsigned   m, n;
    unsigned long Comb, Fact (unsigned);
    scanf("%u, %u", &m, &n);
    Comb = Fact ( m ) / Fact ( n ) / Fact ( m - n ) ;
    printf( "(%u, %u)=%u", m, n, Comb);
}

unsigned long   Fact ( unsigned   k )
{   unsigned   L;
    unsigned long f = 1;
    L = k;
    do {
        f = f * L;
        L = L - 1;
        } while ( L >= 1 );
    return(f);
}
```

k 是与外部通信的量。f 和 L 是局部量，主程序无法访问。函数 Fact() 屏蔽了 f 和 L。因而，在函数过程中因某种原因修改 L，只局限于函数 Fact()，对主程序（全局）没有影响。

　　为了减少模块间的耦合力要多使用局部量，少用全局量。全局量还会引起函数副作用之类的问题。

　　局部化是程序设计中的一个普遍原则，我们早已接受这种思想。例如，语言中循环控制变量的定义只在本循环内有效。每个程序段中声明的数据（公共声明除外），只对本段有效等等。这里只是说，**要有意识地使程序模块化、局部化，从而达到可读、可识、易修改、易维护的目的。**越是大程序越要重视这一点。

　　模块化的概念给每个程序设计者提出了一个基本问题：我们怎样分解一个软件解，以获得最好的模块组合？信息隐藏会回答这个问题。

2. 信息隐藏（Information hiding）

　　直观地理解，信息隐藏就是把某些信息隐藏起来，不让他人了解。

　　传统的信息隐藏起源于古老的隐写术。在古希腊战争中，为了安全地传送军事情报，奴隶主剃光奴隶的头发，将情报文在奴隶的头皮上，待头发长起后再派出去传送消息。我国古代也早有以藏头诗、藏尾诗、漏格诗以及绘画等形式，将要表达的意思和"密语"隐藏在诗文或画卷中的特定位置，一般人只注意诗或画的表面意境，而不会去注意或破解隐藏其中的密语。

　　程序设计中的信息隐藏原理认为，模块设计决策的特征彼此是隐藏的。换句话说，模块应当有这样的规定和设计，就是包含在模块内的信息（过程和数据）对于其他不需要这些信息的模块是不可访问的。即通过信息隐藏，可以定义和实施对模块的过程细节和局部数据结构的存取限制。

　　信息隐藏的目的不仅是彼此是否可见的问题，更重要的是彼此是否可操作的问题。就像两个不同的单位，如果内部的所有情况都可以相互了解，而且一个单位可以随意"曝光"或者插手另一个单位的内部事务，那将是一个什么样的情形？现实世界显然是不可能的。别说随意"插手"，就连单位周围都立起围墙，增设门卫，外人不得随意进入。

有效的模块化可以通过定义一组独立的模块来达到。这些独立的模块彼此之间仅仅交换那些为了完成系统功能所必需的信息。在测试以及以后的维护期间，当需要对软件进行修改时，这样规定和设计的模块会带来极大的好处。因为绝大多数的数据和过程是软件其他部分不可访问的。因此，在修改中由于疏忽而引起的错误传播到其他部分的可能性极小。

信息隐藏原理在人与人之间相处时也有相同的意义。每个人都有自己的隐私，如美女的年龄、家庭的财产、身体的健康状况等，这些隐私是不愿意让别人了解的。如果你由于好奇去打探别人的隐私，恐怕会使人家尴尬，也会给自己带来不便。严重时，就会影响人与人之间的关系。原来也许是好朋友，之后恐怕都不愿意在一起相处了。

3.9　精确、近似与模糊

计算机最让人乐道的莫过于其计算能力，也就是算得很快、算得很准。这也正是人们对计算机最朴素的追求。

生活中，银行系统、财务管理、股市结算等都要求精确计算，"一分都不能差"，否则就要重新核对。军事领域的巡航导弹要求精确制导，以便精确打击，完成定点清除或"斩首"行动。科学计算领域就更不用说了，很多时候都要求得出一个精确解。

事实上，利用计算机技术求解问题，很多时候都能快速地获得精确解。

但是，现实生活中，很多时候我们并不需要"精确解"，只要一个"近似解"就可以了。比如，你到商场购物，第一次与某售货员打交道，也只是简单地咨询、交谈了几句，接触非常有限。购物完毕后，你径直回家了。也许过了若干天后，你才发现所购物品存在比较严重的质量问题，决定返回商场找售货员交涉。通常，你很快就能从众多售货员中找出那位为你服务过的售货员。为什么呢？难道你精确地测量过那位售货员的身高、体重吗？仔细数过对方长了多少根眉毛吗？……显然没有，也完全不需要。你只是大概地记住了售货员的体貌特征，而不是精确的长相，这就是"近似解"。

类似这样的例子我们还可以举出很多。

既然，客观世界里面很多时候人们并不需要精确解，只提供近似解就可以了，那么利用计算机求解问题，也没有必要追求精确解。只要能满足人们的需要，提供一个近似解就可以了。比如，理论上我们可以利用下面的公式求解 π 的值：

$$\frac{\pi}{4} = 1 - \frac{1}{3} + \frac{1}{5} - \frac{1}{7} + \frac{1}{9} - \cdots$$

不管是人工计算也罢，利用计算机求解也罢，都不可能按照上面的公式求出 π 的精确值。实际计算时，通常只要求精确到小数点后面多少位或者最后一个累加项的绝对值小于某个很小的数就可以了。

由于事物类属划分的不分明而引起的判断上的不确定性是客观存在的。例如，健康人与不健康的人之间没有明确的划分，当判断某人是否属于"健康人"的时候，便可能没有确定的答案，这就是模糊性的一种表现。当一个概念不能用一个分明的集合来表达其外延的时候，便有某些对象在概念的正反两面之间处于亦此亦彼的形态，它们的类属划分便不分明了，呈现出模糊性，所以模糊性也就是概念外延的不分明性、事物对概念归属的亦此亦彼性。

不确定性实例很多。1927 年，海森堡在经过长期的探索后提出了测不准原理。他对此原理的解释是：设想一个电子，要观测到它在某个时刻的位置，则须用波长较短、分辨性好的光子照射它，但光子有动量，它与波长成正比，故光子波长越短，光子动量越大，对电子动量的影响也越大；反之若提高对动量的测量精度，则须用波长较长的光子，而这又会引起位置不确定度的增加。因而不可能同时准确地测量一个微观粒子的动量和位置，原因是被测物体与测量仪器之间不可避免的发生了相互作用。

另一个不确定性实例也很经典。1967 年，国际上最权威科技期刊之一的《科学》杂志上发表了一篇划时代的论文，其标题为《英国的海岸线有多长？统计自相似性与分数维数》，成为现代数学的一大发现，即分形几何学的起始点。

文中作者曼德布罗说，海岸线弯弯曲曲极不规则。测量人员若乘飞机在万米高空飞行测量，则会遗失很多无法区分的小海湾；改乘小飞机在低空测量，因看清了许多高空看不到的细部，长度将大超前者。在地面上测量则不会忽略小海湾，若以千米为测量单位，却会忽略几百米的弯曲；若单位改为 1米，上述弯曲都可计入，结果将继续增大，但仍有几厘米、几十厘米的弯曲被忽略，如图 3-29 所示。据此，曼德布罗给出了一个令人惊奇的答案：海岸线长度无论怎么做都得不到准确答案！其长度依赖于测量时所用尺度。

模糊性是指事物本身的概念不清楚，本质上没有确切的定义，在量上没有确定界限的一种客观属性。在工程实际结构中，模糊性主要表现为：设计目标和约束条件的模糊性、载荷与环境因素的模糊性以及设计准则的模糊性。模糊性广泛存在于结构的材料特性、几何特征、载荷及边界条件等方面。现在家庭生活中所使用的冰箱、洗衣机不少都采用了模糊控制技术。

图 3-29　长度不确定的海岸线

在研究系统或问题的不确定性现象中，除了模糊性还有随机性。随机性是由于条件不充分而导致的结果的不确定性，它反映了因果律的破缺；模糊性所反映的是排中律的破缺。随机性现象可用概率论的数学方法加以处理（随机理论的应用案例见第 7 章），模糊性现象则需要运用模糊数学。

3.10　折中与中庸之道

让我们先看一个笑话。一对恋人谈论着结婚的事。女方坚持说，婚后要拥有一辆新型的鹿牌小轿车。男方表示，经济能力不许可。不过他提出折中的方法说：亲爱的，你可喜欢乘坐一种比鹿牌小轿车的马力大得多，另有司机驾驶的汽车？女的连忙说：那很好！男的高兴极了：一言为定，我们婚后乘公共汽车。

那么，什么是折中呢？一般来说，折中是指调和各方面的意见使之适中。例如，你在商场看中了一件漂亮的衣服，标价 1000 元，很想买下来。售货员同意打 8 折出售，而你还价 600 元。双方讨价还价，对方降一点，你加一点，最后 700 元成交。这就是一个折中的处理办法。

第二次世界大战后，美苏关系急剧冷却。当时苏联军事力量迅速发展，同时保密制度极为严格。美国情报机关把收集苏联情报作为首要任务。美空军认为，以喷气发动机为动力的高空光学摄影侦察机非常适合于侦察苏联目标。高空侦察机航程远、巡航高度高、载重较大，能够携带大量侦察设备深入苏联广阔的领空进行侦察。巡航高度高能使飞机上的光学照相机覆盖更大的地表面积，更重要的是能躲开敌人导弹、战斗机的拦截。为了获得苏联等国的情报，为此美国洛克希德公司著名的负责机密项目的鼬鼠工厂开始了高空侦察机的研制，由此诞生了 U-2 高空侦察机。由于 U-2 侦察机的飞行高度让人叹为观止，所以也被洛克希德的工程师们起了"天使"的昵称。在总体设计过程中，凯利·约翰逊遇到了难题，即如何在油箱容量和机体重量这两方面找到合适的平衡点。为了能够执行长距离的飞行任务，U-2 不得不携带大量的航空燃料，但由此增加的重量却让它不能飞到规定的安全高度。所以在 U-2 最初型号的设计中，约翰逊不得不对机体进行大规模的减重，一些暂时还用不上的设备在设计中被去掉，一些设备的功能也被简化。如安装在 U-2 侦察机上的驾驶员座椅最初没有安装高度调节装置，如果由身材矮的飞行员驾驶飞机，就不得不在座椅上垫羊毛毯来增加高度。

这种设计理念就是折中。

词典中对折中主义的解释是：一种把根本对立的立场、观点、理论等无原则地加以调和或拼凑在一起的哲学思想。它把矛盾双方等同或调和起来，不分主次，不分是非，不要斗争。

其实，折中主义（Eclecticism）是一种哲学术语，源于希腊文，意为"选择的"、"有选择能力的"。后来，人们用这一术语来表示那些既认同某一学派的学说，又接受其他学派的某些观点，表现出折中主义特点的哲学家及其观点。它把各种不同的观点无原则地拼凑在一起，没有自己独立的见解和固定的立场，只把各种不同的思潮、理论，无原则地、机械地拼凑在一起的思维方式，是形而上学思维方式的一种表现形式，它的应用领域十分广泛。

那么，计算思维里面讨论折中有什么特定的意义吗？当然！

1991 年，美国计算机学会（Association for Computing Machinery，ACM）和美国电气与电子工程师学会计算机分会（Institute of Electrical and Electronics Engineers-Computer Society，IEEE-CS）联合推出的一个报告（Computing as a Discipline，简称 CC1991）就把折中与结论、抽象层次、效率、演化、重用等作为计算学科的 12 个核心概念，可见它非同一般。

计算学科里讨论的折中指的是为满足系统的可实施性而对系统设计中的技术、方案所作出的一种合理的取舍。结论是折中的结论，即选择一种方案代替另一种方案所产生的技术、经济、文化及其他方面的影响。

折中是存在于计算学科领域各层次上的基本事实。比如，在算法设计与研究中就要考虑空间和时间的折中（过分追求时间效率，就要损害空间效率，反之亦然）；在设计系统时，对于矛盾的设计目标，要考虑诸如易用性和完备性、灵活性和简单性、低成本和高可靠性、算法的效率和可读性等方面所采取的折中等。

这是不是有点中庸之道的意思？词典上对中庸之道的解释是：儒家的一种伦理思想。中，指不偏不倚；庸，指平常。中庸指无过无不及的态度，即调和折中的态度。中庸之道：不偏不倚，无过无不及。折中主义：把肯定和否定同等看待，是一种模棱两可的思想。

中国文化把道、儒两家不同的哲学观巧妙地结合起来，融成一体，并因此成就了中国人性格的两面性。中国人天生是善于"和稀泥"的民族，我们有本事把矛盾的事物中和甚至化为相辅相成的积极因素。

中庸思想认为，人生在世必须讲究温柔敦厚，不要尖刻偏锋，行事不偏不倚，如何在理想与现实之间取得调和，在"动"、"静"之间达到和谐均衡，进而使自己成为健康、快乐、正常的人。许多事理存乎自身一念之间，如果自己领会惜福感恩，善自为谋，取舍之间能达观随缘，则必善莫大焉。难得糊涂，也成了做人处世的准则。

在中国人看来，花看半开最富情趣，酒饮微醉最具意味，雾里观花，若隐若现方为美，一览无遗那便是浅薄而俗不可耐了。能领会女人的妩媚而不流于粗鄙；能爱好人生而不过度沉迷俗务；能察觉尘世的成败空虚而不作无谓的悲伤慨叹；能超脱人生境地而不仇视人生的贫富，都是中庸修持的根本。

总之，中庸之道要求凡事都要恰到好处，适可而止，且要留一点余地。即便文艺创作，最高境界也是追求那种介乎"有我"和"无我"之间。中庸不是平庸，所以绝非因陋就简，当然更不能随俗浮沉。真正的中庸，讲究凡事都要合理，同时做任何事情都有一个限度，如果超越了限度就不好了，哪怕是好事也会因此而变成坏事；做事情做得过了头还不如做不到，这就是"过犹不及"。

回到计算机世界，让我们再看一个实际的例子。

为了省钱和满意，很多人都有过"攒机"的经历，也就是自己买零配件组装一台计算机。实施计划前，心中琢磨了老半天配置标准：主频多高的 CPU、容量多大的内存和硬盘、什么样的主板和显示器等，甚至一定要市场上主频最高的 CPU，以求最快的运行速度。殊不知，计算机系统是一个整体，相互之间"协调"才是最好的。如运行速度，CPU 的主频很高，内存、总线、硬盘的工作频率和速度上不去，最终整个系统的速度不可能有太大的改善。这就像公路系统，尽管到处都是高速公路，但关键的交通枢纽处却有一小段窄小的泥巴路，你说整个交通系统能高效地运转吗？所以，"攒机"的时候不能片面地强调某一个指标，使各部件"协调"、"均衡"才是最重要的。

折中与中庸之道是一种具有普遍意义的优化决策之道，广泛适用于日常生活、经济活动、工程设计，乃至治国安邦等。比如，在管理中，如果企业的管理太全太细，势必给员工一种"大而烦"的感觉，高明的老板应该用一点中庸之道，精确分析员工的工作内容和特点，然后进行适度的、个性化的管理，这才是让员工容易理解和接受的管理。

科学和生活在方法论上有很多相通的地方。不妨看看这么一个案例——早上开车上班，有人发现一辆小皮卡在车流中间穿来穿去，动作极其灵活，可以想象这个驾驶员技术非常高超。不过非常不幸，因为车速太急，和一辆私家车发生了刮擦，停在路边等待交警处理。这辆小皮卡司机的目的是为了开快车而节省时间，结果却恰得其反。

阅读材料：计算机软件及其软件系统

软件是相对于硬件而言的，是用户与硬件之间的接口界面。只有硬件系统的计算机是什么事也干不成的，要使得它运转起来，发挥其功效，必须有软件系统的支持。使用不同的软件，计算机可以完成许许多多不同的工作，使计算机具有非凡的灵活性和通用性。

软件是计算机系统的重要组成部分，是使用硬件和提高硬件利用率的方法和技术手段。软件是计算机的灵魂。软件又分为应用软件、系统软件两大类，但是这种分类也不是绝对的，相互之间有所覆盖、交叉，不能截然分开。

1. 软件的基本概念

软件一般指计算机系统中的程序及其文档，也可以指在研究、开发、维护以及使用上述含义下的软件所涉及的理论、方法、技术所构成的学科。

人们把解决问题的方法、思想、步骤以程序的形式写出来，这就形成了一个程序；而怎样设计、如何使用这些程序的技术文件就是它们的文档，包括电子的和非电子的有关说明资料，如 readme.txt、说明书、用户指南、操作手册等。程序必须装入机器内部才能工作，文档则是供人们参阅的，不一定装入机器。

软件的主要任务是提高计算机的使用效率、发挥和扩大计算机的功效和用途，为用户使用计算机提供方便。没有任何软件支持的计算机称为裸机，裸机几乎没有任何作用，只有配备一定的软件，才能发挥其功效。软件、硬件结合的统一整体才是一个完整的计算机系统。用户、软件和硬件的关系如图 3-30 所示。

图 3-30　用户、软件和硬件的关系

2. 软件的特点

了解软件的特点，有助于深入地理解软件的概念。

软件不同于硬件，一般具有如下特点：

① 软件是一种逻辑产品，不是物理产品，与物理产品有很大的区别。软件无形、无味、无色，看不见、摸不着、闻不到，因而具有无形性。软件是脑力劳动的结晶，以程序和文档的形式出现，存放在计算机中，只有通过计算机的运行才能体现它的功能和作用。

② 软件成本主要体现在软件的开发和研制上，软件开发研制完成后，通过复制就产生了大量软件产品。

③ 不像硬件，软件不存在磨损、消耗等问题。

④ 软件的生产主要是人们脑力劳动、智力的高度发挥及多人集体合作的结晶，因此还未完全摆脱手工开发方式，大部分产品是"定做"的。

⑤ 软件费用不断增加，软件成本比较高，软件的研制工作需要人们投入大量的、复杂的、高强度的劳动，而维护费用也很高。

3. 计算机软件系统的组成

软件系统可分为系统软件、支撑软件以及应用软件三类。三者的分类不是绝对的，相互之间有所覆盖、交叉和变动。它们既有分工，又相结合，不能截然分开。

（1）系统软件

系统软件是计算机厂家为实现计算机系统的管理、调度、监视和服务等功能而提供给用户使用的软件。它居于计算机系统中最靠近硬件的一层，与具体应用领域无关，但其他软件一般均要通过它才能发挥作用。系统软件的目的是方便用户，提高使用效率，扩充系统功能。系统软件一般包含操作系统、语言处理系统、数据库管理系统、分布式软件系统、网络软件系统、人机交互软件系统等。系统软件一般由专业软件厂商提供，有的写入 ROM 芯片（称为固件，是介于硬件和软件之间的实体），有的存入软盘、硬盘或光盘供用户使用。

① 操作系统（Operating System，OS）

操作系统是直接控制和管理计算机系统硬件和软件资源，以方便用户充分而有效地利用计算机资源的程序集合。其基本目的有两个，一是操作系统要方便用户使用计算机，为用户提供一个清晰、整洁、易于使用的友好界面。二是操作系统应尽可能地使计算机系统中的各种资源得到合理而充分的利用。

操作系统是系统软件的核心，是计算机最基本的操作平台，是用户和计算机系统的界面，每个用户都是通过操作系统来使用计算机的，而每个程序都要通过操作系统获得必要的资源以后才能执行。操作系统将根据用户的需要，合理而有效地进行资源分配。通过操作系统可以提高计算机的性能，扩大计算机的功能，改善用户的工作环境，提供高效、方便的人机服务界面，从而达到提高计算机的总体效用。流行的操作系统有 MS-DOS、Windows 98/2000、Windows XP、Windows 7/8、UNIX/XENIX、Linux、NetWare、OS/2 等。

操作系统通常是最靠近硬件的一层软件，它把硬件裸机改造成为功能更加完善的一台虚拟机器，使得计算机系统的使用和管理更方便，计算机资源的利用效率更高，上层的应用程序可以获得硬件无法直接提供的更多的功能上的支持。

操作系统的主要部分驻留在内存中，通常把这部分称为系统的内核或者核心。从资源管理的角度来看，操作系统的功能分为处理机管理、存储管理、设备管理、文件管理和作业管理五大部分。从用户的角度看，操作系统的存在构成了一个虚拟机。这个虚拟机能够接受用户的操作命令，然后控制硬件工作。操作系统虚拟机为系统的操作和程序设计提供了一个软件界面，这种界面通常被称为平台，如 Windows 平台、Mac 平台等。

操作系统的分类有多种方法，最常用的方法是按照操作系统所提供的功能进行划分。可以分为以下几类。

- ⊙ 单用户操作系统：其主要特征是在一个计算机系统内，一次只能支持运行一个用户程序。此用户独占计算机系统的全部硬件、软件资源。早期的微机操作系统如 DOS 就是这样的操作系统。

- ⊙ 批处理操作系统：用户把程序、数据、作业说明书等一起交给系统操作员，由他将一批作业输入计算机，然后由操作系统控制执行。采用这种批处理作业技术的操作系统称为批处理操作系统。这类操作系统又分为批处理单道系统和批处理多道系统。

- ⊙ 实时操作系统："实时"是"立即"的意思。实时系统的基本特征是事件驱动，即当接到某种类型的外部信息时，由系统选择相应的程序去处理。典型的实时操作系统包括过程控制系统、信息查询系统和事务处理系统。实时系统是较少有人为干预的监督和控制系统，其软件依赖于应用的性质和实际使用的计算机的类型。

- ⊙ 分时操作系统：这是一种使用计算机为一组用户服务，使每个用户仿佛自己有一台支持自己请求服务的计算机的操作系统。分时操作系统的主要目的是对联机用户的服务和响应，具有同时性、独立性、及时性、交互性。分时操作系统中，分时是指若干道程序对 CPU 的分时，通过设立一个时间分享单位——时间片来实现。分时操作系统与实时操作系统的主要差别在交互能力和响应时间上。分时系统交互性强，而实时系统响应时间要求高。

⊙ 网络操作系统：提供网络通信和网络资源共享功能的操作系统称为网络操作系统。它是负责管理整个网络资源和方便网络用户的软件的集合。网络操作系统除了一般操作系统的五大功能之外，还应具有网络管理模块。后者的主要功能是，提供高效而可靠的网络通信能力；提供多种网络服务，如远程作业录入服务，分时服务，文件传输服务等。

⊙ 分布式操作系统：是由多台微机组成且满足如下条件的系统：系统中任意两台计算机可以通过通信交换信息；系统中的计算机无主次之分；系统中的资源供所有用户共享；一个程序可以分布在几台计算机上并行地运行，互相协作完成一个共同的任务。用于管理分布式系统资源的操作系统称为分布式操作系统。

② 语言处理系统（Language processing system）

语言处理系统是对程序设计语言进行处理的程序系统，主要内容包括：语言的翻译系统及其工具，如程序编辑、连接和加载等。

除机器语言外，用其他任何层次的语言书写的程序都不能直接在计算机上执行，都需要对它们进行翻译。语言处理系统的作用就是把用程序设计语言书写的各种程序翻译成可在计算机上执行的程序，或其他中间语言形式。

翻译程序负责把一种语言的程序翻译成等价的另一种语言的程序，被翻译的语言和程序分别称为源语言和源程序，翻译后生成的语言和程序分别称为目标语言和目标程序，按照不同的源语言、目标语言和翻译处理方法，可把翻译程序分成若干类。

具体的语言处理系统包括解释程序、编译程序、汇编程序、编辑程序、装配程序等。若无语言处理程序，则用高级语言及汇编语言编写的源程序就无法翻译成目标程序，而无目标程序，就无法连接成可执行文件。

⊙ 汇编程序：把汇编语言书写的源程序翻译为机器语言表示的目标程序的翻译程序。

⊙ 解释程序：将高级语言书写的源程序按动态执行的顺序逐句翻译处理的程序。每译完一句，计算机就执行一句，类似于生活中的口译。

⊙ 编译程序：将高级语言书写的源程序翻译为机器语言表示的目标程序的程序。它将源程序完整地译成机器语言程序，再把它提交计算机执行。

图 3-31 为不同语言处理程序的过程示意。

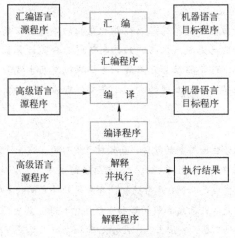

图 3-31　不同语言处理程序的过程

③ 数据库系统（Database system）

数据库系统是用于支持数据管理和存取的软件，包括数据库、数据库管理系统和用户应用等，其主要内容包括：数据库设计，数据模式，数据定义和操纵（查询、存储、更新等）语言，数据库理论，共享数据的并发控制，数据完整性和相容性，数据库恢复与容错，死锁控制和防止，数据安全性和保密性等。数据有多种形式，如文字、符号、图形、图像以及声音等，这些都是数据库系统所要处理的对象。

- ◉ 数据库（Database，DB）是相互关联的、在某种特定数据模式指导下组织而成的各种类型数据的集合。也就是说，数据库是长期储存在计算机内、有组织、可共享的数据集合。数据库中的数据按一定的数据模型组织、描述和存储，具有较小的冗余度、较高的数据独立性和易扩展性，并可为各种用户共享。

- ◉ 数据库管理系统（Database Management System，DBMS）是在操作系统支撑下对数据库中的数据资源实现集中控制和管理的系统软件，用户可以把数据作为抽象项进行存取、共享、使用和修改，它一般包括模式翻译、应用程序的编译、查询命令的解释执行以及运行管理等部分。用户通过 DBMS 访问数据库中的数据，数据库管理员也通过 DBMS 进行数据库的维护工作。关系数据库由于其简单、灵活，数据独立性高，而得到迅猛发展，如 Visual Foxpro、Delphi 等就是常用的关系数据库管理系统。

数据库系统的分类有多种，按数据模型划分，数据库系统可分为关系数据库、层次数据库和网状数据库；按控制方式划分，可分为分布式数据库系统和并行数据库系统。

④ 其他系统软件

- ◉ 多媒体系统软件是支持计算机对文字、视频和音频等多媒体信息的处理，提供处理多媒体信息的驱动器的接口，解决多媒体信息的时间同步及解决文字、图形、图像和声音的数字化问题，并为用户提供多媒体应用软件的开发工具等。

- ◉ 窗口系统是控制计算机显示器及输入设备的一种系统软件。窗口是一种虚拟终端，指显示屏幕上的一块矩形区域，可显示用户或系统某一进程的输出。一个屏幕上可有多个窗口，显示多个输出，不同窗口可互相重叠。窗口系统所管理的资源有常用的窗口、图符、选单、指点设备，即 WIMP，还有屏幕、像素映象、色彩表、字体及光标等。窗口系统是图形用户界面的基础，为用户与计算机对话提供了窗口界面、编程接口和管理接口等。

- ◉ 分布式软件系统负责管理分布式计算机系统资源和控制分布式程序的运行，提供分布式程序设计语言、分布式文件系统管理、工具和分布式数据库管理系统等。主要内容包括分布式操作系统、网络操作系统、分布式程序设计及其编译程序、分布式文件系统和分布式数据库系统、分布式算法及其软件包、分布式开发工具包等。

- ◉ 人机交互系统提供用户与计算机系统之间按照一定的约定进行信息交互，可为用户提供一个友好的人机界面。其主要功能是完成人机之间的信息传递以提高计算机系统的友善性和效率。它主要包括命令语言交互系统、选单驱动交互系统、直接操纵交互系统和多媒体交互系统。其主要内容有人机交互原理、人机接口分析及规约、认知复杂性理论，数据输入、显示和检索接口、计算机控制接口等。

（2）支撑软件

支撑软件是支撑其他软件的开发与维护的软件，如软件开发环境。随着计算机科学技术的发展，软件开发和维护的代价在整个计算机系统中所占的比重很大，甚至远远超过硬件。

软件工具是 20 世纪 80 年代发展起来的，是系统软件和应用软件之间的支持软件，一般用来辅助和支持开发人员开发和维护应用软件。它是软件开发和维护过程中使用的程序。众多的软件工具组成了"工具箱"，包括需求分析工具、设计工具、编码工具、测试工具、维护工具和管理工具等。在软件开发的各阶段，用户可以根据不同的需要，选择合适的工具来提高工作效率并改进软件产品的质量。

（3）应用软件

应用软件是面向特定应用领域的专用软件，如人口普查、飞机订票系统等。应用软件可分为以下几类。

① 用户程序：面向特定用户，为解决特定的具体问题而开发的软件，如火车售票系统就是用户程序。

② 应用软件包：为实现某种功能或专门为某一应用目的而设计的软件。软件包种类繁多，每个应用计算机的行业都有适合于本行业的软件包，如计算机辅助设计软件包、统计学软件包、服装设计软件包、编辑排版软件包、财会管理软件包、实时控制软件包等。

③ 通用工具软件：用于开发应用软件所共同使用的基本工具软件。应用软件日趋标准化、模块化，已经形成解决各种典型问题的通用应用工具软件。如绘图软件 AutoCAD、电子表格软件 Excel、字处理软件 Word 等都是典型的工具软件，诺顿 GHOST 是世界范围内应用最广泛的克隆应用工具软件，vi 是 UNIX 世界里极为普遍的全屏幕文书编辑器，几乎可以说任何一台 UNIX 机器都会提供这套工具软件，Linux 当然也有。

卜算子·谱

先缚诸葛巾，再饮刘伶酒。

坐马西台抚竖琴，遍调弹金缕。

豪士起微寒，跌宕无人省。

把酒临风叹禹谟，循道修经纬。

【注】金缕：曲调《金缕曲》、《金缕衣》的简称。

第4章

计算思维之算法基础

Computers do not solve problems, they execute solutions.

计算机并不解决问题，它们只是执行解决方案。

——Laurent Gasser

设计程序首先要了解需要解决的问题，提出适当的计算模型，并列出解决问题的方法和步骤，即算法。不少问题的数学模型是显然的，以至我们从未感到需要模型。但是有更多的问题需要靠分析问题来构造其数学模型。模型一旦建立起来，就要设计恰当的算法，并将算法表述出来。若要计算机去执行算法，还需利用计算机语言，将算法转化为计算机可以"读懂"的程序代码，即"编程"。编写出来的程序能不能正确地运行？是否符合问题的要求？这需要我们对它不断进行测试和修改。

狭义的计算思维研究的就是怎样把问题求解过程映射成计算机程序的方法。从某种意义上来说，**算法与数据结构是计算机程序的两大基础，算法是程序的"灵魂"**。N·沃思教授在谈到算法与数据结构二者的联系时明确指出，"程序就是在数据的某些特定的表示方法和结构的基础上对抽象算法的具体表述"，"算法+数据结构=程序"。可见，算法在程序设计中具有多么重要的地位。

人们对计算机算法的研究由来已久，提出了很多令人拍案叫绝的算法，它们都是前人智慧的结晶。学习并掌握这些算法，对我们深入地理解计算思维非常有意义。本章先介绍算法的基本概念及其表示方法，然后讨论算法设计的基本思想和方法，最后介绍一些常用的、经典的算法。

4.1 算　法

计算机与算法有着不可分割的关系。可以说，没有算法，就没有计算机，或者说，计算机无法独立于算法而存在。从这个层面上说，算法就是计算机的灵魂。一个计算机从业人员如果不了解算法，那就没有真正了解计算机。但是，算法不一定依赖于计算机而存在。算法可以是抽象的，实现算法的主体可以是计算机，也可以是人。只能说多数时候，算法是通过计算机实现的，因为很多算法对于人来说过于复杂，计算的工作量太大且常常重复，对于人脑来说实在是难以胜任。

算法是一种求解问题的思维方式，研究和学习算法能锻炼我们的思维，使我们的思维变得更加清晰、更有逻辑。算法是对事物本质的数学抽象，看似深奥却体现着点点滴滴的朴素思想。因此，学习算法的思想，其意义不仅仅在于算法本身，对日后的学习和生活都会产生深远的影响。

4.1.1　什么是算法

事实上，我们日常生活中到处都在使用算法，只是没意识到。例如，我们到商店购物，首先确定要购买的东西，然后进行挑选、比较，最后到收银台付款，这一系列活动实际上就是我们购物的"算法"。再如，办公室人员每天上班要做的事情：先搞好清洁卫生，然后烧好开水，领取报纸杂志和文件，请示领导的工作安排……这一系列的工作程序其实就是"算法"。类似的例子还很多。这些算法与计算学科中的算法的最大差异就是，前者是人执行算法，后者交给计算机执行。不管是现实世界，还是计算机世界，解决问题的过程就是算法实现的过程。

那么，到底什么是算法呢？简单地说，**算法就是解决问题的方法和步骤**。显然，方法不同，对应的步骤自然也不一样。因此，算法设计时，首先应该考虑采用什么方法，方法确定了，再考虑具体的求解步骤。任何解题过程都是由一定的步骤组成的。所以，通常把解题过程准确而完整的描述称为解该问题的算法。

进一步说，**程序就是用计算机语言表述的算法，流程图就是图形化了的算法**。既然算法是解决给定问题的方法，算法的处理对象必然是该问题涉及的相关数据。因而，算法与数据是程序设计过程中密切相关的两方面。**程序的目的是加工数据，而如何加工数据是算法的问题**。程序是数据结构与算法的统一。因此，著名计算机科学家、Pascal 语言发明者 N·沃思（Niklaus Wirth）教授提出了如下著名公式：

$$程序 = 算法 + 数据结构$$

这个公式的重要性在于：不能离开数据结构去抽象地分析程序的算法，也不能脱离算法去孤立地研究程序的数据结构，只能从算法与数据结构的统一上去认识程序。换言之，程序就是在数据的某些特定的表示方式和结构基础上，对抽象算法的计算机的语言具体表述。

当用一种计算机语言来描述一个算法时，其表述形式就是一个计算机语言程序。不言而喻，当一个算法的描述形式详尽到足以用一种计算机语言来表述时，"程序"不过是瓜熟蒂落而且垂手可得的产品而已。因而，**算法是程序的前导与基础**。由此可见，从算法的角度，可将程序定义为：**为解决给定问题的计算机语言有穷操作规则（即低级语言的指令，高级语言的语句）的有序集合**。显然，当采用低级语言（机器语言和汇编语言）时，程序的表述形式为"指令（Instruction）的有序集合"，当采用高级语言时，程序的表述形式则为"语句（Statement）的有序集合"。

我们先看几个例子。

【例 4-1】 交换两瓶墨水。有一瓶红墨水、一瓶蓝墨水，现要求把两瓶墨水交换，也就是把原来装红墨水的瓶子改装蓝墨水，把原来装蓝墨水的瓶子改装红墨水。我们该怎么做呢？

显然，这是很简单的问题。找一个空瓶子来倒腾一下就可以了（这就是解决问题的方法）。算法如下（也就是解决问题的步骤）：

第一步：将红墨水倒入空瓶子中；
第二步：将蓝墨水倒入原来装红墨水的瓶子中；
第三步：将原来空瓶子中的红墨水倒入原来装蓝墨水的瓶子中；
第四步：结束。

这个简单的算法是用自然语言来写的，大家容易理解，但显得有点"罗唆"。如果用变量 a 表示红墨水瓶（里面装有红墨水），用变量 b 表示蓝墨水瓶（里面装有蓝墨水），用变量 t 表示空瓶子，用符号"$\Leftarrow$"表示把一个变量的值放入另一个变量之中（在这里就是指把一个瓶子中的墨水倒入另一个瓶子中），那么上述算法就可以表示如下：

$t \Leftarrow a;$
$a \Leftarrow b;$
$b \Leftarrow t;$

这就是常用的两个变量交换的算法。可见，这样表示一个算法简洁、明了。能用简洁明了的方法表示，为何还用那么累赘、罗唆的方法呢？慢慢地，我们就会喜欢上这种抽象且简洁的表示方法。

解决问题的方法不一样，对应的步骤也不一样。还是以"两个变量交换"为例，计算机界的大师 Kruth 为了节省内存空间，就想出了不用中间变量（也就是例 4-1 的空瓶子）也能实现两个变量交换的方法，算法步骤如下：

$$a \Leftarrow a - b;$$
$$b \Leftarrow a + b;$$
$$a \Leftarrow b - a;$$

显然，解决问题的方法不一样，算法的步骤也不一样。

不过，仅就"两个变量交换"而言，后面的算法可读性太差，如今我们不太赞成大家研习。Kruth 当初设计这样的算法有其特殊的背景（存储空间太小），这里仅仅用它"说事"而已。

【例 4-2】 计算 a + |b|。

【分析】 当 b≥0 时，a + |b| = a + b；当 b<0 时，a + |b| = a − b。可得到如下算法：

```
scanf(a, b);          /* 输入变量 a、b 的值 */
if ( b≥0 )
  c ⇐ a + b;
else
  c ⇐ a − b;
printf( c );          /* 输出结果 */
```

【例 4-3】 求 1 + 2 + 3 + 4 +⋯+ 100=？

这个题看起来比较麻烦，但实际上它可以通过重复做一个加法运算来完成，算法如下：

```
n ⇐ 100;
sum ⇐ 0;
i ⇐ 1;
do {
       sum ⇐ i + sum ;
       i ⇐ i + 1;
   } while ( i ≤ n );
printf( sum );
```

当然，该例还可以通过更简单的算法来实现，算法不是唯一的。

由上面三个简单的例子可以看出，一个算法由一些操作组成，而这些操作又是按一定的控制结构所规定的次序执行的。算法由操作和控制结构两要素组成。

1. 操作

计算机尽管有许多种类，但它们都必须具备最基本的功能操作，这些功能操作包括：① 逻辑运算：与、或、非；② 算术运算：加、减、乘、除；③ 数据比较：大于、小于、等于、不等于；④ 数据传送：输入、输出、赋值。

算法中的每一步都必须能分解成这些计算机的基本操作，否则算法是不可行的。

2. 算法的控制结构

一个算法的功能不仅取决于所选用的操作，还决定于各操作之间的执行顺序，即控制结构。算法的控制结构给出了算法的框架，决定了各操作的执行次序。用流程图可以形象地表示出算法的控制结构。

1966 年，Bohm 和 Jacopini 证明了**任何复杂的算法都可以用顺序、选择、循环三种控制结构组**

合而成，所以这三种控制结构称为算法的三种基本控制结构。如果把每种基本控制结构看成一个算法单位，则整个算法便可以看成由各算法单位顺序串接而成，好像"串起的珍珠"一样，结构清晰，来龙去脉一目了然，容易阅读，也容易理解。这样的算法称为结构化的算法。

4.1.2　算法的性质

算法是由一套计算规则组成的一个过程。过程就是一些步骤，这些步骤连在一起能给出一类问题的解。因此，算法实际上是一种抽象的解题方法，可以说是解题思想的表达。著名计算机科学家、《The Art of Computer Programming》系列丛书的作者 Knuth，曾把算法的性质归纳为以下 5 点。

1.　有穷性（Finiteness）

一个算法必须在执行有穷步之后结束，即任何算法必须在有限时间内完成。也就是说，算法的执行步数是有限的，解必须在有限步内得到。也不能出现"死循环"，执行是可终止的。任何不会终止的算法是没有意义的。有穷性隐含执行时间应该合理的含义，这种合理性应该具体问题具体分析，不能一概而论。如果一个算法在计算机上要运行上千年，就失去了实用价值，尽管它是有穷的。

2.　确定性（Definiteness）

组成算法的每个步骤都是确定的、明确无误的。也就是说，算法中的每一步必须有确切的含义，理解时不能产生二义性，不能模棱两可，不能含糊不清。相当于写文章时，不能使用"大概"、"也许"、"差不多"、"少量"、"适当"等模糊的词汇。在任何条件下，算法只有唯一的一条执行路径，即对于相同的输入只能得出相同的输出。生活中二义性的例子很多，法律、规定、制度、条例等行文中都有可能存在，计算机语言中也有这样的例子，如 C 语言中的语句"z = x +++ y;"到底该如何理解，语言的标准并没有给出严格的定义，不同的实现有不同的解释。

我们再看一个生活中的例子。假定你买了一本菜谱，选了一道菜想学着做，这道菜的做法是这么说的：

> 第一步：烧火，把锅放在火上焙干；
> 第二步：锅中放 2 两花生油，烧热，加少许盐、蒜和花椒爆香；
> 第三步：锅中放入切好的肉片，煎炒到适当的时候放水；
> 第四步：煮沸时，加入少量秘制的调味品；
> 第五步：放少量酱油，拌匀，就可出锅了。

也许生活中你可以按照这样的菜谱做菜，但让"计算机"执行这样的"算法"就不行了。因为在这个菜的"做法"中有"少许"、"适当的"、"少量"等不确定性的词汇。另外，"秘制的调味品"更不知道是什么东西了。所以，如果把这个菜的"做法"看成一个"算法"，那么这个算法是不满足确定性的。

3.　可行性（Effectiveness）

算法中的每一步操作都应是可以执行的，或者都可以分解成计算机可执行的基本操作。一个算法是可行的，即算法中描述的操作都是可以通过已经实现的基本运算执行有限次来实现的。典型的、不可行的操作如下：

① "公鸡下蛋"式的操作。比如以 0 做分母，即便在数学里面也是不可行的。

② 想当然的操作。例如，算法中某一步要求计算方程 $f(x)=0$ 的根。确切地说，计算机只是帮助人们"计算"而已（速度非常快），至于"如何计算"那是程序员或者算法设计者的事情。换句话说，如果我们不知道怎么求解一个问题，计算机也无能为力。

但像两个变量交换这样的算法步骤"A $\Longleftrightarrow$ B;"是可行的，因为它可以分解成下面三个可执行的基本操作"T $\Leftarrow$ A; A $\Leftarrow$ B; B $\Leftarrow$ T;"。

4. 输入（Input）

算法开始前，允许有若干个输入量，也可以没有输入量。

5. 输出（Output）

每种算法必须有确定的结果，产生一个或多个输出。也就是说，算法执行完毕，必须有一个或若干个输出。否则，"只开花不结果"的算法是没有意义的。

可见，算法是一个过程，这个过程由一套明确的规则组成，这些规则指定了一个操作的顺序，以便用有限的步骤提供特定类型问题的解答。

4.1.3 算法的种类

求解不同的问题需要有不同的算法。按照不同的应用领域，计算机算法可以分为数值计算算法、非数值计算算法两大类。

1. 数值计算算法

数值计算主要用于科学计算。随着"数值分析"的发展，各类数学模型都设计了许多行之有效的算法。例如，计算数值积分有梯形法、辛普生法与柯特斯法，对方程式求根有二分法、迭代法或牛顿法，解线性方程组可使用消元法和迭代法等。在这类算法中，算术运算居于主要地位。许多复杂的计算常常被转换为重复进行的简单算术运算。一般，它们使用的数据结构比较简单，"简单变量"加"数组"大致能满足需要。

数值计算是计算机最早的应用领域，所以对这类算法的研究开展较早。在高等学校计算机专业中，以数值计算算法为对象的《计算方法》课程也已有较长的历史。因此，大多数数值计算问题现均有现成的算法可供选用。

2. 非数值计算算法

非数值计算常用于数据管理、实时控制以及人工智能等应用领域。与数值计算的算法不同，**逻辑判断通常在这类算法中处于主导的地位，算术运算则居于相对次要的地位**。算法处理的内容也从单纯的数值运算扩展到对数据、图形和字符信息的综合处理。这类算法起步略晚，但发展很迅速。"排序"和"查找"就是在这类算法中发展比较成熟且为大家所熟悉的两方面。早在 1973 年，Knuth 就已发表了有关这两类算法的专著。

非数值算法的经典应用恐怕要数"Google"、"百度"了。人们需要什么信息或者学习过程中碰到了疑难问题，都可以到"Google"、"百度"上找到满意的答案。

由于这类算法使用的数据结构一般比较复杂，对算法的设计和选择往往在很大程度上依赖于处理对象所用的数据结构。所以，这类算法的设计通常都与数据结构的选择联系在一起，使问题变得比较复杂。20 世纪 70 年代初，Wirth 就著文指出"数据结构要与逻辑过程一起细化"，随后提出了"算法 + 数据结构 = 程序"的著名公式，正是反映了非数值计算算法的发展需要。

总之，非数值计算算法发展较晚，涉及面也广，远不及数值计算算法成熟。如果说求解数值计算类的问题主要包括选择适用的算法并组织好各种算法的衔接，则求解非数值计算类的问题往往任务更重，有时需要程序员根据具体的问题，自行设计出适用的算法与数据结构。

4.1.4 算法的表示（描述）

算法是解决问题的方法和步骤，它是程序的灵魂，也是编写程序的依据。面对一个待求解的问题，求解的方法首先源于人的大脑，经思考、论证而产生。算法表示（描述）就是把这种大脑中求解问题的方法和思路用一种规范的、可读性强的、容易转换成程序的形式（语言）描述出来。

算法为什么要描述出来？当然是为了交流和共享。一是提交给程序设计人员，作为编写程序代码的依据；二是供算法研究、设计与学习用，毕竟算法是一种宝贵的资源，是人类求解问题的智慧的结晶。比如，厨师王某会做一道色香味俱佳的菜，顾客光临必点这道菜，久而久之，名扬天下，拜师学艺者络绎不绝。对于王某来说，这道菜怎么做早已烂熟于心（做菜的算法存于脑海之中）。如果王某不把这道菜的详细做法以书面的形式记录下来，学艺者就只能到厨房仔细观察、学习了。极端一点，如果王某因故离世，那这道菜就有可能失传了。如果有书面文字详细介绍，则肯定有更多人可以学会这道菜。

那么，如何描述算法呢？经过多年的研究和实践，人们想了很多办法，大致有 4 种方法，各有优缺点。诚如 Shooman 所指出，**"哪一种工具最佳往往是仁者见仁，智者见智，但要紧的是，你必须使用某些工具。"**

1. 自然语言

自然语言就是我们生活中所使用的语言，如汉语、英语等。用自然语言描述算法的特点是熟悉、方便和容易理解。不光是算法，就连早年的 COBOL 语言都有点接近自然语言，用它写的程序，不懂计算机技术的管理人员也能看出个大概来。我们来看两个例子。

【例 4-4】 求 $1\sim n$ 的累加和。算法可描述如下：

> Step1: 输入 n(要求 n ≤ 1000);
>
> Step2: 累加和 sum 置初值 0;
>
> Step3: 自然数 i 置初值 1;
>
> Step4: 若 i ≤n，则重复执行：
>
>   Step41: sum ⇐ i + sum;
>
>   Step42: i ⇐ i + 1;
>
> Step5: 输出 sum;
>
> Step6: 结束。

【例 4-5】 写出用"二分法"求方程 $x^2-2=0$ （其中 $x>0$）的近似解的算法。

【算法】 二分法是算法设计中的经典方法，本题的算法如下：

> Step1: 令 $f(x)=x^2-2$，给定精确度 d。
>
> Step2: 给定区间 $[a,b]$，满足 $f(a)f(b)<0$。
>
> Step3: 取中间点 $m=\dfrac{a+b}{2}$。
>
> Step4: 若 $f(a)f(m)<0$ 则含零点的区间为 $[a,m]$；否则含零点的区间为 $[m,b]$。将新得到的含零点的仍然记为 $[a,b]$。
>
> Step5: 判断 $[a,b]$ 的长度是否小于 d 或者 $f(m)$ 是否等于 0。若是，则 m 是方程的近似解；否则，返回 Step3。必须指出：如果没有精确度要求，该算法将无法终止。

用自然语言描述算法其缺点和不足也相当明显，主要表现在以下 3 方面。

① 易产生歧义。自然语言往往要根据上下文才能判别其含义，不太严格。只有具有高度智能的人才能理解和接受，而计算机难以接受上下文有关的文法。

② 语句比较烦琐冗长，并且很难清楚地表达算法的逻辑流程。如果算法中包含判断、循环处理，尤其是这些处理的嵌套层数增多，自然语言描述其流程既不直观又很难表达清楚。

③ 当今的计算机尚不能处理用自然语言表示的算法。

客观地说，这些缺陷是算法描述的"大敌"。因此，自然语言常用于粗略地描述某个算法的大致情况（不愿意描述细节或不能描述细节）。

2. 计算机语言

计算机语言是一种人工语言，即人为设计的语言，如 Pascal、C/C++等。通过编译或解释，人们可以利用计算机语言与计算机直接打交道。正因为如此，有人用计算机语言来描述算法。

我们知道，**语言是思想的外壳**，设计的算法也确实需要用"语言"恰当地表示出来。用计算机描述算法，得到的结果既是算法也是程序，作为程序就可以直接上机运行，这是它好的一面。例如，下面是用 C 语言描述的一个简单的算法（求三个数中的最大值）：

```
#include       <stdio.h>
main()
   {
       int      x, y, z, max;
       scanf("%d, %d, %d", &x, &y, &z);
       if (x > y)
         max = x;
       else
         max = y;
       if (z > max)
         max = z;
       printf("最大值为：%d\n", max);
   }
```

计算机语言的语法非常严格，描述出来的程序过于复杂，不利于表达算法的核心思想，对于学习算法设计的初学者来说，难以抓住问题的本质。更何况算法设计一般是由粗到细的过程，不能过早地陷于程序设计语言的语法"泥潭"。另外，算法终究是为程序服务的，计算机语言很多，且各有特点，到底用哪一种语言来描述算法呢？算法实现的时候（也就是把算法变成程序的时候）又用哪一种计算机语言呢？比如，算法描述用的是 A 语言，算法实现要求用 B 语言，而程序员也许只会 C 语言，说不定项目管理者或者主管领导更熟悉 D 语言，这里面必然会出现"交流和沟通"的问题，更不用说不同的语言是否存在某种等价的转换关系了。

因此，总体上来说，不太赞成纯粹用计算机语言描述算法。

3. 图形化工具

众所周知，人们对数字和文字不太敏感，对图形图像却敏感得多。为了形象地描述算法，人们设计了许多专用的图形工具用以描述算法，以一种比较直观的方法展示算法的操作流程，如流程图、PAD 图和 N-S 图等。

用图形来描述算法，结果确实非常直观，这也是很多人喜闻乐见的，特别是教学方面，老师们喜欢采用这种方式引导学生理解算法。这也许就是很多教材画满"流程图"的根本原因。图 4-1 是一个简单的求 10!的流程图和 N-S 图。

流程图风行于 20 世纪 50~60 年代，是使用最早的算法和程序描述工具。它符号简单，表现灵活（如可用箭头线来表示 goto 操作），在很长一段时间内曾广泛流传。因为当时的程序语言表达能力差，画流程图几乎是程序设计所需的步骤。

但事物总是一分为二的，该方法的不足就是"麻烦"，而且意义不是特别大。画一个简单的算法的"流程图"也许还行，对于一个大型的程序或算法，即使画出其图形，恐怕也难以"阅读"了。试想，一个 10 万行的程序其"流程图"是何等的壮观！事实上，10 万行还根本算不上一个特别大的程序，已知的最大程序多达几千万行。另外，"流程图"与结构化程序设计思想不太吻合（**自结构化程序设计问世以来，流程图中能随意表达任何控制结构的特点反而成为它的缺点**），早就该退出历史舞台了。至于 N-S、PAD 等，大同小异，对算法描述来说没有太特别的意义。事实上，只要算法描述时逻辑结构清晰，也不需要"图形"来帮助理解，更何况我们需要的正是"逻辑思维"的锻炼，而不是"形象思维"，至少对于学习算法和程序设计的初学者来说是这样。

不过，流程图在其他领域还是很有意义的。典型地，我们经常可以在某些单位的墙壁上看到事故处理流程图、客户投诉处理流程图等。图 4-2 就是某公司处理客户投诉的流程图。

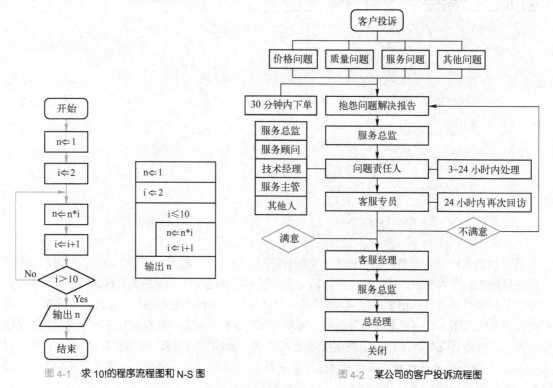

图 4-1　求 10!的程序流程图和 N-S 图　　　　图 4-2　某公司的客户投诉流程图

4. 伪代码（pseudo code）

描述算法的工具可以是自然语言，也可以是非自然语言。鉴于自然语言有时难于做到意义唯一、无二义性、叙述准确，所以为了避免这种含混不清和防止歧义性，人们往往采用意义精确唯一且已形式化的类计算机语言（或者自然语言与计算机语言兼而有之的准自然语言或准计算机语言）来描述一个算法。伪代码就是这种介于自然语言与计算机语言之间的算法描述方法。它结构性较强，比较容易书写和理解，修改起来也相对方便。其特点是不拘泥于语言的语法结构，而着重以灵活的形式表现被描述对象。既然叫"伪代码"，它就不是"真正的"程序代码。

鉴于 C/C++、C#等语言非常流行，它们的语法又有很多相通的地方，我们建议采用类 C 语言来描述算法。既然是类 C，那就是"像 C，但不是 C"。不难想象，用类 C 语言描述的算法还不是真正的程序，是伪代码，但它应该容易转换成 C 或 C++程序，转换成其他语言的程序也问题不大。

事实上，选择类 C 语言来描述算法遵循了选择算法描述语言的如下准则：① 该语言应该具有描述数据结构和算法的基本功能；② 该语言应该尽可能地简捷，以便于掌握、理解；③ 使用该语言描述的算法应该能够比较容易地转换成任何一种程序设计语言。

下面给出类 C 语言的定义（与 Python 语言也很接近）。

（1）预定义常量和类型：

```
#dedine        TRUE        1
#define        FALSE       0
#dedine        OK          1
#define        ERROR       0
```

（2）数据结构的表示（存储结构）用类型定义（typedef）描述。数据元素类型约定为 ElemType，由用户在使用该数据类型时自行定义。

（3）基本操作的算法描述类似函数描述：

```
结果类型 算法名(参数表)
{
    语句序列(算法实体);
}
```

除了算法的参数需要说明类型外，算法中使用的辅助变量可以不作变量说明，必要时对其作用给予注释。一般而言，a、b、c、d、e 等用作数据元素名，i、k、l、m、n 等用于整型变量名，p、q、r 等用于指针变量名。当函数返回值为函数结果状态代码时，函数定义为相应的类型。为了便于算法描述，除了传值调用方式外，增加了 C++语言的引用调用的参数传递方式。在形参表中，以&开头的参数即为引用参数。另外，在书写算法时，应该养成对重点语句、段落添加注解的良好习惯。

（4）赋值语句

```
简单赋值：    变量名⇐表达式;
串联赋值：    变量名 1⇐变量名 2⇐...⇐变量名 k⇐表达式;
成组赋值：    (变量名 1, ..., 变量名 k)⇐(表达式 1, ..., 表达式 k);
             结构名⇐ 结构名;
             结构名⇐(值 1, ..., 值 k);
             变量名[]⇐ 表达式;
交换赋值：    变量名 ⇐⇒ 变量名;
条件赋值：    变量名⇐条件表达式?表达式 T:表达式 F;
```

（5）选择语句

```
条件语句 1:    if(表达式)  语句;
条件语句 2:    if(表达式)  语句;
              else  语句;
开关语句 1:    switch(表达式)
              {
                  case 值 1: 语句序列 1; break;
                  ......
                  case 值 n: 语句序列 n; break;
                  default:   语句序列 n+1;
              }
开关语句 2:    switch
              {
                  case 条件 1: 语句序列 1;break;
                  ......
                  case 条件 n: 语句序列 n; break;
                  default:   语句序列 n+1;
              }
```

（6）循环语句

for 语句：	for(初值表达式; 条件; 修改表达式序列)
	语句;
while 语句：	while(条件)
	语句;
do-while 语句：	do {
	语句序列;
	} while(条件);

（7）结束语句

函数结束语句：	return 表达式;
	return;
case 结束语句：	break;
异常结束语句：	exit(异常代码);

（8）输入和输出语句：去掉了烦琐的"格式控制符串"

| 输入语句： | scanf(变量1, ..., 变量n); |
| 输出语句： | printf(表达式1, ..., 表达式n); |

（9）运算符：尽量与数学表达式接近

算术运算：+, -, *, /, mod（取余）。

关系运算：>, ≥, <, ≤, ≠, =。

逻辑运算：and，对于 A and B，当 A 的值为 0 时，不再对 B 求值；or，对于 A or B，当 A 的值为非 0 时，不再对 B 求值；not，逻辑非运算。

（10）数组

假定数组的下标从 1 开始，个别地方也假定下标从 0 开始，具体会给出说明。这样做一方面是为了照顾人们的思维定式，另一方面也有意让初学者在算法实现时多思考一下。

（11）注释

在算法描述中使用的注释格式有下列两种，可选用。

```
// 注释文字
/* 注释文字 */
```

（12）扩展函数

在算法描述中可以使用的扩展函数有：

| max(表达式1, ..., 表达式n) | //求 n 个表达式中的最大值 |
| min(表达式1, ..., 表达式n) | //求 n 个表达式中的最小值 |

【例 4-6】 判断某年是否为闰年。

【分析】 如果 2 月份是 28 天，则这一年是平年；如果是 29 天，则这一年是闰年。判断闰年的条件是：如果该年份能被 4 整除但不能被 100 整除，或者能被 400 整除，则该年为闰年。判断一个数能否被另一个数整除，可用取余运算，如果余数为 0，则为整除。

【算法】 算法主体描述如下：

```
scanf( y );
if (((y mod 4 = 0) and (y mod 100 ≠ 0)) or (y mod 400 = 0))
    printf("是闰年");
else
    printf("不是闰年");
```

4.1.5 算法与程序

算法独立于任何具体的程序设计语言，一个算法可以用多种程序设计语言来实现。

在说明算法与程序的关系时，美国《计算科学基础》一书简明地指出，**"算法代表了对问题的解"**，而 **"程序则是算法在计算机上的特定的实现"**。由此可见，一个有效的程序首先要求有一个有效的算法。评价程序质量的标准，诸如清晰、高效、可读性、可修改性和可维护性等，无一不受到算法的影响。所以，**算法设计实际上可说是程序设计的核心**，必须给予足够的重视。

算法和程序的差异与联系可从以下几方面休现出来。

① 一个程序不一定满足有穷性，但一个算法必须是有穷的。例如操作系统，只要整个系统不遭破坏，它将永远不会停止，即使没有作业需要处理，它仍处于动态等待中。因此，操作系统不是一个算法。也就是说，一个算法必须具有终止性，程序则不一定。

② 程序中的指令必须是机器可执行的，而算法中的指令则无此限制。

③ 算法代表了对问题的解，而程序则是算法在计算机上的特定的实现。一个算法若用程序设计语言来描述，则它就是一个程序。

④ 程序=算法+数据结构，即一个程序由一种解决方法加上和解决方法有关的数据组成。例如，如果你要做一道菜"番茄炒鸡蛋"——这就是一个程序。而你的算法就是先放油，等油煮沸后，再放番茄和鸡蛋。你的数据就是 1 两油、3 个番茄和 2 个鸡蛋。由这些数据加上算法（你做菜时候的策略）就是程序。

⑤ 算法侧重问题的解决方法和步骤，程序侧重于机器上的实现。前者简洁明了，后者必须严格遵循编程语言的语法要求。

为了更好地理解算法与程序，这里以选择法排序为例，分别给出其算法和程序。

【算法】 选择排序算法如下：

```
void    SelectSort(int    r[],    int    n)
    {
        for ( i ⇐ 1;    i ≤ n-1;    i++ )
        {
            k ⇐ i;
            for ( j ⇐ i+1;    j ≤ n;    j++ )
                if ( r[j] < r[k] )
                    k ⇐ j;
            if ( k ≠ i )
                r[i] ⟺ r[k];
        }
    }
```

【程序】 该算法对应的 C 语言程序如下：

```
#include    <stdio.h>
#include    <stdlib.h>
#include    <time.h>
main()
    {
        int     A[100], i,j,k,temp;
        randomize();
```

```
        for (i=0;   i<100;   i++)
            {
               A[i] = rand ( );
               printf(" %d ", A[i]);
            }
        for ( i = 0;   i < 99;   i++ )
            {
            k = i;
            for ( j = i+1;   j < 100;   j++ )
                if ( A[j] < a[k])
                    k = j;
            if ( k != i )
                {
                   temp = A[k];
                   A[k] = A[i];
                   A[i] = temp;
                }
            }
        for (i=0;   i<100;   i++)
            printf(" %d ", A[i]);
}
```

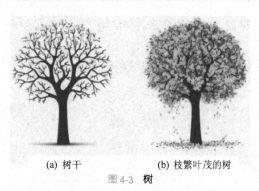

(a) 树干   (b) 枝繁叶茂的树

图 4-3　树

显然，算法比程序精炼得多。从上面的例子还不能区分算法和程序吗？

如果把一棵枝繁叶茂的大树看成是一个程序的话，接下来把它的树叶摘掉，把一些细小的树枝砍掉，剩下的树的主干部分就可以看成算法，如图4-3所示。

不妨再看一个比喻。在绘画艺术领域，有“写实”与“写意”之分。“写实”就是尽量按照绘画对象来画，画得越像越好。“写意”则主要体现绘画对象的特点或特征，典型地，漫画就充分体现了写意的特点。

对应地，程序有点像写实，而算法则更像是写意。

4.1.6　算法的比较与分析

根据以上介绍不难看出，解决同一个问题可以有多种算法，如排序，随便一数都有十几种。这些算法虽然功能相同（都是解决同一问题的），但性能不可能完全一样。人们自然会问，在这些算法中哪一个更好？大概好多少呢？也就是说，如何衡量一个算法的优劣呢？

再以计算多项式的值为例。若采用直接法，即直接计算出 n 项多项式中每项的值，然后将它们相加，需要进行 n 次加法和 $n(n+1)/2$ 次乘法。如果改用秦九韶法（宋代数学家秦九韶提出的算法，西方称它为 Horner 法，其实秦九韶提出此法较 Horner 早 500 余年），只需要计算 $n+1$ 次加法和 $n+1$ 次乘法。下面列出了这两种算法的比较。

【例 4-7】　计算 n 项多项式 $f(x) = a_1x^n + a_2x^{n-1} + a_3x^{n-2} + \cdots + a_nx + a_{n+1}$ 之值，假设 n、x 及系数 $a_1 \sim a_{n+1}$ 均为已知。

【解】　以下列出两种算法及其比较。

【算法1】 直接法。计算第 1 项需要 n 次乘法，其中求乘幂为 $n-1$ 次，乘系数再加 1 次。计算第 2 项要做 $n-1$ 次乘法，第 3 项要做 $(n-2)$ 次乘法……第 n 项做 1 次乘法。整个算法包括 $n(n+1)/2$ 次乘法和 n 次加法。

【算法2】 秦九韶法。首先，将多项式改写为

$$f(x)=(\cdots(a_1x + a_2)x + a_3)x + \cdots + a_n)x + a_{n+1}$$

不难看出，式中每层括号中的值均具有以下形式：

$$p_i = p_{i-1}x + a_i$$

所以秦九韶算法可以描述为：

```
scanf(N,x);
scanf(a[N + 1]);
p ⇐ 0;
for ( i⇐1;  i≤ N+1;  i++ )
    p ⇐ p * x + a[i];
printf(p);
```

该算法对 p 值重复计算 $n+1$ 次，共计执行乘法与加法各 $n+1$ 次。

比较两种方法，由于计算机做一次乘法一般比做一次加法在时间上要长数十倍，如果忽略在加法次数上的差异，则直接法的乘法次数与 n^2 成正比，秦九韶法的乘法次数与 n 成正比，差异很大。

那么，到底怎样衡量或评价一个算法呢？衡量一个算法的优劣总得有一些标准。人们主要关注算法的效率，也就是以下两方面：① 算法的时间复杂度，简单地说，就是执行一个算法所需要的时间；② 算法的空间复杂度，就是执行一个算法所需要的空间。

算法效率指的是执行算法时所需要的时间与空间。对于同一个问题，如果有多个算法可以解决，执行时间短的算法效率高；空间自然是存储空间，即算法执行过程中所需要的最大存储空间。算法效率的高低与问题的规模有关。求 100 个人的平均分与求 10000 个人的平均分所花的执行时间或运行空间显然有一定的差别。实际上，在计算速度越来越快的今天，研究小规模问题（包含几百或者几千个数据元素）处理算法的效率也许意义不大，但面对大规模数据的时候，算法的效率问题又变得非常重要。

2013 年暴露出来的"棱镜门事件"反映，美国国安局从微软、雅虎、谷歌、脸谱、YouTube、苹果公司等 9 家互联网巨头手中秘密获取用户数据，包括聊天日志、存储数据、语音通信、传输文件、个人社交网络数据等，被秘密调查的用户遍布全世界，收集的数据量可以说"浩如烟海"。据美国有线新闻网估计，如果将国家安全局已经存储的数据全部打印出来，堆积起的文件厚度相当于在地球与月球间往返 6600 万次。这就是大数据的概念。面对如此庞大的数据量，如何存储？如何处理？如何提高处理的效率？

至于其他方面，如算法的可读性等，虽然也很重要，但一般不作为算法分析与比较的指标。

算法执行的确切时间需通过依据该算法编制的程序在计算机上运行时所消耗的时间来度量。而度量一个程序的执行时间通常有两种方法，即事后统计法、事前分析估算法。

1. 事后统计法

因为计算机内部都有计时功能，而且可精确到毫秒级，不同算法所对应的程序可通过一组或若干组相同的统计数据来分辨优劣。图 4-4 就是几种排序算法的实际测试结果图。但这种方法有两个不足：一是必须先运行依据算法编制的程序；二是所得时间的统计量依赖于计算机的硬件、软件等环境因素，有时容易掩盖算法本身的优劣。另外，衡量算法优劣的时候也不需要非常精确。例如，经实测算法 A 比算法 B 快 0.0001 秒，虽然两个算法有差异，但从算法效率来看，实在没有什么实

际意义。因此，人们常常采用另一种事前分析估算的方法。

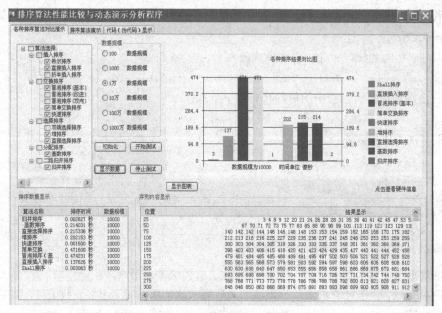

图 4-4　排序算法的分析与测试

2. 事前分析估算法

一个程序在计算机上运行时所消耗的时间取决于很多因素，比如：① 算法选用何种策略；② 问题的规模，如求 100 以内还是 1000 以内的素数；③ 编写程序的语言（对于同一个算法，实现语言的级别越高，执行效率就越低）；④ 编译程序所产生的机器代码的质量；⑤ 操作系统的差异；⑥ 机器执行指令的速度（硬件平台）等。

显然，同一个算法用不同的语言实现，或者用不同的编译程序进行编译，或者在不同的计算机上运行时，效率均不相同。这表明使用绝对的时间单位衡量算法的效率是不合适的。撇开这些与计算机硬件、软件有关的因素，可以认为一个特定算法"运行工作量"的大小只依赖于问题的规模（通常用整数量 n 表示），或者说，它是问题规模的函数。

例如，"乘法"运算是"矩阵相乘问题"的基本操作，在如下所示的两个 $n \times n$ 矩阵相乘的算法中，不难计算每个语句的实际执行次数：

```
for (i ⟵ 1; i≤n; ++i)                          //n+1
    for (j ⟵ 1; j≤n; ++j)                      //n(n+1)
    {
        c[i][j] ⟵ 0;                           //n²
        for (k ⟵ 1; k≤n; ++k)                  //n²(n+1)
            c[i][j] ⟵ c[i][j] + a[i][k] * b[k][j];   //n³
    }
```

如果假定每个语句执行时所需要的时间是相同的，都是一个单位时间（实际有很大的差异，但这样的假设原则上不影响我们对算法的分析），这样就可以得出该算法的执行时间为：

$$f(n) = n^3 + n^2(n+1) + n^2 + n(n+1) + n+1$$
$$= 2n^3 + 3n^2 + 2n + 1$$

显然，这是一个关于 n 的函数。这里的 n 称之为问题的规模。当 n 很大的时候（如果 n 较小，也没有研究算法的效率的必要了），函数中后面几个项甚至都可以忽略不计了，第一项的系数 2 也可以不用考虑（在坐标轴上起平移的作用），也就是说，函数 $f(n)$ 在 n 很大的时候，其变化曲率与 n^3 接近的，即同阶，记为 $T(n)=O(n^3)$。

一般，算法的时间效率是问题规模 n 的某个函数 $f(n)$，算法的时间量度记为 $T(n)=O(f(n))$，表示随问题规模 n 的增大，算法执行时间的增长率和 $f(n)$ 的增长率相同，称为算法的渐近时间复杂度（Asymptotic Time Complexity），简称时间复杂度。

当然，分析算法的时间复杂度有时候很困难。有时候只好考虑最好与最差情况下的时间复杂度，然后取平均值作为算法的时间复杂度。更复杂的方法这里就不介绍了。

空间复杂度与时间复杂度类似。

4.2　算法设计的基本思想与方法

人们利用计算机求解的问题是千差万别的，所设计的求解算法也各不相同。一般来说，算法设计没有什么固定的方法可循。但是通过大量的实践，人们也总结出某些共性的规律，包括穷举法、递推法、递归法、分治法、贪心法、回溯法、动态规划法和平衡原则等。

作为入门级教材，我们不可能对每种算法设计方法都进行深入的讲解，只选择最基本、最典型的几种方法进行讨论，以使大家对于算法设计的思想和方法有一个初步的认识，掌握计算思维中最具方法论性质的算法设计思想。

4.2.1　穷举法（也称为枚举法，Enumeration）

先从一些生活中的事例。旅行箱现在多半都配了密码锁，外出旅行时，为安全起见，人们都会用密码锁锁住旅行箱。令人尴尬的是，有时候人们会忘记密码，这可怎么办呢？最笨也许最可行的办法就是从 000～999 挨个儿试，肯定能找出来！不过，这是一件很不爽的苦差事，但确实能解决问题。

再看另一个有趣的事例。早年漫步街头，发现有人在街边设了这么一个"赌局"：一中年男子在地上摆一张白纸、一支笔，旁边还有一份"游戏规则"，规则明确指出：谁要是一口气不间断地在白纸上从 1 写到 300 而没有半点错漏，则奖励 20 元；如果有一点错漏，则给设局之人 5 元，如图 4-5 所示。这么简单的"游戏"，谁都认为自己能赢。于是，不少人上前一试"身手"。结果出人意料，竟然输多赢少，设局之人暗自高兴不已！

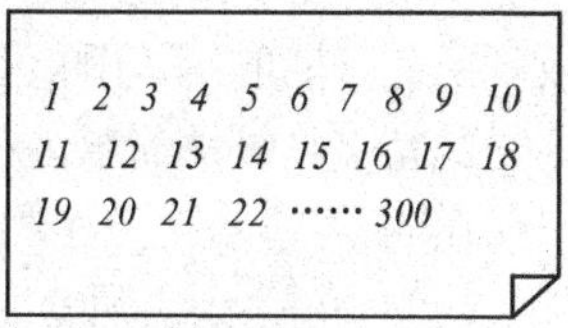

图 4-5　看似简单的赌局

为什么这么简单的事情"输多赢少"呢？原来人很容易疲劳。虽然写几个数字是很简单的事情，但不断重复这些简单的事情容易使人疲劳，人一疲劳就容易出错。这或许是人类自身的特点之一。

正因为如此，一些睡眠有问题（神经衰弱，不容易睡着）的人，躺下去后就开始数数，或者想象着在草地上数羊，数着数着就睡着了……

非常有意思的是：计算机跟人不一样，与人相比，它的最大特点恐怕就是计算速度非常快（在这一点上，人类已经被远远甩在了后面，而且永远也别想赶上了），不怕麻烦，不会疲劳，除非出现硬件故障或掉电。

枚举法正是利用了计算机的这一特性，甚至把这一特性发挥到了极致。

例如，银行卡的密码通常是 6 位数字，即任何一张银行卡的密码都在 000000～999999 范围内。理论上，如果一个一个去试探，只要有足够的耐心和时间，肯定可以试探出来，只是没有哪一家银行的柜员机允许你这样做。即便允许你这样去试探，恐怕也要把人累晕过去。但是，如果利用计算机来做这件事，恐怕要不了 1 分钟就可以"搞定"。这种破解方法也称为暴力破解法或蛮力法。

枚举法亦称穷举法，它的**基本思想**是：首先依据题目的部分条件确定答案的大致范围，然后在此范围内对所有可能的情况逐一验证，直到全部情况验证完为止。若某个情况使验证符合题目的条件，则为本题的一个答案；若全部情况验证完后均不符合题目的条件，则问题无解。枚举的思想作为一种算法能解决许多问题。

【例 4-8】 百鸡问题。公鸡每只 5 元，母鸡每只 3 元，小鸡 3 只 1 元。花 100 元钱买 100 只鸡，若每种鸡至少买一只，试问有多少种买法？

【解】 百鸡问题是求解不定方程的问题：设 x、y、z 分别为公鸡、母鸡和小鸡的只数，公鸡每只 5 元、母鸡每只 3 元、小鸡 3 只 1 元。对于百元买百鸡问题，可写出下面的代数方程：

$$x+y+z=100$$

$$5x+3y+z/3=100$$

除此之外，再也找不出方程了，那么两方程怎么解三个未知数？这是典型的不定方程（组），这类问题用枚举法写算法就十分方便。

```
void   BuyChicks()
    {
        for (x=1;   x≤20;   x++)              /* 最多可以买 20 只公鸡、33 只母鸡 */
          for (y=1;   y≤33;   y++)
            {
                z ⇐ 100 - x - y;
                if (5x + 3y + z / 3 = 100)
                    printf(x, y, z);
            }
    }
```

其基本思想是把 x、y、z 可能的取值一一列举，解必在其中，而且不止一个。枚举法的实质是枚举所有可能的解，用检验条件判定哪些是有用的，哪些是无用的，而题目往往就是检验条件。枚举法的特点是算法简单，对求解那些可确定解的取值范围且一时又找不到其他更好的算法问题，就可以用它。

【例 4-9】 求自然数 m、n 的最大公约数。

【解】 类似这样的题用枚举法来求解也是很简单的，我们可以先找出 m 与 n 之中的较小者，设为 t，则 m、n 的公约数的取值范围即可确定为：$[1, t]$，最大公约数自然也在此区间中，接下来在此区间中枚举即可找到解。从大（即 t）往小（即 1）枚举，找到的第一个公约数即为解。算法如下：

```
int   Max(int m,   int n)
    {
        if ( m≥n )
            t ⇐ n;
        else
            t ⇐ m;
        while ( m mod t ≠ 0  or  n mod t ≠ 0 )
            t ⇐ t – 1;
        return   t;
    }
```

枚举是一种经常采用的方法，应注意避免不必要的枚举，以减少操作次数。

【例 4-10】 小明有 5 本新书，要借给 a、b、c 三位小朋友，若每人每次只能借一本，则可有多少种不同的借法？

【分析】 这是一个数学中的排列问题，即求从 5 中取 3 的排列数。我们可以对 5 本书从 1～5 进行编号，假设三个人分别借这 5 本书中的 1 本。当 $a=i$ 时，表示 a 借走了编号为 i 的书。当 3 个人所借的书的编号都不相同时，就是满足题意的一种借阅方法。显然，a、b、c 的取值范围为 $1 \leqslant a, b, c \leqslant 5$，且当 $a \neq b$、$a \neq c$、$b \neq c$ 时，即为一种可能的借书方法。

【算法】 使用穷举法，可以得到以下算法。

```
count ⟸ 0;                              /* count 为借书方案计数器 */
for ( a⟸1;  a≤5;  a++ )
  for ( b⟸1;  b≤5;  b++ )              /* 当前两个人借不同的书时 */
    for ( c⟸1;  a≠b and c≤5;  c++ )    /* 穷举第三个人的借书情况 */
        if ( c≠a and c≠b )
            printf(++count, a, b, c);
```

通过这几个例子可以看到，首先要建立数学模型，这是我们能够正确处理问题的基础，然后确定合理的穷举范围，如果穷举的范围过大，则运行效率会比较低，如果穷举的范围太小了，则可能丢失正确的结果。

4.2.2　递推法（Recurrence）

如果对求解的问题能够找出某种规律，采用归纳法可以提高算法的效率。著名数学家高斯在幼年时，有一次老师要全班同学计算自然数 1～100 之和。高斯迅速算出了答案，令全班吃惊。当时高斯正是应用了归纳法，得出了 $1 + 2 + \cdots + 99 + 100 = 100 \times (100 + 1)/2 = 5050$ 的结果。归纳法在算法设计中应用很广，最常见的便是递推和递归。

递推是算法设计中最常用的重要方法之一，有时也称为迭代。在许多情况下，对求解的问题不能归纳出简单的关系式，但在其前、后项之间能够找出某种普遍适用的关系。利用这种关系，便可从已知项的值递推出未知项的值来。求多项式值的秦九韶算法就利用了这种递推关系，其关系式为 $p_i = p_{i-1} \times x + a_i$。只要知道了前项 P_{i-1}，就可以由此计算出后项 P_i。

按照问题的具体情况，递推的方向既可以由前向后，也可以由后向前。广义地说，**凡在某一算式的基础上从已知的值推出未知的值，都可以视为递推**。在这个意义上，用算式 $s \Leftarrow s + a_i$ 求累加和，算式 $p \Leftarrow p * a_i$ 求累乘积，都包含了递推思想的运用。

递推法的数学公式也是递归的。只是在实现计算时与递归相反。从给定边界出发，逐步迭代到达指定计算参数。它不需反复调用自己（节省了很多调用时参数匹配开销），效率较高。

【例 4-11】 用递推算法计算 n 的阶乘函数。

【分析】 关系式： $f_i = f_{i-1} \times i$

其递推过程是：

$$f(0) = 0! = 1$$
$$f(1) = 1! = 1 \times f(0) = 1$$
$$f(2) = 2! = 2 \times f(1) = 2$$
$$f(3) = 3! = 3 \times f(2) = 6$$
$$\cdots\cdots$$
$$f(n) = n! = n \times (n\text{-}1)! = n \times f(n\text{-}1)$$

要计算 10!，可以从递推初始条件 $f(0)=1$ 出发，应用递推公式 $f(n)=n \times f(n\text{-}1)$ 逐步求出 $f(1)$，

$f(2)$，…，$f(9)$，最后求出 $f(10)$ 的值。

【算法】

```
scanf( n );
f ⇐ l;
for (i = 1;   i≤n;  i++)
    f ⇐ f * i
printf (f);
```

再如，Fibonacci 数列存在递推关系：$F(1)=1$，$F(2)=1$，$F(n)=F(n-1) + F(n-2)$。若需要得到第 50 项的值，可以由初始条件 $F(1)=l$、$F(2)=1$ 出发，利用递推公式逐步求出 $F(3)$，$F(4)$，…，最后求出 $F(50)$ 的值。

大家也许会问：若用通项公式来计算 $F(50)$ 的值不是更方便吗？事实上，有些问题要找出通项公式是相当困难的，并且即便能找到，计算也并非简便。例如，Fibonacci 数列的通项公式为

$$F(n) = \frac{((1+\sqrt{5})/2)^{n+1} - ((1-\sqrt{5})/2)^{n+1}}{\sqrt{5}}$$

显而易见，寻找这样的通项公式是相当不易的，并且利用上式计算 $F(n)$ 相当费力。与此相反，若利用递推初始条件和递推公式进行计算就方便多了。递推操作是提高递归函数执行效率最有效的方法，科学计算中最常见。

在科学计算领域，人们时常会遇到求解方程 $f(x)=0$ 或微分方程的数值解等计算问题。可是人们很难或无法用像一元二次方程的求根公式那样的解析法（又称为直接求解法）去求解。例如，一般的一元五次或更高次方程、几乎所有的超越方程，其解都无法用解析方法表达出来。为此，人们只能用数值方法（也称为数值计算方法）求出问题的近似解，若近似解的误差可以估计和控制，且迭代的次数也可以接受，它就是一种数值近似求解的好方法。这种方法既可以用来求解代数方程，又可以用来求解微分方程，使一个复杂问题的求解过程转化为相对简单的迭代算式的重复执行过程。

下面以方程 $f(x)=0$ 求根为例说明迭代法的基本思想。

首先把求解方程变换为迭代算式 $x=g(x)$，然后从事先估计的一个根的初始近似值 x_0 出发，用迭代算式 $x_{k+1}=g(x_k)$ 求出另一个近似值 x_1，再由 x_1 确定 x_2，…，最终构造出一个近似根序列 $\{x_0, x_1, x_2, …, x_n, …\}$ 来逐次逼近方程 $f(x)=0$ 的根。

【例 4-12】 求方程 $x^3-x-1=0$ 在 $x =1.5$ 附近的一个根。

【解】 先将方程改写成 $x = \sqrt[3]{x+1}$，用给定的初始近似值 $x_0=1.5$ 代入上式的右端，得到 $x_1 = \sqrt[3]{1.5+1} = 1.35721$；用 x_1 作为近似值代入上式的右端，又得到 $x_2 = \sqrt[3]{1.35721+1} = 1.33086$。

重复同样步骤，可以逐次得到更精确的值。这一过程即为迭代过程。显然，迭代过程就是通过原值求出新值，用新值替代原值的过程。对于一个收敛的迭代过程，有时从理论上讲，经过千百亿次迭代可以得到准确解，但实际计算时只能进行有限次迭代。因此，**要精选迭代算式，研究算式的收敛性及收敛速度**。例如，上式若选 $x=x^3-1$ 作为迭代算式就是不收敛的。

使用递推（迭代）法构造算法的基本方法是：首先确定一个合适的递推公式，选取一个初始近似值以及解的误差，然后用循环处理实现递推过程，终止循环过程的条件是前后两次得到的近似值之差的绝对值小于或等于预先给定的误差，并认为最后一次递推得到的近似值为问题的解。这种递推方法称为逼近迭代。

此外，精确值的计算也可以使用递推。例如，计算 $S=1+2+3+4+…+1000$，可以确定迭代变量 S 的初始值为 0，迭代公式为 $S(i) ⇐ S(i-1) + i$，当 i 分别取 1，2，3，4，…，1000 时，重复计算迭代公式，迭代 1000 次后，即可求出 S 的精确值。对于精确迭代问题，若结果有误差，通常不是算法

本身造成的，而是计算机的误差。

视频

4.2.3 递归法（Recursion）

递归法是一个非常有趣且实用的算法设计方法。

递推是**从已知项的值递推出未知项的值来**，而递归则是**从未知项的值递推出已知项的值，再从已知项的值推出未知项的值来**。让我们看两个例子。

有一个家庭，夫妇俩生养了 6 个孩子，个个活泼、调皮、可爱。一日，家里来一客人，见了这一群孩子，难免喜爱和好奇。遂问老大："你今年多大了？"老大脑子一转，故意说："我不告诉你，但我比老二大 2 岁"。客人遂问老二："你今年多大了？"老二见老大那样回答，也调皮地说："我也不告诉你，我只知道比老三大 2 岁"……客人挨个问下去，孩子们的回答都一样，轮到最小的老六时，他诚实地回答："3 岁啦"。客人马上就知道老五的年龄了，再往回就轻易地推算出了老四、老三、老二和老大的年龄了。庆幸的是老六"童言无忌"，诚实地告诉了客人，要不客人就难免尴尬了。这就是递归。

再来看一个笑话。一位物理学家想说服一个家庭妇女，告诉她宇宙不是"大象驮了世界站在乌龟背上"。他这样反问那个家庭妇女："如果世界是乌龟驮着，那乌龟是谁驮着呢？"家庭妇女却回答道："你别唬我，那只乌龟站在另一只乌龟背上，然后又是一只乌龟，一只接一只，没有穷尽……""乌龟驮着乌龟……"就是一种"递归"。

生活中递归的例子不少，比如一个主持人在播音台现场直播新闻，在他的左边有一台电视机。里面正在播放这一节目。这时我们会通过他左边的电视机看到相同的画面，在这一小画面中的电视机仍然有相同的画面，这便是无穷递归，图 4-6 也蕴含着递归的含义。

图 4-6　**递归实例**

递归是构造算法的一种基本方法，如果一个过程直接或间接地调用它自身，则称该过程是递归的。例如，数学里面就有许多递归定义的函数：

$$n! = \begin{cases} 1 & n = 0 \\ n(n-1)! & n > 0 \end{cases}$$

递归过程必须有一个递归终止条件，即存在"递归出口"。无条件的递归是毫无意义的，也是做不到的。在阶乘的递归定义中，当 $n=0$ 时定义为 1，这就是阶乘递归定义的递归出口。写出的算法是（$n \geq 0$ 时）：

```
int   fac(int  n)
    {
    if ( n = 0 )
        return (1);
    else
```

```
        return (n * fac(n - 1));
    }
```

这个程序和数学公式几乎没什么两样，当 $n>1$ 时，每次以 $n-1$ 代替 n 调用函数本身（从第一行入口），直至 $n=1$。

【例 4-13】 找出计算 Fibonacci 序列第 N 项的递推算法与递归算法。已知 Fibonacci 序列的第 1 项为 0，第 2 项为 1，从第 3 项起均等于在它之前的两项之和。

【解法 1】 递推算法。递推关系式如下：

$$\begin{cases} F_1 = 0 \\ F_2 = 1 \\ F_i = F_{i-2} + F_{i-1} \qquad i \geqslant 3 \end{cases}$$

【算法】
```
    int  FIB ( int  N )
    {
      K ⇐ N-1;
      if (K = 0)
        return (0);
      else if (K=l)
            return (1);
      else {
              F1 ⇐ 0;
              F2 ⇐ 1;
              while ( K>1 )
                {
                    F ⇐ F2 + F1;
                    F1 ⇐ F2;
                    F2 ⇐ F;
                    K ⇐ K-1;
                }
              return(F);
          }
    }
```

【解法 2】 递归算法。递归函数关系如下：

$$\begin{cases} F(i) = F(i-2) + F(i-1) \qquad i \geqslant 3 \\ F(2) = 1 \\ F(1) = 0 \end{cases}$$

【算法】
```
    int  FIB(int  N)
    {
        if (N = l)
            return(O);
        else if (N=2)
            return(1);
        else
            return(FIB(N-l)+ FIB(N-2));
    }
```

在解法 2 的算法中，函数 FIB(N)在定义中要用到 FIB(N-1)和 FIB(N-2)，这就是前面说过的"自己调用自己"，是递归算法的特征。

递归与递推是既有区别又有联系的两个概念。递推是从已知的初始条件出发，逐次递推出最后所求的值。而递归则是从函数本身出发，逐次上溯调用其本身求解过程，直到递归的出口，再从里向外倒推回来，得到最终的值。一般说来，一个递推算法总可以转换为一个递归算法。

递归算法往往比非递归算法要付出更多的执行时间。尽管如此，由于递归算法编程非常容易，各种程序设计语言一般都有递归语言机制。此外，用递归过程来描述算法不但非常自然，而且证明算法的正确性也比相应的非递归形式容易很多。因此，递归是算法设计的基本技术。

以上举例都是用递归来解决数值计算问题，实际上递归也常用于求解非数值计算问题。有些看起来相当复杂、难以下手的问题，用递归过程来解决，常常会显得十分简明。著名的汉诺塔问题（Hanoi Tower）就是适于用递归算法求解的一例。

【例4-14】汉诺塔问题。19世纪欧洲传教士来到东方，看到印度Bramah神庙里有个和尚整天把三根柱子上的金盘倒来倒去。原来他是想把一个柱子上64个逐个缩小的金盘从一个柱子移到另一个柱子，规定每次移一个，而且小盘永远在大盘上。据说，全部移完之后就是世界末日，梵天再世。但是无论他倒了多少天总没有什么进展。这个装置引起欧洲人极大兴趣，后来传到欧洲作为馈赠的玩物，叫汉诺塔。汉诺塔移动规则简单，但移动次数实在太多。64个盘子其移动的总次数是 $2^{64}-1=1.8446744\times10^{19}$ 次，它比以秒计的地球年龄 1.89×10^{17} 都大。当然，计算机模拟移动一次不会要一秒钟，即便如此，也需要相当长的时间。我们不妨写一个算法让计算机来模拟此过程。

我们很快就可以想到：要使 N 个盘从1柱移到2柱，我们得先把 $N-1$ 个盘移到3柱，那么第 N 个盘（最大盘）就可以从1柱移到2柱。至于如何把 $N-1$ 个盘从1柱移动到3柱暂时不管。第 N 盘移完之后，按同样方式再将 $N-1$ 个盘从3柱移到2柱。于是 N 个盘从1柱移到2柱的任务就完成了。算法如下：

```
void   MoveTower(N, 1, 2)
    {
        MoveTower (N-1, l, 3);
        MoveDisk(l, 2);
        MoveTower(N-1, 3, 2);
    }
```

其中，过程 MoveTower 的参数依次表示共几个盘子、起始柱和目的柱；过程 MoveDisk 的参数表示从起始柱移到目的柱。移动 N 个盘的任务变成两个移动 $N-1$ 个盘的任务，加上一个真实的动作，看来这个问题似乎没解决，移动 N 个与 $N-1$ 个差不多，到底如何移动还是不知道。其实这个问题已经解决了。我们把 MoveTower(N-l, l, 3) 这个新任务如法炮制，把2柱当成过渡柱，也可以变为两个子任务加一个 MoveDisk(l, 3) 的动作。如此做下去，每次移动盘子的任务减1，直到0个盘子时就没有任务了，剩下的全部是动作。递归算法的内容就这三步，递归程序能自动地做到0个任务为止。我们可以拿3个盘子检验这个递归算法。

当任务为0时，剩下的动作是：1→2，1→3，2→3，1→2，3→1，3→2，1→2。与实际完全一样。

在完善算法时，只要把柱名改成变量，就可以自动改变其值，再加上递归终止条件，可以得到：

```
void   MoveTower (N, From, To, Using )
    {
        if ( N ≠ 0 )
          {
              MoveTower(N, From, Using, To);
              MoveDisk(From, To);
```

```
            MoveTower(N-1, Using, To, From);
        }
    }
```

这是一个典型的递归算法——自己调用自己，从递归给定参数出发（如例中 N 个）递归到达终止条件（N=1）。

移动 64 个盘子至少需要多少步呢？$1.84×10^{19}$ 步。假设移动一个盘子一步需要 1 秒钟，那么移动 64 个盘子大约需要多少时间呢？大约 5849 亿年。根据天文学知识，太阳系的寿命大约为 150 亿年，也就是说，移动完 64 个盘子，那时世界真的不复存在了。

利用递归方法我们可以做一些非常有意思的事情。在图 4-7 中，这些图形都是用递归算法画出来的。

例如，先来看绘制图 4-7(b)这个分形图的思路。如图 4-8 所示，给定两点 p_1 和 p_2，确定一条直线，计算这条直线的长度，如果长度小于预先设定的极限值，则将这两个点用直线相连，否则取其 1/3 处点（点 1）、2/3 处点（点 2）以及中点下方一个点（点 3），这个点与第 1 点、第 2 点构成的直线与直线 p_1p_2 的夹角为 60°。判断这 5 个点按照顺序形成的 4 条直线的长度是否小于预先设定的极限值，如果小于，则将相应的两个点相连，在屏幕上画一条直线，否则继续对相应两点形成的直线进行以上操作。该过程一直持续下去，直到符合条件为此。图 4-9 是两个漂亮的分形图。

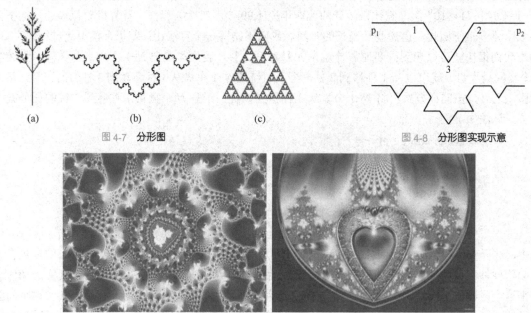

(a)   (b)   (c)

图 4-7 分形图   图 4-8 分形图实现示意

图 4-9 漂亮的分形图

【例 4-15】 使用递归输出指定序列的全排列。

【分析】 全排列是将一组数按一定顺序进行排列，如果这组数有 n 个，那么全排列数为 n! 个。现以 {1, 2, 3, 4, 5} 为例说明如何编写全排列的递归算法。

① 首先看最后两个数 4、5。它们的全排列为 4 5 和 5 4，即以 4 开头的 5 的全排列和以 5 开头的 4 的全排列，由于一个数的全排列就是其本身，从而得到以上结果。

② 再看后三个数 3、4、5。它们的全排列为 3 4 5、3 5 4、4 3 5、4 5 3、5 3 4、5 4 3 六组数。

③ 可以得出，设一组数 $p = \{r_1, r_2, r_3, \cdots, r_n\}$，全排列为 perm($p$)，$p_n = p-\{r_n\}$。

因此 perm(p) = $r_1$perm(p_1)，$r_2$perm(p_2)，$r_3$perm(p_3)，$\cdots$，$r_n$perm(p_n)（递归情况，将问题分成了 n 个子问题）。当 n=1 时，perm(p) = r_1（基本情况）。即将整组数中的所有的数分别与第一个数交换，

然后对每种交换的情况处理后面 n-1 个数全排列的情况。

【算法】 全排列递归实现的算法如下：

```
void perm(num[], k, m)
{
    if (k = m)
        for (i⇐0;  i≤m;  i++)
            printf(num[i]);
    for (i⇐k;  i≤m;  i++)
    {
        num[k] ⇐ ⇒ num[i];
        perm(num, k+1, m);
        swap(num[k], num[i]);
    }
}
```

递归算法是一种直接或者间接地调用自身的算法。在计算机编写程序中，递归算法对解决一大类问题是十分有效的，往往使算法的描述简洁而且易于理解。

递归算法解决问题的特点如下：

① 递归就是在过程或函数里调用自身。

② 在使用递归策略时，必须有一个明确的递归结束条件，称为递归出口。

③ 递归算法解题通常显得很简洁，但递归算法解题的运行效率较低。所以，在强调运行效率时一般不提倡用递归算法设计程序。

④ 在递归调用的过程当中系统为每一层的返回点、局部量等开辟栈来存储。递归次数过多时需要较大的存储空间。

⑤ 有些问题不用递归方法时很难写出算法，而用递归时算法又显得特别简洁。在不是特别强调算法效率而又可以利用递归方法求解问题时，何乐而不为呢？

递归算法所体现的"重复"一般有三个要求：

① 每次调用在规模上都有所缩小（通常是减半）。

② 相邻两次重复之间有紧密的联系，前一次要为后一次做准备（通常前一次的输出就作为后一次的输入）。

③ 在问题的规模极小时，必须用直接给出解答而不再进行递归调用，因而每次递归调用都是有条件的（以规模未达到直接解答的大小为条件），无条件递归调用将会成为死循环而不能正常结束。

总之，用递归方法解决一个问题的时候，可以把大问题分解为更小的问题，而且分解之后的问题的解决方法与原来的一致，并且可以把问题一直这么分解下去，直到问题分解到足够小的时候进行解决，再回溯去解决原来的问题。用递推方法解决问题时类似于数学归纳法中的归纳步骤，假设某个问题在某一步某个条件下成立，下一步可以根据这一步所得的关系进行推导，这就是递推。

本质上，递归和递推都是同一种解决问题的思路，也就是把问题进行分解，但是递归是由未知到已知推导，直到问题规模足够小不必继续推导就可以解决了，而递推是由已知到未知推导。

4.2.4 回溯法（Backtracking）*

在游乐园里，游客们高兴地玩"迷宫"的游戏，看谁能通过迂回曲折的道路顺利地走出迷宫。这类问题难以归纳出简单的数学模型，只能依靠枚举和试探。比如在迷宫中探索前进的道路时，遇到岔路，就有可能对应着多条不同的道路，从中先选出一条"走着瞧"。如果此路不通，便退回来另寻他途。如此继续，直到最终找到适当的出路（有解）或证明无路可走（无解）为止。为了提高效率，应该充分利用给出的约束条件，尽量避免不必要的试探。这种"枚举——试探——失败返回——再枚举试探"的求解方法就称为**回溯**。因此，回溯算法也叫试探法，它是一种系统地搜索问题的解的方法。这是在求解问题时一种较常用的算法设计方法。

回溯法是设计算法中的一种基本策略。在那些涉及寻找一组解的问题或者满足某些约束条件的最优解的问题中，有许多可以用回溯法来求解。

八皇后问题就是回溯算法的经典实例。用回溯算法求解"八皇后问题"的基本思想是：从一条路往前走，能进则进，不能进则退回来，换一条路再试。下面就以"八皇后问题"为例，说明怎样利用回溯法对问题进行求解。

【例4-16】 八皇后问题。1850年，数学家高斯提出了一个有趣的问题：怎样将八个皇后放在国际象棋的棋盘上，使她们谁也不能把谁吃掉呢？高斯提出了这个问题，但他自己未能完全解决这一问题。因为当时还没有计算机，而解决这类问题需要耐心、准确性和大量单调的劳动、。

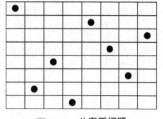

图 4-10 八皇后问题

国际象棋的棋盘有 64 个格子。按照象棋的规则，皇后可以在横、竖、斜的八个方向上行走或吃子。所以在本例的任何解中，都不允许有两个皇后处于同一行、同一列或同一根斜线上。例如，(1, 5, 8, 6, 3, 7, 2, 4)就是其中一个解，如图 4-10 所示。

【分析】 现在用回溯法为本例求解。先把棋盘的行和列分别用 1~8 编号，并以 x_i 表示第 i 行上皇后所在的列数，如 x_2=5 表示第 2 行的皇后位于第 5 列上，它是一个由 8 个坐标值 x_1~x_8 所组成的"8 元组"。

下面是这个 8 元组解的产生过程。

① 先令 x_1=1。此时 x_1 是 8 元组解中的一个元素，是所求解的一个子集或"部分解"。

② 决定 x_2。显然 x_2=1 或 2 都不能满足约束条件，x_2 只能取 3~8 之间的一个值。暂令 x_2 = 3，部分解变为(1,3)。

③ 决定 x_3。此时 x_3 为 1~4 都不能满足约束条件，x_3 至少应取 5。令 x_3=5，部分解变为(1,3,5)。

④ 决定 x_4。此时部分解为(1,3,5)，取 x_4=2 可满足约束条件，于是部价解变为(1,3,5,2)。

⑤ 决定 x_5。对于部分解(1,3,5,2)，取 x_5 = 4 可以满足约束条件。

⑥ 决定 x_6。此时部分解为(1,3,5,2,4)，而 x_6 为 6、7 或 8 均处于已置位皇后的右斜线上，x_6 暂时无解，只能向 x_5 回溯。

⑦ 重新决定 x_5。已知部分解为(1,3,5,2)，且 x_5=4 已证明失败，6、7 又分别在 x_2、x_3 的右斜线上，只能取 x_5=8，部分解变成(1,3,5,2,8)。

⑧ 重新决定 x_6。此时 x_6 的可用列 4、6、7 均不能满足约束条件，回溯至 x_5 也不再有选择余地（因 x_5 已经取最大值 8），只能继续回溯至 x_4 另选适当值。

⑨ 重新决定 x_4，此时 x_4=2 已证明失败。

……

这样试探、修正、再试探、再修正，直至得出一个 8 元组完全解。可见，解题的过程就是根据约束条件逐步扩展部分解为完全解的过程。如果扩展失败，就返回对部分解中前面的结点进行修改。

由于该算法写出来比较复杂，读者理解这种算法设计思想就可以了。感兴趣的读者可参考有关文献。

【例4-17】 填字游戏。在 3×3 个方格的方阵中要填入数字 1 到 n（$n \geq 10$）内的某 9 个数字，每个方格填一个整数，使得所有相邻两个方格内的两个整数之和为质数。试求出所有满足这个要求的各种数字填法。

【分析】 可用试探法找到问题的解。即从第 1 个方格开始，为当前方格寻找一个合理的整数填入，并在当前位置正确填入后，为下一方格寻找可填入的合理整数。如不能为当前方格找到一个合理的可填整数，就要回退到前一方格，调整前一方格的填入数。当第 9 个方格也填入合理的整数后，就找到了一个解，将该解输出，并调整第 9 个方格填入的整数，寻找下一个解。

为找到一个满足要求的 9 个数的填法，从还未填一个数开始，按某种顺序（如从小到大的顺序）每次在当前位置填入一个整数，然后检查当前填入的整数是否能满足要求。在满足要求的情况下，继续用同样的方法为下一方格填入整数。如果最近填入的整数不能满足要求，就改变填入的整数。如对当前方格试尽所有可能的整数，都不能满足要求，就需回退到前一方格，并调整前一方格填入的整数。如此重复执行扩展、检查或调整、检查，直到找到一个满足问题要求的解，将解输出。

【算法】 回溯法，找一个解的算法。

```
m ⇐ 0;
ok ⇐ 1;
n ⇐ 8;
do {
    if (ok)
        扩展;
    else
        调整;
    ok ⇐ 检查前 m 个整数填放的合理性;
} while ((not ok or m ≠ n) and (m ≠ 0))
if (m ≠ 0)
    输出解;
else
    输出无解信息;
```

如果要求找全部解，则在将找到的解输出后，应继续调整最后位置上填放的整数，试图去找下一个解。

【算法】 回溯法找全部解的算法。

```
m ⇐ 0, ok ⇐ 1;
n ⇐ 8;
do {
    if (ok)
        {   if (m = n)
                {   输出解;
                    调整;
                }
            else 扩展;
        }
    else 调整;
    ok ⇐ 检查前 m 个整数填放的合理性;
} while (m ≠ 0);
```

为了确保程序能够终止，调整时必须保证曾被放弃过的填数序列不会再次实验，即要求按某种有序模型生成填数序列。给解的候选者设定一个被检验的顺序，按这个顺序逐一形成候选者并检验。从小到大或从大到小，都是可以采用的方法。如扩展时，先在新位置填入整数 1，调整时，找当前候选解中下一个还未被使用过的整数。

显然，在实际生活中有些问题是不能用数学模型去解决的，需要通过一个过程，此过程要经过若干个步骤才能完成，每个步骤又分为若干种可能。同时，为了完成任务，必须遵守一些规则，但这些规则无法用数学公式表示，对于这样一类问题，一般采用搜索的方法来解决。回溯法就是搜索算法中的一种控制策略，能够解决许多搜索中问题。

通过前面的例子，我们大概理解了回溯法的基本思想方法：在搜索过程中，由于求解失败，为了摆脱当前失败状态，返回搜索步骤中的上一点，去寻求新的路径，以求得答案。要返回搜索，那么前进中的某些状态必须保存，才能使得退回到某种状态后能继续向前。

所以，回溯算法的特点如下。

① 搜索策略：符合递归算法，问题解决可以化为子问题，其子问题算法与原问题相同，只是数据增大或减少。

② 控制策略：为了避免不必要穷举搜索，对在搜索过程中所遇到的失败，采取从失败点返回到上一点，进行重新搜索，求得新的求解路径。

假设回溯算法是要找出问题的所有答案$(x_1, x_2, x_3, \cdots, x_n)$，对于每个答案都有一个由起点（开始位置）到终点（所要到达的位置）的路径，设为 T；另外假定存在一些规则设为 B，则其回溯算法的一般形式是：

```
Backtrack(n)                                    /* 回溯算法的抽象模式，每个解在 x(1..n)中 */
    {
        k ⇐ 1;
        while（k > 0）
            {
                if（x [k]未检验 and x [k]可能是其中一个解 and x [k]规则 B ）
                    if(由起点到 x [k]是一条到达解结点的路径)
                        {
                            输出 x [1], x [2], …, x [k]路径;
                            k ⇐ k + 1;
                        }
                    else
                        k ⇐ k - 1;                /* 回溯到前一个位置 */
            }
    }
```

利用回溯法求解的问题还很多，下面介绍几个典型的例子。

【例 4-18】 有 2n 个人排队购一件价为 0.5 元的商品，每人限购一件。其中一半人拿一张 1 元人民币，另一半人拿一张 0.5 元的人民币，要使售货员在售货中，不发生找钱困难，问这 2n 个人应该如何排队？找出所有排队的方案。（假定售货员一开始就没有准备零钱。）

【分析】

① 根据题意可以看出，要使售货员在售货中不发生找钱困难，则在排队时，应该在任何情况下，持 0.5 元的排在前面的人数多于持 1 元的人数。

② 该问题可以用二进制数表示：用 0 表示持 0.5 元的人，用 1 表示持 1 元的人，那么 2n 个人排队问题化为 2n 个 0、1 的排列问题。这里我们用数组 B[1.. 2n] 存放持币情况。

③ 设 k 是 B 数组的下标，B[k]=0 或 B[k]=1；用变量 p、q 记录 0 与 1 的个数，且必须满足 $n > p \geqslant q$。

【算法】 回溯搜索算法如下：

Step1: 先将 B[1]、B[2]、…、B[2n] 的值置为 -1，从第一个元素开始搜索，每个元素先取 0，再取 1，即 B[K]⇐B[K]+1，试探新的值，若符合规则，增加一个新元素。

Step2: 若 k<2n，则 k⇐k+1，试探下一个元素，若 k=2n 则输出 B[1]、B[2]、…、B[2n]。

Step3: 如果 B[K] 的值不符合要求，则 B[K] 再加 1，试探新的值；若 B[K]=2，表示第 k 个元素的所有值都搜索过，均不符合条件，只能返回到上一个元素 B[K-1]，即回溯。

Step4: 返回到上一个元素 k⇐k-1，并修改 p，q。

Step5: 直到求出所有解。

【例 4-19】 骑士游历问题。在 $n \times n$ 的国际象棋上的某一位置上放置一个马，然后采用象棋中"马走日字"的规则，要求这个马能不重复地走完 $n \times n$ 个格了，试用计算机解决这个问题。

【分析】 本题也是典型的回溯算法问题，设骑士在某一位置 (X,Y)，按规则走，下一步可以是如图 4-11（$n=5$）所示的 8 个位置之一。我们重点考虑前进的方向：如果某一步可继续走下去，就试探着走下去且考虑下一步的走法，若走不通则返回，考虑另选一个位置。

图 4-11 骑士游历问题

【算法】 试探下一步的算法如下。

```
选择准备;
do{
    8 个位置中选一个;
    if(选择可接受)
    {
        记录移动情况;
        if(棋盘未遍历完)
        {
            试探下一步;
            if(试探不成功)
                删去以前的记录;              /* 回溯 */
        }
    }
}while (移动不成功 or 有其他选择);
```

【例 4-20】 四色问题。四色问题是图论里面非常经典的问题，在这里稍加简化。设有如图 4-12 所示的地图，每个区域代表一个省，区域中的数字表示省的编号，现在要求给每个省涂上红、蓝、黄、白四种颜色之一，同时使相邻的省份以不同的颜色区分。

【分析】

① 本例是图论中的一个搜索问题，可以将该问题简化：将每个省看成一个点，而将省之间的联系看成一条边，这样就可以得到如图 4-13 所示图形。

② 从图 4-13 可以知道各省之间的相邻关系，可以数据阵列表示——矩阵，即用一个二维数组来表示：

$$R[x, y] = \begin{cases} 1 & \text{表示} x \text{省与} y \text{省相邻} \\ 0 & \text{表示} x \text{省与} y \text{省不相邻} \end{cases}$$

由图 4-13 可以得到如图 4-14 所示的矩阵。

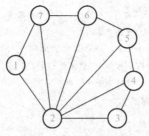
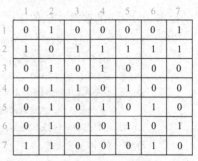

	1	2	3	4	5	6	7
1	0	1	0	0	0	0	1
2	1	0	1	1	1	1	1
3	0	1	0	1	0	0	0
4	0	1	1	0	1	0	0
5	0	1	0	1	0	1	0
6	0	1	0	0	1	0	1
7	1	1	0	0	0	1	0

图 4-12　简化了的地图	图 4-13　地图的抽象表示	图 4-14　矩阵

③ 从编号为 1 的省开始按四种颜色顺序填色，当第一个省颜色与相邻省颜色不同时，就可以确定第一个省的颜色，再依次对第二、第三……个省进行处理，直到所有省颜色都涂上为止。

④ 问题关键在于在填色过程中，如果即将填的颜色与相邻省的颜色相同，而且四种颜色都试探过，均不能满足要求，则需要回溯到上一个点（即前一个省），修改上一个省的颜色，重新试探下一个省的颜色。

所以，本题仍然是一个用回溯方法求问题的解。用数组 S 表示某个省已涂的颜色，涂色过程算法如下。

【算法】

```
初始化工作;
对第一个省涂色;
while (x≤n)                                      /* 还有省份没有涂色 */
    while (y≤4 and x≤n)                          /* 选择颜色        */
        {
            if (k < x and (检查相邻区域，如不是当前要涂色区域))
            {
                试探下一区域: k⟸k+1;
                if (当前颜色不能涂)
                    试探下一种颜色: y⟸y+1;
                else
                    本区域涂色，准备试探下一区域;
                if (试探不成功)                   /* 回溯            */
                    x ⟸ x-1;                     /* 返回上一个点（省）*/
            修正 y 颜色的值;
            }
```

在上面的算法中，检测相邻区域是否涂色以及涂什么颜色的计算机表示方法如下：S 数组表示某区域所涂的颜色，R 数组表示省之间的关联，用 0 或 1 表示，因此，检查相邻区域是否涂色或涂的颜色是否相同可用 $S[k]*R[x,k] \neq x$ 表示。

英国《每日邮报》2012 年 6 月 30 日报道：芬兰数学家因卡拉花费 3 个月时间设计出了世界上迄今难度最大的数独游戏，而且它只有一个答案。因卡拉说只有思考能力最快、头脑最聪明的人才能破解这个游戏。

什么是数独游戏呢？数独（Sudoku）是一种填数字游戏，起源于瑞士，20 世纪 70 年代由美国一家数学逻辑游戏杂志首先发表，名为 Number Place，后在日本流行。1984 年，Sudoku 命名为数独，即"独立的数字"的省略，解释为每个方格都填上一个 1～9 的数字。2004 年，曾任中国香港高等法院法官的高乐德（Wayne Gould）把这款游戏带到英国，成为英国流行的数学智力拼图游戏。

数独的玩法逻辑简单，数字排列方式千变万化，不少教育者认为，数独是锻炼大脑的好方法。

因卡拉给出的数独游戏如图 4-15 所示。

可见，该拼图是九宫格（即 3 格宽 3 格高）的正方形状，每格又细分为一个九宫格。在每个小九宫格中，分别填上数字 1~9，让整个大九宫格每列、每行的数字都不重复。

思考：可否用回溯法写出一个算法来求解该问题？

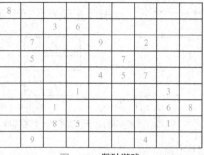

图 4-15　**数独游戏**

4.2.5　分治法（Divide and Conquer）

分治法就是分而治之。**如果求解的问题比较复杂，可以将它分割为若干较小的子问题来各个击破，以降低问题的复杂性，这就是分治的思想**。使用分治法时，往往要按问题的输入规模来衡量问题的大小。若要求解一个输入规模为 n 且其取值又相当大时，应选择适当的设计策略将 n 个输入分成几个不同的子集合，从而得到 k 个可分别求解的子问题，其中 $1<k\leq n$。在求出各个子问题的解后，就可以找到适当的方法，把它们合并成整个问题的解，分治法便应用成功了。如果得到的子问题相对来说还太大，则可再次使用分治法将这些子问题分割得更小。在很多考虑使用分治法求解的问题中，往往把输入分成与原问题类型相同的两个子问题，即 $k=2$。分治法在设计检索、快速排序等问题的算法中是很有效的，并得到了广泛的应用。

分治法解题的一般步骤如下：① 分解，将要解决的问题划分成若干规模较小的同类问题；② 求解，当子问题划分得足够小时，用较简单的方法解决；③ 合并，按原问题的要求，将子问题的解逐层合并构成原问题的解。

科学计算领域有时会面对非常巨大的计算任务，又希望在很短很短的时间内完成计算。在这种情况下，靠一台计算机来计算显然是满足不了要求的。这时候分治法可以派上用场了。比如，两个非常巨大的矩阵相乘，可以先对矩阵进行分解，然后把子任务分配到若干台计算机上进行计算，最后把计算结果收集合并起来。假定矩阵

$$A = \begin{bmatrix} a_{11} & a_{12} & \cdots & a_{1N} \\ a_{21} & a_{22} & \cdots & a_{2N} \\ \cdots & \cdots & \cdots & \cdots \\ a_{N1} & a_{N2} & \cdots & a_{NN} \end{bmatrix} \qquad B = \begin{bmatrix} b_{11} & b_{12} & \cdots & b_{1N} \\ b_{21} & b_{22} & \cdots & b_{2N} \\ \cdots & \cdots & \cdots & \cdots \\ b_{N1} & b_{N2} & \cdots & b_{NN} \end{bmatrix}$$

N 是一个非常大的整数，大到一台计算机存放不下矩阵 A 或 B，现在要计算它们的乘积 $C=A\times B$。

两个矩阵相乘结果也是一个矩阵，如下所示：

$$\begin{bmatrix} c_{11} & c_{12} & \cdots & c_{1N} \\ c_{21} & c_{22} & \cdots & c_{2N} \\ \cdots & \cdots & \cdots & \cdots \\ c_{N1} & c_{N2} & \cdots & c_{NN} \end{bmatrix} = \begin{bmatrix} a_{11} & a_{12} & \cdots & a_{1N} \\ a_{21} & a_{22} & \cdots & a_{2N} \\ \cdots & \cdots & \cdots & \cdots \\ a_{N1} & a_{N2} & \cdots & a_{NN} \end{bmatrix} \times \begin{bmatrix} b_{11} & b_{12} & \cdots & b_{1N} \\ b_{21} & b_{22} & \cdots & b_{2N} \\ \cdots & \cdots & \cdots & \cdots \\ b_{N1} & b_{N2} & \cdots & b_{NN} \end{bmatrix}$$

要求矩阵 C，就要求出矩阵 C 中的每个元素 c_{nm}，其计算式如下：

$$c_{nm} = \sum_i a_{ni} \times b_{im} \qquad (1 \leq n, m, i \leq N)$$

也就是说，做上面的计算就要扫描矩阵 A 中 n 行的所有元素和矩阵 B 中 m 列的所有元素。

如果一台计算机存不下这么一个矩阵，事情就变得很麻烦。下面来看分治法怎么做。首先，假定用 10 台计算机来计算，可把矩阵 A 按行拆成 10 个小矩阵 $A_1, A_2, \cdots, A_{10}$，每个有 $N/10$ 行，如图 4-16

所示。然后，分别计算每个小矩阵 $A_1, A_2, \cdots, A_{10}$ 与 B 的乘积。为不失一般性，以 A_1 为例来说明。

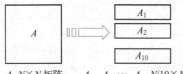

对应的 C_1 中的每个元素可按下式计算：

$$c_{nm}^1 = \sum_i a_{ni}^1 \times b_{im} \qquad (1 \leqslant n, m, i \leqslant N)$$

这样就在第一台计算机上计算出 C 矩阵中前 1/10 行的元素，如图 4-17 所示。

A：$N \times N$ 矩阵　$A_1, A_2, \cdots, A_N$：$N/10 \times N$ 矩阵

图 4-16　将矩阵按行分解成 10 个子矩阵

同理，可以在第 2、3、$\cdots$、10 台计算机上计算出其他元素。

当然，细心的读者可能会发现，矩阵 B 也与矩阵 A 一样大，一台计算机同样存不下。不过没有关系，同样可以按列切分矩阵 B，使得每台计算机只存矩阵 B 的 1/10。上述公式可以直接使用，只是这回只完成了 C_1 的 1/10。这次需要 100 台计算机而不是原来的 10 台了，如图 4-18 所示。

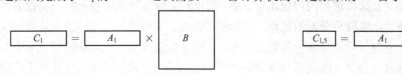

图 4-17　第一台服务器完成前 1/10 的计算任务　　图 4-18　第一台计算机的工作被分配到（其中的第 5 台）

于是，在单机上无法求解的大问题就被分解成小问题得以解决。

分治法是非常有意义的。其实，大型工程项目中也经常使用分治法，如生产一辆汽车，通常把汽车分成发动机、车架、底盘、变速箱、轮胎等部件，然后分别研制和生产，最后组成成车。飞机、火箭、卫星等莫不如此。

【例 4-21】 有一个装有 16 个硬币的袋子。16 个硬币中有一个是假币，并且假币比真币要轻。你的任务是找出这个伪造的硬币。为了完成这一任务，将提供一台可用来比较两组硬币重量的仪器，可以知道两组硬币的重量是否相同。

【分析】 一种容易想到的方法是：比较硬币 1 与硬币 2 的重量。假如硬币 1 比硬币 2 轻，则硬币 1 是假币；假如硬币 2 比硬币 1 轻，则硬币 2 是伪造的。这样就完成了任务。假如两硬币重量相等，则比较硬币 3 和硬币 4。同样，假如有一个硬币轻，则寻找假币的任务完成。假如两硬币重量相等，则继续比较硬币 5 和硬币 6。按照这种方式，最多通过 8 次比较来判断假币的存在并找出这一伪币。

另外一种方法就是利用分治法。假如把 16 硬币的例子看成一个大的问题。第一步，把这一问题分成两个小问题。随机选择 8 个硬币作为第一组，称为 A 组，剩下的 8 个硬币作为第二组，称为 B 组。这样，就把 16 个硬币的问题分成两个 8 硬币的问题来解决。第二步，判断 A 和 B 组中是否有假币。可以利用仪器来比较 A 组硬币和 B 组硬币的重量。假如两组硬币重量相等，则可以判断假币不存在。假如两组硬币重量不相等，则存在假币，并且可以判断它位于较轻的那一组硬币中。在第三步中，用第二步的结果得出原先 16 个硬币问题的答案。若仅仅判断硬币是否存在，则第三步非常简单。无论 A 组还是 B 组中有假币，都可以推断这 16 个硬币中存在假币。因此，仅仅通过一次重量的比较，就可以判断伪币是否存在。

现在假设需要识别出这个假币。把两个或三个硬币的情况作为不可再分的小问题。注意如果只有一个硬币，那么不能判断出它是否为假币。在一个小问题中，通过将一个硬币分别与其他两个硬币比较，最多比较两次就可以找到假币。这样，16 硬币的问题就被分为两个 8 硬币（A 组和 B 组）的问题。通过比较这两组硬币的重量，可以判断假币是否存在。如果没有假币，则算法终止，否则继续划分这两组硬币来寻找假币。假设 B 是轻的那一组，因此再把它分成两组，每组有 4 个硬币。

称其中一组为 B1，另一组为 B2。比较这两组，肯定有一组轻一些。如果 B1 轻，则伪币在 B1 中，再将 B1 又分成两组，每组有两个硬币，称其中一组为 B1a，另一组为 B1b。比较这两组，可以得到一个较轻的组。由于这个组只有两个硬币，因此不必再细分。比较组中两个硬币的重量，可以立即知道哪一个硬币轻一些。较轻的硬币就是所要找的伪币。

分治法常用来设计快速的算法。Hoars 的快速排序（Quicksort）算法即是一例，本章后面还会专门介绍。

【例 4-22】 计算 x^n。

【算法 1】 直接算法，其描述如下。显然，其复杂性的阶可记为 $O(n)$。

```
void  Power(x, n)
    {
        P ⟸ x;
        while (n>1)
            {
                P ⟸ P * x;
                n ⟸ n - 1;
            }
        printf(x, P);
    }
```

【算法 2】 快速算法。

令 $Y = x \times x$，则计算 x^n 的问题即可转换为计算 $Y^{n/2}$ 的新问题。问题的规模从原来的 n 下降到 $n/2$。考虑到 n 可能是奇数，所以算法中还应添上"变奇为偶"的处理。其具体步骤是让部分积乘一次乘数，然后将规模减 1，同时使乘幂由奇数变为较原值小 1 的偶数。

以上过程每执行 1 次，问题规模仅减小一半。若不断重复上述过程，每次将规模减小一半，效率的提高就可观了。当 n 等于 2 的整数乘幂时，如 $n = 2^k$，该算法时间复杂性的阶将下降为 $O(\log_2 n)$。下面描述了这一算法。

```
void  QuickPower(x, n)
    {
        P ⟸ 1;
        Y ⟸ x;
        K ⟸ n;
        while (K > 0)
            if ( K mod 2 = 0)
                {
                    Y ⟸ Y * Y;
                    K ⟸ K/2;
                }
            else
                {
                    P ⟸ P * Y;
                    K ⟸ K - 1;
                }
        printf(x, P);
    }
```

算法中的"P = P * Y; K = K-1"两步操作不仅用于变奇为偶，还巧妙地将 P 当成部分积，随算法的执行过程逐步更新其内容。当最终退出运算时，P 代表最后的结果，即 x^n 的值。

4.2.6　仿生法——蚁群算法（Ant colony optimization，ACO）*

蚂蚁是大家司空见惯的一种昆虫，而它们的群体合作的精神令人钦佩。它们的寻食、御敌、筑巢（蚂蚁筑窝、蜜蜂建巢）之精巧令人惊叹。若我们能从它们身上学习到一些什么的话，也将是一件非常有益之事。

蚂蚁能筑巢，人们对此感到非常惊讶，而看到人建筑高楼大厦并不感到惊奇（也许是习以为常了）。大家认为人有一个聪明的脑袋，故能设计建筑高楼大厦。那么，为什么有一个聪明的脑袋就能完成各种工作，而没有聪明脑袋的动物就不能完成复杂的任务？是不是只有"聪明的脑袋"才能完成复杂的任务？若是这样，那么"脑袋"是什么？是否都一定像我们现在看到的那样？是否可以有其他形式？比如，可否将整个"蚁群"看成一个"松散的脑袋"？因为人和蚂蚁都是从低等单细胞生物进化而来的。一个分支进化成像人这样的大型动物（包括其中具有高等智慧的脑袋），另一分支进化成像蚂蚁一样的蚁群。两者的不同在于前者（脑袋）是连通的，后者（蚁群）是离散的。在这样的看法下，**一个蚂蚁就相当于脑中的一个细胞（神经元），蚂蚁之间的信息交流相当于大脑中各个细胞之间的连接**。有人正是以这种想法为出发点，提出"群体智能"的数学模型，并研究其基本性质。20 世纪 90 年代初，意大利学者 Marco Dorigo 在他的博士论文中首次提出了蚁群算法，又称为**蚂蚁算法**。这是依照蚂蚁觅食原理设计的一个群体智能算法。

关于蜜蜂觅食，人们已经做过详细了解，据说它们是用飞行的舞姿（兜圈圈）来传递信息，圈子的轴方向表示花蜜的方向，用飞行的圈数表示有花蜜地方的距离，其他蜜蜂得此信号，就纷拥向该方向飞去。

而蚂蚁觅食的方法另有一番世界，据研究当蚂蚁找到食物并将它搬回来时，就会在其经过的路径上留下一种"信息素"（蚂蚁分泌的一种激素），其他蚂蚁嗅到这个激素的"味道"，就沿该路奋勇向前，觅食而去。不但如此，还会沿着最短的路径奔向食物。

为什么小小的蚂蚁能够找到食物？它们具有什么样的智慧？如果我们要为蚂蚁设计一个具有人工智能的程序，那么这个程序要多么复杂呢？首先，要让蚂蚁能够避开障碍物，就必须根据适当的地形给它相应的指令，让它们能够巧妙地避开障碍物；其次，要让蚂蚁找到食物，就需要让它们搜遍空间上的所有点；再次，如果要让蚂蚁找到最短的路径，那么需要计算所有可能的路径并且比较它们的大小，更重要的是，要小心翼翼地编程，因为程序的错误也许会让你前功尽弃。这是多么不可思议的程序！太复杂了，恐怕没人能够完成这样烦琐的程序。

然而，事实并没有你想得那么复杂，上面这个程序每个蚂蚁的核心程序代码不过 100 多行。为什么这么简单的程序会让蚂蚁干这样复杂的事情？答案是：简单规则的涌现。事实上，**每只蚂蚁并不是像我们想象的需要知道整个世界的信息，它们其实只关心很小范围内的眼前信息，而且根据这些局部信息，利用几条简单的规则进行决策，这样在蚁群集体里，复杂性的行为就会凸现出来**。这就是人工生命、复杂性科学解释的规律。那么，这些简单规则是什么呢？

① 范围。蚂蚁观察到的范围是一个方格世界，蚂蚁有一个参数为速度半径（一般为 3），那么它能观察到的范围就是 3×3 个方格世界，并且能移动的距离也在这个范围之内。

② 环境。蚂蚁所在的环境是一个虚拟的世界，其中有障碍物、其他蚂蚁和信息素。信息素有两种，一种是找到食物的蚂蚁洒下的食物信息素，一种是找到窝的蚂蚁洒下的窝的信息素。每个蚂蚁都只能感知它范围内的环境信息。环境以一定的速率让信息素消失。

③ 觅食规则。在每只蚂蚁能感知的范围内寻找是否有食物，如果有，就直接过去。否则看是否有信息素，并且比较在能感知的范围内哪一点的信息素最多。这样它就朝信息素多的地方走，并且每只蚂蚁多会以小概率犯错误，从而并不是往信息素最多的点移动。蚂蚁找窝的规则与上面一样，

只不过它对窝的信息素做出反应，而对食物信息素没反应。

④ 移动规则。每只蚂蚁都朝向信息素最多的方向移动，当周围没有信息素指引的时候，蚂蚁会按照自己原来运动的方向惯性的运动下去，而且在运动的方向有一个随机的小的扰动。为了防止蚂蚁原地转圈，它会记住最近刚走过了哪些点，如果发现要走的下一点已经在最近走过了，它就会尽量避开。

⑤ 避障规则。如果蚂蚁要移动的方向有障碍物挡住，它会随机地选择另一个方向，并且有信息素指引的话，它会按照觅食的规则行为。

⑥ 播撒信息素规则。每只蚂蚁在刚找到食物或者窝的时候散发的信息素最多，并随着它走远的距离，播撒的信息素越来越少。

根据这几条规则，蚂蚁之间并没有直接的关系，但是每只蚂蚁都与环境发生交互，通过信息素这个纽带，实际上把蚂蚁之间联系起来。比如，当一只蚂蚁找到了食物，它并没有直接告诉其他蚂蚁这儿有食物，而是向环境播撒信息素，当其他的蚂蚁经过它附近的时候，就会感觉到信息素的存在，进而根据信息素的指引找到了食物。

说了这么多，蚂蚁究竟是怎么找到食物的呢？

在没有蚂蚁找到食物的时候，环境没有有用的信息素，那么蚂蚁为什么会相对有效地找到食物呢？这要归功于蚂蚁的移动规则，尤其是在没有信息素时候的移动规则。首先，它要能尽量保持某种惯性，这样使得蚂蚁尽量向前方移动（开始，这个前方是随机固定的一个方向），而不是原地无谓的打转或者摆动。其次，蚂蚁要有一定的随机性，虽然有了固定的方向，但它不能像粒子一样直线运动下去，而是有一个随机的干扰。这样使得蚂蚁运动起来具有了一定的目的性，尽量保持原来的方向，但又有新的试探。尤其当碰到障碍物的时候，它会立即改变方向，这可以看成一种选择的过程，也就是环境的障碍物让蚂蚁的某个方向正确，而其他方向不对。这就解释了为什么单个蚂蚁在复杂的诸如迷宫的地图中仍然能找到隐蔽得很好的食物。

当然，在有一只蚂蚁找到了食物的时候，其他蚂蚁会沿着信息素很快找到食物的。

蚂蚁如何找到最短路径？这要归功于信息素和环境。信息素多的地方显然经过这里的蚂蚁会多，因而会有更多的蚂蚁聚集过来。假设有两条路从巢通向食物，开始的时候，走这两条路的蚂蚁数量同样多（或者较长的路上蚂蚁多，这也无关紧要）。当蚂蚁沿着一条路到达终点以后会马上返回来，这样短的路，蚂蚁来回一次的时间就短，这也意味着重复的频率就快，因而在单位时间里走过的蚂蚁数目就多，洒下的信息素自然也多，会有更多的蚂蚁被吸引过来，从而洒下更多的信息素……而长的路正相反。因此，越来越多地蚂蚁聚集到较短的路径上来，最短的路径就近似找到了。

例如，设一群蚂蚁（随机地）向四面八方去觅食。当某只蚂蚁觅到食物时，一般沿原路回巢，同时在归途上留下信息素，信息素随着向四周散发其浓度会不断下降。若有两只蚂蚁从 O 出发，都在 A 点找到食物，且都沿原路返回，如图 4-19 所示，可以看出，OA 比 OBA 短，当第一只蚂蚁回到 O 点时，第二只蚂蚁（沿路径 OBA 走的蚂蚁）才回到 C 点。于是，OA 路上有两次信息素的

图 4-19　蚂蚁寻找最短路径

遗留物（去一次、回来一次），而 OC 路上只有去一次的信息素遗留物，故 OA 的信息素浓度比 OC 上大。蚂蚁就会沿信息素浓度大的路径上前行。于是后面的蚂蚁会渐渐地沿由 O 到 A 的最短程到达 A 点（指所有已求到的路径中的最短者）。以上就是蚂蚁能以最短和找到食物的原因。

也许有人会问局部最短路径和全局最短路的问题。实际上，蚂蚁是逐渐接近全局最短路的。为什么呢？这源于蚂蚁会犯错误，也就是它会按照一定的概率不往信息素高的地方走而另辟蹊径，这可以理解为一种创新。这种创新如果能缩短路途，那么根据刚才原理，更多的蚂蚁会被吸引过来。

跟着蚂蚁的踪迹，你找到了什么？通过上面的原理叙述和实际操作，我们不难发现，蚂蚁之所以具有智能行为，完全归功于它的简单行为规则，而这些规则综合起来就是多样性和正反馈。

多样性保证了蚂蚁在觅食的时候不致走进死胡同而无限循环，正反馈机制则保证了相对优良的信息能够被保存下来。我们可以把多样性看成一种创造能力，而正反馈是一种学习强化能力。正反馈的力量也可以比喻成权威的意见，而多样性是打破权威体现的创造性，正是这两点的巧妙结合，才使得蚂蚁的智能行为涌现出来了。

大自然的进化、社会的进步、人类的创新实际上都离不开这两样东西，多样性保证了系统的创新能力，正反馈保证了优良特性能够得到强化，两者要恰到好处地结合。如果多样性过剩，也就是系统过于活跃，相当于蚂蚁会有过多的随机运动，它就会陷入混沌状态；相反，多样性不够，正反馈机制过强，那么系统就好比一潭死水。这在蚁群中表现为蚂蚁的行为过于僵硬，当环境变化了，蚂蚁群仍然不能适当调整。

这里有几个概念需要强调。

① 最大信息素：蚂蚁在一开始拥有的信息素总量越大表示程序在较长一段时间能够存在信息素。

② 信息素消减的速度：随着时间的流逝，已经存在于世界上的信息素会消减，这个数值越大，那么消减得越快。

③ 错误概率：表示蚂蚁不往信息素最大的区域走的概率，越大表示蚂蚁越有创新性。

④ 速度半径：表示蚂蚁一次能走的最大长度，也表示蚂蚁的感知范围。

⑤ 记忆能力：表示蚂蚁能记住多少个刚刚走过点的坐标，这个值避免了蚂蚁在本地打转，停滞不前。这个值越大，那么整个系统运行速度就慢，越小，则蚂蚁越容易原地转圈。

人们根据蚂蚁的"群体智能"原理设计了蚁群算法，用来解决某些实际问题。比如，有研究者用蚂蚁算法求解全国 144 个城市的最短回路问题，求得的解同其他方法求到的解一样精确，这说明蚂蚁算法不但是求解组合优化问题的可行方法，而且是一种很有竞争力的算法。有兴趣的读者可参考有关的文献。

借助蚂蚁的启迪，不仅可以开发出求最短路径的算法，还可以开发出其他算法。

据说蚂蚁很爱卫生，对其巢内经常进行大扫除，将垃圾堆在一起，然后拉到巢外。根据蚂蚁的上述行为，人们以蚂蚁为师设计分类算法。一群蚂蚁随机出发，遇到垃圾，就将其拉走（拉的方向也是随机的）；拉垃圾时，若遇到某一堆垃圾时，就放下；放下垃圾后，再次进行拉垃圾行为……当然还要加一些限制，才能达到人们所希望的结果。

蚂蚁同心协力进行搬运食物是我们见得最多的蚂蚁行为，有人以此设计出几个机器人共同推盒子的算法。如美国阿尔伯塔大学设计出几个机器人共同推盒子的实验。

借助蚂蚁分工合作的特点（蚁皇管生男育女、工蚁管干活、兵蚁管保卫）的启迪，人们设计了求解任务分配问题的蚂蚁算法，并应用于工厂中汽车喷漆问题。如美国西北大学将蚂蚁算法用于卡车厂油漆车间，负责给离开装配线的卡车上漆。他们采取工人分组，各组只喷一种颜色，只有当某小组任务特别紧张时才分配另一小组前去帮助。通过这种设计，工厂各车间改变颜色的次数更少，从而提高了整体的生产率。

又如，美国 MCI World com 公司一直研究人工蚂蚁，并用于管理公司的电话网，对用户记账收费等工作，还设计"人工蚂蚁"打算用于因特网的路由管理。

本书介绍蚂蚁的行为，并因此引出蚁群算法，一方面，这是一个非常有趣的事情，通过观察大自然，人们获得了很多思想和灵感，然后利用这些思想来解决客观世界的实际问题；另一方面，通过对蚁群算法的学习，了解这种特别的思维方法在有关方面的应用。当然，具体蚁群算法怎么写，本书并不打算进一步介绍，而只是介绍其算法设计的思想。有了相应的思想，在碰到实际问题时，就能意识到用什么样的方法去解决问题。所以，意识是第一位的。

4.2.7　并行算法*

我们早就听说过这么一句话"三个臭皮匠顶个诸葛亮"，所描述的无非就是"人多力量大"这么一个简单的道理。其实，在计算机世界存在类似的问题，这就是并行计算（Parallel Computing）。为了更好地理解并行计算，我们不妨再次看看第 2 章介绍过的童话故事。

从前，有一个酷爱数学的年轻国王向邻国一位聪明美丽的公主求婚。公主给他出了这样一道题：求 48 770 428 433 377 171 的一个真因子。公主承诺若国王能在规定的时间内求出正确的答案，便接受他的求婚。国王回去后立即开始逐个数的进行计算，他从早到晚，共算了 30000 多个数，最终还是没有结果。国王向公主求情，公主将答案相告：223 092 827 是它的一个真因子。国王很快验证了这个数确能除尽 48 770 428 433 377 171。公主说："我再给你一次机会，再求一个 17 位数的真因子，如果还求不出，将来您只好做我的证婚人了。"国王立即回国，向时任宰相的大数学家请教，大数学家仔细思考后认为，一个 17 位数最小的一个真因子不会超过 9 位，于是给国王出了一个主意：按自然数的顺序给全国的老百姓每人编一个号发下去，等公主给出数目后，立即将它们通报全国，让每个老百姓用自己的编号去除这个数，除尽了立即上报，赏金万两。最后，国王用这个办法求婚成功。

在这个童话故事中，国王最先使用的是顺序算法，也就是串行计算，依靠个人的能力逐个数进行演算，即便最终能找到答案，也是一个十分漫长的过程。传统的计算机都是这样求解问题的。宰相提出的是一种并行算法，也就是并行计算，国王依靠大量的人力资源，在短时间内就能获得想要的计算结果。

并行计算是指同时使用多种计算资源解决计算问题的过程，是提高计算机系统计算速度和处理能力的一种有效手段。并行计算系统既可以是专门设计的、含有多个处理器的超级计算机，也可以是以某种方式互连的若干台独立计算机构成的集群。

并行计算基于一个简单的想法——用多个处理器来协同求解同一问题，即将被求解的问题分解成若干个部分，各部分均由一个独立的处理机来并行计算。N 台计算机应该能够提供 N 倍计算能力，不论当前计算机的速度如何，都可以期望被求解的问题在 $1/N$ 的时间内完成。显然，这只是一个理想的情况，因为被求解的问题在通常情况下都不可能被分解为完全独立的各部分，而是需要进行必要的数据交换和同步。尽管如此，并行计算仍然可以使整个计算机系统的性能得到实质性的改进，而改进的程度取决于欲求解问题自身的并行程度。

并行计算自然离不开并行算法，也就是说，并行计算必须依靠并行算法的支持。那么，什么是并行算法呢？并行算法就是在并行机上用很多个处理器联合求解问题的方法和步骤，其执行过程是将给定的问题首先分解成若干个尽量相互独立的子问题，然后使用多台计算机同时求解它，从而最终求得原问题的解。从本质上说，不同的并行算法是根据问题类别的不同和并行机体系结构的特点产生出来的。一个好的并行算法要既能很好地匹配并行计算机硬件体系结构的特点，又能反映问题内在并行性。

并行算法可以分为数值并行算法和非数值并行算法。前者研究基于代数关系运算的数值计算问题的并行算法，主要包括矩阵运算、方程组的求解和数字信号处理等。后者研究基于比较关系运算的符号处理问题，主要包括图论问题、数据库操作和组合优化等。

并行算法设计技术尽管理论上不是很成熟，带有一定的技巧性，但也不是无章可循。目前，有一些基本的、带有普适性的并行算法设计技术，例如划分法（Partitioning）是设计并行算法最自然朴素的方法，是将一个计算任务分解成若干个规模大致相等的子任务而并行求解；分治法（Divide and Conquer）是求解大型问题的一种策略，是将一个大而难的问题逐次化为一些小规模可求解的子问题而递归求解；流水线法（Pipelining）是一种基于空间并行和时间重叠的问题求解技术，是并行处理技术中普遍使用的方法；随机法（Randomization）是一种不确定性算法，在算法设计中引入随机性，从而可望得到平均性能良好、设计简单的并行算法；平衡树法（Balanced Tree）、倍增法（Doubling）和破对称法（Symmetry Breaking）等都是针对待求解问题本身的特点而采用的一些有效设计方法；迭代法（Iteration）是求解诸如线性方程组之类问题的常用数值求解方法。

人们之所以对并行计算感兴趣，一是因为在现实世界中存在着固有的并行性。在日常生活中，你可能自觉或不自觉地都在运用着并行，如一边听演讲，一边记笔记就是听觉、视觉和手写的并行。二是对于那些要求快速计算的应用问题，单处理机由于器件受物理速度的限制而无法满足要求，所以使用多台处理机联合求解势在必行。三是对于那些大型复杂的科学工程计算问题，为了提高计算精度，往往需要加密计算网格，而细网格的计算也意味着大计算量，通常需要在并行机上实现。四是对于那些实时性要求很高的应用问题，传统的串行处理往往难以满足实时性的需要，必须在并行机上用并行算法求解。

然而，在处理很多事务时，如进行推理和计算，人们又习惯用串行方式，在这种情况下，要改用且用好并行性也并非易事。同时，就计算科学而言，并行计算理论仍处于发展阶段，特别是早期的并行机均很昂贵，编写并行软件又很难，所以并行性的优点尚未被普遍的认同，但作为一种解决问题的思想和方法我们至少应该了解。

4.2.8　算法设计与计算思维

前面用了较大篇幅介绍算法设计的基本思想和方法，依次介绍了枚举法、递推法、递归法、回溯法、分治法、蚁群算法和并行算法。前几种方法比较常用，后两种算法思想比较新颖和特别，并有较大的挑战性。之所以这么安排，就是希望大家在了解经典算法设计思想的情况下，对一些新的算法设计思路有所了解。

从这些算法设计的思想和方法中，我们应该体会到计算思维独具的特点。比如枚举法和回溯法，只有在基于计算机的狭义计算思维中才突显其特点和意义，除非问题规模很小，否则人类自身是不太可能采用枚举法和回溯法求解问题的。再如递归法，在表达某些复杂问题时，显得那么简洁明了，其思维方法不局限于计算学科，在数学中有着广泛的应用。再如分治法和并行算法，充分体现了广义计算思维的特点，几乎可应用于任何领域求解大型问题。那么，蚁群算法呢？来自于自然界的蚁群行为，既为计算学科提供了一种智能算法，又为很多客观世界的问题求解提供了新的思路。

因此，算法背后所隐藏的思想和方法是计算思维的本质和内涵，而算法本身带有较浓的计算机思维的色彩了。为了更好地理解算法、程序与计算思维、计算机思维的关系，不妨用图4-20来表述。

图 4-20　**算法和程序与计算思维的关系**

当然，算法设计需要经验和智慧，不是那么容易掌握的。本书仅仅是想让大家了解算法以及算法设计的基本思想和方法，并不是训练大家的算法设计能力，更不是要求大家掌握实现算法的技能（也就是如何把算法变成程序）。另外，算法设计方法还有很多，如动态规划、贪心算法、分支界限法、概率算法等，我们不可能在此一一介绍。

4.3　常用的经典算法

尽管计算学科的整个发展史很短，但前人们还是留下了很多非常经典的算法，仅就排序而言，就可以数出一大堆，如冒泡排序法、快速排序法、选择排序法、插入排序法、基数排序法等。穷尽各种算法几乎是不可能的，也是没有必要的。有些算法充满着智慧，但难度也比较大。对于本书的读者来说，有选择地掌握几种常用而经典的算法就够了。本节仅就累加和、连乘积、最大（小）值、查找、排序等方面，介绍几个有代表的算法的基本思想和方法（不侧重算法的实现）。

4.3.1　累加和、连乘积与最大（小）值

程序设计时，很多时候都会碰到求累加和、连乘积和最大（小）值的问题。

1. 求累加和

面对这样的式子 $s=a_1+a_2+a_3+\cdots+a_n$，最简单的计算思想就是从 a_1 开始，逐项累加进 s 中。当然，这种计算思想不一定是最高效的，却是最容易理解的。按照这种思想写出的通用算法模式如下（注意 s 的初值必须为 0）：

```
s ⇐ 0;
for ( i ⇐ 1;   i≤n;   i++ )
    s ⇐ s + aᵢ;
printf(s);
```

下面通过一个实例说明其应用。

【例 4-23】 计算 $e = 1 + \dfrac{1}{1!} + \dfrac{1}{2!} + \dfrac{1}{3!} + \cdots + \dfrac{1}{n!} + \cdots$，直到最后一项（通项）小于 10^{-7} 时为止。

```
e ⇐ 1.0;
u ⇐ 1.0;
n ⇐ 1;
do {
      u ⇐ u / n;
      e ⇐ e + u;
      n ⇐ n + 1;
    } while ( u≥1.0e-7 );
printf( e );
```

这里的 do-while 循环与 for 循环意义相同（事实上，二者可以相互转换）。

2. 求连乘积

对于连乘积 $s=a_1\times a_2\times a_3\times\cdots\times a_n$，最简单的计算思想也是从 a_1 开始，逐项与 s 相乘，最后结果存放于 s 中。通用的算法模式如下（注意 s 的初值必须为 1）：

```
s ⇐ 1;
for ( i ⇐ 1;   i≤n;   i++ )
    s ⇐ s * aᵢ;
printf(s);
```

【例 4-24】 求 $n!=1\times2\times3\times\cdots\times n$。算法如下：

```
s ⇐ 1;
for (i ⇐ 1;  i≤n;  i++)
    s ⇐ s * i;
printf(s);
```

接下来看一个综合利用累加和与连乘积的实例,把相关知识灵活运用起来。

【例4-25】 求 1!+2!+3!+4!+⋯+20!。

一个数的阶乘可以用连乘积的算法求出,每个数的阶乘求出后,再做累加和运算。不过按照这样的方法求解,效果很不好。在求阶乘时,应该充分利用前面已经计算出的结果,即公式 $n!=n×(n-1)!$ 来计算后续的阶乘,效率要高很多。算法如下:

```
t ⇐ 1, s ⇐ 0;
for (n ⇐ 1;  n≤20;  n++)
    {
        t ⇐ t * n;
        s ⇐ s + t;
    }
printf( s );
```

3. 最大(小)值

我们经常需要求取一大堆数据中的最大值或者最小值,掌握这样的算法自然非常实用。为讨论方便,现在假定有 n 个自然数,存放于数组 A[]中,要求求出其中的最大值是多少? 既然要求最大值,不妨先设一个变量 max,让它的初值为 0,然后拿数组 A[]中的每个数据元素与 max 做比较,凡是比 max 大的,就赋值给 max。比完数组中所有的数据元素后,max 中的值肯定就是最大值了。算法如下:

```
max ⇐ 0;
for (i ⇐ 1;  i≤n;  i++)
    if (A[i] > max)
        max ⇐ A[i];
printf( max );
```

求最小值的道理是一样的。

4.3.2 查找

王某自小聪慧好学,成绩一贯优秀,整个一人见人爱的孩子。高考成绩优异,以当地状元的身份进入了学子们梦寐以求的国内某著名大学。大学期间,王某刻苦努力。除了宿舍、食堂,绝大部分时间都在教室和图书馆里度过。几年下来,在这所著名的学府里,在知识的海洋中,他不仅做了大量的读书笔记,脑子里也记了大量的东西。内心无比的充实,对未来也充满了期待。

毕业后,王某顺利地找到了自己满意的工作岗位。但工作不久,王某就发出了这样的感慨:"大学学了些什么啊? 白费了。"何以如此呢? 原来王某毕业时,正值互联网上 Google、百度等搜索引擎开始流行之际,王某上网一搜索,发现自己求学时所做的笔记以及脑海里所记忆的知识,网上应有尽有,甚至更详细……

换了谁都会懊恼,王某自然也不例外,这就是现实。以至有人说:现如今读书不需要死记大量知识,重要的是学会检索。这里所说的检索就是在互联网上查找自己所需要的知识。

从王某的"故事"里,我们应该理解和明白以下两方面:一是大学里面的学习,不能光靠笔和脑死记一大堆知识,而应该重点强化锻炼和提高分析问题、解决问题的能力。曾有学者指出,当人们从大学毕业若干年后，把在大学课堂老师所讲授的知识全都忘记了，所剩下的才是大学教育的精髓。二是互联网上的信息量相当巨大，借助于搜索引擎，我们很容易获取各种各样的知识。学会检索、收集、整理等技能，比用笔记笔记效率高得多。

在英汉字典中查找某个英文单词的中文解释；在新华字典中查找某个汉字的读音、含义；在对数表、平方根表中查找某个数的对数、平方根；邮递员送信件要按收件人的地址确定位置等。可以说，查找是为了得到某个信息而常常进行的工作。

查找是许多程序中最消耗时间的一部分。因而，一个好的查找方法会大大提高运行速度。常用的查找方法有顺序查找与折半查找，下面分别予以介绍。

（1）顺序查找法

假定目标数据有 n 个，这些数据原本是杂乱无章的，分别用变量 a_1，a_2，…，a_n 来表示，存放于一维数组 A[1..n]中。现在要求查找这些数据里面有没有值为 x 的数据元素，有的话给出其所在数组元素的下标，没有的话也要给出相应的信息。

顺序查找又称为线性查找，是一种最简单的查找方法。它是从线性表的一端开始，顺序扫描线性表，依次将扫描到的节点关键字和给定值 x 相比较，若当前扫描到的节点关键字与 x 相等，则查找成功；若扫描结束后，仍未找到关键字等于 x 的节点，则查找失败。

算法如下：

```
int   SeqSearch(A[], x, n )
    {
      i ⇐ 1;
      while ( A[i]  ≠  x and i≤n)
            i++;
      if ( i > n )
            printf("没有要找的数据");
      else
            return ( i );
    }
```

认真分析，我们发现该算法的效率不是很高，还可以进一步改进：可在目标数据最后面增加一个待查找的数据元素 x，这样每次查找时，可以少做比较，提高算法的效率。修改后的算法如下：

```
int   SeqSearch(A[], x, n )
    {
      i ⇐ 1;
      while ( A[i]≠x)
          i++;
      if ( i > n )
          printf("没有要找的数据");
      else
          return ( i );
    }
```

（2）折半查找法（Binary Search）

折半查找又称为二分查找或对分查找。折半查找时，要求目标数据必须是有序的，这是折半查找的前提，必需满足，否则该方法就会失效。

假定目标数据有 n 个，这些数据已经按从小到大排好序，分别用变量 a_1，a_2，…，a_n 来表示，存放于一维数组 A[1..n]中。折半查找的过程是：首先取整个数组 A[1]～A[n]的中间位置的元素 A[mid]（其中下标 mid=n/2），用 A[mid]元素的值与待查找的关键字 x 进行比较，若相等，则查找成功，返回 A[mid]元素的下标 mid；否则，若 x 小于中间元素 A[mid]的值，则说明待查元素若存在则只可能落在中间元素 A[mid]左边的区间 A[1]～A[mid-1]中，接着只要在左边这个区间中继续进行折半查找即可；若 x 大于中间元素 A[mid]的值，则说明待查元素若存在只可能落在中间元素 A[mid]右边的区间 A[mid+1]～A[n]之中，接着只要在右边的区间中继续进行折半查找即可；这样，经过一次关键字的比较，就缩小一半查找空间，如此进行下去，直到找到关键字为 x 的元素，或者当前查找区间为空，表明查找失败为止。

例如，假定数组 A[]中有 10 个元素{12, 23, 26, 37, 54, 60, 68, 75, 82, 96}，当需要从中折半查找值为 23 的元素时，首先求出中间位置的元素下标 mid 等于(10+1)/2 的值 5（整除），其元素 A[5]的值为 54；因 23 小于 54，所以接着在 A[1]～A[4]区间内查找，此时求出的中间位置的元素下标为 2，其元素 A[2]的值为 23；该元素值正好等于待查值 23，所以查找成功，返回该元素的下标值 2，结束查找。

1	2	3	4	5	6	7	8	9	10
[12	23	26	37	54	60	68	75	82	96]

↑mid

1	2	3	4	5	6	7	8	9	10
[12	23	26	37]	54	60	68	75	82	96

↑mid

当需要从上述 10 个元素的有序表中折半查找值为 82 的元素时，首先求出中间位置的元素下标 mid 的值为 5，其元素 A[5]的值为 54；因 82 大于 54，所以接着在 A[6]～A[10]区间内查找；此时求出的中间位置的元素下标为(6+10)/2 的值 8，其元素 A[8]的值为 75；因 82 大于 75，所以接着在 A[9]～A[10]区间内查找；此时求出的中间位置的元素下标为(9+10)/2 的值 9，其元素 A[9]的值为 82；该元素值正好等于待查值 82，所以查找成功，返回该元素的下标值 9，结束查找。

1	2	3	4	5	6	7	8	9	10
[12	23	26	37	54	60	68	75	82	96]

↑mid

1	2	3	4	5	6	7	8	9	10
12	23	26	37	54	[60	68	75	82	96]

↑mid

1	2	3	4	5	6	7	8	9	10
12	23	26	37	54	60	68	75	[82	96]

↑mid

当需要从上述 10 个元素的有序表中折半查找值为 25 的元素时，首先求出中间位置的元素下标 mid 的值为 5，其元素 A[5]的值为 54；因 25 小于 54，所以接着在 A[1]～A[4]区间内查找；此时求出的中间位置的元素下标为 2，其元素 A[2]的值为 23；因 25 大于 23，所以接着在 23 的右边 A[3]～A[4]区间内查找；此时求出的中间位置的元素下标为(3+4)/2 的值 3，其元素 A[3]的值为 26；因 25 小于 26，应在 26 的左子表进行查找，因 26 的左子表为空，所以查找 25 元素失败，返回假，结束查找。

1	2	3	4	5	6	7	8	9	10
[12	23	26	37	54	60	68	75	82	96]

↑mid

1	2	3	4	5	6	7	8	9	10
[12	23	26	37]	54	60	68	75	82	96]

↑mid

1	2	3	4	5	6	7	8	9	10
12	23	[26	37]	54	60	68	75	82	96]

↑mid

根据以上分析，可以写出折半查找的非递归算法如下：

```
int   BinSearch (A[], x, n)
      {
```

```
                low ⟸ 1;
                high ⟸ n;
                find ⟸ FALSE;
                while ( low≤high and not find )
                    {
                        mid ⟸ (low + high) / 2;
                        if (x < A[mid])
                            high ⟸ mid − 1;
                        else if ( x > A[mid] )
                                low ⟸ mid + 1;
                            else {
                                    i ⟸ mid;
                                    find ⟸ TRUE;
                                }
                    }
                if ( not find )
                    printf("没有要找的数据");
                else
                    return ( i );
            }
```

4.3.3 排序

对排序的直观印象打小就有了。在中小学里，至少有两件事情，大家印象很深刻。一是排队，这是经常要做的事情，为了使队伍好看，通常按身高从高到矮（或从矮到高）依次排列，这就是按身高进行的排序；二是考试成绩，老师们喜欢从高分到低分依次宣布……

这些都是非常简单的事情（参与排序的人或事很少），大家很容易做到，也就习以为常了。

进一步，我们看看高考的情况就不一样了。首先，参加高考的人很多，一个省多达几十万；其次，每一个人考好几门课程，高校录取新生时，既要看总成绩，也要看单科成绩（某些专业还有另外特别的要求，如不能是色盲等）。试想，这么多人的数据而且还要从不同角度考虑，录取工作怎么进行呢？录取前不需要事先排好序吗？这个序怎么排呢？这还是一件很容易的事情吗？排好序需要多长时间呢？

既然工作与生活中排序无处不在，计算机世界必须有相应的方法（算法）来解决现实世界的排序问题。假定待排序的数据有 n 个，这些原始数据原本是杂乱无章的，分别用变量 a_1，a_2，…，a_n 来表示，存放于一维数组 A[1..n]中。排序自然是依据数据的大小来排。在没有特别指明的情况下，我们假定是按从小到大排序（从大到小道理是一样的）。几十年来，人们设计了很多种排序方法，有些方法非常巧妙，有些方法需要较多的预备知识，有些方法难度较大不易理解。

（1）简单选择排序法

简单选择排序（Select Sorting）是一种最容易理解的排序方法。该方法的基本思想是：首先拿第一个变量 a_1 依次与 a_2，a_3，…，a_n 比较，凡是比 a_1 小的就交换它们的值，这一趟比下来，最小的数据肯定存放于变量 a_1 之中了；然后，用第二个变量 a_2 依次与 a_3，a_4，…，a_n 比较，凡是比 a_2 小的就交换它们的值；以此类推，当把 a_{n-1} 与 a_n 比较完，所有数据就排序完毕了。

我们用具体实例展示一下排序过程。假定待排序的数组 A 中共有 5 个元素如下：

	[25	48	16	73	55]
下标	1	2	3	4	5

第一趟选择和交换时，用 25 与 48、16、73、55 分别比较和交换（小的数据放前面，大的数据放后面）。得到结果如下：

	16	[48	25	73	55]
下标	1	2	3	4	5

第二趟选择和交换时，用 48 与 25、73、55 分别比较和交换（小的数据放前面，大的数据放后面），可得到结果如下：

	16	25	[48	73	55]
下标	1	2	3	4	5

依次类推，第三趟选择和交换结束后，得到的结果如下：

	16	25	48	[73	55]
下标	1	2	3	4	5

第四趟选择和交换结束时，就完成了排序，结果如下：

	16	25	48	55	73
下标	1	2	3	4	5

对于 5 个元素进行 4 趟选择和交换后，整个简单选择排序过程结束，数组 A 中的 5 个元素完全按照其值从小到大有序了。于是，我们可以写出以下算法：

```
void   SelectSort(A[], n)
    {
        for( i ⇐ 1;  i ≤ n-1;  i++ )
            for( j ⇐ i+1;  j ≤ n;  j++ )
                if( A[j] < A[i] )
                    A[i] ⇔ A[i];
    }
```

但实事求是地说，这样的算法效率不高，究其原因是中间无意义的数据交换太多，浪费了大量的时间。如果不加以改造，当数据量很大时，算法的效率是难以让人接受的。原因何在呢？让我们以实际数据，按上述算法试排一下，下图给出了数据排序过程中前后移动的变化情况（因数据交换导致的结果），不难发现，好些数据近乎于在做无规则的布朗运动。我们知道，布朗运动是需要消耗能量的。而在算法里面，数据元素出现这样的布朗运动，无疑是要消耗"时间"的，也就是说会严重影响算法效率的。如图 4-21 所示。

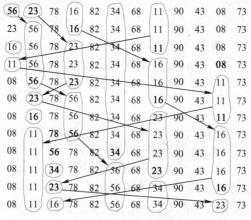

图 4-21　数据元素的布朗运动

事实上，每一趟比较下来只要交换 1 次数据就可以了。因此，该算法可进一步优化。具体方法和过程为：每次从待排序的区间中选出最小元素的下标，把该元素与该区间的第一个元素交换位置。第一次待排序区间包含所有 n 个元素 $a_1 \sim a_n$，经过选择和交换后，a_1 为具有最小数据的变量；第二次待排序区间为 $a_2 \sim a_n$，经过选择和交换后，a_2 为仅次于 a_1 的具有最小数据的变量；第三次待排序区间为 $a_3 \sim a_n$，经过选择和交换后，a_3 为仅次于 a_1 和 a_2 的具有最小数据的变量。以此类推，经过 $n-1$ 次选择和交换后，整个排序过程结束了。

算法经过优化后的结果如下：

```
void   SelectSort(A[], n)
   {
      for ( i ⇐ 1;  i ≤ n-1;  i++ )
        {
          k ⇐ i;
          for ( j ⇐ i+1;  j ≤ n;  j++ )
            if ( A[j] < A[k] )
              k ⇐ j;
          if ( k ≠ i )
            A[i] ⟺ A[k];
        }
   }
```

（2）直接插入排序法

直接插入排序又叫简单插入排序，它也是一种简单的排序方法。

直接插入排序法的基本思想是：把数组 A 中的 n 个元素看作由一个有序区间和一个无序区间组成，开始时有序区间中只有一个元素 a_1，只有一个元素时总认为是有序的。无序区间中包含有 $n-1$ 个元素，即 a_2，a_3，$\cdots$，a_n。然后每次从无序区间中取出第一个元素，把它插入到前面的有序区间中的合适位置，使之成为一个新的有序区间，这样有序区间就增加了一个元素，无序区间就相应地减少了一个元素。经过 $n-1$ 次插入后，有序区间中就包含了 n 个元素，无序区间就空了，整个排序过程也就结束了。

把一个数据插入到有序区间并使之有序的过程是：从有序区间最后一个元素开始，依次与待插入的数据元素（设为 x）做比较，若比 x 大，则后移，空出它原本的位置。然后继续往前比较，直到找到一个比 x 小的元素或者找遍整个有序区间为止。此时把 x 插入到已空出的位置即可。

下面通过实例来体会直接插入排序的方法和过程。

下标	1	2	3	4	5	6	7	8
数组 A	**42**	**65**	**80**	**74**	**28**	**44**	**36**	**65**
（0）	[42]	65	80	74	28	44	36	65
（1）	[42	65]	80	74	28	44	36	65
（2）	[42	65	80]	74	28	44	36	65
（3）	[42	65	74	80]	28	44	36	65
（4）	[28	42	65	74	80]	44	36	65
（5）	[28	42	44	65	74	80]	36	65
（6）	[28	36	42	44	65	74	80]	65
（7）	[28	36	42	44	65	65	74	80]

【算法】算法如下：

```
void   InsertSort(A[], n)
   {
      for ( i ⇐ 2;  i ≤ n;  i++ )
```

```
                 if (A[i]<A[i-1])
                {
                    x ⇐ A[i];
                    j ⇐ i - 1;
                    while ( x < A[j] and j≥1)
                        {
                            A[j+1] ⇐ A[j];
                            j ⇐ j - 1;
                        }
                    A[j+1] ⇐ x;
                }
            }
```

（3）希尔（Shell）排序法[*]

希尔排序又叫缩小增量排序，1959 年由 D.L. Shell 提出（1959 年，第一门高级语言 FORTRAN 问世才 2 年，C/C++语言、Pascal 语言等还没有影子，可见算法并不依赖程序设计语言），较前述的直接插入排序方法有较大的改进，初学者看起来可能有些困难。

直接插入排序算法简单，容易理解。在 n 值较小时，效率比较高；在 n 值很大时，若原始数据基本有序，算法效率依然较高，其时间效率可提高到 $O(n)$。当原始数据正好倒序时，算法的效率非常糟糕。事实上，我们面对的原始数据不仅规模很大（小规模的数据讨论算法也没有太大的实际意义），而且不太可能基本有序，对此，希尔提出了一种改进方法，以提高直接插入排序的效率，这就是希尔排序算法。

希尔排序的基本思想：既然直接插入排序在原始数据基本有序的情况下效率较高，就不妨"投其所好"，事先设法使原始数据基本有序，然后充分发挥直接插入排序的特长来达到排序的目的。

如何使原始数据基本有序呢？方法也很简单，那就是"粗排"。所谓"粗排"，就是把原始数据粗略地排序，以达到原始数据基本有序，如图 4-22 所示。

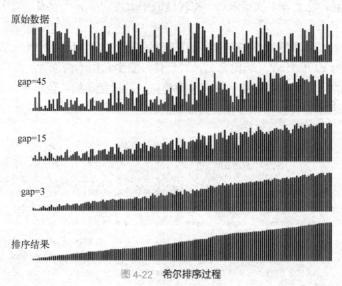

图 4-22 希尔排序过程

粗排又如何进行呢？希尔排序是这样做的：先分组，再排序。即先把原始数据分成若干个组，然后对每个分组中的数据进行排序，排序方法仍然采用直接插入排序法。这里的分组、排序有点特别：首先，分组时不是顺序地把原始数据切分成若干组，而是按照一定的间隔进行分组（以不同的颜色表示），如图 4-23 所示。

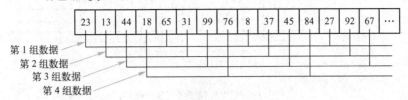

分组间隔 gap=4 时：

| 23 | 13 | 44 | 18 | 65 | 31 | 99 | 76 | 8 | 37 | 45 | 84 | 27 | 92 | 67 | ... |

第 1 组数据
第 2 组数据
第 3 组数据
第 4 组数据

图 4-23　数据分组示意图

其次，每个分组的排序也不是先排好第一组，再排第二组，而是所有分组一起排序，穿插进行。即先把第一组的第二元素往前插，再把第二组的第二个元素往前插，再把第三组的第二个元素往前插，再把第四组的第二个元素往前插，然后又回到第一组，把第一组的第三个元素往前插，再把第二组的第三个元素往前插……如图 4-24 所示。

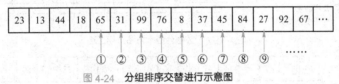

分组间隔 gap=4 时：

| 23 | 13 | 44 | 18 | 65 | 31 | 99 | 76 | 8 | 37 | 45 | 84 | 27 | 92 | 67 | ... |

①　②　③　④　⑤　⑥　⑦　⑧　⑨　……

图 4-24　分组排序交替进行示意图

可以想象，按照这种间隔分组、每组采用直接插入排序方法，按从小到大排序时，小的数据元素就像澳大利亚袋鼠一样快速地往前跳，大的数据元素则往后跳（如图 4-25 所示）。

图 4-25　澳大利亚袋鼠

一次分组、排序为一趟粗排。一趟粗排是不太可能达到预期目的的——原始数据基本有序。在分组间隔不断缩小的情况下，多做几趟粗排，直到分组间隔减小到 1 时，所有的原始数据合成为一组，最后做一次直接插入排序就能完成排序任务了。

① 选择一个分组间隔大小序列 t_1, t_2, …, t_k，其中 $t_i > t_j$，$t_k = 1$。

② 按间隔序列个数 k，对序列进行 k 趟排序。

③ 每趟排序，根据对应的间隔 t_i，将待排序数据分割成若干个组，分别对各个组进行直接插入排序。当间隔为 1 时，所有的数据就合并为一个组了。

让我们通过实际数据来理解希尔排序的过程。设原始数据为{39, 80, 76, 41, 13, 29, 50, 78, 30, 11, 99, 7, 41, 86, 67}。分组间隔分别取 5、3、1，则排序过程如下。

第一趟分组、排序，gap=5，各分组分别为{39, 29, 99}，{80, 50, 7}，{76, 78, 41}，{41, 30, 86}，{13, 11, 67}，如图 4-26 所示。第一趟粗排的结果如图 4-27 所示。

第二趟分组、排序，gap=3，各分组分别为{29, 30, 50, 13, 78}，{7, 11, 76, 99, 86}，{41, 39, 41, 80, 67}，如图 4-28 所示。第二趟粗排的结果如图 4-29 所示。

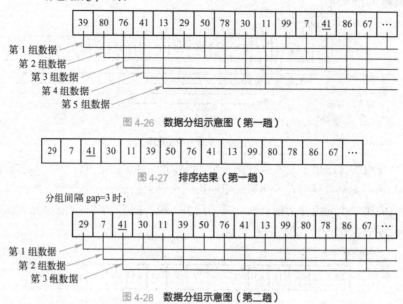

分组间隔 gap=5 时：

| 39 | 80 | 76 | 41 | 13 | 29 | 50 | 78 | 30 | 11 | 99 | 7 | <u>41</u> | 86 | 67 | ··· |

第 1 组数据
第 2 组数据
第 3 组数据
第 4 组数据
第 5 组数据

图 4-26　数据分组示意图（第一趟）

| 29 | 7 | <u>41</u> | 30 | 11 | 39 | 50 | 76 | 41 | 13 | 99 | 80 | 78 | 86 | 67 | ··· |

图 4-27　排序结果（第一趟）

分组间隔 gap=3 时：

| 29 | 7 | <u>41</u> | 30 | 11 | 39 | 50 | 76 | 41 | 13 | 99 | 80 | 78 | 86 | 67 | ··· |

第 1 组数据
第 2 组数据
第 3 组数据

图 4-28　数据分组示意图（第二趟）

| 13 | 7 | 39 | 29 | 11 | <u>41</u> | 30 | 76 | 41 | 50 | 86 | 67 | 78 | 99 | 80 | ··· |

图 4-29　排序结果（第二趟）

此时，原始数据"基本有序"了，也不需要进一步分组了，可以把所有的数据看成一个组（即 gap=1）。对这个组进行直接插入排序，得到最终结果，如图 4-30 所示。

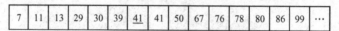

| 7 | 11 | 13 | 29 | 30 | 39 | <u>41</u> | 41 | 50 | 67 | 76 | 78 | 80 | 86 | 99 | ··· |

图 4-30　排序结果

【算法】　实现希尔排序的算法如下：

```
void   ShellSort (A[],   n)
    {
    gap ⇐ n/2;
    while ( gap > 0 )
        {
        for (i ⇐ gap+1;  i≤n;  i++)
            if (A[i] < A[i-gap])
                {
                x ⇐ A[i];
                j ⇐ i - gap;
                while ( x < A[j] and j≥1)
                    {
                        A[j+gap] ⇐ A[j];
                        j ⇐ j - gap;
                    }
                A[j+gap] ⇐ x;
                }
        gap ⇐ gap/2;
        }
    }
```

可以看到，希尔排序算法的核心仍然是直接插入排序算法。

（4）冒泡排序法

小时候，绝大多数人都喜欢玩水。无聊的时候，几个孩子跑到池塘边或者江边，捡些石头往水里面扔。石头被扔进水里后，迅速下沉，同时看到很多气泡往上冒……觉得挺好玩！仔细想想，石头的比重比水大，自然往下沉；气泡的比重比水小，自然往上冒。扔石头前，水面保持着原有的平静。把石头扔进水里后，一会儿石头就沉底了，气泡也冒完了，"序"也就排好了（比重大的石头在水下，比重小的气泡在水面上），此时水面又恢复了原有的平静。冒泡排序的思想就是受此启发而来的。

冒泡排序算法的基本思想是：先用 a_1 和 a_2 进行比较和交换（小的数据放上面，大的数据放下面），然后用 a_2 和 a_3 进行比较和交换，再用 a_3 和 a_4 进行比较和交换……直至用 a_{n-1} 和 a_n 进行比较和交换，就完成了"一趟两两比较与交换"。一趟两两比较交换后，小的数据元素不断地往上走，最大的数据元素沉底了。每一趟两两比较与交换总是用相邻的两个数据元素做比较，这也是模仿石头进水后，总是与临近的水交换为止的过程（气泡也是不断地与相邻的水交换位置）。

一趟两两比较与交换是很难完成排序的，一趟不行就两趟，两趟不行就三趟……理论上，给定 n 个数据元素，$n-1$ 趟两两比较与交换后肯定能排好序。因此，可写出如下形式的冒泡排序算法：

```
void   BubbleSort (A[], n)
    {
       for ( i ⇐ 1;  i < n;  i++ )
          for ( j ⇐ 1;  j ≤ n-i;  j++ )
             if ( A[j] > A[j+1] )
                A[j] ⟺ A[j+1];
    }
```

该排序算法的效果很不好，原因有二：一是给定 n 个数据，排序不一定非要 $n-1$ 趟两两比较与交换，具体需要多少趟两两比较与交换应该根据具体的原始数据来定。比如，假定原始数据个数为 10000 个，也许 9000 趟两两比较就够了，也许 8000 趟两两比较就够了，到底需要多少趟两两比较，完全取决于原始数据，但需要 9999 趟两两比较才能排好序的可能性非常非常小。面对具体数据时，到底需要多少趟两两比较与交换呢？仔细思考石头沉底、气泡往上冒的过程就应该明白，当石头或气泡不再与水交换位置的时候，肯定排好序了。二是每一趟两两比较与交换，都可以得到一个排好序的数据元素，m 趟两两比较与交换后，就可以得到 m 个排好序的数据元素，因此，除第一趟两两比较与交换需要两两比较 $n-1$ 次外，第 m 趟两两比较与交换只需要两两比较 $n-m$ 次就可以了。比如，假定原始数据个数为 10000 个，当进行了 9000 趟两两比较后，就已经确定 9000 个排好序的数据元素了，没有必要再对它们进行两两比较。

找到了问题所在，接下来要做的就是优化。方法是：修改内外循环的循环次数。对于外循环，一旦发现排好序了，就不要再循环了；对于内循环，修改循环终值，它应该是一个变量，每做一趟两两比较，它的值就减 1。优化后的算法如下：

```
void   BubbleSort (A[], n)
    {
       exchange ⇐ TRUE;
       k ⇐ n − 1;
       while ( exchange )
          {
```

```
exchange ⇐ FALSE;
for ( i ⇐ 1;  i≤k;  i++ )
    if ( A[i] > A[i+1] )
      {
         A[i] ⇐⇒ A[i+1];
         exchange ⇐ TRUE;
      }
    k ⇐ k – 1;
  }
}
```

优化后的效果到底怎么样？我们可以实际数据测试。笔者在同一平台上随机产生 10000 个数据，实测结果为：优化前耗时 0.769231 秒，优化后耗时 0.549451 秒，算法效率实际提高了约 28.57%。

（5）快速排序（Quick Sorting）

① 快速排序的基本思想

快速排序又叫划分排序，顾名思义，它是目前所有排序方法中速度最快的一种。设待排序的 n 个数据顺序存储在数组 A[]中，元素下标为 1~n。快速排序的基本思想是：首先从待排序区间中选取第一个元素 A[1]（即 a_1）作为一次划分的基准数据元素，通过从区间两端向中间顺序进行比较和交换，使前面区间中只保留小于基准数据元素的数据元素，后面区间中只保留大于等于基准数据元素的数据元素，而把每次在前面区间中碰到的大于等于基准数据元素的那个数据元素与每次在后面区间中碰到的小于基准数据元素的那个数据元素交换，当所有数据元素都比较过一遍后，把基准数据元素交换到前后区间的交界处，这样，前面区间中所有数据元素均小于基准数据元素，后面区间中所有数据元素均大于等于基准数据元素，基准数据元素的当前位置就是排序后的最终位置。然后再对基准数据元素的前后两个子区间分别进行快速排序，即重复上述过程，当一个区间为空或只包含一个元素时，就结束该区间上的快速排序过程。

② 一次划分的具体过程

在快速排序中，把待排序区间按照第一个数据元素（即基准数据元素）的值分为前后（或称左右）两个子区间的过程叫做一次划分。设每次待排序区间为 A[s]~A[t]，其中 s 为区间下限，t 为区间上限，$s<t$，A[s]为该区间的基准元素（设为 x），为了实现一次划分，首先让 i 从 s+1 开始，依次向后"扫描"，并使每一元素 A[i]的值与 x 的值进行比较，当碰到 A[i]的值大于 x 的值或者 i 大于 j 时暂时停止"扫描"；再让 j 从该区间的最后一个元素的下标位置 t 开始，依次向前"扫描"，并使每一元素 A[j]的值与 x 的值进行比较，当碰到 A[j]的值小于 x 的值或者 j 小于 i 时停止"扫描"；若 i 小于 j 则交换 A[i]与 A[j]的元素值，再接着让 i 继续向后"扫描"，让 j 继续向前"扫描"，继续从两边向中间比较，直到 i 大于 j 为止；此时 i 等于 j 加 1，而 A[s]~A[j]元素的值必然小于基准数据元素 A[s]的值，A[j+1]~A[t]元素的值必然大于等于基准数据元素 A[s]的值，把 A[s]同 A[j]交换其值后，就完成了一次划分，得到了前后两个子区间，分别为 A[s]~A[j-1]和 A[j+1]~A[t]，其中前一区间元素的值均小于基准数据元素的值，后一区间元素的值均大于等于基准数据元素的值。

③ 一次划分实例分析

例如，设待排序的区间为 A[1]~A[7]，这 7 个元素的值分别为：

下标	1	2	3	4	5	6	7
元素	**45**	**53**	**18**	**36**	**72**	**30**	**48**
	↑i						↑j

首先取基准数据元素 A[1]，其值为 45，i 从下标 2 开始向后依次取值（扫描），当取值 2 时，得到 A[2]的值为 53，它大于基准值 45，应等待着交换到后面去；接着 j 从 7 开始向前依次取值，

当取值到 6 时，A[6]的值 30 小于基准值 45；交换 A[2]和 A[6]的值，得到结果如下：

下标	1	2	3	4	5	6	7
元素	45	30	18	36	72	53	48
		↑i				↑j	

接着 i 从下标 3 开始向后依次取值，当取值到 5 时，得到 A[5]的值为 72，它大于基准值 45，应等待着交换到后面去；接着 j 从 5 开始向前依次取值，取值到 4 时，$j<i$ 或者 $i>j$ 成立，应把基准元素 A[1]的值 45 与 A[4]元素的值 36 相交换，从而完成一次划分，其中左区间为 A[1]～A[3]，右区间为 A[5]～A[7]，如下所示：

下标	1	2	3	4	5	6	7
元素	[36	30	18]	45	[72	53	48]
				↑j	↑i		

④ 快速排序全过程实例分析

在上面一次划分的基础上，再接着对前、后两个区间进行快速排序，首先对前一区间 A[1]～A[3]进行快速排序：

下标	1	2	3	4	5	6	7
元素	[36	30	18]	45	[72	53	48]
	↑i		↑j				

该区间的基准元素为 A[1]，其值为 36，i 从下标 2 开始向后依次取值，取值到 4 时，得到 A[4]的值为 45，它大于基准值 36，应等待着交换到后面去；接着 j 从 3 开始向前依次取值，当取第一个值 3 时，A[3]的值 18 就小于基准值 36，需进行交换；因此时 $j<i$，所以下标 j 的位置就是当前基准元素的最终位置，把 A[1]与 A[3]交换值后，完成了对该区间的一次划分，得到的结果如下：

下标	1	2	3	4	5	6	7
元素	[18	30]	36	45	[72	53	48]
	↑j		↑i				

此时基准元素 36 的右区间为空，不用再向下递归排序，而基准元素 36 的左区间含有两个元素，仍需要进行一次划分。此次划分的基准元素 A[1]的值为 18，i 和 j 的初值均为 2，当 $i=2$，$j=1$ 时，基准元素 A[1]的位置不变，得到左区间为空，右区间只含有一个元素 A[2]，都无须再向下递归排序，得到的结果如下：

下标	1	2	3	4	5	6	7
元素	18	[30]	36	45	[72	53	48]
	↑j	↑i					

现在对数组 A[]中 A[5]～A[7]进行快速排序，进行第一次划分时，基准元素为 A[5]，其值为 72，此次划分需要 A[5]与 A[7]交换，得到的结果如下：

下标	1	2	3	4	5	6	7
元素	18	30	36	45	[48	53]	72
					↑i	↑j	

再对数组 A[5]～A[6]这个区间内的两个元素进行快速排序，其基准元素为 A[5]，i 和 j 的初值均为 6，当 $i=6$，$j=5$ 时，基准元素 A[5]的位置不变，得到左区间为空，右区间只含有一个元素 A[6]，都无须再向下递归排序，得到的结果如下：

下标	1	2	3	4	5	6	7
元素	18	30	36	45	48	[53]	72
					↑j	↑i	

至此，对数组 A[]中 7 个元素的整个快速排序过程结束，这 7 个元素都按照其值从小到大的顺序排列了。

⑤ 快速排序的算法描述

可以看到快速排序过程是递归的，适合编写出递归的算法，具体算法描述如下：

```
void   QuickSort (A[], start, end)
    {
        if ( start < end )
        {
            i ⇐ start;
            j ⇐ end;
            x ⇐ A[start];
            while ( i < j )
                {
                    while ( i < j and A[j] ≥ x )
                        j ⇐ j - 1;
                    if ( i < j )
                        {
                            A[i] ⇐ A[j];
                            i ⇐ i + 1;
                        }
                    while ( i < j and A[i] ≤ x )
                        i ⇐ i + 1;
                    if ( i < j )
                        {
                            A[j] ⇐ A[i];
                            j ⇐ j - 1;
                        }
                }
            A[i] ⇐ x;
            QuickSort(A[], start, j-1);
            QuickSort(A[], j+1, end);
        }
    }
```

前面我们讨论几种常见的排序方法，这些排序方法到底效果怎么样呢？笔者用自己开发的软件进行了测试，测试时选用了 100000 个随机产生的数据，测试结果如图 4-31 所示。

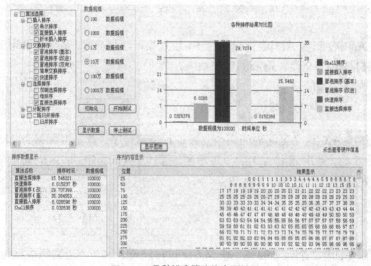

图 4-31   几种排序算法的实测结果

4.3.4 逻辑分析与推理

【例 4-26】 猜比赛结果。一天，某大学 ACM/ICPC 队共有 A、B、C、D 等 4 支候选队参加预选赛。比赛完后，四支队伍的队长问带队教练最后的比赛结果谁赢了？教练让他们猜：

A 队长说："不是我们队，也不会是 C 队"。　　B 队长说："是我们队或者是 D 队"。

C 队长说："应该是 A 队，但不会是 B 队"。　　D 队长说："B 队长肯定猜错了"。

教练听完后说只有一个人猜对了。请问最后是哪一个队赢得了比赛？

【分析】 首先分解各队队长的话。

各队队长	说的话	写成关系表达式
A 队长	不是我们队	Winner ≠ 'A'
	不会是 C 队	Winner ≠ 'C'
B 队长	是我们队	Winner = 'B'
	是 D 队	Winner = 'D'
C 队长	是 A 队	Winner = 'A'
	不会是 B 队	Winner ≠ 'B'

借助逻辑运算，可进一步把各队长的话表述为逻辑表达式：

各队队长	说的话	写成逻辑表达式
A 队长	不是我们队，也不会是 C 队	Winner ≠'A' and Winner ≠'C'
B 队长	是我们队或者是 D 队	Winner ='B' or Winner ='D'
C 队长	应该是 A 队，但不会是 B 队	Winner ='A' and Winner ≠'B'
D 队长	B 队长肯定猜错了	not (Winner ='B' or Winner ='D')

【解】

① 可以依次假定 A、B、C、D 为 Winner。② 分别测试 A、B、C、D 所说的 4 句话，看是否满足"只有一个人猜对了"的条件，即只有一句话所对应的逻辑表达式结果为真。③ 如果满足，则前面的假设成立，否则假设错误。

"只有一个人猜对"等价于只有一句话的逻辑表达式结果为真，那么我们可以将这 4 句话的逻辑结果累加起来，如果累加和为 1，则表明只有一句话的逻辑结果为真。

当 A 队获胜时（即 Winner= 'A'）：

各队队长	说的话	代入逻辑表达式求值	结果
A 队长	Winner ≠'A' and Winner ≠'C'	'A'≠'A' and 'A'≠'C'	0
B 队长	Winner ='B' or Winner ='D'	'A'='B' or 'A'='D'	0
C 队长	Winner ='A' and Winner ≠'B'	'A'='A' and 'A'≠'B'	1
D 队长	NOT (Winner ='B' or Winner ='D')	NOT ('A'='B' or 'A'='D')	1

当 B 队获胜时（即 Winner= 'B'）：

各队队长	说的话	代入逻辑表达式求值	结果
A 队长	Winner ≠'A' and Winner ≠'C')	'B'≠'A' and 'B'≠'C'	1
B 队长	Winner ='B' or Winner ='D'	'B'='B' or 'B'='D'	1
C 队长	Winner ='A' and Winner≠'B'	'B'='A' and 'B'≠'B'	0
D 队长	NOT (Winner ='B' or Winner ='D')	NOT ('B'='B' or 'B'='D')	0

当 C 队获胜时（即 Winner= 'C'）：

各队队长	说的话	代入逻辑表达式求值	结果
A 队长	Winner ≠'A' AND Winner ≠'C'	'C'≠'A' AND 'C'≠'C'	0
B 队长	Winner ='B' OR Winner ='D'	'C'='B' OR 'C'='D'	0
C 队长	Winner ='A' AND Winner ≠'B'	'C'='A' AND 'C'≠'B'	0
D 队长	NOT (Winner ='B' OR Winner ='D')	NOT ('C'='B' OR 'C'='D')	1

当 D 队获胜时（即 Winner= 'D'）：

各队队长	说的话	代入逻辑表达式求值	结果
A 队长	Winner ≠'A' AND Winner ≠'C'	'D'≠'A' AND 'D'≠'C'	1
B 队长	Winner ='B' OR Winner ='D'	'D'='B' OR 'D'='D'	1
C 队长	Winner ='A' AND Winner ≠'B'	'D'='A' AND 'D'≠'B'	0
D 队长	NOT (Winner ='B' OR Winner ='D')	NOT ('D'='B' OR 'D'='D')	0

显然，只有第三情况（也就是 C 队获胜），各句话的逻辑运算结果的累加和为 1，其他为 2，不满足条件。所以，答案是 C 队赢得比赛。

为便于理解，以流程图的形式给出该问题的求解过程，如图 4-32 所示。

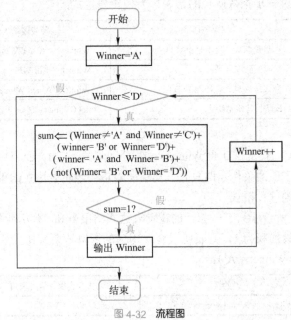

图 4-32　流程图

【例 4-27】 某地刑侦大队对涉及 6 个嫌疑人的一桩疑案进行分析：

① A、B 至少有 1 人作案。　　　　② A、D 不可能是同案犯。

③ A、E、F 这 3 人中至少有 2 人参与作案。　④ B、C 或同时作案，或都与本案无关。

⑤ C、D 中有且仅有 1 人作案。　　⑥ 如果 D 没有参与作案，则 E 也不可能参与作案。

试写一算法，将作案人找出来。

【解】 通过这个例子，认真领会逻辑运算符、逻辑表达式和涉及逻辑问题的问题求解方法和思路，从中不难看出逻辑思维在算法或程序设计中确实十分重要。

利用学习过的逻辑与、逻辑或和逻辑非三个运算符，可以用它们来描述逻辑表达式。本例中，结合疑案分析中的 6 个判断，利用已知的逻辑知识可以依次写出下面 6 个逻辑表达式：

CC1 = (A or B);	// A、B 至少有 1 人作案
CC2 = not (A and D);	// A、D 不可能是同案犯
CC3 = (A and E) or （A and F） or (E and F);	// A、E、F 这 3 人中至少有 2 人参与作案
CC4 = (B and C) or (not B and　not C);	// B、C 或同时作案，或都与本案无关
CC5 = (C and　not D) or (D and　not C);	// C、D 中有且仅有 1 人作案
CC6 = D or not e;	// 如果 D 没有参与作案，则 E 也不可能参与作案

逻辑表达式的取值非"真"即"假"。在上述 6 个式子中，"="右边的是逻辑表达式，左边的 CC1、CC2、…、CC6 是布尔类型的变量，其值非 0 即 1。将疑案分析中的 6 句话写成 6 个逻辑表达式是一种基本功，这是解决这一类问题的前提条件。

我们将案情分析的这 6 个逻辑表达式归纳成一条，称为破案综合判断条件 CC：

$$CC = CC1 \text{ and } CC2 \text{ and } CC3 \text{ and } CC4 \text{ and } CC5 \text{ and } CC6$$

根据逻辑运算的规则，只有当 CC1、CC2、…、CC6 每一项都为"真"，则 CC 才可能为"真"。从 CC1 到 CC6 是与 A、B、C、D、E、F 中 6 个人的所作所为有关，必须将 6 个人干过的事（作案与否）代入公式中，看是否能使 CC 为"真"。说起来容易，做起来就不然了。如果手工来计算各种情况的 CC 值，那将是一项十分令人生厌且耗时的工作，利用计算机求解这样的问题就非常便利了。只要把各种可能的情况一一列举出来，分别计算 CC 的值，很快就可以得出答案。显然，这里要用到算法设计中常用的枚举法。

先定义 6 个变量：A、B、C、D、E、F，让变量取值为 0 表示不是作案人，为 1 表示是作案人。每个人都有两种可能："是"或"不是"。6 个人作为整体，存在 2^6=64 种可能的组合情形。按 A、B、C、D、E、F 顺序，整体取值为 0000000，000001，…，1111111，有 64 种可能，如表 4-1 所示。

表 4-1　ABCDEF 共 64 种可能的取值

n	A	B	C	D	E	F
1	0	0	0	0	0	0
2	0	0	0	0	0	1
3	0	0	0	0	1	0
⋮	⋮	⋮	⋮	⋮	⋮	⋮
64	1	1	1	1	1	1

实现这张表是枚举的一个基础，要用到 6 重循环，循环控制变量分别是 A、B、C、D、E、F，初值均为 0，终值均为 1。A 循环处在最外层，F 循环处在最里层，形成一个套一个的嵌套关系。在循环体内根据 ABCDEF 的值，分别计算 CC1 到 CC6 的值，然后计算 CC 的值，如果满足条件，就输出计算结果。核心算法如下：

```
for (A ⇐ 0;  A≤1;  A++)
    for (B ⇐ 0;  B≤1;  B++)
        for (C ⇐ 0;  C≤1;  C++)
            for (D ⇐ 0;  D≤1;  D++)
                for (E ⇐ 0;  E≤1;  E++)
                    for (F ⇐ 0;  F≤1;  F++)
                    {
                        CC1 ⇐ (A or B);
                        CC2 ⇐ not (A and D);
                        CC3 ⇐ (A and E) or （A and F) or (E and F);
                        CC4 ⇐ (B and C) or (not B and　not C);
                        CC5 ⇐ (C and　not D) or (D and　not C);
                        CC6 ⇐ D or not E;
                        CC ⇐ CC1 + CC2 + CC3 + CC4 + CC5 + CC6;
                        if ( CC = 6 )
```

```
                    {
                        if ( A = 1 )
                            printf("A 是犯罪嫌疑人！");
                        if ( B = 1 )
                            printf("B 是犯罪嫌疑人！");
                        if ( C = 1 )
                            printf("C 是犯罪嫌疑人！");
                        if ( D = 1 )
                            printf("D 是犯罪嫌疑人！");
                        if ( E = 1 )
                            printf("E 是犯罪嫌疑人！");
                        if ( F = 1 )
                            printf("F 是犯罪嫌疑人！");
                    }
                }
```

　　这里一下子给出算法，可能大家有点不适应，毕竟算法及其算法设计后续章节继续介绍，不过事先有所接触对大家来说也是有益的。学习完一门计算机语言（如 C 语言）后，上述算法是很容易转换成程序的，然后上机运行该程序，既可以得到运行结果，也可以通过此例弄懂并掌握这个程序的编写思路和技巧。

　　进一步，有没有可能不使用 6 重循环，而只用单一循环就可有效地解决这个问题？答案是肯定的。不过需要用到 C/C++ 语言的位与运算以及按位右移的操作。具体思路是：A、B、C、D、E、F 的 64 种排列，可对应十进制数 0～63。让循环控制变量为 n 分别取值 0～63。知道了 n，一定能用 n 分解出 A、B、C、D、E、F 的值。分解方法如下（借用 C/C++ 语言中的位与运算符 "&" 和位右移一位的运算符 ">>"）：

$$F \Leftarrow n \text{ and } 1;$$
$$E \Leftarrow (n \text{ and } 2) >> 1;$$
$$D \Leftarrow (n \text{ and } 4) >> 2;$$
$$C \Leftarrow (n \text{ and } 8) >> 3;$$
$$B \Leftarrow (n \text{ and } 16) >> 4;$$
$$A \Leftarrow (n \text{ and } 32) >> 5;$$

　　这样，前面的算法就可以改进（优化）如下。

```
for (n=0;  A≤63;  n++)
    {
        F ⇐ n and 1;
        E ⇐ ( n and 2 ) >> 1;
        D ⇐ ( n and 4 ) >> 2;
        C ⇐ ( n and 8 ) >> 3;
        B ⇐ ( n and 16 ) >> 4;
        A ⇐ ( n and 32 ) >> 5;
        CC1 ⇐ (A or B);
        CC2 ⇐ not (A and D);
        CC3 ⇐ (A and E) or ( A and F) or (E and F);
        CC4 ⇐ (B and C) or (not B and   not C);
        CC5 ⇐ (C and   not D) or (D and   not C);
        CC6 ⇐ D or not E;
```

```
        if ( CCl + CC2 + CC3 + CC4 + CC5 + CC6 = 6 )
            {
                if( A = 1 )
                    printf("A 是犯罪嫌疑人！");
                if( B = 1 )
                    printf("B 是犯罪嫌疑人！");
                if( C = 1 )
                    printf("C 是犯罪嫌疑人！");
                if( D = 1 )
                    printf("D 是犯罪嫌疑人！");
                if( E = 1 )
                    printf("E 是犯罪嫌疑人！");
                if( F = 1 )
                    printf("F 是犯罪嫌疑人！");
            }
        }
```

本例看似在解决一道涉及破案的逻辑分析题，实际上是训练计算思维能力。在算法或程序设计中，关系表达式和逻辑表达式的正确描述是我们必须掌握的、最基本的能力，它们也是算法或程序的最基本的组成部分。在此基础上，借助于算法或程序设计的基本方法（如枚举法等），就可以设计出求解此类问题的程序，进而利用计算机求解问题的解。

阅读材料：Matlab 问题表示与计算

Matlab 是 Matrix Laboratory 的缩写，意为"矩阵实验室"，是当今美国很流行的科学计算软件。信息技术、计算机技术发展到今天，科学计算在各个领域得到了广泛的应用。在诸如控制论、时间序列分析、系统仿真、图像信号处理等方面产生了大量的矩阵及其相应的计算问题。自己去编写大量的繁复的计算程序，不但会消耗大量的时间和精力，减缓工作进程，而且往往质量不高。美国 Mathwork 软件公司推出的 Matlab 软件就是为了给人们提供一个方便的数值计算平台而设计的。

Matlab 是一个交互式的系统，它的基本运算单元是不需指定维数的矩阵，按照 IEEE 的数值计算标准（能正确处理无穷数 Inf（Infinity）、无定义数 NaN（not-a-number）及其运算）进行计算。系统提供了大量的矩阵及其他运算函数，可以方便地进行一些很复杂的计算，而且运算效率极高。Matlab 命令和数学中的符号、公式非常接近，可读性强，容易掌握，还可利用它所提供的编程语言进行编程完成特定的工作。除基本部分外，Matlab 还根据各专门领域中的特殊需要提供了许多可选的工具箱，如应用于自动控制领域的 Control System 工具箱和神经网络中 Neural Network 工具箱等。

Matlab 简单易用，下面以实例来说明。

【例1】 矩阵的产生。Matlab 提供了一批产生矩阵的函数：

zeros	产生一个零矩阵	diag	产生一个对角矩阵
ones	生成全 1 矩阵	tril	取一个矩阵的下三角
eye	生成单位矩阵	triu	取一个矩阵的上三角
magic	生成魔术方阵	pascal	生成 PASCAL 矩阵

例如：

```
ones(3)
ans =

    1    1    1
    1    1    1
```

1	1	1

eye(3)

ans =

1	0	0
0	1	0
0	0	1

除了以上产生标准矩阵的函数外，Matlab 还提供了产生随机（向量）矩阵的函数 rand 和 randn、产生均匀级数的函数 linspace、产生对数级数的函数 logspace 和产生网格的函数 meshgrid 等。

【例 2】 矩阵的运算。如矩阵 A 和 B 的维数相同，则 $A+B$ 与 $A-B$ 表示矩阵 A 与 B 的和与差。如果矩阵 A 和 B 的维数不匹配，Matlab 会给出相应的错误提示信息。例如：

A=   B=

1	2	3
4	5	6
7	8	0

1	4	7
2	5	8
3	6	0

C =A+B 返回：

C =

2	6	10
6	10	14
10	14	0

矩阵乘法用 "*" 表示，当 A 矩阵列数与 B 矩阵的行数相等时，二者可以进行乘法运算，否则是错误的。计算方法和线性代数中所介绍的完全相同。如 $A=[1\ \ 2;3\ \ 4]$，$B=[5\ \ 6;7\ \ 8]$，$C=A\times B$，结果为：

$$C=\begin{pmatrix} 1 & 2 \\ 3 & 4 \end{pmatrix}\times\begin{pmatrix} 5 & 6 \\ 7 & 8 \end{pmatrix}=\begin{pmatrix} 1\times 5+2\times 7 & 1\times 6+2\times 8 \\ 3\times 5+4\times 7 & 3\times 6+4\times 8 \end{pmatrix}=\begin{pmatrix} 19 & 22 \\ 43 & 50 \end{pmatrix}$$

即 Matlab 返回

C =

19	22
43	50

【例 3】 二维和三维作图。

绘图命令 plot 绘制 XY 坐标图，loglog 命令绘制对数坐标图，semilogx 和 semilogy 命令绘制半对数坐标图，polor 命令绘制极坐标图。

如果 y 是一个向量，那么 plot(y) 绘制一个 y 中元素的线性图。假设我们希望画出 y=[0., 0.48, 0.84, 1., 0.91, 6.14]，则用命令 plot(y)，相当于命令 plot(x, y)（其中 x=[1,2,...,n] 或 x=[1;2;...;n]，即向量 y 的下标编号，n 为向量 y 的长度）。Matlab 会产生一个图形窗口，如图 4-33 所示。注意：坐标 x 和 y 是由计算机自动绘出的。

图 4-33 所示的图形没有加上 X 轴和 Y 轴的标注，也没有标题。用 xlabel、ylabel、title 命令可以加上。

如果 x、y 是同样长度的向量，plot(x, y) 命令可画出相应的 x 元素与 y 元素的 XY 坐标图。例如：

```
x=0:0.05:4*pi;   y=sin(x);   plot(x,y)
grid on, title(' y=sin(x)曲线图')
xlabel(' x = 0 : 0.05 : 4Pi')
```

结果如图 4-34 所示。

利用二维绘图函数 patch，我们可绘制填充图（如图 4-35 所示）。绘制填充图的另一个函数为 fill。下面的例子绘出了函数 humps（一个 Matlab 演示函数）在指定区域内的函数图形。

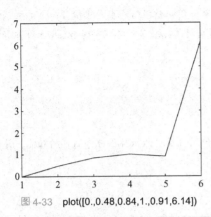

图 4-33　plot([0.,0.48,0.84,1.,0.91,6.14])

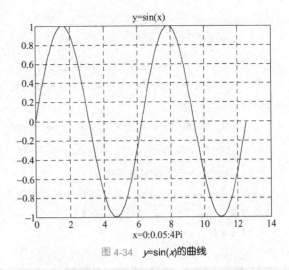

图 4-34　$y=\sin(x)$ 的曲线

```
fplot('humps',[0,2],'b')
hold on
patch([0.5 0.5:0.02:1 1],[0 humps(0.5:0.02:1) 0],'r');
hold off
title('A region under an interesting function.')
grid
```

mesh(Z)语句可以给出矩阵 Z 元素的三维消隐图（如图 4-36 所示），网络表面由 Z 坐标点定义，与前面叙述的 XY 平面的线格相同，图形由邻近的点连接而成，可用来显示用其他方式难以输出的包含大量数据的大型矩阵，也可用来绘制 Z 变量函数。

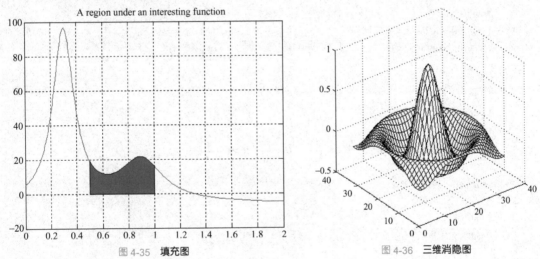

图 4-35　填充图　　　　　　　　　图 4-36　三维消隐图

显示两变量的函数 $Z=f(x,y)$，第一步需产生特定的行和列的 x-y 矩阵，然后计算函数在各网格点上的值，最后用 mesh 函数输出。

下面绘制 $\sin(r)/r$ 函数的图形。建立图形的方法如下：

```
x=-8:.5:8;
y=x';
x=ones(size(y))*x;
y=y*ones(size(y))';
R=sqrt(x.^2+y.^2)+eps;
```

```
z=sin(R)./R;
mesh(z);
```

首先建立行向量 x、列向量 y；然后按向量的长度建立 1 阶矩阵；用向量乘以产生的 1 阶矩阵，生成网格矩阵，它们的值对应于 XY 平面；接下来计算各网格点的半径；最后计算函数值矩阵 Z。用 mesh 函数即可以得到图 4-36。

另外，上述命令系列中的前 4 行可用以下一条命令替代：

```
[x, y]=meshgrid(-8:0.5:8)
```

【例 4】 Matlab 的六大常见符号运算。

Matlab 本身并没有符号计算功能，1993 年通过购买 Maple 的使用权后，开始具备符号运算的功能。符号运算的类型很多，几乎涉及数学的所有分支。

（1）因式分解。

```
syms x
f=x^6+1;
s=factor(f)
```

结果为：

```
s=(x^2+1)*(x^4-x^2+1)
```

（2）计算极限。例如，求极限：

$$L = \lim_{h \to 0} \frac{\ln(x+h) - \ln(x)}{h}$$

$$M = \lim_{n \to \infty} (1 - \frac{x}{n})^n$$

```
syms h n x
L=limit('(log(x+h)-log(x))/h', h, 0)          %%单引号可省略掉
M=limit('(1-x/n)^n',n,inf)
```

结果为：

```
L =1/x
M =exp(-x)
```

（3）计算导数。例如，$y = \sin ax$，求 $A = \dfrac{\mathrm{d}y}{\mathrm{d}x}$，$B = \dfrac{\mathrm{d}y}{\mathrm{d}a}$，$C = \dfrac{\mathrm{d}^2 y}{\mathrm{d}x^2}$。

```
syms a x;     y=sin(a*x);
A=diff(y,x)
B=diff(y,a)
C=diff(y,x,2)
```

结果为：

```
A = cos(a*x)*a
B = cos(a*x)*x
C = -sin(a*x)*a^2
```

（4）计算不定积分、定积分、反常积分。

$$I = \int \frac{x^2 + 1}{(x^2 - 2x + 2)^2}\, \mathrm{d}x\,, \qquad J = \int_0^{\pi/2} \frac{\cos x}{\sin x + \cos x}\, \mathrm{d}x\,, \qquad K = \int_0^{+\infty} \mathrm{e}^{-x^2}\, \mathrm{d}x\,.$$

```
syms x
```

```
f=(x^2+1)/(x^2-2*x+2)^2;
g=cos(x)/(sin(x)+cos(x));
h=exp(-x^2);
I=int(f)
J=int(g,0,pi/2)
K=int(h,0,inf)
```

结果为:

```
I =1/4*(2*x-6)/(x^2-2*x+2)+3/2*atan(x-1)
J =1/4*pi
K =1/2*pi^(1/2)
```

（5）符号求和。例如，求级数 $\sum\limits_{n=1}^{\infty}\dfrac{1}{n^2}$ 的和 S 以及前十项的部分和 S_1。

```
syms n
S=symsum(1/n^2, 1, inf)
S1=symsum(1/n^2,1,10)
```

结果为:

```
S =1/6*pi^2
S1 =1968329/1270080
```

特别说明：当求函数项级数 $\sum\limits_{n=1}^{\infty}\dfrac{x}{n^2}$ 的和 S_2 时，可用如下命令

```
syms n x
S2=symsum(x/n^2, n, 1, inf)
S2 =1/6*x*pi^2
```

（6）解代数方程和常微分方程。

利用符号表达式解代数方程所需要的函数为 solve(f)，即解符号方程。例如，求一元二次方程 $ax^2+bx+c=0$ 的根。

```
f=sym('a*x^2+b*x+c')   或   f='a*x^2+b*x+c'
solve(f)
ans=
    [1/2/a*(-b+(b^2-4*c*a)^(1/2))]
    [1/2/a*(-b-(b^2-4*c*a)^(1/2))]
solve(f, a)
ans=
    -(b*x+c)/x^2
```

Matlab 的功能很强大，在此不一一列举。

卜算子·法

遣将当度势，用兵先知黍。

纵横沙场有锦囊，何惧风和雨。

头戴诸葛巾，胸藏天下势。

坐马西台颂《梁甫》，是我卧龙主。

第 5 章

面向计算之问题求解思想与方法

> 伟大的思想能变成巨大的财富。
>
> ——塞内加

客观地说，与其他学科相比，计算学科相当年轻，但充满了活力。特别是从 20 世纪 30 年代至今，面对各种各样的"计算"问题，一大批计算机科学家前赴后继，通过自身的努力，创造性地提出了许多卓越的思想和方法，解决了很多棘手的问题，诉说了一个又一个神话般的"故事"，铸就了一个个辉煌的里程碑！

在众多闪耀着智慧光芒的创新思想和方法中，我们选取了搜索引擎、人工智能、数据压缩、自纠错、密码技术、自然语言处理等进行剖析，以期领会科学家们精彩绝伦的思想创意，拓展大家求解问题的思路，真可谓"善莫大焉"。

5.1 大海捞针的搜索引擎

掌握信息检索已变成每个人必须具备的基本能力。搜索引擎对我们的生活产生了深远影响，它提供搜索结果的速度与质量变得如此平常，以至如果我们搜索信息没有在几秒内得到回答，我们都会感到不满和困惑。

很多人每天要通过搜索引擎查询信息，但大家极少会思考这个令人惊叹的互联网工具是如何高效工作的。令人难以置信的是，每个成功的搜索引擎都像"大海捞针"一样地在万维网（WWW）中为我们搜寻各种相关的信息。

可以肯定地说，不少人恐怕对搜索引擎本身的奥秘更感兴趣，更想了解外表朴实无华的搜索引擎到底是怎么工作的？搜索引擎的设计者到底是怎么构思的？技术的背后到底隐藏着什么样的思想和方法？等等。以这样一种高屋建瓴的视角开始讨论问题对大家肯定会有很大帮助。

从功能的角度来看，搜索分为两个主要阶段：匹配和排名。尽管搜索引擎将匹配和排名组合成一个流程，以实现一致性，但这两个阶段在概念上是独立的，因此不妨假设先匹配、后排名。为便于理解，先看一个简单的实例，如图 5-1 所示。假设要查询 "网易公开课"，匹配阶段则回答"哪个网页与我的查询匹配"这个问题，就是所有包含"网易公开课"的网页。

每个大型搜索引擎公司都运营着一个由无数数据中心组成的网络，其中包括无数服务器和先进的网络设备。宏观上，搜索引擎的原理其实非常简单，建立一个搜索引擎大致需要做这样三件事：**一是自动下载与存储尽可能多的网页，二是建立快速有效的索引与匹配（matching），三是根据查询相关性对网页进行公平准确的排序（ranking）**。接下来围绕这三方面，结合 Google 所使用的技术来讨论。当然，由于搜索引擎涉及的技术过于庞杂，只能介绍一些主要思想和方法。了解这些思想和方法后，如果读者具备了较好程序设计与软件开发能力，可以按自己的要求设计专用的搜索引擎。

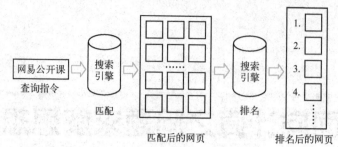

图 5-1　网络搜索的两个阶段：匹配和排名

5.1.1　网页的自动下载与存储

互联网上的 WWW 虽然很复杂，但其实就是一张很大的"图"而已。我们可以把每个网页当成一个节点，把那些超链接（Hyperlinks）当成链接网页的弧（网页中那些蓝色、带有下划线的文字背后其实藏着对应的网址，点击的时候，浏览器通过这些隐含的网址跳转到相应的网页。这些隐含在文字背后的网址称为"超链接"）。只要按某种方法（深度优先或广度优先）对图进行遍历，就可以"访问"到图中的每个节点（也就是网页），如图 5-2 所示。该图非常非常庞大，大到图中的节点数多达数千亿个，可谓真正意义上的"大数据"，图 5-2 仅仅是一个小而简单的示意图。

搜索引擎借助于超链接，可以从任何一个网页出发，利用图的遍历算法，自动地访问到 WWW 上可访问的每个网页，并把它们保存起来，这是任何一个现代搜索引擎必须做的首要工作。完成这项工作的程序叫做网络爬虫（Web Crawlers）或者网络蜘蛛。世界上第一个网络爬虫由美国麻省理工学院的学生马休·格雷（Matthew Gray）于 1993 年设计完成，他称之为"互联网漫游者"（WWW Wanderer）。

如果把这里的"访问"定义成网页的下载与保存，就可以把所有的网页收集起来。这里的图可以看成一张非常非常大的蜘蛛网，网络爬虫就是网上的蜘蛛（蜘蛛不止一个哦），如图 5-3 所示。

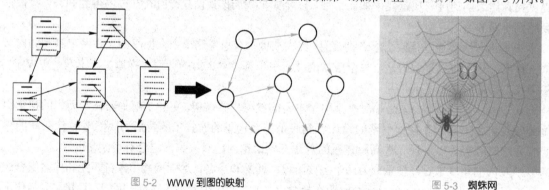

图 5-2　WWW 到图的映射　　　　　　　　　　　　　图 5-3　蜘蛛网

现在，我们学习网络爬虫的工作原理。假定从某个著名网站的首页开始，先下载并保存这个网页，然后对它进行分析，看看该网页中有哪些超链接，然后按照某种方法（深度优先或广度优先），沿着这些超链接不断遍历下去。理论上，可以搜遍所有的网页。

当一个网页下载完成后，主要做两件事情：一是把网页存入一个大型的数据库中，以备将来查询所需；二是从这个网页中提取 URL（Uniform Resouce Locator，统一资源定位器，即 WWW 网页的网址）。前者不做讨论，后者在互联网的早期不难，因为那时的网页都是直接用 HTML 书写的。那些 URL 都以文本的形式放在网页中，前后都有明显的标志，很容易提取出来。但是现在很多 URL 的提取就不那么直接了，因为很多网页是用一些脚本语言（如 JavaScript）生成的。打开网页的源代码，URL 不是直接可见的文本，而是运行这段脚本后才能得到的结果。因此，网络爬虫的页面分析变得复杂很多，它要模拟浏览器运行一个网页，才能得到里面隐含的 URL。有些网页的脚本写得非常不规范，以致解析起来非常困难。可是，这些网页还是可以在浏览器中打开，说明浏览器可以解析。因此，需要做浏览器内核的工程师来写网络爬虫中的解析程序。

由于网络及 WWW 的复杂性，一个网页可能与多个网页有"关系"（被多个网页中的超链接所指向），遍历时，一个网页有可能被多次"访问"。显然这不合适，一个网页只要下载一次就够了。为了解决这一问题，Google 采用了哈希表技术[1]，也就是用哈希表来记录哪些网页已经下载过。下次再碰到一个已经下载的网页时就可以跳过了。还有一种情况，那就是人们每天都面临许多垃圾邮件，让人烦恼不已。对此，人们希望过滤掉那些垃圾邮件，一个方法是记录下那些发垃圾邮件的 E-mail 地址，以后碰到这些 E-mail 地址发送的邮件统统滤掉。但由于垃圾邮件发送者不停地在注册新的地址，全世界少说也有数亿个发垃圾邮件的地址，将这些地址都存起来，需要大量的网络服务器。

WWW 中网页数量惊人，导致 Google 中的哈希表非常大。这样会出现以下两方面的问题：一是该哈希表大到一台服务器存不下，需要多台服务器存储（每存储 1 亿个网页地址或 E-mail 地址，需要几 GB 的内存空间，存储数亿个网页或邮件地址可能需要数十乃至数百 GB 的内存。除非是超级计算机，一般服务器是无法存储的）；二是网页下载时需要访问和维护哈希表，而哈希表又分布在多台不同的服务器上，服务器之间的通信以及确保哈希表的一致性就成了影响系统性能的瓶颈。

量变会导致质变，必须寻求新的方法与技术。对此，伯顿·布隆（Burton Bloom）于 1970 年提出了布隆过滤器，可以看成哈希表技术的推广，它能很好地解决上述问题，并且它的空间利用率和时间效率是很多算法无法企及的。

5.1.2　网页索引与匹配

大部分使用搜索引擎的人都会吃惊，为什么它能在零点零几秒钟找到成千上万甚至上亿的搜索结果。显然，如果是扫描所有的文本，计算机扫描的速度再快也不可能做到这一点，这里面一定暗藏技巧。这个技巧就是建索引。

索引的概念是所有搜索引擎背后最基础的思想，但索引技术的出现早于搜索引擎。事实上，索引的思想几乎与著书立说本身一样古老。比如，人类学家发现了一座具有 5000 年历史的巴比伦神庙图书馆，里面按学科对楔形文字进行了分类[2]。因此，索引技术可以称得上是计算机科学中最古老的方法论之一。

如今，索引通常出现在书籍的最后面，形式类同于列表，把书籍中讲述的主要概念以固定顺序（通常是按字母排序）列出，每个概念后面都列出了该概念在书中出现的位置（通常是页码）。例如，某译著就有一个比较详细的"索引"，如图 5-4 所示。在该表中就有这样的索引项"ASCII　179，266，335"的索引项，这个索引项意味着"ASCII（美国标准信息交换码）"这个词在第 179 页、第 266 页和第 335 页出现过。

事实上，互联网搜索引擎的索引和一本书的索引有着相同的工作原理，只不过"书页"变成了万维网上的网页（搜索引擎给互联网上的每个网页分配了一个不同的页码），要说最大的差异可能就是互联网上有数十亿乃至数百亿个网页。

---

[1] 哈希表（Hash table，也叫散列表），是根据关键码值（Key value）而直接进行访问的数据结构。也就是说，它通过把关键码值映射到表中一个位置来访问记录，以加快查找的速度。这个映射函数叫做散列函数，存放记录的数组叫做散列表。

[2] 早在距今 5000 年以前，巴比伦人就开始使用索引。

索　引

图 5-4　某译著的"索引表"（片段）

为了讲解方便，我们假定万维网中只有 3 个简短的网页，且设它们的页码分别是 1、2 和 3，如图 5-5 所示。

图 5-5　一个由三个页面组成的万维网

现在，为这三个网页创建一个索引表。首先，为出现在任一页面上的所有英语单词创建一个列表，然后按字母表顺序整理这张表。我们可以称这样的列表为单词表（word list）。本例中涉及的单词分别是"a、cat、dog、mat、on、sat、stood、the、while"。然后，一个单词一个单词地搜遍所有页面，并标注每个单词所在的网页页码，如表 5-1 所示。可以看到单词"cat"出现在第 1 页和第 3 页，却不在第 2 页，而单词"while"只出现在第 3 页。

通过这种简单的方法，搜索引擎就已经能响应许多简单的查询。例如，假设输入查询信息"cat"，搜索引擎很快就能在单词表中查找到"cat"项（因为单词表是按字母排序的，计算机查找很方便，就像我们可以很快找到字典中的一个单词一样），一旦找到"cat"项，搜索引擎就知道要查找的信息在哪

表 5-1　一个用页码表示的简单索引

单词	网页页码	网页页码	网页页码
a	3		
cat	1	3	
dog	2	3	
mat	1	2	
on	1	2	
sat	1	3	
stood	2	3	
the	1	2	3
while	3		

些页面了——在这个例子中就是第 1 页和第 3 页[3]。同理，如果要查询的信息是"dog"，搜索引擎很快就会找到"dog"项，并返回页码 2 和 3。

如果要查询多个词汇，如"cat dog"，搜索引擎也能很容易地查到结果。搜索过程如下：搜索引擎首先会单独查找这两个单词，找出它们分别在哪些页面中。显然，"cat"在第 1 页和第 3 页，"dog"在第 2 页和第 3 页。之后，计算机能快速地判断出"cat"和"dog"同时出现在哪些

---

[3] 现代搜索引擎对结果的组织很合理，它会摘取返回页面的少许片段供用户查阅。不过，本书忽略这样的技术细节，将精力主要集中在搜索引擎如何满足用户的查询需求方面。

页面之中。在这里，第 1 页和第 2 页被排除了，但第 3 页就是用户偶尔需要的查询结果。以此类推，查询"cat the sat"时，返回的正确结果应该是第 1 页和第 3 页，因为它们"cat"出现在 1、3 页、"the"出现在 1、2、3 页、"sat"出现在 1、3 页。

看起来，构造一个搜索引擎似乎比较容易。最简单的索引技术似乎运行得很好，即便对多词查询也是如此！但不幸的是，这种简单方法完全不能满足现代搜索引擎的需要！

为什么这样呢？原因有多个，让我们关注其一：如何做短语查询？短语查询是指寻找一个确切短语的查询，而非凑巧一些单词出现在页面中的某些地方。比如，"cat sat"查询和 cat sat 查询的意义截然不同。cat sat 查询寻找的是只要包含"cat"和"sat"两个单词的页面即可，甚至都不考虑先后顺序；而"cat sat"查询查找的是包含单词"cat"之后紧跟单词"sat"的页面。在图 5-5 中，cat sat 查询命中的结果是第 1 页和第 3 页，而"cat sat"查询只有第 1 页被命中。

一个搜索引擎如何才能有效地进行短语查询呢？我们继续以"cat sat"为例。第一步和平常的多词查询 cat sat 一样，从单词表中获取每个单词出现的网页列表，在这个例子中就是出现在第 1 页和第 3 页的"cat"，"sat"也一样，出现在第 1 页和第 3 页。不过搜索引擎到这里就被卡住了。搜索引擎很确切地知道两个单词同时出现在页面 1 和页面 3 上，但没有办法来分辨这些单词是否以正确的顺序紧挨着出现。你也许会想，搜索引擎可以返回查看原网页，看这个短语是否存在。这的确是个可能的解决方案，但效率却非常非常低。

另一种简单的索引结构是用一个很长的二进制数表示一个关键字是否出现在每篇文献中。有多少篇文献，就有多少位数，每一位对应一篇文献，1 代表相应的文献有这个关键字，0 代表没有。比如，关键字"原子能"对应的二进制数是 0100100011000001……表示第 2、5、9、10、16 篇文献包含这个关键字。上述过程其实就是将一篇篇千差万别的文本进行量化的过程。注意，这个二进制数非常之长。同样，假定"应用"对应的二进制数是 0010100110000001……那么，要找到同时包含"原子能"和"应用"的文献时，只要将这两个二进制数按位进行布尔运算 AND。根据布尔运算 AND 的真值表，运算结果是 0000100010000001……表示第 5 篇、第 9 篇、第 16 篇文献满足要求。

AND 真值表

注意，计算机做布尔运算是非常非常快的。现在最便宜的微机都可以在一个指令周期进行 32 位布尔运算，一秒钟进行数十亿次以上。当然，由于这些二进制数中的绝大部分位数都是零，只需要记录那些等于 1 的位数即可。于是，搜索引擎的索引就变成了一张大表：表的每一行对应一个关键词，而每个关键词后面跟着一组数字，是包含该关键词的文献序号。

对于互联网的搜索引擎来讲，每个网页就是一个文献。互联网的网页数量是巨大的，网络中所用的词也非常非常多。因此，这个索引是巨大的，在万亿字节量级。早期的搜索引擎（如 AltaVista 以前的所有搜索引擎），由于受计算机速度和容量的限制，只能对重要的关键的主题词建立索引。现在，为了保证对任何搜索都能提供相关的网页，主要的搜索引擎都是对所有的词进行索引。但是，这在工程上却是 件很有挑战性的事情。

当然，搜索引擎还会用到其他技术，如词位置技术。词位置技术是现代搜索引擎运行良好的核心技术思想——索引表不仅仅存储单词所在的页码，还要存储所在页面内的具体位置。比如，第 3 个词的位置是 3，第 29 个词的位置是 29，依此类推。图 5-5 中的三个页面组成的万维网加上词位置后如图 5-6 所示。表 5-2 是扩充词位置后的索引表——既存储页码，也存储词位置。

举几个例子，以确保大家理解词位置技术。索引的第一行单词是"a"，页码及词位置是"3-5"，也就意味着单词"a"只在网页中出现过一次，是第 3 页的第 5 个单词。索引中最长的一行是"the 1-1 1-5 2-1 2-5 3-1"，这一行可以让你知道，单词"the"在第 1 页出现过两次（位置是 1 和 5），第 2 页出现过两次（位置是 1 和 5），第 3 页出现过 1 次（位置是 1）。

图 5-6　添加页内词位置

引入页内词位置技术的目的就是为了解决如何有效地进行短语查询这个问题的。现在来看如何用这个新索引表做一次短语查询。仍然以查询短语"cat sat"为例。第一步从索引表中提取单个词的位置，"cat"的位置是（1-2、3-2），"sat"的位置是（1-3、3-7）。至此，我们只知道短语查询"cat sat"有可能出现在第 1 页和第 3 页之中，因为有可能这两个单词的确出现在了某一页面上，但并不是以正确的顺序彼此相邻。

幸运的是，从位置信息中可以容易地确认这一点。首先从第 1 页开始，根据索引信息，我们知道"cat"出现在第 1 页的位置 2（这就是 1-2 的含义），我们还知道"sat"出现在第 1 页的位置 3（同样这是 1-3 的含义）。由于"cat"在位置 2，"sat"在位置 3，我们知道"sat"紧挨着出现在"cat"之后，因此我们寻找的整个短语"cat sat"必定出现在第 1 页，并且是从位置 2 开始的。同理，对第 3 页的处理和第 1 页的处理方式很相似："cat"出现在第 3 页的位置 2，"sat"出现在位置 7，因此它们不可能相邻。这样我们就知道，第 3 页并不是我们想要的查询结果，尽管它包含单词 cat 和 sat，如表 5-2 所示。

注意，仅仅通过查看索引表（"cat"的位置 1-2、3-2，"sat"的位置 1-3、3-7）

表 5-2　同时包含页码和页内词位置的新索引

单词	页码及位置	页码及位置	页码及位置	页码及位置	页码及位置
a	3-5				
cat	1-2	3-2			
dog	2-2	3-6			
mat	1-6	2-6			
on	1-4	2-4			
sat	1-3	3-7			
stood	2-3	3-3			
the	1-1	1-5	2-1	2-5	3-1
while	3-4				

而非原始网页，就已经就短语"cat sat"获得了一次命中。这个很关键，因为我们只需查看索引中的两个项，而非遍历所有可能包含的网页（实际上，真正短语查询时，搜索引擎有可能面对数百万个这样的网页）。总之，通过在索引中加入页内词位置，我们只需通过查看索引表中的几行，就能获得一次短语查询命中，而非遍历海量级的网页。这个简单的词位置技术是让搜索引擎高效的关键技术之一。

5.1.3　网页排序方法

客观上，与用户查询信息相匹配（也称被"命中"）的网页可能多达几十、几百、几千乃至几万，甚至几十万、几百万个，但用户也许只需要匹配度较高的几个或几十个网页。因此，搜索引擎必须从大量被命中的网页里挑出最好的几个或几十个。一个好的搜索引擎不但会挑出最好的被命中的网页，而且会以匹配度的大小顺序给出查询结果——最匹配的页面排在第一，然后是匹配度排名第二的页面，以此类推。

那么，一个网页的"排名"究竟取决于什么？

真正的问题不是"这个网页和查询匹配吗"，而是"这个网页和查询相关吗"。计算机界的科学家们使用"相关度"（relevance）这个术语来形容一个网页和某个特定查询有多么相配或多么有用。

为此，科学家们提出了很多相关的方法，如邻度技术、元词（metaword）技术、关键词权值TF/IDF（Term Frequency/Inverse Document Frequency）等。但我们更感兴趣的是 Google 公司的PageRank，这项技术在 1998 年前后使得搜索的相关性有了质的飞跃，圆满地解决了以往网页搜索结果中排序不好的问题。以至于大家认为 Google 的搜索质量好，甚至这个公司成功都是基于这个PageRank。

（1）超链接技术

超链接技术是搜索引擎用来进行排名的最重要的技术之一，自然也是 Google PageRank 技术的基础。**在互联网上，如果一个网页被很多其他网页所链接，说明它受到普遍的承认和信赖，那么它的排名就应该高。**这就是 PageRank 的核心思想。这个道理其实很好理解，正常情况下，如果一个女孩子走在大街上，能吸引更多的眼球和目光，从长相来说，她的排名肯定应该靠前。相反，她的排名应该考后。

为便于理解，用一个简单的生活例子加以说明和解释。假设你对学习如何炖鸡感兴趣，并且用网络搜索了这一主题。事实上，任何一次真实的搜索，搜索引擎都会给出很多与"炖鸡"相关的网页，为方便起见，假定只有两个检索结果（网页），其中一个是"张三的炖鸡菜谱"，另一个是"李四的炖鸡菜谱"，如图 5-7 所示，图中底部画波浪线的文字代表超链接，箭头则表示链接的指向。图 5-7 中有 6 个网页（每个框都代表 1 个网页），其中 2 个网页是炖鸡菜谱，其余 4 个网页都有这些菜谱的超链接。为了方便起见，我们假定这 4 个包含超链接的网页是整个互联网上仅有的链接到这两个菜谱网页之一的网页。

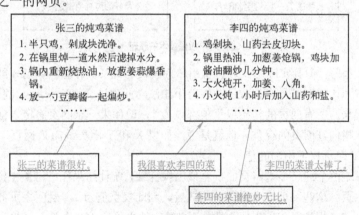

图 5-7　超链接技术的原理

现在的问题是，这两个命中哪个排名应该更高？李四还是张三？人们在阅读链向这两份菜谱的网页并作出评价上不会有太大的问题。看起来这两份菜谱都很合理，但人们对李四菜谱的反响要更为热烈一些。因此，在没有给出其他信息的情况下，李四的菜谱比张三的菜谱排名更靠前可能会更合理。

不幸的是，计算机并不擅长理解网页文字信息的真实内涵，因此搜索引擎不太可能依据四个相关联的网页对每个菜谱获推荐的强烈程度进行评估。

一种简单的办法就是只计算链向每份菜谱的网页数。在这个例子中，只有一个网页链向张三的菜谱，三个网页链向李四的菜谱。我们可以根据这些菜谱的链入链接数对菜谱进行排名。当然，这种方法远不如让人阅读所有页面并手动排名精确，但无疑是一种有用的方法。如果没有其他信息，一个网页的链入链接数可以成为该网页可能会多有用或有多大"权威性"的指标。因此，超链接技术认为李四的网页比张三的网页排名在前，因为李四有三个链入链接（incoming link），而张三只有一个。

你可能已经发现这种"超链接技术"在排名上存在的问题。一个明显的例子就是，相关网页的评价未必都是肯定的。比如，假设有个链接张三菜谱的网页上写着"我试了下张三的菜谱，很糟糕"。像这样批评而非肯定页的链接，的确会导致超链接技术将网页的排名拔高。不过，在现实中，超链接更多是用于推荐而非否定。因此，尽管有这个明显的缺陷，超链接技术仍然很有用。

（2）权重技术

大家也许已经想到，为什么要对网页的所有链接一视同仁？来自专家的推荐肯定要比"菜鸟"的推荐更有价值！这就是权重技术的基本思想。

要细致地理解这一点，我们继续研究上面的炖鸡案例。图 5-8 对链接进行了重新设置：李四和张三的菜谱的链接数相等了（只有一个），但张三的链接来自篮球巨星姚明，而李四的链接来自中国烹调大师赵继宗。如果没有其他信息，你更倾向于选择哪个菜谱？显然，选择由一位著名主厨推荐的菜谱要比选择由一名篮球界巨星推荐的菜谱更好，我们称这一基本原则为"权重技术"（the authority）。也就是说，来自高"权重"网页的链接排名要比来自低"权重"网页链接的排名更靠前。

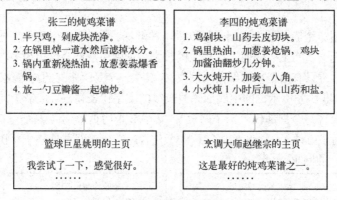

图 5-8　**权重技术的原理**

说实话，想法很好，但其实际形式对搜索引擎而言没有意义。计算机如何才能自动判定烹调大师赵继宗在炖鸡方面比姚明更具有权威性呢？有个想法对此也许会有所帮助：让我们把超链接技术和权重技术结合起来。所有网页的初始权重值都设为 1，但如果一个网页有链入链接，在计算该网页权重时就要加入指向其网页的权重。也就是说，如果 X 和 Y 网页链向 Z 网页，那么 Z 网页的权重就是 X 网页和 Y 网页权重相加的值。

图 5-9 在计算这两个炖鸡菜谱网页的权重值上很详细，统计结果在椭圆圈中给出。图中有两个网页链向姚明的主页；这些网页本身没有链入链接，因此权重值为 1。姚明主页的权重值是所有链入链接权重值的总和，相加得 2。中国烹调大师赵继宗的主页有 100 个链入链接，每个链入链接的权重值为 1，因此它的权重是 100。张三的菜谱只有一个链入链接，但这个链入链接的权重值是 2，因此将其所有链入链接的权重值相加（这个例子中只有一个数可加），张三菜谱网页的权重值为 2。李四菜谱网页也只有一个链入链接，但其权重值为 100，因此李四菜谱网页的权重值为 100。所以李四的网页排名要比张三的靠前。

为简单起见，我们对上述思想进行抽象。假设我们知道一个网页 Y 的排名应该来自于所有指向这个网页的其他网页 x_1，x_2，…，x_k 的权重之和，如在图 5-10 中，Y 的网页排名为

$$pagerank = 0.001 + 0.01 + 0.02 + 0.05 = 0.081$$

接下来的问题是 x_1、x_2、x_3、x_4 的权重分别是多少？如何度量？这是非常重要的问题，必须设法解决。

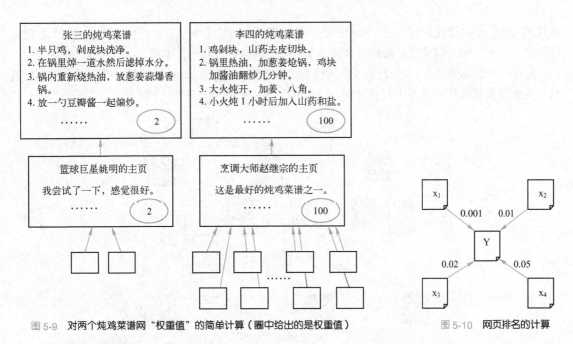

图 5-9　对两个炖鸡菜谱网"权重值"的简单计算（圈中给出的是权重值）

图 5-10　网页排名的计算

（3）随机访问模型

就自动计算权重值来说，我们似乎拥有了一个真正奏效的策略，无须计算机真正地理解网页内容。不幸的是，这种方法存在一个问题——超链接很有可能形成被计算机科学家称为"循环"（cycle）的现象，即访问者可以通过点击超链接返回出发时的网页。如图 5-11 所示，图中有 A、B、C、D、E 五个网页。如果从 A 开始，我们可以通过 A 访问 B，然后又从 B 访问 E，而从 E 我们又能点回 A，也就是回到了出发点。这也意味着 A、B 和 E 三个网页组成了一个循环。

看来，在遇到循环时，目前"权重值"的定义（将超链接技术和权重技术结合起来）就碰到麻烦了。看看在这个特例中会发生什么事情。网页 C 和 D 没有链入链接，因此其权重值为 1。网页 C 和 D 都链向网页 A，因此 A 的权重值是网页 C 和 D 权重值的和，也就是 1+1＝2。B 网页从 A 获得的权重值为 2，而 E 又从 B 获得权重值 2。如图 5-12 左侧部分所示。但现在 A 的权重值要更新了：A 从 C 和 D 各得到权重值 1，也从 E 得到权重值 2，相加为 4。于是 B 的权重值也需要更新为 4。然后 E 的权重值也要更新，它从 B 获得了权重值 4。如图 5-12 右侧部分所示。以此类推，于是 A 的权重值变为 6，B 为 6，E 为 6，于是 A 的权重值变为 8……如此这般，周而复始，没完没了了。

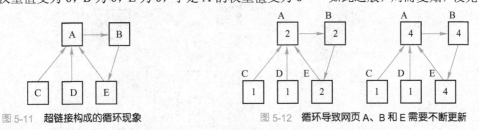

图 5-11　超链接构成的循环现象

图 5-12　循环导致网页 A、B 和 E 需要不断更新

这样计算权重值，会产生"鸡生蛋，还是蛋生鸡"的问题。如果知道 A 网页真正的权重值，就能计算 B 网页和 E 网页的权重值。如果知道 B 网页和 E 网页真正的权重值，就能计算 A 网页的权重值。但由于这些网页彼此依赖，因此这样计算下去根本行不通。

幸运的是，我们可以通过"随机访问模型"来解决这个"鸡生蛋，还是蛋生鸡"的问题。随机访问模型能与超链接及权重技术相结合，并能很好地解决超链接出现循环时带来的问题。

假设某个人随机从万维网上的一个网页开始访问，然后检查该网页上的所有超链接，之后随机挑选出其中一个超链接进行点击；再检查打开的新网页，随机选择一个超链接打开……这个过程会持续进行，每个网页都是通过随机选择前一个网页上的链接打开的，如图 5-13 所示。在这个例子中，假设整个万维网只有 16 个网页（箭头代表网页之间的超链接）。被访问者访问的网页用深色表示，实线箭头代表访问者点击的超链接，虚线箭头代表随机重新开始访问。

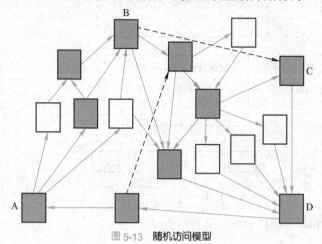

图 5-13　随机访问模型

　　整个过程有一个转折点——每次访问一个网页时都有一个固定的重新访问概率（大概是 15%），让访问者不从已有的超链接中挑选一个并点击[4]。相反，访问者会重新开始这一过程，从互联网上随机选择一个网页点击。你也可以认为访问者有 15%的概率对任何已有网页厌倦，导致其点击另一组链接。仔细观察图 5-13，这个特定的访问者从网页 A 开始，在对网页 B 厌倦前连续点击了三个随机超链接，并在网页 C 重新开始。在下次重新开始前，访问者又点击了两个随机超链接。

　　用计算机模拟这一过程不难。模拟实验表明，当访问网页的次数达到 1000 次时，网页 D 的访问次数最多，有 144 次，其他模拟访问的结果如图 5-14 所示。我们可以通过增加访问次数来提高模拟精度。当访问次数达到 100 万时，模拟访问的结果表明，与之前的模拟结果基本一样，网页 D 的访问次数最频繁，占总访问量的 15%，其他模拟结果如图 5-15 所示（考虑到访问量较大，用百分比表示结果更好）。

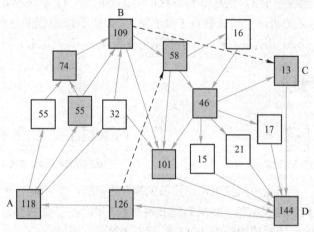

图 5-14　1000 次随机访问模拟中各网页的访问次数

[4] 这里所有随机访问者例子中的重新开始概率都为 15%，这也是 Google 联合创始人拉里·佩奇和谢尔盖·布林在描述其搜索引擎原型的原始论文中使用的值。

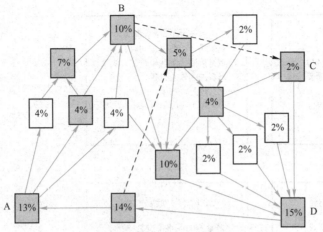

图 5-15　100 万次随机访问模拟中各网页的访问次数占比

随机访问者模型和权重技术之间有什么联系可以被我们用于网页排名呢？从随机访问者模拟中计算得出的百分比，正好就是我们在衡量一个网页的权重时所需要的。因此，将网页的访问者权重值定义为一名随机访问者花在访问该网页的时间比例。值得注意的是，访问者权重值能和前两个对网页重要性进行排名的技术配合良好。让我们逐一进行分析。

首先，就超链接技术而言，其主要思想是：一个有许多链入链接的网页应该排名靠前。这在随机访问者模型中也适用，因为一个有许多链入链接的网页被访问的概率较大。图 5-15 中的网页 D 就是个好例子，它有五个链入链接，比模拟中的其他网页都多，访问者权重值也最高（15%）。

其次，就权重技术而言，它的主要思想是：与来自低权重网页的链入链接相比，一个来自高权重网页的链入链接应该更能证明一个网页的排名。随机访问者模型也包含这一点。为什么？因为和一个来自不知名网页的链接相比，访问者更有可能继续点击一个来自知名网页的链入链接。如图 5-15 所示，网页 A 和 C 都有一个链入链接，但网页 A 的访问者权重值要高得多（13%：2%），这主要取决于其链入链接的质量。

事实上，每个网页链入链接的质量和数量都会被纳入考虑范围。例如，网页 B 的访问者权重值相对较高（10%），得益于三个链入链接所在的网页拥有适中的访问者权重值，从 4% 到 7% 不等。

注意，随机访问者模型天生能同时与超链接技术和权重技术相配合。

随机访问模型的绝妙之处在于，不管超链接有没有形成循环，随机访问模型都能完美地面对。回到早前的炖鸡例子，我们能轻易地运行一次随机访问者模拟。在数百万次模拟访问之后，产生了如图 5-16 所示的访问者权重值。与之前使用权重技术进行的计算一样，李四的网页访问者权重值要比张三的网页高很多（28%：1%），尽管这两个网页都只有一个链入链接。因此，李四的网页在网络搜索查询"炖鸡菜谱"时排名更靠前。

现在让我们回到前面遇到的难题——对于最初的权重技术而言，由于超链接循环的存在，图 5-11 产生了一个不可解的问题。类似地，通过随机访问模型进行模拟，于是产生了如图 5-17 所示的访问者权重值。由这一模拟判定的访问者权重值给出了网页的最终排名（网页 A 排名最高，之后是 B 和 E，C 和 D 的排名靠后），这些排名会被搜索引擎在返回结果时用到。

思路有了，如何实现呢？

佩奇和布林把这个问题变成了一个二维矩阵相乘的问题，并且用迭代的方法解决了这个问题。他们先假定所有网页的排名是相同的，并且根据这个初始值，算出各个网页的第一次迭代排名，然后再根据第一次迭代排名算出第二次的排名。他们两人从理论上证明了不论初始值如何选取，这种算法都保证了网页排名的估计值能收敛到排名的真实值。该算法的核心思想如下：

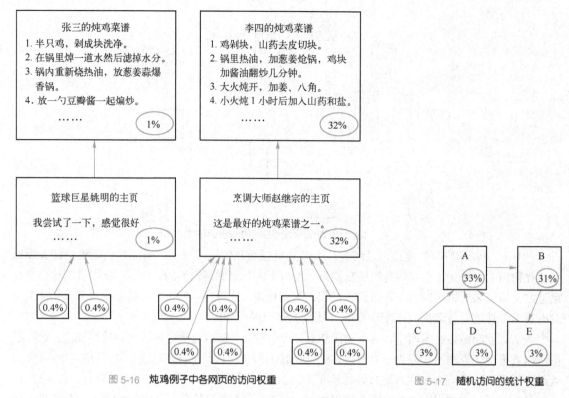

图 5-16　炖鸡例子中各网页的访问权重　　　　　　图 5-17　随机访问的统计权重

假定向量 $B = (b_1, b_2, \cdots, b_n)^T$ 为第 1、2、$\cdots$、n 个网页的网页排名。矩阵 A

$$A = \begin{bmatrix} a_{11} & a_{12} & a_{13} & \cdots & a_{1n} \\ a_{21} & a_{22} & a_{23} & \cdots & a_{2n} \\ \cdots & \cdots & \cdots & \cdots & \cdots \\ a_{n1} & a_{n2} & a_{n3} & \cdots & a_{nn} \end{bmatrix}$$

为描述网页之间链接关系的稀疏矩阵。其中，a_{ij}（$1 \leq i, j \leq n$）表示第 i 个网页指向第 j 个网页的链接数。显然，矩阵 A 是已知的，B 是未知待求解的。刚开始时，不妨设向量 B 的初始值为

$$B_0 = (0.15, 0.15, 0.15, \cdots, 0.15)$$

Google 的专家们利用下面的迭代公式计算出向量 B_1，B_2，B_3，$\cdots$，B_i：

$$B_i = A \cdot B_{i-1}$$

理论上可以证明，当变量 i 不断增大时，B_i 最终会收敛，即 B_i 无限趋近于 B。实际计算时，迭代十来次就够了。

注意，每次迭代的计算量非常大，原因就是矩阵 A 是一个非常非常巨大的稀疏矩阵，从理论上讲有网页数量的二次方这么多个元素。如果假定有 10 亿个网页，那么这个矩阵就有 100 亿亿个元素。这么大的矩阵相乘，计算量是非常大的。Google 公司的佩奇和布林两人采用算法设计中的分治法，并利用稀疏矩阵计算的技巧，大大简化了计算量，实现了这个网页排名算法。

5.2　瞒天过海的密码技术

小到一个人，大到一个国家，总有许多机密的东西。对个人而言，这些机密的东西可能是你的隐私、你的银行卡号、你的情感经历等；对国家而言，机密的东西更多，涉及政治、经济、国防等

方面。

机密的东西未必仅仅"尘封"就能了事，有时候需要相互之间"传递和交流"。国家之间由于利益问题，喜欢"刺探"对方的情报，所以一些重要的信息就需要保密，否则会泄露，造成不希望看到的后果。

我们经常可以看到两个人在一起窃窃私语，显然是不想让别人听到他们的谈话内容，但前提是两个人必须紧挨着在一起。如果两个人隔开一定距离，就只能换一种方式交流"私密"的信息，如写在纸上，放进信封密封好，传给对方。如果怕信件被拆封偷看，还可以写成密信、使用暗号等方式，避免走漏私密信息。但提前是你得事先告诉对方你是如何加密的，使用的暗号代表什么意思。

自然而然地诞生了密码技术。

互联网时代的到来，又产生了新的问题。人们怎样通过一台计算机向远方的另一台计算机传递机密的信息？比如网购，在下单的时候，需要通过自己的计算机发送银行卡号和密码，如何确保这么重要的信息不在"中途"被窃取？可以想见，如果信息不加密，就类似于你用明信片传送机密信息了。这就是互联网时代计算机相互进行机密通信时面临的问题。因为互联网上的所有信息都会通过无数被称为"路由器"的计算机转发，信息的内容可以被任何访问路由器的人所见（当然也包括潜在的恶意窃听者）。因此，你发送的每一块数据信息进入互联网后，就好像写在明信片上。

针对这个问题，你也许立马想到加密技术。没错，加密是可以解决被"偷看"的问题，但前提是你知道信息发给谁，对方也知道怎么解密，否则加密就失去了意义。就像你在明信片上使用密码，邮局工作人员显然不知道你在说什么，但收件人必须知道是怎么回事。现在真正的问题是你要给不认识的人发送信息，如果你使用密码，对方就没有办法了解你在说什么。比如，你第一次用信用卡在 Amazon 网站上购物时，你的计算机必须将你的信用卡卡号传输给 Amazon 的服务器。但你的计算机之前从未与亚马逊的服务器"沟通"过，因此这两台计算机无法就加密和解密形成"共识"，自然就无法进行交易。如果你把加密方法一同传送给亚马逊的服务器，那互联网上信息传输所经过的所有的路由器都可以"看到"，无异于"大白于天下"，加密也就失去了意义。

这些问题如何解决？解决这些问题的思想和方法确实充满神秘色彩，诱惑你我去探索、去领略前人智慧的结晶！

5.2.1 有趣的对称加密技术

很多科学思想来自于生活，让我们先看一个生活中的场景。

甲和乙是一对生意搭档，他们住在不同的城市。由于生意上的需要，他们经常会相互之间邮寄重要的货物。为了保证货物的安全，他们商定制作一个保险盒，将邮寄的物品放入其中。他们打造了两把完全相同的钥匙分别保管，以便在收到包裹时用这个钥匙打开保险盒，以及在邮寄货物前用这把钥匙锁上保险盒。这是一个将重要物品安全传送给对方的传统方法，只要两人小心保管好保险盒的钥匙，就算有人拿到保险盒，也无法打开，这样就确保了物品的安全。

上述思想用到计算机网络通信的信息加密中就诞生了对称加密方法。

在对称加密方法中，数据发送方将明文（原始数据）和加密密钥一起经过特殊加密处理后，使其变成复杂的加密密文发送出去。接收方收到密文后，若想解读原文，则需要使用加密密钥及逆向的方法对密文进行解密，才能使其恢复成可读明文。在对称加密算法中，使用的密钥只有一个，发送方和接收方都必须使用这个密钥对数据进行加密和解密。因此，双方必须确保这个共同密钥的安全性。其基本过程可以用图 5-18 表示。

由于加密变换使用的密钥和解密变换使用的密钥是完全相同的，此密钥必须以某种安全的方式告诉解密方。

图 5-18　加密解密的基本过程

其实，密码学的历史大致可以追溯到 2000 年前。相传古罗马名将恺撒（Julius Caesar）为了防止敌方截获情报，用密码传送情报。恺撒的做法很简单，就是对 20 几个罗马字母建立一张对应表，如下所示。

明码表：A B C D E F G H I J K L M N O P Q R S T U V W X Y Z
密码表：D E F G H I J K L M N O P Q R S T U V W X Y Z A B C

这样，如果不知道密码本，即使截获一段信息也看不懂，如收到消息是"FDHVDU"，在敌人看来是毫无意义的一个"单词"，通过密码本破解出来就是"CAESAR"一词，这种编码方法史称恺撒大帝。

中日甲午战争之前，中方的高级电报密码被日方破译，这是导致清军在战前、战中、战后军政各方面陷入被动的重要因素。1894 年 7 月，日本破解了中方电报密码 1 个月后，清军雇用"高升"号等英国轮船，秘密向朝鲜牙山运兵。由于行动电报被日军破译，日本舰队发起偷袭，造成清军损失惨重。黄海海战前，日军又从破译电报得知北洋海军将于 9 月 15 日运兵在大东沟登陆。于是，日本联合舰队在大东沟附近设伏，导致北洋水师惨败。李鸿章赴日谈判时，因日方破译了中方的电报密码，李与北京往返的密电内容及中方割地赔款的底线，全部为日方所了解，因而整个和谈的进程都在日方掌控之下。

据日方史料、伊藤博文所著《机密日清战争》披露：1886 年 8 月，北洋舰队访问日本长崎，期间发生了一件清军水兵与当地警察冲突的治安事件，一个名叫吴大五郎的人，偶然拾到了一本中国人的小字典，小字典内的汉文字纵横两侧，标注了 0、1、2、3、4、5、6、7、8、9 的小数字，电信专家立刻判定：这是清军电报用汉字译电本，从译电本中数字的组合规律，他们很快掌握了中方制造密码的方法。

说到密码技术，不得不提到莫尔斯。莫尔斯码的出现对战争产生了巨大的影响，所以很多谍报电影电视剧中都有相应的故事情节，如电影《风声》中，女主人公把情报以莫尔斯码的形式编制在衣服的边角上传送出去。

图 5-19　莫尔斯电码

莫尔斯码（Morse alphabet）是美国人摩尔斯（Samuel Finley Breese Morse）于 1837 年发明的，由点（dot，.）、划（dash，-）两种符号组成。规则如下：① 点为基本信号单位，一划的长度等于 3 点的时间长度；② 在一个字母或数字内，各点、划之间的间隔应为一点的时间长度；③ 字符（字母及数字）之间的间隔为 3 点的时间长度；④ 单词与单词之间的间隔为 7 点的时间长度。

莫尔斯码在早期无线电上举足轻重，是每个无线电通信人员必知的（如图 5-19 所示）。由于通信技术的进步，各国已于 1999 年停止使用莫尔斯码，但由于它所占的频宽最少，又具一种技术及艺术的特性，在实际生活中有广泛的应用。

从恺撒大帝到 20 世纪初很长的时间里，密码的设计者们在非常缓慢地改进技术。人们意识到，一个好的编码方法会使得解密者无法从密码中统计出明码的相关信息。有经验的编码者会把常用的词对应成多个密码，使得破译者很难统计出任何规律。比如，如果将汉语中的"是"对应唯一一个编码，如 0543，那么破译者就会发现 0543 出现得特别多。但如果将它对应成 0543、373、2947 等 10 个密码，每次随机地选用一个，每个密码出现的次数就不会太多，而且破译者也无从知道这些密码其实只对应一个字。这里面已经包含着朴素的概率论的原理。

好的密码必须做到不能根据已知的明文和密文的对应推断出新的密文的内容。从数学的角度上讲，加密的过程可以看成一个函数的运算，解密的过程是反函数的运算。明码是自变量，密码是函数值。好的加密函数不应该通过几个自变量和函数值就能推出函数。在第二次世界大战中，美军破获了日本很多密码。在中途岛海战前，美军截获的日军密电经常出现 AF 这样一个地名，猜测应该是太平洋的某个岛屿，但是美军无从知道是哪个岛。于是，美军就逐个发布与自己控制的岛屿有关的假新闻。当美军发出"中途岛供水系统坏了"这条假新闻后，从截获的日军情报中又看到含有 AF 的电文（日军情报内容是 AF 供水出了问题），美军就断定中途岛就是 AF。事后证明判断正确，美军在那里成功地伏击了日本联合舰队。

美国情报专家雅德利（Herbert Osborne Yardley，1889—1958）二战时曾经在重庆帮助中国政府破解日本的密码。他在重庆的两年里做得最成功的一件事就是破解了日军与重庆间谍的通信密码，并因此破译了几千份日军和间谍之间通信的电文，从而破获了国民党内奸"独臂海盗"为日军提供重庆气象信息的间谍案。雅德利（及一位中国女子徐贞）的工作大大减轻了日军对重庆轰炸造成的伤害。雅德利回到美国后，写了《中国黑室》（The Chinese Black Chamber）一书，介绍这段经历，但是该书直到 1983 年才被获准解密并出版。从书中的内容可以了解到，当时日本在密码设计上有严重的缺陷。日军与重庆间谍约定的密码本就是美国著名作家赛珍珠（Pearl S.Buck）获得 1938 年诺贝尔文学奖的《大地》（The Good Earth）一书。这本书很容易找到，解密时只要有这本书就可以了。密码所在的页数就是一个非常简单的公式：发报日期的月数加上天数，再加上 10。比如 3 月 11 日发报，密码就在 3+11+10=24 页。这样的密码设计只要破译一篇密文就可能破译以后全部的密文。另外，日本外交部在更换新一代密码机时，有些距离远的国家的使馆因为新机器到位较晚，他们居然还使用老机器发送。这样就出现新老机器混用的情况，同样的内容美国会收到新老两套密文，由于日本旧的密码很多已被破解，这样会导致新的密码一出台就毫无机密可言。日本在第二次世界大战中情报经常被美国人破译，他们的海军名将山本五十六也因此丧命。

以上介绍的密码技术之所以屡屡被破解，根源在于"统计"。正如我们在数据压缩中介绍的，经过统计，在日常的工作、学习和生活中，英文字母使用的频率差异很大，只要多截获一些情报（即使是加密的），统计一下字母的频率，就可以破解出这种密码，这就是词频统计破解法。多年来在很多谍报题材的电影电视剧中，编导们还在经常使用这类蹩脚的密码。比如用一组数字传递信息，这些数字对应某本书或字典的页码和字的次序，不少观众恐怕还认为剧中"主人公"很聪明。另外，小说家柯南·道尔（Conan Doyle）在他的《福尔摩斯探案集》中写了一集"跳舞的小人"，用的就是这种看起来很神秘却不难破解的"密码术"。经过统计，福尔摩斯很快就破案了，如图 5-20 所示。

可以想见，加密与解密就是"矛"与"盾"的关系，有坚硬的"盾"，就会产生锋利的"矛"。在"矛"与"盾"的较量中，密码学及其技术得到了足够的重视，演变出了许多有意思的方法。

对称加密算法中常用的方法有 DES、3DES、TDEA、Blowfish、RC2、RC4、RC5、IDEA、SKIPJACK、AES 等，其中最有代表性的就是 DES 加密标准。

（扩展知识）

对称加密算法的优点是算法公开、计算量小、加密速度快、加密效率高。

AM HERE ABE SLANE（我已到达。阿贝·斯兰尼）

AT ELRIGES（住在埃尔里奇）

COME ELSIE（来吧，埃尔茜）

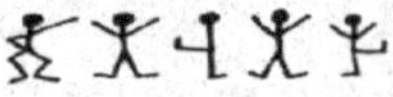

NEVER（绝不）

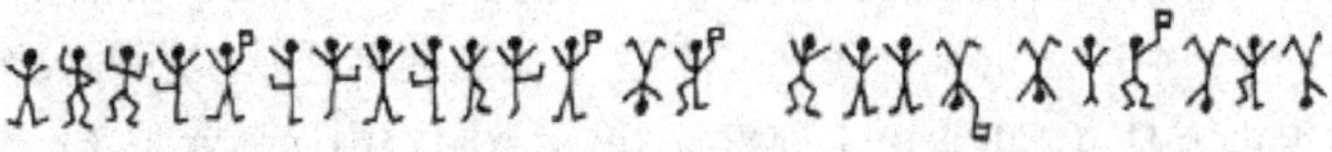

ELSIE PREPARE TO MEET THE GOD（埃尔茜准备见上帝）

图 5-20　跳舞的小人

对称加密算法的缺点是在数据传送前，发送方和接收方必须商定好密钥，然后使双方都能保存好密钥。其次，如果一方的密钥被泄露，那么加密信息也就不安全了。另外，每对用户每次使用对称加密算法时，都需要使用其他人不知道的唯一密钥，这会使得收、发双方所拥有的钥匙数量巨大，密钥管理成为双方的负担。比如，假设两个用户需要使用对称加密方法加密然后交换数据，则用户最少需要 2 个密钥并交换使用，如果企业内用户有 n 个，则整个企业共需 $n\times(n-1)$ 个密钥，密钥的生成和分发将成为企业信息部门的噩梦。由于对称加密算法的安全性取决于加密密钥的保存情况，但要求企业中每个持有密钥的人都保守秘密是不可能的，他们通常会有意无意地把密钥泄露出去。如果一个用户使用的密钥被入侵者所获得，入侵者便可以读取该用户密钥加密的所有文档，如果整个企业共用一个加密密钥，那么整个企业文档的保密性便无从谈起。

5.2.2　难解的非对称加密技术

让我们从一个非常简单的实例开始。

假定你和朋友张三以及敌人李四在一个房间里。你想要秘密地传一条消息给张三，又不能让李四知道。而你只能通过说话和张三联系，无法小声耳语或传纸条。也就是说，你跟张三说什么，李四都能听到。为方便起见，假设这是一个极其重要的数字（1～9 之间），你试图传输的数字为 7。有一种方法可以让你达到目标。

首先，尝试想一些张三知道而李四不知道的数字。比如，你和张三成为朋友很久了，从孩提时就生活在同一条街上。事实上，假设你俩经常在你家前院玩耍，门牌号是某某街 322 号。其次，假设李四并不是从小就认识你，特别是他不知道你和张三过去经常玩耍的街道地址。你就能对张三说："嘿，张三，记得我家所在街道的门牌号吗？我们过去一起玩耍的地方。如果你用门牌号，加上我现在想到的数字中的一个数，你会得到 329。"

现在，只要张三能正确地记得那条街道的门牌号，他就可以通过将你告诉他的数 329 和街道门牌号相减，得到你要告诉他的数字。也就是 329-322=7，这也是你试图向他传输的数字。同时，李四却不知道数字是多少，尽管他能仔细地听到你跟张三说什么。

为什么这种方法能奏效？因为你和张三有一样东西，也就是计算机科学家们所谓的共享密钥：322。因为你俩都知道这个数字，但李四不知道，你可以使用这个共享密钥秘密地传输任何数字，只要与共享密钥相加，说出总数，让另一方减去共享密钥即可。听到总数对李四没有任何用处，因为他不知道要减去哪个数字。

不管你是否相信，如果理解了这个简单的思想，你就理解了互联网上绝大多数加密真正的工作原理！当然，要想真正实现保密性，还有一些细节需要注意。

首先，计算机使用的共享密钥要比街道门牌号（如322）长很多。如果密钥太短，任何窃听对话的人都可以尝试所有的可能性。例如，假设用一个3位数街道门牌号来加密一个16位数。注意，3位数的街道门牌号只有999种可能，那么像李四这样窃听了双方对话的人可以列出一个包含所有999种可能数据的表，密钥肯定就在其中了。对计算机来说，几乎不费吹灰之力就能试遍999个数，从而找出密钥。因此，我们需要用更长的数来作为共享密钥。

其次，上述加密思想还要克服一个困难：人们可以通过分析大量的、加过密的消息来得到密钥。间谍片（电影或电视）中常有这样的情节。为此，一种被称为"分块密码"（block cipher）的现代加密技术诞生了。首先，长消息被分解成固定大小的"块"。其次，每个块都会根据一系列方法转换数次。这些规则类似于加法，但会让消息和密钥更紧密地混合在一起。比如，转换方法可以是"将密钥的前半部分与这块消息的后半部分相加，倒置结果，再将密钥的第二部分与这块消息的前半部分相加"等，甚至转换方法更复杂一些。现代分块密码，如高级加密标准（Advanced Encryption Standard，AES），基本上会进行10"轮"或更多类似操作。在转换的次数足够多时，原始消息会真正地混合好，并能抵御统计攻击，但任何知道密钥的人都能用相反的步骤运行所有操作，以获得最初的、解密的消息。

到此，似乎没有什么问题了，其实不然！

因为，在上面所举的例子中，在你和张三沟通时，我们有一个假定，那就是你和张三从小很熟悉，你们之间有一些事情李四不了解。比如，李四不知道你家的门牌号。如果大家都是陌生人，而你又要告诉张三一个秘密数字，怎么办？

乍一看，要做到这一点似乎不可能，但还是有个精巧的办法能解决这个问题。这就是计算机科学家们称之为迪菲–赫尔曼密钥交换（Diffie-Hellman key exchange）的解决方案[5]。

要理解这一精妙绝伦的思想和方法，先做一个看起来很滑稽的假设。假设李四知道如何做加法和乘法，但不知道如何做除法。先不管这样的假设是否现实，既然是假设，先认定这样的前提再说。

有了这样的假定，就会有下面有趣的事情：给定两个数5和7，李四知道它们的乘积是35；但是给定乘数是5、乘积是35，李四是无法知道另一个被乘数是7的。因为李四不知道如何做除法。这就像将不同的颜料混合起来，调和成一种新的颜色很容易，但要将其"分开"并获得原来的颜料则不可能。

现在来看你和张三之间如何传递信息而又不让李四知道。过程如下：

第一步　你和张三各选一个只有自己知道的数。比如，你选择了4，张三选择了6。这是心中的"秘密"，别人是无法知道的。

第二步　你另选一个数并公布，让大家都知道。假设你选择了7作为一个公开的数。也就是说，张三和李四都知道这个数是7。

第三步　将你所选的私密数4与公之于众的数7相乘，得到乘积28，然后公布这个结果。张三也将自己所选的私密数6与公之于众的数7相乘，得到结果42，并且公布这个结果。

第四步　你把张三公布的结果42乘以你的私密数4，结果是168。同样，张三用你公布的乘积

[5] 迪菲–赫尔曼密钥交换机制是在互联网上建立共享密钥的方法之一。这一机制以怀特菲德·迪菲（Whitfield Diffie）和马丁·赫尔曼（Martin Hellman）的名字命名，于1976年首次发表了这个算法。

28 乘以他自己选定的私密 6，也令人惊讶地得到了相同的结果 168。

仔细分析，这一点并不奇怪。因为你和张三通过将同样的三个数 4、6 和 7 相乘，得到了相同的结果（4×6×7=168）。通过这种办法，你相当于告诉了张三一个绝密的数 168，而李四无法知道。原因是李四不知道如何做除法运算，尽管他听到你说 28，张三说 42，还知道另一个公开的数是 7。如果李四知道如何做除法，他就能马上知道你和张三选定的私密数，因为 28÷7=4 和 42÷7=6，进而也就知道你向张三传递的机密是 168。

可要命的是，李四不可能傻到不懂除法运算！如果前提不成立，推出的任何结论都没有意义。前功尽弃了？

不！数学家们给我们想出了非常有效的办法——即便李四知道如何做除法，也让他无能为力或者得不偿失。比如，李四要用 50 年或者 100 年才能算出他想要的结果，那样的话，即便他能算出结果来，也已经失去实际意义了。

为了更好地理解数学家们的工作，我们先学习两个基本的概念：一个是素数，另一个是模运算。一说到数学，很多人就紧张，感觉很抽象，很不好理解。但抽象有抽象的好处，能简明扼要地表达一种思想或理论，习惯了就好。尽管如此，本书仍然不打算过多地涉及数学公式，尽量以一种大家容易接受的方式来介绍一些数学理论知识。

素数，也称为质数（prime number），它是这样的自然数，除了 1 和它本身之外，不能被其他自然数所整除。换句话说，就是除了 1 和它本身以外不再有其他因数。这个概念应该不难理解，如 11 就是一个素数，除了 1 和 11 之外，找不到任何一个可以整除的自然数。可以想象，这样的素数很多很多，用数学语言来描述，就是无穷多个。100 以内的素数有 2、3、5、7、11、13、17、19、23、29、31、37、41、43、47、53、59、61、67、71、73、79、83、89、97，共 25 个。

与之相关的一个概念叫互素（或称为互质）。若两个或多个自然数的最大公因数为 1，则称它们为互素。比如，8 和 10 的最大公因数是 2，不是 1，因此它们不是互素；但 7、10、13 的最大公因数是 1，因此它们互素。判别方法主要有以下几种（不限于此）：

① 两个质数一定是互质数。例如，2 与 7、13 与 19。

② 一个质数如果不能整除另一个合数，这两个数为互质数。例如，3 与 10、5 与 26。

③ 1 不是质数也不是合数，它与任何一个自然数在一起都是互质数。例如，1 与 9908。

④ 相邻的两个自然数是互质数。例如，15 与 16。

⑤ 相邻的两个奇数是互质数。例如，49 与 51。

⑥ 大的数是质数的两个数是互质数。例如，97 与 88。

⑦ 小的数是质数，大者不是小者的倍数的两个数是互质数。例如，7 与 16。

⑧ 两个数都是合数（二者之差又较大），小者所有的质因数，都不是大者的约数，这两个数是互质数。例如，357 与 715，357=3×7×17，而 3、7 和 17 都不是 715 的约数，这两个数为互质数。

模运算，也就是取余运算，即一个自然数除以另外一个自然数所得的余数（在这里我们只关心自然数）。之所以叫"模"运算，与英文"MOD"的读音有关。例如，7 mod 4 = 3，也就是说，7 除以 4，余数为 3。

好了，有了这些概念的铺垫，我们看看科学家们是怎么解决问题的了。

数学家们已经证实：用两个巨大的素数相乘并获取其乘积不是一件很难的事，但要想从该乘积反推出这两个巨大的素数却没有任何有效的办法，这种不可逆的单向数学关系是国际数学界公认的质因数分解难题。

罗纳德·李维斯特（Ronald Rivest）、阿迪·沙米尔（Adi Shamir）和雷奥纳德·阿德尔曼（Leonard M.Adlemen）巧妙利用这一理论难题，设计出了著名的 RSA 公钥加密算法[6]1，其基本思想如下：

第一步　用计算机随机产生两个很大的素数 p 和 q，然后计算其乘积 n，即 $n=p×q$。这里所说的"很大"是通常由上百位甚至几百位数字组成的素数。尽管素数很大，但这一步由计算机来完成并不是难事。

第二步　利用 p 和 q 有条件的生成加密密钥 e。这里所说的条件是：e 与 $(p-1)×(q-1)$ 互素，并且 e 小于 $(p-1)×(q-1)$。显然，满足条件的 e 不止一两个，可任选一个。为什么是 $(p-1)×(q-1)$？因为根据欧拉函数，不大于 n 且与 n 互质的整数个数为 $(p-1)×(q-1)$。本书读者可暂不深究欧拉函数，有兴趣的读者可参阅数论方面的书籍。

第三步　通过一系列计算，得到与 n 互为素数的解密密钥 d。计算公式如下：$d×e≡1(\bmod ((p-1)×(q-1))$。换一种写法就是：$(d×e) \bmod ((p-1)×(q-1)) = 1$。在 p、q、e 都已知的情况下，求 d 的值应该不是什么困难的事了。例如，选择素数 $p=7$，$q=11$，可计算出 $n=p×q=7×11=77$，$(p-1)×(q-1)$ $=6×10=60$，如果选择加密密钥 $e=7$，则根据公式 $d×e≡1(\bmod((p-1)×(q-1))$，$7×d≡1(\bmod 60)$，即 $7d$ $\bmod 60 = 1$。$7×43=301$，而 301 除以 60 刚好余 1，所以 $d=43$。

第四步　将 n 和 e 共同作为公钥对外发布，将私钥 d 秘密保存起来，绝不可泄露。初始素数 p 和 q 的使命就完成了，可秘密销毁或丢弃。

到此，公开密钥系统就设计完成了。

当你需要向张三传输不想让别人知道的信息（简称明文）时，就用加密密钥 e 按某种特定的方式对其加密（密码化），然后将加密后的信息（简称密文）连同公钥 n 和 e 一起向外发布。张三接收到密文以及公钥 n 和 e 后，计算出解密密钥 d，按特定的方式，就可以把密文还原成明文了，即解密。即使李四接收到密文以及公钥 n 和 e，他也无法计算出解密密钥 d 的。

国际数学界和密码学界已证明，企图利用公钥和密文推断出明文，或者企图利用公钥推断出私匙的难度等同于分解两个巨大素数的积。这就是李四不可能对你的加密后密文解密以及公匙可以在网上公布的原因。

事实上，公开密钥方法保证产生的密文是统计独立而且分布均匀的。也就是说，不论给出多少份明文和对应的密文，也无法根据已知的明文和密文的对应来破译下一份密文。这也是电视连续剧《暗算》里传统的密码破译员老陈破译了一份密报，但无法推广的原因，而数学家黄依依预见到了这个结果，因为她知道敌人新的"光复一号"密码系统编出的密文是统计独立的。

更重要的是 n 和 e 可以公开给任何人加密用，但是只有掌握密钥 d 的人才可以解密，即使加密者自己也是无法解密的。即使加密者被抓住叛变了，整套密码系统仍然是安全的。（而恺撒大帝的加密方法，只要有一个知道密码本的人泄密，整个密码系统就公开了。）

要破解公开密钥的加密方式，至今的研究结果表明，最好的办法还是对大数 n 进行因数分解，即通过 n 反过来找到 p 和 q，这样密码就被破解了。而找 p 和 q 目前只有用计算机把所有的数字试一遍这种笨办法。这实际上是在拼计算机的速度，这也就是为什么 p 和 q 都需要非常大。

回到电视剧《暗算》中，黄依依第一次找的结果经过一系列计算发现无法"归零"，也就是说除不尽，应该可以看做她可能试图将一个大数 n 做分解，没成功。第二次计算的结果是"归

---

[6] 罗纳德·李维斯特（Ronald Rivest）、阿迪·沙米尔（Adi Shamir）和雷奥纳德·阿德尔曼（Leonard M. Adlemen）于 1978 年发表了 RSA，但人们后来发现，英国政府在数年前就已经知道类似系统。不幸的是，那些发明迪菲－赫尔曼机制和 RSA 的先驱们是英国政府通信实验室 GCHQ 的数学家。他们工作的结果被记录在内部机密文件中，直到 1997 年才解密。

零"了，说明她找到了 $n=p×q$ 的分解方法。当然，这样复杂的计算是不可能用算盘完成的，这就是电视剧的"夸张"或者"硬伤"。另外，电视剧里提到冯·诺依曼，说他是现代密码学的祖宗，这是常识性错误，应该是香农。冯·诺依曼的贡献是发明现代电子计算机和提出博弈论（Game Theory），与密码无关。

当然，世界上没有永远破不了的密码，关键是它能有多长时间的有效期。一种加密方法只要保证 50 年内计算机破不了也就可以满意了。需要说明的是，针对 RSA 加密方法，人们已经用计算机进行了成功破解。1999 年，RSA-155（512 位）被成功分解，花了 5 个月时间（约 8000 MIPS 年）和 224 CPU hours，在一台有 3.2GB 内存的 Cray C916 计算机上完成。2002 年，RSA-158 也被成功因数分解。

2009 年 12 月 12 日，编号为 RSA-768（768 位，232 digits）数也被成功分解。这一事件威胁了现行的 1024 位密钥的安全性，普遍认为用户应尽快升级到 2048 位或以上。

对此，大家没有必要担心，只要进一步加大两个素数就可以了。至于那两个很大的素数到底要多大才能保证安全的问题基本不用担心。即便计算机的计算速度再快，人们也可以找到更大的素数让计算机"傻眼"。

值得说明的是，RSA、迪菲-赫尔曼机制和其他公钥加密系统不仅仅是绝妙的思想，它们还发展成了商业技术和互联网标准，对商业和个人有着极其重要的意义。没有公钥加密，我们每天使用的绝大部分在线交易都不可能安全地完成。

5.2.3 数字签名及其应用

签名的事儿我们大家都很了解，生活中经常需要签字画押。

生活中的签名表示确认、同意、承诺、知道等。比如，用信用卡消费时，POS 机打印出消费凭条，你要在上面签字，表示你认可这笔费用的支出；当你在合同上签字时，表示你承诺按合同规定办事。这么多地方需要签名，从而使得签名非常重要。

国内外的心理学家都认为，每个人的笔迹是独特的。从生理学角度上讲，它涉及人手动作的协调，还涉及神经和中枢神经的活动。由于每个人的手和脑无法一样，因而每个人的字迹也不可能相同。从心理学的角度上讲，人的字迹是人的性格、喜恶、修养等方面的综合反映，由于每个人性格、学养和经历的差别，其字迹也不可能完全一样。因此，签名具有双重特性：独立性——每个人有不同于其他人的签名；私有性——每个人的签名都是为个人所占有且不愿被他人所共享。

书面文件上签名的主要作用有两点：一是因为对自己的签名本人难以否认，从而确定了文件已被自己签署这一事实；二是因为自己的签名不易被别人模仿，从而确定了文件是真的这一事实。正因为如此，在鉴定法律行为和商业活动的真实性和有效性上，签名就有了权威性的作用。

进入计算机时代，特别是互联网时代，我们很多时候需要通过网络传输电子文件，或通过网络进行授权，不解决好"签字画押"问题，许多事情就没有办法进行。为此，人们想到了"数字签名"。主意很好，关键是如何实现？

既然是数字签名，也就是让"签名"数字化。但数字化的信息除了传输容易外，谁都可以复制，而且复制品与原来的一模一样，也就是可以被轻易地伪造（生活中伪造签名的事儿也不是没有），这样就违背了签名的独立性，自然就失去了签名的意义。这就是问题的矛盾之所在。

怎样才能创造一个数字化的签名，但又不能被别人复制呢？接下来就为这一有趣的悖论寻找解决问题的方案。

事实上，数字签名（又称为公钥数字签名、电子签章）是一种类似写在纸上的普通的物理签名，其功能至少与生活中的书面签名相同，甚至还有扩展。因此，从功能上来说，它的作用如下：① 确认信息是由签名者发送的；② 确认信息自签名后到收到为止，未被修改过；③ 签名者无法否认信息是由自己发送的。

为了达到数字签名的目的，信息的发送者必须产生一段别人无法伪造的数字串，这段数字串同时是对信息的发送者发送信息真实性的一个有效证明。这就让我们联想到公开密钥技术，也就是说，我们可以利用公钥加密技术来实现，以鉴别数字信息的真伪。事实上，数字签名技术就是非对称密钥加密技术与数字摘要技术的应用。一套数字签名通常定义两种互补的运算，一个用于签名，另一个用于验证。

建立在公钥密码技术上的数字签名方法有很多，有 RSA 签名、DSA 签名和椭圆曲线数字签名算法（ECDSA）等。下面仅介绍公钥密码技术 RSA 应用于数字签名的基本思想和方法。

RSA 签名的整个过程可以用图 5-21 表示。

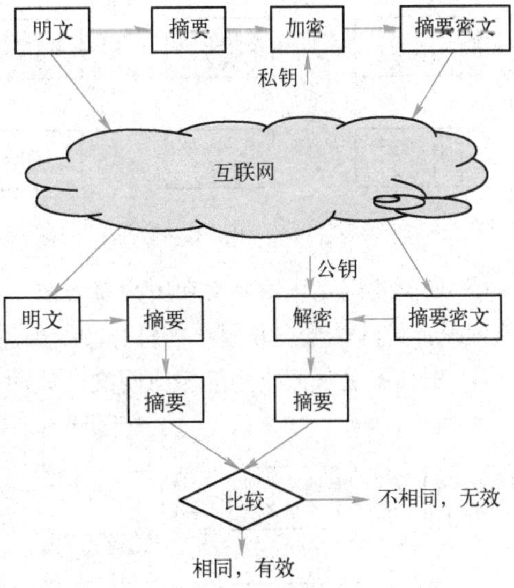

① 发送方采用某种方法根据待发送的信息（简称报文）生成一个报文摘要。该报文摘要看起来像一串毫无规律的数据（数据串的长度有 128 位），其实它相当于人的"指纹"。显然，每一篇报文产生的指纹肯定是不一样的。

② 发送方用 RSA 算法和自己的私钥对报文摘要进行加密，产生一个摘要密文，这就是发送方的数字签名。

③ 将这个加密后的数字签名作为报文的附件，与报文一起发送给接收方。

图 5-21　RSA 签名过程

④ 接收方从接收到的原始报文中采用相同的方法计算出报文摘要。

⑤ 报文的接收方用 RSA 算法和发送方的公钥对报文附加的数字签名进行解密。

⑥ 比较两个报文摘要（指纹），如果相同，那么接收方就能确认报文是由发送方签名的。

产生报文摘要的方法不止一种，常用的是 MD5（Message Digest 5）[7]，它的作者之一就是 Rivest。RSA 公钥加密方法就凝结着他的智慧。

数字签名是如何完成与手写签名相同的功能的呢？如果报文在网络传输过程中被修改，接收方收到此报文后，使用相同的摘要产生方法，将计算出不同的报文摘要，这就保证了接收方可以判断报文自签名后到收到为止，是否被修改过。如果发送方 A 想让接收方误认为此报文是由发送方 B 签名发送的，由于发送方 A 不知道发送方 B 的私钥，所以接收方用发送方 B 的公钥对发送方 A 加密的报文摘要进行解密时，将得出不同的报文摘要，这就保证了接收方可以判断报文是否是由指定的签名者发送。同时，当两个"指纹"相同时，发送方 B 无法否认这个报文是他签名发送的。

在上述签名方案中，报文是以明文方式发生的，所以不具备保密功能。如果报文包含不能泄露的信息，就需要先进行加密，再进行传输。有了前面的思想、方法和知识后，这个已经不是什么问题了。下面以实例说明数字签名在电子商务中的作用。电子商务中用到的 SET（Secure Electronic

---

[7] MD5 采用单向 Hash 函数将任意长度的"字节串"变换成一个 128 位的散列值，并且它是一个不可逆的字符串变换算法，换言之，即使你知道 MD5 是怎么产生"指纹"的，也无法将一个 MD5 产生的"指纹"变换回原始的字符串。

Transaction，安全电子交易）协议是由 VISA 和 MasterCard 两大信用卡公司于 1997 年联合推出的规范。SET 主要针对用户、商家和银行之间通过信用卡支付的电子交易类型而设计的，所以在本例中会出现三方：用户、网站和银行，对应的就有 6 个“密钥”：用户公钥、用户私钥；网站公钥、网站私钥；银行公钥、银行私钥。

该三方电子交易的流程如下。

① 用户将购物清单和用户银行账号和密码进行数字签名提交给网站，如图 5-22 所示。

② 网站签名认证收到的购物清单，如图 5-23 所示。

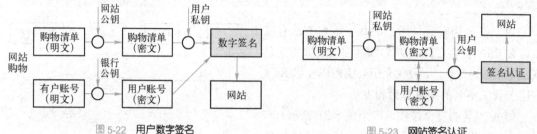

图 5-22　用户数字签名　　　　　　　　　　　　图 5-23　网站签名认证

③ 网站将网站申请密文和用户账号密文进行数字签名提交给银行，网站申请明文包括购物清单款项统计、网站账户和用户需付金额，如图 5-24 所示。

④ 银行签名认证收到的相应明文，如图 5-25 所示。

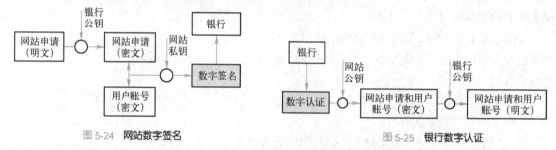

图 5-24　网站数字签名　　　　　　　　　　　　图 5-25　银行数字认证

从上面的交易过程可以看出，电子商务具有以下特点。

① 网站无法得知用户的银行账号和密码，只有银行可以看到用户的银行账号和密码。

② 银行无法从其他地方得到用户的银行账号和密码的密文。

③ 由于数字签名技术的使用，从用户到网站到银行的数据，每个发送端都无法否认。

④ 由于数字签名技术的使用，从用户到网站到银行的数据，均可保证未被篡改。

可见，这种方式已基本解决电子商务中三方进行安全交易的要求，即便有“四方”、“五方”等更多方交易，也可以按 SET 协议完成。

5.3　令人期待的人工智能

马克思说，人和动物的根本区别在于能够制造和利用工具。我们的老祖宗荀子也曾经说人要“善假于物”。确实，人类为了利用自然、改造自然，制造了大量的工具，如我们熟知的飞机、汽车、火车、摩托车、自行车、轮船、望远镜、显微镜、眼镜、扬声器、电话、锯、刀等。本质上，这些工具从功能上“物化”延伸了人类的各种器官。比如，飞机、汽车、火车、摩托车、自行车、轮船等工具，物化延伸了人类手脚的功能，让我们能轻易且快速地跋山涉水、飞翔于天空；望远镜、显微镜、眼镜等工具物化延伸了人类眼睛的功能，让我们既能遥望远方，又能观察细微；扬声器物化延伸了人类嘴巴的功能，让我们的声音传播得更远；电话则物化延伸人类耳朵的功能，让我们能听到遥远的声音等。有了这些工具，人类就好像长了"千里眼"、"顺风耳"，还拥有了《水浒传》中神行太保戴忠那"日行千里、也走八百"的能耐。

人们自然在想，有一天若能物化延伸人类的大脑，那该多好？从生物学的角度来说，人类的大脑要比动物发达得多，人类智能的发育程度要远远高于动物，所以人类才会制造并利用各种各样的工具。如果人类能够物化延伸自身大脑的功能，那么世界将会怎样？答案肯定不止新奇，而是颠覆一切。

如何物化延伸人脑的功能？思想和方法有哪些？进展如何？会颠覆什么？

哦，这就是人工智能的由来！

5.3.1　人工智能时代正在快步走来

要想了解人工智能，先得大致了解什么是"智能"。

智能及智能的本质是古今中外许多哲学家、脑科学家一直在努力探索和研究的问题，但至今仍然没有完全了解，以致智能的发生与物质的本质、宇宙的起源、生命的本质一起被列为自然界四大奥秘。

近年来，随着脑科学、神经心理学等研究的进展，人们对人脑的结构和功能有了初步认识，但对整个神经系统的内部结构和作用机制，特别是脑的功能原理还没有认识清楚，有待进一步的探索。因此，很难对"智能"给出确切的定义。

尽管无法给出准确的定义，但我们可在网上找到这样的说法：从感觉到记忆到思维的过程称为"智慧"，智慧的结果就产生了行为和语言，将行为和语言的表达过程称为"能力"，两者合称"智能"。将感觉、记忆、回忆、思维、语言、行为的整个过程称为智能过程，它是智力和能力的表现。

这就够了！那么，什么是人工智能呢？定义同样很难。

1956 年夏，美国 Dartmouth 大学教授麦卡锡、哈佛大学教授明斯基、IBM 信息研究中心负责人罗彻斯特、贝尔实验室研究员香农等发起邀请数学、心理学、信息论和计算机科学等领域 10 位专家、学者，一起讨论用机器模拟智能的各种问题，历时 2 个月，正式提出了"人工智能"这一概念。

查阅人工智能的教科书，你可以发现多种人工智能的定义，到底哪一种定义更准确一些？不好说！也许不同的作者从不同的观察角度在对人工智能进行界定，也许人工智能本身还在不断演化，人们的认知还需要不断更新。总之，我们很难给人工智能下一个"权威且通用"的定义，就连人工智能领域创始人之一的 Nils Nilsson 也不得不说："人工智能缺乏通用的定义"。

即便不能确切地定义人工智能，也不影响人们探讨、研究、学习人工智能的思想、理论、方法和技术。因此，我们暂时不去纠缠人工智能的定义，不妨简单地说，人工智能就是试图制造一种机器，使之具有像人类一样的感觉、记忆、思维、语言、行为等方面的能力，或者说，创造一种类人的机器智能！广义地讲，人工智能是关于人造物的智能行为，这些智能行为包括知觉、推理、学习、交流以及在复杂环境中的行为。

如今的计算机可配置高容量的存储空间，能存储大量的信息，具有了"记忆"能力；配上各种传感器，也能感知外部环境；还具有一定的逻辑判断能力。我们能否断定计算机就是这样一种智能机器？它已经具有或终究会具有人类一样的智能？

早在现代电子计算机诞生不久，一些计算机科学家就开始倡导并研究人工智能。1950 年，阿兰·图灵（Alan Turing）在 *Computing Machinery and Intelligence* 论文中提出了"图灵测试"：当人

---

[8] 图灵测试相对门槛较低，还有两种门槛更高的测试，即 Loebner 测试和 Kurzweil 测试。前者需要在 25 分钟内让 50%的人无法分辨对方是人还是机器，后者需要在 128 分钟内让 66%的人无法分辨对方是人还是机器。

类与机器对话时（当然需要相互隔离），如果 5 分钟内 30%的人无法区分对方是机器还是人，那么就可以认为机器具有了人类一样的"智能"[8]。当然，我们必须明白的是，图灵的想法不是区分人类和机器，而是用于测试人工智能是否足够智能。

一旦明确了人工智能要模拟人类智慧这一大胆目标，从此研究人员就开展了一系列贯穿 20 世纪 60 年代并延续到 70 年代的研究项目，这些项目表明，计算机能够完成一系列原本只属于人类能力范畴之内的任务，如证明定理、求解微积分、通过规划来响应命令、履行物理动作，甚至是模拟心理学家、谱曲这样的活动。

下棋对弈可以说是智力的对决。如果机器能与人对弈，至少从某种程度上可以说明机器具有了很高的"智能"。1957 年，人工智能的两位先驱 Herbert Simon 和 Allen Newell 就预测说 10 年内计算机能战胜象棋手。可 1967 年到来了，人工智能没能战胜人类智慧；1977、1987 年都是以失败告终，不免让人沮丧。1997 年，令人惊喜的事情发生了，IBM 的超级计算机"深蓝"战胜了世界象棋冠军卡斯帕罗夫（Garry Kasparov），这是人工智能界里程碑式的重大事件。

自从"深蓝"战胜了象棋冠军之后，人们又说战胜象棋手没什么大不了的，有本事就尝试真正具有挑战性的游戏，如《危险边缘》（Jeopardy），它是美国一档智力竞赛的电视节目，需要对自然语言、知识推理有很强的把握才行。

让人振奋的是，2011 年，IBM 超级计算机"沃森"在《危险边缘》节目中打败了两名世界冠军。要知道即便是美国最聪明的大脑在这档节目中的表现也不尽如人意，他们不仅输给了"沃森"，且两人的得分加起来都没有"沃森"高。

从"深蓝"到"沃森"，人工智能已经向前跨越了一大步！

一些科学家认为，正如宇宙学上存在着一个让所有物理定律都失效的"奇点"一样，计算机技术也正朝着"超人类智能"的奇点迈进。计算机科学家雷蒙德·库兹韦尔相信，这个"奇点"即将到来，到那时，人工智能将超越人脑，人类的意义将彻底改变，那时人将"非人"，而是与机器融合，成为"超级人类"。超级人类是否意味着不朽？人是否会与自己制造的机器融为一体？机器会代替人脑吗？机械公敌会出现吗？这成为很多人的忧虑！早在 1964 年，传媒大师麦克卢汉就在《机器的新娘》中隐喻：人类只是未来机器的性器官（负责生产新机器人）。机器是人的延伸，反之，人也是机器的延伸。

正如古希腊数学家阿基米德所言，"给我一个支点和一根足够长的杠杆，我就能撬动整个地球。"人工智能恐怕不仅仅是杠杆，它还显著地增强技术的影响力，包括合成生物技术、纳米技术等。

人工智能时代正在大步走来，而且脚步匆匆。让我们做好准备，迎接人工智能时代的来临！

5.3.2　人工智能方法论

如何让机器具有像人一样的智能，这是人工智能专家学者们潜心研究的问题，也是大家所好奇的问题。鉴于本书的定位，我们不打算深入介绍具体的理论与技术，而是沿着人工智能专家学者们解决问题的思路，探寻问题求解的思想和方法，以给人以启发。

根据人工智能的发展，人工智能的研究大致分为几大学派，如符号主义（Symbolicism）学派、连接主义（Connectionism）学派、行为主义（Actinism）学派、理想主义（Idealism）学派、选择主义（Selectionism）学派、社会主义（Socialism）学派等。这些学派的思路和方法不同，但都取得了非常好的进展和成果。

1. 符号主义学派

符号主义学派又称为逻辑主义（Logicism）学派、心理学派（Psychologism）或计算机学派

（Computerism），这个学派的主要代表人厄尔（Newell）、西蒙（Simon）和尼尔逊（Nilsson）等正是早期的人工智能的专家，也正是这些符号主义者，在1956年首先采用了"人工智能"这个术语。后来又发展了启发式算法、专家系统、知识工程理论与技术，并在20世纪80年代取得了很大的发展。符号主义曾长期一枝独秀，尤其是专家系统的成功开发和应用。在其他学派出现后，符号主义者仍然是人工智能的主要学派。

从认知的角度来说，符号主义学派认为人的认知基元是符号，而且认知过程可看做符号的演化（操作）过程。也就是说，人可看做是一个物理符号系统，计算机也是一个物理符号系统，因此我们能够用计算机来模拟人的智能行为，即用计算机的符号操作来模拟人的认知过程。也就是说，人的思维是可操作的。同时，他们还认为，知识是信息的一种形式，是构成智能的基础，因此，人工智能的核心问题是知识表示、知识推理和知识运用。知识可用符号表示，也可用符号进行推理，所以有可能建立起基于知识的人类智能和机器智能的统一理论体系。

说了这么多，可能读者很难理解上面这段话到底是什么意思，这里不妨举个简单例子，以便更好地理解符号主义学派的本质内涵。如果告知你以下两个事实（即知识）：

"鸟有翅膀，鸟会飞"；
"猴子没有翅膀，猴子不会飞"；

对于人来说，哪怕你从来没有见过"猴子"，你也能得出一个结论，那就是：

"猴子不是鸟"。

这就是人的"智慧"，你能根据已有的知识（在这里就是"鸟有翅膀，鸟会飞"以及"猴子没有翅膀，猴子不会飞"）推出新的结论（知识），即"猴子不是鸟"。

如果机器也能像人这样根据已有的知识产生新的知识，我们应该可以认定机器具有了像人一样的"智能"。那么，符号主义学派怎么思考并实现这样的"智能"呢？

首先，我们要用符号来描述事实性知识。设谓词 $N(x)$ 表示 x 是鸟，$C(x)$ 表示 x 有翅膀，$F(x)$ 表示 x 会飞，个体词 h 表示猴子，这样就得到了如下前提条件：

$$(\forall x)(N(x) \rightarrow (C(x) \wedge F(x))), \quad \neg C(h), \quad \neg F(h)$$

我们可以按照如下方式进行演算和推理（证明）：

①	$\neg C(h)$	P规则
②	$\neg C(h) \vee \neg F(h)$	T规则①
③	$(\neg C(h) \wedge \neg F(h))$	T规则②
④	$(\forall x)(N(x) \rightarrow C(x) \wedge F(x))$	P规则
⑤	$N(h) \rightarrow C(h) \wedge F(h)$	T、US规则④
⑥	$\neg (C(h) \wedge F(h)) \rightarrow \neg N(h)$	T规则⑤
⑦	$\neg N(h)$	T规则③⑥

初学者看到以上符号演算过程，肯定有点头晕，也不见得能明白是怎么回事。不过没关系，先看最后一步得出的结论：$\neg N(h)$，翻译成大家都能明白的汉语就是"猴子不是鸟"。

尽管大家可能不太明白上述的谓词表示方式及谓词演算过程，但至少可以看出两点：一是用一些符号来表示事实知识；二是通过一些规则（或称公理和定理）进行推导，最后得出相应的结论。这就是符号主义的基本思想。

这样的思想其实很容易理解，回忆中学数学学习过的平面几何方面，老师经常要大家做证明题。我们在做平面几何的证明题时，就是从已知条件出发，根据公理和定理，设法推出所需要的结论，如图5-26所示。

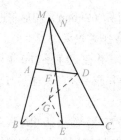

【证明】作辅助线：连接 BD，取 BD 的中点 G，连接 EG、FG。

∵ E、G 分别是 BC、BD 的中点

∴ EG 平行 CD

EG=CD/2 （三角形中位线定理）

∴ ∠GEM=∠CNE。

同理：FG=AB/2，∠GFE=∠BME。

∵ AB=CD

∴ EG=FG

∴ ∠GEM=∠GFE

∴ ∠BME=∠CNE

即 ∠AME=∠DNE。

已知在四边形 ABCD 中，AB=CD，E、F 分别为 BC、AD 的中点，BA 及 EF 的延长线交于 M，CD 及 EF 的延长线交于 N，求证：∠AME=∠DNE。

图 5-26　平面几何证明题

两者的思路其实是一样的，只是表示方法不同。平面几何的证明是靠人脑来推理的，而人工智能要靠机器来推理，为了便于计算机处理，所以用符号来表示，这就是二者的最大差别。

沿着这一思想进行研究，国内外人工智能的先驱者还真取得了丰硕的研究成果。比如，在机器定理证明方面就取得了了不起的成就。我们知道，数学定理证明过程非常严格，且严重依赖于人的经验、直觉、想象力和洞察力，充分体现了人的智能。因此，数学定理的机器证明就成为了人工智能研究专家非常感兴趣的问题。17 世纪中叶，莱布尼兹就提出过用机器实现定理证明的思想。19 世纪后期，G.弗雷格的"思想语言"的形式系统（即后来的谓词演算）奠定了符号逻辑的基础，为自动演绎推理提供了必要的理论工具。20 世纪 50 年代，由于数理逻辑的发展特别是电子计算机的产生和应用，机器定理证明竟变为了现实。A.纽厄尔和 H.A.西蒙等人就是这方面的先驱，这一时期有代表性的成果为启发式程序 LT 逻辑理论家，证明了 38 条数学定理。中科院院士吴文俊教授、美籍华裔数学家王浩教授在"数学机械化"领域也做出了突出的贡献，为世人所瞩目。

（扩展知识）

尽管符号主义学派取得了很大的成功，也面临着很大的困难，主要体现在以下两方面：一是知识表示。知识的种类很多，且相互之间有着千丝万缕的联系，特别是常识性知识量特别大，所以符号主义的先决条件——知识表示就遇到了很大的困难。另一个困难是"推理"问题。简单来说，就是在给定的前提条件下，理论上已经证明依据给定的定理集和公理集，有些结论不一定推得出来（或者说有些结论既不能证明它为真，也不能证明它为假），这就是杰出的德国数学家哥德尔的不完备性定理[9]。面对这样的问题，人们在想是否可以通过在给定的定理集中增加一些"新"的定理，以使"推理"问题得到一些改善。答案是肯定的，但不是根本性的。我国的李未院士提出的"开放逻辑系统"就在这方面做出了突出的成就。有兴趣的读者不妨通过其他渠道更多地了解这方面的知识，科学家们的"思维"会给我们很多启发。

2. 连接主义学派

连接主义学派又称为仿生学派（Bionicsism）或生理学派（Physiologism）。他们认为，人的思维基元是神经元，而不是符号处理过程。他们对物理符号系统假设持反对意见。其主要原理为神经网络及神经网络间的连接机制和学习算法。

连接主义认为人工智能源于仿生学，特别是人脑的研究。说得直白一点，就是从结构上模拟人

---

[9] 哥德尔不完备性定理是哥德尔在 1931 年提出来的。这一理论使数学基础研究发生了划时代的变化，更是现代逻辑史上很重要的一座里程碑。

类的大脑及其功能，以此实现人们所期望的人工智能。可想而知，这一思路的前提是要搞清楚人类自身的"脑"结构及其功能。尽管至今医学界还没有完全弄清楚大脑的结构和功能，但也得到了很多研究成果。至少人们已经知道，大脑是由许多神经元组成的。据了解，人类神经细胞的实际数量从婴儿一岁以后，直至七八十岁，一直保持不变，但细胞之间的连接却是不断增加的。人类肌体大约含有 500 亿个神经元，而大脑就占据其中的五分之一。这些神经细胞的形状就像变压器和它外部的电线，是由细胞体以及其外部纤维组成的。它们通过纤维互相连接，传递信息，如图 5-27 所示。

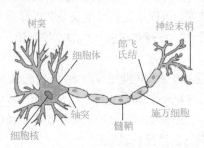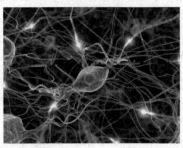

图 5-27　神经元与神经网络

对此，人们就在想如何从理论和工程实现这两方面来模拟神经元和神经网络，以便最终实现人工智能。

1943 年，美国神经生物学家 McCulloch（麦卡洛克）和数理逻辑学家 Pitts（皮茨）一起提出了神经元的数学模型——MP 模型，从而开启了人工智能从神经元开始进而研究神经网络模型和脑模型的发展之路。

人工神经网络的一种典型组织形式是连接模型，它由称为神经元的独立处理单元相互连接而成。人工神经网络就是由大量人工神经元互相连接而成，每个神经元都按一定方式进行工作。这种互连结构往往决定和制约了神经网络的特性和能力，典型的互连模型是多层神经元的网络结构。在这基础上又提出了模块结构，其特点是模块内部的神经元紧密互相连接，每个模块完成自己的特定功能，然后模块之间互相连接，以完成整体功能，这样更接近人脑神经系统的结构。在此基础上，进一步研究人工神经网络如何进行学习。

任何研究都不是那么一帆风顺的。20 世纪 60～70 年代，人们对以感知机（Perceptron）为代表的脑模型的研究出现过热潮，由于受到当时的理论模型、生物原型和技术条件的限制，脑模型研究在 20 世纪 70 年代后期至 80 年代初期陷入低潮。直到 Hopfield 教授在 1982 年和 1984 年发表两篇重要论文，提出用硬件模拟神经网络以后，连接主义才重拾信心。特别是在 1986 年鲁梅尔哈特（Rumelhart）等人提出多层网络中的反向传播算法（BP 算法）后，连接主义势头大振，从模型到算法，从理论分析到工程实现，为人工神经网络（ANN）的成熟和应用打下了坚实的基础。

直至现在，人们对人工神经网络的研究热情仍然较高，但研究成果没有像预想得那样好。究其原因，大致有两点：一是人类对自己的大脑还没有透彻的研究，或者说还没有真正揭开大脑神秘的面纱，在此情况下去模拟"脑"的结构和功能显然还不是时候。二是脑神经元的数量非常庞大，且相互之间的连接关系又非常复杂。如此庞大而又复杂的神经网络要人工模拟谈何容易？

让我们期待脑科学的研究获得更大的进步，借此来推动人工智能的发展。从这个角度来说，图 5-28 虽然有些夸张，但至少预示着某个方向及其意义。

图 5-28　脑科学研究

3. 行为主义学派

行为主义学派又称为进化主义（Evolutionism）或控制论学派（Cyberneticsism）。他们认为，智能取决于感知和行动（所以被称为行为主义），提出智能行为的"感知-动作"模式，也就是说，其原理为控制论及感知-动作型控制系统。行为主义学派认为智能不需要知识、不需要表示、不需要推理；人工智能可以像人类智能一样逐步进化（所以称为进化主义）；智能行为只能在现实世界中与周围环境交互作用而表现出来。行为主义还认为，符号主义（还包括连接主义）对真实世界客观事物的描述及其智能行为工作模式是过于简化的抽象，因而不能真实地反映客观存在。这个学派的代表人物首推布鲁克斯（Brooks）的六足行走机器人，它被看成新一代的"控制论动物"，是一个基于感知-动作模式模拟昆虫行为的控制系统。

行为主义认为人工智能源于控制论。控制论思想早在 20 世纪 40～50 年代就成为时代思潮的重要部分，影响了早期的人工智能工作者。维纳（Wiener）和麦克洛克（McCulloch）等人提出的控制论和自组织系统以及钱学森等人提出的工程控制论和生物控制论，影响了许多领域。控制论把神经系统的工作原理与信息理论、控制理论、逻辑以及计算机联系起来。

早期的研究工作重点是模拟人在控制过程中的智能行为和作用，如对自寻优、自适应、自镇定、自组织和自学习等控制论系统的研究，并进行"控制论动物"的研制。到 20 世纪 60～70 年代，上述控制论系统的研究取得一定进展，播下智能控制和智能机器人的种子，并在 20 世纪 80 年代诞生了智能控制和智能机器人系统。

行为主义是 20 世纪末才以人工智能新学派的面孔出现的，引起许多人的兴趣。相关研究成果也得到广泛的应用，典型地，如深海水下机器人、无人战斗机等，如图 5-29 和图 5-30 所示。

图 5-29　水下机器人　　　　　　　　　　图 5-30　无人作战飞机

5.3.3　人工智能应用

人工智能的应用已经遍及各个领域，包括医学、教育、法律、太空、制造业等领域。因为人工智能更好、更快、更便宜，而且人工智能正在以不同的方式处理事务，包括提升人类技能、完善预测精准度、快速解决复杂问题、完善产品和服务质量、提高生产力等。

人们有理由相信，随着技术的进步，人工智能为一些世界性难题寻找到解决方案，如能源问题、老龄化问题、气候变化问题等。

现在人工智能应用已经遍地开花，其发展似乎进入了全盛时期。正因为如此，本书不打算面面俱到地介绍各领域中的各种应用，只想就认知技术方面进行介绍，以使读者更好地了解人工智能研究的目的和意义。

认知技术是人工智能领域的产物，它们能完成以往只有人能够完成的任务。下面介绍几个最重要的认知技术。

① **计算机视觉**：指计算机从图像中识别出物体、场景和活动的能力，有广泛的应用，如医疗成像分析被用来提高疾病的预测、诊断和治疗，人脸识别被 Facebook 用来自动识别照片里的人物，

在安防及监控领域被用来指认嫌疑人等。

② **机器学习**：专门研究计算机怎样模拟或实现人类的学习行为，以获取新的知识或技能，重新组织已有的知识结构使之不断改善自身的性能。机器学习是人工智能的核心，是使计算机具有智能的根本途径，其应用遍及人工智能的各个领域，主要使用归纳、综合而不是演绎。

③ **自然语言处理**：指计算机拥有的人类一般文本处理的能力。比如，从文本中提取意义，甚至从那些可读的、风格自然、语法正确的文本中自主解读出含义；自动识别一份文档中所有被提及的人与地点；识别文档的核心议题；或者在一堆仅人类可读的合同中，将各种条款与条件提取出来并制作成表。看看下面的例子，它可以体现自然语言处理面临的挑战。在句子"光阴似箭（Time flies like an arrow）"中，每个单词的意义看起来都很清晰，但另一个类似的句子"果蝇喜欢香蕉（Fruit flies like a banana）"，用"水果（fruit）"替代"时间（time）"，并用"香蕉（banana）"替代"箭（arrow）"，单词"flies"和"like"的含义就发生了很大的变化（"time flies"和"fruit flies"，前者译作"时光飞逝"，后者译作"果蝇"）。

④ **机器人技术**：机器人是自动执行工作的机器装置，既可以接受人类指挥，又可以运行预先编排的程序，也可以根据以人工智能技术制定的原则纲领行动。它的任务是协助或取代人类的工作，如生产业、建筑业，或危险的工作，如军事方面的"无人机"。

⑤ **语音识别技术**：与机器进行语音交流，让机器明白你说什么，这是人们长期以来梦寐以求的事情。语音识别技术就是让机器通过识别和理解过程把语音信号转变为相应的文本或命令的高技术。该技术必须面对一些与自然语言处理类似的问题，在不同口音的处理、背景噪音、区分同音异形异义词（"buy"和"by"听起来是一样的）方面存在一些困难。语音识别技术的应用已经或正在进入工业、家电、通信、汽车电子、医疗、家庭服务、消费电子产品等各个领域。

认知技术大踏步前进的例子非常多。比如 Google 的语音识别系统，一份报告显示，Google 用了不到两年时间就将语音识别的精准度从 2012 年的 84% 提升到如今的 98%。计算机视觉技术也取得了突飞猛进的发展。如果以计算机视觉技术研究者设置的技术标准来看，从 2010 年到 2014 年，图像分类识别的精准度提高了 4 倍。Facebook 的 DeepFace 技术在同行评审报告被高度肯定，其脸部识别率的准确度达到 97%。

5.3.4 展望未来，人工智能会颠覆一切

任何新生事物的成长都不是一帆风顺的，人工智能也不例外。20 世纪 50～60 年代，人工智能领域的拓荒者相信人工智能的成功将会基于成功模仿人脑逻辑推理的能力。1957 年，科学家还曾自信地预言：不久人工智能将能够复制人类精神的各领域。但人类对于人脑怎样运行并不完全了解，更不用说要模仿了。很多科学家因此耗尽了精力，甚至失去了继续尝试的勇气。

科学的道路向来不是那么平坦的。经过科学家们坚持不懈的努力，人工智能时代已经来临。虽然目前人工智能还无法像人类智慧那样深不可测，还未达到电影《人工智能》中所描述的那种高度，但在很多领域中的表现还是非常强大的，某些时候甚至比人类更善于解决问题，并能创造巨大的商业价值。

一些科学家认为，正如天体物理学上存在着一个让所有物理定律都失效的"奇点"（Singularity）一样，信息技术也正朝着"超人类智能"的"奇点"迈进。届时，人工智能将超越人脑，人类的意义彻底改变，与机器融合为"超人类"，并借助科技的发展而获得"永生"。

当人工智能超越人类智慧时，人类的身体、思维乃至人类文明都将发生彻底且不可逆转的改变。奇点大学校长雷·库兹韦尔（Ray Kurzweil）相信，这一刻不但无法避免，而且在不远的将来。到那时，人类与机器融合，人类文明即将终结。

（扩展知识）

超智能计算机很可能与人类共同主宰未来的世界，但目前人们还无法预见它们的行为，不过，现在有很多关于人工智能的理论：也许人类将与机器融合，成为超智能的"半机器人"，通过人工智能来拓展人类的智慧极限；也许人工智能将帮助人类抵抗衰老，获得永生；也许人类将能够把自己的意识扫描进计算机里，从而像软件一样永远"活在"计算机里；也许计算机终将拥有人性，最终消灭人类。所有这些理论都有一个共通之处：人类本身将发生改变，未来的人类和 2011 年的人类相比，会发生根本变化。

真正的科学与任何其他真理一样，是永远无法压制的。人工智能研究必将排除千难万险，犹如滚滚长江，后浪推前浪，一浪更比一浪高地向前发展。

5.4　不可思议的自纠错技术

当你从网上下载或上传数据文件、从硬盘读取或存储数据时，极少出现数据错误，也就是说，存进去和读出来的数据信息始终是一模一样的。可早年工作在贝尔实验室的研究员理查德•汉明（Richard Hamming）就没这么幸运了。那时，多个部门的人共用公司里的计算机，只有周末才轮到他用。可以想象，当好不容易轮到他使用计算机时，由于读取数据出错从而导致一事无成时，他有多么沮丧。这就像你外出旅游候车时，把放有身份证、车票等证件的行李寄存在车站行李寄存处，几个小时后，取出的行李包完好无损（管理员并没有监守自盗），但其中的票证却莫名其妙地不见了，你的情绪恐怕就很沮丧，甚至暴怒了。汉明在碰到这个问题时就在想：计算机为什么就不能侦测到错误的发生？为什么不能对错误进行定位？为什么不能对错误自动进行纠正？

面对这样的问题，汉明很快就创造性地设计了一种纠错码——一种近乎神奇的能侦测并纠正计算机数据中错误的方法和编码。正是因为有了这样的纠错码，我们现在的计算机和网络系统才会如此可靠和强大。

5.4.1　面临的问题与挑战

计算机有三项基本功能：计算、存储、传输。显然，最重要的功能是计算，即按照给定的数据，根据设定的计算方法进行计算，最后获得人们所希望得到的计算结果。人们当然希望计算机具有强大的计算能力。不难理解，计算涉及大量的数据，如计算之前的原始数据、计算过程中产生的中间结果以及计算完成后得到的计算结果，它们都是数据，这些数据都要保存起来（通常存放在内存和硬盘等外存储器上），哪怕丢失一点，都会造成麻烦和问题，甚至使整个计算工作失去意义。再者，我们需要把计算结果传给显示器显示出来、传给打印机打印出来、传给远方的另一台计算机使用（基本上通过互联网传输数据）。如果一台计算机只能计算，不能存储也不能传输数据信息，这样的计算机还有什么意义？这就像你可以做一些复杂计算，如准备一份复杂的财务报表，详细说明公司预算，却不能将结果发送给领导和同事，也不能记录预算方案，以便后续执行和决算，做的再好的预算还有什么用？因此，传输和存储数据对现代计算机而言是至关重要的！

传输和存储数据却面临着巨大的挑战，那就是被传输和存储的数据必须丝毫不差。因为在许多情况下，哪怕一丁点错误也会让数据变得毫无用处。生活中一个简单的例子就足以说明这个问题。比如，如果你遇到一个多年未见的朋友，请求对方留下联系方式，对方告诉你手机号码，你用笔记下这个号码的每位数字（如 13968854321）。显然，这个数字串中哪怕有一个数字记错，这个电话号码对你来说也就没有任何意义了。这还不算精糕，顶多无法跟朋友联系而已。有时，数据传输错误带来的后果就更严重了。现在很多人都在炒股，假定你持有中国石油 10 万股，近期行情不错，现价每股涨到了 9.85 元，你打算尽数抛出（卖掉）。通过交易软件，在计算机上下单，以每股 9.85

元卖出 10 万股。交易软件把你的抛售指令和数据信息通过网络传给上海证券交易所，正常情况下，交易所按照你的指令进行交易。但是，如果网络传输出现错误，上海证券交易所接收到的信息是卖出中国石油 10 万股，每股 5.85 元，并按价格进行交易，那你的损失就大了。这就要求数据传输过程中不能出错。

另一方面，数据存储也不能出错。还是以炒股为例，假定你昨天买了 10 万股中国石油，证券交易所的计算机如实记录了你什么时间、什么价格以及共买了多少股什么股票。过了几天，股价涨了不少，你打算卖掉所有的股票，结果发现记录的股票数只有 1 万股（少了一个 0），你真的傻眼了。这就是数据存储的问题（存入的数据与读出来的数据不一样了）。

极具挑战性的另一方面是海量数据的存储与传输。数据量不大且对数据比较了解时，要确保存储与传输的准确性，也许不是很困难。比如，要存储或传输银行账号、密码、手机号码、电子邮件地址等，也许可通过仔细检查避免错误的发生。但是，我们面对的往往是海量数据，而且无法了解要传输或存储的数据是什么，要确保数据的准确性就不是一件容易的事情。比如，你要从网上下载一个 20MB 的软件，即便每 100 万字节出错一次，下载的软件中也会有逾 20 个错误。别说 20 个错误了，也许一个错误就使得整个软件根本无法运行。也就是说，对于计算机而言，精确度达到 99.9999%还是不够好。计算机必须在存储和传输数十亿字节信息的情况下，不犯任何一个错误。

影响数据传输和存储准确性与可靠性的因素很多。数据传输时涉及数据通信（网络通信）。而数据通信（特别是远距离通信）很容易受到干扰，且干扰源很多，如雷电。这方面大家都有切身感受。当我们远距离通话时（手机、固定都一样），话音经常有失真、静电噪声以及其他类型的噪声，就是各种干扰造成的。影响数据存储的因素也很多，用于存储数据的硬盘、CD（激光唱盘）和 DVD（数字视频光盘）等物理媒体会由于灰尘或其他物理干扰的影响（被划伤、受损），导致数据不能读取或读取结果与原来不一样。

面对以上问题，如何确保数据传输与存储的准确性、可靠性？即便不能确保百分之百的准确性，能否尽量降低出错率？比如把出错率降低到数十亿分之一呢？本节就想揭示让这一奇迹发生的、绝妙的、隐藏在计算科学与技术背后的思想。实践证明，如果方法得当，即便是极端不可靠的通信信道也可以以极低的出错率传输数据，而且这个出错率是如此之低，以至于在实际工作当中，完全被人们忽视了。

下面以数据传输（通信）为例，讲述一些重要的思想、方法与技术。

5.4.2　重复传输

想要通过一个不可靠的信道进行可靠的通信，其中最根本的也是我们最熟悉的方法就是"重复"。确保一些信息正确地进行传输，需要重复传输多次该信息。这个思路很容易理解，人们在生活中也是这样做的。比如，如果有人在电话信号不是很好的情况下，告诉你一个电话号码或银行账号，需要记录下来，你通常都要求对方至少重复说一次，以便核对号码准确无误，甚至你记录好后，还要念给对方听一次才放心。这就是"重复"的思想和方法。

看来思想和方法够简单的，事实确实是这样。计算机数据通信可否采用这种方法呢？

假设银行的一台计算机试图通过互联网把你的账户余额传给。假定你的账户余额是 5213.75 元，并且网络很不稳定，每传输一个数字都有 20%的概率出错（变成其他数字）。这样，当你的账户余额第一次传输过来时，你看到的余额可能是 5293.75 元。显然，你没办法知道这个余额是否正确，因为网络信道不稳定，某个数字可能在传输过程中出错了，而你又没有办法分辨。怎么办？你可以要求银行重复传输几次，然后推测出正确的数值（余额）。不妨假定重复传输了 5 次，每次看到的结果如下：

第一次传输：	**5 2 9 3 . 7 5**	
第二次传输：	**5 2 1 3 . 7 5**	
第三次传输：	**5 2 1 3 . 1 1**	
第四次传输：	**5 4 4 3 . 7 5**	
第五次传输：	**7 2 1 8 . 7 5**	

可以看到，有时候不止一位数字出错，也有完全正确的（如第二次传输）。现在的关键问题在于，你没办法知道哪儿有错，自然也没办法认定第二次传输是正确的。

但是，每位数字传输出错的概率是 20%，正确的概率是 80%，我们可以统计同一个数字多次传输所得到的结果，选出出现频率最高的那个数字作为结果值，正确的可能性最大。下面列出了 5 次传输结果，最后一行就是根据出现频率选出的结果：

第一次传输：	**5 2 9 3 . 7 5**	
第二次传输：	**5 2 1 3 . 7 5**	
第三次传输：	**5 2 1 3 . 1 1**	
第四次传输：	**5 4 4 3 . 7 5**	
第五次传输：	**7 2 1 8 . 7 5**	
出现频率最高的数字：	**5 2 1 3 . 7 5**	

为了便于理解，不妨多啰唆几句。我们检查每次传输中的第一位数字，"5"出现了 4 次，"7"出现了 1 次，也就是说，第一位数在 4 次传输中是"5"，而只在一次传输中是"7"。因此，尽管你不能完全肯定，但你银行余额第一位数的值最有可能是 5。再看每次传输中的第二位数字，看到"2"出现了 4 次，而"4"出现了 1 次，因此第二位数字最有可能是 2。继续看第三位数字，看起来有点复杂，它有三种可能："1"出现了 3 次，"9"出现了 1 次，"4"出现了 1 次。但道理一样，"1"的可能性最大。以此类推，可以得到最有可能的银行余额是 5213.75 元。显然，这正是正确的结果。

这种方法看起来确实很简单，但我们还不能高枕无忧。进一步分析，我们发现还有两个问题是你必须面对的。第一个问题是我们假定这个信道的错误率只有 20%，实际中也许信道的出错率远高于 20%，如达到 50% 时，上述方法还管用吗？第二个问题是，你无法保证答案会永远是正确的。上述方法只是一个推测，认为出现频率高它就最有可能为真，但不是一定，只是可能。

幸运的是，这两个问题还不难解决——我们只需要增加重新传输的次数，直到可靠性高到让我们满意为止。比如，假设信道的出错率是 50% 而不是 20%。我们可以要求银行重复传输 1000 次，而不是 5 次。这样就可以解决问题吗？答案是肯定的。以第一位数字为例进行说明（其他数字道理都一样）。由于出错率是 50%，大约有一半的机会能正确地传输"5"，另一半的机会就变成其他数字了。因此，传输 1000 次，大约会有 500 次是"5"，如果出现其他每个数字（0~4 和 6~9）的概率相同的话，其他每个数字都会出现 50 次左右。500 次与 50 次相比，我们当然可以确定结果是"5"，而不是别的数字，弄错的可能性很小。当然，人为故意除外。

看起来，似乎没有问题了，通过重复传输，不可靠通信的问题能够被有效地解决，出错率基本上能被消除，可以"万事大吉"了！

别高兴得太早！虽然网络传输 1000 次"5213.75"确实很容易，不费什么事儿，可数据量更大、要传输的信息更多时，问题就来了。假定张三要下载一个 200MB 的软件，李四要上传一部 1.5GB 的电影，王五要在网上玩大型游戏……如果涉及的数据信息都要重复多次传输，那么整个网络肯定要崩溃（即使不崩溃，也不知道要慢成什么样子）！

显然，我们还需要其他更好的思想、方法和技术。

5.4.3　冗余编码

虽然计算机不使用上面介绍的重复传输技术，但是本书介绍的目的是让读者更好地理解实际中可靠通信最基本的思想和方法，即不能仅传输需要传输的数据（姑且称之为原始信息），还要额外发送一些多余的信息，以增加传输的可靠性。前面介绍的"重复传输"方法中，额外传输的信息就是多份原始信息。当然，这只是方法之一，还可以发送其他额外信息，以提高数据传输的可靠性。计算机科学家们称这些额外增加的信息为"冗余"。增加冗余的方法有多种，一种是把冗余附加在原始信息上，下面将介绍的"校验和"技术就是典型代表。另一种添加冗余的方法就是把原始信息转换成一条更长的冗余信息——原始信息被删除，取而代之的是一条更长的不同信息。当收到这条更长的冗余信息时，又能将其转换回原始信息，即使这条冗余信息在糟糕的信道中传输时被破坏了。

感觉似乎很新奇，到底有什么奥妙呢？举个例子。前面介绍的"重复传输"技术尝试将你的银行账户余额 5213.75 元通过一条不可靠的信道传输，这条信道有 20%的概率会出错，从而导致数据传输不可靠。现在换一种思路。方法是把"5213.75"转换成一条包含相同信息的更长的（因此也是"冗余的"）消息，如用英语单词简单地把余额拼出来，如"**five two one three point seven five**"。

再次假设，由于信道糟糕，这条信息中约20%的字符在传输过程中会变成其他随机字符（即出错率为20%）。这样，接收方收到的信息也许变成了"**fiqe kwo one thrxp point sivpn fivq**"。看起来确实有点别扭，甚至有些讨厌，但是任何熟知英语的人都应该能猜出，这条被破坏的信息所表示的数据应该是"5213.75"。

其中的奥秘就在于我们使用了英语单词取代了对应的数字，如用单词"five"代替数字"5"。单独传输数字"5"，一旦出错，如变成了数字"6"，接收方根本无法知道它本该是哪一个数字，现在数字"5"被替换成单词"five"，传输单词"five"时，即便其中一个字母出错，如变成了"fiqe"，凭借我们对英语单词的了解，应该容易猜出它是"five"，代表的是数字"5"。显然，原本传输单个数字，现在变成了传输一个符号串，信息量增加了，这些增加的信息就是"冗余"。

真是一个不错的主意！原始信息不需要多次重复发送，只是用另一些符号串进行替换而已。虽然替换后要发送的信息长度增加了，但总体效率应该比"重复传输"高。不妨称这些用来替换的符号串为编码模式（code pattern）。在上面的例子中，编码模式就是用英语写的数字，如分别用"one"、"two"、"three"、"four"、"five"、"six"、"seven"、"eight"、"nine"、"zero"来表示数字"1"、"2"、"3"、"4"、"5"、"6"、"7"、"8"、"9"、"0"。不妨称这些被替换的数字为原始符号。

我们知道，要传输的数据信息既包含数字，也包括各种符号（英文字母、标点，甚至汉字等），为了讲解方便，我们假定待发送传输的信息仅仅是数字（我们忽略小数点，让事情变得更简单）。这样待发送的消息中原始符号就是数字 0～9。这种冗余方法的传输过程如下：要传输一条数据信息，首先找出每个原始符号，并将原始符号替换成对应的编码模式；其次，将经过替换后的数据信息通过不可靠信道发送。当包含冗余的信息被接收到时，查看冗余信息的每部分，检查其是否为有效的编码模式。如果它是有效的（如"five"），只需将其转换为相应的符号（如 5）即可。如果其不是有效的编码模式（如"fiqe"），要找出其与哪个编码模式最接近（这个例子中就是"five"），并将该无效编码模式转换成相应的原始符号（也就是 5）。通过这种方法，信道传输过程中的任何改变都能首先被识别出来（因为它并不符合已知的编码模式），然后被纠正（通过比较与匹配，使其符合已知编码模式）。这就是其全部过程。

确切地说，上述冗余编码方法阐述的是一种解决问题的思想和方法，实际应用时还需要改良。事实上，计算机科学家们早已经找到了更漂亮的编码模式。图 5-31 就是一个真实例子，它被计算机科学家们称为(7, 4)汉明码（Hamming code），是理查德·汉明于1947年在贝尔实验室发明的，目的是为了解决之前说过的、周末上机时遇到的问题。

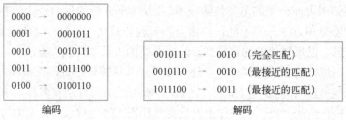

0000 → 0000000	
0001 → 0001011	0010111 → 0010 （完全匹配）
0010 → 0010111	0010110 → 0010 （最接近的匹配）
0011 → 0011100	1011100 → 0011 （最接近的匹配）
0100 → 0100110	
编码	解码

图 5-31　(7, 4)汉明码（部分）

与前面介绍的编码模式相比，汉明码最明显的区别是用0和1进行编码，这也不难理解。事实上，在计算机存储和传输数据的最底层，所有的数据和符号都被转化为0和1的字符串，这是大家都知道的。编码时，每组4位数字都加入了冗余信息，产生了一个7位的编码模式；解码时，首先要为接收到的7位模式寻找完全匹配，如果寻找完全匹配失败，就选择最接近的匹配。你也许会担心，现在我们在与0和1打交道，也许相近的匹配不只一个，最后可能会选择错误的编码模式进行解码。其实这种特殊编码的设计非常精巧，7位编码模式中的任何错误都能得到确定无疑的纠正，这得归功于数学的美。但在这里，我们没必要深究其细节。

为什么冗余编码在实际应用中要比重复传输更受欢迎？主要原因是这两个方法的效率和代价。客观上两种方法都发生了很多额外的信息，只是重复传输发生的信息巨大，代价很高；而冗余编码相对来说代价低一些，特别是科学家们找到了冗余度低很多的编码模式，即汉明码，该编码在侦测错误的概率上效率惊人。

5.4.4　校验

前面介绍的重复传输和冗余编码既希望发现错误，也努力去纠正数据中的错误。事实上，对于许多软件而言，只要能发现传输错误就够了，如果发现了一个错误，只要请求再发送一份数据即可。大不了多发送几次，直到你得到一份没有错漏的为止。"校验"技术就是这一思想的具体体现，也是实际应用中最经常使用的策略。比如，几乎所有互联网连接都使用这一技术。

为了便于理解，假设所有待传输的原始信息都是数字。事实上，能被计算机处理的所有信息都必须数字化，只有在向人展示信息时，才把数字转译成数字符号、文本、图形或图像。因此，这样的假设没有任何问题。

现在来看"校验"究竟是怎么回事。校验的方法有很多种，不可能一一列举，我们将着重介绍几种简单的方法：奇偶校验（最简单的一种校验方法）、简单校验和（simple checksum）、阶梯校验和。

1. 奇偶校验

让我们从最简单的奇偶校验说起。在计算机内部，信息的存储与传输都是基于二进制数字0和1进行的，也就是说，任何信息都必须先数字化为0和1组成的字符串，才能被计算机处理（计算、存储、传输等）。比如，要传输十进数56，在信道中传输的是对应的二进制数00111000。符号也是同样道理，如要传输字母A，在信道中传输的是二进制字符串01000001。

对此，我们有没有一种简单实用的办法侦测数据传输过程中是否出现了错误呢？答案是肯定的，那就是奇偶校验。

简单来说，奇偶校验就是通过计算数据中"1"的个数是奇数还是偶数来判断数据的正确性。

数据传输时，在被校验的数据后添加一位校验位，以确保数据中"1"的个数是奇数或偶数。校验位的生成方法也很简单，对于奇校验，为确保整个被传输的数据中"1"的个数是奇数个，若待传输的数据中"1"的个数是奇数个，则校验位设为"0"，否则设为"1"；对于偶校验，为确保整个被传输的数据中"1"的个数是偶数个，若待传输的数据中"1"的个数是奇数个时，则设校验位为"1"，否则设为"0"。

接收方接收到传输的数据时，按照事先约定的校验方法（奇校验还是偶校验），检查数据中的"1"的个数就可以发现数据在传输过程中是否发生了变化。比如，双方约定按奇校验方式传输数据，发送方传输的数据是10010001，而接收方接收到的数据是10010101，显然就有问题了。因为发送方发送的数据中"1"的个数是奇数，而接收方接收到的数据中"1"的个数为偶数，所以可以肯定传输过程出现了问题，某位数据被改变了。

看来方法很简单，效率很高，而且很有趣。但是如果数据中发生多位数据错误就可能检测不出来，更检测不到错误发生在哪一位。

尽管有不足，但还是得到了实际应用。在数字通信系统中，一般异步传输模式选用偶校验，同步传输模式选用奇校验。在数据存储时，内存中的数据读写就采用了奇偶校验，以提高数据的可靠性。

2. 简单校验和

假定要发生的原始信息是一串个位数，如"46756"，计算它的简单校验和非常容易：只需将原始信息中的所有个位数相加，保留结果的最后一位数，它就是我们所要的简单校验和。比如，原始信息"46756"所有数字之和为4+6+7+5+6=28，但我们只保留最后一位数，因此这条信息的简单校验和是8。

计算出了简单校验和，又如何使用它呢？方法也很简单：只需在原始信息后面附加校验和，然后一起发送即可。比如，原始信息"46756"的简单校验和是8，因此传输时发送"467568"。接收方知道我们采用的是校验和技术，在接收到发送方的信息"467568"后，首先计算前5个数的校验和，看它是否与发送过来的第6个数（即校验和）相同（相等），如果相同（相等），说明发送与接收没有错误。也就是说，接收方"check"（校验）发送信息的"sum"（和）。这就是术语"校验和"（checksum）的由来。

如果传输信息时出错了，结果会怎么样？假设其中的数7变成了3，那么会收到信息"46356 8"。我们可以计算前5个数的校验和为4+6+3+5+6=24，保留最后一位数4。4与发送时计算出的校验和8并不相等，因此可以肯定消息在传输过程中出现错误。这时，可以请求重新发送，直到接收到没有错误的为止。

看起来这一思路非常完美，因为只要在原始信息后面附加校验和即可，既能发现传输过程的错误，信息传输的代价又很低，岂不美哉？

别高兴得太早，事情远没有那么完美！先让我们看看下面的例子。

						校验和
原始数据	4	6	7	5	6	8
存在一处错误	1	6	7	5	6	5
出现两处错误	1	5	7	5	6	4
存在两个错误	2	8	7	5	6	8

当原始数据中一个数出错时，校验和技术是可以发现，如果有两个数出错了，就有可能发现不了错误。看来问题很严重，必须设法解决这一问题，否则没有可靠保障而言。

3. 阶梯校验和

幸运的是，我们可以对校验和技术做一些调整，来解决这个问题。首先定义一种新的校验和，不妨称之为"阶梯校验和（staircase checksum）"，取这样的名字无非是想帮助大家理解它。想象你处于一个楼梯的底部，楼梯台阶编号为 1、2、3、…，要计算阶梯校验和，需先把每个数乘以楼梯的阶号，然后进行相加。当然，结果只保留最后一位数，这与简单校验和一样。因此，如果原始数据是"4 6 7 5 6"，其阶梯校验和的计算方式如下：

$$(1 \times 4)+(2 \times 6)+(3 \times 7)+(4 \times 5)+(5 \times 6)$$
$$= 4 + 12 + 21 + 20 + 30$$
$$= 87$$

保留最后一位数，也就是 7。因此，原始数据"4 6 7 5 6"的阶梯校验和为 7。

为保证数据传输的准确性，我们同时使用简单校验和及阶梯校验和，这样确保能发现信息传输过程中出现的任何两处错误。传输原始数据时，先附加简单校验和，再附加阶梯校验和。比如，针对原始数据"4 6 7 5 6"，传输时发送"4 6 7 5 6 8 7"。接收方收到"4 6 7 5 6 8 7"时，先核对简单校验和，再核对阶梯校验和，如果都相同（相等），就可以保证这条消息要么是正确的，要么至少有三处或更多处错误。

下面给出了这两种校验和的应用实例。当数据信息中有一处错误时，这条消息的简单校验和及阶梯校验和均与原始数据的不同；当消息中有两处错误时，有可能两个校验和值都不相同，也有可能简单校验和相同，但阶梯校验和不相同，或者简单校验和不同，但阶梯校验和相同，但最终都能发现错误。事实上，可以通过数学方法来证明，只要错误不超过两处，就可以通过叠加简单校验和及阶梯校验和来发现传输过程中的错误。

						简单校验和	阶梯校验和
原始数据	4	6	7	5	6	**8**	7
出现一处错误	1	6	7	5	6	5	4
出现两处错误	1	5	7	5	6	4	2
出现两处错误	2	8	7	5	6	8	9
出现两处错误	6	5	7	5	6	9	7

简单校验和与阶梯校验和用于数据量不大的情况下效果比较好，如果待传输的数据块比较大，虽然侦测错误方面仍然有效，但可靠性就有所降低了。要提高可靠性，还要在校验和上动脑筋。

前面为了讲述和理解方便，假定校验和只有一位数字，实际应用时，真正的校验和通常会生成比这长得多的数字——有时长达 150 位。面对大型数据块，使用这种长度的校验和侦测错误，其失败的概率极其微小，在现实中几乎不可能失败。尽管校验和比较长，但相对于大型数据块来说，传输代价还是不高的。比如，假设你从互联网上下载一个 20MB 的软件包，使用了一个 100 位数的校验和来验证它的正确性，软件包的校验和也不到软件大小的十万分之一。

当然，任何一种技术方案很难十全十美，特别是面对黑客恶意攻击而非糟糕信道时，更是如此。对此，计算机科学家们发明了一种称为加密哈希函数（cryptographic hash function）的特定校验和，使用这种特定的校验和就能消除这种可能性。

以上介绍的方法和技术似乎只与计算机数据通信和存储有关，事实并非如此。在没有计算机之前，先人们就已经使用校验和的方法抄写《圣经》了。当司马迁用近 53 万字记载了中国上千年历史的同时，远在中东的犹太人也用类似的篇幅记载了自创世纪以来，主要是摩西以来他们祖先的历史，这就是《圣经》中的《旧约》部分。《圣经》简洁的文风与中国的《史记》颇有相似之处。但是与《史记》这本由唯一作者写成的史书不同，《圣经》的写作持续了很多世纪，后世的人在补充时，看到的是几百年前甚至上千年前原作的抄本。抄写的错误便在所难免。据说今天也只有牛津大学保留了一本没有任何错误的古本。虽然做事认真的犹太人要求在抄写《圣经》时虔诚并且打起十二分精神，尤其是每写到"上帝"（God 和 Lord）这个词时要去洗手祈祷，但是抄写错误还是难以避免。于是**犹太人发明了一种类似于今天计算机和通信中校验和的方法。他们把每个希伯来字母对应于一个数字，这样每行文字加起来便得到一个特殊的数字，这个数字便成为了这一行的校验码。**同样，对于每一列也是这样处理。当犹太学者抄完一页《圣经》时，他们需要把每一行的文字加起来，看看新的校验码是否与原文的相同，然后对每一页进行同样的处理。如果这一页每一行和每一列的校验码与原文完全相同，说明这一页的抄写无误。如果某行的校验码与原文中的对应不上，则说明这一行至少有一个抄写错误。当然，错误对应列的校验码也一定与原文对不上，这样可以很快找到出错的地方。这背后的原理与我们今天的各种校验是相同的。

5.4.5 错误定位

发送一串数字或二进制代码时，通过校验，我们有可能断定传输过程中是否发生了错误，但到底是哪里出了问题？或者说到底是哪一个数字（或二进制位）出错了？我们是否可能侦测出来并予以纠正？答案是肯定的。

这就是传输过程中的错误定位技术。为了理解方便，我们还是通过传输一组由数字 0～9 组成的信息来展示错误定位技术的思想和方法，传输其他信息在本质上是一样的。

另外，为了便于说明，假设要传输的信息恰好由 16 个数字组成。你可能会说，恰好 16 个数字？哪有这么凑巧的事？这个其实不难，如果要传输的信息比较长，可将其分割成若干个 16 个数字长的块，每一块就符合假定条件了；如果要传输的信息块没有 16 个数字这么多，可以用 0 补足 16 个数字。所以，这样的假设不会有说明问题。

设要传输的数字串为：4 8 3 7 5 4 3 6 2 2 5 6 3 9 9 7。接下来看如何进行错误定位。

① 重新排列待传输信息中的 16 个数字。将上述 16 个数字一次排列成一个从左往右、自上往下共 4 行 4 列的样式。例如：

4	8	3	7
5	4	3	6
2	2	5	6
3	9	9	7

② 计算每一行的校验和，并添加在每行的右侧。简单校验和的计算方式与前面一样。比如，要得到第二行的校验和，需要计算 5+4+3+6=18，并保留最后一位数 8。所得结果如下：

4	8	3	7	2
5	4	3	6	8
2	2	5	6	5
3	9	9	7	8

③ 计算每一列的简单校验和，并添加在每列的底部。校验和的计算方法还是一样，如要得到第三列的校验和，需要计算 3+3+5+9=20，并保留最后一位数 0。所得结果如下：

4	8	3	7	2
5	4	3	6	8
2	2	5	6	5
3	9	9	7	8
4	3	0	6	

④ 重新排列所有数，即按自左至右、从上往下的方式，把上述数字重新排列成一个数字串，最后会得到一个 24 个数字的数字串，如 "**483725436822565399784306**"。这就是用于发送端发送的数字串。

在不太可靠的信道上发送这样的数字串，有可能出现错误。接收方收到一串数字信息时，如何判断信息在发送过程中是否出错？错在哪里？如何纠正并得到发送方发过来的正确的原始信息？

为了理解该方法的奥秘，还是举例说明。假定发送方原始的 16 位数字信息是 "**4837543622563997**"，因为在不太可靠的信道上传输，有可能出错，比如其中有一个数字发生了改变，变成了另一个数字。具体是哪一个数字发生了改变其实并不重要，重要的是我们如何知道哪一个改变了，并设法恢复其 "原貌"。不妨假定收到的 24 位数字串是 "**483725436827565399784306**"，我们按以下步骤进行侦测并纠正。

① 把接收到的数字串先后顺序排成一个 5 行 5 列的方阵。注意，最后一行和最后一列对应的就是随原始信息一起发送来的校验和。

4	8	3	7	2
5	4	3	6	8
2	7	5	6	5
3	9	9	7	8
4	3	0	6	

② 重新计算每一行每一列的简单校验和，以便与接收到的校验和进行对比。结果如下。

4	8	3	7	2	2
5	4	3	6	8	8
2	7	5	6	5	0
3	9	9	7	8	8
4	3	0	6		
4	8	0	6		

可以看到，这里有两组校验和，一组是接收到的，一组是计算出来的。如果传输没有任何错误，那么这两组校验和的值应该完全相同。如果传输过程中有一位数字发生了变化，则两组校验和肯定不一样。可以发现，这两组校验和确实不太一样，第三行的 5 和 0 不同，第二列的 3 和 8 不同。这说明，错误肯定是在第三行（因为其他行的校验和都正确），错误也肯定是出现在第二列（因为其他列的校验和都正确）。由此可以断定，第三行第二列的交叉点即数字 7 在传输过程中出了问题。

问题找到了，如何纠正呢？也就是怎样知道正确的数字是什么呢？幸运的是，解决这个问题并不难——只要用一个能让两个校验和都正确的数字替换出错的 7 即可。第二列的校验和本应为 3，但结果却是 8。换句话说，校验和需要减 5。我们把错误的 7 减 5，得到 2。也可以通过检查第三行来验证这一改变（第三行的校验值现在变成了 5，与收到的校验和一致）。这样，错误同时被定位和纠正了。

③ 去掉上面的校验和，然后按自左至右、自上往下的顺序重新排列，所得结果就是我们应该接收到的正确的数字串，即 "**4837543622563997**"。

在计算学科中，这种定位错误的方法也被称为 "二维奇偶校验码"（two dimensional parity）。

至此，以上讨论的方法都是以数据传输为例展开的。事实上，这些思想和方法在信息存储方面也得到非常好的应用，如 CD、DVD 和计算机硬盘都极度依赖纠错码。

5.4.6　推广应用

纠错码的诞生源于电报、电话等通信系统的可靠性需求，因此纠错码与贝尔实验室有关也就不足为奇了，克劳德·香农（Claude Shannon）和理查德·汉明都是贝尔实验室的研究人员。

香农在 1948 年发表了论文《通信的数学理论》（The Mathematical Theory of Communication）。欧文·里德（Irving Reed）这样形容这篇论文："本世纪只有几件事能在对科学和工程学的影响力上超越（这篇论文）。通过这篇里程碑式的论文……他极大地改变了通信理论和实践的所有方面。"为什么赞誉如此之高？因为香农从理论的角度论证了人们有可能从根本上通过一个嘈杂的、不可靠的信道上实现错误率极低的通信。若干年后，实践证明了香农理论的准确性和意义。

校验和的方法已在生活中得到了较为普遍的应用。图书出版的国际标准图书号（ISBN）是一个有 10 位数字的号码，一般印在书的封底，用来唯一的标志一本图书。其中，最后的一位数字（第 10 个）并不是图书标志，而是一个校验码，就像我们之前说的奇偶校验码，用来检验整个号码是否有错误。当我们使用 ISBN 订购图书时，若有一位数字出错，则通过校验和可以检查出来，不致买到错误的图书。

校验和可以通过一些简单的方法来计算。可以将第 1 位数乘以 10，第 2 位数乘 9，第 3 位乘 8，以此类推，直到第 9 位数乘 2，将所有的积相加所得到的和用 s 表示。例如，有这样一个 ISBN，0-13-911991-4，则 $s=0×10+1×9+3×8+9×7+1×6+1×5+9×4+9×3+1×2=172$，然后用 s 除以 11，得到一个余数 7，如果余数为 0，那么校验和为 0；否则，取该数与 11 的差作为校验和。本例中，余数为 7，因此校验和为 11-7=4。如果使用此方法计算出的校验和最大值为 10，在 ISBN 中使用字母 X 来表示，校验和为 10 的情况是十分少见的。

知道了这些知识后，不妨试着检验一些真正的 ISBN 的校验和，看看是否可以检测出下列常见错误：① 一位数字的值被改变了；② 两位相邻数字的值互换；③ 增加了一位；④ 减少了一位。

让我们想想哪些错误是不能被检测出来的？例如，一位数字变大了而另一位数字变小导致和不变。

另一种相似的校验码为条形码。在大型购物商城购物结账时，收银员都在用一个手持设备扫描所购物品上的条形码，如图 5-32 所示。如果条形码读错了，扫描器就会报警，收银员就会重新扫描。

图 5-32　条形码

条形码校验方法如下：首先，把条形码从右往左编号，依次为 1，2，3，4，…，从序号 2 开始，把所有偶数序号位上的数相加求和，用求出的和乘 3；再把所有奇数序号上的数相加求和，用求出的和加上刚才偶数序号上的数，然后得出和。再用 10 减去这个和的个位数，就得出了校验码（如果计算结果为 10，校验码取 0）。例如，某条形码为 977167121601X（X 为校验码），则

① 偶数序号对应值求和：　　　　　1+6+2+7+1+7=24

② 求和结果乘以 3：　　　　　　　24×3=72

③ 奇数序号对应值求和：　　　　　0+1+1+6+7+9=24

④ 两个结果相加：　　　　　　　　72+24=96

⑤ 用 10 减去和的个位值：　　　　10-6=4

所以，最后校验码 X=4。此条形码为 9771671216014。

校验和在计算机网络中的运用主要是用于侦测而非纠正错误。也许最常见的例子就是以太网了，现在几乎所有计算机都用这个联网协议。以太网中应用了一种被称为 CRC-32 的校验和来侦测

错误。最为普遍的互联网协议 TCP 也在其发送的每块数据（数据包）上使用校验和。如果收到一个校验和不正确的包，就直接丢弃它，TCP 在必要时会自动传输这些包。发布在互联网上的软件包通常使用校验和验证，常用的是 MD5 和 SHA-1。这两种校验和都属于加密哈希函数，为抵御恶意篡改软件提供保护，也能防止随机通信错误。MD5 校验和约 40 位数长，SHA-1 生成的数约有 50 位。SHA-1 的同类校验和中有些抗错性甚至要更好，如 SHA-256（约 75 位数）和 SHA-512（约 150 位数）。

MD5 的典型做法是对一段信息（Message）产生信息摘要（Message-Digest），以防止被篡改。大家都知道，地球上任何人都有自己独一无二的指纹（fingerprint），这常常成为司法机关鉴别罪犯身份最值得信赖的方法。与之类似，MD5 就可以为任何文件（不管其大小、格式、数量）产生一个同样独一无二的"数字指纹"，如果任何人对文件做了任何改动，其 MD5 值也就是对应的"数字指纹"都会发生变化，据此就可以判断文件是否被篡改。

2004 年 8 月 17 日的美国加州圣巴巴拉的国际密码学会议（Crypto'2004）上，来自中国山东大学的王小云教授做了破译 MD5、HAVAL-128、MD4 和 RIPEMD 算法的报告，公布了 MD 系列算法的破解结果，宣告了固若金汤的世界通行密码标准 MD5 的堡垒轰然倒塌，引发了密码学界的轩然大波。破解 MD5 之后，2005 年 2 月，王小云教授又破解了另一国际密码 SHA-1。因为 SHA-1 在美国等国际社会有更广泛的应用，密码被破的消息一出，在国际社会的反响可谓石破天惊。换句话说，王小云的研究成果表明了从理论上讲电子签名可以伪造，必须及时添加限制条件，或者重新选用更安全的密码标准，以保证电子商务的安全。

5.5 柳暗花明的自然语言处理

视频

语言的目的是为了人类之间的通信。字母（或者中文的笔画）、文字和数字实际上是信息编码的不同单位。任何一种语言都是一种编码的方式，而语言的语法规则是编解码的算法。我们把一个要表达的意思，通过某种语言的一句话表达出来，就是用这种语言的编码方式对头脑中的信息做了一次编码，编码的结果就是一串文字。如果对方懂得这门语言，他可以用这门语言的解码方法获得说话人要表达的信息。这就是语言的数学本质。虽然传递信息是动物也能做到的，但是利用语言来传递信息是人类的特质。

从科学技术上来说，机器翻译是计算机科学、数学和语言学的一个应用领域，机器翻译的思想对于这些学科的发展会产生重要的影响。例如，著名的逻辑程序语言 Prolog 的基本原理就是他的设计人柯尔迈罗埃（A. Colmerauer）在研究用于机器翻译的"Q-系统"（Q-system）的基础上奠定的。机器翻译的理论和技术成为了推动这些学科发展的取之不尽的源泉。

5.5.1 美好愿景

还在计算机降临人世之前，人类就萌生出一种极富魅力的梦想，希望有一天能够制造出一种机器，请它在讲不同语言的人中间充当翻译。带这种翻译机器就能走遍天下：到了英国，它讲英语，到了法国，它又会讲法语……无论操何种语言的外国人与你谈话，只要拨一下开关，它都能在两种不同语言间充当"第三者"，准确地表情达意。人类有了它，又何愁"天下谁人不识君"呢？

1946 年，现代电子计算机出现以后，计算机在很多事情上做得比人还好。既然如此，机器是否能够懂得自然语言呢？事实上，当计算机一出现，人类就开始琢磨这件事。这里面涉及两个认知方面的问题：第一，计算机是否能处理自然语言；第二，如果能，那么它处理自然语言的方法是否与人类一样。对这两个问题的回答都是肯定的！

如果有一天机器能完全、准确地处理自然语言，对人们的学习、工作和生活将带来怎么样的影响？当前的现实是，很多人从小学就开始学外语（英语），一直学到大学，付出了大量的时间，占据了大量的资源，结果呢？部分人学的还不错，不少人却不怎么样（背了不少词汇，单听说都很困难）。更可悲的是，学了多年外语，大学毕业后，很多人并没有在工作和生活中用到外语，感觉白学了。以后大家也许不需要学什么外语了，出国访问与外国人打交道由这样的机器效劳，看外文文献先让机器翻译，甚至一打开国外的网站，你看到的全是经过翻译以后的文字符号了……到那时，大家还有学外语的必要吗？

哦，这一切都需要机器具有智能，能准确地处理自然语言！

5.5.2 原始的"逐词替换"

20 世纪 20 年代，有位俄国人想把"梦想"变成现实。他造了一台机械装置，试图通过那些齿轮的转动把俄语翻译成英语，但是以失败而宣告结束。20 世纪 40 年代，电子计算机的发明又重新勾起了人们美好的憧憬。

1949 年，美国学者沃伦·韦弗向大约 200 名友人发出一份备忘录，他热情地指出，用计算机完全能够解决语言的翻译问题。他认为，人们可以让计算机模拟人类翻译家的做法，使用一部两种语言对照的词典作工具，用一种语言的单词去查出另一种语言的等价词，然后编排整理成文。这种翻译机至少可以用来帮助解决世界范围的文献翻译。

韦弗先生的设想简单明晰，却颇有吸引力，引起了美国科学界人士极大的兴趣。进入 50 年代后，美国人甚至有点迫不及待。因为在激烈的世界科技竞争面前，大部分美国科学家和工程师都不能阅读俄语书，而大部分前苏联科学家和工程师却都精通英语。美国科学家十分担心自己会跟不上俄国人定期发布的优秀科技论文的水平。机器翻译的研究项目因此受到了高度重视并获得大量的经费资助。美国计算机界铆足了劲，要一举摘下机译的皇冠。从 1954 年实力雄厚的计算机公司 IBM 和乔治城大学研究小组合作的首次试验起，韦弗设想的那种"词对词"的计算机翻译系统开始了它的蹒跚学步。

粗略想一想，在两种语言间实现"逐词替换"似乎并不困难。比如，想把英语句子翻译成汉语，只需把英语句子分解为单词，用对应的汉语单词顶替，然后按汉语语法规则整理成句式。比如：

This	is	a	computer
这	是	一（台）	计算机

这里需要的是大量存储并快速搜索两种语言的对应词汇，而"大量储存"和"快速搜索"恰好是计算机的拿手好戏。美国人初期开发的机译系统正是"俄英翻译"，他们也确实把俄语文献翻译成了英语版本。可惜好景不长，早期从事机译的人们很快就沮丧地发现，通过逐词替换，大约可完成 80% 的翻译工作，还有 20% 的文字根本"顶替"不下来。更不能容忍的是，整个翻译过程极慢，甚至达不到人工翻译的速度；同时，机器翻译的文章必须由人进行整理才能读得通，还不如让人自己来干。

看另一个例子。小说《红楼梦》中第四十五回末尾处的一段文字："黛玉自在枕上感念宝钗……。又听见窗外竹梢焦叶之上，雨声淅沥，清寒透幕，不觉又滴下泪来。"

黛玉	自	在	枕	上	感念	宝钗...
Dai-yu	alone	on	pillow	top	think-of-with-gratitude	Bao-chai ....

又	听见	窗	外	竹	梢	焦	叶	之
again	listen to	window	outside	bamboo	cip	plantain	leaf	of

之上,	雨	声	淅沥,	清	寒	透	幕,
On-top	rain	sound	sign drip,	clear	cold	penetrate	curtain,

不	觉	又	滴	下	泪	来。
not	feeling	again	fall	down	tears	come.

文学翻译家霍克斯（David Hawkes）的英泽本如下：

As she lay there alone, Dai-yu's thoughts turned to Bao-chai ....

Then she listened to the insistent ruscle of the rain on the bamboos and plancains outside her window. The coldness penetrated the curtains of her bed. Almost without noticing it she had begun to cry.

曹雪芹常常采用双关语给人物命名而引起的中文人名的翻译问题。霍克斯的选择是对其中的主要人物都采用构成人名的汉字的音译，而对那些仆人的名字则采用意译（如 Aroma[袭人]、Skybright[晴雯]）。其次，中文几乎没有动词时态和语态的变化，因此，霍克斯不得不决定将中文"透"翻译为 penetrated，而不是 was penetrating 或 had penetrated。霍克斯还在 window 的前面添加了物主代词 her，使得 her window 比 the window 更适合表达那种安静闲适的卧室气氛。为了使不熟悉中国床帷的英文读者能清楚地理解，霍克斯将"幕"翻译为 curtains of her bed。最后，短语"竹梢焦叶"的中文是非常优雅的，这种四字短语是有文化品位的标志，但是如果以词对词的方式翻译为英文，就很糟糕了，因此霍克斯只是简单地将它翻译为 bamboos and plantains。这些都反映了霍克斯高超的文学翻译技巧。

这一时期，机器翻译"闹出"不少笑话。比如"奇葩"，机器就翻译成"special flower"。更经典的例子是"The spirit is willing but the flesh is weak（心有余而力不足）"。经过机器翻译成俄文之后，再把它翻译回英文，得到的结果是"The volta is strong but the meat is rotten.（伏特加酒是浓的，肉却腐烂了）"。当然，这是出自美国 1962 年 8 月号的《哈勃杂志》（Harper's Magazine），该期杂志发表了题目为《翻译的困扰》（The trouble with translation）的文章，作者是古温豪芬（John A. Kouwenhoven），文章中编造了如下故事：有几个电子工程师设计了一部自动翻译机，这部机器的词典包含 1500 个基础英语词汇和相对应的俄语词汇。他们宣称这部机器可以马上进行翻译，而且不会犯人工翻译的错误。第一次试验时，人们要求翻译"Out of sight, out of mind"（眼不见，心不烦）这个句子，结果翻译出来的俄语的意思竟然是"看不见的疯子"（Invisible idiot）。他们觉得这样的谚语式的句子比较难于翻译，于是又给机器翻译另一个出自圣经的句子"The spirit is willing, but the flesh is weak"（心有余而力不足），机器翻译出来的俄语的意思却是"酒保存得很好，但肉已经腐烂"（The liquor is holding out all right, but the meat has spoiled）。

用逐词顶替的方法为什么不能得到满意的翻译结果？可以设想，人类自己担任翻译时是否也只是做了这种替代呢？显然，任何一个人，哪怕他把一本《双语词典》背得滚瓜烂熟也当不成翻译，关键在于理解所翻译文章的意思，还要掌握各种相关知识。而在"词对词"机译系统中，把"computer"一词用"计算机"一词替代，担任翻译的机器并不理解"计算机"或"computer"是什么东西。换言之，让计算机"理解"人类语言应该是机译突破的焦点。

5.5.3 基于"规则"的方法

让机器理解人类的语言谈何容易！

语言是人类进行思维判断和相互交际最主要的工具，有了语言，人类与动物相区分，成为真正的人。今天我们为计算机编制程序的语言都是"人工语言"，而人类自己使用的语言叫"自然语言"。如果说，机器翻译实现的唯一通路在于"自然语言理解"，那么，成功的希望已经寄托在"人工智能"的研究之上，让机器增加智能，像人那样学会用自然语言"思维"。当然，还特别需要借助语言学家、心理学家的协助和支持，它必须成为一门综合性学科。

接触过计算机的人都知道"人机对话"这一术语，像 BASIC 那样的语言还被加上了"人机对话语言"的桂冠，似乎机器早就可以与人"交谈"。千万不要把这种"高级语言"想象得神乎其神，其实，人机之所以能够对话，是人学会了计算机语言，而不是计算机学会了人的语言。

机器翻译，本质上是对人类思维和语言活动的模拟。解决这一难题的途径是对人类的语言做出科学的分析，获取人类思维活动的材料，然后才能正确地构造可以解释人类行为的计算机程序。

自 1957 年美国语言学家乔姆斯基发表著名的《句法结构》开始直到 70 年代，语言学中的"乔姆斯基革命"不断发展，不但极大地推动了现代语言学科的成熟，而且使得"自然语言理解"的研究不同程度地涉及句法、语义和语用三大语言学领域，机器翻译从此开始走向复兴。

让计算机学习人类的语言，入门的练习似乎可以像小学生那样从"填空"学起。准备几种类型的单词，在事先造好的句式中故意留下几个空格，要求计算机有选择地填入。例如，对于下列句式"开往_____的_____列车在_____时从_____站台发车。"，计算机只要在 4 个空格处分别填入表示地点、车别、时间和站台的词汇即可。实际上，某些火车站就利用语音合成装置以这种方式进行广播。填满空格后的句子可能成为：开往纽约的特快列车在 13 时从 3 站台发车。然而，在计算机没有理解上述句子意义之前，人们必须为它准备与每个空格对应的适当词汇，否则任它自由填入一些单词，句子可能变成"开往地狱的疯狂列车在午夜时从魔鬼站台发车。"不管哪个火车站的广播里报出这种通知，恐怕都会把旅客们吓得半死。

人类语言中的词汇是不能随心所欲加以组合的。词汇不仅有名词、动词、代词、形容词、副词等词性区别，它们的组合还必须遵循一定的规则。例如，汉语中的代词"我"、名词"饭"和动词"吃"，按上述顺序排列成"我饭吃"，谁看了也不会认为是汉语中的句子。这三个词必须按照汉语的句法，分别充当句中的某一成分，"我"充当主语，"饭"充当宾语，"吃"只能作谓语，组成"我吃饭"即**主——谓——宾**句式。这就是句法分析。当然，更多的句子要比"我吃饭"复杂得多。但是，即使我们完全遵守句法规则造句，也不一定就能够得到有意义的句子。例如，在上句里交换"我"和"饭"的位置，造出一个"饭吃我"的句子，句法上挑不出一点毛病，但不好理解，或者说这是一个句法正确但没有意义的句子，它表明了句法和语义是语言学中不同的知识领域。

为了便于机器翻译，首先需要把自然语言的句子经过句法分析，分解为不同的成分。然而，一些句子可以有不同的分解方法，不同的分解会产生不同的语义。请看下面句子的两种分解法"咬死了猎人｜的狗"，"咬死了｜猎人的狗"。前者应解释为"狗把猎人咬死了"，后者则应解释为"把猎人的狗给咬死了"。这就叫"句法歧义"。会产生歧义的句子在语言中比比皆是。再如"一个半劳力"。如果让机器作句法分析，是分解为"一个半｜劳力"，还是分解为"一个｜半劳力"呢？这些例子说明，在句法分析时，还需要补充许多有关语义和相关知识的信息，有的句子还必须结合上下文的关系才能获得正确的分析结果。例如，知道了上文是"狼来了"，理解下文"咬死了猎人的狗"时，就不会再有歧义；或者上文是"我爷爷年纪大了"，下文是"他只能算一个半劳力"，联系上下文一起分析，"一个半劳力"便只剩下一种含义。

理解人类语言时，还有一些因素必须考虑。有时非得知道人物、时间、场合等，才有可能解释某个句子。例如，让机器理解这样一句话"红塔山一包"。要是不知道这句话的背景是顾客在商店里向售货员购买香烟，想理解它的意思是不可能的。研究语言的这些因素属于语用学的任务。

以上只以汉语为例进行了说明，其他自然语言与之也基本相似。由此可见，计算机对人类语言的理解，必须把句法、语义、语用和其他相关知识结合在一起全面分析，否则很难做出准确的翻译。

从计算机机械地模仿到理解人类的语言，机器翻译逐步向人工智能的方向靠拢，似乎已在黑暗的摸索中看到了黎明的晨曦。

在 20 世纪 60 年代，摆在科学家面前的问题是怎样理解自然语言。当时普遍的认识是首先要做好两件事，即分析语句和获取语义。这实际上又是惯性思维的结果——它受到传统语言学研究的影响。中世纪以来，语法一直是欧洲大学教授的主要课程之一。16 世纪，伴随着《圣经》被翻译介绍到欧洲以外的国家，这些国家的语言语法逐步得到完善。18～19 世纪，西方的语言学家们已经对各种自然语言进行了非常形式化的总结，这方面的论文非常多，形成了十分完备的体系。学习西方语言，都要学习它们的语法规则（Grammar Rules）、词性（Part of Speech）和构词法（Morphologic）等。当然，应该承认这些规则是我们人类学习语言（尤其是外语）的好工具。而恰恰这些语法规则很容易用计算机的算法描述，这就更坚定了大家对基于规则的自然语言处理的信心。

对于语义的研究和分析，相比较而言，不太系统。语义也比语法更难在计算机中表达出来，因此直到 20 世纪 70 年代，这方面的工作仍然乏善可陈。值得一提的是，**中国古代语言学的研究主要集中在语义而非语法上**。很多古老的专著，如《说文解字》等都是语义学研究的成果。由于语义对于我们理解自然语言是不可或缺的，因此，学术界不仅研究"句法分析"，也关注并研究语义分析和知识表示等课题。当时人们头脑里的自然语言处理从研究到应用的依赖关系可用图 5-33 来描述。

让我们集中看看句法分析。例如，"徐志摩喜欢林徽因。"这个句子可以分为主语、动词短语（即谓语）和句号三部分，然后可以对每部分进一步分析，得到语法分析树（Parse Tree），如图 5-34 所示。

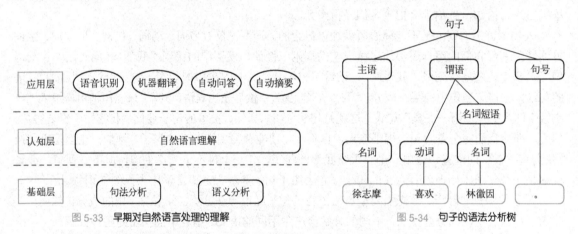

图 5-33　早期对自然语言处理的理解　　　　图 5-34　句子的语法分析树

分析它采用的文法规则通常被计算机科学家和语言学家称为重写规则（Rewrite Rules），具体到上面的句子，重写规则包括：

句子	→	主语谓语句号
主语	→	名词
谓语	→	动词 名词短语
名词短语	→	名词
名词	→	徐志摩
动词	→	喜欢
名词	→	林徽因
句号	→	。

20 世纪 80 年代以前，自然语言处理工作中的文法规则都是人写的，这与后来采用机器总结的做法大不相同。直到 2000 年后，很多公司，如著名的机器翻译公司 SysTran，还是靠人来总结文法

规则。

科学家们原本以为随着对自然语言语法概括得越来越全面，同时计算机计算能力的提高，这种方法可以逐步解决自然语言理解的问题。但是这种想法很快遇到了麻烦。我们从图 5-34 可以看出，句法分析实际上是一件很麻烦的事：一个短短的句子居然分析出一个复杂的二维树结构，而且居然需要八条文法规则，即使除去词性标注的后四条依然还有四条。当然，让计算机处理上述分析还是不难的，但要处理下面《华尔街日报》的一个真实句子就不是那么容易办到了：

美联储主席本·伯南克昨天告诉媒体 7000 亿美元的救助资金将借给上百家银行、保险公司和汽车公司。

虽然这个句子依然符合"句子→主语谓语句号"这条文法规则：

主语【美联储主席本·伯南克】 ‖ 动词短语【昨天告诉媒体 7000 亿美元的救助资金将借给上百家银行、保险公司和汽车公司】 ‖ 句号【。】

然后，接下来可以进行进一步的划分，如主语"美联储主席本·伯南克"分解成两个名词短语"美联储主席"和"本·伯南克"。当然，前者修饰后者。对于动词短语也可以做同样的分析。这样，任何一个线性的语句可以被分析成这样一棵二维的语法分析树（Parse Tree）。我们没有将完整的分析树画出来，是因为在这本书一页纸上，无法画出整个语法分析树。这棵树非常大，非常复杂。应该讲，单纯基于文法规则的分析器是处理不了上面这样复杂的语句的。

这里面至少有两个越不过去的坎儿。首先，要想通过文法规则覆盖哪怕 20% 的真实语句，文法规则的数量（不包括词性标注的规则）至少有几万条。语言学家几乎已经是来不及写了，而且这些文法规则写到后来甚至会出现矛盾，为了解决这些矛盾，还要说明各个规则特定的使用环境。如果想要覆盖 50% 以上的语句，文法规则的数量最后会多到每增加一个新句子，就要加入一些新的文法。这种现象不仅出现在计算机处理语言上，还出现在人类学习和自己母语不同语系的外语时。今天 30 岁以上的人都应该会有这种体会：无论在中学和大学英语考试成绩多么好，也未必能考好 GRE，更谈不上看懂英文的电影。原因就是我们即使学了十年的英语语法，也不能涵盖全部的英语。

其次，即使能够写出涵盖所有自然语言现象的语法规则集合，用计算机解析它也是相当困难的。描述自然语言的文法和计算机高级程序语言的文法不同。自然语言在演变过程中产生了词义和上下文相关的特性，因此它的文法是比较复杂的上下文有关文法（Context Dependent Grammar）。而程序语言是我们人为设计的，为了便于计算机解码的上下文无关文法（Context Independent Grammar），相比自然语言而言简单得多。理解两者的计算量不可同日而语。

5.5.4 从"规则"到"统计"

在 20 世纪 70 年代，基于规则的句法分析很快就走到了尽头。对于语义的处理则遇到了更大的麻烦。首先，自然语言中很多语句未必遵守严格的语法规则，即便是文学大家（如鲁迅等）写的文字也是如此，更不用说日常生活中的用语了；其次，自然语言中词的多义性很难用规则来描述，而是严重依赖于上下文，甚至是"世界的知识（World Knowledge）"或者常识。

例如，生活中我们说"您先走吧"、"您走先吧"、"先走吧您"，尽管颠三倒四，恐怕人人都能理解，但要总结出这样的句法规则并让机器理解，那就太难了！

至于词的多义性，看看下面这个句子："John was looking for his toy box. Finally he found it. The box was in the pen. John was very happy." 如果说 "The pen was in the box." 大家都能理解，但 "The box was in the pen." 就让人很困惑了，为什么盒子可以装到钢笔里？其实，第二句话对于英语是母

语的人来讲很简单，因为这里 pen 是"围栏"的意思。整句话翻译成中文就是"盒子在围栏里"。这里面 pen 是指钢笔还是围栏，通过上下文已经不能解决，需要常识，具体来说就是"钢笔可以放到盒子里，但是盒子比钢笔大，所以不能放到钢笔里"。而这样的常识又很难告知"机器"。这是一个很简单的例子，但是非常明白地说明了当时自然语言处理研究方法上存在的问题。

更何况经过漫长的历史岁月，人类语言已发展到极其复杂的阶段。一个人即使想要掌握本国的母语，从出世开始，直到小学中学，甚至上了大学还得孜孜不倦地学习。以汉语为例，除了书面语之外，还有大量不规范的口语方言俚语。在一个传统的相声段子里，逗捧双方的演员打赌，看谁能用最短的话表现一个情节：**小孩夜间起床小便，家人问他干什么**。结果，用河南方言的表演者令人叫绝，他只用了四个字：**"谁？""俺。""啥？""尿。"** 这种精练到家的语言，叫机器如何理解？

可以说，利用计算机处理自然语言的努力直到 20 世纪 70 年代初是相当失败的。

1970 年以后，统计语言学的出现使得自然语言处理重获新生，并取得了今天的非凡成就。推动这个技术路线转变的关键人物是弗里德里克·贾里尼克（Frederick Jelinek）和他领导的 IBM 华生实验室。最初，他们也没有想解决整个自然语言处理的各种问题，而只是希望解决语音识别的问题。采用基于统计的方法，IBM 将当时的语音识别率从 70% 提升到 90%，同时语音识别的规模从几百单词上升到几万单词，这样就使得语音识别有可能从实验室走向实际应用。

20 世纪 70 年代，基于统计的方法的核心模型是通信系统加隐含马尔可夫模型。这个系统的输入和输出都是一维的符号序列，而且保持原有的次序。最早获得成功的语音识别是如此，接下来第二个获得成功的词性分析也是如此。而在句法分析中，输入的是一维的句子，输出的是二维的分析树；在机器翻译中，虽然输出的依然是一维的句子（另一种语言的），但是次序会有很大的变化。

1988 年，IBM 的彼得·布朗（Peter Brown）等人提出了基于统计的机器翻译方法，框架是对的，但是效果很差，因为当时既没有足够的统计数据，也没有足够强大的模型来解决不同语言语序颠倒的问题。20 世纪 80 年代，除了布朗等人写了篇论文（A statistical approach to language translation, Proceedings of the 12th conference on Computational Linguistics, p71-76, August 22-27, 1988），基本上没有开展有效的工作。句法分析的问题就更加复杂，因为一个语法成分对另一个语法成分的修饰关系可以不是顺序的，而是中间间隔了很多短语的。只有出现了基于有向图的统计模型才能很好地解决复杂的句法分析。在很长一段时间里，传统方法的捍卫者攻击对方的武器就是，基于统计的方法只能处理浅层的自然语言处理问题，而无法进入深层次的研究。

随着计算能力的提高和数据量的不断增加，过去看似不可能通过统计模型完成的任务，渐渐都变得可能了，包括很复杂的句法分析。20 世纪 90 年代末期，大家发现通过统计得到的句法规则甚至比语言学家总结的更有说服力。2005 年后，随着 Google 基于统计方法的翻译系统全面超过基于规则方法的 SysTran 翻译系统，基于规则方法固守的最后一个堡垒被拔掉了。

今天，几乎不再有科学家宣称自己是传统的基于规则方法的捍卫者。而自然语言处理的研究也从单纯的句法分析和语义理解，变成了非常贴近应用的机器翻译、语音识别、文本到数据库自动生成、数据挖掘和知识的获取等。

5.5.5 基于统计的机器翻译

自然语言是上下文相关的，因此让计算机处理自然语言，一个基本的问题就是为自然语言这种上下文相关的特性建立数学模型。这个数学模型就是在自然语言处理中常说的统计语言模型

（Statistical Language Model），它是今天所有自然语言处理的基础，并且广泛应用于机器翻译、语音识别、印刷体或手写体识别、拼写纠错、汉字输入和文献查询。

统计语言模型产生的初衷是为了解决语音识别问题。在语音识别中，计算机需要知道一个文字序列是否能构成一个大家理解而且有意义的句子，然后显示或者打印给使用者。再如：

美联储主席本·伯南克昨天告诉媒体 7000 亿美元的救助资金将借给上百家银行、保险公司和汽车公司。

这句话就很通顺，意思也很明白。如果改变一些词的顺序，或者替换掉一些词，将这句话变成：

本·伯南克美联储主席昨天 7000 亿美元的救助资金告诉媒体将借给银行、保险公司和汽车公司上百家。

意思就含混了，虽然多少还能猜到一点。但是如果再换成：

联主美储席本·伯诉体南将借天的救克告媒昨助资金 70 元亿 00 美给上百百百家银保行、汽车险公司公司和。

基本上读者就不知所云了。

如果问一个没有学过自然语言处理的人为什么会变成这样，他可能会说，第一个句子合乎语法，词义清晰。第二个句子不合乎语法，但是词义还清晰。第三个连词义都不清晰了。20 世纪 70 年代以前，科学家们也是这样想的，试图判断这个文字序列是否合乎文法、含义是否正确等。正如前面所言，这条路走不通。而贾里尼克从另外一个角度来看待这个问题，用一个简单的统计模型非常漂亮地搞定了它。

贾里尼克的想法很简单：一个句子是否合理，就看它的可能性大小如何。可能性就用概率来衡量。第一个句子出现的概率大约是 10^{-20}，第二个句子出现的概率是 10^{-25}，第三个句子出现的概率是 10^{-70}。因此，第一个最有可能，它的可能性是第二个句子的 10 万倍，是第三个句子的一百亿亿亿亿亿亿倍。这个方法更普通而严格的描述是：假定 S 表示某一个有意义的句子，由一连串特定顺序排列的词 w_1, w_2, $\cdots$, w_n 组成，这里 n 是句子的长度。现在，我们想知道 S 在文本中出现的可能性，也就是数学上所说的 S 的概率 $P(S)$。当然，可以把人类有史以来讲过的话统计一下，同时不要忘记统计进化了几百年、几千年间可能讲过的话，就知道这句话可能出现的概率了。这种方法恐怕连傻子都知道行不通。因此，需要有个模型来估算它。

既然 $S = w_1$, w_2, $\cdots$, w_n，不妨把 $P(S)$ 展开表示：

$$P(S) = P(w_1, w_2, \cdots, w_n)$$

利用条件概率的公式，序列 S 出现的概率等于每个词出现的条件概率相乘，于是 $P(w_1, w_2, \cdots, w_n)$ 可展开为

$$P(w_1, w_2, \cdots, w_n) = P(w_1) \times P(w_2 \mid w_1) \times P(w_3 \mid w_1, w_2) \times \cdots \times P(w_n \mid w_1, w_2, \cdots, w_{n-1})$$

其中，$P(w_1)$ 表示第一个词 w_1 出现的概率，$p(w_2|w_1)$ 是在已知第一个词的前提下第二个词出现的概率，以此类推。不难看出，到了词 w_n，它的出现概率取决于它前面的所有词。

从计算上来看，第一个词的条件概率 $P(w_1)$ 很容易算，第二个词的条件概率 $P(w_2|w_1)$ 也还不太麻烦，第三个词的条件概率 $P(w_3|w_1, w_2)$ 已经非常难算了，因为它涉及三个变量 w_1、w_2、w_3，每个变量的可能性都是一种语言字典的大小。到了最后一个词 w_n，条件概率 $P(w_n|w_1, w_2, \cdots, w_{n-1})$ 的可能性太多，无法估算。怎么办？

19 世纪到 20 世纪初，俄罗斯数学家马尔可夫（Andrey Markov）给出了一个有效的简化模型：假设任意一个词 w_i 出现的概率只与它前面的 w_{i-1} 有关，于是问题就变得很简单了。现在，S 出现的概率就变得简单了：

$$P(S) = P(w_1) \times P(w_2 \mid w_1) \times P(w_3 \mid w_2) \times \cdots \times P(w_i \mid w_{i-1}) \times \cdots \times P(w_n \mid w_{n-1})$$

接下来的问题就是如何估计条件概率 $P(w_i \mid w_{i-1})$。根据条件概率的定义：

$$P(w_i \mid w_{i-1}) = \frac{P(w_{i-1}, w_i)}{P(w_{i-1})}$$

而估计概率 $P(w_{i-1}, w_i)$ 和概率 $P(w_{i-1})$ 现在已经不难了。因为有了大量机读文本，也就是语料库（Corpus），只要数一数 w_{i-1}，w_i 这对词在统计的文本中前后相邻出现了多少次 $N(w_{i-1}, w_i)$，以及 w_{i-1} 本身在同样的文本中出现了多少次 $N(w_{i-1})$，然后用两个数分别除以语料库的大小 M，即可得到这些词或者二元组的相对频度。根据大数定理，只要统计量足够，相对频度就约等于概率，即

$$P(w_{i-1}, w_i) \approx \frac{N(w_{i-1}, w_i)}{M}$$

$$P(w_{i-1}) \approx \frac{N(w_{i-1})}{M}$$

因此

$$P(w_i \mid w_{i-1}) = \frac{P(w_{i-1}, w_i)}{P(w_{i-1})} \approx \frac{N(w_{i-1}, w_i)}{N(w_{i-1})}$$

这似乎有点让人难以置信，用这么简单的数学模型能解决复杂的语音识别、机器翻译等问题，而用很复杂的文法规则和人工智能却做不到。

其实不光是普通人，就连很多语言学家都曾质疑过这种方法的有效性，但事实证明，统计语言模型比任何已知的借助某种规则的解决方法更有效。例如，在 Google 语音搜索 Google Voice 和中英文自动翻译（Rosetta）中，发挥了最重要作用的就是这个统计语言模型。

5.6 削尖脑袋的数据压缩技术

1000 多年前的中国学者就知道用"班马"这样的缩略语来指代班固和司马迁，这种崇尚简约的风俗一直延续到了今天的 Internet 时代：当我们在 BBS 上用"7456"代表"气死我了"，或是用"88"表示"拜拜"、用"B4"代表"Before"的时候，我们至少应该知道，这其实就是一种最简单的"数据压缩"。

现实生活中，我们对压缩实物的概念都很熟悉：当你旅行归来时，试图将购买的许多东西（特别是衣服）放入一个旅行箱中。东西多，箱子小，你就用力压，让它们都能放进箱子，即便物品的正常体积会超出旅行箱很多。这就是你在尽量压缩物品。回家之后，再从旅行箱中拿出各种物品时，你就在"解压"它们，并恢复它们的原始大小和形状。

回到计算机世界，每天都在产生大量的数据和文件，"海量信息"的说法并非言过其实。要存储和传输这些数据和文件，确实面临着严重的挑战。这就跟你外出旅行购买了很多东西，如何把它们装箱并方便有效地弄回家道理一样。有趣的是，我们也可以把计算机世界中的各种数据和文件进行压缩，使它们的体积更小，以方便存储或传输。然后，在需要的时候再解压它们，以便使用。

计算机里的数据压缩其实类似于美女们的瘦身运动，不外有两大功用：第一，可以节省空间。拿瘦身美女来说，要是八个美女可以挤进一辆出租车里，那该有多省钱啊。第二，可以减少对带宽的占用。例如，我们都想在网速不到 100 kbps 的 GPRS 网络上观看 DVD 大片，这就好比瘦身美女们总希望用一尺布裁出七件吊带衫，前者有待于数据压缩技术的突破性进展，后者则取决于美女们的恒心和毅力。

很多人认为计算机上有足够的磁盘空间，无须为压缩自己的文件烦心。可事实并非如此，为了存储和传输，计算机系统背后经常用到压缩和解压缩。也许是太习以为常了，人们反而忽视了它的存在，自然没有给予足够的重视。

事实上，如果没有数据压缩技术，我们就没法用 WinRAR 为 E-mail 中的附件瘦身；如果没有数据压缩技术，市场上的数码录音笔就只能记录不到 20 分钟的语音；如果没有数据压缩技术，从 Internet 上下载一部电影也许要花几个月甚至半年的时间……可是这一切计算机科学家们究竟是如何思考并实现的呢？数据压缩技术又是怎样从无到有发展起来的呢？计算机科学家们是如何解决压缩和解压缩的呢？技术的背后隐藏着什么样的思想和方法？让我们抽丝剥茧，领略科学家们闪光的智慧。

5.6.1 无损压缩及其方法

无损压缩就是数据或文件压缩前与解压后完全一样，没有丁点儿"损失"。比如，待压缩的原始文件包含一整本书的文本，那么在压缩后再解压，得到的文件包含完全相同的文本——不会有一个字、空格或标点符号差异。这就是无损压缩，与之对应的就是有损压缩，稍后介绍。

无损压缩除了需要一点时间外，是真正的免费午餐，有益而无害。一种良好的无损压缩方法能将一个数据文件压缩为其原始体积的一小部分，能节省大量空间或提高传输效率，又能彻底还原，因此吸引了大批优秀专家学者的兴趣，并提出了很多很好的压缩方法，这正是我们需要了解和学习的。

1. 游程编码

让我们先从身边熟知的事情说起。

一开学，我们每个人就有了一张课表，课表上列出了从周一到周五、每天从上午到晚上的教学安排表，如果有人电话约你下周一起外出办事，问你什么时间有空。你会对着课表，从周一到周五、每天从上午到晚上把每个时间段的教学安排都给对方念一遍吗？显然不会！最有可能的情况是，你会说"周一到周三全排满了，周四和周五下午已经有别的安排，其余时间有空"之类的话。这就是一个无损数据压缩的例子。与你电话的人能完全重构出你下周所有时段的空闲情况，但你不需详细、累赘地表述每个时段的安排。

你也许会认为这种"压缩"有点取巧或者说有点特别，因为你的课表中绝大多数时间段都相同——周一到周三全天都有课，因此你能非常快速地表述清楚；剩下的时间里，除了两个下午以外都有空，这也很容易表述。的确，这是个非常简单的例子。但不管怎样，计算机中的数据压缩也是按照这一方法进行的——基本思想就是发现数据中彼此相同的部分，并运用某种方法更高效地描述这些内容。

例如，待压缩（传输）的数据如下：

AAAAAAAAAAAAAABCBCBCBCBCBCBCBCBCBCAAAAAADEFDEFDEF

如果通过电话，告知对方这一串信息（48 个字母），你会怎么说？

简单、笨拙的方法是照念"A、A、A、A、…、D、E、F"。即便你眼不花，嘴也利索，对方恐怕也要累得够呛！

仔细观察这串信息，你肯定会跟对方说"先是 13 个 A，然后是 10 个 BC，接着是 6 个 A，最后是 3 个 DEF"。这样双方都要轻松得多。如果进一步要求用笔在一张纸上快速地记下这串信息，你肯定会这样写"**13A 10BC 6A 3DEF**"。在这里，你将那个包含 48 个字母的原始数据（字符串）压缩成了只有 16 个字母的字符串（包含中间的空格）。"体积"也就是原来的三分之一！这就是计算机科学家们称为游程编码（Run-Length Encoding）的无损压缩方法，也叫行程长度编码方法。呵呵，思路其实很简单，不是吗？武侠小说里，高手们出招，往往简单实用，很少玩"花拳绣腿"，恐怕也就这个道理。

真的如此简单吗？恐怕不是，别高兴得太早了！

游程编码只在压缩非常特殊的数据方面上有用，它的主要问题是，数据中的重复片段必须相邻。换句话说，重复部分间不能有其他数据信息。比如，使用该方法压缩 ABABAB 很容易（即 3AB），但要压缩 ABXABYAB 就行不通了。

另外，计算机世界是"二值"世界，只有两种符号，即"0"和"1"。假设一段数据中有很多的"0"，但"1"比较少，自然可以在发送（或存储）时只标记在两个"1"之间有多少个"0"来达到"压缩"的目的。

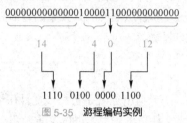

图 5-35　游程编码实例

我们用 4 位二进制的方式来计数，如图 5-35 所示。第一个"1"之前有 14 个"0"，十进制数 14 用 4 位二进制来表示就是 1110；接下来有 4 个"0"，十进制数 4 用 4 位二进制表示为 0100；接下来有 2 个连续的"1"，可看成 2 个"1"之间有 0 个"0"，十进制数 0 用 4 位二进制表示为 0000；最后有 12 个"0"，12 用 4 位二进制表示为 1100。这样压缩后共 16 位，压缩前有 33 位，压缩效果不错。

不幸的是问题又来了，如果用 4 位二进制进行压缩，只能表示 0000～1111（即 0～15），当数据中连续的"0"的个数超过 15 个时怎么办？连续出现了 25 个"0"时怎么办？我们可以考虑用两组 4 位二进制数来表示，如"1111 1010"。

也就是说，前面有 15 个"0"（二进制 1111 表示十进制数 15），后面紧跟着 10 个"0"（二进制数 1010 表示十进制数 10）。

看起来好像能解决问题。但很遗憾，这样做在解压缩时就会产生"二义性"。因为解压缩时，既可以理解成 25 个"0"，也可以理解成连续 15 个"0"后接着 1 个"1"，再接 10 个"0"。

当然，对此我们可以这样约定：如果第一个计数是 1111，就默认下一个 4 位二进制数仍然是用于表示连续的"0"的个数，就可以解决上述问题。但这样，另一个问题又产生了：假如两个"1"之间刚好有 15 个"0"又怎样表示呢？为避免解压时产生误解，可表示为"**1111 0000**"。可见，一种方法是否可行，要经过仔细分析。还要考虑操作的效率，如果压缩效率不高，意义自然也不大。

于是，计算机科学家们发明了一系列更成熟的方法，这些方法使用的基本思想都相同（寻找重复信息并高效地描述它们），即便重复部分不相邻也要效果良好。

接下来介绍的思路和方法就是其中的典型代表。

2. 词典编码及其思想与方法

词典编码的根据是数据本身包含有重复的内容这一特性。例如，文本文件和光栅图像就具有这种特性。词典编码法的种类很多，归纳起来分为两类。

第一类词典编码法的思想是企图查找正在压缩的符号序列是否在前面的数据中出现过，如果是，则用指向早期出现过的字符串的"指针"替代重复的字符串。这里的"词典"是隐含的，指用以前处理过的数据信息。

第二类算法的想法是企图从输入的数据中创建一个"短语词典（dictionary of the phrases）"。编码数据过程中当遇到已经在词典中出现的"短语"时，编码器就输出这个词典中的短语的"索引号"，而不是短语本身。

下面从一些简单的实例出发，体会科学家们求解问题的思路。假设你要电话告知对方如下信息"**VJGDNQMYLH-KW-VJGDNQMYLH-ADXSGF-OVJGDNQMYLH-ADXSGF-VJGDNQMYLH-EW-ADXSGF**"（忽略连字符，加入它们只是为了让数据信息更容易阅读）。这串信息有 63 个字母之多，与每次一个字母地口述完全部 63 个字母相比，我们有更好的办法吗？

这条数据中有大量重复的内容。事实上，大多数被破折号分开的"块"都至少重复了一次。因此，在口述这份数据时，针对重复的内容，你可以通过"这部分和我之前告诉你的某个部分一样"来节省力气。更确切地说，你要讲清楚是之前什么时候说的，重复的内容有多少。比如，你可能会这样说："往回倒数 15 个字符，从那里开始有 8 个字符是一样的"。

对于上述实例，让我们来看这种策略的实际应用。

最开始的 12 个字母没有重复部分，没有其他选择，只能按字母逐个口述"V、J、G、D、N、Q、M、Y、L、H、K、W"。但接下来的 10 个字母与之前的一些字母相同，因此你可以说"倒数 12 个字母，按顺序抄写 10 个字母"（不妨用"back12, copy10"来表示）。接下来的 7 个字母是新出现的，按字母逐个口述"A、D、X、S、G、F、O"。之后的 16 个字母又在前面出现，属于重复的内容，可以说"倒数 17 个字母，按顺序抄写 16 个字母"（即"back17, copy 16"）。以此类推，接下来的 10 个字母也属于重复的内容，可表示为"back16, copy10"。再往后的两个字母没有重复，需要逐个口述为"E、W"。最后的 6 个字母又是之前的重复，可以通过"back18, copy6"表述。

为简单起见，用缩写 b 代替"back"、用 c 代替"copy"，则"back18, copy 6"可简写为 b18c6。这样，上述符号串可描述为"VJGDNQMYLH-KW-b12c10-ADXSGF-O-b17c16-b16c10-EW-b18c6"。这个字符串只包含 44 个字母，而原始字符串有 63 个字母，节省了 19 个字母，接近原始字符串长度的 1/3。这就是第一类词典编码压缩的基本思想与方法。

又如，"生，容易。活，容易。生活，不容易。"共有 17 个汉字和标点符号。通常，一个汉字相当于两个英文字母（全角标点符号也一样），因此相当于由 34 个英文字母的句子。

要压缩这句话应该不难。里面出现了很多重复的符号，如"容易"（实际上是容易加句号三个符号）这个词，第一次出现时不需替换，第二次出现"容易。"时则可以用"b10c6"表示。其余以此类推，压缩过程如图 5-36 所示。

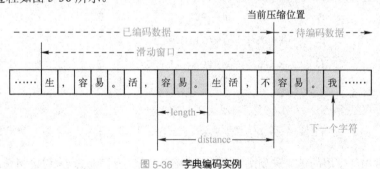

图 5-36　**字典编码实例**

仔细分析这种编码压缩方法，其中还有一个有趣的窍门。比如，如何压缩"FG-FG-FG-FG-FG-FG-FG-FG"这条消息？（忽略连字符，它只是为增强可读性而设。）消息中的 FG 有 8 处重复，可以表述成"FG-FG-FG-FG-b8c8"。但我们可以做得更好，如表述成"FG-b2c14"，这样压缩率更高。类似地，可以用"A b1c250"表示"字母 A 重复 251 次"。

3. 哈夫曼编码及其思想与方法

1948 年，香农（Shannon）在提出信息熵理论时就给出了一种简单的编码方法——Shannon 编码。1952 年，R.M. Fano 进一步提出了 Fano 编码。这些早期的编码方法揭示了变长编码的基本规律，但压缩效果离真正实用还相去甚远。

第一个实用的变长编码方法是由哈夫曼在 1952 年的论文"A Method for the Construction of Minimum Redundancy Codes（最小冗余度代码的构造方法）"中提出的。这种被后人称为哈夫曼编码的方法在计算机界是如此著名，以至连编码的发明过程本身也成了人们津津乐道的话题。据说，1952 年，年轻的哈夫曼还是麻省理工学院的一名学生，他为了向老师证明自己可以不参加某门功课的期末考试，才设计了这个看似简单但影响深远的编码方法。

要理解哈夫曼（Huffman）编码及其压缩思想，先要了解计算机存储或传输消息的方式。

对于 a、b、c 这样的字母或符号，计算机并不真的存储其"形状"，而是在存储或传输时用一个数字替代它，如 a 用 27 代替、b 用 28 代替、c 用 29 代替……这就是符号的编码。有了这样的编码，那么字符串"abc"就可以以"272829"的形式进行存储和传输；根据约定的编码，需要时又可以在计算机屏幕上显示或在打印机打印出对应的字母（符号）。

显然，这样的编码必须统一和固定，不能各唱各的调，否则肯定乱套。为此，美国在 1967 年正式公布了常用字符的、统一的编码标准，即 ASCII（American Standard Code for Information Interchange）[10]，大家统一遵守此标准，符号存储或传输就不会出现混乱。

space 00	O 15	d 30	s 45	(60	| 75
A 01	P 16	e 31	t 46	) 61	} 76
B 02	Q 17	f 32	u 47	* 62	_ 77
C 03	R 18	g 33	v 48	+ 63	
D 04	S 19	h 34	w 49	, 64	
E 05	T 20	i 35	x 50	- 65	á 80
F 06	U 21	j 36	y 51	. 66	à 81
G 07	V 22	k 37	z 52	/ 67	é 82
H 08	W 23	l 38	! 53	: 68	è 83
I 09	X 24	m 39	" 54	; 69	í 84
J 10	Y 25	n 40	# 55	< 70	ì 85
K 11	Z 26	o 41	$ 56	= 71	ó 86
L 12	a 27	p 42	% 57	> 72	ò 87
M 13	b 28	q 43	& 58	? 73	ú 88
N 14	c 29	r 44	' 59	{ 74	ù 89

尽管计算机内部使用的是二进制系统，但不影响我们以十进制方式来讨论问题。这样做更容易让大家理解编码及其压缩思想和方法。

那么，计算机该如何利用上表存储"Meet your fiancé there（去那儿见你的未婚夫）"这句话呢？很简单，只要将每个字符翻译成对应的数字编码并串联在一起即可，如

Meet your fiancé there.

13 31 31 46 00 51 41 47 44 00 32 35 27 40 29 82 00 46 34 31 44 31 66

在计算机中，数字编码之间是没有空格的，在这里加上空格只是为了阅读方便，认识到这一点

---

[10] ASCII 详细编码细则见附录 A。

很重要。实际上，这条消息被存储为一个连续的 46 个数字：

1331314600514147440032352740298200463431443166

当然，人类解读这个数字串有点难，但对计算机来说轻而易举。再将这个数字串翻译成字符串并显示在屏幕上或从打印机打印出来，是件很容易的事情。

之所以说很容易，那是因为我们采取了等长编码，也就是说，每个英文字母都是用两个数字来表示的，只要每两个数字一分割，然后查表，就知道对应的字母了。这也就是为什么大写字母 A 用"01"而不是"1"代表的原因（从 A 到 I 都是这个道理），否则就会产生歧义。比如，消息"1123"既可以拆成"1 1 23"（对应为 AAW），或"11 2 3"（对应为 KBC）或"1 1 2 3"（对于为 AABC），也可以拆成"11 23"（对应为 KW）。

众所周知，人类很多时候喜欢"走捷径"。比如，人们用"USA"替代"United States of America"（美利坚合众国）可以节省很多力气。但我们能用"SBC"来替代"The sky is blue in color"（天空很蓝）吗？显然不合适。为什么呢？这两个短句都由 24 个字母组成，字母虽然不同，句子长度可是一样的。之所以前者可以用"USA"表示，后者不能用"SBC"来表示的根本原因是"United States of America"的使用频率比"The sky is blue in color"高很多很多。也就是说，频繁使用的语句或符号串可以使用一个比较简洁的短语或串来替代，从而提高交流与沟通的效率。

远在计算机出现之前，著名的莫尔斯码就已经成功地实践了这一准则。在莫尔斯码表中，每个字母都对应一个唯一的点划组合，出现概率最高的字母"e"被编码为一个点".", 而出现概率较低的字母"z"则被编码为"--.."。显然，这可以有效缩短最终的电码长度。

真是一个非常有意思的思想！可否把这一思想用于压缩？答案是肯定的！

事实上，人们做过统计，发现英文字母在日常的工作、学习和生活中使用的频率相互差异很大，如图 5-37 所示。

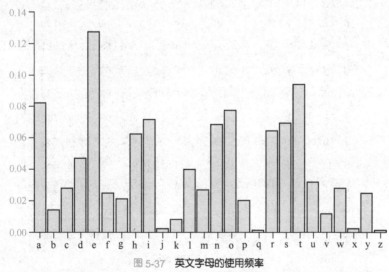

图 5-37　英文字母的使用频率

不难看出，字母 e 和字母 t 使用的频率很高，字母 j、q、z 等使用的频率很低，让我们尝试缩短高频字母的编码，以此提高压缩效率。比如，假设字母 e 用 8 表示，字母 t 用 9 表示，看看效果怎么样？还是以句子"Meet your fiancé there"为例，前面我们一共用了 46 个数字，现在只使用 40 个数字就可以了：

Meet your fiancé there.

13 8 8 9 00 51 41 47 44 00 32 35 27 40 29 82 00 9 34 8 44 8 66

不幸的是，这个做法有个致命缺陷，就是前面介绍过的歧义。"Meet"所对应的编码"13889"既可以解压成"13 8 8 9"（对应字符串"Meet"），也可以解压成"13 88 9"（对应字符串"Mút"）或者"13 8 89"（对应字符串"Meù"）。根本没办法分辨这三种中哪种正确。

这是一场灾难！必须设法避免！

导致问题的根源是当我们碰到数字8或9时，我们无从分辨它是一个一位数编码（不管是e还是t）的一部分；还是一个以8或9开头的两位数编码（如重读符号á和è等）的一部分。要解决这个问题，我们必须有所牺牲——让一些字母的编码更长一些！比如，让原来以7或8开头的两位数编码变成3位数编码，如图5-38所示。

这样，任何以7开头的数字都是3位数编码，任何以8或9开始的数字都是一位数编码，任何以0、1、2、3、4、5或6开头的数字都是与前面一样的两位数编码。现在解压"13889"时，结果就只有"Meet"一种了！

再来看前面的例子。

Meet your fiancé there.

13 8 8 9 00 51 41 47 44 00 32 35 27 40 29 782 00 9 34 8 44 8 66

等长编码使用了46个数字，这里只使用了41个数字。看起来好像压缩效率不高，但如果压缩整本书的话，效果就很明显了。

space 00	O 15	d 30	s 45	(60	| 775
A 01	P 16	e 8	t 9	) 61	} 776
B 02	Q 17	f 32	u 47	* 62	_ 777
C 03	R 18	g 33	v 48	+ 63	
D 04	S 19	h 34	w 49	, 64	
E 05	T 20	i 35	x 50	- 65	á 780
F 06	U 21	j 36	y 51	. 66	à 781
G 07	V 22	k 37	z 52	/ 67	é 782
H 08	W 23	l 38	! 53	: 68	è 783
I 09	X 24	m 39	" 54	; 69	í 784
J 10	Y 25	n 40	# 55	< 770	ì 785
K 11	Z 26	o 41	$ 56	= 771	ó 786
L 12	a 27	p 42	% 57	> 772	ò 787
M 13	b 28	q 43	& 58	? 773	ú 788
N 14	c 29	r 44	' 59	{ 774	ù 789

图 5-38 **不等长编码**

至此，似乎所有的问题都解决了。确实，从理论上来说，有了以上介绍的思想和方法，可以解决压缩问题了。但我们注意到：一是为了理解方便，上述思想和方法都是以十进制为例进行说明的，尽管思路一样，但计算机毕竟是基于二进制的；二是根据频率统计方法有了变长编码的思想，但如何有效地进行编码还没有清晰完整的思路。接下来介绍的哈夫曼编码就完整地回答了这两个问题。

哈夫曼编码的总体思路很简单：对于使用频率高的字母分配较短的编码，对于使用频率较低的字符分配较长的编码，从而提高压缩效率。

为便于说明哈夫曼编码的思想，以一个简单的实例予以说明。假设要压缩的符号串为"EAEBAECDEA"，符号串中只有 5 个字母，即 A、B、C、D、E。现假定这 5 个字母的使用频率如下所示。

字符	A	B	C	D	E
频率	17%	12%	12%	27%	32%

首先，以每个字符的使用频率作为权值构造一棵哈夫曼树。哈夫曼树的构造并不难，方法如下：

① 将每个字符排成一排，并标注其权值。现在它们都是哈夫曼树的最底层节点。

② 找出权值最小的两个节点，把它们合并成一个新的节点，就产生了一棵二叉树。新节点的权值是合成它的两个节点的权值的和。该新节点可以与其余节点相结合。

③ 重复步骤②，直至所有节点结合成一棵二叉树。

针对上例，给出哈夫曼树的构造过程如图 5-39 所示。

其次，利用哈夫曼树进行编码。给哈夫曼树的每个分支分配一个二进制位。从根节点开始，给左分支分配 0，给右分支分配 1，直至整棵二叉树分配完毕。一个字母的编码就是：从根节点开始，沿着各分支到达该字母所经过的路径上的各分支的二进制位值的顺序排列，如图 5-40 所示（二叉树的形状略做调整，使之看起来更像一棵倒立的树）。

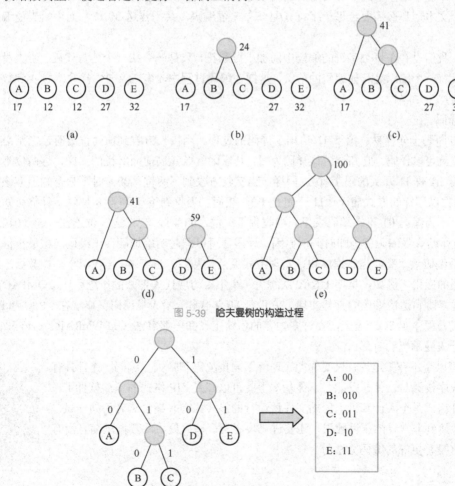

图 5-39　哈夫曼树的构造过程

图 5-40　哈夫曼编码

注意这些编码的特点。首先，出现频率高的字符（A、D 和 E）的编码要比其他字符（B 和 C）的编码短。这点可以通过比较分配给各字符的编码适当的位长度看出。其次，在这个编码系统中，没有一个编码是其他编码的前缀。如 2 位编码 00、10 或者 11 都不是其他两种编码 010、011 中任何一个的前缀。换句话说，不存在一个 3 位编码是以 00、10 或 11 开头的，这个特性使得哈夫曼编码是一种即时的编码。

（1）编码

下面讲述怎样用这 5 个字符的编码对文本进行编码。图 5-41 所示的是编码前后的文本，这里有两点值得注意。

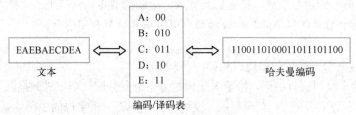

图 5-41　哈夫曼编码与译码

首先，即使是这样小的不切实际的编码压缩也有意义。如果想在不压缩成哈夫曼编码的情况下就发送这个文本，那么需要给每个字符分配一个 3 位编码，共需传送 30 位，而用哈夫曼编码只发送 22 位。

其次，我们没有在每个字符的编码中间加上分隔符，只是一个接一个地写代码。哈夫曼编码的好处就是没有一个编码是其他编码的前缀，这样在编码过程中没有二义性，接收方接收到数据解压缩时也不会产生二义性。

（2）译码

接收方译码十分容易。图 5-41 给出了译码的过程。当接收方收到前两位数时，它不必等到收到下一个位就可以译码。它知道应该译码为 E。其原因就像我们前面所说的那样，这两位不是任何 3 位码字首（没有 11 开头的码字首）。同样，当接收方收到了两位（00）时，它也知道应该翻译为 A。再后两位以同样的方式翻译（11 一定是 E）。然而，当收到第 7 和第 8 位时，计算机知道需要等下一位，因为编码 01 不在编码表里。当收到下一位（0）时，它将这 3 位连在一起（010）翻译为 B。这就是哈夫曼编码称为即时码的原因。译码器可以即时明确地翻译出编码（在最小位数下）。

哈夫曼编码效率高，运算速度快，实现方式灵活，从 20 世纪 60 年代至今，在数据压缩领域得到了广泛的应用。例如，早期 UNIX 系统上一个不太为现代人熟知的压缩程序 COMPACT 实际就是哈夫曼 0 阶自适应编码的具体实现。20 世纪 80 年代初，哈夫曼编码又出现在 CP/M 和 DOS 系统中，其代表程序叫 SQ。今天，在许多知名的压缩工具和压缩算法（如 WinRAR、gzip 和 JPEG）里，都有哈夫曼编码的身影。

至此可以毫不夸张地说，只要你彻底理解了词典编码和哈夫曼编码，并且具有了一定的程序设计与软件开发能力，你基本上就可以开发 ZIP 格式的压缩软件了，而 ZIP 文件格式是个人计算机上压缩文件最流行的格式。有兴趣的读者不妨一试。当然，要想达到非常好的压缩效果，还要进一步思考一些问题，如数据压缩有没有极限、还有没有更好的编码方法等。

（扩展知识）

4. 数据压缩的极限

通过前面的内容我们知道，压缩原理其实很简单，就是找出那些重复出现的字符串，然后用更短的符号代替，从而达到缩短字符串的目的。正如我们一直用"中国"表示"中华人民共和国"一样。事实上，只要保证对应关系，可以用任意字符代替那些重复出现的字符串。另外，内容越是重复，压缩效果越好。比如，"ABABABABABABABAB"可以压缩成"7AB"。相反，如果内容毫无重复，就很难压缩。比如，任意排列的 10 个阿拉伯数字（5271839406），就是无法压缩的，无理数（如 π）也很难压缩。

因此，压缩就是一个消除冗余的过程，相当于用一种更精简的形式，表达相同的内容。可以想象，压缩过一次以后，文件中的重复字符串将大幅减少。好的压缩方法可以将冗余降到最低，以至于再也没有办法进一步压缩。

知道了压缩原理之后，我们就可以讨论压缩的极限问题了。

在计算科学里，我们希望能对信息做一个量化的衡量。如何衡量一本书含有多少信息？能用页数或使用单词数来衡量吗？一本枯燥无味的书与一本引人入胜的书所包含的信息量是否一样多呢？一本 500 页的汉语字典与一本 500 页的电话簿所含的信息量是否相等？显然这些问题不是那么简单的。我们可以凭感觉知道信息的内容，但很难将其量化。例如，提到"苹果"，很多人都能够联想到这个物品的形状、颜色、味道等，信息量非常大。而提到"鼍鼍"，或许我们完全不知道这是什么，但是至少我们学习到了这样一个新的词汇。又如，张三说"我昨天吃了三餐饭"，基本上没有什么信息量，因为正常情况下都这样；如果张三说"我昨天只吃了一顿"，那就不一样了，也许他病了，也许他太忙，也许他没钱吃饭……然后，他昨天可能饿得够呛，或者因病吃不下，也不饿，等等。

因此，如果我们对某件事已经有了较多的了解，不需要太多的信息就能把它搞清楚。反之，我们要搞清楚一件非常非常不确定的事，或是我们一无所知的事情，就需要了解大量的信息。可见，一条信息的信息量大小与它的不确定性有直接的关系。

找到信息的度量与不确定性相关后，我们便可以来想想如何度量信息。引用《数学之美》中的例子，马上要举行世界杯赛了，大家都很关心谁会是冠军。假如错过了看世界杯，赛后问一个知道比赛结果的观众"哪支球队是冠军"？他不愿意直接告诉你，而要让你猜，并且你每猜一次，他要收一元钱才肯告诉你是否猜对了，那么你需要付给他多少钱才能知道谁是冠军呢？你可以把球队编上号，从 1 到 32，然后提问："冠军的球队在 1～16 号中吗？"假如他告诉你猜对了，你就接着问："冠军在 1～8 号中吗？"假如他告诉你猜错了，你自然知道冠军队在 9～16 中。这样只需要 5 次，你就能知道哪支球队是冠军。所以，谁是世界杯冠军这条消息的信息量只值五块钱。

这个故事中，将球队编号成 1 到 32 的过程其实就是将人类的语言转化成了计算机能理解的数学语言。而获取信息的过程也就表现出了获得信息的复杂度，也是信息的不确定度（确定的信息复杂度应当更小）。

那么，现在就让我们来看看信息是如何来衡量的吧？让我们先看一个实例。

拿英文文本举例，单个字母确实能够传递表达单个字母的信息，而字母的组合常常会有冗余。比如，看到"lov"通常我们也能猜到这个单词是"love"，因为似乎没有"lov"这个词。中文也一样，也存在冗余性，大家可以尝试读一读这段文字："**研表究明，汉字序顺并不定一影阅响读。比如当你看完这句话后，才发这现里的字全是都乱的。**"显然，这段文字是有冗余的，因此即使顺序有点乱，我们也能理解文字的含义。

香农（C. E. Shannon）在 1948 年发表的论文"A Mathematical Theory of Communication（通信的数学理论）"中指出，任何信息都存在冗余，冗余大小与信息中每个符号（数字、字母或单词）的出现概率或者说不确定性有关。香农借鉴了热力学的概念，把信息中排除了冗余后的平均信息量称为"信息熵"，并给出了计算信息熵的数学公式。信息熵的提出奠定了所有数据压缩方法的理论基础。从本质上讲，数据压缩的目的就是要消除信息中的冗余，而信息熵及相关的理论正好用数学手段精确地描述了信息冗余的程度。利用信息熵公式，人们可以计算出信息编码的极限，即在一定的概率模型下，无损压缩的编码长度不可能小于信息熵公式给出的结果。

想要理解信息熵这个概念，有几点需要注意：

① 信息熵只反映内容的随机性，与内容本身无关。不管是什么样内容，只要服从同样的概率分布，就会计算得到同样的信息熵。

② 信息熵越大，表示占用的二进制位越长，因此可以表达更多的符号。所以，人们有时也说，信息熵越大，表示信息量越大。不过，这种说法很容易产生误导。较大的信息熵只表示可能出现的符号较多，并不意味着你可以从中得到更多的信息。

③ 信息熵与热力学的熵基本无关。这两个熵不是同一回事，信息熵表示无序的信息，热力学的熵表示无序的能量。

尽管哈夫曼编码思想很优秀，但它所得的编码长度只是对信息熵计算结果的一种近似，还无法真正逼近信息熵的极限。正因为如此，现代压缩技术通常只将哈夫曼编码视作最终的编码手段，而非数据压缩算法的全部。

计算机科学家们一直没有放弃向信息熵极限挑战的理想。1968 年前后，P. Elias 发展了 Shannon 和 Fano 的编码方法，构造出从数学角度看来更完美的 Shannon-Fano-Elias 编码。沿着这一编码方法的思路，1976 年，J. Rissanen 提出了一种可以成功地逼近信息熵极限的编码方法——算术编码。1982 年，Rissanen 和 G.G. Langdon 一起改进了算术编码。人们又将算术编码与 J.G. Cleary 和 I.H. Witten 于 1984 年提出的部分匹配预测模型（PPM）相结合，开发出了压缩效果近乎完美的算法。今天，那些名为 PPMC、PPMD 或 PPMZ 并号称压缩效果天下第一的通用压缩算法，实际上全都是这一思路的具体实现。

对于无损压缩而言，PPM 模型与算术编码相结合，已经可以最大限度地逼近信息熵的极限。看起来，压缩技术的发展可以到此为止了。不幸的是，事情往往不像想象中的那样简单：算术编码虽然可以获得最短的编码长度，但其本身的复杂性也使得算术编码的任何具体实现在运行时都慢如蜗牛。即使在摩尔定律大行其道，CPU 速度日新月异的今天，算术编码程序的运行速度也很难满足日常应用的需求。如果不是接下来将要介绍的那两个犹太人及其贡献，我们还不知要到什么时候才能用上 WinZIP 这样方便实用的压缩工具呢。

5. LZ 编码方法

逆向思维永远是科学和技术领域里出奇制胜的法宝。

就在大多数人绞尽脑汁想改进哈夫曼或算术编码，以获得一种兼顾运行速度和压缩效果的"完美"编码的时候，两个聪明的犹太人 J. Ziv 和 A. Lempel 独辟蹊径，完全脱离哈夫曼及算术编码的设计思路，创造出了一系列比哈夫曼编码更有效、比算术编码更快捷的压缩算法。我们通常用这两个犹太人姓氏的缩写，将这些算法统称为 LZ 系列算法。

说实话，LZ 系列算法的思路并不新鲜，其中既没有高深的理论背景，也没有复杂的数学公式，它们只是简单地延续了千百年来人们对字典的追崇和喜好，并用一种极为巧妙的方式将字典技术应用于通用数据压缩领域。当你用字典中的页码和行号代替文章中每个单词的时候，你实际上已经掌握了 LZ 系列算法的真谛。这种 （扩展知识）基于字典模型的思路在表面上虽然与香农、哈夫曼等人开创的统计学方法大相径庭，但在效果上一样可以逼近信息熵的极限。而且，可以从理论上证明，LZ 系列算法在本质上仍然符合信息熵的基本规律。

    LZ 编码是在通信会话的时候，将产生一个字符串字典（一个表）。如果接收和发送双方都有这样的字典，那么字符串可以由字典中的索引代替，以减少通信的数据传输量。

    方案看似简单，但执行起来仍然有些困难。首先，怎样为每次通信会话产生一个字典（由于字符串的长度不定，很难找到通用的字典）？其次，接收方怎样获得发送方的字典（如果同时发送字典，就增加了额外的数据，这样，与我们压缩的目的是相悖的）？

    LZ 算法有不同的版本（LZ77、LZ78 等）。我们以一个实例来介绍这个算法的基本思想，但不涉及不同版本和实现的具体细节。假设要发送的字符串为"BAABABBBAABBBAA"，选择这个特殊的字符串是为了讨论的方便。使用 LZ 算法的简单版本，整个过程分为两个阶段：压缩字符串和解压字符串。

    （1）压缩

    这个阶段需要同时做两件事：建立字典索引和压缩字符串。算法从未压缩的字符串中选取最小的子字符串，这些子字符串在字典中不存在。然后将这个子字符串复制到字典中（作为一个新的记录），并为它分配一个索引值。压缩时，除了最后一个字母之外，其他所有字符被字典中的索引代替。然后将索引和最后一个字母插入压缩字符串。比如 ABBB，在字典中找到 ABB 和它的索引 4，得到的压缩字符串就是 4B。

    ① 编码过程从原始字符串中选择不在字典中的最小子字符串。因字典是空的，最小字符串是单字符（第一个字符是 B），于是将它作为第一条记录加入字典并赋予索引值 1。由于这个子字符串不存在子串可以被字典中的索引取代的情况（因为它只有一个字符），压缩过程将 B 插入压缩字符串，如图 5-42 所示。至此，压缩字符串仅有一个字符 B，而未压缩的字符串则由原始的字符串中减去了第一个字符。

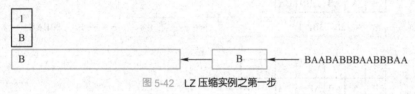

图 5-42　**LZ 压缩实例之第一步**

    ② 压缩过程选择下一个不在字典中的最小子字符串。这里是 A，压缩过程将 A 作为第二条记录加入字典。这个子字符串也不存在子串可以被字典中的索引取代（仅有一个字母）。压缩过程将 A 加入压缩字符串，如图 5-43 所示。至此，压缩字符串里就有了两个字母 B 和 A（在压缩字符串中，相邻的子字符串之间加逗号以示隔开）。

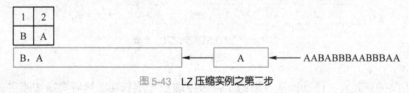

图 5-43　**LZ 压缩实例之第二步**

    ③ 压缩过程继续选择下一个不在字典中的最小子字符串。此时的情况与前两步不同，下一个字符（A）已经在字典中了，因此此时选择的字符串为 AB。它在字典中并不存在，于是将 AB 作为第三条记录加入字典，如图 5-44 所示。压缩过程发现，字典里存在这个字符串除去最后一个字符的子串（AB 除去最后一个字符为 A），而 A 在字典中的索引号为 2，所以压缩过程用 2 代理 A 并将 2B 加入到压缩字符串中。

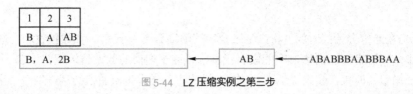

图 5-44 LZ压缩实例之第三步

④ 压缩过程选择了 ABB（因为字典中已经存在 A、AB），并将 ABB 作为第四条记录加入字典，赋予索引值 4。压缩时发现字典里存在该子串除去最后一个字符的子串（AB），其索引值为 3，于是 3B 加入到压缩字符串中，如图 5-45 所示。

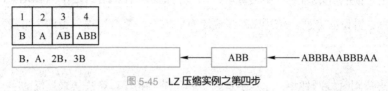

图 5-45 LZ压缩实例之第四步

细心的读者也许已经注意到了，在前面的三步中实际上并未实现任何压缩。因为一个字符的码被一个所代替（第一步中 B 被 B 代替，第二步中 A 被 A 代替），两个字符的码被两个字符的码所代替（第三步中 AB 被 2B 代替）。但是在第四步中确实减少了字数（ABB 变成了 3B），如果原始的字符串出现了许多这样的重复字符串（在大多数情况下该情况确在），那么我们便可以大大地减少字符的数量。

接下来的几步与前述的 4 步类似，如图 5-46 所示。注意，这里字典仅仅为编码程序用来寻找索引，而并没有传送到接收方。实际上正如下面所述，接收方必须自己来创建字典。

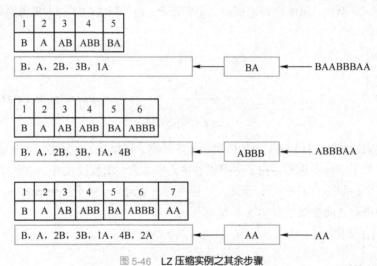

图 5-46 LZ压缩实例之其余步骤

（2）解压

解压是压缩的逆过程。该过程从压缩的字符串中取出子字符串，然后尝试按照字典列出的记录还原相应的索引号对应的字符串。字典开始为空，之后会逐渐地建立起来。该过程的总体思路是当一个索引号被接收时，在字典中已经存在了与其相应的记录。

① 检验第一个被压缩的子字符串，它是没有索引号的字符 B。因为子字符串不在字典中，因此将其添加到字典中。这样，子字符串 B 被插入到解压的字符串中。

② 检验第二个被压缩的子字符串 A，情况与上一步类似。这样解压的字符串中就有了两个字符 B、A。字典中此时也有了两条记录。

③ 检验第三个被压缩的子字符串 2B，扫描字典，用子字符串 A 代替索引号 2。于是子字符串 AB 就被加到解压的字符串中，并将 AB 添加到字典中。

④ 检验第四个被压缩的子字符串 3B，扫描字典，用子字符串 AB 代替索引号 3。于是，子字符串 ABB 就被添加到解压的字符串中，并将 ABB 添加到字典中。

剩下的几步大同小异，不再一一描述。

注意，LZ 编码没有压缩最后一个字符，压缩效率还不是特别高。LZ 编码的另一个版本 LZW（Lempel Zip Welch）则将这最后的一个字符也压缩了。

LZ 系列算法用一种巧妙的方式将字典技术应用于通用数据压缩领域，而且可以从理论上证明 LZ 系列算法同样可以逼近信息熵的极限。

LZ 系列算法的优越性很快就在数据压缩领域里体现了出来，使用 LZ 系列算法的工具软件数量呈爆炸式增长。UNIX 系统上最先出现了使用 LZW 算法的 compress 程序，该程序很快成为了 UNIX 世界的压缩标准。紧随其后的是 MS-DOS 环境下的 ARC 程序以及 PKWare、PKARC 等仿制品。20 世纪 80 年代，著名的压缩工具 LHarc 和 ARJ 则是 LZ77 算法的杰出代表。

今天，LZ77、LZ78、LZW 算法以及它们的各种变体几乎垄断了整个通用数据压缩领域，我们熟悉的 PKZIP、WinZIP、WinRAR、gzip 等压缩工具以及 ZIP、GIF、PNG 等文件格式都是 LZ 系列算法的受益者，甚至连 PGP 这样的加密文件格式也选择了 LZ 系列算法作为其数据压缩的标准。

5.6.2 有损压缩之"thinking"

到目前为止，我们一直都在讨论无损压缩，因为能将压缩过的文件重新组建成一开始使用的原文件，连一个字母或一个标点符号都没有改变。LZ 系列算法基本解决了通用数据压缩中兼顾速度与压缩效果的难题。但是，数据压缩领域里还有另一片更广阔的天地等待着我们去探索，这就是有损压缩。有损压缩能将一个压缩过的文件重新组建成一个和原文件非常类似，但并不完全与原文件相同的文件。

香农的信息论告诉我们，对信息的先验知识越多，我们就可以把信息压缩得越小。换句话说，如果压缩的对象不是任意的数据源，而是基本属性已知的特种数据，压缩的效果就会进一步提高。这提醒我们，在发展通用压缩算法之余，还必须认真研究针对各种特殊数据的专用压缩算法。

比如，遍布于数码相机、数码录音笔、数码随身听、数码摄像机等各种数字设备中的图像、音频、视频信息，就必须经过有效的压缩才能在硬盘上存储或通过 USB 电缆传输。实际上，多媒体信息的压缩一直是数据压缩领域里的重要课题，其中的每一个分支都有可能主导未来的某个技术潮流，并为数码产品、通信设备和应用软件开发商带来无限的商机。

下面简要介绍图像数据的压缩。通常所说的图像可以分为二值图像、灰度图像、彩色图像等不同的类型。每类图像的压缩方法也不尽相同。

实际上，对于二值图像和非连续的灰度、彩色图像而言，包括 LZ 系列算法在内的许多通用压缩算法都能获得很好的压缩效果。例如，诞生于 1987 年的 GIF 图像文件格式使用的是 LZW 压缩算法，1995 年出现的 PNG 格式比 GIF 格式更完善，它选择了 LZ77 算法的变体 zlib 来压缩图像数据。此外，利用前面提到过的哈夫曼编码、算术编码及 PPM 模型，人们事实上已经构造出了许多行之有效的图像压缩算法。

但是，对于生活中更常见的、像素值在空间上连续变化的灰度或彩色图像（如数码照片），通用压缩算法的优势就不那么明显了。幸运的是，科学家们发现，如果在压缩这类图像数据时允许改变一些不太重要的像素值，或者说允许损失一些精度（在压缩通用数据时，我们绝不会容忍任何精度上的损失，但在压缩和显示一幅数码照片时，如果一片树林里某些树叶的颜色稍微变深了一些，看照片的人通常是察觉不到的），我们就有可能在压缩效果上获得突破性的进展。这一思想在数据压缩领域具有革命性的地位——通过在用户的忍耐范围内损失一些精度，我们可以把图像（也包括音频和视频）压缩到原大小的十分之一、百分之一甚至千分之一，这远远超出了通用压缩算法的能力极限。也许，这与生活中常说的"退一步海阔天空"的道理有异曲同工之妙吧。

在图像压缩领域，著名的 JPEG 标准是有损压缩算法中的经典。对于照片等连续变化的灰度或彩色图像，JPEG 在保证图像质量的前提下，一般可以将图像压缩到原大小的 1/10～1/20。如果不考虑图像质量，JPEG 甚至可以将图像压缩到"无限小"。

计算机和数字产品中存储的普通音频信息最常使用的压缩方法是 MPEG 系列中的音频压缩标准。在各种音频压缩标准中，声名最为显赫的恐怕要数 MPEG-1 Layer III，也就是常说的 MP3 音频压缩标准。从 MP3 播放器到 MP3 手机，从硬盘上堆积如山的 MP3 文件到 Internet 上版权纠纷不断的 MP3 下载，MP3 早已超出了数据压缩技术的范畴，而成了一种时尚文化的象征了。

显然，在多媒体信息日益成为主流信息形态的数字化时代里，数据压缩技术特别是专用于图像、音频、视频的数据压缩技术还有相当大的发展空间。毕竟，人们对信息数量和信息质量的追求是永无止境的。

本书没有展开有损压缩的具体方法和技术，并不是这些方法和技术不重要，而是留下这一空间让读者自己去探索其奥秘，领悟前人之智慧。

5.6.3　展望未来

从信息熵到算术编码，从犹太人到 WinRAR，从 JPEG 到 MP3，数据压缩技术的发展史就像是一个写满了"创新"、"挑战"、"突破"和"变革"的羊皮卷。我们在这里罗列了很多人和事，重要的不是"事实"，而是隐藏在"事实"背后的思想、方法和"人文"。

说到未来，再补充一些与数据压缩技术的发展趋势有关的内容。

1994 年，M.Burrows 和 D.J. Wheeler 共同提出了一种全新的通用数据压缩算法，其核心思想是对字符串轮转后得到的字符矩阵进行排序和变换，类似的变换算法被称为 Burrows-Wheeler 变换，简称 BWT。与 Ziv 和 Lempel 另辟蹊径的做法如出一辙，Burrows 和 Wheeler 设计的 BWT 算法与以往所有通用压缩算法的设计思路都迥然不同。如今，BWT 算法在开放源码的压缩工具 bzip 中获得了巨大的成功，bzip 对于文本文件的压缩效果要远好于使用 LZ 系列算法的工具软件。这至少可以表明，即便在日趋成熟的通用数据压缩领域，只要能在思路和技术上不断创新，我们仍然可以找到新的突破口。

分形压缩技术是图像压缩领域近几年来的一个热点。这一技术起源于 B.Mandelbrot 于 1977 年创建的分形几何学。M.Barnsley 在 20 世纪 80 年代后期为分形压缩奠定了理论基础。从 20 世纪 90 年代开始，A. Jacquin 等人陆续提出了许多实验性的分形压缩算法。今天，很多人相信，分形压缩是图像压缩领域里最有潜力的一种技术体系，但也有很多人对此不屑一顾。无论其前景如何，分形压缩技术的研究与发展都提示我们，在经过了几十年的高速发展之后，也许，我们需要一种新的理论，或是一种更有效的方法，以支撑和推动数据压缩技术继续向前跃进。

人工智能是另一个可能对数据压缩的未来产生重大影响的关键词。既然香农认为，信息能否被压缩以及能在多大程度上被压缩与信息的不确定性有直接关系，假设人工智能技术在某一天成熟起来，假设计算机可以像人一样根据已知的少量上下文猜测后续的信息，那么，进一步提高压缩效率恐怕就不是天方夜谭了！

阅读材料：计算机网络

计算机网络是指利用通信线路将地理上分散的、具有独立功能的计算机系统和通信设备按不同的形式连接起来，以功能完善的网络软件及协议实现资源共享和信息传递的系统。简单说就是：一些相互连接的、以共享资源为目的的、自治的计算机的集合。

像任何其他事物一样，要给"计算机网络"下个定义是不容易的。为了弄清楚什么是计算机网络，我们可以从不同角度来理解：

① 从逻辑功能上看，它是以传输信息为基本目的，用通信线路将多个计算机连接起来的计算机系统的集合，因此计算机网络系统自然包括传输介质和通信设备。

② 从用户角度看，它有一个能为用户自动管理的网络操作系统，由它调度和管理网络中的所有资源。整个网络就像一个巨大的计算机系统一样，对用户是透明的。

③ 从整体上来说计算机网络就是把分布在不同地理区域的计算机与专门的外部设备用通信线路互联成一个规模大、功能强的系统，从而使众多的计算机可以方便地互相传递信息，共享硬件、软件、数据信息等资源。

这么描述了半天，对一个初学者来说，肯定还是一头雾水。没关系，先看看计算机网络是怎么来的，这样有助于我们理解。

在计算机时代早期，众所周知的巨型机时代，计算机世界被称为分时系统的大系统所统治。分时系统允许用户通过只含显示器和键盘的哑终端来使用主机。哑终端很像 PC，但没有它自己的 CPU、内存和硬盘。靠哑终端，成百上千的用户可以同时访问主机。这是如何工作的？由于分时系统的威力，它将主机时间分成片，给用户分配时间片。时间片很短，会使用户产生错觉，以为主机完全为他所用。

远程终端计算机系统是在分时计算机系统基础上，通过 Modem（调制解调器）把计算机资源向地理上分布的许多远程终端用户提供共享资源服务的。这虽然还不能算是真正的计算机网络系统，但它是计算机与通信系统结合的最初尝试。远程终端用户似乎已经感觉到使用"计算机网络"的味道了。

20 世纪 60 年代，美苏冷战期间，美国国防部领导的 ARPA 提出要研制一种崭新的网络对付来自前苏联的核攻击威胁。因为当时传统的电路交换的电信网虽已经四通八达，但战争期间，一旦正在通信的电路有一个交换机或链路被炸，则整个通信电路就要中断，如要立即改用其他迂回电路，还必须重新拨号建立连接，这将要延误一些时间。这个新型网络必须满足一些基本要求：

① 不是为了打电话，而是用于计算机之间的数据传送。

② 能连接不同类型的计算机。

③ 所有的网络节点都同等重要，这就大大提高了网络的生存能力。

④ 计算机在通信时，必须有迂回路由。当链路或结点被破坏时，迂回路由能使正在进行的通信自动地找到合适的路由。

⑤ 网络结构要尽可能地简单，但要非常可靠地传送数据。

根据这些要求，科学家们设计出了使用分组交换的、以资源共享为目的的计算机网络。因为计算机数据是突发式地出现在传输线路上的，比如，当用户阅读终端屏幕上的信息或用键盘输入和编辑一份文件时或计算机正在进行处理而结果尚未返回时，宝贵的通信线路资源就被浪费了。因此，用电路交换来传送计算机数据，效率很低。

分组交换采用的是存储转发技术。也就是把欲发送的报文分成一个个的"分组"，在网络中传送。分组的首部是重要的控制信息，因此分组交换的特征是基于标记的。分组交换网由若干个结点交换机和连接这些交换机的链路组成（从概念上讲，一个结点交换机就是一台计算机）。

为了提高通信线路资源利用率，当分组在某链路时，其他段的通信链路并不被通信的双方所占用，即使是这段链路，只有当分组在此链路传送时才被占用，在各分组传送之间的空闲时间，该链路仍可为其他主机发送分组。可见采用存储转发的分组交换的实质是采用了在数据通信的过程中动态分配传输带宽的策略。

由于网络中计算机之间具有数据交换的能力，提供了在更大范围内计算机之间协同工作、实现分布处理甚至并行处理的能力，联网用户之间直接通过计算机网络进行信息交换的通信能力也大大增强。

分组交换技术使计算机网络的概念、结构和网络设计方面都发生了根本性的变化。

1969 年 12 月，Internet 的前身美国的 ARPAnet 投入运行，它标志着我们常称的计算机网络的兴起。

Internet 的基础结构大体经历了三个阶段的演进，这三个阶段在时间上有部分重叠。

从单个网络 ARPAnet 向互联网发展。1969 年美国国防部创建了第一个分组交换网 ARPAnet，它只是一个单个的分组交换网，所有想连接在它上的主机都直接与就近的结点交换机相连，它规模增长很快，到 70 年代中期，人们认识到仅使用一个单独的网络无法满足所有的通信问题。于是 ARPA 开始研究很多网络互联的技术，这就导致后来的互联网的出现。1983 年，TCP/IP 协议称为 ARPAnet 的标准协议。

1985 年起，美国国家科学基金会 NSF 就认识到计算机网络对科学研究的重要性，1986 年，NSF 围绕六个大型计算机中心建设计算机网络 NSFnet，是个三级网络，分为主干网、地区网、校园网。NSFnet 代替 ARPAnet 成为 Internet 的主要部分。1991 年，NSF 和美国政府认识到因特网不会限于大学和研究机构，于是支持地方网络接入，许多公司的纷纷加入，使网络的信息量急剧增加，美国政府就决定将因特网的主干网转交给私人公司经营，并开始对接入因特网的单位收费。

从 1993 年起，美国政府资助的 NSFnet 逐渐被若干个商用的因特网主干网替代，这种主干网也叫因特网服务提供者 ISP。考虑到因特网商用化后可能出现很多的 ISP，为了使不同 ISP 经营的网络能够互通，在 1994 创建了 4 个网络接入点 NAP 分别由 4 个电信公司经营，21 世纪初，美国的 NAP 达到了十几个。NAP 是最高级的接入点，它主要是向不同的 ISP 提供交换设备，使它们相互通信。因特网已经很难对其网络结构给出很精细的描述，但大致可分为 5 个接入级：网络接入点 NAP，多个公司经营的国家主干网，地区 ISP，本地 ISP，以及校园网、企业或家庭 PC 机上网用户。

计算机网络系统是非常复杂的系统，计算机之间相互通信涉及许多复杂的技术问题，为实现计算机网络通信，计算机网络采用的是分层解决网络技术问题的方法。但是，由于存在不同的分层网络系统体系结构，它们的产品之间很难实现互联。为此，国际标准化组织 ISO 在 1984 年正式颁布了"开放系统互连基本参考模型"（OSI/RM）国际标准，使计算机网络体系结构实现了标准化。

进入 20 世纪 90 年代，计算机技术、通信技术以及建立在计算机和网络技术基础上的计算机网络技术得到了迅猛的发展。特别是 1993 年美国宣布建立国家信息基础设施 NII 后，全世界许多国家纷纷制定和建立本国的 NII，从而极大地推动了计算机网络技术的发展，使计算机网络进入了一个崭新的阶段。

目前，全球以美国为核心的 Internet 已经成为人类最重要的、最大的知识宝库。可以说，网络互连和高速计算机网络正成为最新一代的计算机网络的发展方向。

"于一毫端，感受十方世界"。互联网实现了《楞严经》所言，在地球任何一个端点可感受十方世界。其方法不是打坐修行，而是链接。

旧时，秀才不出门便知天下事。今日，网民一网便能知天下事。据统计，2009 年 7 月 20 日，中国网民人数突破 3.38 亿，超过美国人口总数；2014 年，中国网民人数已达 6.32 亿，约占中国总人口的一半。

人类正在迈入一个充满梦幻的新世纪。这个新世纪将以独一无二的信息技术为基础，实现全球网络化。人们已经看到了这样一个并非梦想的现实："地球上每一个人将随时随地都可以同另一个人自由地进行联系。正是这个简单的事实，犹如工业革命把农业的中世纪改造成为过去的二百年的工业文明一样，将使整个的世界社会发生翻天覆地的变革。"

如果说，20 世纪 80 年代初，美国未来学家托夫勒的"第三次浪潮"曾给刚刚打开国门的人们一个令人"虚幻"的技术世界，那么，今天人们已毫不怀疑计算机和通信革命对人类正在或将要产生的深刻影响。

卜算子·律

红日耀东方，晚霞暖西阖。

星辰渐涌缀天河，瑽琤如奏乐。

山峦叠翠生，川海接壤阔。

锦绣乾坤舞自由，祗待风雅颂。

第6章

计算思维之程序基础

> 人应当相信，不了解的东西总是可以了解的，否则他就不会再去思考。
>
> ——歌德

利用计算机技术解决客观世界里的实际问题，必定需要相应的应用程序。用计算机实现程序设计的过程，其实质也是人的认知过程在计算机上的实现，因此程序设计本质上也是抽象和理性思维过程。

逻辑思维是在语言的基础上进行的，人掌握了语言，也就掌握了思维的能力。因为人掌握的都是会话语言、文字语言，所以人们具有以会话语言、文字语言进行思维的能力。利用计算机进行计算就必须在掌握会话语言、文字语言及语言概念、特征的基础上，把握人的自然语言与计算机语言的共性与个性，掌握计算机程序设计语言的思维方式，使人具有利用计算机程序语言思维、描述和解决问题的能力。

从用户视角，人们需要执行应用程序；从程序员视角，人们需要开发这类特定的应用程序。开发程序自然就需要理解程序设计过程中的特定思维，否则会碰到一大堆问题，产生很多"困惑"。本章不打算讲解如何编写程序（那也不是本书的任务），只是从程序思维的角度介绍一些基本概念、技术和方法，以便让大家对程序设计思维有一个基本的、准确的认知。这些认知无疑会为学习计算机语言和程序设计打下扎实的基础。

6.1 数据的类型与本质

如果给你一道简单的数学题"30000 + 50000 =?"，你会瞬间给出答案：80000。但如果现在告诉你，计算机算出的答案不是 80000，而是 14464，你会不会目瞪口呆，进而一头雾水？甚至怀疑计算机出了问题？

为什么呢？让我们慢慢道来。

6.1.1 我们熟悉的数与数据

我们从小就开始接触"数"的概念。

在幼儿园，老师就开始教孩子数数：一个苹果，两个苹果，三个苹果……小学阶段就开始学《数学》了：加减乘除，正数负数，整数实数……中学乃至大学阶段，更加频繁地跟"数"打交道，对"数"有了更深层次的理解。

在数学里面，数是一个抽象的概念，是由数字组成的、以十进制为基本点的一种特定符号。数字有 10 个，分别是 0、1、2、3、4、5、6、7、8、9。而数据是应用到特定场合，表示某一种度量的数。比如，张三的身高为 178cm，李四今年 21 岁，这里的 178 和 21 就是一个特定的数据。

从我们已经熟知的角度来看，有表示各种坐标与方位的数据，也有表示事物属性或反映事物数量特征的数据，如长度、面积、体积等几何量或重量、速度等物理量的数据，还有反映事物时间特性的数据，如年、月、日、时、分、秒等。这些都是生活中经常用到的数据。

数据不仅仅是整型的，还有实型的，如圆周率3.14159……还有正负之分。描述宇宙方面的数据很大很大，描述微观世界的数据又可以很小很小。

若干年以前，人类的祖先为了生存，往往几十人在一起，过着群居的生活。他们白天共同劳动，搜捕野兽、飞禽或采集果蔬食物，晚上住在洞穴里，共同享用劳动所得。在长期的共同劳动和生活中，他们逐渐意识到了有些什么非说不可的地步，于是产生了语言。他们能用简单的语言夹杂手势，来表达感情和交流思想。随着劳动内容的发展，他们的语言也不断发展，终于超过了一切其他动物的语言。其中的主要标志之一就是语言包含了算术的色彩。

人类先是产生了"数"的朦胧概念。他们狩猎而归，猎物或有或无，于是有了"有"与"无"两个概念。连续几天"无"兽可捕，就没有肉吃了，"有"、"无"的概念便逐渐加深。后来，群居发展为部落。部落由一些成员很少的家庭组成。所谓"有"，就分为"一"、"二"、"三"、"多"等四种（有的部落甚至连"三"也没有）。任何大于"三"的数量，他们都理解为"多"或者"一堆"、"一群"。有些酋长虽是长者，却说不出他捕获过多少种野兽，看见过多少种树，如果问巫医，巫医就会编造一些词汇来回答"多少种"的问题，并煞有其事地吟诵出来。然而，不管怎样，他们已经可以用双手说清这样的话（用一个指头指鹿，三个指头指箭）："要换我一头鹿，你得给我三枝箭。"大约在1万年以前，冰河退却了。一些从事游牧的石器时代的狩猎者在中东的山区内，开始了一种新的生活方式——农耕生活。他们碰到了怎样记录日期、季节，怎样计算收藏谷物数、种子数等问题。特别是在尼罗河谷、底格里斯河和幼发拉底河流域发展起更复杂的农业社会时，他们还碰到交纳租税的问题。这就要求数有名称。而且计数必须更准确，只有"一"、"二"、"三"、"多"，已远远不够用了。

底格里斯河与幼发拉底河之间及两河周围叫做美索不达米亚，那儿产生过一种文化，与埃及文化一样，也是世界上最古老的文化之一。美索不达米亚人与埃及人虽然相距很远，却以同样的方式建立了最早的书写自然数的系统——在树木或者石头上刻痕划印来记录流逝的日子。尽管数的形状不同，但又有共同之处，他们都是用单划表示"一"。后来（特别是以村寨定居后），他们逐渐以符号代替刻痕，即用1个符号表示1件东西，2个符号表示2件东西，以此类推。这种记数方法延续了很久。大约在5000年以前，埃及的祭司已在一种用芦苇制成的草纸上书写数的符号，而美索不达米亚的祭司则是写在松软的泥板上。他们除了仍用单划表示"一"以外，还用其他符号表示更大的自然数。

公元前1500年，南美洲秘鲁印加族（印第安人的一部分）习惯于"结绳记数"——每收进一捆庄稼，就在绳子上打个结，用结的多少来记录收成。"结"与痕一样的作用，也是用来表示自然数的。根据我国古书《易经》的记载，上古时期的中国人也是"结绳而治"，就是用在绳上打结的办法来记事表数。后来又改为"书契"，即用刀在竹片或木头上刻痕记数。直到今天，我们中国人还常用"正"字来记数（比如选举时用于统计票数），每一画代表"一"。当然，这个"正"字还包含着"逢五进一"的意思。

在数物体的时候，0、1、2、3、4、5、6、7、8、9……叫自然数。自然数由0开始，一个接一个，组成一个无穷集合。自然数集有加法和乘法运算，两个自然数相加或相乘的结果仍为自然数，也可以做减法或除法，但相减和相除的结果未必都是自然数。自然数是人们认识的所有数中最基本的一类，为了使数的系统有严密的逻辑基础，19世纪的数学家建立了自然数的两种等价的理论，即自然数的序数理论和基数理论，使自然数的概念、运算和有关性质得到严格的论述。自然数在日常生活中起了很大的作用，人们广泛使用自然数。比如给事物标号或排序，城市的公共汽车路线、门牌号码、邮政编码等。

我们把{0, 1, 2, 3, 4, 5, 6, 7, 8, 9, 10, …}等全体非负整数组成的数集合称为"自然数"。把{1, 2, 3, …, 9, 10}向前扩充，得到正整数{1, 2, 3, …, 9, 10, 11, …}，把它反向扩充，得到负整数{…, -11, -10, -9, …, -3, -2,

-1}，介于正整数和负整数中间的"0"为中性数；把它们合在一起，得到{..., -11, -10, -9, ..., -3, -2, -1, 0, 1, 2, 3, ..., 9, 10, 11, ...}，叫做整数。对整数可以施行加、减、乘、除四种运算，叫做四则运算。整数，对加、减、乘运算组成了一个封闭的数集合，是数学古老分支"数论"研究的对象。著名的德国数学家高斯说："数学是科学的皇后，数论是数学中的皇冠"。除法运算，如 7/11 = 0.636363...、11/7 = 1.5714285...，不再是整数，也就是说，整数对除法运算是不封闭的。为了使数集合对加、减、乘、除四则运算都是封闭的，就必须增加新的数，如 7/11、11/7，为两个整数之比，称为可比数、分数，现在通称为有理数。

把数的性质、数和数之间的四则运算在应用过程中的经验进行总结和整理，形成最古老的一门数学，即算术。有理数集合，对加、减、乘、除四则运算组成了一个封闭的数集合，看起来似乎已很完备。2500 多年前，不少人甚至当时一些数学家也是这样看的。

公元前 5 世纪，当时的毕达哥拉斯学派很重视整数，想用它说明一切，"数是万物之本"成了他们的哲学观。无理数的发现，对以整数为基础的毕氏哲学是一次致命的打击，数学史上把这件事称为"第一次数学危机"。之后，又发现了很多无理数，圆周率 π 就是其中最重要的一个。15 世纪，意大利著名画家达·芬奇把它称为"无理之数"。现在，人们把有理数和无理数合并在一起，称为"实数"。后来，人们又引入了虚数，把实数和虚数结合起来，形成了"复数"。在很长一段时间里，人们在实际生活中找不到用虚数和复数表示的量，让人感到有点虚无缥缈。随着科学的发展，虚数在水力学、地图学和航空学上得到了广泛的应用。这样，数的家族就进一步扩大，包括实数和复数两大类，并把加、减、乘、除扩展到包括乘方和开方，形成了数学中一个新的分支"代数"。

代数进一步向两个方面发展，一是研究未知数更多的一次方程组，引进矩阵、向量、空间等符号和概念，形成"线性代数"；二是研究未知数次数更高的高次方程，形成"多项式代数"。这样，代数研究的对象，不仅是数，还包括矩阵、向量、向量空间及其变换等。它们都可以进行"运算"，虽然也叫做加法或乘法，但是关于数的基本运算定律有时不再有效。因此，代数学的内容可以概括称为带有运算的一些代数结构的集合，如群、环、域等，又包含抽象代数、布尔代数、关系代数、计算机代数等众多分支。

由于科学技术发展的需要，数的范围不断扩大，从正整数、自然数、整数、实数到复数，再到向量、张量、矩阵、群、环、域等不断扩充与发展。为区别起见，人们把实数和复数称为"狭义数"，把向量、张量、矩阵等称为"广义数"。尽管人们对数如何分类还有一些不同的看法，但都承认数的概念还会不断扩充和发展。

6.1.2　计算机世界中的数据

最初，人们研究计算机的目的是为了"计算"，自然离不开"数"。但计算机世界中的"数"与客观世界里或数学里面的"数"不太一样，甚至有较大的差异，这是我们必须清楚的。否则，按数学或者生活中的概念来理解就会出问题。

在计算机世界中，数据是描述客观事物的符号，是计算机中可以操作的对象，是能被计算机识别、存储并能被计算机程序所处理的符号集合。计算机中的数据不仅包含整型、实型等常见的数值型数据，还包括字符、字符串、图形、图像、声音、视频等非数值型数据。打开一个内容丰富、色彩绚丽的网站，你几乎可以看到计算机世界中的各种类型的数据。

初学者难免感到惊奇和疑惑，怎么把字符、字符串、图形、图像、声音和视频等称为数据？它们可不是数啊！是的，之前也许我们没有接触过，但它们确实是计算机世界中的数据。也就是说，计算机世界中的"数据"比我们日常生活中所接触到的数据要丰富得多。事实上，在计算机世界里，对于整型、实型等数值型数据，可以进行数值计算；对于字符型数据，就需要做非数值处理；对于声音、图形、图像、视频等数据，可以通过编码等手段变成字符数据来处理。

确切地说，传统意义下的数据与计算机世界中的数据在概念的内涵和外延方面都不一样。计算机世界里的"数据"有其特殊的性质，这一点后面还要进一步阐述。

但在这里必须明确"数据"的两个基本要素：① 可以通过某种手段输入到计算机之中；② 能被计算机存储和处理。

6.1.3 数据的类型与本质

初学者翻开计算机类书籍，特别是计算机语言类书籍，如 C/C++、Pascal 等，都会发现一个比较奇怪的概念——数据类型。中小学里可从来没有这样的概念。数据为什么有类型？它们是怎么划分的？它们的内涵是什么？这样做有什么意义？

人类在认识客观世界的过程中采用了分类的方法。比如，人们把世界分成了生物和非生物两大类，而生物又可以细分为动物、植物和微生物等。当然，也可以按照生物学的分类方法（界、门、纲、目、科、属、种），进一步将它们分类。这样划分的好处是显而易见的：可以把原来庞大的、繁杂的世界通过分类，产生一个个比较小的简单的世界，在一个较小的世界里来研究和处理我们所面对的事物。只要分别弄清楚事物在各自较小的世界中的变化规律以及它们同这个世界之间的关系，再搞清楚各不同世界之间的相互关系，也就比较容易认识事物在原来这个庞大的、繁杂的世界中的变化规律，最终达到认识事物的目的。这样做不仅有助于人们认识世界，也有助于人们改造世界。最初，人类在科学研究中就是采用分类的方法来认识我们生活的这个五彩缤纷的世界的。

分类是科学研究的基本方法和途径，是我们认识世界和改造世界的锐利武器。分类其实是对处理对象的一种分解，而分解是一个具有深刻哲学意义的概念和方法，在计算学科中属于一种典型方法。众所周知，计算机是用来对数据进行计算或处理的一种自动装置，而这些被用于计算或处理的数据来源于我们对客观世界各个领域处理对象的一种认知基础上的观察和抽象，这些数据也必然是以分类的形式出现。在引入了分类的方法之后，我们观察和抽象所获得的数据的一个基本的特征就是它的类型。将分类的思想引入到程序设计语言中，便产生了"数据类型（Data type）"的概念。其基本思想就是把一个语言所处理的对象按其属性不同，分为不同的子集，对不同的子集规定不同的运算操作。最早使用类型的高级程序设计语言是诞生于 1954 年的 FORTRAN 语言，而 Algol 60 则是第一个明确提出"数据类型"概念的高级程序设计语言。

典型地，C 语言中就有丰富的数据类型（其他强类型语言也都有类似的数据类型，如 C++、Pascal、Java、Ada 等），如图 6-1 所示。

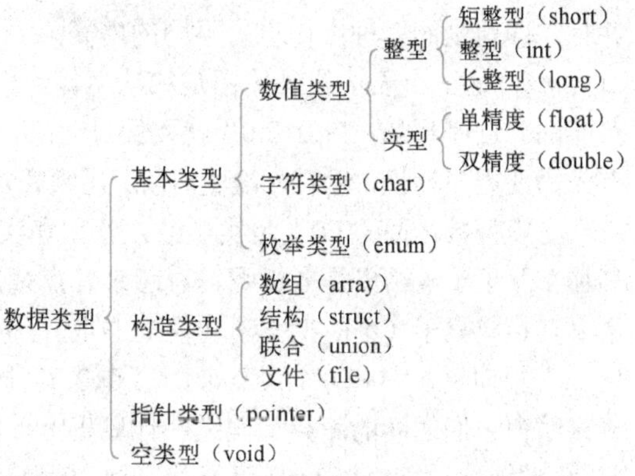

这里说的整型和实型就是数学里面所讨论的整型数和实型数，至少你大致可以这么认为。让人莫名其妙的是整型又可分成短整型、整型和长整型，跟玩文字游戏似的。

数据类型是一个非常重要的概念，特别对于强类型语言（如 C/C++、Pascal 等）来说更是如此。如果利用 C/C++、Pascal 等语言编写程序，以解决实际问题，必须对数据类型有一个非常清晰的理解。正所谓"知其然，并知其所以然"。

图 6-1　数据类型

下面来看看数据类型的本质到底是什么。

① 类型确定了值的范围。不同类型有不同的取值范围，如整型（int）的取值范围是-32768～+32767，字符型（char）的取值范围是-128～+127。类型确定了值的操作。超出了指定的范围，计算就会出问题（溢出）。这是与日常生活或者说数学上的重大区别，也是初学者最容易出错的地方。下面以 C/C++为例，给出不同类型的数的取值范围，如表 6-1 所示。

表 6-1 不同数据类型的取值范围

| 类　型 | 说　明 | 长度（字节） | | 取值范围（16 位） |
		16 位机	32 位机	
char	字符型	1	1	−128～127
unsigned char	无符号字符型	1	1	0～255
signed　char	有符号字符型	1	1	−128～127
int	整型	2	4	−32768～32767
unsigned [int]	无符号整型	2	4	0～65535
signed [int]	有符号整型	2	4	−32768～32767
short　[int]	短整型	2	2	−32768～32767
unsigned short [int]	无符号短整型	2	2	0～65535
signed short [int]	有符号短整型	2	2	−32768～32767
long [int]	长整型	4	4	−2147483648～2147483647
signed long [int]	有符号长整型	4	4	−2147483648～2147483647
unsigned long [int]	无符号长整型	4	4	0～4294967295
float	浮点型	4	4	$-3.4 \times 10^{38} \sim 3.4 \times 10^{38}$
double	双精度型	8	8	$-1.7 \times 10^{308} \sim 1.7 \times 10^{308}$
long double	长双精度型	10	10	$-3.4 \times 10^{4932} \sim 1.1 \times 10^{4932}$

为了满足实际需要，除 void 类型外，还可以利用 signed、unsigned、long、short 等类型修饰符来改变数据的取值范围。其中，signed 表示有符号数，unsigned 表示无符号数，long 表示长型，short 表示短型。这 4 种修饰符都适用于整型和字符型，只有 long 还适用于双精度浮点型。另外，数据类型规定的存储空间都是按字节计算的，其占用的字节数会根据机器字长（语言编译器）的不同会有所变化。也就是说，变量所占空间的大小与所使用的软、硬件系统有关，不同的系统会有所不同。

② 类型确定了值的操作，不同类型有不同的操作。例如，整型有取余运算（%），而实型没有。并且，即便是同一种操作也有不同的内涵。一个非常典型的例子就是“1＋2”与“1.0＋2.0”以及“1+2.0”，这三个表达式虽然都是加法运算，但其内涵不同，甚至相差很远。“1+2”最简单，就是对应的二进制相加；“1.0+2.0”就要经过对阶、尾数相加、规格化三个步骤；而“1+2.0”就复杂了，首先需要类型转换，然后才能做对阶、尾数相加、规格化。类型转换是什么意思呢？说起来也简单，“1”是整型数，而“2.0”是实型数，整型和实型是两个完全不一样的“东西”，就相当于问你 1 本书加 1 张桌子，结果是多少呢？看起来有点荒谬，但确实是如此。那怎么计算呢？方法就是先把那本书转换成桌子（不能把桌子转换成书哦），也就是先把“1”转换成“1.0”，然后才能相加。显然，“1+2”很简单，“1+2.0”很复杂，“1.0+2.0”居中。换一种角度，给一个非常非常粗略的对比，让大家明白它们之间的差异。假设在计算机上计算“1+2”需要 1 秒钟，那么计算“1.0+2.0”恐怕需要 20 秒钟，计算“1+2.0”可能就需要 30 秒钟。非常有意思吧？计算机世界就是这样的！

③ 类型确定了值的存储空间的大小。任何一个数据只要输入到计算机之中，就要到内存空间里面找个“地方”保存起来，保存该数据的“地方”就是它的存储空间。不同类型的数据所占的存储空间的大小是不一样的，比如，整型（int）数据值通常占 2 字节，字符（char）数据值占 1 字节，单精度（float）实型数占 4 字节，双精度（double）实型数占 8 字节等。从这一点可以看出，不同类型的数据其“个头”是很不一样的，所以它所占的空间大小也不一样。就像关一只鸟，用一个鸟笼子就可以了，关一头猪，就得用猪圈！

④ 类型确定了值的存储方式。不同类型的数据在内存里面的存储方式是很不一样的，就像整

型与实型值的存储方式，它们是截然不同的。下面用个简单的例子说明它们之间的区别，同样是数据 12，整型和实型的二进制存储方式如下：

整型数据：0000 0000 0000 1100　　　　　　　　　　（2 字节）

实型数据：0100 0001 0100 0000 0000 0000 0000 0000　（IEEE(14)标准）

以上二进制存储方式只是让大家了解，只要知道它们确实很不一样就行，至于为什么是这样我们先不要求，想深究的话可以参考有关资料。

可能有人要问：在程序设计语言中引入"数据类型"的概念到底有什么好处？

① 数据类型有助于程序设计的简明性和数据的可靠性（Reliability）。引入数据类型明确了变量的取值范围和其上允许进行的基本操作，可以防止许多错误的发生。编译系统只要通过一些简单的静态类型检查，就可以发现程序中大部分与数据类型有关的错误，有利于程序员编写程序、理解程序以及调试程序，也有利于程序的验证，以保证程序的正确性。

② 数据类型有助于数据的存储管理。数据在计算机内部存放时，不同类型的数据所占据的存储单元的个数是不同的。在程序设计中，如果对需要处理的数据事先进行了类型定义，那么，当程序装入计算机系统时，数据按不同的类型分配相应的存储空间，有利于节约计算机系统宝贵的存储空间。

③ 数据类型有利于提高程序的运行效率。程序在编译时，将对数据的类型信息和操作进行检查，可以有效地避免程序在运行时操作越界和类型错误等大量的检查工作，提高了程序的整体运行效率（Efficiency）。

6.2　变量的特定含义

我们很早就开始接触变量，在数学、物理等课程中，变量代表其值在一定的条件下会发生变化的量，通常用一个英文字母来表示。例如，设 t 为环境的温度，r 为环境的湿度等。显然，t 和 r 会随着时间和地点的变化而变化。

进一步，任何一个系统（或模型）都是由各种变量构成的，而这些变量按照影响的主动关系分为自变量和因变量。当我们以世界当中的事物为特定研究对象，在分析这些系统（或模型）时，选择研究其中一些变量对另一些变量的影响，那么选择的这些变量就称为自变量，而被影响的量就被称为因变量。例如，我们可以分析人体这个系统中，呼吸对于维持生命的影响，那么呼吸就是自变量，而生命维持的状态被认为是因变量。系统和模型可以是一个二元函数这么简单，也可以是整个社会系统这样复杂。

因此，可以这样认为，变量就是指可测量的、具有不同取值或范畴的概念。

程序设计里面也有"变量"，也表示某个变化的值，但与数学、物理中所讨论的变量不太一样，或者说有着本质的区别。比如，我们经常在程序里面看到类似这样的语句"x = x +10"，你的第一感觉会不会觉得写错了？因为这在数学里面不管变量 x 取什么样的值都是不可能成立的。没错，在数学里面确实不可能成立，但在程序里面，"="代表的不是"等于"，而是"赋值"。

程序中的变量是一段有名字的、连续的存储空间。在代码中，通过定义变量来申请并命名这样的存储空间，并通过变量的名字来使用这段存储空间。变量是程序中数据的临时存放场所。在代码中可以只使用一个变量，也可以使用多个变量。根据变量的类型，就可以存放对应类型的数据。

事实上，程序中的变量确有其特殊的含义：

① 变量是内存空间里的、某一段连续的存储空间，短则 1 字节，长则若干字节，具体取决于变量的类型。

② 变量有唯一的一个名字（C++语言还允许给它取个别名，就像你也有小名一样）。

③ 变量就像一个"容器"，里面可以存放相应的数据值。

④ 变量具有特定的类型，里面只能存放与变量类型相匹配的数据值。

⑤ 可以根据需要改变变量的值（语言里面的赋值语句就是干这个的）。

⑥ 可以利用变量所保存的数据值参与相应的运算。

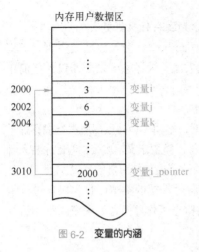

图 6-2　变量的内涵

⑦ 变量里面的值有可能随时发生变化，但它只能记住当前这一刻的值，过去的值（也就是更改前的值）是多少一概不知了。"只知道当前，不知道过去"，正如一个患有"失忆症"的人一样。

⑧ 变量有自己的生命期（从何时诞生到何时死亡），这一点与人一样。

⑨ 变量有自己的作用域（即在什么范围内起作用），超出这个范围它就没有意义了，甚至不存在了。

一下子罗列了这么多，难免不让人晕头。下面先看一个实际的例子，暂且体会一下，如图 6-2 所示。i、j、k 是 3 个整型变量，分别占 2 字节的存储空间，里面分别存放了整型数据 3、6、9。变量 i_pointer 是一个指针（变量），它指向整型变量 i。

6.2.1　"先定义，后使用"

通常，当我们在程序设计过程中，需要用到变量时必须先定义变量，然后才能使用变量。这跟数学里面的解题过程有点类似。比如，设 a、b 为实数，且 $a^2 + b^2 = 1$，β 为实数角，试证明：$|a\sin\beta + b\cos\beta| \leq 1$。题目先假定 a、b 是实型变量，且满足特定的条件，然后才要求证明特定的结论。这也就是先定义 2 个变量，然后利用这 2 个变量去证明一个结论。

程序设计中也一样，也是"先定义，后使用"。不过程序设计中的"变量定义"有其特定的含义，它实际上就是为变量分配存储空间，以便后续过程中使用变量来存放相应的数据值。如果不定义，变量自然就不存在，也就不可能有相应的存储空间来存放数据。

确切地说，定义变量（或者称为变量声明）就是事先告诉编译器在程序中使用了哪些变量，以及这些变量的数据类型。这样，编译程序在产生程序执行代码时就知道如何给变量分配存储区，甚至可以优化程序的执行效率。

初学者最容易犯的错误就是先不定义就直接使用变量。究其原因，就是没有真正理解计算机世界中变量的内涵，或者说大脑中没有建立起程序思维的概念。

请记住，变量的使用不能"先斩后奏"！

6.2.2　变量得有自己"好听"的名字

我们必须给变量取一个合适的名字，就好像每个人都有自己的名字一样，否则难以区分。变量的命名规则在这里不介绍，学习使用具体的计算机语言时，自然会有明确的要求。

给变量命名是我们自己的事，就像自己将来生个孩子，总得给他取个名字一样。如何给孩子取名，有很多约定俗成的东西，甚至是一门学问。一个基本的规律是"顾名思义"，也就是说，根据一个人的名字就能看出好些东西，如大概是什么民族、在家族中的辈分、兄弟中排行老几、父母的愿望、男女性别甚至个性等。如果再加上各种忌讳、祝愿、习惯、笔画数、是否悦耳动听等，还真就是一门学问了。

所以，类似"陈铁柱"、"李招弟"、"王桂花"等，大家一看大概也就知道是什么意思了。

程序设计中给变量命名也一样道理，也遵循一定的规则。比如，变量的名字应该让人"见名知意"，一看就明白大概表示什么，像 PointColor、LineLength、BookNumbers 等。再如，变量的命名也有"忌讳"，就是不能与所用的程序设计语言的关键字重名，这就像过去给人取名绝对不能与皇帝的名讳同字（甚至同音）一样。

6.2.3　变量是有类型的

数据有类型之分，变量也有类型之分。这个道理其实并不难理解，前面已经讲过，变量就像一个"容器"，用来存放相应的数据。既然数据有类型之分，存放数据的变量自然就有类型之分了。正如鸟、水果、汽车等属于不同类型的东西，我们做一个"容器"用来关鸟，那叫"鸟笼子"；我们做一个纸箱用来装水果，那叫"水果箱"；我们搭建一房子用来放汽车，那叫"车库"。显然，"鸟笼子"、"水果箱"、"车库"是完全不同类型的"容器"。这样就不难明白变量为什么也是有类型的了。

所有的命令式语言里面都有一条主要的语句——赋值语句。说它重要，是因为程序里面处处都用到它，可以说是使用频率最高的语句。赋值语句本身不难理解，它的作用就是把一个数据值存入一个指定的变量里面去。以 C 语言为例：

```
int     x;
x = 10;
```

前者定义一个整型变量，后者把一个整型数据 10 赋值给变量 x，也就是把整型数据 10 存入到变量 x 之中。即便你没有学过 C 语言，这样的解释也完全可以理解。

但是，如果写出下面的程序段，就大错特错了。

```
int     x;
x = 786436.3648;
```

为什么呢？因为 x 是一个整型变量，而 786436.3648 是一个实型数，我们不可能把实型数放到一个整型变量中。就像我们不能把一头猪赶进一个鸟笼子一样，如果非要这么做，那么进鸟笼子的必定只是猪的一小部分而已，如一只猪耳朵。这样，猪的其他部分就都被扔掉了。

讲这样的例子，其实就是让大家明白变量的类型及其内涵。具有了这样的程序思维，我们在程序设计过程中就不会闹笑话了。

6.2.4　变量的作用域

所谓作用域（scope），简单地说就是在什么范围起作用。变量的作用域也就是变量在什么范围里面起作用（可操作，有意义），超出了这个范围它就没有意义了，不能对它进行操作了。作用域也可以说是变量的可见范围，即程序的哪些部分可以"看见"并使用该变量。

变量的作用域有点类似于人的权力管辖范围，一个拥有很大权力的人也不可能什么都能管，超出了某个范围，他就管不着了。

变量的作用域可大可小，关键看我们怎么定义的。通常情况下，变量的作用域有全局与局部之分，对应的变量分别称为全局变量和局部变量。全局和局部也是一个相对的概念。比如，相对于整个学校来说，校长是全局变量，二级学院的院长是局部变量；但相对于某个二级学院来说，院长是全局变量，学院下的系主任则是局部变量。程序中的变量也是如此，有些变量对整个程序有效，有些变量只在某个文件内有效，而有些变量只在某个函数内有效，更有一些只在某个程序块内有效，甚至个别变量只在某个语句内有效，如图 6-3 所示。

整型变量 x 的作用域比整型变量 y 的作用域大，整型变量 y 的作用域又比整型变量 z 的作用域大。换句话说，我们可以在函数 fun2() 中操作变量 x 和 y，也可以在函数 fun3() 中操作变量 x、y 和 z。但是，我们不能在函数 fun1() 中直接操作变量 y 和 z，也不能在函数 fun2() 中直接操作变量 z。这些都不难理解。需要认真领会的是图 6-4 所反映出来的问题：函数外面有一个变量 x，函数 fun() 中也有一个变量 x。虽然名字都叫 x，却是两个不同的变量，并且各自的作用域也不一样。那么，在函数 fun() 里面到底哪一个变量 x 起作用呢？答案是函数里面的那个变量 x。道理其实很简单，如某个班级中有一个叫张三的学生，学校中还有另一个名字也叫张三的人，但不在这个班级，该班上课的时候，老师让张三回答问题，这个张三当然应该是该班的张三。

注意，程序设计中还有一个基本原则，就是尽量少用全局变量。原因是全局变量的作用域很大，"管辖范围内人人都可以找他"，势必就会带来问题。比如一个学校的校长，如果全校师生不管有点什么事情都去找校长的话，估计这个校长也就不用工作了，他也就干不了什么事了。

在图 6-5 中，如果把全局变量 x 看成公共资源，如宿舍里面的一个水龙头，把三个函数 fun1()、fun2() 和 fun3() 比作同住一个宿舍的三个学生。早上一起床，大家都急着洗漱去上课，这样问题就来了。学生更多时（通常一个宿舍住 7～8 人），就有可能发生争执。

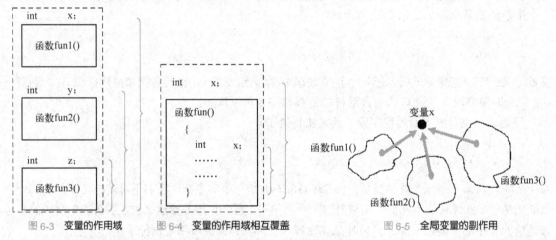

图 6-3　变量的作用域　　　图 6-4　变量的作用域相互覆盖　　　图 6-5　全局变量的副作用

所以，变量作用域可提高程序逻辑的局部性，增强程序的可靠性，减少名字冲突。其实这样的程序思维理念与客观世界、社科领域基本上是一样的。

> 在 C/C++ 语言中，全局变量的作用域从定义点开始一直到源文件的结束。如果要在定义点之前使用全局变量，就需要使用关键字 extern 对作用域进行扩展。全局变量默认是可以被其他文件引用的。如果希望仅限于本文件使用，需要在定义时使用关键字 static。
>
> 对于局部变量来说，无论是静态局部变量还是自动变量，作用域都仅限于定义该变量的函数或模块。
>
> 动态内存只要没有被释放就可以在程序的任何地方使用，前提是要知道动态内存的地址。
>
> static 加在全局变量前影响的是作用域，加在局部变量前影响的是生命周期。

6.2.5　变量的生命周期

事实上，我们在程序中会经常定义一些变量来保存和处理数据。从本质上看，变量代表了一段可操作的内存，也可以认为变量是内存的符号化表示。当程序中需要使用内存时，可以定义某种类型的变量。此时编译器根据变量的数据类型分配一定大小的内存空间。程序就可以通过变量名来访问对应的内存了。

如果说变量的数据类型决定了对应内存的大小，那么存储类型则影响着对应内存的使用方式。所谓使用方式，具体说就是，在什么时间、程序的什么地方可以使用变量，即变量的生命周期和作用域。

所谓生命周期（lifetime），是一种拟人化的概念，也就是变量像人一样，从出生到死亡所经历的时间周期。一个变量诞生以后，就在它所"管辖的势力范围里面"起作用，直至它死亡。一个变量的死亡也就意味着它不存在了，当然就不能继续使用它了。实际上，变量的死亡就是该变量原来所占的存储空间被重新分配用来做其他事情了。

那么，哪些变量可以"长寿"，哪些变量是"短命鬼"呢？这好像与生活中有类似的地方。生活在不同地域的人，寿命不同一样。比如，广西巴马地区就是一个"盛产"长寿老人的地方。难道变量的"寿命"也与其具体的"地理位置"有关吗？答案是肯定的。

要理解这个问题，先了解一些基本常识：① 在程序运行时，内存中有三个区域可以保存变量：静态存储区、栈（stack）和堆（heap），在其特殊的情况下，变量也可以放在 CPU 的寄存器（register）中；② 根据变量定义的位置可把变量分为全局变量（定义在函数体外的变量）和局部变量（通常定义在函数体内的变量，也包括函数的形参）。

所有全局变量和静态局部变量（定义时使用关键字 static）都保存在静态存储区，其特点是：① 在编译时分配内存空间并进行初始化；② 在程序运行期间，变量一直存在，直到程序结束变量对应的内存空间才被释放。显然，这样的变量相对来说是"长寿"的，它的寿命与程序一样。

而所有的非静态局部变量（又称为自动变量）保存在栈（stack）中，其特点是：在变量所在的函数或模块被执行时动态创建（诞生），函数或模块执行完时，变量对应的内存空间被释放（死亡）。换句话说，函数或模块每被执行一次，局部变量就会重新被分配空间。如果变量定义时没有初始化，那么变量中的值是随机数（也就是事前无法预测的值）。

所有程序运行时动态分配的内存（又称为动态内存）都在堆（heap）中，其特点是：一般通过指针来访问动态分配的内存。这样的动态内存用完即可立即释放，也可以在程序结束时由系统自动释放。

极少数频繁使用的变量也可以放在 CPU 的寄存器中，之所以是"极少数"，是因为 CPU 中的寄存器数量非常有限，"没事儿闲着"的寄存器很少很少。由于寄存器在 CPU 内部（其他变量都在内存之中），这类变量的操作速度非常快，所以才适合于频繁使用的变量。

显然，存放在静态存储区中的全局变量和静态局部变量的寿命最长，存放在栈中或 CPU 中的非静态局部变量寿命最短。

6.3　有穷与无穷

我们先看一个有趣的例子，以此来理解有穷和无穷。

假定有一个容积无限的容器和无穷多个球，每个球都有唯一一个编号，编号从 1 开始。现在假定按如下方式操作：

- ⊙ 在差 1 分钟到 0 点时：将标号为 1~10 的 10 个球放进容器，然后将标号为 10 的球拿出来。
- ⊙ 在差 1/2 分钟到 0 点时：将标号为 11~20 的 10 个球放进容器，然后将标号为 20 的球拿出来。
- ⊙ 在差 1/3 分钟到 0 点时：将标号为 21~30 的 10 个球放进容器，然后将标号为 30 的球拿出来。
- ⊙ 在差 1/4 分钟到 0 点时：将标号为 31~40 的 10 个球放进容器，然后将标号为 40 的球拿出来。

- 在差 1/5 分钟到 0 点时：将标号为 41～50 的 10 个球放进容器，然后将标号为 50 的球拿出来。

....

按此方式将游戏不断地玩下去。假定放球和取球不占时间，请问：当时钟指向 0 点时，容器内共有多少个球？

从数学的角度来说，这个答案似乎很容易得出：共有无穷多个球。这是因为所有编号不是 $10n$（$n \geq 1$，可以无穷大）的球在放进容器里后就不会再被拿出来，而在到达 0 点之前这种放球、取球的次数是无限的。因此，容器中的球在 0 点时将是无穷多个。

不妨换一种取球的玩法。将每次拿标号是 10、20、30、40、50、…的球分别换成拿出标号为 1、2、3、4、5、…的球，即第 x 次拿球，所拿出的球的编号为 x。结果又会怎样呢？神奇的事情也许发生了。这个容器里的球数为 0。

为什么呢？因为对于任意一个球，设其编号为 n，则在差 $1/n$ 分钟到 0 点时该球被取出。也就是说，对于任意一个编号为 n 的球，在 0 点到来时，它都不在容器中，因此容器中的球数最终为 0。

看起来是有点玄妙，或者说不可接受。你能找到驳斥的办法吗？

有人也许想到，我们能不能用计算机来验证结果是否正确呢？答案是不可能的。因为在计算机世界中，我们既找不到容量无限大的容器，也无法对无限多个球进行编号，更无法完成无限多次放球和拿球。

一句话，对于涉及无穷的问题（无穷大或者无穷小），计算机世界是无法表示或者描述的，更不用说求解了。

6.3.1　数据的有穷性

无穷是一个比较抽象的概念，我们的第一印象是那些很大很大的数，所以我们先从比较直观的大数开始。

在汉语中，如果要具体表示数量大小，我们可以用十、百、千、万，或是它们的组合一百万、一千亿、一万万亿等表示。如果是英语，就用 hundred、thousand、million 等表示。当一个中国人对你说出一万亿亿，或是一个外国人用正宗的伦敦腔跟你说 ten billion 的时候，你是不是觉得这些数字已经有点震撼到你了？其实这还只是热身。大家都用过 Google，如果对 IT 界的八卦比较熟悉的话，你应该知道，Google 这个名字来源于西方世界的一个单词 Googol，这是西方世界中能够用独立名词说出的最大数，是 10 的 100 次方。但这还不是最大的，在除了"浩瀚无边"、"恒河之沙"之类的虚幻性的描述以外，具有独立名称最大的数是佛教的 asankhyeya，它等于 10 的 140 次方。这些数已经很大了，对于我们大多数人来说，也许一生都不见得会遇见或是用到这么大的数。可是在无穷前面，无穷大与 Googol 的差和无穷大与 1 的差是一样的。因此无穷大不是一个数，而是一个概念。

在数学和物理学上有许多不同的常数，你会发现它们之间有个很有趣的差别：数学上的常数都很小，而物理学上的常数要不很大，要不很小。在数学上，π 和 e 算是两大明星，可是它们的值一个约是 3.1415926535897932384626，一个约是 2.71828182859045。物理学上一出手就是 10 的 10 次方以上（你要是弄个 8 次方，都不太好意思见人）。例如，电子质量是 9.1×10^{-31} kg，普朗克常数是 6.62×10^{-34} J·s。

以上举了些大数的例子，似乎与无穷没有太大的联系。你这样想就对了。因为它们都是陪衬，无穷是一个概念，是无法用数去表达出来的。无论你写出了多大的数，它与无穷大的距离还很远。哪怕你把宇宙中的所有原子排成一排，第一个当 1，后面都当 0，这个数依然离无穷大很遥远。无穷大是一个无法企及的距离。在现代数学中，我们用∞表述无穷大（英国数学家 1655 年首次使用这个符号表示无穷大）。

反之，无穷小也是一个道理。

费这么多口舌讲无穷的概念有意义吗？当然有，否则数学中就不会弄出这么个概念了。本书不专门讨论"无穷"本身，只想告知一个事实——计算机世界里面没有"无穷"。

就数据而言，计算机世界根本无法表示无穷大或者无穷小（数学也一样）。别说无穷了，就是一个相对比较大的数，机器都很难表示。在表 6-1 中，计算机能表示的有符号整数最大范围是 −2147483648～2147483647，无符号整数的范围为 0～4294967295，实数能表示的最大范围也就是 long double 类型的数据，取值范围为−3.4×10^{4932}～1.1×10^{4932}。从人的认知世界来说，这样的数据已经足够大或者足够小了，但相对于无穷大或者无穷小而言，又是"小巫见大巫"了。

那么，更大的数需要处理怎么办？直接表示是不可能的，只能采取特殊的编程技术，具体参见有关资料。

6.3.2　程序的有穷性

大家知道，程序的基本单位是语句，程序就是由若干条语句、按照特定的序列组成的。程序被执行的时候也是按照程序预定的顺序逐句逐句执行。

既然程序是由若干语句组成的，那么这里的"若干"是什么意思呢？若干可以代表几个、几十、几百、几千、几万、几十万、几百万、几千万甚至更多，但不管怎样，都是可数的，不可能是无穷的。事实上，人类也编写不出一个拥有无穷多条语句的程序来。据文献报道，到目前为止，世界上最大的程序大概是 4000 多万行。也没办法与无穷同日而语。

即使有那么一个无穷的程序，让计算机执行这样的程序，每个语句的执行都需要一定的时间，总的时间需求也是无穷的，有意义吗？别说时间需求无穷了，就是一个程序执行 1 个小时才出结果，也许你就很不耐烦了；如果一个程序执行 1 年才有结果，估计就没有什么人愿意要了。因此，从执行时间的角度上来说，一个程序也应该是有穷的，而且应该是人们可接受的。

至此，我们应该明白数学里面有"无穷"的概念，计算机世界里是没有"无穷"的，或者说处理不了与"无穷"有关的问题。真碰到这样的问题，如求极限，我们只能采取近似的方法，只要能接受计算结果就行了。

6.4　程序的基本控制结构

理论上已经证明：任何可计算问题的求解程序都可以用顺序、条件和循环这三种控制结构来描述。这也是结构化程序设计的理论基础。也有其他控制结构，如 goto 语句，但原则上不推荐使用，尽管一些计算机语言里面至今仍然保留了它。下面详细介绍这三种基本的控制结构。

6.4.1　顺序结构

顺序结构是一种线性的、有序的结构，让计算机按先后顺序依次执行各语句，直到所有的语句执行完为止。

通常，一个复杂的计算任务不可能只用一个语句就可以表达清楚，这就需要把计算任务进行分解，也就是把大的计算任务分解成若干个小的计算任务，直至每个小的计算任务可以用一个语句来表达。图 6-6 就是一个顺序控制结构。

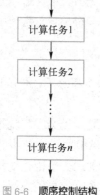

图 6-6 顺序控制结构

如果每个计算任务用一个语句 s 来表示，则这样的顺序结构可用下面的有序表来表示$(S_1, S_2, S_3, \cdots, S_n)$。这样的顺序控制结构生活中到处都有。如召开一个大型的会议，会议的组织者事先安排好了会议的程序：会议的第一项议程，唱国歌；会议的第二项议程，介绍出席大会的领导和嘉宾；会议的第三项议程……召开会议的时候，如果没有什么非常特殊的情况，就按照会议的既定议程逐项来完成，直至会议结束。这就是一个典型的顺序控制结构。

再看一个简单的程序实例——交换两个变量 x 和 y 的值。我们可把这项任务分解分三项基本的子任务：① 将变量 x 的值保存于临时变量 temp 中；② 将变量 y 的值存放到变量 x 中；③ 将临时变量 temp 中的值转存到变量 y 中。至此，两个变量 x 和 y 的值就交换过来了。

下面给出完成两个变量交换的程序段：

```
temp = x;
x = y;
y = temp;
```

尽管大家还没有学习程序设计，但这个例子应该是不难理解的。其实，生活中有与其完全相同的实例。比如，你有一瓶红墨水，一瓶蓝墨水，现在你想把这两瓶墨水交换一下，也就是把红墨水倒进蓝墨水的瓶子里，把蓝墨水倒进红墨水的瓶子里。你可以另找一个空瓶子，先把红墨水倒进空瓶子，再把蓝墨水倒进原来装红墨水的瓶子里，最后把原来空瓶子里的红墨水倒进原来装蓝墨水的瓶子里。至此，事情也就做完了。上述两个变量交换是同样道理。临时变量 temp 就是找来倒腾墨水的空瓶子。可见，计算思维与生活是相通的！

需要特别说明的是：在顺序控制结构中，某个计算任务被另一个顺序控制结构替代后，得到的结构仍然是顺序控制结构。

6.4.2 条件选择结构

条件选择结构是根据条件成立与否有选择地执行某个计算任务。这样的控制结构生活中到处都是。比如，家长对你说：如果明天下雨，你就坐公交车去上学，否则就骑自行车去学校。对于你来说，明天要么坐公交车去学校，要么骑自行车去。根据天气情况，二者必选其一，也只能选其一。条件选择结构可用图 6-7 表示，模式 B 只是模式 A 的特例。

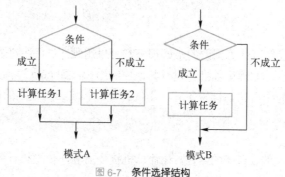

图 6-7 条件选择结构

下面通过一个简单的实例帮助理解条件选择结构。已知变量 a、b、c，求它们的最大值，结果

存放于变量 z 中。完成此项任务的程序段如下:

```
if ( a > b )
    z = a;
else
    z = b;
if ( c > z )
    z = c;
```

这个例子用到了上述两个选择控制结构。

6.4.3 循环结构

循环控制结构能控制一个计算任务重复执行多次,直到满足某一条件为止。程序设计语言对于循环控制结构一般提供了三种语句,如 C 语言有 while 循环语句、for 循环语句和 do…while 循环语句。通过进一步的学习,大家可以知道,这三种看似不同的循环语句,其实可以相互转换。换句话说,只要一种循环就可以解决问题了。(为什么设置三种语句呢?答案自然是为了程序设计方便。)因此,这里只讨论一种循环语句。以 while 循环为例:首先判断条件,当条件成立的时候,就执行一次循环体,也就是完成一次计算任务;然后判断条件,如果条件还成立,则再执行一次循环体;再判断条件是否成立……如此循环下去,直到条件不成立为止,如图 6-8 所示。

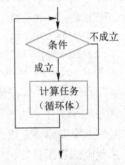

图 6-8 while 循环控制结构

循环控制结构是非常有用的,现实生活中也有很多这样的例子。比如,每学期开学前,同学们都可以拿到一张课表,课表上详细安排周一到周五的教学任务。然后从第一周开始,每天按课表上的安排去上课;第一周结束后,第二周又重复一次课表上的教学安排……如此重复课表上的教学任务,直到学期结束。这就是一个典型的循环控制过程,类似的例子还很多,大家可以自己列举一些。

下面再看一个简单的例子,依次输出 1、2、3、…、100。程序段如下:

```
int     number = 0;
while ( number < 100 )
    {
    number = number + 1;
    printf("%d", number);
    }
```

6.5 问题求解的本质过程

计算思维反映的是利用计算机技术解决实际问题的思维方法,如果对利用计算机技术如何解决实际问题的认知出现误解,则不可能达到目的的。

下面先从一个简单的故事说起。很多初学者以为计算机神乎其神,似乎什么都能干,所以就想当然起来,张某就是其中之一。张某刚学了几天 C 语言程序设计,就想试试自己的能力。他找来一道计算题,题目要求方程 $6x^2 + 5x - 24 = 0$ 的根。他一想,这个应该很简单,小菜一碟,立马写出了下述程序段。

```
float    x;                    /* 定义变量,这个他倒清楚   */
```

```
6*x*x + 5*x – 24 = 0;                /* 给出方程，让计算机求解  */
printf("%f", x);                     /* 输出结果              */
```

兴高采烈的张某上机一试，才发现错误一大堆，根本不可能得到想要的解。一头雾水的他呆了半晌，也没有找出问题的所在，最后像泄了气的皮球离开了。

张某实在想不明白的是——计算机不是很神吗？怎么这么简单一个方程都不能求解？恐怕大多数人刚开始都与张某一样，都有这样的疑问。

事实上，计算机确实不能求解上述方程，至少目前基本如此（第四代问题描述语言例外）。确切地说，**计算机只会帮我们"计算"，至于如何计算那就是我们的事情了。**

就本例而言，如果我们自己都不知道如何求解此方程，那就别指望计算机帮我们求解它。换句话说，我们得告诉计算机如何一步一步地去求解此方程，然后计算机按照我们的计算要求去一步一步地计算。只有很好地理解了这样的"计算思维"，我们才能写出下面的程序段。

```
float    x1,  x2,  d;               /* 定义变量   */
d = 5*5 – 4*6*(-24);
x1 = (-5 + sqrt(d))/(2.0*6);        /* 求根公式   */
x2 = (-5 – sqrt(d))/(2.0*6);        /* 求根公式   */
printf("%f, %f", x1, x2);           /* 输出结果   */
```

通过这个例子，大家应该明白计算机并不是你想象的那么"智能"，它只是会算，而且算的速度非常快。如果你要完成的计算任务比较复杂，又不能（或者不会）分解成计算机能接受的基本操作，那就没法利用计算机求解了。

6.6 效率与可读性

在日常生活中，我们都强调做事情要讲究效率，也就是在节约成本付出的情况下尽快完成要做的工作。既要效率高，也要效果好，至少人们希望如此。

利用计算机技术解决客观世界的实际问题也有相同的要求。人们当然希望程序的效率高且满足人们的计算需求。程序的效率通常指两方面：一是时间，二是空间。时间是指程序的运行时间，也就是它占用 CPU 的时间。运行时间越长，效率越低，运行时间越短，效率越高。人们自然希望一个程序的运行时间越短越好。空间是指程序运行时占据的存储空间。由于存储空间比较宝贵，当然希望程序占的空间越少越好，也就是程序占的空间越少，效率越高，反之效率就越低。

很多时候人们既追求时间效率，也追求空间效率，但很遗憾，事情不太可能总是那么完美，有时候只能二者选取其一。这就像一台天平，这头按下去了，另一头就会抬起来，就看看重什么以及如何取舍了。

在追求程序效率的时候，人们往往会采用各种程序设计"技巧"，这样又影响程序的可读性。程序的可读性又是一个什么概念？像故事情节离奇曲折的小说一样引人入胜吗？当然不是，而是人们容易读懂它。

程序的抽象性质要求程序简明易读，这样人们才能读懂它。只有读懂了才能进行维护、修改，所以有些文献把**可读性（Readability）**称为**可理解性（Understandability）**。易读是可理解的前提。我们写一个程序只写一次，一旦投入使用，阅读程序恐怕就要若干次，所以尽可能写得简明，哪怕费点事也要这样做。显然，可读性对于计算思维的理解和掌握是非常重要的！

简明性和程序设计语言的表达能力有关，同时与程序设计风格有关。推行一种约定的风格，大家都按这种风格行事，则程序就易读好懂了。这里有一个非常典型的例子，来自美国计算机科学家

D.E.Knuth 于 1968 年撰写了《The Art of Computer Programming》一书，我们不妨仔细读一读：

```
a = a – b;
b = a + b;
a = b – a;
```

其实，该程序段的功能与下面的程序段完全等价：

```
temp = a;
a = b;
b = temp;
```

哪一段程序更简单明了，相信大家一目了然。为什么出现这种情况呢？众所周知，早期的计算机速度低，存储容量小，评判一个程序的优劣自然是把运行效率放在首位。为了提高效率，众多程序员竞相追求"技巧"，即使能在程序中减少一条语句，节省一个存储单元，也会觉得很高兴。即使在学术界，当时多数人也把程序设计当成是艺术而不是科学。有些学者认为，既然对同一给定的问题可以设计出多种不同的程序，其差异将主要取决于程序员的创造力和风格，就如同文艺创作中的情况一样。D.E.Kruth 不仅撰写了《The Art of Computer Programming》，在 1974 年荣获计算机领域的最高奖图灵奖时，还以"Computer Programming as an Art"为题发表过演讲。这都是上述观点的反映。

简明性不等于简单性。问题本来就很复杂，我们不可能使它简单。但程序结构清晰，编排得体，容易看懂还是能做到的。**最重要的是不要人为地增加复杂性。**例如，下面两个程序片段都是解决同一问题的。请分析第一段程序这样写到底有什么好处。

```
int     a[10][10];
for ( i = 1; i < 10; i++ )
    for ( j = 1; j < 10; j++ )
        a[i][j] = (i/j) * (j/i);
```

我们也可以换一种写法：

```
int     a[10][10];
for ( i = 1; i < 10; i++ )
    {
    a[i][i] = 1;
    for ( j = 1; j < 10; j++ )
        if ( i != j )
            a[i][j] = 0;
    }
```

复杂性是一个更难于度量的概念。在算法设计的讨论中，复杂性专指时间和空间的复杂程度，即时空效率。这里说的复杂性是指程序系统结构的复杂性，即计算机软件是在处理复杂性。近年对复杂性方面也提出了一些度量准则，如 MaCabe 和 Hastead 量度等，但它们不是本书的内容，所以不作讨论。

程序实施就要占用一定的时间和空间资源。高效的程序占用空间很少、运行时间很短。这当然是我们所需要的。一般来说，时空效率总是人们追求的目标。

对于应用程序，有效性不仅取决于平台的硬件，还取决于软件环境（即支持程序运行的各种软件）。我们要在硬件、软件条件相同的情况下研究程序设计的有效性。

计算机发展的早期，计算机硬件设备价值昂贵，而且运算速度低，存储空间小，有效性成了程序设计的主要准则。有时为了争取小的空间或简化几个运算步骤，把程序搞得晦涩难懂。在当时情况下这样做也是值得的，虽然使用了较多的人工去琢磨巧妙的程序，但从高档机转到低档机并少付机时费和人力的劳务费，这还是有利的。为了提高时间效率，数值分析这门学科研究出许多成功的快速算法，而且多年来为争取时空效率积累了一批优秀的程序。这些程序充分利用了语言特征，算法巧妙，程序结构考究、运行快，空间利用合理，把程序设计技巧提高了一大步。至今，其中的一些程序还可以作为程序设计训练的范例。

然而，当今计算速度已较多年前提高了几个数量级，内存增大了若干倍，外存容量几乎达到无限。常见的计算问题几乎不存在时间不能容忍和内存放不下的问题，特别是软件技术的进展和海量存储的出现，使存储空间问题已经全部转化为存取时间长短的问题。因而，空间效率变得次要，只有在特殊情况下才去考虑时间和空间效率。例如，机载或弹载的计算机系统要考虑空间问题，超大型科技计算题目、人工智能以及复杂的实时控制课题仍有时间效率问题。

6.7　程序的构造特性

构造性并不是一个苦涩难懂的概念，就是指非常简单、基本的事物经过组合能产生结构复杂、功能多样的事物。人人家里都有彩色电视机，电视机屏幕上的画面绚丽多彩，可究其本质却是一个"三基色"原理。也就是一个漂亮的画面是由许多的色点组成的（如 1280×768 个色点），每个色点由三种基本颜色（红、绿、蓝）合成。可见，任何一个画面都可以通过三种基本颜色合成一个点，然后由若干个点组合而成。进一步说，一部电视剧就是由很多这样的画面构成的。呵呵，这就是构造性。

(a)

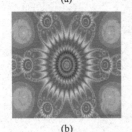

(b)

图 6-9　分形图

我们来看一个例子。图 6-9(a)是一棵蕨类植物，你会发现，它的每个枝杈都在外形上与整体相同，仅仅在尺寸上小一些。而枝杈的枝杈也与整体相同，只是变得更小。那么，枝杈的枝杈的枝杈呢？自不必赘言。如果你是个有心人，你一定会发现在自然界中有许多景物在某种程度上存在这种自相似特性，即它们中的一个部分与它的整体或者其他部分十分形似，如图 6-9(b)。类似的例子和图形很多，它们充分体现了构造性的神奇。

程序设计如同作家写文章，音乐家写乐谱，工程师绘制蓝图，计划工作者编制计划。它们共同的特点是，先于实施去"构造"程序。即把我们要求解的问题，通过语言媒介（计算机语言）构造出一个程序实体。这个程序实体付诸实施（即上机运行）就可体现我们解题的意愿。

构造性使我们编制程序时比较自由。只要能得出正确的解，怎样构造都行。因而决定了程序设计结果的多样性，即不同的人为解决同一问题编制的程序，其程序代码各不相同，然而，程序的功能却是等价的。

构造性决定了程序设计的工程性质。在桥梁工程上，很难说张工程师的焊接结构桥比李工程师的铆接结构桥一定要好多少，往往是在满足使用技术指标前提下各有优缺点。而且，在不同环境条件下，评价优缺点的尺度不同。例如，当焊接工匮乏不能按时完工时，即使铆接结构桥造价高也是较好方案。因而，程序设计的工程性质决定了程序（或软件）难于建立统一的、定量的程序质量评价标准。

构造性还决定了程序在投入使用前要先做验证（Verification）或测试。正如工程师绘制的产品图纸要进行样机试制、作曲家的乐谱要彩排一样。程序设计不像数学公式推导，只要证明每步推导是正确的，其结果立即可用。计算机科学家力图按数学方法推导程序，以减少验证和测试的费用。在这方面虽取得不少成果，但很难达到实用阶段。

今天能用高级语言编写程序，主要是因为计算机里有该语言的编译程序。如果没有系统程序支持，我们只能用机器语言编程序。多数初学者有这样的心理，他用 BASIC、FORTRAN、PASCAL 或 C 语言编写程序，从数据定义开始，直到所有函数（子程序）、所有语句编完为止，总觉得对可调用的、机器里已有的过程或函数感觉不够完美，总不放心。造成这种心理与我们对程序开发环境、对程序设计不完全理解有关。事实上，**计算机应用不能永远从"燧木取火"开始，要利用已有的数据包、程序库、软件。**正如为了吃顿面条，人们不必从种麦子、收割、磨面、擀面、切细到煮面一样，而多数人是去买切面或挂面，甚至买方便面或下饭馆。因而，要学会尽可能少编程序且取得最大效益。正确利用已有程序还可以减少编程差错。

为了有利于叠加性，我们自己设计的程序应尽可能分割为独立的小模块，功能明确而单一，以便增删或为其他程序所引用。

6.8 上下文无关文法

本书不打算给出"上下文无关方法"的定义，也不想过多地讨论理论问题，只想说这是一个非常有意思并且很重要的概念。读者在学习编译理论的时候自然会明白它的确切含义。让我们从一个生活中的例子说起。

无论是汉语还是外语，其语法都不是很严格的，往往取决于上下文甚至语用环境才能确认某些信息。例如，很多都喜欢看报纸，特别是《参考消息》。如果某一天你在《参考消息》上看到这么一个小标题：

"马副总理十八日赴美谈纺织品贸易"

你能明白是什么意思吗？这个"马副总理"到底是谁啊？对于非常关心时事政治的人，他也许是可以判断处理的。因为中国目前没有姓马的副总理，能涉及纺织品贸易谈判的大概只能是东南亚的马来西亚，不会是非洲的马达加斯加或马里。也就是说，他能判断出是马来西亚的副总理要去美国谈纺织品贸易。对于不关心时事政治的人只有看了下面的正文"**新华社吉隆坡十七日电 马来西亚……**"才能理解标题的确切含义。

计算机却没有这样的能力。也就是说，如果你先告诉计算机"马副总理十八日赴美谈纺织品贸易"，再告诉它"新华社吉隆坡十七日电 马来西亚……"，即便计算机能阅读中文，它还是搞不清楚这个"马副总理"是谁。原因就是目前计算机使用的语言系统多半都是上下文无关文法的形式语言系统，无法补充缺损信息、去掉冗余信息、将暂时不懂的信息搁置起来，待下文或经过推理后予以理解和补充。

理解了这个道理，大家就不会写出下面这样的程序代码了（该程序段直接来自学生的作业）。

```
main()
    {
    float       a, b, c, l, s;          /* 定义变量     */
    l = (a+b+c)/2.0;                     /* 周长的一半   */
    s = sqrt(l*(l-a)*(l-b)*(l-c));       /* 面积公式     */
    a = 5; b=7; c=8;                     /* 三条边长     */
    printf("The area is : %f\n", s);     /* 输出结果     */
    }
```

该程序的本意是利用公式 $s = \sqrt{l(l-a)(l-b)(l-c)}$ 计算三角形的面积，其中 a、b、c 为已知三角形的三个边长，l 为三角形周长的一半。

既然上下文无关文法这样"不通灵性"，为什么说它重要呢？原因在于它拥有足够强的表达能力来表示大多数程序设计语言的语法。实际上，几乎所有程序设计语言都是通过上下文无关文法来定义的。另一方面，上下文无关文法又足够简单，使得我们可以构造有效的分析算法，来检验一个给定字串是否是由某个上下文无关文法产生的。

6.9 二 义 性

程序设计的问题总是用非形式化的自然语言陈述出来的。程序设计的任务就在于将问题的非形式描述转变为形式化的描述，最后以形式语言实现形式化的描述。这样就会出现某些问题，如二义性。

二义性是指一个语句具有两种解释，或者说具有两种含义。这在自然语言里比较普遍。比如，法律条文就存在着不少漏洞以及或多或少的二义性，甚至多义性。也正因为如此，律师才有存在的必要。当某人犯法后，律师和法官就会进行激烈的争辩。按说依据的都是同一部法律，还有什么好争辩的呢？原因就是法律条文众多，且有二义性。法官依据某些条文这么理解，律师则依据另外的条文那样理解。经过激烈的庭审辩解后，法官最后才作出判决。不妨看一个有趣的案例——"星条旗保护焚烧它的人"。这是一个真实的故事，1984年，美国共和党全国代表大会在达拉斯召开期间，被告人约翰逊参加了一个政治性示威活动。示威结束前，约翰逊将一面美国国旗展开，并泼上煤油，点着了它。示威被驱散后，位于达拉斯的德克萨斯州法院判定约翰逊有罪，判处一年监禁并罚款2000美元。唯一使约翰逊受到有罪指控的是：他亵渎了作为国家象征的神圣的国旗，违反了德克萨斯州刑法的有关规定。但是，德克萨斯州刑事上诉法院推翻了州法院的判决，认为根据宪法第一修正案的原则，州法院在这起焚烧国旗案的情况下不能处罚约翰逊。刑事上诉法院发现，约翰逊焚烧国旗的行为属于宪法第一修正案保护的表达自由的行为。因此，刑事上诉法院裁定：德克萨斯州法院不能为了维护国旗作为国家统一的象征而将亵渎行为施以刑事处罚。本案最终上诉到联邦最高法院，最后高院确认约翰逊亵渎国旗的行为被判有罪不符合宪法第一修正案，约翰逊应该无罪释放。德克萨斯州法院判决约翰逊有罪，属于压制表达自由。

呵呵，关乎性命与财产的法律况且如此，何况其他东西。所以，很多单位或部门出台管理制度或条例时，总忘不了在后面加上一句话：本条例的解释权归某某单位或部门。据说，国际签署重要的协定需要同时具备用法语、英语、德语和中文书写的文本，目的就是避免单一语种容易出现二义性的问题。生活中有些人喜欢"指桑骂槐"，也或多或少地体现了二义性。

从某种意义上来说，计算机世界是刻板的，如果出现了二义性，就很难保证程序的正确性了，毕竟计算机不可能像人一样聪明、灵活地处理二义性问题。C语言中有一个典型的例子：

```
z = a+++b;
```

谁能说清楚这到底是什么意思呢？设计者也许想表达 $z=a+(++b)$，编译器也许就理解成了 $z=(a++)+b$，程序的阅读者似乎怎么理解都可以。这就很要命了！

类似的例子还有，如在进行C++面向对象程序设计，继承时，基类之间或基类与派生类之间发生成员同名时，将出现对成员访问的不确定性——同名二义性；当派生类从多个基类派生，而这些基类又从同一个基类派生，则在访问此共同基类中的成员时将产生另一种不确定性——路径二义性。程序设计者必须避免这些问题，给计算机一个明确的指令，机器才能给我们一个准确的答案。

6.10 严 谨 性

原则上，我们要做好任何事情都必须准确无误，然而用词不当的文章、印错的乐谱、有错的图纸、欠周密的计划却比比皆是。这实质上是人们在处理复杂事物时不可避免的现象。为了准确，往往采用渐近修正的方式。在信息领域里，如果处理的环境可以接受，那么带有一定错误的信息就不认为是个问题。例如，我们很难找到没有口误的教师、没有印刷错误的书籍。但绝大多数情况下不影响教学，因为学生有判断力。计算机世界就不是这样。计算机只能接受准确无误的信息。第四代以前计算机几乎没有判断力，稍一疏忽不是没有结果就是结果有错。在程序设计中，为不屑一顾的微小差错付出极大的代价是常有的事。

严谨性决定了程序设计不能用自然语言作为人机交互的媒介。自然语言有太多的随意性，结构缺失、颠三倒四的句子照样可以被人们所接受和理解，比如"你先走！"、"你走先！"、"先走吧，你！"。类似这样的句子如果搁到程序中，计算机非"傻眼"不可。再如，我们给人写信（不管是书信还是电子邮件），标点符号几乎都在乱用，漏掉几个字或者出现若干错别字都没有关系，反正对方基本上都能明白你的意思。如果是英文信件，个别地方大小写混乱都可以。这就是自然语言很不严谨的地方。

与计算机打交道可不是这样。让计算机完成一项工作，就得给它程序，并让它执行。而程序必须根据任务要求由我们自己去编写。胡乱编写的程序计算机肯定是不能接受的，必须严格按照计算机语言的语法要求描述任务的求解方法，然后才能交给计算机去执行，从而得到我们想要的结果。由于计算机语言是一种人工语言（非自然语言），且计算机又是一种呆板的机器，因此程序不能有任何语法或语义错误，否则就没有办法执行或者结果不可能正确。这就是程序设计的严谨性，也体现了人工机器语言与自然语言的巨大差异。

下面通过一个例子来体现这种严谨性。例如，银行存款 10000 元，月利息 6.8 厘。若按复利累计，那么存多少年后，本利和是 20000 元？看看程序里面出的错误（见图 6-10），如果不严谨、细致，我们是没有办法构造有意义的大程序的。所以严格遵守语法的规定来构造程序是我们必须做的。

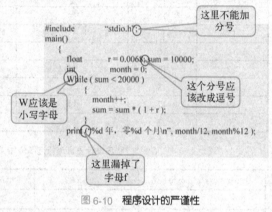

图 6-10　程序设计的严谨性

阅读材料：计算机语言概述

程序设计方法和技术在各时期的发展不但直接导致了一大批风格各异的高级语言的诞生，而且使许多新思想、新概念、新方法和新技术不仅在语言中得到体现，同时渗透到计算机科学的各个方向，从理论、硬件、软件到应用等方面深刻影响了学科的发展。

程序设计语言一直在快速演化之中，像 PHP、.NET、Java、Python、Ruby 等，都在不停地进化、创新。这些程序设计语言大都没有被列入高校课程教学之中，以至很多学生都不知道它们的存在（大多数学校只是把 C 和 VB 等列为必修课而已）。据报道，目前互联网第一巨头 Google 最紧缺的人才是类似 Python 的新兴语言程序员和 Linux 维护人员。TIOBE Software 对程序设计语言流行程度做了统计，给出了 Top10 的相关统计数据，分别见表 6-2、表 6-3（Lanpop.com 也作了类似的统计，并根据统计来源进行了分类）。这类统计更新频繁，最新情况大家自己上网查询。

（图）

以上统计图表对大家来说具有非常重要的指导意义，应该引起人们的重视。结合语言的地位、重要性、应用的普遍性以及其他一些因素，下面简要介绍几种常用的程序设计语言。

表 6-2　2011 年 9 月份至 2012 年 9 月份程序设计语言流行度统计

Position Sept 2012	Position Sept 2011	Delta in Position	Programming Language	Ratings Sept 2012	Delta Sept 2011	Status
1	2	↑	C	19.295%	+1.29%	A
2	1	↓	Java	16.267%	-2.49%	A
3	6	↑↑↑	Objective-C	9.770%	+3.61%	A
4	3	↓	C++	9.147%	+0.30%	A
5	4	↓	C#	6.596%	-0.22%	A
6	5	↓	PHP	5.614%	-0.98%	A
7	7	=	(Visual)Basic	5.528%	+1.11%	A
8	8	=	Python	3.861%	-0.14%	A
9	9	=	Perl	2.267%	-0.20%	A
10	11	↑	Ruby	1.724%	+0.29%	A
11	10	↓	JavaScript	1.328%	-0.14%	A
12	12	=	Delphi/Object Pascal	0.993%	-0.32%	A
13	14	↑	Lisp	0.969%	-0.07%	A
14	15	↑	Transact-SQL	0.875%	+0.02%	A
15	39	↑↑↑↑↑↑↑↑↑	Visual Basic .NET	0.840%	+0.53%	A
16	16	=	Pascal	0.830%	-0.02%	A
17	13	↓↓↓↓	Lua	0.723%	-0.43%	A-
18	18	=	Ada	0.700%	+0.02%	A--
19	17	↓↓	PL/SQL	0.604%	-0.12%	B
20	22	↑↑	MATLAB	0.563%	+0.02%	B

表 6-3　程序设计语言流行度 Top10 在 2012、2007、1997 和 1987 年的排名

Programming Language	Position Sept 2012	Position Sept 2007	Position Sept 1997	Position Sept 1987
C	1	2	1	1
Java	2	1	5	-
Objective-C	3	43	-	-
C++	4	5	2	6
C#	5	7	-	-
PHP	6	4	-	-
(Visual)Basic	7	3	3	5
Python	8	8	29	-
Perl	9	6	7	-
Ruby	10	10		

　　① FORTRAN 语言。1954 年 IBM 资助的一个委员会在巴库斯（John Backus）的领导下，设计用于表达数学公式和进行科学计算的语言。1957 年完成了第一个 FORTRAN 编译程序，它由 25000 行机器语言组成，耗资 250 万美元，安装在 IBM 704 计算机上。这是第一个成功的高级语言，使程序设计者从繁琐的汇编语言中解脱出来。

　　FORTRAN 是 FORmula TRANslator 的缩写，意为"公式翻译"。FORTRAN 语言是一种通用的计算机高级语言。1957 年它的问世使计算机程序编写发生了革命性的变化。它使工程师与科学家可以用比较自然的公式编写计算机程序。该语言至今仍然是科学家和工程师最主要的编程语言之一。

　　② Ada。以英国著名诗人拜伦（G. Byron）的独生女艾达·拜伦（Ada Byron）的名字命名的军用语言

Ada，是美国国防部在 1975～1983 年期间为统一高级语言、降低软件费用、提高嵌入式防务系统的可靠性而制定的新语言。这是一次规模宏大的行动，全球 1500 余名计算机科学家为此做出了贡献。

Ada 是直接体现当代软件工程方法学的一种语言，代表着程序设计技术的重大进展。它把这个领域的最好观点，例如数据抽象、信息隐藏以及强类型等，井井有条地汇集在一起。它代表了一种 Ada 文化。

③ BASIC。BASIC 语言全称是 Beginner's all Purpose Symbolic Instruction Code，意为"初学者通用符号指令代码"，表达了作者的初衷：它应该使初学者容易学习，让用户与计算机能友好地交互对话，能编各种通用程序。1964 年由美国达尔摩斯学院的基米尼（John Kemeny）和科茨（Thomas Kurtz）完成设计并推出了 BASIC 语言的第一个版本，经过不断丰富和发展，早已成为一种功能全面的计算机语言。BASIC 易学、易懂、易记、易用，是初学者的入门语言，也可以作为学习其他高级语言的基础。

1964 年至 1971 年为 BASIC 的成长阶段。1964 年的第 1 版只有 14 条语句，到 1971 年的第 6 版已表明 BASIC 成为相当稳定的通用语言。1985 年 Kemeny 和 Kurtz 又研制了 True BASIC，既保持了使初学者易学易用的优点，又进一步实现了程序的结构化，使它成为更加成熟的通用语言。适用范围已从基本程序设计训练扩大到复杂软件的研制。

④ C 与 C++。1972 年美国贝尔实验室的 Dennis M. Ritchie 发明了 C 语言。他在 Matin Richards 的 BCPL 语言和 Ken thompson 的 B 语言的基础上，发展了这种比较高级的语言。最初的 C 语言是为研制 UNIX 操作系统而设计的，并在 DEC PDP-11 小型机上首先实现。

1978 年，Brian W.Kernighan 和 Dennis M.Ritchie 出版了名著《The C Programming Language》，从而使 C 语言成为目前世界上流行最广泛的高级程序设计语言。

C 语言的主要特色是兼顾了高级语言和汇编语言的特点，简洁、丰富、可移植。它由函数组成，每个函数解决一个大问题中的小任务，函数使程序模块化。C 语言提供了结构化编程所需要的各种现代化的控制结构。

在微机上使用的有 Microsoft C、Turbo C、Quick C 等。

1980 年，贝尔实验室的 Bjarne stroustrup 发明了"带类的 C"，即增加了面向对象程序设计所需要的抽象数据类型——类。直到 1983 年才根据 Rick Maseitti 的建议，定名为 C++语言。C++是 C 语言为适应现代软件工程而发展的超集，目的是使程序员能写出更好的程序。

⑤ LISP。1958 年 MIT 的麦卡锡（John McCarthy）发明了 LISP 语言，是专用于人工智能和符号处理的计算机语言，是迄今在人工智能学科领域中应用最广泛的一种程序设计语言。LISP 处理的数据是符号，利用符号表达和处理知识时都以表的形式来表示，而且只使用 5 个基本函数就足以表达其字符集上任何可计算的函数，具有强有力的符号处理功能。直到今天，在美国它仍是该领域最重要的语言。麦卡锡发明 LISP 语言，只是把它作为工具，他的目标是制造具有人类智能的机器。

LISP 是 LISt Processor 的缩写，意为"表处理程序"，用于处理非数值数据，最适合需要处理符号的场合。目前，机械、建筑、电子等专业领域使用面较广的一个绘图软件 AutoCAD 就嵌入了一个简化了的 LISP 语言，既 AutoLISP，它是 LISP 语言的子集。

⑥ Java。Java 是一种简单的、面向对象的、分布式的、解释型的、健壮安全的、结构中立的、可移植的、性能优异、多线程的动态语言。Java 语言其实最早诞生于 1991 年，起初被称为 OAK 语言，是 SUN 公司为一些消费性电子产品而设计的一个通用环境。他们最初的目的只是为了开发一种独立于平台的软件技术，而且在网络出现之前，OAK 可以说是默默无闻，甚至差点夭折。但是，网络的出现改变了 OAK 的命运。

Java 的诞生是对传统计算机模式的挑战，对计算机软件开发和软件产业都产生了深远的影响：

⊙　软件 4A 目标要求软件能达到任何人在任何地方在任何时间对任何电子设备都能应用。这样能满足软件平台互操作、具有可伸缩性和重用性并可即插即用等分布式计算模式的需求。

⊙　基于构建开发方法的崛起，引出了 CORBA 国际标准软件体系结构和多层应用体系框架。在此基础上形成了 J2EE 平台和.NET 平台两大派系，推动了整个 IT 业的发展。

⊙　对软件产业和工业企业都产生了深远的影响，软件从以开发为中心转到了以服务为中心。中间件提供商、构件提供商、服务器软件以及咨询服务商相继出现。

⊙ 对软件开发带来了新的革命，重视使用第三方构件集成，利用平台的基础设施服务，实现开发各个阶段的重要技术，重视开发团队的组织和文化理念等。

⑦ PHP。PHP 最初是 1994 年 Rasmus Lerdorf 创建的，刚刚开始只是一个简单用 Perl 语言编写的程序，用来统计他自己网站的访问者。后来又用 C 语言重新编写，包括可以访问数据库。在 1995 年以 Personal Home Page Tools（PHP Tools）开始对外发表第一个版本，Lerdorf 写了一些介绍此程序的文档，并且发布了 PHP 1.0。在早期的这个版本中，提供了访客留言本、访客计数器等简单的功能。以后越来越多的网站使用了 PHP，并且强烈要求增加一些特性，比如循环语句和数组变量等等，在新的成员加入开发行列之后，在 1995 年中，PHP 2.0 发布了。第 2 版定名为 PHP/FI（Form Interpreter）。PHP/FI 加入了对 mySQL 的支持，从此建立了 PHP 在动态网页开发上的地位。1996 年底，有 15000 个网站使用 PHP/FI；1997 年，使用 PHP/FI 的网站数字超过 50000 个。在 1997 年开始了第 3 版的开发计划，开发小组加入了 Zeev Suraski 及 Andi Gutmans，而第三版就定名为 PHP3。2000 年，PHP 4.0 问世，其中增加了许多新的特性。

PHP 独特的语法混合了 C、Java、Perl 以及 PHP 自创新的语法，可以比 CGI 或者 Perl 更快速地执行动态网页。用 PHP 做出的动态页面与其他的编程语言相比，PHP 是将程序嵌入到 HTML 文档中去执行，执行效率比完全生成 HTML 标记的 CGI 要高许多；还可以执行编译后代码，编译可以达到加密和优化代码运行，使代码运行更快。

PHP 具有非常强大的功能，所有的 CGI 的功能 PHP 都能实现，而且支持几乎所有流行的数据库以及操作系统。

卜算子·博

宝刹照灵台，丹青描斠画。

微暗桃苞绘不均，布谷声声唱。

花信遍九州，春霁泽万物。

沃土殷殷只待耕，旌风盼劲树。

【注】霁：雨水。

第7章

基于计算之问题求解思想和方法

> 智慧是不会枯竭的，思想和思想相碰，就会迸溅无数火花。
>
> —— 马尔克林斯基

一个不争的事实是，基于计算的问题求解思想和方法在很多领域得到了广泛的应用，取得了令人惊叹的应用效果。

本章主要介绍计算思维在其他学科中的应用情况，由于不同学科领域都有各自不同的背景知识，不可能要求读者精通所有这些领域。这里介绍的是一种方法，一种解决问题的思维方式，只要理解问题求解的计算思维就可以了，至于具体的领域知识或者算法甚至程序代码不过是一种载体，帮助大家理解而已。

另外，由于学科领域众多，我们不可能就每个领域都介绍实例，只能选取一些基本的、多少有点共性的问题来介绍问题求解的计算思维。

7.1 重复迭代，寻根问底——方程求根

非线性科学是当今科学发展的一个重要研究方向，非线性方程的求根也成为其中一个重要内容。一般而言，非线性方程求根非常复杂，有时候很难精确求解，此时我们可以借助计算机来快速求解其近似根。

在实际应用中有许多非线性方程的例子，例如：① 在光的衍射理论（theory of diffraction of light）中，需要求 $x-\tan x=0$ 的根；② 在行星轨道（planetary orbits）的计算中，对任意 a 和 b，需要求 $x-a\sin x=b$ 的根；③ 在数学中，需要求 n 次多项式 $a_nx^n + a_{n-1}x^{n-1} +\cdots+a_1x + a_0 = 0$ 的根。

方程的一般形式为 $f(x)=0$。若 $f(x)$ 是非线性函数，则称 $f(x)=0$ 为一元非线性方程；若 $f(x)$ 是多项式函数，则称 $f(x)=0$ 为代数方程。例如：

$$f(x) = a_nx^n + a_{n-1}x^{n-1} +\cdots+a_1x + a_0 \qquad （其中 a_n \neq 0）$$

满足方程 $f(x)=0$ 的 x^* 值通常叫做方程的根或解，也叫函数 $f(x)$ 的零点。若 $f(x)=(x-x^*)^k g(x)$，$g(x^*)\neq 0$，则称 x^* 为方程 $f(x)=0$ 的 **k 重根**，或称为函数 $f(x)$ 的 **k 重零点**，即：

$$x^* 为函数 f(x) 的 k 重零点 \Leftrightarrow f(x^*) = f'(x^*) = \cdots f^{(k-1)}(x^*) = 0, f^{(k)}(x^*) \neq 0$$

7.1.1 二分法（Bisection Method）

二分法（Bisection Method）也称为对分区间法、对分法等，是最简单的求根方法，属于区间法求根类型。

在用二分法近似求根时，需要知道方程的根所在区间。若区间[a, b]含有方程 $f(x)=0$ 的根，则称[a, b]为 $f(x)=0$ 的有根区间；若区间[a, b]仅含方程 $f(x)=0$ 的一个根，则称[a, b]为 $f(x)=0$ 的一个单根区间。

1. 基本思想

设 $f(x)$ 为[a, b]上的连续函数，若 $f(a) \times f(b) < 0$，则[a, b]中至少有一个实根。如果 $f(x)$ 在[a, b]上还是单调递增或递减的，则 $f(x)=0$ 仅有一个实根。这就是**根的存在定理（零点定理）**，如图7-1所示。

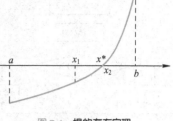

图7-1　根的存在定理

2. 构造原理和算法

直接取区间[a, b]的中点 $x=(a+b)/2$ 作为问题的近似解，那么我们可以估计出绝对误差仅为区间长的一半，即 $e=(b-a)/2$。如果这个结果能满足精度要求，则停止进一步计算，否则计算出 $f(x)$ 的值，结果只能是下面三种情况之一：① $f(a) \times f(x) < 0$，此时有 $x^* \in [a, x]$；② $f(x) \times f(b) < 0$，此时有 $x^* \in [x, b]$；③ $f(x)=0$，此时 x 即为问题的精确解。

在前两种情况下，可以用 x 分别替换原问题中的 b 或 a，从而把求解的区间减小一半。这样我们又可以取新区间[a, b]的中点。经过 n 次迭代后，剩下的区间长为 $(b-a)/2^n$。这也是计算结果的绝对误差。如此继续下去，就能达到有根区间逐步缩小的目的，在这些相互包含的子区间中构造收敛的数列 $\{x_k\}$ 来逼近根 x^*。

【例7-1】　求方程 $f(x)=x^3-11.1x^2+38.8x-41.77=0$ 的有根区间。

【分析】　方程的根 x^* 可以是实根也可以是复根，这里主要探讨如何求实根。求实根首先要确定根 x^* 所在区间[a, b]，称为有根区间。根据连续函数性质，若 $f(x)$ 在[a, b]上连续，当 $f(a) \times f(b) < 0$ 时，[a, b]为有根区间。为找到方程 $f(x)=0$ 的有根区间，可用逐次搜索法，也就是在 x 的不同点上计算 $f(x)$，观察 $f(x)$ 的符号，只要在相邻两点 $f(x)$ 反号，则得到有根区间。

【解】　根据有根区间定义，对方程的根进行搜索计算，结果如下：

x	0	1	2	3	4	5	6
$f(x)$符号	−	−	−	+	−	−	+

显然，该方程分别有3个根区间，即为[2, 3]，[3, 4]，[5, 6]。

3. 二分法求根算法

我们将上述二分法求根的思想和方法以算法的形式描述出来，需要的时候转换成计算机能够执行的程序，通过计算机就能快速地计算出精确度较高的近似解。程序如何编写，这里暂不展开讨论，了解该方法的思想和步骤更重要。

假设 $f(x)=0$，在区间[a, b]中只有一个根，且满足 $f(a) \times f(b) < 0$，求根的具体算法如下：

Step1：求出 a, b 的中点坐标：$x=\frac{1}{2}(a+b)$

Step2：计算 $f(x)$

Step3：判断 $f(x)$ 与 $f(a)$ 是否同号。

　　① 如果同号，则应在[x, b]中去找根，此时 a 已经不起作用，用 x 代替 a，用 $f(x)$ 代替 $f(a)$。

　　② 如果异号，说明应在[a, x]中去找根，此时 b 已经不起作用，用 x 代替 b，用 $f(x)$ 代替 $f(b)$。

Step4：判断 $f(x)$ 的绝对值是否小于某一指定的很小的值 ε（如 10^{-5}）。若不小于 ε，就返回Step1，重复执行Step1、Step2、Step3；若小于 ε，则执行Step5。

Step5：输出 x 的值，它就是所求出的近似根。

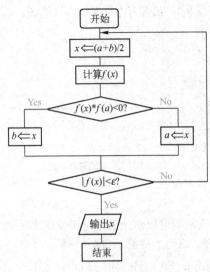

4. 实例分析

【例 7-2】 证明方程 $1-x-\sin x=0$ 在区间$[0, 1]$内有一个根，使用二分法求误差不超过 0.5×10^{-4} 的根要迭代多少次？

【证明】 令 $f(x)=1-x-\sin x$。

∵ $f(0)=1>0$，$f(1)= -\sin1<0$。

∴ $f(x)=1-x-\sin x=0$ 在$[0, 1]$有根。

又因为 $f(x)= -1-\cos x<0$（$x\in[0, 1]$），故 $f(x)$在区间$[0, 1]$内单调递减，有唯一实根。

给定误差限 $\varepsilon=0.5\times10^{-4}$，则

$$n\geqslant \frac{\ln(b-a)-\ln\varepsilon}{\ln2}=\frac{-\ln0.5+4\ln10}{\ln2}$$
$$=14.287$$

因此只要取 $n=15$ 即可。

图 7-2 二分法求根过程的流程图

【例 7-3】 已知 $f(x)=x^3+4x^2-10$ 在$[1, 2]$有一个零点，$f(1)=-5$，$f(2)=14$，用二分法计算结果如下：

n	有根区间	x_n	$f(x_n)$
1	[1.0, 2.0]	1.5	2.375
2	[1.0, 1.5]	1.25	−1.79687
3	[1.25, 1.5]	1.375	0.16211
4	[1.25, 1.375]	1.3125	−0.84839
5	[1.3125, 1.375]	1.34375	−0.35098
6	[1.34375, 1.375]	1.359375	−0.09641
7	[1.359375, 1.375]	1.3671875	0.03236
8	[1.359375, 1.3671875]	1.36328125	−0.03215

从以上实例分析，不难发现，二分法的优点在于：不管含根区间$[a, b]$多大，总能求出满足要求的近似根（通过计算机就能快速地达到目的），且对函数的要求不高，计算简单。其缺点在于：不能求重根，其收敛速度在数列 x_n 越靠近根时越慢。二分法一般用于为方程提供初始近似值，当计算出的近似根比较准确时，再用其他方法对近似根进一步精化。

7.1.2 简单迭代法

将方程 $f(x)=0$ 改写成等价形式 $x=\varphi(x)$，则 $f(x)=0$ 的根 x^* 也满足方程 $x=\varphi(x)$，反之亦然，则称 x^* 为 $\varphi(x)$ 的不动点。而求 $f(x)=0$ 的根的问题就变成了求 $\varphi(x)$ 的不动点问题。

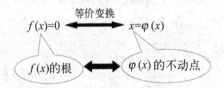

1. 不动点迭代法的基本过程

选取初值 x_0，以公式 $x_{n+1}=\varphi(x_n)$ 进行迭代，$\varphi(x)$ 称为迭代函数，若$\{x_n\}$收敛到 x^*，则 x^* 就

是 $\varphi(x)$ 的不动点。这种方法称为不动点迭代法。

将 $f(x)=0$ 转化为 $x=\varphi(x)$ 的方法可以有多种形式，如 $f(x)=x^3+4x^2-10=0$ 在[1, 2]上有以下变换方法。

① $x=x-x^3-4x^2+10$

② $x=(1/2)(10-x^3)^{1/2}$

③ $x=(10/x-4x)^{1/2}$

④ $x=[10/(4+x)]^{1/2}$

取 $x_0=1.5$，有的收敛，有的发散，有的收敛快，有的收敛慢。

【例 7-4】 用迭代法求解方程 $2x^3-x-1=0$ 的根。

① 将原方程化为等价方程 $x=2x^3-1$，如果取初值 $x_0=0$,，由迭代法可得：

$$x_0=0$$
$$x_1=2x_0^3-1=-1$$
$$x_2=2x_1^3-1=-3$$
$$x_3=2x_2^3-1=-55$$
$$\vdots$$

显然，迭代发散。

② 如果将原方程化为等价方程 $x=\sqrt[3]{\dfrac{x+1}{2}}$，仍取初值 $x_0=0$，则

$$x_1=\sqrt[3]{\frac{x_0+1}{2}}=\sqrt[3]{\frac{1}{2}}\approx 0.7937$$

$$x_2=\sqrt[3]{\frac{x_1+1}{2}}=\sqrt[3]{\frac{1.7937}{2}}\approx 0.9644$$

以此类推，可得 $x_2=0.9644$，$x_3=0.9940$，$x_4=0.9990$，$x_5=0.9998$，$x_6=1.0000$，$x_7=1.0000$。已经收敛，故原方程的解为 $x=1.000$。

可以发现，同样的方程不同的迭代格式有不同的结果，这与迭代函数的构造有关。

【例 7-5】 用迭代法求方程 $x^5-4x-2=0$ 的最小正根，计算过程保留 4 位小数。

【分析】 容易判断[1, 2]是方程的有根区间。

若建立迭代式子 $x=\dfrac{x^5-2}{4}$，即

$$\varphi(x)=\frac{x^5-2}{4}$$
$$|\varphi'(x)|=\frac{5x^4}{4}>1\,(x\in(1,2))$$

此时迭代发散。

若建立迭代式子 $x=\sqrt[5]{4x+2}$，即

$$\varphi(x)=\sqrt[5]{4x+2}$$
$$|\varphi'(x)|=\frac{4}{5\sqrt[5]{(4x+2)^4}}<\frac{4}{5}\,(x\in(1,2))$$

此时迭代收敛。

【解】 根据上面的迭代式子，取初值 $x_0=1$，则

$$x_1 = \sqrt[5]{4x_0 + 2} = \sqrt[5]{6} \approx 1.4310$$

$$x_2 = \sqrt[5]{4x_1 + 2} = \sqrt[5]{7.724} \approx 1.5051$$

$$x_3 = \sqrt[5]{4x_2 + 2} = \sqrt[5]{8.0204} \approx 1.5165$$

$$x_4 = \sqrt[5]{4x_3 + 2} = \sqrt[5]{8.066} \approx 1.5182$$

$$x_5 = \sqrt[5]{4x_4 + 2} = \sqrt[5]{8.0728} \approx 1.5185$$

取 $x^* \approx 1.5185$。

2. 迭代过程的收敛性

从前面的分析可知，收敛的迭代数列 $\{x_k\}$ 的极限是方程 $f(x)=0$ 的根，但计算机是不可能做无穷多次计算的（算法有穷性原则），因此迭代法一般只能求出具有任意指定精度的根的近似值。这样在给定精度后，了解迭代进行的次数（即何时终止迭代才能得到满足要求的近似根）就显得非常重要。

【定理】 设迭代函数 $\Phi(x) \in C[a, b]$ 满足下面条件：

（1）$x \in [a, b]$ 时，$\Phi(x) \in [a, b]$；

（2）$\exists\, 0 \leqslant L < 1$，使得 $|\Phi'(x)| \leqslant L < 1$ 对 $\forall x \in [a, b]$ 成立。

则任取 $x_0 \in [a, b]$，由 $x_{k+1} = \Phi(x_k)$ 得到的序列收敛于 $\Phi(x)$ 在 $[a, b]$ 上的唯一不动点，并且有误差估计式：

① $|x^* - x_k| \leqslant \dfrac{L}{1-L} |x_k - x_{k-1}|$ 　　　　② $|x^* - x_k| \leqslant \dfrac{L^k}{1-L} |x_1 - x_0|$

该定理的证明就不是本书的内容了，但给出了收敛迭代数列 $\{x_k\}$ 的误差估计式，利用它，在给定精度 $\xi > 0$ 后，要使 $|x^* - x_k| < \xi$，只要计算到 $\dfrac{L}{1-L} |x_k - x_{k-1}| < \xi$ 或 $\dfrac{L^k}{1-L} |x_1 - x_0| < \xi$ 即可。前者可以得到迭代次数 k 的值应取多大，但这样得到的 k 值往往偏大；后者是用刚算出的数列来估计误差的，它可用较小的迭代运算得到满足精度的近似解。

特别地，当 $L \leqslant 1/2$ 时，有不等式 $|x^* - x_k| \leqslant |x_k - x_{k-1}|$，此时可用更简单的不等式 $|x_k - x_{k-1}| < \xi$ 成立与否终止迭代，由于这个判别具有简单易处理的特点，在实际应用中，一般不管是否有 $L \leqslant 1/2$ 成立，都用 $|x_k - x_{k-1}|$ 是否小于某个充分小的值来作为终止条件，它通常也能求出满足精度的根。

简单迭代法的优点是理论丰富、算法简单、易于推广，缺点是不易找到收敛最快迭代函数和局部收敛。

7.1.3　牛顿法

将非线性方程 $f(x) = 0$ 逐步线性化而形成迭代公式即泰勒展开式。取 $f(x) = 0$ 的近似根 x_k，将 $f(x)$ 在点 x_k 做一阶泰勒展开：

$$f(x) = f(x_k) + f'(x_k)(x - x_k)$$

则

$$0 = f(x) \approx f(x_k) + f'(x_k)(x - x_k) \Rightarrow x = x_k - \frac{f(x_k)}{f'(x_k)}$$

于是可得著名的**牛顿迭代公式**：

$$x_{k+1} = x_k - \frac{f(x_k)}{f'(x_k)}$$

相应的迭代函数为

$$\varphi(x) = x_k - \frac{f(x_k)}{f'(x_k)}$$

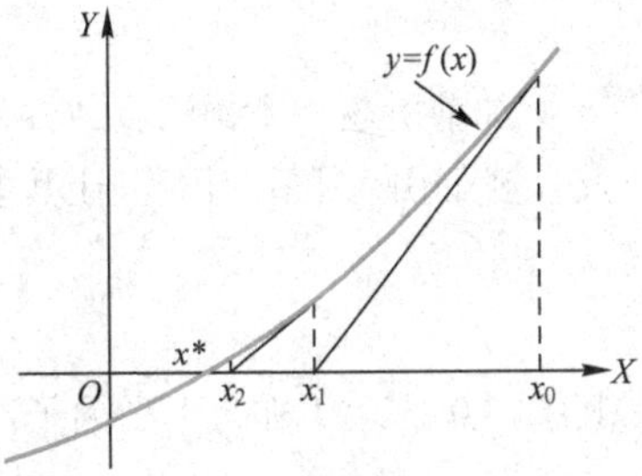

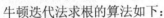

1. 牛顿法 $x_{k+1} = x_k - \dfrac{f(x_k)}{f'(x_k)}$ 的几何意义和算法

牛顿法的几何意义如图 7-3 所示。只要 $f \in C^1$，每一步迭代都有 $f'(x_k) \neq 0$，且 $\lim x_k = x^*$，则 x^* 就是 f 的根。

图 7-3　牛顿法的几何意义

牛顿迭代法求根的算法如下：

Step1: 初始化 x_0，δ，ε，置 i 为 0;
Step2: 如果 $|f(x_i)| \leqslant \varepsilon$，则停止。
Step3: 计算 $x_{i+1} \Leftarrow x_i - f(x_i)/f'(x_i)$。
Step4: 如果 $|x_{i+1} - x_i| < \delta$　或　$|f(x_i)| \leqslant \varepsilon$，则停止。
Step5: $i \Leftarrow i+1$，转至 Step3。

【例 7-6】　求解 $f(x) = e^x - 1.5 - \tan^{-1}x$ 的零点（初始点 $x_0 = -7.0$）。

【解】　$f(-7.0) = -0.702 \times 10^{-1}$，$f'(x) = e^x - (1+x^2)^{-1}$，计算结果如下（取 $|f(x)| \leqslant 10^{-10}$）：

k	x	$f(x)$
0	-7.0000	-0.0701888
1	-10.6771	-0.0225666
2	-13.2792	-0.00436602
3	-14.0537	-0.00023902
4	-14.1011	-7.99585e-007
5	-14.1013	-9.00840e-012

牛顿法收敛性依赖于 x_0 的选取，如果 x_0 的选取不恰当，可能求不出方程的根，如图 7-4 所示。

【例 7-7】　求解 $\sqrt{115}$ 的近似值，精度为 $\varepsilon = 10^{-6}$（初始点 $x_0 = 10$）。

【解】　该问题可转化为求解二次方程：$x^2 - 115 = 0$ 的正根，相应的牛顿迭代公式为

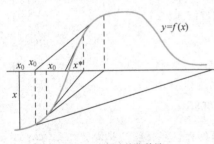

图 7-4　牛顿法的收敛性

$$x_{k+1} = \frac{1}{2}\left(x_k + \frac{115}{x_k}\right)$$

取初值 $x_0 = 10$，则 3 次迭代的结果如下：

k	x	$f(x)$
0	10	-15
1	10.75	0.5625
2	10.7238372	0.000684492
3	10.7238053	1.01852e-009

可见，3 次迭代就可得近似值：$\sqrt{115} \approx 10.723805$。

2. 牛顿下山法

如前所述，牛顿法收敛性依赖于 x_0 的选取，如果 x_0 的选取不恰当，可能求不出方程的根，因此，我们引入下山因子，让其能够成功收敛。

$$x_{k+1} = x_k - \lambda \frac{f(x_k)}{f'(x_k)}$$

其中，$0 < \lambda \leqslant 1$ 称为下山因子，为保证迭代过程中下山成功（使 $|f(x_k)| > |f(x_{k+1})|$ 成立），必须选取适当的下山因子 λ。取 $\lambda \in \left\{ 1, \frac{1}{2}, \frac{1}{4}, \cdots, \frac{1}{2^n}, \cdots \right\}$，从中依次挑选下山因子。

牛顿法是一种局部收敛方法，通常要求初始近似解 x_0 在解 x^* 附近才保证迭代序列收敛。为扩大收敛范围，使对任意 x_0 迭代序列收敛，通常可引入参数，并将牛顿迭代改为

$$x_{k+1} = x_k - \lambda_k \frac{f(x_k)}{f'(x_k)} \qquad k = 0,1,2,\cdots$$

其中 $0 < \lambda_k \leqslant 1$，称为下山因子，我们将上式称为牛顿下山法。通常可选择 $0 < \lambda_k \leqslant 1$，使 $|f(x_{k+1})| < |f(x_k)|$，计算时可取 $\lambda_k = 1, \frac{1}{2}, \frac{1}{4}, \cdots$，直到满足要求为止。由此得到的序列 $\{x_k\}$ 由于满足下山条件 $|f(x_{k+1})| < |f(x_k)|$，故它是收敛的。

【例 7-8】 用牛顿下山法求 $f(x) = x^3 - x - 1 = 0$ 的解，取 $x_0 = 0.6$，精确到 10^{-5}。

【解】 由于 $f(x) = x^3 - x - 1$，$f'(x) = 3x^2 - 1$，由牛顿下山法得：

$$x_{k+1} = x_k - \lambda_k \frac{x_k^3 - x_k - 1}{3x_k^2 - 1}$$

若 $x_0 = 1.5$，用牛顿法（$\lambda_k = 1$）迭代 3 步则求得解 x^* 的近似 $x_3 = 1.324\,72$。现用 $x_0 = 0.6$，$\lambda_k = 1$，则 $x_1 = 17.9$，且 $f(0.6) = -1.384$，而 $f(x_1) = 5716.439$，$|f(x_1)| > |f(x_0)|$ 不满足下山条件。通过试算，当 $\lambda_0 = \frac{1}{32}$ 时，$x_1 = 1.140625$，$f(x_1) = -0.656643$ 满足 $|f(x_1)| < |f(x_0)|$。

以下计算 x_2，x_3，$\cdots$ 时，参数 $\lambda_1 = \lambda_2 = \cdots = 1$，且

$$x_2 = 1.36681, \quad f(x_2) = 0.18664$$
$$x_3 = 1.32628, \quad f(x_3) = 0.0067$$
$$x_4 = 1.32472, \quad f(x_4) = 0.0000086$$

总之，当牛顿法不收敛时，就可以采用牛顿下山法求近似根，具体做法是取 $\lambda_k = 1, \frac{1}{2}, \frac{1}{4}, \cdots$，每次缩减成一半，并检验 $|f(x_{k+1})| < |f(x_k)|$ 是否成立，若成立，则做下一步。

7.1.4 其他求根方法

1. 正割法

不难看出，牛顿法是二阶收敛方法，每步都要计算 f 和 f'，相当于 2 个函数值，比较费时；另外，在很多情况下求解函数的导数值也是比较困难的。因此，我们可以考虑稍微改进牛顿法：用 f 的值近似 f'，可少算一个函数值。但需要 2 个初值 x_0 和 x_1，这样可以在一定程度上减少计算工作量，如图 7-5 所示。割线的斜率为：

$$f'(x_k) \approx \frac{f(x_k) - f(x_{k-1})}{x_k - x_{k-1}}$$

$$x_{k+1} = x_k - \frac{f(x_k)(x_k - x_{k-1})}{f(x_k) - f(x_{k-1})}$$

2. 艾特肯（Aitken）加速方法

有的迭代过程虽然收敛，但速度很慢，因此迭代过程的加速也是一个重要的研究课题。

设 x_0 是根 x^* 的某个近似值，用迭代公式校正一次得 $x_1 = \varphi(x_0)$，根据微分中值定理，则

$$x_1 - x^* = \varphi(x_0) - \varphi(x^*) = \varphi'(\xi)(x_0 - x^*)$$

其中，ξ 介于 x^* 与 x_0 之间。

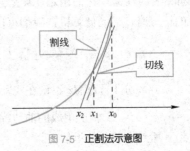

图 7-5 正割法示意图

假设 $\varphi'(x)$ 改变不大，近似地取某个近似 L，则

$$x_1 - x^* \approx L(x_0 - x^*)$$

若将校正值 $x_1 = \varphi(x_0)$ 再校正一次，又得 $x_2 = \varphi(x_1)$。由于

$$x_2 - x^* \approx L(x_1 - x^*)$$

在两式中消去 L，得到

$$\frac{x_1 - x^*}{x_2 - x^*} \approx \frac{x_0 - x^*}{x_1 - x^*}$$

由此推得

$$x^* \approx \frac{x_0 x_2 - x_1^2}{x_2 - 2x_1 + x_0} = x_0 - \frac{(x_1 - x_0)^2}{x_2 - 2x_1 + x_0}$$

在计算 x_1 及 x_2 后，可用上式右端作为 x^* 新的近似值，记为 $\bar{x}_1$，一般情形由 x_k 计算 x_{k+1}、x_{k+2}，则

$$\bar{x}_{k+1} = x_k - \frac{(x_{k+1} - x_k)^2}{x_k - 2x_{k+1} + x_{k+2}} = x_k - \frac{(\Delta x_{k+1})^2}{\Delta x_{k+2} - \Delta x_{k+1}} \quad (k = 0, 1, \cdots)$$

该方法称为艾特肯加速方法。

可以证明：

$$\lim_{k \to \infty} \frac{\bar{x}_{k+1} - x^*}{x_k - x^*} = 0$$

它表明序列 $\{\bar{x}_k\}$ 的收敛速度比 $\{x_k\}$ 的收敛速度快。

本节讨论了求解非线性方程近似根常用的一些计算思想：先要确定有根区间，且对于收敛的迭代式子，这个区间要足够小。针对各种求根的数值计算方法的特点，要考虑其收敛性、收敛速度和计算量。

对于精度要求较高的求根，为了减轻计算工作量，快速得到想要的结果，我们可以借助计算机来完成：先将这些求解近似根的计算思想转换成计算机算法，进而根据算法编写程序，然后让计算机自动高速进行计算，将我们从繁重的计算中解放出来。

7.2 有限划分，无限逼近——定积分的计算

传统计算定积分的一个简便的方法就是利用牛顿-莱布尼茨公式，但在很多实际问题中，被积函数可能难以用算式给出，有些函数的原函数不能用初等函数表达出来或者很难表达，这就给定积

分的计算带来一定的困难，甚至会遇到"积不出来"的情况。在利用传统数学手段解决不了定积分的计算时，借助计算机，我们可以用近似方法解决这一问题。

7.2.1 问题求解的基本思路与方法

定积分 $\int_a^b f(x)\mathrm{d}x$ 不论在实际问题中的意义是什么，在几何意义上都等于曲线 $f(x)$、两条直线 $x=a$、$x=b$ 与 X 轴所围成的曲边梯形的面积。因此，只要近似地算出相应的曲边梯形的面积，就得到了所给定积分的近似值。

我们可以根据定积分的定义 $\int_a^b f(x)\mathrm{d}x = \lim\limits_{n\to\infty}\sum\limits_{i=1}^n f(\xi_i)\Delta x_i (\xi_i \in [x_{i-1}, x_i])$，推算出定积分的近似值求解表达式：$\int_a^b f(x)\mathrm{d}x \approx \sum\limits_{i=1}^n f(\xi_i)\Delta x_i (\xi_i \in [x_{i-1}, x_i])$。

显然，n 取值越大，得到的近似值越接近真实值，当然，与之相应的计算工作量就越大。传统的计算方法恐怕难以应付了。要想快速计算出精度更高的结果，可把求解过程（即算法）程序化，然后让计算机来计算，即可快速获得满意的近似解。

根据 $\sum\limits_{i=1}^n f(\xi_i)\Delta x_i$ 的计算精度和要求，可以采取矩形法、梯形法和抛物线法来求解。

1. 矩形法

最容易想到一种方法就是用一系列小矩形面积代替小曲边梯形面积，我们把这个近似计算方法称为**矩形法**。不过，只有当积分区间被分割得很细时，矩形法才有一定的精确度，针对不同 ξ_i 的取法，计算结果也会有不同。

分割： 为计算方便，采取等分法。把区间 $[a, b]$ 分为 n 等分，即用分点 $a = x_0 < x_1 < x_2 < \ldots < x_{n-1} < x_n = b$，把区间 $[a, b]$ 分成 n 个长度相等的小区间，每个小区间的长度为 $\Delta x_i = \dfrac{b-a}{n}$。

取点与求和： 点 $\xi_i \in [x_{i-1}, x_i]$ 可以任意选取，但为了计算方便，可以选择一些特殊的点，如区间的左端点、右端点或者中点。

① 左点法求和（如图 7-6 所示）

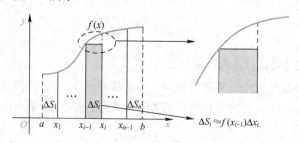

图 7-6　矩形法求定积分（左点法）

对等分区间 $a = x_0 < x_1 < \cdots < x_i = a + \dfrac{b-a}{n}i < \cdots < x_n = b$ 在区间 $[x_{i-1}, x_i]$ 上取左端点，即取 $\xi_i = x_{i-1}$，从而对于任一确定的自然数 n，则

$$\int_a^b f(x)\mathrm{d}x \approx \frac{b-a}{n}(f(x_0) + f(x_1) + \cdots + f(x_{n-1}))$$

以 $\int_0^1 \dfrac{\mathrm{d}x}{1+x^2}$ 为例（取 $n=100$），采用左点法计算其定积分的近似值：

$$\int_0^1 \frac{dx}{1+x^2} \approx \frac{1-0}{100}\left(f(0)+f(0.01)+\cdots+f(0.99)\right) \approx 0.78789399673078$$

已知理论值 $\int_0^1 \frac{dx}{1+x^2} = \frac{\pi}{4}$，此时计算的相对误差为 $\left|\dfrac{0.78789399673078-\pi/4}{\pi/4}\right| \approx 0.003178$。

② 右点法求和（如图 7-7 所示）

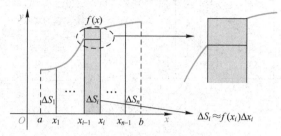

图 7-7　矩形法求定积分（右点法）

区间划分与①相同，在区间 $[x_{i-1}, x_i]$ 上取右端点，即取 $\xi_i = x_i$，从而对于任一确定的自然数 n 有

$$\int_a^b f(x)dx \approx \frac{b-a}{n}(f(x_1)+f(x_2)+\cdots+f(x_n))$$

仍以 $\int_0^1 \frac{dx}{1+x^2}$ 为例（取 $n=100$），采用右点法计算其定积分的近似值：

$$\int_0^1 \frac{dx}{1+x^2} \approx \frac{1-0}{100}\left(f(0.01)+f(0.02)+\cdots+f(1)\right) \approx 0.78289399673078$$

已知理论值 $\int_0^1 \frac{dx}{1+x^2} = \frac{\pi}{4}$，此时计算的相对误差为 $\left|\dfrac{0.78289399673078-\pi/4}{\pi/4}\right| \approx 0.003188$。

可见，取左端点与取右端点所得结果基本一样。

③ 中点法求和

前两种计算方法表明：左点法与右点法的相对误差几乎一样，有没有更精确的方法呢？善于思考的同学可能想到了另外一种取点方法：区间划分与①相同，在区间 $[x_{i-1}, x_i]$ 上取中点，即取 $\xi_i = \frac{x_{i-1}+x_i}{2}$，从而对于任一确定的自然数 n，则

$$\int_a^b f(x)dx \approx \frac{b-a}{n}\left(f\left(\frac{x_0+x_1}{2}\right)+f\left(\frac{x_1+x_2}{2}\right)+\cdots+f\left(\frac{x_{n-1}+x_n}{2}\right)\right)$$

采取这种方法计算出来的近似结果是否更接近真实值呢？我们不妨验证一下。

仍以 $\int_0^1 \frac{dx}{1+x^2}$ 为例（取 $n=100$），采用中点法计算其定积分的近似值：

$$\int_0^1 \frac{dx}{1+x^2} \approx \frac{1-0}{100}\left(f(0.005)+f(0.015)+\cdots+f(0.995)\right) \approx 0.78540024673078$$

已知理论值 $\int_0^1 \frac{dx}{1+x^2} = \frac{\pi}{4}$，此时计算的相对误差为 $\left|\dfrac{0.78540024673078-\pi/4}{\pi/4}\right| \approx 2.653\times10^{-6}$。

不难看出，如果 n 取值不大（如 100），以上三种矩形取点法中的中点法求和的结果相对要精确得多。如果 n 取值足够大，则三种取点方法求和所得结果应该无限接近，误差也会越来越小。

人们可能会进一步思考：如果在分割的每个小区间上采用一次或二次多项式（直线或抛物线）来近似代替被积函数，那么可以期望得到比矩形法效果好得多的近似计算公式。的确如此，下面介绍的梯形法和抛物线法就是这一指导思想的产物。

2. 梯形法

把曲边梯形分成若干个小的窄曲边梯形，对每个小窄曲边梯形面积都用相应的小直边梯形面积来近似代替，将它们相加，从而得到定积分的近似值，如图 7-8 所示。

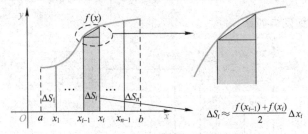

$$\Delta S_i \approx \frac{f(x_{i-1}) + f(x_i)}{2} \Delta x_i$$

图 7-8　梯形法求解定积分

等分区间：

$$a = x_0 < x_1 < \cdots < x_i = a + \frac{b-a}{n}i < \cdots < x_n = b, \quad \Delta x = \frac{b-a}{n}$$

将曲线 $y = f(x)$ 上相邻的点用线段两两相连，这使得每个 $[x_{i-1}, x_i]$ 上的小曲边梯形成为真正的小直边梯形，其面积为

$$\Delta S_i \approx \frac{f(x_{i-1}) + f(x_i)}{2} \Delta x_i, \quad i = 1, 2, \cdots, n$$

于是各小直边梯形面积之和就是曲边梯形面积的近似值为

$$\int_a^b f(x) \mathrm{d}x \approx \sum_{i=1}^n \frac{f(x_{i-1}) + f(x_i)}{2} \Delta x$$

即

$$\int_a^b f(x) \mathrm{d}x \approx \frac{b-a}{n} \left(\frac{f(x_0)}{2} + f(x_1) + \cdots + f(x_{n-1}) + \frac{f(x_n)}{2} \right)$$

称此式为梯形公式。

仍以 $\int_0^1 \frac{\mathrm{d}x}{1+x^2}$ 的近似计算为例，取 $n=100$，可得：

$$\int_0^1 \frac{\mathrm{d}x}{1+x^2} \approx \frac{1-0}{100} \left(\frac{f(0)}{2} + f(0.01) + \cdots + f(0.99) + \frac{f(1)}{2} \right) \approx 0.78539399673078$$

已知理论值 $\int_0^1 \frac{\mathrm{d}x}{1+x^2} = \frac{\pi}{4}$，此时计算的相对误差为 $\left| \frac{0.78539399673078 - \pi/4}{\pi/4} \right| \approx 5.305 \times 10^{-6}$。

显然，这个误差要比简单的矩形左点法和右点法的计算误差小得多，细心的同学可能发现这个误差值与矩形中点法的误差值在同一个数量级，但是比矩形中点法的误差稍大，随着 n 的取值的逐渐增大，梯形法与矩形中点法这两种取点方法究竟谁误差更小呢？大家可以自己去思考和验证。

3. 抛物线法

梯形法是在每个小区间上用线段来近似替代原来的曲线段，即用线性函数近似替代被积函数，从而得到定积分的近似值，虽然比简单的矩形左点法和右点法误差小，但不够精确，如果每段改用与它的凸性相接近的二次曲线来近似时，应该会更精确，这就是抛物线法，又叫辛卜生（Simpson）方法，如图 7-9 所示。

计算定积分的近似值的方法还有很多，限于篇幅，此处不一一展开讨论。实际上，大家也可以自己尝试设计一些新的方法来求定积分的近似值。

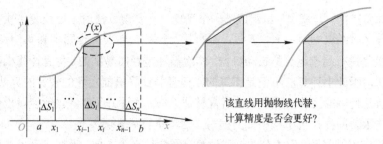

该直线用抛物线代替，
计算精度是否会更好？

图 7-9　抛物线法求解定积分

7.2.2　求解算法

前面讨论了几种近似计算定积分的思路与方法，并且以 $\int_0^1 \frac{dx}{1+x^2}$ 的近似计算为例，取 $n=100$ 时，分别用不同的算法计算出了近似值。如上所述，n 取值越大，得到的近似值越接近真实值，但是与之相应的计算工作量就越大。要想快速计算出精度更高的结果，依靠手工计算显然是不太现实了甚至不太可能了。我们可以将算法计算机化（即将算法转换成计算机能执行的程序），以便借助于计算机来实现。

仍以定积分 $\int_a^b f(x)dx$ 的近似计算为例，我们来看如何在计算机中描述矩形法中的右点法算法。

1. 原始的算法

步骤 1：求 $(b-a)/n$，将区间等分成 n 份。
步骤 2：求 $f(x_1)$ 的值。
步骤 3：求 $f(x_2)$ 的值。
……
步骤 $n+1$：求 $f(x_n)$ 的值。

步骤 $n+2$：求 $f(x_1)+f(x_2)+\ldots+f(x_n)$ 的和 $\sum_{i=1}^{n} f(x_i)$。

步骤 $n+3$：将步骤 $n+2$ 的结果乘以步骤 1 的结果，得到一个值，这个值就是最后的结果。

显然，这样的算法虽然是正确的，但太烦琐。如果 n 取值 1000，则要书写 1003 个步骤，明显是不可取的。每次都要单独存储计算出来的值，也不方便。那么，我们是否能找到一种通用的表示方法呢？答案是肯定的。

2. 改进算法

我们知道，近似计算时，a、b、n 都是已知数，因此可以只设置四个变量，分别存放 $(b-a)/n$、a、$f(x)$ 的值和 $f(x)$ 的累加和。设 h 存储 $(b-a)/n$，x 存放 a 的值，y 存放 $f(x)$ 的值，sum 存放 $f(x)$ 的累加和及最终结果，用循环算法来求结果，可将算法改写如下：

步骤 1：$h \Leftarrow (b-a)/n$
步骤 2：$x \Leftarrow a$
步骤 3：sum $\Leftarrow 0$
步骤 4：使 $x+h$，和仍放在变量 x 中，可表示为：$x \Leftarrow x+h$
步骤 5：计算 $f(x)$，使 $y = f(x)$
步骤 6：使 sum$+y$，和仍放在 sum 中，可表示为 sum $\Leftarrow$ sum$+y$
步骤 7：如果 $x<b$，返回重新执行步骤 4 以及其后的步骤 5 和步骤 6；否则执行步骤 8。
步骤 8：使 sum$*h$，积仍放在 sum 中，算法结束。最后得到的 sum 值就是 $\int_a^b f(x)dx$ 的近似值。

显然，这个算法比前面列出的原始算法简练，只用 8 条语句就描述清楚了。这种方法表示的算法具有通用性、灵活性。步骤 4~6 组成了一个循环，在实现算法时，要反复多次执行，直到某一时刻，执行步骤 7 时经过判断，$x \geqslant b$ 时，不再执行循环，转而执行完步骤 8，此时算法结束。

由于计算机是进行高速运算的自动机器，实现循环是轻而易举的，所有计算机高级程序设计语言都有循环语句，因此上述算法不但是正确的，而且是计算机能实现的较好的算法。

显然，算法是程序的灵魂，程序设计语言只是工具，设计好了算法，就能轻松选择一种高级语言编程实现算法了。同样，至于程序如何编写，这里不再展开。

随着计算机应用的普及，定积分的近似计算已经变得更为方便，现在已有很多现成的数学软件可用于定积分的近似计算，如 Matlab、Maple、Mathematica 等。

以定积分 $\int_0^1 \frac{\mathrm{d}x}{1+x^2}$ 的近似计算为例，简单介绍利用 Matlab 中的函数求定积分的近似值。

以 Matlab 中的梯形法函数 trapz 为例。其中，x 为分割点（节点）组成的向量，y 为被积函数在节点上的函数值组成的向量。

已知 a=0，b=1，取 n=100，$y_i = f(x_i) = 1/\left(1+x_i^2\right)$，trapz(x, y) 函数命令：

```
>> x=0:1/100:1;
>> y=1./(1+x.^2);
>> trapz(x, y)
```

与梯形算法公式 $\int_0^1 \frac{\mathrm{d}x}{1+x^2} \approx \frac{1-0}{100}\left(\frac{f(0)}{2} + f(0.01) + \cdots + f(0.99) + \frac{f(1)}{2}\right)$ 对比，我们发现，通过数学软件计算更简便，只需要输入几个命令和参数，其余工作交给软件去做，即可马上得到结果。但是，我们必须认识到：无论这些软件多么强大，都是根据我们介绍的方法和算法来实现的。算法可以理解为是定义良好的计算过程，是程序或软件的灵魂。掌握了算法，才是掌握了程序设计的精髓。

7.3　千年求精，万年求真——求解圆周率 π

古今中外，许多人致力于 π 的研究与计算。为了计算出 π 更精确的近似值，一代代的数学家为这个神秘的数贡献了无数的时间与心血。随着电子计算机的发明与诞生，π 值计算取得了突飞猛进。借助于超级计算机，人们已经得到了 π 的 2061 亿位的精度。本节先简单介绍圆周率的计算史，然后给出计算机求解圆周率的方法，从中可以看到计算机是如何"神机妙算"的。

7.3.1　关于圆周率的计算

圆是最简单、最基本的曲线图形，其度量问题在古代几何学中占有相当重要的地位。因为在人类对于形状的认识与探测的过程中，它是人类处理方法上由"直"跨入"曲"的关键一步，也是人类在思想观念上从"有限"到"无限"的一次历史性飞跃。世界文明古国中，有许多关于圆周率的研究：早在公元前 400 年就推算出 π=3，古希腊的阿基米德则在公元前 200 年推算出 π=3.14286。在公元前 100 年，中国的古籍《周髀算经》中就记载着"周三径一"（即 π=3）。

计算机出现之前，许多数学家为了圆周率的计算，付出了难以想象的艰苦劳动。从公元前至今的几千年漫长的岁月中，很多数学家都曾亲自动手计算过 π，都体会过 π 值计算的艰辛。

7.3.2　圆周率的计算史

π 的计算经历了几千年的历史，它的每一次重大进步都标志着技术和算法的革新。关于圆周率的计算大概可以分为以下几个时期。

1. 实验时期

早在阿基米德（Archimedes）之前，π 值的测定常凭直观推测或实物度量而得到。赖因德纸草书是现存世界上最古老的数学书（约产生于公元前 1650 年），其中记载圆面积的算法为直径减去它的 $\frac{1}{9}$，然后加以平方，按照这个方式计算，则圆周率大约为 3.16049。旧的圣经中也有圆周率为 3 的记述。在中国也使用了圆周率为 3 的粗略值，中国古籍《九章算术》第一章中的记载："今有圆田，周三十步，径十步，为田几何？"就认定 π 为 3。有人推测在公元前若干个世纪，就已经使用 $\pi=3$ 的圆周率了，在古印度时期，使用的 π 值，常常引用式子

$$\pi = \frac{4}{\left[1 + \frac{1}{3(\sqrt{2}+1)}\right]^2} \approx 3.0883$$

表示，π 值约为 3。

2. 几何法时期

阿基米德用几何的方法，证明了圆周率是介于 $3\frac{3}{7}$ 与 $3\frac{10}{71}$ 之间，现在人们常利用 $\frac{22}{7}$ 来计算 π 的近似值。公元 150 年左右，希腊天文学家托勒密（Ptolemy）制作了一个弦表（正弦函数表的雏形）来计算圆周率，其值为 $\frac{377}{120} = 3.1416$，比阿基米德的计算结果更精确。九章算术第一章方田的第 32 题提到计算圆面积的法则："术曰：半周半径相乘得积步"。若圆面积为 A、圆周长为 C、半径为 r，则 $A=(C \times r)/2$。如果用我们现在已经知道的圆周公式 $C=2\pi r$ 代入，则 $A=\pi r^2$ 就是圆面积的公式，可见九章算术对圆面积计算法则的叙述是正确的。刘徽在九章注解上给出了该法则的详尽证明，并且指出比较精确的圆周率 $\frac{157}{50}$（此亦称为徽率）。刘徽所用的方法是"割圆术"，也就是利用圆内接正六边形做起，不断地分割各个弧段，逐步割出内接正 12 边形、24 边形、48 边形、96 边形、192 边形。然后利用圆内接正 192 边形，求圆面积的近似值，最后算得 π 值为 3.14。不过当年还未曾引进极限的观念，所以不管圆内接正 n 边形的 n 有多大，始终只是近似值。

刘徽之后 200 年，天文学家祖冲之（429—500 年），利用刘徽的"割圆术"，在圆周率上的计算取得了更大的突破，他已经算出 3.1415926 < π < 3.1415927，也就是 π 的近似值到小数点后第 7 位，这是相当精确的圆周率，在当时是世界首次。这样的结果保持了 1000 多年的世界记录。在 1429 年，伊朗一位天文学家、数学家卡西（Kashi），曾经算出 π=3.14159265358979325，精确度达到小数点后第 16 位。100 年后，这个纪录又被荷兰数学家卢道夫（Ludolph Van Cenlen）打破了。

利用几何方法求 π 值，必须做很大的计算量，有些数学家甚至为之耗费了毕生的精力。数学家卢道夫在 1596 年计算正 60×2^{33} 边形的周长，将 π 的近似值准确地计算到了小数点后 20 位。此后他在临死前又计算出了圆内接正 2^{62} 边形的周长，从而准确地算出小数点后 35 位。卢道夫为此感到自豪，他留下遗言，要求在他去世后的墓碑上刻上 3.14159265358979323846264338327950288 这个数。因此，德国人也把 π 称为"卢道夫数"。此外，将 π 的计算结果刻在墓碑上的还有 19 世纪的英国人香克斯。

从上述介绍我们可以发现，从阿基米德到卢道夫，也就是从公元前 3 世纪到 17 世纪约 20 个世纪中，2000 年的岁月流逝了，π 的近似值从小数点后第 2 位精确到第 35 位。也就是说，2000 年间 π 的精度才延长了 33 位。

在计算机还未发明以前，这几乎是人工计算所能达到的最高记录了，因为人们所用的计算工具是算筹，而用算筹取得这一高精度是极其困难的。17 世纪出现了数学分析，利用这个工具使得 π 的历史又进入一个新的阶段。

3. 分析法时期

这一时期人们开始摆脱利用多边形周长的计算方法，开始利用无穷级数或无穷连乘积来计算 π，其中有以下几种形式表示。

第一种形式： 由英国人韦达（Vieta）于 1579 年发现，$\dfrac{2}{\pi}=\dfrac{\sqrt{2}}{2}\times\dfrac{\sqrt{2+\sqrt{2}}}{2}\times\dfrac{\sqrt{2+\sqrt{2+\sqrt{2}}}}{2}\times\cdots\cdots$

第二种形式： 由瓦利斯（Wallis）于 1650 年发现，$\dfrac{\pi}{2}=\dfrac{2\times2\times4\times4\times6\times6\times8\times8\times\cdots}{1\times1\times3\times3\times5\times5\times7\times7\cdots}$

第三种形式： 1673 年为莱布尼兹（Leibniz）发表，$\dfrac{\pi}{4}=1-\dfrac{1}{3}+\dfrac{1}{5}-\dfrac{1}{7}+\cdots$。其实它可由微积分中正切函数的幂级数表示而得，即

$$\operatorname{arc\,tg}x=x-\frac{x^3}{3}+\frac{x^5}{5}-\frac{x^7}{7}+\cdots$$

第四种形式： $\dfrac{\pi}{6}=\dfrac{1}{\sqrt{3}}\times\left(1-\dfrac{1}{3\times3}+\dfrac{1}{3^2\times5}-\dfrac{1}{3^3\times7}+\dfrac{1}{3^4\times9}\cdots\right)$

第四种形式可由前面所提到的幂级数导出（令 $x=\dfrac{1}{\sqrt{3}}$），英国人夏普曾利用此级数将π算到小数点后第 72 位。

第五种形式： $\pi=16\operatorname{arctg}\dfrac{1}{5}-4\operatorname{arctg}\dfrac{1}{239}$

第五种形式由英国人梅钦（Machin）于 1706 年发现，并利用这个公式进行计算得到了 100 位的有效数字。

第六种形式： $\dfrac{\pi}{4}=12\operatorname{arctg}\dfrac{1}{38}+20\operatorname{arctg}\dfrac{1}{57}+24\operatorname{arctg}\dfrac{1}{268}$

第六种形式于 1873 年由英国人香克斯提出，并且利用此式，他耗近 20 年的时间，计算 π 值至小数点后第 707 位。这是非常不容易的，想必付出了很多的努力。据考证，用笔计算所得位数最多的人当属香克斯了。可是，1946 年世界第一台电子计算机 ENIAC 研制成功后，人们用它计算 π 的值，并验证香克斯的计算结果，这才发现他公布的 707 位的 π 值从 528 位起就错了。

4. 计算机时期

1946 年，世界第一台电子计算机 ENIAC 制造成功，人类历史正式迈进了信息时代，π 的人工计算史便宣告结束。利用计算机的强大计算能力，π 的精确度得到了很大的提高。最早利用计算机计算 π 值的是美国乔治·麦特怀兹纳（Reiwiesneretal）等人，于 1949 年利用 ENIAC 根据梅钦公式设计程序，使 π 值精确到小数点后第 2037 位，共花了 70 多个小时。随着计算技术的不断发展更新，计算 π 值的记录也不断地被打破。1958 年，π 被计算到 10000 位，1959 年计算到 16167 位。1961 年，香克斯和沦奇（Wrench，英国人）计算到小数点后第 100265 位，1966 年达到 25 万位，1967 年吉尤（Guilloud，法国人）计算到小数点后第 500000 位。70 年代又突破这个记录，算到了 150 万位。随后，日本三好和宪（Miyoshi）和金田康正（Kanada）将纪录提升到 200 万位。之后，吉尤又将纪录改变为 2000050 位。1986 年以后出现的纪录都是利用超级计算机创造的。1986 年，已有人计算到第 2936 万位以上，到 1989 年 5 月，用新的方法计算得到的 π 值已达 4.8 亿位。个人计算机也可以用来计算 π 值，但要算出 100 万位数需要 100～200 小时，计算到 1000 万位就要 1 万个

小时，也就是需要 1 年左右，而超级计算机只要 24 小时就能得到 1000 万位。超级计算机出现以后，计算 π 值的竞赛更加激烈。1989 年 5 月达 48000 万位，6 月达 52522 万位，7 月达 53687 万位，到 8 月则突破了 10 亿大关。1991 年 8 月，已达到 22.6 亿位。

计算 π 值的另一个纪录由两位日本人 Daisuke Takahashi 和 Yasumasa Kanada 所创造。他们在日本东京大学的 IT 中心，以 Gauss-Legendre 算法为基础，利用一台每秒可执行 1 万亿次浮点运算的超级计算机，从日本时间 1999 年 9 月 18 日 19：00：52 起，计算了 37 小时 21 分 4 秒，得到了 π 值精度达 206158430208 位，这一结果与他们于 1999 年 6 月 27 日以 Borwein 四次迭代式算法计算了 46 小时所得结果相比，发现最后 45 位数字有差异，因此他们取小数点后 206158430000 位的 π 值为本次计算结果。这一结果打破了他们于 1999 年 4 月创造的 6871947 万位的世界纪录。

可以看出，19 世纪以前关于 π 值的计算进展非常慢。分析其中的原因不难发现，无论是利用正多边形周长的反复计算，还是利用无穷级数或无穷连乘积来计算 π 值，为求正确值都必须进行无限次的四则运算，表面上看这是简单计算的重复，但这种计算是枯燥无味的，而重复又会令人厌烦。其次，人容易疲劳，还会犯错误，计算的结果因此要看从事计算的人耐性有多高。最后，当时人们所用的计算工具是算筹，用这种极其简单的工具来进行计算，其难度可想而知。

计算机的诞生和发展开创了现代科学的新时代，使计算技术有了新的突破，将科学计算提高到了一个崭新的境界。现在，人们用计算机求解 π 的值，再也不用体味人工计算的艰辛了。即使在普通的微机上，根据数学公式编好程序后，求得上万位的 π 值也是轻而易举的事。可以说，只要提供足够多的机时，就可以将 π 值算到任意多位。

用计算机解题首先必须建立数学模型，再根据数学模型设计一个合适的算法，最后根据算法编制程序。程序就是将解题过程逐步进行分解，最后归结为四则运算和逻辑运算的有限序列。当然，实现这种化繁为简的计算需要耗费巨大的计算量，但这正好发挥了计算机的特长。利用计算机进行科学计算与人工计算的一个重大区别就在于：与人相比，计算机的计算速度远比人快，它每秒能运算几百万、几千万甚至几千亿次。此外，计算机在工作过程中能"不厌其烦"，"不知疲倦"地连续工作。一旦设计好程序，它就能自动地不知疲倦地计算。而且计算机不易出错，除非你的程序有误。计算机的另一个特点是具有很高的精度。从理论上讲，计算机的计算精度不受限制，一般的计算机均能达到 15 位有效数字，通过一定技术手段，可以实现任何精度的要求。现在即使使用速度并不很快的微型计算机来计算，也只需 1 小时左右，便能将 π 值算到小数点后 707 位以上，这真是 1 小时胜过 15 年！有人利用小型计算机仅花了一天一夜的时间就将 π 值计算到了小数点后 2048 位，如果用人工计算的话，从儿童时期开始到满头银发也达不到计算机所创的记录。

7.3.3 圆周率的计算方法

古人计算圆周率一般是用割圆法，即用圆的内接或外切正多边形来逼近圆的周长。阿基米德用正 96 边形得到圆周率小数点后 3 位的精度；刘徽用正 3072 边形得到 5 位精度；卢道夫用正 2^{62} 边形得到了 35 位精度。这种基于几何的算法计算量大，速度慢，效果差。随着数学的发展，数学家们在进行数学研究时有意无意地发现了许多计算圆周率的公式。

下面以梅钦公式为数学模型，介绍计算机求解 π 值的方法。这里主要是让大家了解计算机求解问题的过程和方法，细节上读不懂也没关系。

$$\pi = 16\mathrm{arctg}\frac{1}{5} - 4\mathrm{arctg}\frac{1}{239}$$

因为梅钦公式的计算过程中被乘数和被除数都不大于长整数，所以可以很容易地在计算机上编程实现。

$$\mathrm{arctg}x = x - \frac{x^3}{3} + \frac{x^5}{5} - \frac{x^7}{7} + \cdots + (-1)^{(n-1)} \frac{x^{2n-1}}{2n-1}$$

主要算法如下：

```
Begin
    if （文件 pi.txt 为空文件）
        {
            输入所要求的十进制位数给变量 DecLen；
            if （ DecLen < 100 ）
                DecLen ⟸100；
            把十进制位数转化为二进制位数： BinLen ⟸ (int)(DecLen / lg2 / 32) + 2；
            计算步骤 Step 从 0 开始： Step ⟸0；
            总时间 TotalTime 从 0 开始计算： TotalTime ⟸ 0；
        }
    else
        {
            从 pi.txt 读数据赋给变量 Step、DecLen、BinLen、n、sign、NonZeroPtr、TotalTime；
            if （ Step*DecLen*BinLen*n*sign*NonZeroPtr*TotalTime = 0 ）
                退出程序；
        }
    为 arctg5、arctg239、tmp 分配大小为 4 × BinLen 个字节的内存空间；
    if ( Step = 0 )
        arctg5、arctg239、tmp 所占存储单元的内容初始化为 0；
    else
        {
            从 atg5.txt 文件中读出上一次计算 arctg(1/5)的结果赋值给变量 arctg5；
            从 atg239.txt 文件中读出上一次计算 arctg(1/239)的结果赋值给变量 arctg239；
            从 tmp.txt 文件中读出临时数据给变量 tmp；
        }
    开始计时；
    if ( Step = 0 )
        {
            x ⟸ x2；
            调用函数 FirstDiv()计算 1/5 的值；
            x ⟸ x2；
            n ⟸ 3；
            sign ⟸ -1；
            NonZeroPtr ⟸ 1；
            调用函数 arctgx()计算的值 arctg(1/5)；
        }
    else if ( Step = 1 )
            {
                x ⟸ 52；
                调用函数 arctgx()计算的值 arctg(1/5)；
            }
    if ( Step = 0 or Step = 1 )
        {
            x ⟸ 239；
            调用函数 FirstDiv()计算 1/239；
```

```
                    x ⇐ x2;
                    n ⇐ 3;
                    sign ⇐ -1;
                    NonZeroPrt ⇐1;
                    调用函数 arctgx()计算 arctg(1/239);
                }
            else
                {
                    x ⇐ 2392;
                    调用函数 arctgx()计算 arctg(1/239);
                }
            调用函数 mul_array()计算 16 arctg(1/5)的值;
            调用函数 mul_array()计算 4 arctg(1/239)的值;
            调用函数 sub2array()计算 16 arctg(1/5)-4 arctg(1/239);
            把计算结果写入文件 pi.txt;
            结束计时，统计计算 π 值所需总时间;
        End。
```

目前微机上流行的最快的圆周率计算程序是 PiFast，除了计算圆周率，还可以计算 e 和 sqrt(2)。笔者利用 PiFast 在一台普通微机上计算 100 万位，只用了 1.28 秒，计算结果信息摘要如下：

```
Program : PiFast version 4.3 (fix 1), by Xavier Gourdon
Computation of 1000000 digits of Pi
Physical memory used : ~ 7769 K

Total computation time : 1.28 seconds

Pi = 3.1415926535 8979323846 2643383279 5028841971 6939937510 5820974944 5923078164
0628620899 8628034825 3421170679 8214808651 3282306647 0938446095 5058223172
5359408128 4811174502 8410270193 8521105559 6446229489 5493038196 4428810975
6659334461 2847564823 3786783165 2712019091 4564856692 3460348610 4543266482
1339360726 0249141273 7245870066 0631558817 4881520920 9628292540 9171536436
7892590360 0113305305 4882046652 1384146951 9415116094 3305727036 5759591953
0921861173 8193261179 3105118548 0744623799 6274956735 1885752724 8912279381
8301194912   ………… 8747270676 2558567775 1199566674 8615196491 2970193318
0849941096 1813929649 2789360902 1253544332 7375064260 6242994120 3273625582
4417498345 0947309453 4366159072 8416319368 3075719798 0682315357 3715557181
6122156787 9364250138 8711702327 5555779302 2667858031 9993081083 0576307652
3320507400 1393909580 7901637717 6292592837 6487479017 7274125678 1905555621
8050487674 6991140839 9779193765 4232062337 4717324703 3697633579 2589151526
0315614033 3212728491 9441843715 0696552087 5424505989 5678796130 3311646283
9963464604 2209010610 5779458151
```

PiFast 可以利用磁盘缓存，突破物理内存的限制并进行超高精度的计算，表 7-1 为特定配置的微机上计算 π 值的记录。

7.3.4　圆周率的计算永无止境

前人计算 π 是要探究 π 是不是循环小数。自从 1761 年 Lambert 证明了 π 是无理数，1882 年 Lindemann 证明了 π 是超越数后，π 的神

表 7-1　特定配置微机上的计算记录

最高记录	12,884,901,372 位
时间	2000 年 10 月 10 日
记录创造者	Shigeru Kondo
所用程序	PiFast ver3.3
机器配置	Pentium III 1G, 1792M RAM, WindowsNT4.0
计算时间	1,884,375 秒（21.8 天）

秘面纱就被揭开了。单纯追求 π 的位数的竞赛虽然也结束了，但人们对于 π 的浓厚兴趣却一如既往。一般来说，圆周率无限制地计算下去，似乎并没有多大的实际意义，用现代的大型计算机几秒钟就可以算出几千位的精度，而一般科技领域只需精确到十几位，即使是尖端科技领域，几十位的精确度也就够了。因此，进行几亿位精确度的计算并没有太大意义。除了对科学和真理的热爱这一根本动力外，到底是什么使得科学家们对此研究感兴趣，这项研究又有什么意义呢？

除了人们的一种竞争心理外，对 π 值的精确研究还有一些直接的实用方面的考虑：π 的值精确到 40 位，就足以用来计算银河系的圆周长而误差小于一个质子的直径大小；有时利用 π 的数千位的数值在计算机上就可搜索数学问题。此外，计算 π 的数字更是对计算机软硬件的完整性、稳定性和运算速度的出色测试，如果在计算中发生一个错误，那么肯定最终结果也是错的。另一方面，如果两个 π 的独立计算得到的数字一致，那么很可能两个计算机都正确地运行了十亿次甚至万亿次运算。例如，1986 年，一个 π 的计算程序检测出原来的 Cray-2 型超级计算机中的一台有某些硬件问题。同时，计算 π 的挑战也刺激了先进的计算技术研究。例如，有效地计算线性卷积和快速傅立叶变换的一些新技术的产生起源于为了加速 π 的计算而所做的努力，这些技术在科学和工程领域中有着广泛的应用。π 的计算经历了几千年的历史，它的每一次重大进步都标志着技术和算法的革新。显示了当代数学、计算技术以及计算工具——电子计算机的发展水平。

由于 π 值本身是个无限不循环小数，那么，随着计算技术和电子计算机的发展，目前创造的记录总有一天会被他人再次打破。

在科学技术高度发达的今天，人们对计算机速度的需求是永无止境的，全球气候预测、石油勘探、核武器模拟、航空航天设计和生物科学研究等均需要高性能的超级计算机。不断提高它的功能和计算能力，乃是当今世界上许多制造厂商的研究重点。

1999 年，美国计划用 5 年的时间，即 2004 年达到 100Tflops（亿次每秒）的计算水平，再用 5 年的时间，即 2009 年前后达到 1Pflops（千万亿次每秒）的水平。

计算机正不断超越自己，向高速计算的方向发展。

7.3.5 研究圆周率的意义

尽管 π 值目前已计算出 10 亿多位，但对 π 的计算和研究依然没有终止，库德诺夫斯基在完成他们的计算后曾指出，关于 π 还有很多工作可做。事实上，1989 年以后．在一些国际上颇有影响的学术刊物上仍不时出现有关 π 的论文。我们认为，高精度 π 值的计算至少具有以下几方面的意义。

1. 检验计算机硬件和软件的性能

例如，在 486Dx/100 微机上计算 5 万位 π 值，大约需要 6 小时，运行中，任何一个微小的机器故障都将导致错误的结果。因而，这对于计算机的运行速度以及运行的可靠性、稳定性，都是一个很好的检验。为此，我们把有关计算程序与参考数据制成应用软件，并请某计算机销售公司协助推广。该软件尤其适合在购买新机器时使用。与此同时，我们把 PASCAL 源程序分别在 Turb Pascal V6.0 与 Turbo Pascal V7.0 环境下编译，结果发现，后者比前者大约节省 10%的运行时间，用这个方法可对各种高级语言的编译系统进行检验。1986 年，将 π 值计算到 2900 万位的贝利（Bailey）指出，他做这一计算的直接动因就是为了检验超级计算机 Cray-2 的硬件环境、FORTRAN 编译系统与操作系统的可靠性与完善性。许多文献都指出，高精度 π 值计算可作为检验计算机性能的一个标准计算。

2. 关于 π 的小数值的随机分布性质的研究

这一点在理论上与应用上都具有重要价值。1771 年，兰伯持〔Lambert〕证明了 π 是无理数；

1882 年，林德曼（Lindemann）进一步证明了π是超越数（即它不是任何一个有理系数代数方程的根）。但关于π的各位小数的随机分布的性质，目前还主要依赖于统计分析，计算的位数越多，统计分析的结果就越可靠。随机数在多种应用与研究中都占有重要的地位，目前许多重要的研究课题（如利用蒙特卡洛方法研究中子迁移）都需要分布很均匀的随机数（其均匀分布性可这样直观理解：在一个相当长的由 0～9 这 10 个数字组成的序列中，每个数字出现的频率大约是 10%，每个相连两位数字出现的频率大约是 1%等）。为此有人设计了一个用蒙特卡洛方法作定积分计算的试验，分别采用 QBASIC、Turbo C、Turbo PASCAL 等语言系统提供的随机数和π的小数值为随机数进行计算，初步结果表明，用π的小数位计算的效果最好最后的报告将在试验全部完成后给出。文献也曾指出，从理论上讲，由一个序列产生的随机游动应满足由这一序列的布朗运动所确定的一种多重对数定律，他们采用多种常用的伪随机序列进行模拟，都不能通过这种检验，唯独用π的小数位产生的随机游动得到了很好的吻合。

在 20 世纪 60 年代以前，人们使用随机数，主要依赖于布丰表等人为的一些随机数表，有了计算机之后，多种高级语言都提供了用某种算法产生的随机数（即伪随机数），它只占用很少空间，但有两个致命的弱点、周期不够长、分布不够均匀。这对于一般的应用影响不大，但对某些重要的科学计算将会产生不能容忍的误差，因此在必要时，用π或由π生成的其他数作为随机数，似乎更理想。在外存中存放几十万位或数百万位π值，要占用一定的存储空间，但与目前正方兴未艾的多媒体技术所需空间相比，这只不过是沧海一粟。

3. 促进相关学科发展

π值的各种现代算法与高斯的算术几何平均数列、印度数学家拉玛努贾（Ramaaujan，1887—1920年）的模方程理论有着密切的联系，这要涉及解析数论、特殊函数论，特别是椭圆函数理论等较深奥的数学分支。在拉玛努贾去世后 30 多年，人们发现了他的一个笔记本，里面有数百个公式，大都没有证明。令人惊讶的是，有些公式在他去世若干年后，才陆续被人们发现，而大多数却不为人所知，甚至至今仍没有得到证明，其中不少公式都可在数学上、物理上得到应用。有关这方面的研究已有很多成果，其中不少都与π有关。

高精度π值的计算涉及多方面的计算机算法。例如，大多数计算都要使用高精度乘法，这就要设法利用快速 Fourier 变换或快速数论变换，它可将一个乘法的位复杂性由 $O(n^2)$ 降至 $O(n\log_2 n)$；还涉及各种并行算法，以便充分利用并行（向量）计算机所提供的功能。例如，贝利在计算π值时设计的并行算法比串行算法快了 20 倍。这些工作的意义都远远超出了对π值本身的计算。

4. π值可用于密码学

π作为超越数，特别是利用它的均匀分布的性质，可在密码学上发挥独特的作用。它可看成一个取之不尽的"码源"，源文中每个字符使用密码的个数可与它出现的频率成正比，从而使用传统的统计分析方法几乎无法破译。唯一的缺陷是密文的长度可能是源文的几倍，但按照现代的通信技术，这已不成为障碍。

7.4 大事化小，小事化了——有限元计算

有限元法（Finite Element Method，FEM）本质上是一种微分方程的数值求解方法，认识到这一点以后，从 20 世纪 70 年代开始，有限元法的应用领域逐渐从固体力学领域扩展到其他需要求解微分方程的领域，如流体力学、传热学、电磁学、声学等。随着计算机技术的发展，有限元法在各

工程领域中不断得到深入应用，现已遍及宇航工业、核工业、机电、化工、建筑、海洋等工业，是机械产品动、静、热特性分析的重要手段。有人给出结论：有限元法在产品结构设计中的应用，使机电产品设计产生革命性的变化，理论设计代替了经验类比设计。目前，有限元法仍在不断发展，理论上不断完善，各种有限元分析程序包的功能越来越强大，使用越来越方便。

7.4.1 有限元方法的诞生

每项新技术的诞生都是源于生产实践的迫切需要，而新技术出现后往往也需要经历时间的检验和不断完善。20世纪40年代，航空航天事业的快速发展对飞机结构设计提出了越来越高的要求（重量轻、强度高、刚度好），设计师们不得不进行精确的设计分析和计算。正是在这一背景下，有限元方法才逐渐发展起来。

有限元方法的萌芽可以追溯到大约300年前，牛顿和莱布尼茨发明了积分法，证明了该运算具有整体对局部的可加性。在牛顿之后约100年，著名数学家高斯（Gauss）提出了加权余值法及线性代数方程组的解法。这两项成果的前者被用来将微分方程改写为积分表达式，后者被用来求解有限元法所得出的代数方程组。在19世纪末及20世纪初，数学家瑞雷（Rayleigh）和里兹（Ritz）首先提出可对全定义域运用展开函数来表达其上的未知函数。1915年，数学家伽辽金（Galerkin）提出了选择展开函数中形函数的伽辽金法。1943年，数学家库朗德（Cooland）第一次提出了可以在定义域内分片地使用展开函数来表达其上的未知函数。从而确立有限元方法的第二个理论基础。

20世纪50年代，飞机设计师们发现无法用传统的力学方法分析飞机的应力、应变等问题。波音公司的一个技术小组先将连续体的机翼离散为三角形板块的集合来进行应力分析，经过一番波折后获得了分析计算的成功。同时，大型电子计算机参与到求解大型代数方程组的工作，这也为实现有限元方法准备好了物质条件。

1960年前后，美国的R.W. Clough教授及我国的冯康教授分别独立地在论文中提出了"有限单元"这样的名词。此后，这样的叫法被大家接受，有限元方法从此正式诞生，并很快风靡世界。之后，有限元方法的理论迅速地发展起来，广泛地应用于各种力学问题和非线性问题，成为分析大型、复杂工程结构的强有力手段，并且随着计算机的迅速发展，有限元方法中人工难以完成的大量计算工作能够由计算机来实现并快速地完成。因此，可以说计算机的发展很大程度上促进了有限元方法的建立和发展。

7.4.2 什么是有限元方法

有限元方法的基本思想是用较简单的问题代替复杂问题后再求解。它将求解域看成由许多称为有限元的小的互连子域组成，对每个单元假定一个合适的（较简单的）近似解，然后推导求解这个域总的满足条件（如结构的平衡条件），从而得到问题的解。这个解不是准确解，而是近似解，因为实际问题被较简单的问题所代替。由于大多数实际问题难以得到准确解，而有限元不仅计算精度高，还能适应各种复杂形状，因而成为行之有效的工程分析手段。

通俗地说，有限元方法就是一种计算机模拟技术，使人们能够在计算机上用软件模拟一个工程问题的发生过程而不需把东西真的做出来。这项技术带来的好处就是，在图纸设计阶段能够让人们在计算机上观察到设计出的产品将来在使用中可能会出现什么问题，不用把样机做出来在实验中检验会出现什么问题，可以有效降低产品开发的成本，缩短产品设计的周期。

有限元方法最初的思想是把一个大的结构划分为有限个称为单元的小区域，在每个小区域中，假定结构的变形和应力都是简单的，小区域内的变形和应力都容易通过计算机求解出来，进而可以获得整个结构的变形和应力。事实上，当划分的区域足够小，每个区域内的变形和应力总是趋于简单，计算的结果也就越接近真实情况。理论上可以证明，当单元数目足够多时，有限单元解将收敛于问题的精确解，但是计算量相应增大。为此，实际工作中总是要在计算量与计算精度之间找到一个平衡点。

有限元方法中的相邻的小区域通过边界上的节点连接起来，可以用一个简单的插值函数描述每个小区域内的变形和应力，求解过程只需要计算出节点处的应力或者变形，非节点处的应力或者变形是通过函数插值获得的，换句话说，有限元方法并不求解区域内任意一点的变形或者应力。

7.4.3　有限元方法的基本思想

有限元方法最早应用于结构力学，后来随着计算机的发展慢慢用于流体力学的数值模拟。在有限元方法中，把计算域离散剖分为有限个互不重叠且相互连接的单元，在每个单元中选择基函数，用单元基函数的线性组合来逼近单元中的真解，整个计算域上总体的基函数可以看成由每个单元基函数组成的，则整个计算域内的解可以看成由所有单元上的近似解构成。

有限元法的基本思想是将结构离散化，用有限个容易分析的单元来表示复杂的对象，单元之间通过有限个节点相互连接，然后根据变形协调条件综合求解。由于单元的数目是有限的，节点的数目也是有限的，所以称为有限元方法。

例如，砖墙是由一块块砖堆砌在一起，每块砖均有各自的抗拉、压、抗剪等力学性能，但组成墙后的整体却具有墙体的特性：承重、挡风、围护隔热等，墙体特性不同于各砖的特性，也非各砖的简单叠加，但与各砖的特性密切相关，是各砖的力学特性的一个有机的结合，我们能研究每块砖的力学特性，再研究它们的组成规律、力的传递、共同作用，进而解决墙的力学特性（功能）。

有限元方法是以结构力学中的位移法为基础，把复杂的结构或连续体看成有限个单元的组合，各单元彼此在节点处连接而组成整体。把连续体分成有限个单元和节点，称为离散化。先对单元进行特性分析，然后根据各节点处的平衡和协调条件建立方程，综合整体分析。这样一分一合，先离散再综合的过程，就是把复杂结构或连续体的计算问题转化为简单单元的分析与综合的问题。

对于一个连续体的求解问题，有限元方法的实质就是将具有无限多个自由度的连续体，理想化为只有有限个自由度的单元集合体，单元之间仅在节点处相连接，从而使问题简化为适合于数值求解的结构型问题。这样，只要确定了单元的力学特性，就可以按结构分析的方法来进行求解。

图 7-10 就是一个梯子的有限元模型。

(a) 真实系统　　　　(b) 有限元模型

图 7-10　有限元模型转换

7.4.4　有限元方法求解问题的步骤

对于不同物理性质和数学模型的问题，有限元方法求解的基本步骤是相同的，只是具体公式推导和运算求解有所不同。有限元方法求解问题的基本步骤通常如下。

第一步：问题及求解域定义。根据实际问题，近似确定求解域的物理性质和几何区域。

第二步：求解域离散化。将求解域近似为具有不同有限大小和形状且彼此相连的有限个单元组成的离散域，习惯上称为有限元网络划分。显然，单元越小（网络越细），离散域的近似程度越好，计算结果也越精确，但计算量及误差都将增大，因此求解域的离散化是有限元法的核心技术之一。

第三步：确定状态变量及控制方法。一个具体的物理问题通常可以用一组包含问题状态变量边界条件的微分方程式表示，为适合有限元求解，通常将微分方程化为等价的泛函形式。

第四步：**单元推导**。对单元构造一个适合的近似解，即推导有限单元的列式，其中包括选择合理的单元坐标系，建立单元基函数，以某种方法给出单元各状态变量的离散关系，从而形成单元矩阵（结构力学中称刚度阵或柔度阵）。为了保证问题求解的收敛性，单元推导有许多原则要遵循。对工程应用而言，重要的是应注意每个单元的解题性能与约束。例如，单元形状应以规则为好，畸形时不但精度低，而且有缺失的危险，将导致无法求解。

第五步：**总装求解**。将单元总装形成离散域的总矩阵方程（联合方程组），反映对近似求解域的离散域的要求，即单元函数的连续性要满足一定的连续条件。总装是在相邻单元结点进行，状态变量及其导数（可能的话）连续性建立在结点处。

第六步：**联立方程组求解和结果解释**。有限元法最终导致联立方程组。联立方程组的求解可用直接法、迭代法和随机法。求解结果是单元结点处状态变量的近似值。对于计算结果的质量，将通过与设计准则提供的允许值比较来评价并确定是否需要重复计算。

简言之，有限元分析可分成三个阶段：前处理、处理和后处理。前处理是建立有限元模型，完成单元网格划分；后处理则是采集处理分析结果，使用户能简便提取信息，了解计算结果。

7.4.5 有限元方法的应用

近年来随着计算机技术的普及和计算速度的不断提高，有限元分析在工程设计和分析中得到了越来越广泛的重视，已经成为解决复杂的工程分析计算问题的有效途径，现在从汽车到航天飞机几乎所有的设计制造都已离不开有限元分析计算，其在机械制造、材料加工、航空航天、汽车、土木建筑、电子电器、国防军工、船舶、铁道、石化、能源、科学研究等领域的广泛使用已使设计水平发生了质的飞跃。主要表现在以下几方面：① 增加产品和工程的可靠性；② 在产品的设计阶段发现潜在的问题；③ 经过分析计算，采用优化设计方案，降低原材料成本；④ 缩短产品投向市场的时间；⑤ 模拟试验方案，减少试验次数，从而减少试验经费。

下面简要以 ANSYS 为例介绍有限元方法在各行业的应用。ANSYS 软件是融结构、流体、电场、磁场、声场分析于一体的大型通用有限元分析软件，由世界上最大的有限元分析软件公司之一的美国 ANSYS 开发，它能与多数 CAD 软件接口，实现数据的共享和交换，如 Pro/Engineer，NASTRAN、Alogor、I-DEAS、AutoCAD 等，是现代产品设计中的高级 CAD 工具之一。ANSYS 有限元软件包提供了 100 种以上的单元类型，用来模拟工程中的各种结构和材料，可以求解结构、流体、电力、电磁场及碰撞等问题，广泛应用于航空航天、汽车工业、生物医学、桥梁、建筑、电子产品、重型机械、微机电系统、运动器械等领域。

① 有限元法在航空工业的应用。典型的如飞机机身的结构分析、飞机的空气动力学分析、飞机投弹时的结构分析、飞机静态结构分析等，如图 7-11 所示。② 有限元法在汽车行业中的应用。典型的如汽车的流体动力学分析、模拟汽车碰撞等，如图 7-12 和图 7-13 所示。③ 有限元法在建筑行业中的应用。典型的如桥梁的结构分析，如图 7-14 所示。④ 有限元法在工程机械行业中应用。典型的如液压挖掘机动臂的有限元分析，如图 7-15 所示。⑤ 有限元法在其他行业中的应用。图 7-16 就是有限元法在电机结构热分析方面的应用。

7.4.6 有限元方法中的计算思维

有限元方法将解析与数值计算、逼近和模拟、抽象与具体等多种概念汇聚一身，同时衍生出多种多样的研究内容，因此科学家们将它作为 20 世纪应力学的最伟大成就之一。

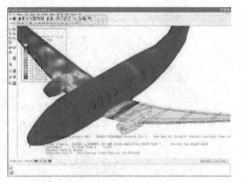
(a) 飞机机身的结构分析

(b) 飞机的空气动力学分析

(c) 飞机投弹时的结构分析

(d) 飞机静态结构分析

图 7-11　有限元方法在航空工业的应用

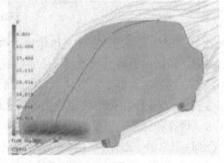

图 7-12　汽车的流体动力学分析

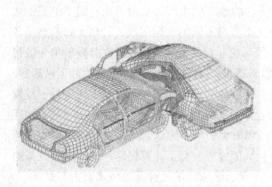
图 7-13　模拟汽车碰撞

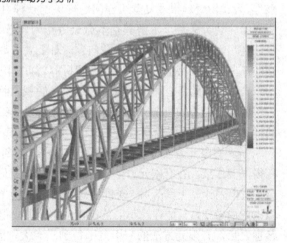
图 7-14　桥梁的结构分析

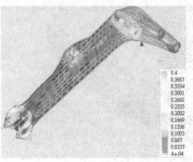

(a) 液压挖掘机　　　　　　　　(b) 液压挖掘机动臂有限元分析

图 7-15　　液压挖掘机的有限元分析

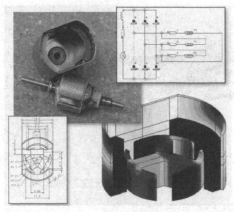

图 7-16　　电机结构的热分析

　　有限元法的关键是其思想，它完美地体现了哲学中局部与整体的关系，要解决整体问题，必须先研究局部问题，局部问题研究清楚后，还要研究局部之间作用的关系，然后各局部在一个统一的坐标尺度下综合，还要考虑整个系统和外部的关系，最后得到全局的特征。这种思想是自然的，符合人类的思维规律，与企图用公理化或者纯解析化的思想来解决问题不同。人类最关心全局的东西，如宇宙的过去、现在和将来，但要穷极完全时间尺度、完全空间尺度的全局的性能只是人类的"梦想"，并不符合认识论的一般规律，有些时候完全的"穷极"可能会导致"悲观化"。

　　把复杂的结构看成由有限个单元组成的整体，这就是有限元法的基本思路"化整为零，积零为整"，为我们处理很多复杂工程问题提供了一种可行的解决方案。许多工程分析问题最终都可归结为在给定边界条件下求解其基本微分方程的问题，但能用解析方法求出精确解的只是方程比较简单，且几何边界相对规则的少数问题。对于大多数工程技术问题，由于物体的几何形状较复杂或问题的某些非线性特征，很少能得到解析解。而有限元方法将连续的求解域离散为由有限个单元组成的组合体，以此组合体来模拟和逼近原求解域；而单元本身有不同的几何形状，且单元间能够按各种不同的连接方式组合，所以这个组合体可以模拟几何形状非常复杂的求解域，并且随着单元数目的增加，求解的近似程度将不断改进。如果单元满足收敛条件，得到的近似解最后将收敛于精确解。

　　虽然有限元方法不能解决所有的问题，但这种局部与整体的思想加上计算机技术将这种工具发挥得淋漓尽致。在有限元方法创立以前，科学家们就已经有了思想的"雏形"，如瑞利-里兹、伽辽金等，但因计算工具落后，难能将这种思想发扬光大。当时他们根本无法看到用这种方法解决大范围问题的希望，只能在较小的范围内应用，也取得了巨大的成就。有了计算机这种快速运算工具的参加之后，有限元方法的应用范围得到了大大扩展，今天已经成为工程计算领域的有力工具。

目前，有限元方法的理论还在不断完善，应用领域也在不断拓展，未来一些可能的发展趋势。

① 辛问题。将问题转化为辛几何问题，建立基于辛几何场的有限元方法，辛几何是面积守恒的，可望在大尺度时间、大空间尺度等应用领域（如天体、粒子的大范围输运等）发挥作用。

② 斯塔法问题。建立完整的全空间、全时间尺度的有限元方法，以解决两相乃至多相的自由边界问题，如轧钢、南极的冰线移动预测等。

③ 发展方程。如孤波问题，孤波是强非线性问题，如果能使用有限元方法必将开阔一个新的领域，目前已有研究，但是高维问题进展缓慢，这类问题目前在光通信领域有迫切应用。

④ 计算材料学问题。从原子、分子、团簇等的原始物理方程，研究介质的微观或者宏观性能，是计算材料学的目标，但是微观粒子的互相作用模型大都是强非线性，弱解方程的建立，以及如何与宏观的物理量（如应力）等建立有效联系还是很大的问题；计算材料学涉及的海量计算是一般用户难以承受的。

⑤ 湍流问题。目前已经有一些较好的方法，如有限体积法等，仍需深入。湍流问题实际上根本不是算法问题，而是介质的物理模型问题。人们对湍流的认识可能还受到目前科学技术水平的限制。

⑥ 相变问题、多物理场耦合问题。物质的相变或多场作用产生了特定的行为，相变意味着从一种稳态跃迁或者变化到另一种稳态，描述这种强烈的非线性行为，有限元方法还可能应用吗？在何种尺度上应用？多物理场耦合问题目前热点很多，关键是不同场的作用机理、方程的解耦等研究，单从方法上，原创点不多。

⑦ 分子力学、纳米力学问题。在分子、纳米的尺度上，介质或材料展现了迥异的行为，这是目前的研究热点，目前这类问题还主要是物理问题，有限单元方法只是一种算法、思想。如果科学家们研究清楚了分子之间的互相作用、纳米团聚间的互相作用，才可能到有限元发挥作用的时候。

⑧ 与小波分析结合。"小波"被称为"数学显微镜"，对于时关系统，时间与频率是同一系统的两个不同方面，缩短时间就能提高频率的分辨率，这种思想可说是"奇妙的"，有些类似有限元中的谱法。受小波法启示，如果在有限元中能够找到一对分辨率彼此消长的物理量，有可能大大提高有限元的应用效率，在有限元中单元的大小与求解精度就是这样一对物理量，还有其他的吗？

⑨ 经济、社会、管理领域。像目前固体力学中的多尺度方法一样，在经济、社会、管理应用领域微观行为及其发展研究非常热，我们想，在一个自封闭的系统内，只要存在两种微观团体的互相作用，互相作用的关系是可以量化的，这种作用能够使得"系统"稳定，耗散最小，能量最低，"系统"演化可以量化，有限元方法就一定能够发生效用。当然，这并不排斥其他解决方法。

7.5 万事俱备，不欠东风——数值天气预报

先从故事说起。

公元 208 年，曹操率领 80 万大军驻扎在长江中游的赤壁，企图打败刘备以后，再攻打孙权。刘备采用联吴抗曹之策，与吴军共同抵抗曹操。

当时，孙权和刘备兵力都很少，而曹操兵多将广，处于压倒性优势。刘备的军师诸葛亮和孙权的大将周瑜商讨破敌良策，两人不谋而合，都主张只有火攻，才能打败曹操。

可等一切都准备好后，周瑜却发现曹操的船只都停在大江的西北，而自己的船只靠南岸。这时正是冬季，只有西北风，如果用火攻，不但烧不着曹操，反而会烧到自己的头上，只有刮东南风才能对曹军发起火攻。周瑜眼看火攻不能实现，急得口吐鲜血，病倒在床上，名医、良药都治不好他的病。这时诸葛亮去

探望周瑜，问他为何得病。周瑜不愿说出实情，就说："人有旦夕祸福，怎能保住不得病呢？"

诸葛亮早猜透了他的心事，就笑着说："天有不测风云，人怎能预料到呢？"周瑜听到诸葛亮话中有话，非常惊讶，就问有没有治病的良药。诸葛亮说："我有个药方，保证治好您的病。"说完，写了16个字，递给周瑜。这16个字是："欲破曹公，宜用火攻；万事俱备，只欠东风"。周瑜一看，大吃一惊，心想："诸葛亮真神人也"。他的心思既然已被诸葛亮猜中，便请教破敌之策。诸葛亮有丰富的天文气象知识，他预测到近期肯定会刮几天东南风，就对周瑜说："我有呼风唤雨的法术，借你三天三夜的东南大风，你看怎样？"周瑜高兴地说："不要说三天三夜，只一夜东南大风，大事便成功了。"

周瑜命令部下做好一切火攻的准备，等候诸葛亮借来东风，马上进兵。诸葛亮让周瑜在南屏山修筑七星坛，然后登坛烧香，口中念念有词，装做呼风唤雨的样子。

半夜三更，忽听风响旗动，周瑜急忙走出军帐观看，真的刮起了东南大风，他连忙下令发起火攻。周瑜部将黄盖率领火船向曹操水寨急驶，当火船靠近曹军水寨时一声令下，士兵们顺风放火。风助火势，火借风威，把曹营的战船烧个一干二净，岸上的营寨也被烧着，兵马损失不计其数。在烟火弥漫中，曹操仓皇逃命，从小道退回许昌。

天气就是任何特定时间和地区的气候状态。不仅出门时的穿着、携带物品以及外出休假、旅游等要视天气而定，每天播出的天气预报，还对防止或减少由于暴雨、狂风引起的自然灾害发挥着重要作用。此外，农业耕作以及渔民出海在很大程度上取决于气象条件，对农民和渔民来说，气象信息至关重要。不少商品的销售情况也要"听天由命"，因此工商界人士在制订生产、进货、销售计划时，一般都会参考天气预报。在现代高技术条件中，战役作战的基本样式都是联合作战。由于联合作战具有很强的战略性，为赢得战略战役的主动权，气象预报在战役的筹划与组织阶段就起着重要的辅助决策作用。可见，天气尤其是灾害性天气，对人们的生活、生产、军事活动的影响是很大的，它可直接关系到经济的发展、战争的胜负和人类社会的稳定与进步。天气预报技术正是以人们对天气预报准确性的要求日益提高为根本动力而进步和发展起来的。

7.5.1　天气预报的发展

喜怒无常的气候会对人类的生产和生活产生巨大的影响。如何能够把准气候的"脉搏"，预测风雨冷暖，是自古以来人类与大自然抗争的不懈追求。世界各国人民在与大自然的斗争中通过对天气现象和物候进行观测，总结并摸索出一定的规律。天气谚语就是以成语或歌谣形式在民间流传的有关天气变化的经验。

我国早在3000多年前的殷墟甲骨文中就有许多关于气象的记述。北魏贾思勰在《齐民要术》中也记述有天气谚语，如"天气新晴，是夜必霜"等。唐代杜甫诗中有"布谷催春种"，它说的是布谷鸟叫以后一般不会有强冷空气影响了，农家可以播种了。还有一些天气谚语是世界性的，如中国有句"朝霞不出门，晚霞行千里"的谚语，在日本也广为流传。这句谚语在美国则以另一种韵味出现"傍晚天空红，水手乐无穷"。132年，我国东汉时期的张衡发明了世界最早的风向仪——相风铜鸟，它是在空旷的大地上树一根五丈高的杆子，杆子上装一只可灵活转动的铜鸟，根据铜鸟转动方向便可确定风向了。这种纯经验性的天气预报，准确率当然很低，但它是现代天气预报的雏形，其中不少经验至今仍在民间流传。

随着科学技术的进步，从16世纪末到20世纪初逐渐出现了气象仪器，人们利用它们进行地面定量气象观测。1597年，伽利略（Galileo）发明了温度表，这是今天使用的水银（酒精）温度计的雏形。1643年，他的学生托里拆利（E.Torricelli）制成了气压表，通过它，人们发现天气的晴雨与气压变化有一定的关系。当气压表中的汞柱下降时，往往预示着坏天气的到来。反之，天气将转晴。

因而气压表又被称为"晴雨表"。温度计和气压表的发明具有极其重要的意义，开创了大气定量测量的先河。1667年，胡克（R.Hooker）制成了压板式风速器。1783年，索修尔（H.B.Saussure）发明了毛发湿度计，此后又相继出现了雨量器和辐射表，人类发明的用于天气预报的工具越来越多。这些工具对大气定量观测以及天气预报技术的发展奠定了良好的基础。1820年，德国气象学家布兰底斯（H.W.Brands）以通信方式收集了1783年3月6日欧洲39个地面观测站的资料（包括天气、气压、温度、风力和风向等），把它们一一填在地图上，用画等温线的方法绘制等压线，作为现代天气图的雏形，即世界上第一张天气图从此诞生了。1855年，法国巴黎天文台台长、著名天文学家莱伐尔（Le Verrier）利用天气图研究克里米亚战争时出现的风暴（1854年11月12～16日），并在学术会议上指出"若组织观测网，迅速将观测资料集中一地，分析绘制天气图，则可推断出未来风暴的运行路径"。此后，气象台站和气象观测网开始建立，初步形成了地面气象观测体系。1860年，荷兰开始正式发布天气预报，成为近代天气预报发展的标志。此后，世界上许多国家都陆续建立起了气象站网，开展天气预报工作。

20世纪初，以皮叶克尼斯父子为代表的挪威学派提出锋面理论和气旋波理论，使人们预报3天之内的短期天气状况成为可能。这些理论成为现代天气预报理论的基础之一，不但丰富了天气图的内容，而且使连续的天气图变成了一张反映气团、气旋等天气系统变化、移动的"连环画"，只要跟踪观测和分析这些天气系统的移动和变化，就可以进行天气预报了。在今天的电视天气预报中，我们常可以听到"冷空气前锋已进入华北北部，未来它将向东南方向移动，我国东部地区将出现大风降温天气"等内容，这就是80年前的理论在今天的应用。

世界上最早刊登天气预报的报纸是伦敦的《泰晤士报》，日期是1875年4月1日。这时的各种气象数值都是在地面测得的，而对天气影响巨大的空中的各种气象数值还无法测量。人们只是根据地面观测资料，绘制地面天气图来分析其变化的趋势，采用非常简单的外推法预报高、低压系统移动，靠"高压多晴天，低压多雨天"的粗浅认识做天气预报。因此，天气预报仍然比较简单，不是很准确。那时的天气预报只有"晴时多云偶有阵雨"、"全国风向不定、天气多变、可能有雨"等概括性的内容。

1927年，高空无线电探空仪被发明，这种电子仪器被悬挂在氢气球下升入空中，一路上将测得的气象资料用无线电信号发回到地面接收站。通过探空气球可以获得空中各高度上的气压、气温、湿度以及风向、风速等数值。这种方法需要多人配合，并进行烦琐的记录、计算和编排，劳动强度大，所需人员多，测量速度慢，精确度低。

在此基础上，气象学家罗斯贝提出大气长波理论，开创了三维空间的天气分析，使制作3天至5天的中期预报成为了可能。更重要的是，它表明高空长波的活动规律可以根据流体运动的物理定理，用数学的方法推导出来，使气象学走上了正确的轨道。

1922年，英国气象学家理查孙首次对大气运动方程，采用差分法求解，制作了数值天气预报。虽然由于条件所限，计算结果不精确、不稳定，导致预报失败，但它为后来开展数值预报积累了经验。

第二次世界大战之后，以遥感技术和计算技术为代表的新技术迅速发展，特别是气象卫星的升空，开创了从宇宙空间观测全球大气的新时代。

雷达技术的运用，能够在地面探测较大范围的大气物理量的变化。从1960年起，又使用了极轨气象卫星，可以从几百千米甚至上千米以外的高空探测全球的气候状况。1966年，地球同步气象卫星上天，更方便地追踪台风等天气系统的连续演变。这些卫星装备有红外、微波、可见光、紫外等辐射探测仪，综合运用了遥感技术，能把大气变化的各种信息及时传送到地面。由极轨气象卫星和地球同步气象卫星、地面气象站、高空气象站、海上船舶和漂浮站、自动气象站，以及飞机、火箭、定高气球等下抛的探空仪等，共同组成监视全球大气演变的探测系统，有力地促进了大气科学的迅速发展。目前，正在逐步实现现代化的庞大地基、空基气候观测系统，包括卫星、火箭、雷达、海洋浮标和全球定位系统等，可获取各个时间、不同高度的大量气象资料，有助于天气预报准确率的提高。

随着大气探测手段的逐步现代化，观测资料的日益丰富，揭示出许多气象规律。尤其是电子计算机的诞生和普及，大大改善并加速了理论研究的步伐，促进了天气预报现代化的进程。1950年，查尼（Charney）等首次成功地将数值天气预报在电子计算机上实现了。随着大气科学理论研究的深入和发展，以及预报方法不断创新，使天气预报从一种技术发展为一门科学，从主观定性预报发展为客观定量预报。

1950年，查尼、冯·诺伊曼和菲约托夫特等人在速度仅每秒5000次的ENIAC计算机上用了12小时做出了北美地区的24小时气压形势数值预报，开创了大气科学的新纪元。气象学家可以在电子计算机上用计算的方法作定量的天气预报了！

纵观大气科学的发展历史，我们可以得出其发展的条件和特点。发展条件主要包括：大气信息的采集和传输方式的改进，对大气运动和天气变化规律、物理机制的深刻认识，以及计算方法和计算工具的改进等。发展特点主要是：人类需求决定了前期预报技术发展的重点，在广泛与其他科学技术相互渗透中前进，科学与技术紧密结合是现代天气预报技术发展的根本途径。

7.5.2 现代数值天气预报原理

天气预报技术发展到今天，已与过去传统的预报手段有了很大的差别，客观化、定量化、自动化、综合化和智能化逐步取代了主观、定性、手工、单一的预报方法。

如今天气预报的方法很多，最常用的有三种。一种是传统的天气学方法——以天气图为主，就是将同一时刻同一层次的气象数据填绘在一张特制的图上，这张图称为天气图。经过对天气图上的各种气象要素进行分析，预报员就可以了解当前天气系统（如台风等）的分布和结构，判断天气系统与具体天气（如雨、风、雾等）的联系及其未来演变情况，从而做出各地的天气预报。第二种是数值预报方法——以计算机为工具，随着计算技术的进步而逐步发展起来，做出的天气预报是靠计算机"算"出来的。由于大气的运动遵循一定的客观规律，根据这些规律，可以将大气运动状态表示成一组偏微分方程，只要给出初值（大气的当前状况），就可以求解出方程组随时间变化的变量值，据此得到大气的未来状况。求解方程的过程极其复杂，要求在规定的时间里处理大量的气象数据，即使最简化的大气方程也必须在高速计算机上进行运算。第三种方法是统计预报，该方法所用的理论基础是数学，所用工具也是计算机。以上各种方法有时相互配合、综合应用，并广泛采用计算机作为工具。

数值天气预报使天气预报的技术产生了深刻的变革，已经成为主要的预报方法，20世纪80年代，全世界已有30多个国家和地区把数值天气预报作为天气预报的主要方法。就预报项目来说，已包含气压、温度、湿度、风、云和降水量；就范围来说，已从对流层有限区发展到包括平流层的半球和全球范围；就时效来说，除1~2天短期预报外，部分国家已经开展了一个星期左右的中期预报。

1. 数值天气预报的原理

数值天气预报是根据大气实际情况，在一定初值和边界条件下，通过数值计算，求解天气演变过程的流体力学和热力学方程组，预报未来天气的方法。这种预报是定量和客观的预报。

我们所居住的地球表面上空被一厚度十几到二十几千米的大气层所环绕。我们每天所见到的、所感受到的阴晴雨雪、冷暖风雷"天气"，就发生在这段大气层里。大气环绕着地球每天都在运动变化，它遵循牛顿运动定理、质量守恒定理、大气状态方程、热力学定理、水汽守恒定理等。用来描述大气的气象变量包括风、温度、压力、空气密度及水汽含量等。理论上，根据已知的初始条件及边界条件，气象方程组是可解的，天气预报只不过是将这组方程对时间求解而已。这组气象方程是非常复杂的偏微分方程，必须用高速计算机通过数值方法求解。

　　用数值方法求解大气和海洋流体力学问题，一直是气象学界和海洋学界关心的热点，业已取得了巨大的进展，提出过为数众多的数值模式。笔者学识有限，对大气动力学模型等方面了解很少，这里仅以海洋流体动力学为例，做简单介绍，只供大家了解即可。

海洋流体动力学的三维原始方程如下：

$$\frac{\mathrm{d}\rho}{\mathrm{d}t} = \rho \nabla \cdot u = 0 \tag{7.1}$$

$$\frac{\rho - \rho_*}{\rho_*} = -a(\theta - \theta_*) \tag{7.2}$$

$$p = p_a + g\rho_*(\xi - z) - a\rho_* g \int_z^\xi (\theta - \theta_*)\mathrm{d}z' \tag{7.3}$$

$$\frac{\partial u}{\partial t} + u \cdot \nabla u - fv = -g\frac{\partial \xi}{\partial x} + A\nabla_D^2 u + \frac{\partial}{\partial z}\left(v\frac{\partial u}{\partial z}\right) + ag\frac{\partial}{\partial x}\int_z^\xi (\theta - \theta_*)\mathrm{d}z' \tag{7.4a}$$

$$\frac{\partial v}{\partial t} + u \cdot \nabla v + fu = -g\frac{\partial \xi}{\partial y} + A\nabla_D^2 v + \frac{\partial}{\partial z}\left(v\frac{\partial v}{\partial z}\right) + ag\frac{\partial}{\partial y}\int_z^\xi (\theta - \theta_*)\mathrm{d}z' \tag{7.4b}$$

$$\frac{\partial \theta}{\partial t} + u \cdot \nabla \theta = B\nabla_D^2 \theta + \frac{\partial}{\partial z}\left(k\frac{\partial \theta}{\partial z}\right) \tag{7.5}$$

其中：$\nabla_D = \left(\dfrac{\partial}{\partial x}, \dfrac{\partial}{\partial y}\right)$，$u = (u, v, w)$，$v = \dfrac{u}{\rho_*}$。这里有 6 个未知数即 p、ρ、θ、μ、v、ω 和 6 个方程，其中两个是代数方程。

对应的边界条件如下：

$$z = \xi, \quad w = \frac{\partial \xi}{\partial t} + u \cdot \nabla_D \xi \tag{7.6a}$$

$$v\frac{\partial(u, v)}{\partial z} = (\tau_x, \tau_y) \tag{7.6b}$$

$$z = -h, \quad u = 0 \tag{7.7}$$

上面的方程组是以固定（在地球上）的垂直坐标系表示的，几何高度 z 作为垂直坐标。方程（7.1）一般用不可压缩的连续性方程 $\nabla \cdot u = 0$ 来代替。方程（7.2）是线性化的液体状态方程，按一些约定，在此只考虑温度对密度的影响。在目前密度变化不大的情况下，对温度作幂级数展开且只取线性项；ρ_* 是某参考常值密度，θ 代表温度，θ_* 是相应的常值参考温度，α 是热胀系数，一般当作常量；若考虑海水盐度或者其他示踪物质浓度的影响，可仿此增添相应的项。式（7.3）是垂直静压方程对于变密度的积分；p_a 是流体在自由表面处的压强，如果忽略粘性和表面张力的影响，它就是大气压强；$\xi(x, y, z)$ 是自由面起伏。式（7.4a，b）是水平的动量方程，这里把粘性项分成水平的和垂直的不同项，以考虑水平涡粘性系数和垂直涡粘性系数 v 的不同而不同；水平涡粘性系数 A 一般取为常数，垂直系数 v 可以随垂向坐标而变化。式（7.5）来自能量方程，θ 代表温度，B 和 k 分别为水平和垂直的湍流热扩散系数。式（7.6a）和式（7.6b）分别为自由面上的运动学和动力学条件。式（7.7）是底部粘附条件。

　　气象方程组就是由很多个类似以上偏微分方程组成的，解这些方程要分几个步骤进行：首先将

各方程演绎和重写，导入三维坐标中网格点上的数值，这样才可以采用数值方法进行运算。然后以"现时"的大气状况作为方程组内各变量的初始值。在计算的过程中，方程组中没有直接描述的各种物理过程，例如云和雨的热力效应、地面摩擦等，要另外用特别设计的方案来计算。

数值天气预报实际上模拟了大气演变的过程，这就要求计算机运算速度大大超过大气演变的速度。因此，它必须以高性能的巨型计算机为主要工具，随着计算技术以及数学理论方法的发展而发展。

2. 制作天气预报的步骤（算法）

中央电视台每晚 7 时 30 分的天气预报是人们所熟悉和喜爱的节目。随着气象讲解员的指点，人们预知了各地的冷热阴晴。那么，这样的天气预报是怎么做出来的呢？

① 各种气象资料的采集。每日同一时间，各地气象站的地面常规观测提供了温、压、湿、风等气象信息，高空探测网也将对流层与平流层的变化信息传递回来，再加上气象卫星和雷达收集到的资料，它们被电传到国家气象中心，作为制作预报的"原材料"。

② 制作、分析天气图。气象中心接收各地气象站发来的观测资料、卫星云图资料和雷达资料等后，接着根据这些资料，通过计算机绘制出天气图。气象科技人员根据天气分析原理、方法和预报实践中总结出的经验对天气图进行分析，再结合我国天气、气候特征对天气形势进行分析，从而揭示主要的天气形势，天气现象的分布特征和相互的关系。如 24 小时内是否会有降水，然后在此基础上过渡到具体天气预报，如降水的地点及多少。

③ 用计算机进行数值天气预报。国家气象中心拥有全国最先进的巨型计算机，如 IBM 公司生产的 SP 计算机。运用这种计算能力如此之高的计算机，未来天气很快就被"算"出来。

④ 进行天气会商。天气预报的方法很多，用这么多方法做出来的预报不可能完全一致。这就需要根据最新资料进行会商，做出最后的天气预报结论。

⑤ 制作电视节目。国家气象影视制作中心，每天准时完成天气预报节目的制作。预报结论被改写得通俗易懂后，由气象讲解员向观众解说，同时配有各种气象图及生动的天气情况画面。这就是我们从电视上看到的天气预报节目了。

其中，用计算机进行数值天气预报的步骤如下。

① 把作为流体的大气所遵循的物理规律用数学模型描述出来，然后用数值计算分析的方法对这些数学物理方程组进行离散化，再把离散化的方程组的求解编写成计算机程序，以便借助高速计算机完成这一工作量巨大的运算。

② 把整个大气空间分割成均匀分布的一个个小空间（称之为格点）。通常，这些小格点的边长水平方向为 10～100km，垂直方向有几十米不等。

③ 把全球（或某一区域）非均匀分布的定时气象观测资料（如气压、风力、风向、温度、湿度等）在很短的时间内收集起来，然后把这些非均匀分布的气象资料插值到均匀分布的一个个小格点上（即模式格点上），形成数值天气预报的初值。

④ 在巨型计算机上运行数值天气预报程序，一个个时间点、一个个格点地计算大气的运动变化。例如，根据起始时刻的天气图，先算出 10 分钟以后的预报图，然后将这张预报图作为起始时刻的天气图，再算出 10 分钟以后的预报图。这样一步一步连续做下去，便能算出未来 24 小时或 48 小时的预报图。假如要计算的点为 50×50=2500 点，高度取 10 层，对各点各高度预报六个气象要素（气压、温度、湿度和三个风速分量），做一次 24 小时预报就需要进行 1500 万次运算。

⑤ 整个预报时段计算结束后，即可得出全球（或某一区域）每个格点的气象要素值（如气压、风力、风向等）。

3. 数值天气预报的作用和意义

数值天气预报的水平已成为衡量大气科学发展水平的重要标志之一，它在大气科学中的作用和地位主要表现在以下几方面。

① 数值天气预报是促进大气科学各分支领域发展的动力之一。首先，气象观测（大气探测）是数值预报发展的基础，数值预报则向大气探测提出了更高的要求。例如，中尺度数值预报要求有时、空密度和精度更高的探测资料。因此，数值预报将使大气探测面临更艰巨的任务，数值预报要求大气探测更细致，内容更广泛。

其次，随着人们对数值预报精度要求的提高，相应的计算量将大幅提高。这就要求计算机的速度和容量也要随之提高。尽管计算机的运算速度越来越快，仍不能完全满足日益发展的数值预报的需要。因此，数值预报将成为推动通信技术和计算技术发展的动力之一。

第三，天气分析和理论研究导致了数值预报的诞生，数值预报的发展促进了天气分析和理论研究的发展。

② 数值天气预报是揭示大气运动规律的有力武器。数值模拟既是理论与实践的结合，又是技术与应用的结合，它是理论分析（对被模拟现象建立数学模型）、物理原则（按物理规律处理被模拟现象的物理过程）、计算方法（依计算数学理论和方法设计数值计算方案）、数值试验（用计算机对气象方程组进行数值求解）和模型评价（分析检验模拟结果）五位一体，既交叉又综合的研究方法。因此，数值天气预报是一个非常理想的"数值实验室"，是揭示大气运动规律的有力武器。

③ 数值天气预报带来丰厚的经济回报。气象与经济有着密切的、直接的关联，企业在气象上投入 1 元，可以得到 98 元的经济回报，这就是经济学界流行的"德尔菲气象定律"。在不同的市场条件下应用这一定律，可能带来更高的经济回报率。如果商家事先知道天气走势，在生产、采购、销售计划中考虑到气象因素，趋利避害，不但能够避免损失，而且还可以在竞争中获取一定的优势。据中国气象局的研究表明，气象服务每年至少在经济社会中产生了 3328 亿元效用，投入产出的效益可达 1∶69。而这一比例各地不平衡，北京市 1∶221，广东省 1∶99。

7.5.3 天气预报对计算技术永无止境的需求

我们知道，天气预报业务以大气观测为基础，以气象情报传输、气象资料收集为前提，以天气分析和预报为核心，以气象保障为目的，以气象业务管理为保证，其主要特点之一就是信息量大，要求及时准确，求解过程非常复杂。

如今气象部门每天都会产生亿万个数据，如不及时处理，就会失去时效，就会变成"事后诸葛亮"。由于数值天气预报的计算量非常巨大，因此对计算机的要求很高。拿一个水平分辨率约 200 km、垂直分层 16 层的全球气象预报来说，有约 30 多万个格点，若时间步长取 20 分钟，做七个要素（如气压、风力、风向、温度、湿度、高度、降雨量）7 天的预报，则必须求解至少 3 亿个以上的方程组，而且这些方程组通常是几百阶甚至更高阶的非线性偏微分方程组，其总的数学运算量就更难于估算了。这样巨大的运算量人工是无法完成的，必须借助高速运算的巨型计算机来完成。因此，通俗地说，数值天气预报就是用巨型计算机来"计算"未来天气。例如，我们国家的卫星在当天 20 点进行观测，观测完后马上把气象观测资料传至国家气象中心，大约第 2 天凌晨 2 点多，就可以提供未来几天的中期数值天气预报了。

天气预报需要时效性，因此高速计算是非常必要的。很多时候，全球性能最高的前 500 台计算机大部分首先用于数值预报。

对数值天气预报而言，要进一步提高预报的准确性，当前必须减小计算格点距离（提高分辨率）

和使描述大气物理过程的数学模型复杂化，前者根据减小计算量成几何级数增加，后者计算量也随之增加，其计算量级占总体的计算量 30%～50%。

大家知道，近些年来随着气象现代化的不断深入，数值天气预报已得到广泛普及和使用，它的预报能力及水平已超过大多数气象分析员对天气图的分析及预报，但数值天气预报经常也会出现"走样"现象。2001 年 3 月 5 日，天气预报纽约市将遭遇 50 年来最严重的暴风雪，在部分地区，积雪将厚达一米。于是，人们纷纷涌入超市，抢购食物。学校大都停课、银行停业、航空公司取消航班。然而，整整一天，人们却没见到世纪暴风雪，只看到一些稀稀拉拉的雪花。于是，纽约百姓大呼上当。美国广播公司的一位著名女主持人手拿一把小尺测量路边的积雪，并风趣地说："一米？一定是我的尺子错了！"

为什么现在计算技术很先进，靠计算机计算出来的数值天气预报结果会不准呢？原因主要有几个。① 人们对天气变化的客观规律还没有完全认识清楚，而大气运动的本身又是十分错综复杂，这是造成天气预报有时不准确的根本原因。② 网格过程参数化问题难以精确处理。③ 大气方程的初值不可能绝对准确，求解方程组的初值的确定是由现在数量极其有限的气象站点的观测资料作为初始值的，然而天气要素在时空分布上是极不均匀的，全球大气又是互相关联的。数值预报对于初值条件的敏感依赖，不但使得很长时间的预报成为不可能，也使日常数值预报的误差成为不可避免。④ 计算过程中的舍入误差在所难免。数值预报涉及非常多的计算，而对计算机而言，每一步计算都有舍入误差的问题。加上数值预报中的计算是如此复杂，计算步骤是如此多，以至舍入误差的积累有时显得十分严重。

由于数学模型反映的物理过程是近似的，初值是近似的，模型参数是近似的，一切数值都是近似值。根据这些近似值，经过大量的计算（每秒钟计算数千万甚至数亿次，计算数小时、数十小时），每一步计算也都是近似的（有舍入误差），其结果显然也是近似的、不精确的、有误差的。

因此，今后天气预报的主要任务是对更小范围和更短的未来时间进行更加细致的预报，以及提高长期预报的准确率。计算机要处理的信息量将呈指数上升，这就要求计算机的速度进一步提高、容量进一步扩大，网络通信技术进一步发展。

总之，随着计算技术和大气科学的发展，今后的天气预报将会变得越来越准确、详尽、迅速。

7.6　赌城之名，绝妙之法——蒙特卡罗法

蒙特卡罗方法（Monte Carlo method）于 20 世纪 40 年代美国在第二次世界大战中研制原子弹的"曼哈顿计划"的成员乌拉姆和冯·诺依曼首先提出。数学家冯·诺依曼用驰名世界的赌城——摩纳哥的 Monte Carlo（蒙特卡罗）——来命名这种方法，为它蒙上了一层神秘色彩。在这之前，蒙特卡罗方法就已经存在。1777 年，法国数学家布丰（Georges Louis Leclere de Buffon，1707—1788 年）提出用投针实验的方法求圆周率π。这被认为是蒙特卡罗方法的起源。

在科学研究过程中，蒙特卡罗方法是一个非常有用的方法，在许多实际问题中都有用武之地。该方法本身并不复杂，只要掌握概率论及数理统计的基本知识，就可以学会并加以应用。由于这种算法与传统的确定性算法在解决问题的思路方面截然不同，掌握此方法，可以开阔思维，为解决问题增加一条新的思路。

我们首先从直观的角度介绍蒙特卡罗方法，然后介绍其基本思想与工作过程，最后通过实例对比介绍基于蒙特卡罗方法的应用及其优点。

7.6.1 蒙特卡罗方法导引

首先来看一个有意思的问题：在一个 $1m^2$ 的正方形木板上随意画一个圈，求这个圈的面积。如果圆圈是标准的，我们可以通过测量半径 r，然后用 $S = \pi r^2$ 来求出面积。可是我们画的圈一般是不标准的，有时还特别不规则，如图 7-17 所示。

显然，这个图形不太可能有面积公式可以套用，也不太可能用解析的方法给出准确解。不过，我们可以用如下方法求这个图形的面积：

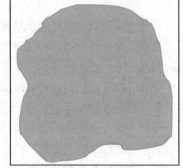

图 7-17　不规则图形

假设你手里有一支飞镖，将飞镖掷向木板，并且每次都能掷在木板上，不会偏出木板，但每次掷在木板的什么地方是完全随机的，即每次掷飞镖，飞镖扎进木板的任何一点的概率是相等的（从数学的角度来说掷点的概率分布是均匀的）。这样，我们投掷多次，如 100 次，然后统计这 100 次中扎入不规则图形内部的次数，假设为 k。那么，我们就可以用 $k/100×1\ m^2$ 近似估计不规则图形的面积。例如，100 次有 32 次掷入图形内，可以估计图形的面积为 0.32 平方米。如果认为结果不太准确，可以投掷 1000 次，甚至更多次，然后进行统计计算。可以想象的是，投掷的次数越多，最后的计算结果越准确。

以上过程就是蒙特卡罗方法的直观应用实例。

非形式化地说，蒙特卡罗方法泛指一类算法。在这些算法中，要求解的问题是某随机事件的概率或某随机变量的期望。这时，通过"实验"方法，用频率代替概率或得到随机变量的某些数字特征，以此作为问题的解。

上述问题中，如果将"投掷一次飞镖并掷入不规则图形内部"作为事件，那么图形的面积在数学上等价于这个事件发生的概率（稍后证明），为了估计这个概率，我们用多次重复实验的方法，得到事件发生的频率 $k/100$，以此频率估计概率，从而得到问题的解。

蒙特卡罗方法区别于确定性算法，它的解不一定是准确或正确的，其准确或正确性依赖于概率和统计，但在某些问题上，当重复实验次数足够大时，可以从很大概率上（这个概率是可以在数学上证明的，但依赖于具体问题）确保解的准确或正确性。所以，我们可以根据具体的概率分析，设定实验的次数，从而将误差或错误率降到一个可容忍的程度。

上述问题中，设总面积为 S，不规则图形面积为 θ，共投掷 n 次，其中掷在不规则图形内部的次数为 k。根据伯努利大数定理，当试验次数增多时，k/n 依概率收敛于事件的概率 θ/S。下面给出严格证明。

设事件 A：投掷一次，并投掷在不规则图形内。因为投掷点服从二维均匀分布，所以有

$$p(A) = \frac{\theta}{S}$$

设 k 是 n 次投掷中投掷在不规则图形内的次数，$\varepsilon > 0$ 为任意正数。根据伯努利大数定律：

$$\lim_{n \to \infty} p\left\{ \left| \frac{k}{n} - p(A) \right| < \varepsilon \right\} = \lim_{n \to \infty} p\left\{ \left| \frac{k}{n} - \frac{\theta}{S} \right| < \varepsilon \right\} = 1$$

这就证明了，当 n 趋向于无穷大时，频率 $\frac{k}{n}$ 依概率收敛于 $\frac{\theta}{S}$。证毕。

上述证明从数学上说明用频率估计不规则图形面积的合理性，进一步可以给出误差分析，从而选择合适的实验次数 n，以将误差控制在可以容忍的范围内。

从上面的分析可以看出，蒙特卡罗算法虽然不能保证解一定是准确的和正确的，但不是"撞大运"，其正确性和准确性依赖概率论，有严格的数学基础，并且通过数学分析手段对实验加以控制，可以将误差和错误率降至可容忍范围。

7.6.2 蒙特卡罗方法的基本思想与过程

蒙特卡罗方法，也称为统计模拟方法、随机抽样技术，是一种以概率统计理论为指导的一类非常重要的数值计算方法。它利用随机数（或更常见的伪随机数）来解决很多计算问题，方法是将所求解的问题同一定的概率模型相联系，用计算机实现统计模拟或抽样，以获得问题的近似解。它是一种不确定性的方法，与它对应的是确定性算法。蒙特卡罗方法在金融工程学，宏观经济学，计算物理学（如粒子输运计算、量子热力学计算、空气动力学计算）等领域应用广泛。

蒙特卡罗方法的基本思想是当所求解问题是某种随机事件出现的概率，或者是某个随机变量的期望值时，通过某种"实验"的方法，以这种事件出现的频率估计这一随机事件的概率，或者得到这个随机变量的某些数字特征，并将其作为问题的解。

蒙特卡罗方法解题过程的三个主要步骤如下。

① 构造或描述概率过程。对于本身就具有随机性质的问题，如粒子输运问题，主要是正确描述和模拟这个概率过程，对于本来不是随机性质的确定性问题，如计算定积分，必须事先构造一个人为的概率过程，它的某些参量正好是所要求问题的解，即将不具有随机性质的问题转化为随机性质的问题。

② 实现从已知概率分布抽样。构造了概率模型以后，由于各种概率模型都可以看成由各种各样的概率分布构成的，因此产生已知概率分布的随机变量（或随机向量）就成为实现蒙特卡罗方法模拟实验的基本手段，这也是蒙特卡罗方法被称为随机抽样的原因。最简单、最基本、最重要的一个概率分布是(0, 1)上的均匀分布（或称为矩形分布）。随机数就是具有这种均匀分布的随机变量。随机数序列就是具有这种分布的总体的一个简单子样，也就是一个具有这种分布的相互独立的随机变数序列。

在计算机上，可以用物理方法产生随机数，但价格昂贵，不能重复，使用不便。另一种方法是用数学递推公式产生。这样产生的序列与真正的随机数序列不同，所以称为伪随机数或伪随机数序列。不过，经过多种统计检验表明，它与真正的随机数或随机数序列具有相近的性质，因此可把它作为真正的随机数来使用。

由于已知分布随机抽样有各种方法，与从(0, 1)上均匀分布抽样不同，这些方法都是借助于随机序列来实现的，也就是说，都是以产生随机数为前提的。由此可见，随机数是实现蒙特卡罗方法的基本工具。

③ 建立各种估计量。一般说来，构造了概率模型并能从中抽样后，即实现模拟实验后，就要确定一个随机变量，作为所要求的问题的解，我们称它为无偏估计。建立各种估计量相当于对模拟实验的结果进行考察和登记，从中得到问题的解。

7.6.3 蒙特卡罗方法的应用与分析

通常，蒙特卡罗方法通过构造符合一定规则的随机数来解决数学上的各种问题。对于那些由于计算过于复杂而难以得到解析解或者根本没有解析解的问题，蒙特卡罗方法是一种有效的求出数值解的方法。

蒙特卡罗方法在数学中最常见的应用就是蒙特卡罗积分。

计算定积分是金融、经济、工程等领域实践中经常遇到的问题。通常，计算定积分的经典方法是使用 Newton-Leibniz 公式：

$$\int_a^b f(x)\mathrm{d}x = F(b) - F(a)$$

其中，$F(x)$为$f(x)$的原函数。

这个公式虽然能方便计算出定积分的精确值，但是有一个局限就是首先通过不定积分得到被积函数的原函数。有时求原函数是非常困难的，而有的函数，如$f(x)=\sin x/x$，已经被证明不存在初等原函数，这样就无法用 Newton-Leibniz 公式，只能另想办法。

下面就以$f(x)=\sin x/x$为例介绍使用蒙特卡罗算法计算定积分的方法。

首先需要声明，$f(x)=\sin x/x$在整个实数域是可积的，但不连续，在$x=0$这一点没有定义。但是，当x趋近于 0 其左右极限都是 1。为了严格起见，补充定义，当$x=0$时$f(x)=1$。

另外为了需要，这里不加证明地给出$f(x)$的一些性质：补充$x=0$定义后，$f(x)$在负无穷到正无穷上连续、可积，并且有界，其界为 1，即$|f(x)| \le 1$，当且仅当$x=0$时$f(x)=1$。

为了便于比较，本节除了介绍使用蒙特卡罗方法计算定积分外，同时涉及数值计算中常用的插值积分法，并通过实验结果数据对两者的效率和精确性进行比较。

1. 四种选定的数值积分法

正如本章前面所介绍的，对于连续可积函数，定积分的直观意义就是函数曲线与X轴围成的图形中，$y>0$的面积减掉$y<0$的面积。为便于对比，下面给出 4 种数值积分法。

首先，最简单、最直观的数值积分方法是简单梯形法：用以$f(a)$和$f(b)$为底，X轴和$f(a)$、$f(b)$连线为腰组成的梯形面积来近似估计积分。显然，该方法的效果一般，而且某些情况下偏差很大。

其次，改进的梯形法：将积分区间分段，然后对每段计算梯形面积再加起来，这样精度就大大提高了，并且分段越多，精度越高。

除了梯形法外，还有其他方法，比较常见的有 Sinpson 法，当然对应的也有改进的 Sinpson 法。

下面给出 4 种数值积分的公式。

简单梯形法：
$$\int_a^b f(x)\mathrm{d}x \approx \frac{b-a}{2}[f(a)+f(b)]$$

改进梯形法：
$$\int_a^b f(x)\mathrm{d}x \approx \sum_{i=1}^{n} \frac{x_i - x_{i-1}}{2}[f(x_{i-1})+f(x_i)]$$

Sinpson 法：
$$\int_a^b f(x)\mathrm{d}x \approx \frac{b-a}{6}\left[f(a)+4f\left(\frac{a+b}{2}\right)f(b)\right]$$

改进 Simpson 法：
$$\int_a^b f(x)\mathrm{d}x \approx \sum_{i=1}^{n/2} \frac{b-a}{3n}[f(x_{2i-2})+4f(x_{2i-1})+f(x_{2i})]$$

2. 四种数值积分法与蒙特·卡罗法的比较

一个方法怎么样，通过实例测试总能说明问题。针对以上 4 种数值计算方法以及蒙特卡罗法，以$\sin x/x$在[1, 2]区间上的定积分计算为例，编程测试它们的实际效果（绝对误差、相对误差和执行时间）。测试时，针对改进梯形法和改进 Sinpson 法，把积分区间[1, 2]分别划分为 10、10000 和 10000000 个分段。针对蒙特卡罗法，投点数（随机数个数）也分为 10、10000 和 10000000。有人在此基础上给出了如表 7-2 所示的测试结果。

在时间效率方面，当频度较低时，各种方法没有太多差别，但在 1000 万级别上，改进梯形与改进 Sinpson 相差不大，蒙特卡罗算法的效率快 1 倍。

表 7-2 测试对比数据

	绝 对 误 差	相 对 误 差	执 行 时 间
梯形法	0.01127	1.7%	<1ms
改进梯形法（10 分段）	0.0001118	0.016958%	<1ms
改进梯形法（10000 分段）	0.00000005632358	0.00000854%	5ms
改进梯形法（10000000 分段）	0.00000005682	0.0000086179%	972ms
Sinpson 法	0.4276298994	64.858%	<1ms
改进 Sinpson 法（10 分段）	0.0995961	15.1%	<1ms
改进 Sinpson 法（10000 分段）	0.000090882	0.01378%	2ms
改进 Sinpson 法（10000000 分段）	0.000000034494	0.0000052317%	915ms
蒙特卡罗法（10 个）	0.05932985	6.1684%	1ms
蒙特卡罗法（10000 个）	0.00402985	0.69315%	6ms
蒙特卡罗法（10000000 个）	0.00006165	0.02957%	402ms

准确率分析，当频度较低时，几种方法的误差都很大，随着频度提高，4 种数值积分法要远远优于蒙特卡罗算法，特别在 1000 万级别时，蒙特卡罗法的相对误差是数值积分法的近万倍。总体来说，在数值积分方面，蒙特卡罗方法效率高，但准确率不如对比的数值积分法。

总体来说，当需要求解的问题依赖概率时，蒙特卡罗方法是一个不错的选择。但这个算法毕竟不是确定性算法，在应用过程中需要冒一定"风险"。这就要求不能滥用这个算法，在应用过程中，需要对其准确率或正确率进行数理分析，合理设计实验，从而得到良好的结果，并将风险控制在可容忍的范围内。

蒙特卡罗方法的优点：能够比较逼真地描述具有随机性质的事物的特点及物理实验过程；受几何条件限制小；收敛速度与问题的维数无关；具有同时计算多个方案和多个未知量的能力；误差容易确定；程序结构简单，易于实现。 蒙特卡罗方法的缺点：收敛速度慢；误差具有概率性。

蒙特卡罗方法特有的优点使得它的应用范围越来越广，包括：粒子输运问题，统计物理，典型数学问题，真空技术，激光技术，以及医学、生物、探矿等方面。蒙特卡罗方法在粒子输运问题中的应用范围主要包括实验核物理、反应堆物理、高能物理等方面，在实验核物理中的应用范围主要包括通量及反应率、中子探测效率、光子探测效率、光子能量沉积谱及响应函数、气体正比计数管反冲质子谱、多次散射与通量衰减修正等方面。

实际上，不确定性算法不只蒙特卡罗一种，Sherwood 算法、Las Vegas 算法和遗传算法等也是经典的不确定算法。在很多问题上，不确定性算法具有很好的应用价值。有兴趣的朋友可以参考相关资料。

7.7 精确制导，百步穿杨——巡航导弹制导系统

在现代化常规战争中，导弹已经成为主要的武器装备之一，是一种装有战斗部、可控制的无人驾驶飞行器，其中包括近程、中程、远程导弹、巡航导弹，甚至各种运载火箭等。这些控制目标的特点是飞行时间短，测轨的精度要求较高。采用普通武器攻击高度、速度甚高、机械性好的活动目标，以及相距几百甚至几千千米以外的静止目标，要么无法实施攻击，要么攻击效果极差。一个著名的战例是海湾战争，这次战争中的美军空空导弹、空地导弹和制导武器的使用贯穿了整个战争的全过程。虽然这类武器的总量只占到所有投弹吨位的 7% 左右，却摧毁了所有预定打击的重要目标。

导弹的命中率高得惊人，其精确度已经达到了所击中的目标是一个桥墩而不是一个桥梁，是一个特定的建筑上的一扇窗户而不是一组楼群，甚至能够发射第二枚导弹钻入第一枚导弹打出的洞来扩大战果。如此大的威力都来自于导弹导引的巨大威力。

导弹得名来源于它是能"自动导向目标的弹"，与普通武器的根本区别在于：以一定的准确度引导导弹按预定路线飞行，对目标有较高的命中概率，因此能自己朝着目标奔是导弹的根本特点。实现这个目标主要靠导弹制导系统。导弹制导系统是导引和控制导弹按选定的导引规律飞向目标的全部装置和软件的总称，也称为导弹导引和控制系统。鉴于导弹武器的特点，保证导弹具有要求的命中率是整个武器装备设计的中心问题，是赋予导弹制导系统设计的自然使命。因此，对导弹制导系统的基本要求如下：

① 导引准确度。通过正确选择引导方式及导引规律，设计具有优良响应特性的制导回路，拟定合理的补偿规律，提高各分系统仪器设备尤其是测量、计算设备的精度，保证导弹在一定工作环境条件及干扰条件下可靠工作等一系列措施，满足导引准确度的要求。

② 技术使用的灵活性。对目标的探测范围大、跟踪性能好，对目标及目标群的分辨能力强，发射区域及攻击方向宽，进入战斗的准备时间短，地面设备的机动能力强等。

③ 尽可能减少体积、重量，简化设备仪器，降低成本。

从以上分析可以看出，制导指的是自动控制和导引飞行器按照预定轨道或路线飞行，准确到达目标的过程。导弹制导系统乃是为完成引导导弹命中目标任务的所有设备的总和，对初始的目标信息的传送处理、发射控制、战斗部引爆控制等，无疑均是导弹制导系统的重要组成部分。与上述比较完整的、广义的含义相比，在很多时候采用狭义的导弹制导系统，是指探测目标及导弹的相对位置、形成指令信号、操纵被控对象——导弹按预定路线飞行的设备总体，由这些设备构成了闭环的"制导回路"，用来确定导弹的运动特性。在此我们谈及的是狭义的导弹制导系统。

7.7.1 制导方法分类

由于导弹所攻击的目标特性不同及发射点特性不同，所选择的飞行轨迹和导引规律也是不同的；导弹的战斗部、弹体结构及导弹机动性等性能不同需采用不同的制导方法与之相适应，构成各类导弹制导系统。

1. 惯性制导（inertial guidance）

惯性制导是导弹制导技术的一种，也用于运载火箭的制导。它利用陀螺仪和加速度表组成的惯性测量装置测量导弹运动参数，与制导程序要求的预定值进行比较，如果有误差，制导系统即发出指令，修正导弹的弹道，直至命中目标。整个系统由装在导弹上的惯性测量装置、计算机和控制系统组成。根据惯性测量装置测得的数据、发射前由外部输入的初始条件和重力影响等数据，计算出导弹的实际速度和位置，并将这些数据与制导程序要求的预定值进行比较，产生制导指令，控制系统根据制导指令控制导弹飞向目标。按惯性仪表在弹上安装方式的不同，惯性制导分为平台式和捷联式两类。平台式是将加速度表装在惯性平台上，利用陀螺仪使平台保持稳定，不管导弹飞行时发生俯仰或偏航，平台的方向始终保持不变。平台还能隔离由于火箭发动机工作或其他因素引起的弹体振动，为惯性仪表创造良好的工作环境。因此，中远程弹道导弹和运载火箭基本上都采用平台式惯性制导系统。捷联式惯性制导是将加速度表与陀螺仪直接安在弹体上，省去惯性平台，制导系统体积小、重量较轻、可靠性也较高。但所测得的加速度、姿态角或角速度必须经过计算机进行坐标变换和计算才能获得所需的制导数据，因此要求计算机容量大、运算速度快，同时要求惯性仪表抗振动、抗冲击。现已研制出激光陀螺，它没有机械转动部件，工作不受振动或冲击的影响，捷联式惯性制导系统的应用因此将空前广泛。

惯性制导的优点是能独立工作，不与外界发生联系，抗干扰能力强，隐蔽性好，不受气象条件的影响。其主要缺点是误差随时间积累，因此对工作时间较长的惯性制导系统，要用其他制导方式修正误差，构成复合制导。常用的有惯性加激光制导、惯性加地形匹配制导等。

2. 指令制导（command guidance）

由导弹外部的制导站发出指令信号控制导弹飞行的制导称为指令制导。制导站可设在地面、海上（舰载）或空中（机载）。按指令传输方式，分为无线指令制导和有线指令制导两种。

常用的无线指令制导是雷达指令制导。制导雷达测量目标和导弹的运动参数，输入计算机，通过计算产生制导指令，经无线电发射机发送给导弹，弹上设备将指令转变成控制信号，控制导弹飞向目标。这种制导的优点是弹上设备简单，采用相控阵雷达可以对付多个目标。但在制导过程中需要连续进行跟踪和指令传输，因此易受电子干扰和反辐射导弹的攻击，必须采取多种抗干扰措施，才能提高生存能力。另一种常用的无线指令制导是电视指令制导，有两种方式：一种方式是利用装在弹上的电视摄像机捕获目标，通过数据传输系统把目标图像传给制导站，制导站形成控制指令反馈给导弹；另一种方式是利用制导站的电视摄像机捕获和跟踪目标，通过无线电指令控制导弹飞行。

有线指令制导是利用导弹拖曳的导线传送制导指令，主要用于射程在几千米以内、步兵携带或直升机装载的反坦克导弹。它依靠射手目视观测发现目标，有人工发送指令和计算机自动发送指令两种形式。前者为人工指令制导，后者为自动指令制导。有线指令制导的最新发展是光纤制导，利用导弹上的电视摄像机或红外成像设备获取目标图像，经由导弹拖曳的光纤把目标图像送给制导站，制导站计算出导弹的飞行误差并产生制导指令，再经由光纤把指令传输给导弹，控制导弹飞向目标。这种制导的优点是精度高、抗干扰能力强，并可用于攻击障碍物后人眼看不到的目标。

3. 寻的制导（homing guidance）

通过弹上的导引头感受目标辐射或散射的能量，自动跟踪目标，产生制导指令，控制导弹飞向目标的制导方式，称为寻的制导。寻的制导分为主动寻的、半主动寻的和被动寻的三种。由弹上自带的照射源照射目标，导引头接收目标反射的能量进行的制导，称为主动寻的制导。利用设在地面、飞机或舰艇上的照射源照射目标，导引头接收目标反射的能量引导导弹飞向目标，称为半主动寻的制导。不用照射源，导引头直接利用目标辐射的能量进行跟踪并引导导弹飞向目标，叫做被动寻的制导。在主动和半主动寻的制导中，照射目标的能量形式可以是可见光（激光）、红外线、无线电波或声波。常用的寻的制导有主动雷达寻的、半主动雷达寻的、电视制导、激光半主动寻的、红外被动寻的、毫米波主动寻的等。寻的制导的主要优点是精度较高、能攻击活动目标；采用主动寻的和被动寻的制导的导弹，发射后可以自主跟踪和命中目标（即所谓"发射后不用管"）。寻的制导的主要缺点是作用距离较近。

4. 地形匹配制导（terrain contour matching，TERCOM）

地形匹配制导是远程巡航导弹常用的一种精确制导方式。要实现这种制导，需先用侦察卫星或其他侦察手段，测绘出导弹预定飞行路线的地形高度数据并制成数字地图，存储在弹上制导系统中。导弹发射后，弹上测量装置实际测得的地形数据与存储在弹上的数字地图进行比较，确定导弹对应的地面坐标位置，如果出现偏差，制导系统发出控制信号，修正导弹的飞行路线。地形匹配制导方式的优点是精度高，不受气象条件的影响。其主要缺点是只能在地形起伏比较明显的路线上才能起作用，在平坦的地区或水面上不能使用。对于远程飞行来说，要存储的信息量太大，数据处理的工作量也很大，弹上计算机难以满足要求。所以地形匹配制导通常与惯性制导相配合，全程飞行用惯性制导，在预定的若干个飞行段，用地形匹配制导修正惯性制导的误差。美国和俄罗斯的战略巡航导弹都使用惯性加地形匹配制导，误差将近 30 米。TERCOM 工作过程如图 7-18 所示。

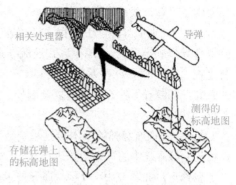

图 7-18　TERCOM 工作过程示意图

5. 景象匹配制导（Digital Scene Matching Area Correlation，DSMAC）

景象匹配制导的全称为数字式景象匹配区域相关制导，多用于远程巡航导弹的最后一级制导。它是利用弹头上的照相设备实时拍摄导弹正面的景象，经过数字化转换，与预储的数字式参照图像进行匹配（即相比较），来确定导弹相对于目标位置的制导技术，通常简称景象匹配制导。要实现这种制导，需预先拍摄被攻击目标的图像，存储在导弹中的计算机里。当导弹飞近目标时，弹上摄像机开始工作，拍摄的景物图像经过数字化处理，与预储的目标图像地图进行对比，确定导弹是否偏离预定的航线。如果发生偏离，则产生修正导弹航线误差的控制信号，这种制导的精度很高。例如美国 BGM-109C/D 常规对地攻击型"战斧"式巡航导弹，采用惯性加地形匹配加数字景象匹配制导，误差约 9 米，如果只有前两种制导方式，误差为 30 米。这种制导系统在白天使用效果好，夜晚效果较差。

不同的导引方式都有自己的优点和缺点，所以通常采用的方法是把不同的导引规律复合起来使用，在不同的情况下使用不同的规律，这样可以大大提高命中率。

7.7.2　"战斧"式巡航导弹

海湾战争中升起的一颗武器明星是"战斧"式巡航导弹，被称为当今世界上奇迹般的武器。海湾战争第一天，多国部队发起大规模空袭之前，投入进攻的首要是百余枚舰射巡航导弹，它们从伊拉克雷达的低空盲区中突袭，对伊拉克的 A 类战略目标进行了有效的打击。2011 年 3 月 20 日凌晨，以英法为主的多国部队向利比亚发动了空袭，其中美国在潜艇和水面舰艇上发射了 110 枚战斧式巡航导弹袭击了多处军事目标。

BGM-109 型"战斧"式巡航导弹于 20 世纪 80 年代中期开始在美军中服役，迄今已装备 5 种型号：A 型为海基对陆核攻击型，B 型为海基反舰型，C 型和 D 型均为海基对陆常规攻击型，G 型为陆基核攻击型。近年大出风头的"战斧"式巡航导弹就是 BGM-109C/D 型及其改进型 Block 型。

"战斧"式巡航导弹长 6.25 m，直径 0.52 m，翼展 2.67 m，巡航速度为 610～920 km/h；在海面上空的巡航高度为 7～15 m，平地为 50 m，丘陵和崎岖山区为 100 m 左右。作为海基对地远程攻击的主要手段，BGM-109C 型采用 454 kg 高爆弹头，BGM-109D 型配备由 166 枚子弹头组成的子母弹战斗部，对坦克和装甲车辆等集群目标有较强的杀伤力；它们的命中精度均在 9 m 以内，配备在海军水面战舰和潜艇上，水面舰射型射程 1300 km，潜射型为 920 km，而 Block 型射程达 1600 km。

"战斧"式巡航导弹一举成名是在 1991 年 1 月 17 日，以美国为首的多国部队拉开了海湾战争的序幕。在这次战争中，美国海军共发射了 228 枚"战斧"式巡航导弹，仅有 6 枚未能进入巡航状态（发射失败）。据美国防部公布的结果，成功率达到了 85%。此后，"战斧"式巡航导弹频繁亮相。1993 年 1 月 17 日，美国向伊拉克的军事基地发射 45 枚"战斧"式巡航导弹，据称有 40 枚导弹命中了目标。6 月 25 日，美国又对伊拉克情报总部大楼发射了 23 枚"战斧"式巡航导弹，并称有 19 枚导弹命中了目标。1996 年 9 月 3～4 日，美国对伊拉克南部"禁飞区"内的防空设施进行了海空联合导弹突击。其中，美国海军发射了 31 枚"战斧"式巡航导弹。据美国防部透露，其中有 29 枚导弹命中了目标，成功率提高到了 94%。这是"战斧"式巡航导弹问世以来取得的最好作战纪录。

"战斧"式巡航导弹能够远程飞行超过 1000 km，命中精度却能保证在几米之内，主要是靠先进的复合导弹制导系统。"战斧"式巡航导弹大家族中最先进的是 Block 型（意为第三批改进型），主要是在 BGM-109C/D 型基础上加装 GPS 接收机，构成"惯性制导+地形匹配制导+GPS 制导+数字式景象匹配制导"的连续全程复合制导，大大提高了命中精度，进一步降低了作战使用的技术保障难度。

"战斧"式巡航导弹的基本导航系统是惯性制导，即通过弹载惯性测量装置测定导弹的飞行数据，再与制导系统中的预定数据进行比较，当发现实际飞行轨道与预定弹道发生偏差时，形成制导指令加以修正，如图 7-19 所示。惯导技术问世最早，其优点是可以进行自我纠偏，不易受外界干扰，隐蔽性强；但缺点是航程越远，飞行时间越长，精度越差。为修正惯导系统的误差，"战斧"式巡航导弹采用了地形匹配制导系统。地形匹配是指在导弹预定飞行航线上选择若干个地形特征比较明显的地区作为定位区，将其作为数字地图存储在弹载计算机中，当导弹飞抵定位区上方后，弹载高度表测定实地高度，将实测数据与预存数据进行比较，确定位置偏差，形成修正指令，使导弹返回预定的航线上。其命中精度达到 30 米以内，且与射程远近无关。

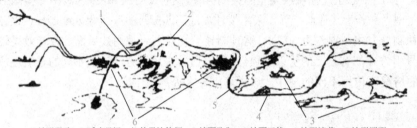

1-地形跟踪；2-减小目视、红外雷达特征；3-地面防御；4-地面干扰；5-地形遮蔽；6-地形匹配

图 7-19　BGM-109 作战过程示意图（制导系统-TRANS）

Block 型巡航导弹加装了 GPS 制导系统。GPS 是指美国开发的"导航星"全球定位系统，天上部署有 24 颗导航定位卫星，分布在 6 个轨道面上。只要拥有 GPS 接收机，导弹就可以在地球上任何一点随时随地接收至少 4 颗导航定位卫星的信号，通过解码器进行数据处理，获得导弹所在位置的三维坐标和运动速度。

为保证最终命中精度，"战斧"式巡航导弹在末段采用了数字式景象匹配制导系统。当导弹飞行到距目标约 80km 的区域后，弹载摄像机开机搜索，实时摄取前方的景物信息，并与预先存储在计算机中的目标景物照片进行对比，按图索骥，对号入座，控制导弹寻找到预定攻击的目标。

1-鱼类管出口；2-保护箱抛入海底；3-拉索启动弹上互锁机构；4-导弹上仰；5-导弹以 50⁰ 倾角冲出水面；
6-防水罩脱落，尾翼展开，并进行滚动控制；7-弹翼展开，助推器脱落，尾翼开始俯仰和偏航控制，雷达高度表开始工作；
8-进气斗伸出，主发动机启动；9-导弹达发射段最高点，发动机达最大推力；10-海上高弹道巡航飞行；
11-海上低弹道巡航飞行；12-初见陆地，地形匹配系统进行首次位置修正；13-中途位置修正（10 次）；
14-避开防空系统；15-进行地形回避和地杂波抑制；16-末段位置修正；17-防空系统；18-目标

图 7-20　BGM-109 发射过程示意图

正是靠着这样一套先进的复合制导系统，据说 Block 型"战斧"式巡航导弹的命中精度可以达到 3 m 以内。这种精度是一个什么样的水平呢？该型导弹射程为 1600 km，相对误差不足 50 万之一，也就相当于 100 m 误差 0.2 mm，可谓"百步穿针"。

"战斧"式巡航导弹已经成为美国高技术武器库中的重要一员。自海湾战争以来，这种高精度的远程导弹已经成为美国实施军事威慑和炫耀武力的重要手段，并在全世界引起了不同的反响。

7.8 红楼遗梦，作者存疑——《红楼梦》作者是谁

《红楼梦》是中国古代四大名著之一，章回体长篇小说，成书于 1784 年（清乾隆四十九年）。通常人们认为该书的前 80 回为曹雪芹所著，后 40 回为高鹗所续（也说是无名氏续），由程伟元、高鹗整理。自清朝传世 200 多年以来，《红楼梦》的魅力长久地吸引着许许多多国内外研究者和普通的读者。目前已经形成了一门国际性的学问——红学。那么，这部名著到底是不是一个人所著呢？围绕这个问题人们一直争论不休。近年来红学研究现代化，即运用计算机技术分析文学作品的问题，已经引起了社会科学和计算机科学界的普遍关注。

文学作品作者的语言特征是永恒的，如果作者想控制和形成自己的写作风格，他可以有意地改变某个词汇。因此，从某种意义来说，作者可以凌驾于语言之上。但是同样存在这样的可能，他无法选择不是他自己风格的词汇或语法，即作者不能超越他所拥有的词汇界限以及他所熟悉的语法范式。例如，名词可选形式的调整、副词的替换、词组的组成、机能单词的应用，都是写作风格的参数。这些非环境元素的选取是有一定规则的，在语法和上下文中是有独立性、自由的，不受任何语境限制。句子中副词的使用基本上属于作者的写作风格，字、词在作品中出现的频率也是个人风格的体现。利用计算机对作品或作者使用的字、词、句的频率进行统计研究，从而了解作者的风格，这被称为计算风格学。如果近乎相同长度的同一种课题是同一个作者，在这类研究中这种副词的相对频率分布可能是彼此相似的。然而，相对频率分布存在区别时，并不能决定某因素的不同。这是因为由于语法、上下文应用自由，这些副词已经形成叙述者或者是讲话人的表达方式、习惯，尤其是在小说作品中体现得更明显，也就是写作风格的不同。这些参数是由写作习惯决定的风格元素的一部分，这个模式也是作者写作风格的一个特征。有人依此对《红楼梦》中的副词进行了统计分析。

具体来说，首先将《红楼梦》分成三部分，每部分 40 回，不妨分别称之为 A、B、C，从 A、B、C 三部分中提取词汇，制作词汇表、词汇的相对频率表、词汇分布表。基于统计分析的词频统计能客观地推断分布状态的相似或区别，可以指出分布状态之所以相似是因为它们只有变化的可能性和相同的基础分布；或者是因为它们大致相同。采取相关性的测试可揭示两个分布之间是否有一定的相关性，或者解开变化的数量。因为词频统计的变化性不可能是正常的分布，建立与这个常规分布的统计测试是不确切的。而相关性统计测试比较恰当，应该采用随机分布技术作为作者之间比较的测试方法。有人据此建立数学模型，进行统计分析与计算，最后得出的结论是：AB、AC、BC 的相关系数相差甚微，也就是说，A、B、C 的相关度非常高，由此得出《红楼梦》是一个作者写出来的。

阅读材料：Python 语言

Python 语言是少有的一种可以称得上既简单又功能强大的编程语言，已经具有近 20 年的发展历史，成熟且稳定。Python 语言很简单，它注重的是如何解决问题而不是编程语言的语法和结构。Python 的官方评价：

Python 是一种简单易学，功能强大的编程语言，它有高效率的高层数据结构，简单而有效地实现面向对象编程。 Python 简洁的语法和对动态输入的支持，再加上解释型语言的本质，使得它在大多数平台上的许多领域都是一个理想的脚本语言，特别适用于快速的应用程序开发。Python 支持命令式程序设计、面向对象程序设计、函数式编程、泛型编程等多种编程范式。

1. Python 发展与演化

Python 包含了一组完善而且容易理解的标准库，能够轻松完成很多常见的任务。它的语法非常简捷和清晰，与其他大多数程序设计语言不一样，它使用缩进来定义语句。

Python 支持命令式程序设计、面向对象程序设计、函数式编程、泛型编程等多种编程范式。与 Scheme、Ruby、Perl 等语言一样，Python 具备垃圾回收功能，能够自动管理存储器使用。Python 虚拟机本身几乎可以在所有的操作系统中运行。使用一些诸如 py2exe、PyPy、PyInstaller 之类的工具，可以将 Python 源代码转换成可以脱离 Python 解释器运行的程序。

2. Python 的设计哲学与定位

Python 的设计哲学是"优雅"、"明确"、"简单"。因此，Perl 语言中"总是有多种方法来做同一件事"的理念在 Python 开发者中通常是难以忍受的。Python 开发者的哲学是"用一种方法，最好是只有一种方法来做一件事"。在设计 Python 语言时，如果面临多种选择，Python 开发者一般会拒绝花哨的语法，而选择明确的没有或者很少有歧义的语法。由于这种设计观念的差异，Python 源代码通常被认为比 Perl 具备更好的可读性，并且能够支撑大规模的软件开发。这些准则被称为 Python 格言。

Python 开发人员尽量避开不成熟或者不重要的优化。一些针对非重要部位的加快运行速度的补丁通常不会被合并到 Python 内。所以很多人认为 Python 很慢。不过，根据 20-80 定律，大多数程序对速度要求不高。在某些对运行速度要求很高的情况，Python 设计师倾向于使用 JIT 技术，或者使用 C/C++语言改写这部分程序。目前可用的 JIT 技术是 PyPy。

Python 是完全面向对象的语言。函数、模块、数字、字符串都是对象。并且完全支持继承、重载、派生、多继承，有益于增强源代码的复用性。Python 支持重载运算符，因此 Python 也支持泛型设计。相对于 LISP 这种传统的函数式编程语言，Python 对函数式设计只提供了有限的支持，有两个标准库 functools、itertools，提供了 Haskell 和 Standard ML 中久经考验的函数式程序设计工具。

虽然 Python 可能被粗略分类为"脚本语言"（script language），但实际上一些大规模软件开发计划（如 Google）在广泛使用它。只能处理简单任务的编程语言（如 shell script、VBScript 等）根本不能与 Python 相提并论。

Python 本身被设计为可扩充的。并非所有的特性和功能都集成到语言核心。Python 提供了丰富的 API 和工具，以便程序员能够轻松地使用 C、C++语言来编写扩充模块。Python 编译器本身也可以被集成到其他需要脚本语言的程序内。因此，很多人还把 Python 作为一种"胶水语言"（glue language）使用。使用 Python 将其他语言编写的程序进行集成和封装。YouTube、Google、Yahoo!、NASA 都在内部大量地使用 Python。

3. Python 的特色

Python 确实是一种十分精彩又强大的语言，它合理地结合了高性能与使得编写程序简单有趣的特色。

① 简单。Python 是一种代表简主义思想的语言。阅读一个良好的 Python 程序就感觉像是在读英语一样，尽管这个英语的要求非常严格。Python 的伪代码本质是它最大的优点之一，使用户能够专注于解决问题而不是去搞明白语言本身。

② 易学。Python 极其容易上手，因为 Python 有极其简单的语法。

③ 免费、开源。简单地说，用户可以自由地发布这个软件的副本、阅读它的源代码、对它做改动、把它的一部分用于新的自由软件中。

④ 高层语言。用 Python 语言编写程序的时候，用户不需考虑诸如如何管理程序、使用内存等底层细节。

⑤ 可移植性好。由于它的开源本质，Python 已经被移植在许多平台上（经过改动使它能够工作在不同平台上）。如果用户小心地避免使用依赖于系统的特性，那么你的所有 Python 程序不需修改就可以在任何平台上面运行，包括 Linux、Windows、FreeBSD、Macintosh、Solaris、OS/2 等，甚至 Pocket PC。

⑥ 解释型语言。Python 语言编写的程序不需要编译成二进制代码，可以直接从源代码运行程序。在计算机内部，Python 解释器把源代码转换成称为字节码的中间形式，再把它翻译成计算机使用的机器语言并运行。由于只需要把 Python 程序复制到另外一台计算机上，它就可以工作了，这也使得 Python 程序更加易于移植。

⑦ 面向对象化。Python 支持面向过程的编程，也支持面向对象的编程。与其他主要语言如 C++和 Java 相比，Python 以一种非常强大又简单的方式实现面向对象编程。

⑧ 可扩展性好。如果需要你的一段关键代码运行得更快或者希望某些算法不公开，你可以把你的部分程序用 C 或 C++语言编写，然后在你的 Python 程序中使用它们。

⑨ 丰富的库。Python 庞大的标准库可以帮助用户处理各种工作

4. Python 程序的组成

Python 的设计目标之一是让代码具备高度的可阅读性，尽量使用其他语言经常使用的标点符号和英文单词，让代码看起来整洁美观。它不像其他静态语言（如 C、Pascal 语言）那样需要重复书写声明语句，也不像它们的语法那样经常有特殊情况和惊喜。

（1）注释

仅仅把程序看成执行一些操作的代码，这样的认识是不够的。程序是一个文档，它描述作者的思维过程。混乱的代码意味着混乱的思维，难以处理和理解。仅仅能运行的代码并不是好程序，正如任何其他类型的文章一样，好程序必须具有可读性。注释是提高可读性的重要途径，但注释并不影响程序的运行，因为 Python 会忽略注释。注释没有通用的风格和数量限制，但人们普遍认可注释能增强程序的可读性。

撰写注释时，可从以下两方面考虑。

① 为什么？好的注释不是重复代码或解释代码。它们阐明作者的意图之外，在更高的抽象水平上来解释代码，指出代码想要做什么。

② 怎么样？如果代码包含新颖的、值得关注的解决方案，则添加注释来解释这种方法。

（2）模块

标准 Python 包带有 200 多个模块，除了 math、random 模块外，还能导入更多模块，甚至可以由用户编写自定义模块。模块包含 Python 命令集；模块能另存为文件，并能导入 Python Shell 中。

模块的用法如下：

```
import   module # load the module
```

（3）运算符、表达式和语句

Python 拥有丰富的运算符，如表 7-3 所示。Python 的表达式写法与 C/C++类似，只是在某些方面写法有所差别。Python 允许像数学的常用写法那样连着写两个比较运行符。比如，a<b<c 与 a<b and b<c 等价。C++的结果与 Python 不一样，首先它会先计算 a<b，根据两者的大小获得 0 或者 1 两个值之一，再与 c 进行比较。

语句能执行各种任务，但是没有返回值。区分是表达式或者语句的方法是在 Python Shell 中输入，如果显示返回值则为表达式，否则即为语句。例如：

```
>>> myInt = 5      #语句
>>> myInt + 5      #表达式
10
>>>
```

语句虽然没有值，但是语句的执行可能会产生副作用（副作用是指执行语句时所发生的变化）。赋值语句"myInt = 5"这条语句没有返回值，但它将变量 myInt 的值修改为 5。

表 7-3 运算符及其说明与实例

运算符	名称	说明	例子
+	加	两个对象相加	3 + 5 得到 8。'a' + 'b' 得到'ab'
-	减	得到负数或是一个数减去另一个数	-5.2 得到一个负数。50 - 24 得到 26
*	乘	两个数相乘或是返回一个被重复若干次的字符串	2 * 3 得到 6。'la' * 3 得到'lalala'
**	幂	返回 x 的 y 次幂	3 ** 4 得到 81（即 3 * 3 * 3 * 3）
/	除	x 除以 y	4/3 得到 1（整数的除法得到整数结果）。4.0/3 或 4/3.0 得到 1.3333333333333333
//	取整除	返回商的整数部分	4 // 3.0 得到 1.0
%	取模	返回除法的余数	8%3 得到 2。-25.5%2.25 得到 1.5
<<	左移	把一个数的比特向左移一定数目（每个数在内存中都表示为比特或二进制数字，即 0 和 1）	2 << 2 得到 8。——2 按比特表示为 10
>>	右移	把一个数的比特向右移一定数目	11 >> 1 得到 5。——11 按比特表示为 1011，向右移动 1 比特后得到 101，即十进制的 5
&	按位与	数的按位与	5 & 3 得到 1
		按位或	数的按位或	5	3 得到 7
^	按位异或	数的按位异或	5 ^ 3 得到 6
~	按位翻转	x 的按位翻转是-(x+1)	~5 得到-6
<	小于	返回 x 是否小于 y。所有比较运算符返回 1 表示真，返回 0 表示假。这分别与特殊的变量 True 和 False 等价。注意，这些变量名的大写	5 < 3 返回 0（即 False）而 3 < 5 返回 1（即 True）。比较可以被任意连接：3 < 5 < 7 返回 True
>	大于	返回 x 是否大于 y	5 > 3 返回 True。如果两个操作数都是数字，它们首先被转换为一个共同的类型。否则，它总是返回 False
<=	小于等于	返回 x 是否小于等于 y	x = 3；y = 6；x <= y 返回 True
>=	大于等于	返回 x 是否大于等于 y	x = 4；y = 3；x >= y 返回 True
==	等于	比较对象是否相等	x = 2；y = 2；x == y 返回 True。x = 'str'；y = 'stR'；x == y 返回 False。x = 'str'；y = 'str'；x == y 返回 True
!=	不等于	比较两个对象是否不相等	x = 2；y = 3；x != y 返回 True
not	布尔"非"	如果 x 为 True，返回 False。如果 x 为 False，它返回 True	x = True；not y 返回 False
and	布尔"与"	如果 x 为 False，x and y 返回 False，否则它返回 y 的计算值	x = False；y = True；x and y，由于 x 是 False，返回 False。在这里，Python 不会计算 y，因为它知道这个表达式的值肯定是 False（因为 x 是 False）。这个现象称为短路计算
or	布尔"或"	如果 x 是 True，它返回 True，否则它返回 y 的计算值	x = True；y = False；x or y 返回 True。短路计算在这里也适用

（4）空白

Python 中的空白（空白用于分隔单词）可以由以下符号产生：空格键、制表符、回车符、换行符、换页符和垂直制表符。在程序中使用空白，应遵守如下规则：① 表达式内或语句内的空白将被忽略；② 前导空白，也即放在一行起始位置的空白，称为缩进，缩进在 Python 中有特殊的作用；③ 空白行也认为是空白，而且空白行的规则很简单，它可以出现在任何地方。

（5）关键字

Python 关键字见表 7-4。在程序中不能使用关键字来命名，Python 已经将他们保留下来用于其他用途。

（6）对象命名

写程序像写文章一样，程序中的名字有助于增加程序可读性。Python 的命名规则如下：① 名字必须以字母或下划线开始；② 除首字符外，名称可以包含字母、数字和下划线的组合；③ 名字长度不限；④ 名字区分大小写，如 Myname、myName、myname、MyName 是不同的。

表 7-4　Python 中的关键字

and	del	from	not
while	as	elif	global
or	with	assert	else
if	pass	yield	break
except	import	print	class
exec	in	raise	continue
finally	is	return	def
for	lambda	try	

Python 区分大小写，通常在连接名字中，多个单词采用 "驼峰拼写法"（camelCase）。驼峰拼写法是复合词或短语的常用写法，单词之间没有空格，每加入一个新词，该词的首字母大写，如 myVariableName、ThisIsAnInteger。

（7）类型

① 布尔（Boolean），值为 True 或 False，这两个对象表示为整数时 False 为 0，True 为 1。

② 数字（Numbers），分为整数（int）、浮点数（float）和复数（complex）。

③ 序列（Sequence），有字符串（str）、元组（tuple）和列表（list）。列表和字符串一样是序列类型，它的序列中不仅可以包含字符，还可以包含元素。列表是一种数据集合，列表用方括号表示，列表内的内容以逗号分隔，如[4, 1.2, "Hello"]

④ 字典（dict），是映射类型，也是集合类型，但不是序列类型。映射类型由元素对组成，第一元素是键，第二个元素是值。用{ }表示字典类型，元素对之间以逗号分隔，用冒号分隔元素对中的键和值，如{"John" : 2685975, "Peter" : 268660, "Smith" : 2687220}。

⑤ 集合（set）。集合是含有不重复元素的数据集，支持数学中的集合运算。

（8）缩进

Python 开发者有意让违反了缩进规则的程序不能通过编译，以此来强制程序员养成良好的编程习惯。并且，Python 语言利用缩进表示语句块的开始和退出（Off-side 规则），而非使用花括号或者某种关键字。增加缩进表示语句块的开始，而减少缩进则表示语句块的退出。缩进成为了语法的一部分。根据 PEP 的规定，必须使用 4 个空格来表示每级缩进。例如 if 语句：

```
if age < 21:
    print("你不能买酒")
    print("不过你能买口香糖")
print("这句话处于 if 语句块的外面")
```

5. Python 程序实例

初学编程与初学踢球或演奏乐器一样没有什么区别。一个行人曾向钢琴家鲁宾斯坦问路："对不起，先生，我怎样才能到达卡内基音乐厅？"钢琴家答道："练习、练习、再练习。"显然，鲁宾斯坦是在和那人开玩笑，同时指明了进入这座音乐殿堂演出的必经之路。

Python 语言能够快速上手并看到结果，碰到任何问题，都可以直接动手通过实验去体会。将程序输入计算机，观察将会出现的情况。如果不能正确运行也没有关系，试着修改它，即使尝试失败了也没有关系，最终会成功的。在这个过程中，通过实验问题解决的能力和编程能力都会得到提升。

【例 1】　Hello World 程序。

下面是一个在标准输出设备上输出 Hello World 的简单程序，这种程序通常作为开始学习编程语言时的第一个程序（适用于 Python 3.0 以上版本以及 Python 2.6、Python 2.7）：

```
print("Hello, world!")
```

【例2】 计算圆的周长和面积。

已知圆半径，计算圆周长和面积。用到的数学公式有：

$$圆周长 = 2\pi r \qquad\qquad 面积 = \pi r^2$$

通过以下步骤来创建程序：① 提示输入圆半径；② 利用数学公式进行计算，得到圆周长和面积；③ 输出计算结果

源程序清单如下：

```
#根据给定的圆半径，计算圆周长和面积
#Step1：提示输入半径
#Step2：应用公式进行计算
#Step3：输出计算结果

import math

print("请输入要计算的圆的半径：")
radius = input()
radius = int(radius)

circumference = 2 * math.pi * radius
area = math.pi * (radius **2)

print ("周长为：", circumference, "\n 面积为：", area)
```

【例3】 猜数字游戏。

编写一个猜数字游戏程序，计算机在想一个 1～10 之间的数，来猜这个数是几。只有 3 次机会，但是计算机会提示所猜的数字太大或太小。如果三次内猜中了这个数，则赢。

猜数字游戏的交互式运行结果如下所示，其中"姓名"和"数字"表示用户输入的内容。

```
>>>===================RESTART===================
>>>
请问尊姓大名？
朱亚超
嗨,朱亚超,我正在想一个 1 到 10 之间的数,咱们玩个游戏吧,猜一猜
它是几呢？
5
太小了
它是几呢？
8
太小了
它是几呢？
9
真幸运,朱亚超! 你猜了 3 次, 就猜中了
>>>
```

按题目要求编写出的源程序代码如下：

```
#This is a guess the number game.

import random

guessesTaken = 0
```

```
print("请问尊姓大名?")
myName = input()

number = random.randint(1, 10)
print("嗨,"+myName+",我正在想一个 1 到 10 之间的数，咱们玩个游戏吧，猜一猜")

while guessesTaken < 3:
    print("它是几呢？")
    guess = input()
    guess = int(guess)

    guessesTaken = guessesTaken + 1

    if guess < number:
        print("太小了")
    if guess > number:
        print("太大了")
    if guess == number:
        break

if guess == number:
    guessesTaken = str(guessesTaken)
    print("真幸运,"+myName+"! 你猜了"+guessesTaken+"次，就猜中了")

if guess != number:
    number = str(number)
    print("你运气不太好. 我想的数是 " + number)
```

卜算子·雅

红轮起东方，晚霞满西阖。

星辰渐涌缀天河，瑽琤如奏乐。

山峦叠翠生，川海接壤濞。

井井乾坤竟自由，谁解浮云意。

第8章

从"计算"到"文化"

> 智慧是知识凝结的宝石，文化是智慧放出的异彩。
>
> （印度）

传统文化不仅仅是一种博物馆的象征物，如某些经典、某些社会规范、某些价值理性也就是共同的道德行为准则，具有同一特征的行为方式，更是一种基于本文明中来源先人经典之思想、社会规范、价值理性进行创新和改良以适应社会良性发展的状态、过程乃至能力本身。

计算文化也不仅仅是各式各样的"计算工具"或者现代"计算工具"在各行各业中的应用，而是隐藏在技术背后的思想、理念、规范和核心价值观。前者是表象，是外在的东西，是物质方面的东西；后者是内在的、本质的东西，虽然也与表象关联，但更多的是隐藏在表象背后的东西及其核心价值观。

8.1 文化与计算文化

视频

长久以来，"文化"是一个人人耳熟能详但又很难说清与定义的概念。季羡林就曾指出，全世界给文化下的定义有 500 多个。在西方，普遍认为英国人类学家泰勒是最先给文化下定义的学者，他在《原始文化》一书中开门见山地写道"文化，就其广泛的民族学意义来说，乃是包括知识、信仰、艺术、道德、法律、习俗和任何人作为一名社会成员而获得的能力和习惯在内的复杂整体。"康德说，人类发展过程中的技术性、物质性、精神性的各种外化均属于文明，而构成人类本质力量精神的内在性因素才属于文化。儒学家梁漱溟先生说，文化是人们的生活样法。恩斯特·卡西尔说，文化是人区别于动物的标志，是人脱离动物性本能的控制和人之为人的基本条件。毛泽东在《贺新郎—读史》中说，文化的有无是"人猿相揖别"的分野处。

我们古人是怎么来界定"文化"的呢？"文"，古通"纹"，指各色交错的纹理。许慎的《说文解字》中就说，"文，错画也，象交文，今字作纹"。仓颉造字的传说中说的"字"，就是观察天上星宿的分布情况、地上山川脉络的样子、鸟兽虫鱼的痕迹、草木器具的形状，造出的种种不同的符号，如图 8-1 所示。他按自己的心意用符号拼凑成几段，拿给人看，经他解说，倒也看得明白。"化"字的本义是指事务动态变化的过程。《礼记》中说，"和，故百物皆化也。"《礼记·中庸》中说，"变则化。"因而，文化就是符号的变化、演变的过程。

汉字 简化字	日	雨	水	四	北
甲骨文					

图 8-1　甲骨文

这一说法也在当代哲学中得到了印证。当代哲学研究的热点与突出问题是人论。甚至有人认为，哲学研究的中心从本体论转化到认识论再转化到了现代人论。这样的转移越来越接近人自身，具有极为重要的意义。恩斯特·卡西尔的最后一部著作《人论》对人类文化的哲学体系进行了全面阐述。特别是在开篇对"人是什么？"这一问题进行了讨论，并得出人是"符号的动物"的定义。全书力图论证人类的全部文化都是人自身的创造和使用符号的活动的产物。因此，人区别于动物不在于是否能直立行走，而最大的特点在于人与动物生活在两个世界，一个是**符号的世界**，一个是**信号的世界**。人的世界之所于高于动物的世界，在于**符号的抽象**，符号能够**传播**，符号能够**保存**，能够赋予更多的意义。**借助于符号，有近乎无限的创造性。**

那么现在回头看看第 1 章 1.1 节计算需求与计算环境的演变，我们以"符号"为线索来总结一下人类历史上重要的符号与符号处理。

文字：使得信息得以在更大的范围内跨越时间和空间而传播。

算术：使得量化的数字信息可以被加工和变换。

活字印刷：使得大量信息的批量复制成为可能，使信息成为一种可大规模共享的资源。

计算机和互联网：数字计算机和计算机互联网络的出现，使得全球性的信息传输、加工和互动成为可能。

无处不在的计算：内容为王、人成为信息的一部分、所有人向所有人传播、社会变迁。

符号的载体也从岩石刻字、纸张书籍，画布、相纸，黑胶唱片、磁带，到了现在的闪存和硬盘、云存储……这些进步、优化的过程带来了我们生活方式的改变，甚至带来了社会的变迁。我们现在所处的时代，可当之无愧地称之为计算时代（有人称为互联网时代，也有人称为大数据时代）。

何谓计算文化？国内第一次提出计算文化这个概念的是中科院的王飞跃。他指出，"中文目前还没见有人明确提出计算文化的概念，相关却不同的计算机文化课却较为普及。希望我们能借'计算思维'之东风，尽快把世故人情的'算计文化'反正成为科学理性的"计算文化"，以提高民族的整体素质。"正如计算成为人们认识事物、研究问题的一种新视角、新观念和新方法，正在试图成为一种全新的世界观一样，计算文化作为一种先进的文化已经在潜移默化地影响我们每个人。计算文化的支点在计算，计算不仅带来技术的革命，更重要的是改变了人们的思维方式、行为方式，甚至人生观、世界观等观念。因而，计算文化是对计算带来一种现象、一种映射，也是对计算的反思和超越。

8.2 计算文化的本质特征

穿越时间的屏障，回望辉煌灿烂的计算史，人类如今所处的大变革，就像伦敦奥运会开幕式展示的那样——辽阔大草原上的 32 只羊、12 匹马和成群的农夫，瞬间就被工厂和烟囱所替代。我们能清楚地看到，人们在掌握计算工具、提升计算素养、拓展计算思维、提高计算能力的过程中行为模式发生了根本性改变，甚至引起人类意识形态、价值观、世界观等哲学范式的转换与变革。我们都需要适应新的生活方式，而非我们的下一代。而计算工具的革新带来了新的物质文明。计算思维的拓展，使得人们解决计算问题的方法和思路潜移默化地发生改变，同时，计算科学应运而生，正在成为科学的第四大范畴，有望与物质科学、生命科学和社会科学并列。风起于清萍之末，不管我们是否认同，计算文化开始凸显，并成为当今的先进文化之一。

就具体内容来说，计算文化与其他文化类似。陈国良院士指出：计算文化是计算思想、精神、方法、观点等形成和发展的演变史。它涵盖了计算与计算机科学的教育及其发展中的其人其事，体现了计算对促进社会文明进步和科技发展的作用以及它与各种文化的关系等。

计算文化的本质包含两部分。一部分是**相对外显**的生存现象、生存方式——人在掌握计算工具、提高计算能力、拓展计算思维、提升计算素养的过程中行为方式发生的根本性改变；另一部分则是**内隐的**价值观，表现在人们在计算带来的新变革下对于人性、自然和社会的重新诠释，这也是计算文化的精髓所在。然而，就像美国社会学家威廉·奥格本所说，像物质文化与非物质文化在社会变迁速度上有时差，我们很容易接受物质变化，但观念改变、价值观的认同却需要一个相对久或者被同化的过程。不可否认的是，这一过程一直在进行之中。尽管计算文化带有较强烈的"外侵"色彩，但已经与中华传统文化很快地融合在一起，并形成一种新的民族文化走向世界。典型代表就是"阿里巴巴"，它不仅是中国人的阿里巴巴，也已经是世界的阿里巴巴。

计算文化除了拥有一般文化的"共性"之外，还有自身的"个性"。下面从几方面简要阐述其特有的"个性"。

1. 计算文化的基因

我们知道，西方人对天地、对自己、对别人的看法决定了西方文明。他们"为什么"会有这样的看法？感兴趣的读者可以看看《西方文明的文化基因》一书，它会让你理解西方文明的文化基因。中西之文化差异，比大家想象的可能都来得大许多。换言之，若与西方人相比较，我们身上的确有着很不一样的文化基因。不明白这些基因，就无以了解自己。

文化基因是指相对于生物基因而言的非生物基因，主要指先天遗传和后天习得的、主动或被动、自觉与不自觉而置入人体内的最小信息单元和最小信息链路，主要表现为信念、习惯、价值观等。

那么，计算文化的基因是什么？我们认为，计算文化的基因是以"0"和"1"为基元的数字化，它是计算文化的"DNA"，决定了计算文化的根本特征。甚至可以认为，"信息的 DNA"正在迅速取代原子而成为人类生活中的基本交换物。

正如尼葛洛庞帝在《数字化生存》一书中所描述的，数字化生存是现代社会中以信息技术为基础的新的生存方式。在数字化生存环境中，人们的生产方式、生活方式、交往方式、思维方式、行为方式都呈现出全新的面貌。例如，生产力要素的数字化渗透、生产关系的数字化重构、经济活动走向全面数字化，使社会的物质生产方式被打上了浓重的数字化烙印，人们通过数字政务、数字商务等活动体现出全新的数字化政治和经济；通过网络学习、网聊、网络游戏、网络购物、网络就医等刻画出异样的学习、交往、生活方式。这种方式是对现实生存的模拟，更是对现实生存的延伸与超越。数字化生存体现一种全新的社会生存状态。当今正在形成的计算文化是一种渗透到全球平民生存领域方方面面的文化形态，它将给人们带来另类的生存体验。

2. 计算文化的灵魂

每一种文化都有其自身的灵魂，那么计算文化的灵魂呢？

我们认为，计算文化的灵魂是"速度"。速度可以创造奇迹，速度可以以弱胜强，速度可以"一白遮百丑"！

《孙子兵法》里有句话："激水之疾，至于漂石者，势也。"也就是说，速度能使沉甸甸的石头在水中漂起来。我们有时在电影电视里面看到，当洪水来临时，水面上甚至漂着几顿重的汽车。

大家都看过高台跳水，运动员的英姿让人惊叹。但是，如果一个人从十米跳台横着倒下去，恐怕必死无疑了。因为以那样的高度和速度砸在水面上就如同掉在水泥地上！

基于计算机技术的计算文化，其灵魂深处的价值体现是速度，用速度去改变一切。传统的信函，从中国到美国，在没有飞机的时代，靠邮轮需要几个月的时间。即便后来有了航班，也需要几天时间。而电子邮件改变了这一切，靠的多半就是速度和便捷！

俗话说，进门看脸色，出门看天色。外出办事，得看看天气情况。一个不争的事实是，人们越来越相信天气预报了。正如 7.5 节所介绍的，现代天气预报是基于数值计算的，其准确性很大程度上与计算速度有关（另两个关键因素是大气数学模型和数据采集）。正是有了速度非常快的高性能计算机，数值天气预报才让人们知道出门该做点什么准备，靠人类自身的计算能力只能凭经验看天象了。

3. 计算文化的精神

计算文化的精神应该是"创新"，这与传统文化有着较大的区别。传统文化也提倡"创新"，但更看重"传承"。计算文化也有"传承"，但更重要的是"创新"！

为了提高国家的总体实力和竞争能力，提出了国家创新体系、体制创新和制度创新；为了获得自主知识产权和加快科技成果转化，提出了技术创新；企业为了获取更高的效益提出了管理创新和市场创新；为了扶持高技术企业成长提出了金融创新；为了满足企业竞争和生存的的需要，提出了战略创新……其中既有涉及以技术为内涵的创新，如产品创新、工艺创新、原材料创新、市场创新、管理创新，也涉及一些非技术内涵的创新，如制度创新、政策创新、组织创新、概念创新等。

纵观计算文化的形成与发展过程，可以说，其精神实质就是创新。不管是思想、理念、方法还是技术，处处都体现着创新的智慧与光芒。没有任何一种文化，比计算文化更能体现出创新的意义——不创新就被淘汰，创新才能生存与发展！

从分离元件到集成电路、从单核 CPU 到多核 CPU、从串行到并行、从磁芯到磁盘到光盘到 U 盘到网盘、从单机到网络、从网格计算到云计算、从软件到硬件、从巨型机到微型机……计算文化的发展史完全就是一部辉煌灿烂的"创新"史。

总之，计算文化的特质非常明显，它的普适性很强，且具有独特的核心价值观——已经或终将彻底改变人类的生存方式，提高人类的学习、工作和生活的效率。

8.3　计算文化与传统文化

技术是中性的，但人性有善有恶，计算的无处不在已经向整个人类发出了叩问。一方面，每个人都有了无限的可能，个人力量增强、个人价值释放。另一方面，突然有一天，我们也许会说时间去哪儿了？健康去哪儿了？亲情去哪儿了？新时代涌现的网络犯罪、网络暴力、网络安全、过去的技能面临报废、曾经的岗位日渐消失等问题，使对计算文化的审视变得更加迫切、重要而复杂。人类探索着新的管理规则与生活方式，共同努力在物质的进步和精神的进步之间寻求平衡、寻求新规则。计算技术和思维能解决问题，但是不能解决所有问题。计算科学与计算文化如何协调一致，计算文化与传统文化如何互助融合成为新的时代性命题。

科学和文化是纠缠在一起的观念共同体。科学背后隐藏着文化，而文化与科学的进步也是密不可分。在计算无处不在并飞速发展的今天，对计算技术和计算思维的震撼力和摧毁力如何评估？如何保障？不但要考虑经济价值，而且要考虑生态价值、社会价值、艺术价值，不仅要考虑其眼前的价值，还要考虑其长远的价值、历史价值；我们不仅不能"唯计算科学论"，也不能否定计算带来的翻天覆地的变化。

世界是多元的，人类过去、现在和长久的将来都将依然是文化传承和价值观的多样化。计算文化与我国传统文化的交融问题上，国外有不少积极的观点。从 2012 年开始，美国一个被誉为"网络女皇"的人 Mary Meeker，她在互联网报告中有一个三年没有变的主题就是"向中国学习"。这不仅是因为中国的经济总量和规模占到了一个不可忽视的百分比，更重要的是，她认为中国人不同于西方的思维，对人类难题奉献的智慧所占份额将越来越大。比如，舒尔茨提出 21 世纪将是中国的世纪，还有其他到中国来演讲的、有影响力的人物也说未来世界的改造，一定要有中国人传统智慧的加入等。

中国的传统文化讲究"天人合一"，而计算文化讲究"万物皆数"（正如毕达哥拉斯所说的"万物都包含数"）。把计算文化与传统文化结合起来，我们能更好地学会让事实判断和价值判断统一，让科学和文化统一。

文化是一种力量或者生产力。它是构成综合竞争力的软实力。我们常说文化"润物细无声"，它融入经济实力、政治实力、社会实力中，成为经济发展的"助推器"、政治文明的"导航灯"、社会和谐的"黏合剂"。计算文化也不另外，甚至更突出，主要表现在如下几方面。

① 提供更多的自由和发展的时间。计算文化作为一种先进生产力，它使社会生产效率普遍提高，生产效率的提高使得社会必要劳动时间缩短，这意味着人们将获得更多的自由时间。从近些年来我国居民消费结构中恩格尔系数的降低、各级各类教育事业和文化产业的迅速发展可以看出，人们正在用更多的金钱和精力开发着时间资源，从多方面发展自己。

② 满足自身发展的物质和精神资源的需求。随着计算文化影响的深入，人们可以更便捷地建立跨地域、跨文化、跨社会制度的新型社会网络空间关系，人与自然、人与社会、人与人之间将以更快捷、更普遍的方式联系，各种资源将以更高效的形式重新配置，人们将以更低的成本在网络空间获取用于自身全面发展的物质资源和精神资源。计算文化不仅能更快捷地满足人的基本需要，还可以丰富人的需要，并使人产生新的需要。

③ 培养人的个性和创新能力，更新观念。计算文化创造了一个虚拟空间，它将时间转换成人类发展的空间，形成一种创造性的时空结构。在虚拟时空中，人的发展立足于主体自身的现有条件和数字化平台，立足于全球性的对现实性与虚拟性相互作用认识的深度与广度，一方面以现实实践为前提和基础依存于现实世界，另一方面使虚拟实践与现实实践互动发展，使人类实践活动不断超越现实社会空间向虚拟空间发展，这就为人们提供了重新进行自我塑造和多样性发展的空间。同时，虚拟空间人的个性、主体性得到张扬，普通人的地位因其自我意识、自由意志的表达而得到提升。计算文化的多元知识功能则有利于培养社会主体健全的人格和独立的精神，形成新的伦理精神和道德观念，有利于培植当代社会所需要的开放、创新、奉献、共享等新意识、新观念。

当然，我们也必须认识到计算文化给人们带来的挑战。

一是计算文化对人的发展的挑战。首先，由于计算文化是在一个前所未有的时空中发生，又是以一种全新的界面出现在人们面前，因此不可避免地对传统文化范式产生剧烈的冲击。其次，计算文化改变着人类的文化认同和传统伦理观念。比如当今普遍讨论的网恋、网婚等现象，人们对此就有许多不同甚至相反的看法和观点，还有人从一开始"反对"到后来表示"理解"、"认可"，而赞成者、反对者或"态度变化者"似乎都有充足的理由。不管如何，它所折射出来的却是计算文化对人类传统文化与伦理观念的冲击与影响，其对人的全面发展的影响将是广泛而深刻的。更值得注意的是，计算文化对民族文化与健康人格的影响和挑战。有着不同背景文化之间的碰撞以及它们在"网络空间"中简单化、个体化的交流与融合，给人的发展的民族特质带来的影响是明显的，人们一方面生活在现实的本国度的经验世界里，秉承着本民族传统文化的底蕴，人格中最深厚的部分凝结并透露着民族特色，另一方面在计算文化中又深受异域文化和价值观念的冲击和影响，不同文化非线性的全方位接触与碰撞可能给民族国家的安全造成不利影响，也可能使个人的精神世界、价值追求发生扭曲。

二是数字依赖、网络成瘾对人的发展的制约。随着人们在使用数字、网络技术中得到的好处与快感的增多，一些人慢慢形成了数字依赖和网络沉迷，以致现实生活中许多人一离开数码学习机、电子词典、计算机等，就无法工作、学习，就感到生活索然寡味。特别是"网络成瘾者"对网络的强烈依赖与沉迷及其产生的一系列后果已经成为一个社会问题，并严重影响和制约人的健康与全面发展。"网络成瘾者"对网络的强烈依恋，致使他们的注意和兴趣单一，工作、学习的热情与动力减弱，导致生活质量下降。同时，"网络成瘾者"与网友关系密切，而对自己身边的人甚至包括亲人则比较冷漠，他们有困惑不向家人和朋友表露，而是在网上倾吐，致使人际交往范围变窄。他们希望得到较高的社会赞许，但在现实生活的社会交往中却遇到困难，从而产生社交焦虑。这些后果都将制约人的健康和全面发展。

一位哲学家曾比喻：政治是骨骼，经济是血肉，文化是灵魂。这个比喻形象地说明了文化对人类社会发展所起的作用。

计算文化的"灵魂"作用正在不断突显！

阅读材料：一路走来的"云计算"

也许世上本没有云计算，讲的人多了也便成了云计算。云计算中的这个"云"字是有历史渊源的。起初，技术人员在画电话网络的示意图时，凡涉及不必交代的细节部分，就会画一团云来搪塞。计算机网络的技术人员将这一偷懒的传统发扬光大。所以，绘图时，凡是涉及 Internet，都是用一朵云来表示。用云作为 Logo，表示网络资源。这朵"云"表现的不仅仅是在互联网的哪一端有着庞大的计算能力，而且这朵"云"背后还隐含了更深一层的含义，它无疑表达了互联网后端复杂的计算结构和庞大的连接体系。

"云"既是对那些网状分布的计算机的比喻，又指代数据的计算过程被隐匿起来，由服务器按您的需要，从大云中"雕刻"出您所需要的那一朵。这正是最浪漫不过的比喻。它对应于互联网的某些"云深不知处"的部分，是云计算中"计算"的实现场所。而云计算中的这个"计算"也是泛指，它几乎涵盖了计算机所能提供的一切资源。

水是有源的，树是有根的，云计算大红大紫也是有渊源的。也就是，云计算并不是革命性的新发展，而是历经数十年不断演进的结果，其演进经历了网格计算、效用计算和软件即服务三个阶段。

最早提出网格计算概念的是伊恩·福斯特博士。他出生于新西兰惠灵顿，拥有新西兰坎特伯雷大学计算机科学学士和伦敦皇家学院计算机科学博士学位，现如今是美国芝加哥大学计算机科学系教授、美国计算机协会（ACM）委员。1998 年 8 月，伊恩·福斯特在一本自己的书中提出了网格计算的概念，指出："网格是构筑在互联网上的一组新兴技术，它将告诉互联网、高性能计算机、大型数据库、传感器、远程设备等融为一体，为科技人员和普通老百姓提供更多的资源、功能和交互性。互联网主要为人们提供电子邮件、网页浏览等通信功能，网格功能则更多、更强，它让人们透明使用计算、存储等其他资源"。伊恩·福斯特是网格计算领域国际著名的研究者和领军人物，其研究贡献在国际上得到广泛赞誉，被人们尊称为"网格计算之父"。

网格的原始思想居然来自于电力网。"网格（Grid）"这个词就取自于"电力网（Power Grid）"。电力网虽然已经有上百年历史，但它的理念却一直非常先进——您只需要区别 220v 还是 380v，再插上插头、打开开关就能源源不断地使用电力，一点都不需要关心电能是从哪个发电厂送来的，也不需要知道这是水电、火电还是核电，更不需要关心电站位于何处。之所以能够这样，就因为电力网把全国的发电厂、输电站和变电站用输电网络连接成为一个整体了。

伊恩·福斯特最先把网格这个词从输电网扩展到了计算机领域。在伊恩·福斯特看来，网格计算就如同建立计算机的输电网。一个发电厂多余的发电能力可以通过输电网传送给远方的城市用户，一台计算机多余的计算能力可以通过计算网格，让远方的用户加以利用。网格希望给最终的使用者提供与地理位置无关、与具体计算设备无关的通用计算能力。网格技术把分布在各地的高速互联网、高性能计算机、大型数据库、传感器等联网，通过专用协议软件使之融为一体，并将充足的计算资源分配给每个用户，如同个人使用一台虚拟的超级计算机一样。

简单地讲，网格是把整个互联网整合成一台巨大的超级计算机，实现计算资源、存储资源、数据资源、信息资源、知识资源、专家资源的全面共享。使用者在任何地方都能够实现对各种网格资源的"即插即用"，即只要你能够接触到网格，就可以根据自己的需求，"按需"从网格中获取各种资源与服务，而不必关心资源与服务所在的具体位置。

网格计算是一个很理想的概念。它的出发点是依托专网或互联网，将部分处于不同地域的自愿参加的计算机组织起来，统一调度，利用闲散的计算自愿，组成一台虚拟的超级计算机，形成超级计算能力。例如，有一项业务使用速率为 1 GHz 的 CPU 需要 6 分钟的处理时间。如果网络中有 6 台安装了同样 CPU 的计算机，可以把这项业务平均分成 6 等份，分别交给每台计算机进行处理。那么，在理论上，这项业务的处理时间将缩短到 1 分钟。这就是网格计算的基本思路。因此，网格计算的意义，就在于它将人们解决问题的方式、从事工作以及进行日常生活的方式带来巨人的冲击和改变。

接下来谈谈效用计算。为什么提出"效用计算"这个概念呢？

早在 20 世纪 60 年代，计算设备的价格非常昂贵，远非普通企业、学校和机构所能承受，所以很多人产生了共享计算资源的想法。1961 年，人工智能之父、图灵奖得主麦肯锡在演讲时就首次提出了"效用计算"这个概念。他指出："如果我想设计的计算成为未来计算机的主流形态，那么也许有一天计算会像电话系统那样成为一种公共设施，计算效用会成为一种新的而且重要的产业的基础。"其核心借鉴了电厂模式，具体目标是整合分散在各地的服务器、存储系统以及应用程序来共享给多个用户，让用户能够像把灯泡插入一样来使用计算机资源，并且根据其所使用的量来付费。

那么，何谓"效用计算"呢？尽管定义五花八门，但大概意思是：企业可以将 IT 资源当成水、电等公用设施一样使用，用户随需取用而不必考虑水、电从何处来。这是"效用计算"所描绘的美妙前景。换句话说，"效用计算"就是让企业的 CIO 能够把 IT 设施作为可测量、可解释的服务，这种服务同时可满足业务需求并能根据不断变化的需求做出调整。企业则可按自己的需求定制 IT，并可以测量所使用的 IT，最重要的是可以让企业根据业务情况来调制企业的 IT 需求。效用计算的概念与公共设施的服务概念很相似，随需随用，在每个月末，管理机构将以用户所使用的流量计费。从长远看，效用计算使得 IT 基础设施像水或电一样，企业可以用多少就付多少钱。

有人说，效用计算非常类似于孩子们搭积木。头一天，他们可以使用这些积木搭建城堡和太空站；到了第二天，使用同样的积木，他们却可以任意发挥自己的想象力，搭建任何别的东西。

转眼到了 20 世纪 90 年代，另一个概念出现，即"软件即服务（Software-as-a-Service，SaaS）"。

我们知道，传统的软件概念是"购买、安装、使用"，而 SaaS 则不同，用户不再需要购买任何软件甚至硬件，只需要按期支付一定的费用，就可以通过互联网随时使用自己所需要的服务。

也就是说，SaaS 是随着互联网技术的发展和应用软件的成熟，在 20 世纪末 21 世纪初开始兴起的一种完全创新的软件应用模式。SaaS 与 "on-demand software"（按需软件）、Application Service Provider（ASP，应用服务提供商）、hosted software（托管软件）具有相似的含义。SaaS 是一种通过 Internet 提供软件的模式，厂商将应用软件统一部署在自己的服务器上，客户可以根据自己实际需求，通过互联网向厂商定购所需的应用软件服务，按定购的服务多少和时间长短向厂商支付费用，并通过互联网获得厂商提供的服务。用户不用再购买软件，而改用向提供商租用基于 Web 的软件，来管理企业经营活动，且不需对软件进行维护，服务提供商会全权管理和维护软件，软件厂商在向客户提供互联网应用的同时，也提供软件的离线操作和本地数据存储，让用户随时随地都可以使用其定购的软件和服务。对于许多小型企业来说，SaaS 是采用先进技术的最好途径，它消除了企业购买、构建和维护基础设施和应用程序的需要。

SaaS 应用软件的价格通常为"全包"费用，囊括了通常的应用软件许可证费、软件维护费以及技术支持费，将其统一为每个用户的月度租用费。对于广大中小型企业来说，SaaS 是采用先进技术实施信息化的最好途径。但 SaaS 绝不仅仅适用于中小型企业，所有规模的企业都可以从 SaaS 中获利。

那么，SaaS 有什么特别之处呢？其实在云计算还没有盛行的时代，我们已经接触到了一些 SaaS 的应用，通过浏览器可以使用 Google、百度等搜索系统，可以使用 E-mail，不需要在自己的计算机中安装搜索系统或者邮箱系统。

典型的例子，我们在计算机上使用的 Word、Excel、PowerPoint 等办公软件，这些都是需要在本地安装才能使用的；在 GoogleDocs（DOC、XLS、ODT、ODS、RTF、CSV 和 PPT 等）、MicrosoftOfficeOnline（WordOnline、ExcelOnline、PowerPointOnline 和 OneNoteOnline）网站上，不需在本机安装，打开浏览器，注册账号，可以随时随地通过网络来使用这些软件编辑、保存、阅读自己的文档。对于用户只需要自由自在地使用，不需要自己去升级软件、维护软件等操作。

SaaS 采用灵活租赁的收费方式。一方面，企业可以按需增减使用账号；另一方面，企业按实际使用账户和实际使用时间（以月/年计）付费。由于降低了成本，SaaS 的租赁费用较之传统软件许可模式更低廉。

企业采用 SaaS 模式在效果上与企业自建信息系统基本没有区别，但节省了大量资金，从而大幅度降低了企业信息化的门槛与风险。

对企业来说，SaaS 的优点在于：

① 从技术方面来看：SaaS 是简单的部署，不需要购买任何硬件，刚开始只需要简单注册即可。企业无需再配备 IT 方面的专业技术人员，同时又能得到最新的技术应用，满足企业对信息管理的需求。

② 从投资方面来看：企业只以相对低廉的"月费"方式投资，不用一次性投资到位，不占用过多的营运资金，从而缓解企业资金不足的压力；不用考虑成本折旧问题，并能及时获得最新硬件平台及最佳解决方案。

③ 从维护和管理方面来看：由于企业采取租用的方式来进行物流业务管理，不需要专门的维护和管理人员，也不需要为维护和管理人员支付额外费用。很大程度上缓解企业在人力、财力上的压力，使其能够集中资金对核心业务进行有效的运营；SaaS 能使用户在世界上都是一个完全独立的系统。如果您连接到网络，就可以访问系统。

SaaS 服务模式与传统许可模式软件有很大的不同，它是未来管理软件的发展趋势。相比较传统服务方式而言 SaaS 具有很多特征：SaaS 不但减少了或取消了传统的软件授权费用，而且厂商将应用软件部署在统一的服务器上，免除了最终用户的服务器硬件、网络安全设备和软件升级维护的支出，客户不需要除了个人计算机和互联网连接之外的其他 IT 投资，就可以通过互联网获得所需要的软件和服务。此外，大量的新技术，如 Web Service，提供了更简单、更灵活、更实用的 SaaS。

现在该说说云计算了。

可以这么说，云计算是 Grid 计算和（广义的基于 SOA 的）SaaS 技术和理念融合、提升和发展后的产物。云计算与 SaaS 的关系如下：

① SaaS 不是云计算，云计算也不等于 SaaS。SaaS 是云计算上的应用表现，云计算是 SaaS 的后端基础服务保障。

② 云计算将弱化 SaaS 门槛，促进 SaaS 发展。云计算将应用直接剥离出去，将平台留下，做平台的始终做平台，做云计算资源的人专心做好资源的调度和服务。SaaS 服务商只需要关注自己的软件功能表现，无需投入大量资金到后端基础系统建设。

③ 云计算系统建立起来之后 SaaS 将获得跨越式的发展，云计算将大力推动 SaaS 发展。

云计算的基本原理是，通过使计算分布在大量的分布式计算机上，而非本地计算机或远程服务器中，企业数据中心的运行将更相似于互联网。这使得企业能够将资源切换到需要的应用上，根据需求访问计算机和存储系统。云计算就是把普通的服务器或者个人计算机连接起来，以获得超级计算机也叫高性能和高可用性计算机的功能，但是成本更低。云计算的出现使高性能并行计算不再是科学家和专业人士的专利，普通的用户也能通过云计算享受高性能并行计算所带来的便利，使人人都有机会使用并行机，从而大大提高工作效率和计算资源的利用率。云计算模式可以简单理解为不论服务的类型，或者是执行服务的信息架构，通过因特网提供应用服务，让使用者通过浏览器就能使用，不需要了解服务器在哪里，内部如何运作。

云计算是全新的基于互联网的超级计算理念和模式。实现云计算的具体基础设施需要结合多种技术，需要软件实现对硬件资源的虚拟化管理和调度，即把存储于个人电脑、移动电话和其他设备上的大量信息和处理器资源集中在一起，协同工作。

根据 NIST 的权威定义，云计算有 SPI，即 SaaS、PaaS 和 IaaS 三大服务模式（PaaS 和 IaaS 源于 SaaS 理念）。这是目前被业界最广泛认同的划分。

① SaaS：提供给客户的服务是运营商运行在云计算基础设施上的应用程序，用户可以在各种设备上通过瘦客户端界面访问，如浏览器。消费者不需要管理或控制任何云计算基础设施，包括网络、服务器、操作系统、存储等等。

② PaaS：提供给消费者的服务是把客户采用提供的开发语言和工具（如 Java、Python、.Net 等）开发的或收购的应用程序部署到供应商的云计算基础设施上去。客户不需要管理或控制底层的云基础设施，包括网络、服务器、操作系统、存储等，但客户能控制部署的应用程序，也可能控制运行应用程序的托管环境配置。

③ IaaS：提供给消费者的服务是对所有设施的利用，包括处理器、存储、网络和其他基本的计算资源，用户能够部署和运行任意软件，包括操作系统和应用程序。消费者不管理或控制任何云计算基础设施，但能控制操作系统的选择、储存空间、部署的应用，也有可能获得有限制的网络组件（如防火墙、负载均衡器等）的控制。

云计算技术的发展面临这一系列的挑战，例如：使用云计算来完成任务能获得哪些优势；可以实施哪些策略、做法或者立法来支持或限制云计算的采用；如何提供有效的计算和提高存储资源的利用率；对云计算和传输中的数据以及静止状态的数据，将有哪些独特的限制；安全需要有哪些；提供可信环境，你都需要些什么。此外，云计算虽然给企业和个人用户提供了创造更好的应用和服务的机会，但同时给了黑客机会。云计算宣告了低成本超级计算机服务的可能，一旦这些"云"被用来破译各类密码、进行各种攻击，将会对用户的数据安全带来极大的危险。所以，在这些安全问题和危险因素被有效控制之前，云计算很难得到彻底的应用和接受。

云计算未来有两个发展方向：一是构建与应用程序紧密结合的大规模底层基础设施，使得应用能够扩展到很大的规模；二是通过构建新型的云计算应用程序。在网络上提供更加丰富的用户体验，第一个发展趋势能够从现在的云计算研究状况中体现出来，而在云计算应用的构造上，很多新型的社会服务型网络，如 Facebook 等，已经体现了这个趋势，在研究上则开始注重如何通过云计算基础平台将多个业务融合起来。

附录 A

ASCII 码字符集

低位 \ 高位		0	1	2	3	4	5	6	7
		000	001	010	011	100	101	110	111
0	0000	NUL	DLE	SP	0	@	P	`	p
1	0001	SOH	DC1	!	1	A	Q	a	q
2	0010	STX	DC2	"	2	B	R	b	r
3	0011	ETX	DC3	#	3	C	S	c	s
4	0100	EOT	DC4	$	4	D	T	d	t
5	0101	ENQ	NAK	%	5	E	U	e	u
6	0110	ACK	SYN	&	6	F	V	f	v
7	0111	BEL	ETB	'	7	G	W	g	w
8	1000	BS	CAN	(	8	H	X	h	x
9	1001	HT	EM	)	9	I	Y	i	y
A	1010	LF	SUB	*	:	J	Z	j	z
B	1011	VT	ESC	+	;	K	[	k	{
C	1100	FF	FS	,	<	L	\	l	|
D	1101	CR	GS	-	=	M	]	m	}
E	1110	SO	RS	.	>	N	↑	n	~
F	1111	SI	US	/	?	O	←	o	DEL

表中符号说明：

NUL	空	DLE	数据链换码	CR	回车
SOH	标题开始	DC1	设备控制 1	SO	移位输出
STX	正文结束	DC2	设备控制 2	SI	移位输入
ETX	本文结束	DC3	设备控制 3	SP	空格
EOT	传输结束	DC4	设备控制 4	GS	组分隔符
ENQ	询问	NAK	否定	RS	记录分隔符
ACK	承认	SYN	空转同步	US	单元分隔符
BEL	报警符	ETB	信息组传送结束	DEL	作废
BS	退一格	CAN	作废	VT	垂直制表
HT	横向列表	EM	纸尽	ESC	换码
LF	换行	SUB	减	FF	走纸控制
FS	文字分隔符				

附录 B

几种常用进位制数值对照表

十进制	二进制	八进制	十六进制
0	0000	0	0
1	0001	1	1
2	0010	2	2
3	0011	3	3
4	0100	4	4
5	0101	5	5
6	0110	6	6
7	0111	7	7
8	1000	10	8
9	1001	11	9
10	1010	12	A
11	1011	13	B
12	1100	14	C
13	1101	15	D
14	1110	16	E
15	1111	17	F

参 考 文 献

【01】Wing J M. Computational Thinking[J]. Communications of the ACM，2006，49(3)：33-35.

【02】Wing J M. Five Deep Questions in Computing[J]. CACM，as say，2008，51：158-160

【03】Wing J M. Computational Thinking and Thinking about Computing [J]. Philosophical transactions，Mathematical，physical and engineering science，2008，366(1881)：3717-3725.

【04】周以真．计算思维．中国计算机学会通讯，2007，3(11)：83-85.

【05】王飞跃．计算思维与计算文化[N]．科学时报，2007.

【06】唐培和，徐奕奕，王日凤．《计算思维导论》，广西师范大学出版社，2012.

【07】(美) John MacCormick．改变未来的九大算法．管策译．中信出版社，2013.

【08】吴军．数学之美．人民邮电出版社，2012.

【09】李忠．穿越计算机的迷雾．电子工业出版社，2010.

【10】(美) William J. Cook．迷茫的旅行商：一个无处不在的计算机算法问题．隋春宁译．人民邮电出版社，2013.

【11】唐培和，聂永红，原庆能等．计算学科导论[M]．重庆大学出版社，2003.

【12】唐培和，刘晓燕，张兰芳等．大学计算机基础[M]．广西师范大学出版社，2008.

【13】唐培和，孙自广，朱亚超等．大学计算机基础导论[M]．广西师范大学出版社，2010.

【14】Behrouz Forouzan，Firouz Mosharraf．计算机科学导论（第 2 版）[M]．刘艺，瞿高峰等译．机械工业出版社，2009.

【15】董荣胜著．计算机科学导论——思想与方法[M]．高等教育出版社，2007.

【16】董荣胜，古天龙．计算机科学技术与方法论[M]．北京：人民邮电出版社，2002.

【17】邹恒明著．算法之道[M]．机械工业出版社，2010.

【18】Randall Hyde．编程卓越之道第一卷：深入理解计算机[M]．韩东海译．电子工业出版社，2006.

【19】陆汉权主编．计算机科学基础[M]．电子工业出版社，2011.

【20】邹海林，刘法胜，汤晓兵，张小峰编著．计算机科学导论[M]．科学出版社，2008.

【21】Marc Brysbaert. Algorithms for randomness in the behavioral sciences: A tutorial. Behavior Research Methods, Instruments & Computers 1991, 23 (1)：45-60.

【22】赵致琢著．计算科学导论(第三版)．科学出版社，2004.

【23】Tirupathi R. Chandrupatla 等．工程中的有限元方法(第 3 版) [M]．曾攀译．清华大学出版社，2006.

【24】Sanjoy Aasgupta，Christos Papadimitrion，Umesh Vazirani．算法概论[M]．王沛，唐扬斌，刘齐军译．清华大学出版社，2008.

【25】David Kincaid，WardCheney．数值分析(第三版)[M]．王国荣等译．机械工业出版社，2005.

【26】石钟慈．第三种科学方法——计算机时代的科学计算[M]．北京：清华大学出版社，2000.

【27】朵英贤，宋道志．战斧巡航导弹的作战模式与技术发展[J]．中北大学学报，2005.26(6).

【28】尹怀勤．美国的战斧巡航导弹[J]．太空探索，2011(6).

【29】李国强，李瑞芳．基于计算机的词频统计研究——考证《红楼梦》作者是否唯一[J]．沈阳化

工学院学报，20(4)，2006 年 12 月．

【30】吴文虎．抽象思维和逻辑思维是程序涉及的基础[J]．计算机教育，2005.4.

【31】王元元．计算机科学中的逻辑学[J]．科学出版社，1987.

【32】王元元，汪灵华，骆光武．计算机科学与逻辑学[J]．自然杂志，1991,14(11):832-837.

【33】孙兆豪．逻辑学及其在计算机科学中的应用[J]．河北大学学报（自然科学版），1991（2）：93-98.

【34】裁维斯．可计算性与不可解性[M]．沈泓译．北京：北京大学出版社，1984.

【35】周世平．CCC2002 教学计划实施环节的探讨[J]．计算机教育，2004(8)：56-58.

【36】郭喜凤，孙兆豪，赵喜清．论计算思维工程化的层次结构[J]．计算机科学，2009,36(4)：64-67.

【37】朱亚宗．论计算思维——计算思维的科学定位、基本原理及创新路径[J]．计算机科学，2009，36(4)：53- 55，93

【38】董荣胜，古天龙．计算思维与计算机导论[J]．计算机科学，2009，36(4)：50-52.

【39】郝宁湘．计算：一个新的哲学范畴[J]．哲学动态，2000(11)：32-35.

【40】Adleman L．Molecu1ar computatio11 of solutions to combinatorial problems[J]．Science，1994，266(11)：1021-1024.

【41】张晓如，张再跃．再谈计算机思维[J]．计算机教育，2010(23)：70-72.

【42】朱立平，林志英．基于思维教学理论的程序设计课程教学模式的构建[J]．计算机教育，2008(8)：58-60.

【43】牟琴，谭良．计算思维的研究及其进展[J]．计算机科学．2011，38（3）：10-15.

【44】[美]詹姆斯·格雷克．信息简史．高博译．人民邮电出版社，2013.

【45】李波．计算思维与大学计算机基础[R]．杭州:大学计算机报告论坛，2011.

【46】陈国良，董荣胜.计算思维与大学计算机基础教育[J]．中国大学教育，2011（1）：7-11

【47】http://www.tiobe.com/index.php/content/paperinfo/tpci/index.html.

【48】Google．[EB/OL]．http://www.google.com.

【49】Wikipedia．[EB/OL]．http://www.wikipedia.org.

【50】百度．[EB/OL]．http://www.baidu.com.

【51】张述信．C 程序设计实用教程．清华大学出版社，2009.

反侵权盗版声明

电子工业出版社依法对本作品享有专有出版权。任何未经权利人书面许可，复制、销售或通过信息网络传播本作品的行为以及歪曲、篡改、剽窃本作品的行为，均违反《中华人民共和国著作权法》，其行为人应承担相应的民事责任和行政责任，构成犯罪的，将被依法追究刑事责任。

为了维护市场秩序，保护权利人的合法权益，本社将依法查处和打击侵权盗版的单位和个人。欢迎社会各界人士积极举报侵权盗版行为，本社将奖励举报有功人员，并保证举报人的信息不被泄露。

举报电话：（010）88254396；（010）88258888

传　　真：（010）88254397

E-mail：dbqq@phei.com.cn

通信地址：北京市海淀区万寿路 173 信箱

　　　　　电子工业出版社总编办公室

邮　　编：100036